河南省科技著作出版资助项目

绿色焊接技术

龙伟民　主编

河南科学技术出版社
·郑州·

图书在版编目（CIP）数据

绿色焊接技术/龙伟民主编．—郑州：河南科学技术出版社，2023.5
河南省科技著作出版资助项目
ISBN 978－7－5725－1175－2

Ⅰ.①绿… Ⅱ.①龙… Ⅲ.①焊接 Ⅳ.①TG4

中国版本图书馆 CIP 数据核字（2023）第 070383 号

出版发行：河南科学技术出版社
地址：郑州市郑东新区祥盛街 27 号　　邮编：450016
电话：（0371）65737028　65788613
网址：www.hnstp.cn
策划编辑：孙　彤
责任编辑：卢正阳
责任校对：司丽艳
封面设计：张　伟
责任印制：朱　飞
印　　刷：河南新华印刷集团有限公司
经　　销：全国新华书店
开　　本：787 mm×1 092 mm　1/16　印张：29.5　字数：700 千字
版　　次：2023 年 5 月第 1 版　2023 年 5 月第 1 次印刷
定　　价：98.00 元

《绿色焊接技术》编委会

主　编　龙伟民

副主编　钟素娟　沈元勋　秦　建

编　委　何　鹏　张柯柯　胡庆贤　黄智泉
于　华　张冠星　路全彬　程亚芳
张　雷　孙华为　董　显　马　佳
张国栋　崔　琦　胥国祥　陈　永
黎文航　石红信　郭玉波　闫红彦
陈书锦　尹丹青　安俊超　刘胜新
纠永涛　郝庆乐　赵　丹　杨　晗
王梦凡　程　战

前　言

焊接是制造业中的关键加工手段，不可替代，在国民经济重要行业和国防军工、重大工程等国家重大需求领域应用广泛。小到不足 1 g 的微电子元件，大到几十万吨级巨轮，几乎所有的产品生产中都不同程度地依赖焊接技术。

随着绿色制造浪潮席卷全球，碳达峰、碳中和上升为国家战略。焊接是产业基础高级化的关键共性技术，绿色焊接技术更是绿色制造体系的重要组成部分。但传统焊接存在污染环境、危害健康、能耗高等问题，制约了制造业绿色低碳转型发展。

我们基于多年来从事绿色焊接材料与技术研发工作的积累，参阅国内外文献，组织团队编著了本书。本书共有 19 章：第 1 章概述了焊接技术的发展历程、分类及其特点；第 2 章介绍了绿色焊接的发展现状、存在的问题及未来展望；第 3 章介绍了焊接化学冶金及熔池凝固特点；第 4 章介绍了金属焊接性及其试验方法；第 5 章介绍了弧焊电源及其节能技术和选用原则；第 6 ~ 16 章分别介绍了埋弧焊、堆焊、螺柱焊、钎焊、扩散焊、电阻焊、摩擦焊、变形焊、激光焊、电子束焊等常见焊接方法及其绿色特征；第 17 章介绍了焊接结构设计及其轻量化；第 18 章介绍了焊接缺欠的分类及特征；第 19 章介绍了焊接生产绿色危害因素及防护措施。本书可供相关企业的技术人员、管理人员、生产人员学习培训使用，同时也可作为研究人员和高等院校研究生、大中专院校学生的参考书。

本书在编著和出版过程中得到河南省出版基金项目的支持。同时，哈尔滨工业大学、江苏科技大学、河南科技大学、郑州大学、武汉大学、洛阳理工学院、郑州机械研究所有限公司、新型钎焊材料与技术国家重点实验室等单位和机构的科研人员参与了本书的编著和审稿，在此表示衷心感谢！

编者团队致力于绿色焊接技术的研发和应用推广，欢迎行业专家共同探讨，推动焊接产业转型升级和共同发展。由于作者水平有限，书中可能存在疏漏和不足之处，恳请广大读者及专家批评指正。

龙伟民

2023 年 4 月

目　　录

第1章　焊接及其绿色化

1.1　焊接技术及焊接材料的发展

1.1.1　材料连接的方法

连接科学与技术作为材料加工技术的重要组成部分，是将材料转换为可以使用的零部件和结构的必要手段，能够使人们对产品多样性的需求得以满足。连接科学与技术的水平能反映出人类社会进步的程度。

连接技术由早期的捆绑、镶嵌，到目前常用的焊接、铆接、黏接等方法，已经出现了多种不同的材料连接方法。在连接过程中涉及的能量类型包括光能、电能、声能、化学能和机械能等；从结合性质来看，涉及机械结合、化学结合和材质结合（图1-1）。在各类连接方法中，焊接方法以其过程最复杂、发展最迅速、应用最广泛的特点而处于绝对主导地位。

焊接技术是指将两种或两种以上的（同种或异种）材料通过原子或分子之间的结合和扩散造成永久性连接的工艺过程。通过焊接，被连接的材料不仅在宏观上建立了永久性的联系，而且还在微观上建立了组织之间的内在联系。这是焊接技术不同于机械连接（如铆接）和黏接的关键之所在。

1.1.2　焊接技术的发展

现代焊接方法和技术发展史与工业革命的发展息息相关，根据方法的起源时间，可将其划分为两个重要的发展阶段。

第一阶段起源于19世纪70年代的第二次工业革命，这一阶段的重要标志是电力的发展和应用。工业应用最为广泛的电弧焊、电阻焊方法正是起源于这一阶段。

在1881年的巴黎“第一届世界电器展”上，法国Cabot实验室的学生，俄国人Nikolai Benardos在碳极和工件引弧，填充金属棒使其熔化，首次展示了电弧焊的方法。1890年，Benardos用金属棒代替碳棒作为电极并获得专利。瑞典人Oscar Kjellberg在使用该方法修理船上的蒸汽锅炉时注意到，焊接金属上有许多气孔和小缝，焊缝不能隔绝空气，不能满足焊缝防水的要求；随后他发明了涂层焊条，于1907年6月29日获得瑞典专利，这有效改善了焊接质量，使手工电弧焊进入了实用阶段。美国的Nouble利用电弧电压控制焊条送给速度，制成了自动电弧焊机，成为焊接机械化、自动化的开端。在电弧焊的基础上，

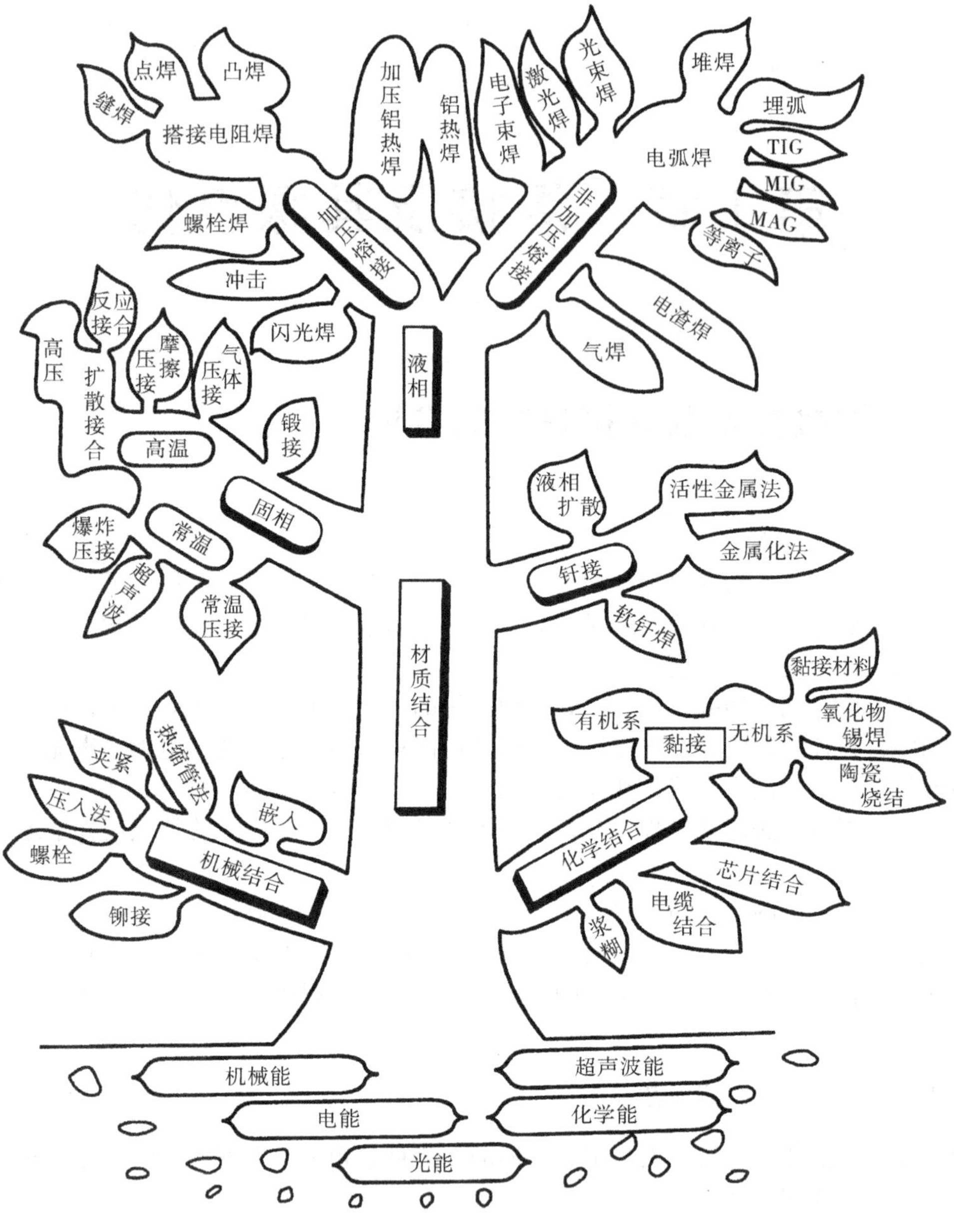

图 1－1　材料连接方法的分类

人们发明了能产生更集中、更炙热能源的等离子焊接方法，利用它可以提高焊接速度，减少线能量。在随后的发展中，电弧焊方法得到不断创新和改进。1930 年，美国的罗宾洛夫发明了使用焊丝和焊剂的埋弧焊，使焊机机械化得到进一步的发展。20 世纪 40 年代，为适应航空界铝、镁合金的合金钢焊接的需要，钨极和熔化极惰性气体保护焊相继问世。1953 年，苏联的 Lyubavskii 和 Novoshilov 发明了二氧化碳气体保护焊，促进了气体保护焊的应用和发展。随后如混合气体保护焊、药芯焊丝气体保护焊和自保护焊也相继诞生。

首例电阻焊要追溯到 1856 年。James Joule（Joule 加热原理发明者）首次成功用电阻加热法对一捆铜丝进行了熔化焊接。1887 年，电阻焊被美国的 Thomson 发明，并且应用于薄板的缝焊以及点焊；20 世纪 20 年代由于闪光对焊方法焊接棒材和链条的出现，电阻焊真正进入了实用阶段。1964 年，美国公司 Unimation 生产的首批用于电阻点焊的机器人在通用汽车公司应用。

在此阶段，人们还发明了氧炔焊和铝热焊。作为早期电力技术不成熟时重要的焊接方法，上述方法在特定场合仍得到应用和发展。1900 年，Edmund Fouche 和 Charles Picard 造出的第一支焊炬，目前仍在铁路轨道等的焊接上得到应用。

第二个重要发展阶段出现在 20 世纪四五十年代的第三次工业革命，这个阶段在能源、微电子技术、航天技术等领域均取得重大突破，间接推动了焊接技术的发展，1950 年后成为焊接方法又一次迅速发展的时期，在这个阶段各个国家的焊接工作者开发了不少崭新的焊接方法。

1950 年苏联的巴顿电焊研究所发明了电渣焊，成为大厚度工件的高效焊接方法。20 世纪 60 年代德国和法国科学家发明的电子束焊，也在 20 世纪 50 年代得到了应用和进一步发展；20 世纪 70 年代又出现了激光焊。等离子、电子束和激光焊接方法的出现，标志着高能量密度熔焊的新发展，大大改善了材料的焊接性，使得许多难以用其他方法焊接的材料和结构得以焊接。1956 年，美国的琼斯发明了超声波焊；苏联的丘季科夫发明了摩擦焊。1959 年，美国斯坦福研究所成功研究出爆炸焊。

1991 年，英国焊接研究所（The Welding Institute，TWI）获得搅拌摩擦焊专利权。这种焊接方法适用于轻合金连接，无须熔化就能接合形成高质量焊缝。该工艺不使用耗材，能源消耗少，是 20 世纪最重要的焊接创新之一。表 1－1 列出了现代焊接史上重要方法和技术的出现时间、发明人及所属国家。

表 1－1　主要焊接方法的发明时间、发明人及所属国家

发明时间	方法名称	发明人	所属国家
1881 年	碳弧焊	Nikolai Benardos	俄国
1887 年	电阻焊	Thomson	美国
1900 年	铝热焊	Hans Goldschmidt， Goldschmidt AG	德国 （Orgotheus Inc. 美国）
1900 年	氧乙炔焊	Fouche，Picard	法国
1907～1910 年	电弧焊	Oscar Kjellberg	瑞典
1909 年	等离子弧焊（PAW）	Schonner R. M. Gage	美国
1950 年	电渣焊（ESW）	R. K. Hopkins	苏联
1926 年	钨极惰性气体保护焊（GTAW）	M. Hobart 和 P. K. Devers	美国
1926 年	药芯焊丝（FCW）	Stoody	美国
1930 年	原子氢焊	—	—
1930 年	螺柱焊	纽约海军厂	美国

续表

发明时间	方法名称	发明人	所属国家和机构
1930 年、1948 年	熔化极惰性气体保护焊	H. M. Hobart 和 P. K. Devers	美国
1935 年	埋弧焊（SAW）	Robinoff	美国
1941 年	（GTAW）	Meredith	美国
1950 年	喷射过渡	Muller，Gibson	美国
1953 年	活性气体保护电弧焊	—	苏联
1954 年	自保护焊丝	—	—
1956 年	摩擦焊	丘季科夫	苏联
1956 年	超声波焊	琼斯	美国
1957 年	二氧化碳气体保护焊	Lyubavskii 和 Novoshilov	苏联
1959 年	爆炸焊	—	美国
1950 年末	扩散焊	—	苏联
1960 年	脉冲熔化极气体保护焊	Arico	美国
1961 年	电子束焊	Stohr	德国、法国
1962 年	电气焊（EGW）	Arcos	比利时
1964 年	热丝和协同控制（GMAW）	Manz	美国
1966 年	激光切割	Peter Houldcroft	英国
1970 年	焊接逆变电源	—	世界各地
1970 年	激光焊（LBW）	Martin Adams	英国
1991 年	搅拌摩擦焊（FSW）	Wayne Thomas	英国

注：等离子弧焊（plasma arc welding，PAW） 电渣焊（electroslag welding，ESW）
钨极惰性气体保护焊（gas tungsten arc welding，GTAW） 药芯焊丝（flux core welding，FCW）
埋弧焊（submerged arc welding，SAW） 电气焊（electrogas welding，EGW）
激光焊（laser beam welding，LBW） 搅拌摩擦焊（friction stir welding，FSW）

钎焊作为焊接技术的三大组成部分之一，具有悠久的历史，它是人类最早使用的材料连接方法之一。早在青铜器时代就已经出现了采用钎焊进行连接的物品。汉代班固所撰《汉书》中有云：胡桐泪盲似眼泪也，可以汗金银也，今工匠皆用之。这是我国最早见诸于文献记载的有关钎焊连接的论述。在明代宋应星所著《天工开物》中，有中华小钎用白铜末，大钎则竭力挥锤而强合之，历岁弥久，终不可坚的记载。所谓“小钎”，就是现在所说的钎焊，而“大钎”则是指属于固相连接范畴的锻焊。明代方以智所撰《物理小识》中有云：焊药以硼砂合铜为之，若以胡桐汁合银，坚如石。今玉石刀柄之类焊药，加银一分其中，则永不脱。试以圆盆口点焊药于其一隅，其药自走，周而环之，亦一奇也。这一记述明确指出了铜钎焊应以硼砂做钎剂而银钎焊则可以胡桐树脂为钎剂，并且对钎料的填缝行为也做了精彩的描述。

尽管钎焊技术出现很早，但其发展却是很缓慢的。在进入 20 世纪之前，还仅仅是手工作坊里面的一种技艺。20 世纪 30 年代之后，随着冶金和化工等工业技术的不断进步，钎焊技术才获得长足的发展并逐渐成为独立的工业生产技术，随着许多新的钎焊方法的出现，其应用也越来越广泛。

电弧的发现为材料连接技术带来了革命性的发展和进步，电弧作为一种可以使钢铁等高熔点材料熔化的能量高度集中的热源，使得金属材料的熔化焊接成为可能。在 19 世纪末，熔化电极的和非熔化电极的、直接作用电弧的和间接作用电弧的、手工的、半自动的和自动的、无保护的电弧和保护气氛中的电弧焊都已被提出并获得了实施。同一时期，气焊与接触电焊（电阻焊）的基本形式——点焊和滚焊也得到了研究和发展。随着冶金、化工、电工、电子等技术的不断发展和进步，以电弧焊为代表的熔化焊接技术成为材料连接领域中处于主导地位的连接方法。并且自动控制、计算机、激光等新技术的发展更是使得熔化焊接技术日新月异并日臻完善。

压力焊接技术的出现同样具有悠久的历史。压力焊接中最典型的方法当属扩散焊，扩散焊方法出现于20 世纪中叶，由于其生产时间长、成本高、设备的一次性投资较大及连接工件尺寸受限等，这种方法在早期并未受到重视。近年来随着材料科学的发展，陶瓷、金属间化合物、非晶态材料及单晶合金等新材料不断涌现，这些新材料用传统的熔焊方法很难实现可靠连接。作为压力焊接方法之一的扩散连接技术，成为连接领域新的研究热点，并广泛应用于航空、航天、仪表及电子等工业领域，并逐步扩展到机械、化工及汽车制造等行业。

1.1.3 焊接技术及焊接材料的发展展望

焊接的优点在于焊件的加工成本显著低于通过加工方法制造的等效部件；焊接是唯一可根据部件各部位的不同要求来选用不同材料的加工方法；焊接还是保护金属的最佳方法，通过在金属表面堆焊/喷焊一层具有特定性能的金属层可保护基体金属。

焊接对各行业的真实影响可利用焊接代替其他加工方法后所节省的加工成本来衡量，但由于缺乏这方面的数据，因此难以进行评定。

未来焊接的发展取决于前面所述的使用焊接技术的各个行业的发展以及它们所使用的材料。世界钢铁总产量持续提高，而焊接填充材料的产量也成比例地提高。预计在未来很长一段时间内，两者仍将继续提高。由于世界人口数量的增长和生活水平的提高，这种发展趋势是必然的。然而，塑料和复合材料的产量也将不断提高，可能会部分代替钢铁材料。例如，钢筋混凝土的性能不断提高，在中等高度的建筑物上正逐渐取代钢结构；复合材料梁已成功地用在短跨度桥上；而塑料越来越多地用在家用电器上，以降低重量和成本。

金属制造业也不断推出新的金属材料及合金，例如建筑设备制造业和运输设备制造业使用的低合金高强度钢以及电力工业中使用的高合金高温钢，这些材料都需要进行焊接。铝材制造业也不断推出高强度铝合金，这些材料将用于飞机制造，并最终带来全焊接结构的飞机。新金属材料的用量取决于它们与其他材料之间的性价比对比，那些强度和性能最能满足要求的新材料将获得更多应用，而这些材料的焊接还需要开发焊接新工艺和新填充材料。

焊接材料行业市场化程度不断提高，焊材中的普通低档焊条和镀铜焊丝技术含量较低，进入门槛较低，近年来已呈现严重的产能过剩。

焊接材料总的发展目标和趋势是高质量、高效率、低成本、低能耗、低污染及自动化焊材。目前全球焊材生产厂家已由追求焊材规模转向追求质量，节能减排、高效优质的新型焊接材料未来将得到较快发展。

例如，随着能源、环保的约束增强，国内外实心焊丝生产厂家不断改进焊丝生产工艺，节约能源，加强环保型气体保护实心焊丝的研制（如无镀铜焊丝），减少对环境的污染。同时加快推广钢制焊丝盘，降低废旧塑料焊丝盘对环境的污染，提高材料的再回收利用。

在特种不锈钢药芯焊丝领域，传统不锈钢焊接的烟尘中，有12%～20%的Cr氧化物，严重损害健康。开发的新型低Cr型不锈钢药芯焊丝，在保证良好的工艺性能的基础上，焊接烟尘中的Cr含量可降低80%以上。

无镉钎料也不局限于银铜锌锡，银铜锌铟、银铜锌锡铟、银铜锌镓等新型无镉钎料也已进入市场。无铅钎料已演变成无铅无卤素钎料，新的环保规定不仅要求去除铅，还要重新设计采用与无铅配套的新的助焊剂体系。新型定向润湿钎料能消除异种材料钎焊过程中的应力，减少钎料使用量，适用于自动焊工艺，产品质量和生产效率高。

此外，自动化焊材比例逐年提高将成为焊材发展大趋势，将极大推动焊接行业节能减排的进程。常见的自动化焊材包括CO_2实心焊丝、药芯焊丝、埋弧焊丝、烧结焊剂、铝合金焊丝等。

焊丝熔敷速度的提高和基于计算机控制的焊接设备的推广应用使焊接劳动成本不断降低，焊接生产率不断提高，这使得焊接在材料连接中的主导地位越来越明显。

要预计焊接的发展情况，就必须分别考虑各种焊接方法，因为不同的焊接方法有不同应用范围和发展趋势。电弧焊将继续在焊接中处于支配地位。焊条手工电弧焊将逐步被熔化极气体保护焊、药芯焊丝电弧焊等取代。熔化极气体保护焊、药芯焊丝电弧焊的应用范围越来越广泛，因为这些方法可用于机器人焊接和自动焊。钨极惰性气体保护焊的发展速度将高于焊接的总发展速度，因为GTAW适用面广，焊接质量高，可焊接薄板、新型金属、特殊金属，易于实现自动化，在越来越多的应用场合已经实现了自动化，包括微型产品的焊接。等离子弧焊也会继续发展，但速度会较慢，因为其设备复杂、成本高，而等离子弧切割将会以很快的速度发展并正逐渐取代气割。

由于具有独特的用途，激光束焊的发展非常迅速。激光束切割的发展速度更快，因为其自动化程度高，所以广泛用在金属材料和其他材料的仿形切割设备和机器人切割设备上。电阻焊将以较低的速度发展，因为电阻焊焊接精度高，但焊接质量也因此越来越可靠。由于成本高，气焊的应用范围将越来越小。

在汽车制造业、大型设备制造业以及大批量生产行业，机器人电弧焊将继续保持其重要地位。计算机控制的自动化焊接系统（通常配有反馈系统）的应用也将越来越广泛，这种系统可用于中厚度板、薄板、超薄板的焊接以及微型件的焊接。

搅拌摩擦焊这种新焊接方法已成功用于铝的焊接。这种自动化焊接方法具有很强的加工能力，通过计算机控制还可显著提高生产率，其应用范围将迅速扩大。此外，摩擦焊、旋弧焊、扩散焊、冷压焊及其他新焊接方法也将在特殊场合得到越来越多的应用。

电弧焊设备，包括焊机、电源等，除此之外的其他附件占所有焊接设备的一半左右，预计以6%的年增长率增长。电阻焊设备包括焊机、变压器、控制器和部件预计也会以很高的增长率增长。气焊和气割的预计增长率较低。而其他焊接设备，如螺柱焊、激光焊、摩擦焊、电子束焊及超声波焊设备等将以较快的速度增长。机器人焊接设备将以极高的速度增长，其进口量的增大速度将更大，因为大部分焊接机器人是在美国以外的地方制造的。焊接填充金属有两大类：焊条和焊丝。焊条的用量将逐年下降，而焊丝，包括实心焊丝和药芯焊丝的用量将逐年提高，这是不可逆转的发展趋势。

1.2 焊接方法的分类及特点

1.2.1 焊接方法的分类及特征

现代焊接方法的种类很多，按照焊接过程中金属所处的状态及工艺的特点，焊接技术可分为钎焊、熔化焊和压力焊三大组成部分，根据加热方式、工艺特点或其他特征可进行下一层次的分类，具体见表 1－2。

表 1－2 焊接方法的分类

第一层次（根据母材是否熔化）	第二层次（根据热源特点）	第三层次	第四层次	代号
熔化焊：利用一定的热源，使构件的被连接部位局部熔化成液体，然后再冷却结晶成一体的方法	电弧焊	熔化极电弧焊	手工电弧焊	111
			埋弧焊	121
			熔化极气体保护焊	131
			二氧化碳焊	135
			螺柱焊	
		非熔化极电弧焊	钨极氩弧焊	141
			等离子弧焊	15
			氢原子焊	
	气焊	氧－氢火焰		131
		氧－乙炔火焰		
		空气－乙块火焰		
		氧－丙烷火焰		
		空气－丙烷火焰		
	铝热焊			
	电渣焊			72
	电子束焊	高真空电子束焊		76
		低真空电子束焊		
		非真空电子束焊		
	激光焊		二氧化碳激光焊	751
			YAG 激光焊	
	电阻点焊			21
	电阻缝焊			22

续表

第一层次（根据母材是否熔化）	第二层次（根据热源特点）	第三层次	第四层次	代号
压力焊：利用摩擦、扩散和加压等物理作用，克服两个连续表面的不平度，除去氧化膜及其他污染物，使两个连续表面上的原子相互接近到晶格距离，从而在固态条件下实现连接的方法	闪光对焊			24
	电阻对焊			25
	冷压焊			
	超声波焊			41
	爆炸焊			441
	锻焊			
	扩散焊			45
	摩擦焊			42
钎焊：采用熔点比母材低的材料作钎料，将焊件和钎料加热至高于钎料熔点但低于母材熔点的温度，利用毛细作用使液压态钎料充满接头间隙，熔化钎料润湿母材表面，冷却后结晶形成冶金结合的方法	火焰钎焊			912
	感应钎焊			
	炉中钎焊	空气炉钎焊		
		气体保护炉钎焊		
		真空炉钎焊		
	盐浴钎焊			
	超声波钎焊			
	电阻钎焊			
	摩擦钎焊			
	金属熔钎焊			
	放热反应钎焊			
	红外线钎焊			
	电子束钎焊			

从被连接材料的相形态来看，熔化焊接以被连接材料和填充材料在连接过程中的熔化和凝固为基本特征；压力焊接则以被连接材料和填充材料在连接过程中始终维持固态为基本特征；而钎焊则以在连接过程中被连接材料维持为固态，而填充材料为液态为基本特征。表 1－3 列出了三类焊接方法的特征对比。

表 1－3　三类焊接技术特征对比

方法	母材受热	填充材料	热源	压力	接头可拆卸性	结合特征
熔化焊接	熔化	有或无	外加	无	不可拆卸	冶金结合
压力焊接	不熔化	无或有	外加	有	不可拆卸	冶金结合
钎焊	不熔化	有	外加	无	部分可拆卸	冶金结合

1.2.2 常用焊接方法的特点

1. 手工电弧焊

手工电弧焊简称手工焊或手弧焊，在电弧焊中，它仍是目前应用最广的一种焊接方法，常应用于碳钢、低合金钢、不锈钢、铸铁、有色金属以及镍基合金等的焊接。

手工焊设备简单，电源有交流、直流两种。交流为弧焊变压器，直流基本上为弧焊整流器，即整流式直流弧焊机，而弧焊发电机已不再被使用。由于整流器类型的不同，直流弧焊机又可分为晶闸管式（可控硅式）、晶体管式和逆变式等数种。其中晶闸管式弧焊整流器目前使用最为广泛，而逆变焊机由于体积小、效率高、调节性能好，适用于多种焊接方法，因此是一种很有发展前途的弧焊电源。

药皮电弧焊条按涂层性质可分为酸性和碱性两大类。酸性焊条可用交流焊机焊接，而碱性焊条则必须用直流焊机焊接。

2. 埋弧焊

埋弧焊是大型焊件直缝和环缝焊接的最佳选择方案。埋弧焊焊缝质量好，生产效率高，可采用大电流焊接，加上埋弧焊操作简便，无明弧光辐射，安全可靠，故深受广大焊接工作者的喜爱。随着窄间隙埋弧焊工艺的出现，焊接效率和接头质量进一步提高，因此在制订厚壁容器和大型构件的焊接方案时，电渣焊已逐渐有被埋弧焊替代的趋势。埋弧焊适合于各种钢材和铜、镍等合金的焊接。埋弧焊设备由焊接小车（送丝机构）、电源和控制箱3部分组成。电源同样有交、直流两种，由于对焊缝质量的要求不断提高，所以已经愈来愈多地采用晶闸管控制的弧焊整流电源。

3. 螺柱焊

螺柱焊适用于将螺栓、销钉等柱状元件焊于金属工件。螺柱元件一般由碳钢和不锈钢制成，直径 $\phi 2 \sim 10$ mm。在特殊情况下，也可焊接较大直径的螺柱元件。为了便于起弧，与工件接触的螺柱元件一端加工成锥体（$7° \sim 8°$）。螺柱焊采用整流电源，可进行手工、半自动或全自动操作。通常，螺柱焊在可熔融的陶瓷套圈保护下进行，可有效地提高焊接质量。根据螺柱直径和工件厚度的不同，焊接熔深 $0.1 \sim 0.4$ mm，焊接过程 $0.1 \sim 2$ s。

4. 非熔化极气体保护焊

非熔化极气体保护焊主要为钨极脉冲氩弧焊。钨极氩弧焊是一种利用钨极与工件之间引燃电弧进行焊接的方法。钨极氩弧焊适合于合金钢、不锈钢、钛合金、镍基合金和有色金属薄板的焊接。因为钨极氩弧焊能很好地控制焊接线能量，所以广泛用于各种钢材不同壁厚坡口的打底焊。钨极氩弧焊焊缝质量高，可以进行不加填充焊丝和加填充焊丝的全位置焊接。在不加填充焊丝的情况下，对接焊往往不开坡口，焊缝靠母材熔化形成。对于稍厚的焊接件，一般采用加填充丝焊接。有时为了进一步控制焊接线能量，提高熔敷速度，减少工件变形，也采用热丝钨极氩弧焊。这时，在进入熔池前，先用交流电源对焊丝预加热。钨极氩弧焊一般在直流正接下焊接，因此工件受热高，熔深比较深，但铝、镁合金和铝青铜等除外，这些材料通常采用交流电源焊接。直流反接一般不采用，因反接时钨极容易过热熔化，只能小电流焊接，熔深也就比较浅。

钨极氩弧焊分无脉冲和有脉冲两种。脉冲焊时，电流幅值按一定频率周期性地变化，高电流为脉冲电流，低电流为基值电流。熔池在高电流时形成，在低电流时凝固。每一脉冲周期形成一个焊点，整条焊缝由一连串的焊点叠加而成。钨极脉冲氩弧焊的特点是可以用较低的焊接线能量来获取较大的熔深，便于控制熔池的尺寸和提高熔池的保持能力，因此更适合于进行全位置焊接并减小焊件变形。

5. 等离子弧焊

等离子弧焊是一种利用钨极和工件之间压缩电弧实现焊接的方法。等离子弧焊的最大特点是能量密度大，电弧穿透能力强。在等离子弧焊时，因为在大多数金属的一定厚度范围内能产生小孔效应，所以可在不开坡口的情况下获得充分熔透和反面成形良好的焊缝。例如对于钢板，一次就能焊透6~8 mm。虽然等离子弧也可以在不产生小孔的情况下送丝进行多层焊，但从经济角度考虑，一般不推荐。微束等离子弧在焊接极薄件时显示出极大的优越性，在电流小于1 A下仍能获得稳定的等离子弧。对不锈钢板来说，最薄可焊至厚度仅0.025 mm。与钨极氩弧焊一样，可采用加填充焊丝或不加填充焊丝的等离子弧焊接。等离子弧焊适用于碳钢、低合金钢、不锈钢、镍基合金、铜合金和钛合金等的焊接。

等离子弧焊设备比较复杂，价格也较高，所适用的板厚范围较窄，焊接质量稳定性较差，因而限制了它的应用。

6. 熔化极气体保护焊

熔化极气体保护焊分为熔化极惰性气体保护焊（metal inert-gas welding，MIG）和熔化极活性气体保护电弧焊（metal active gas arc welding，MAG）两种。熔化极惰性气体保护焊以氩气或氦气作为保护气体，而熔化极活性气体保护电弧焊则以 $Ar+O_2$ 或 $Ar+CO_2+O_2$ 富氩混合气体或 CO_2 作为保护气体。CO_2 气体保护焊虽是MAG焊的一种，但习惯认为是一种独立分类的焊接方法。

熔化极气体保护焊是近年来发展较迅速的一种焊接方法，适用于碳钢、低合金钢、不锈钢、镍基合金、钛合金和有色金属等材料的焊接。熔化极气体保护焊熔敷率比较高，焊接质量稳定，能进行全位置焊接。与钨极氩弧焊一样，MIG焊或MAG焊也有加脉冲和不加脉冲焊接两种，脉冲焊可控制焊接线能量，适宜于薄件和全位置焊接，目前已获得普遍使用。

7. 药芯焊丝电弧焊

药芯焊丝电弧焊（Flux cored wire arc welding，FCAW）。药芯焊丝电弧焊分自保护药芯焊丝电弧焊和气体保护药芯焊丝电弧焊两种。自保护药芯焊丝电弧焊靠焊丝内部的焊剂释放气体和产生熔渣来进行保护，但较多用于硬化层堆焊。而气体保护药芯焊丝电弧焊实质上系熔化极气体保护电弧焊的一种，只是采用药芯焊丝来代替实心焊丝。药芯焊丝电弧焊有良好的焊接性，其性能与药芯的成分有关。药芯焊丝电弧焊一般用于厚6 mm以上的中厚钢板焊接，由于可选用较大电流焊接，故熔敷率大大提高。保护气体有 CO_2、$Ar+CO_2$ 等，与采用实心焊丝时类同。

药芯焊丝有三种形状，即无缝焊丝、对接封闭焊丝和折叠焊丝。无缝焊丝的药芯重量占整个焊丝重量的12%~14%，对接封闭焊丝占14%~20%，而折叠焊丝则占28%~36%，由于无缝焊丝的药芯比例太小，故一般很少应用。对接封闭焊丝采用厚带制造，一般可拉制到 $\phi1.2\sim1.4$ mm，而折叠焊丝则采用薄带制造，焊丝直径 $\phi1.6\sim2.4$ mm。因为在薄带中电流密度高，故熔敷率高，又因为折叠焊丝药芯最多，所以合金成分亦易控制，适宜于制造高合金钢焊丝。同手工焊条一样，药芯焊丝亦有碱性芯丝和金红石型芯丝两种，也可加入铁粉。碱性芯丝与碱性焊条相似，可提供较高的焊缝韧性。

8. 电渣焊

电渣焊是利用熔渣的电阻热将工件端部和填充金属熔化而形成熔池的一种焊接方法。电渣焊一般在垂直位置焊接。根据电极形状的不同，电渣焊可分为丝极电渣焊、板极电渣焊和熔嘴电渣焊3种。电渣焊适合于大厚度钢材对接接头和“T”形接头的焊接，而且不论焊件多厚，均能一次焊成，到目前为止，最大厚件已达1 m以上。因为电渣焊不需开坡口，只需留有一定装配间隙就可焊接，所以电渣焊生产率高，而且厚度愈大，效率愈显著。电渣焊也存在一定的不足之处，由于长时间在高温下滞留，焊缝和热影响区晶粒粗大，焊接接头的冲击韧性偏低，一般焊后需进行正火加回火热处理才能改善冲击韧性等力学性能。

9. 电子束焊

电子束焊是利用聚束的高速电子流轰击工件表面所产生的热能进行焊接的一种方法。电子束焊功率密度高，穿透能力强，焊缝的熔透深度与宽度比可达30:1，可正常焊接厚度达数十毫米的钢材。由于电子束焊接在真空中进行，避免了熔融金属在焊接时的氧化和氮化，因而焊缝纯度高，适合对氧和氮亲和力较强的锆、钼、钨、铌、钽、镁和钛等金属的焊接，同样亦适用于合金钢、不锈钢和一般有色金属的焊接。

电子束焊接可分为高真空焊接、低真空焊接和局部真空焊接。低真空和局部真空焊接适合于大型焊件的焊接。

由于真空电子束焊接设备昂贵，并有析出X射线的风险，所以推广比较困难。

10. 激光焊

激光焊是利用辐射激发光束经聚焦后转变为热能而进行焊接的一种方法。激光焊功率密度比较高，热量集中，焊接变形小，特别适宜于薄板的高速焊及微型电路元件和代表元件等的焊接。与电子束焊不同，激光焊不需真空保护，在大气中传播功率损耗小，而且可以通过光导纤维、棱镜等途径传输、偏转和聚焦，因此能够焊接不易直接进入的部位。根据激光器类型的不同，激光焊可分为钇铝石榴石固体激光焊和CO_2气体激光焊两种。而按其工作方法，激光焊又可分为连续激光焊和脉冲激光焊。目前影响激光焊扩大使用的主要因素是其价格很高，且对焊件的加工精度和辅助装置的要求均很高。

11. 电阻焊

电阻焊是将工件置于两电极之间，并施加压力，利用电流流经接头的接触面及其邻近区域产生电阻热，使接触面熔化或进入塑性状态而进行焊接的一种方法。电阻焊按其连接方式的不同可分为点焊、缝焊、凸焊和对焊。由于这几种方法的机制基本相同，故在此一并阐述。点焊和缝焊一般采用搭接连接，焊点（或称熔核）或连续焊点在两被焊工件之间形成。凸焊是点焊的一种变型，它通过在一个工件上预制的凸点实现点与点之间的接触和焊接。对焊则是将两工件端面相接触，通上电流使接触面加热，然后加压，使两端面连接起来。

电阻焊成本低、速度快，但点焊和缝焊仅适用于厚度小于3 mm的薄板构件的搭接焊，而且点焊还只能用于不要求密封的焊件。凸焊较多用于碳钢的冲压件。对焊则要求工件截面有一定形状，且进行长度方向的连接，如型钢、钢管、连杆等。对焊又分电阻对焊和闪光对焊两种。

电阻焊适用于低碳钢、合金钢、不锈钢和铝、钛等合金的焊接，并较多用于汽车、航空、航天和轻工等工业领域。

12. 钎焊

钎焊与熔焊不同，钎焊时母材不熔化，利用液态钎料润湿母材，填充接头间隙，与母材相互扩散而实现连接。钎焊分软钎焊与硬钎焊两种。软钎焊的钎料液相线温度在450 ℃以下，而硬钎焊的钎料液相线温度高于450 ℃。按加热方式的不同，钎焊又可分为火焰钎焊、炉钎焊、感应钎焊、浸沾钎焊（如盐浴钎焊）等。钎焊方法可根据工件的形状、尺寸、材料和批量等的不同来选择。火焰钎焊方便灵活、设备简单，但对操作技术要求较高，一般用于小件小批量生产。炉钎焊加热均匀，工件变形小，但加热速度慢，设备费用较高，适宜于批量生产和多钎缝工件的钎焊。对质量要求较高的工件，还可以进行保护气氛炉钎焊或真空炉钎焊。感应钎焊加热速度快，质量稳定，而且可以直接观察钎料的熔融状况，但感应圈的设计好坏对钎焊面的加热均匀程度有很大影响，所以比较适用于形状对称的工件，也适宜于批量钎焊。盐浴钎焊的特点是加热速度快，温度控制精确，但设备费用高，焊后需仔细精洗工件，一般用于批量钎焊。

选择钎料时，应考虑钎料与母材的相互作用。钎料的种类很多，硬钎焊中使用较多的是银基钎料和铜基钎料，这些钎料的钎焊温度适中，接头性能稳定，适宜于碳钢、合金钢、不锈钢、铜合金等多种金属材料的钎接。

以上为常用焊接方法的一般性介绍，而其他方法往往在特定情况下使用，这里就不再一一赘述了。

1.2.3 绿色焊接的特征

作为制造业中的重要环节，焊接与切割技术与现代工业同步飞速发展，促进了人类的文明与进步。然而，传统的焊接与切割生产过程会向环境排放或释放大量的废气、废水、废渣、噪声、光污染等多种环境污染物，污染大气、土壤和水体，严重威胁着人体健康及人类生存环境。随着经济和社会的发展，人们对环保、可持续发展越来越重视，国内外相关的企业、研究院所不断开发新型绿色环保焊接材料，研制耗材少、资源节约的焊接与切割设备，改进和完善低碳、节能的焊接工艺，加强焊接节能减排技术的应用推广。发展“高效、节能、安全、环保”的“绿色焊接”，也是我国制造业可持续发展、推进我国制造业企业国际化成长的必经之路。

绿色焊接就是注重环保的清洁焊接生产。根据清洁生产的要求，绿色焊接的内涵至少包括以下七个方面的内容，在焊接生产过程中应注意。

（1）尽可能地减少能源的消耗和节约原材料。

（2）尽可能地不使用有毒有害的物质，尽量用无毒低毒的物质来代替有毒物质，最终淘汰有毒物质。

（3）尽可能地不产生有毒有害的物质，降低产生的废弃物的数量和毒性。

（4）在技术和经济可能的情况下，尽可能地使用可再生的能源。

（5）产品要设计成在其使用终结后，可降解为无害产物或者可以循环再利用。

（6）在危险物质生成前，实行在线监测和控制。

（7）通过降低使用成本，降低污染治理的费用，增加产量和提高质量，使企业获得更大的经济效益。

上述七个方面的内容，是判断焊接过程是否符合绿色焊接的准则。绿色焊接要研究从源头而不是从生产过程的末端来解决废物综合预防的办法和策略。

1.3 金属焊接的基本原理

1.3.1 金属焊接本质

正确认识焊接过程的物理本质，对于保证焊接质量，提高焊接技术的水平和开发新的焊接方法都具有重要的意义。

焊接，概括来说，是被焊工件的材质（同种或异种），通过加热或加压，或二者并用，并且用或不用填充材料，使工件的材质达到原子间的结合而形成永久性连接的工艺过程。

由此可知，焊接与其他连接方式不同，不仅在宏观上形成了永久性的接头，而且在微观上建立了组织上的内在联系。就金属而言，是依靠金属键结合在一起的。如图 1－2 所示，两个原子间的结合力大小决定于二者之间的引力与斥力共同作用的结果。

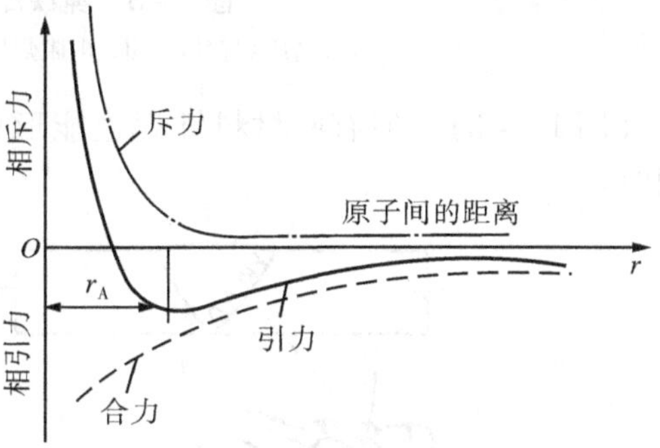

图 1－2 原子之间的作用力与距离的关系

当原子间的距离为 r_A 时，结合力最大。对于大多数金属，$r_A \approx$（0.3～0.5）mm，当原子间的距离大于或小于 r_A 时，结合力都显著降低。

从理论上来讲，当两个被焊的固体金属表面接近到相距 r_A 时，就可以在接触表面上进行扩散、再结晶等物理化学过程，从而形成金属键，以达到焊接的目的。然而，这只是理论上的条件，事实上即使是经过精细加工的表面，微观上也会存在凹凸不平之处，更何况一般金属的表面上还常常带有氧化膜、油污和水分等，会阻碍金属表面的紧密接触。

为了克服阻碍金属表面紧密接触的各种因素，在焊接工艺上可采取以下两种措施：

（1）对被焊接的材质施加压力目的是破坏接触表面的氧化膜，使结合处增加有效的接触面积，从而达到紧密接触。

（2）对被焊材料（金属）加热（局部或整体），使结合处达到塑性或熔化状态，此时接触面的氧化膜迅速破坏，降低金属变形的阻力，加热也会增加原子的振动能，促进扩散、再结晶、化学反应和结晶过程的进行。

每种金属实现焊接所必须达到的温度与压力之间存在一定的关系，对于纯铁来讲，其温度－压力关系如图 1－3 所示。由图可见，金属加热的温度越低，实现焊接所需的压力就越大。当金属的加热温度 $T < T_1$ 时，压力必须在 AB 线的右上方（Ⅰ区）才能实现焊接；当金属的加热温度 T 在 $T_1 \sim T_2$ 之间时，压力应在 BC 线上方（Ⅱ区）；当 $T > T_2 = T_M$（T_M 是金属的熔化温度）时，则实现焊接所需的压力为零，此即熔焊的情况（Ⅲ区）。

必须指出，尽管根据温度与压力配合实现焊接的途径很多，但在实际上，对于金属来讲，都是使两个被焊材料之间（母材与焊缝）形成共同的晶粒，如图 1－4a 所示。

钎焊时虽然也能形成不可拆卸的接头，但由于只是钎料熔化，而母材不熔化，故在连接处一般不易形成共同的晶粒，只是在钎料与母材之间形成有相互原子渗透的机械结

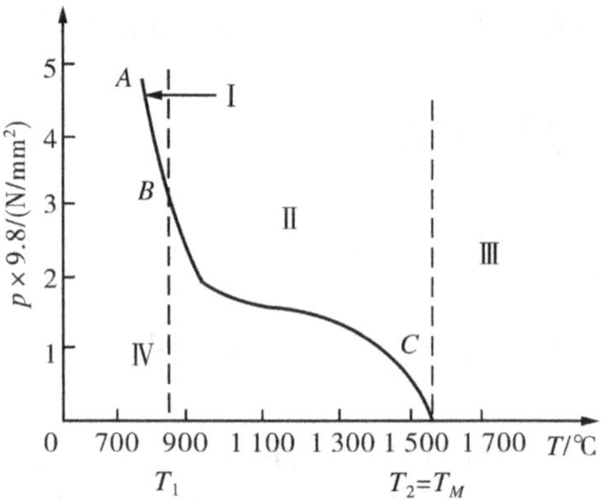

图 1－3　纯铁焊接时所需的温度－压力

Ⅰ. 高压焊接区　Ⅱ. 电阻焊区　Ⅲ. 熔焊区　Ⅳ. 不能实现焊接区

合（图 1－4b）。但有些材料钎焊也能形成共同晶粒，如用铝基钎料焊铝和铜基钎料焊铜时。

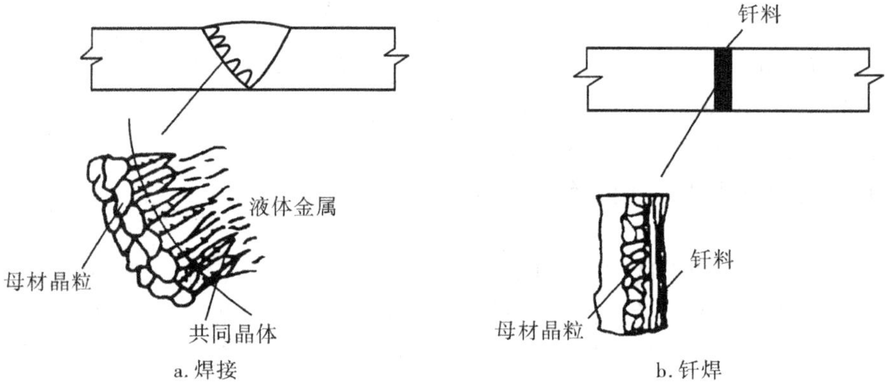

图 1－4　焊接与钎焊本质区别示意

1. 3. 2　焊接所需能源

焊接方法分类按焊接过程中所用的能源性质，可分成电能、机械能、化学能、光能、超声波能的几类焊接方法。每一类中根据工艺特点的差异，又分成若干方法，如图 1－5 所示。

1. 电能

电能是金属连接技术中用得最多、最普遍的能源。电能的利用形式包括电弧、电阻、热辐射、感应、能束及等离子焰。

（1）电弧。电弧是一种气体放电现象。电弧空间的气体介质在电场和电弧热作用下游离成带电粒子，传导焊接电流。当焊接电流流过电弧时，电弧两端产生电压降。从这个意义上讲，电弧是一种气体电阻，但电弧电阻呈非线性特征。

（2）电阻。正如游离的气体介质可以传导电流一样，熔融的熔渣一旦变成高度电离的物质，也可以传导焊接电流。电渣焊正是利用电流流过液态熔渣时产生的电阻热，使电极和母材熔化而实现金属连接。

电阻焊则是利用焊接电流流过被焊金属本身时产生的电阻热实现金属连接。属于这种

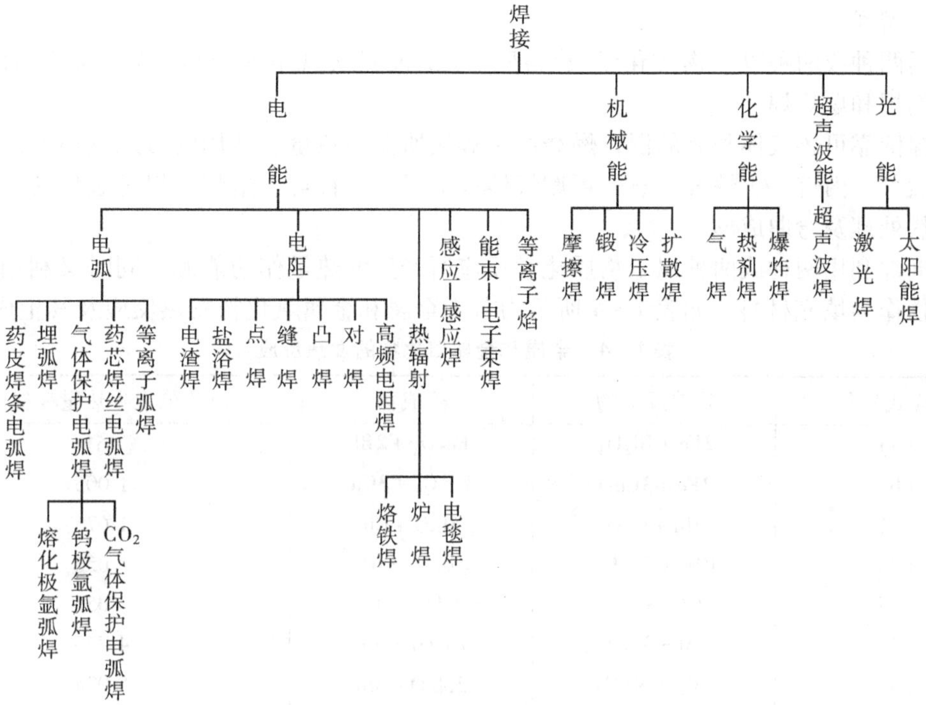

图1－5　焊接方法按能源性质的分类

原理的方法有点焊、缝焊、凸焊、储能焊和高频电阻焊。

（3）热辐射。空气炉、真空炉、电毯焊、电烙铁都采用电热丝作为发热元件，利用电流流过电热丝时产生的热辐射加热焊件，实现金属连接。

（4）感应。感应加热是一种特殊的能量传递方式。当高频电流流过感应线圈时，在其周围产生相同频率的交变电磁场，高频电磁场又在工件中产生感应电流（若工件上存在闭合回路），使工件加热。感应的高频电流真有趋表效应和邻近效应。高频电阻焊时，趋表效应和邻近效应使电流沿接缝的结合面流动，加热接触表面，并通过挤压实现焊接。而高频钎焊时，为了使钎焊接头均匀加热，应设法克服趋表效应对焊接质量的不利影响。高频电磁场强度受线圈的工作电流，线圈匝数及线圈周围介质等因素的影响。

（5）能束。能束在这里指电子束，不同于其他类型能源，它借助阴极发射出来的电子，在静电场的作用下加速，将电场能转变为动能，再通过静透镜和电磁透镜将电子聚焦成细小而密集的电子束流。当电子束轰击被焊金属时，电子的动能就变成熔化和蒸发金属的热能而完成焊接。

（6）等离子焰。电弧放电或高频放电产生高度电离的离子流，它本身携带大量的热能和动能，利用这种能量可以作为焊接热源（等离子焊接、切割和喷涂）。

2. 机械能

用机械能连接金属，指的是通过顶压、锤击、摩擦等手段使接头金属发生塑性变形，有效地破坏结合面上的金属氧化膜，并在外力作用下将氧化物挤出接头，实现金属与金属的连接。焊前接头装配紧密，要求较高时采用惰性气体保护或在真空条件下焊接。属于机械能焊接的有锻焊、冷压焊、摩擦焊和扩散焊等。

3. 化学能

利用两种或两种以上物质化学反应所产生的能量实现金属连接，属于此法的包括气焊、热剂焊和爆炸焊。

气焊依靠可燃气体和氧的混合燃烧产生焊接所需的热量。常用的可燃气体有乙炔，氢气、天然气、丙烷、丁烷等。氧—可燃气体火焰可用于钎焊、熔焊、黑色金属切割、金属喷涂、热处理及弯曲成形。

热剂焊利用两种或两种以上物质化学反应所产生的热量作为能源，同时又利用反应金属生成物作为填充材料。如表 1 -4 所示为若干金属和金属氧化物发热反应及其生成热。

表 1 -4　金属和金属氧化物的发热反应

反应式号码	发热反应物	生成物	理论的发生热量/（J/g）
(a)	$2Fe + Bl_2O_3$	$Fe_2O_3 + 2Bl$	461
(b)	$2Fe + 3CuO$	$Fe_2O_3 + 3Cu$	1 005
(c)	$Mn + CuO$	$MnO + Cu$	1 675
(d)	$10B + 3V_2O_5$	$5B_2O_3 + 6V$	3 056
(e)	$2B + 3CuO$	$B_2O_3 + 3Cu$	3 056
(f)	$2Al + MoO_3$	$Al_2O_3 + Mo$	4 773
(g)	$2Mg + MnO_2$	$2MgO + Mn$	5 024
(h)	$4Li + MnO_2$	$2Li_2O + Mn$	5 682

铝热焊为大家所熟知，其典型化学反应方程式为

$$3Fe_3O_4 + 8Al = 9Fe + 4Al_2O_3$$

爆炸焊是一种利用炸药爆炸释放的化学能实现金属连接的方法。炸药引爆瞬间，发生剧烈的化学反应，产生大量气体物质，释放大量热量。其反应区温度可达几千度，局部压力可达 27×10^8 MPa。这种高温、高压气体在周围介质中迅速膨胀，压缩它周围的介质，形成冲击波。焊接正是利用爆炸形成的冲击波和化学热，实现覆板和基板的冶金结合。

4. 光能

光是一种电磁波，电磁场具有能量。用作焊接能源的光能有激光、红外光、白炽光，太阳光。

激光是原子受激辐射产生的一束相干光。激光焊是利用聚焦的激光加热焊缝，使其熔化，然后冷却、凝固结合在一起。由于光束经聚焦后的光斑直径可小至 0. 01 mm，能量密度高达 10^9 W/cm^2，热量集中，因此焊缝窄，热影响区小，焊件变形小。激光束借助透镜和反射镜聚焦和反射，可在任意方向上弯曲、偏转，并可在空间作中长距离传射，故特别适用于复杂形状构件的焊接。激光焊可用于铝、钛、铜、不锈钢、可伐合金、铌、钽、锆、镍以及难熔金属钨、钼等焊接，也可用于异种金属以及金属与非金属焊接。

红外光具有较强的穿透能力，且容易被物体吸收，因此在工业中被广泛用作热源。红外线钎焊热源就是用大功率石英灯作红外线辐射器。根据焊件形状、结构特点的需要，合理设置若干石英灯。石英灯组发出的红外线经抛物面反射镜聚光，将红外线束投向工件钎焊面，其能量密度可达 60 ~ 100 kW/m^2。

白炽光由氙弧灯发出，可用作焊接能源。在椭圆形反射器的第一焦点位置放氙弧灯光

源，发出的强烈光线经椭圆形反射镜聚光，在第二焦点形成高能量密度的光束。焊件放在第二焦点上，光辐射能转变为热能，加热焊件。焊件单位面积上接收的热量与光束能量密度及光照时间成正比，因此供给焊件的热能等于光束强度和照射时间的乘积。调节时间，即可控制加热温度。

太阳光利用抛物镜聚光，同样可以将太阳光辐射能转变为热能，加热焊件，实现金属连接。

5. 超声波能

超声波焊是通过换能器（磁致伸缩型和压电型）将电能转换为超声波能，传输给工件，在焊接处产生超声频率的机械振动，使两金属之间发生超声频率的摩擦，消除金属接触面的表面氧化膜，同时在接触界面处产生大量热，使两金属发生塑性变形，在外压力作用下形成牢固的冶金键合。

各种焊接热源的最小加热面积、最大功率密度和正常焊接工艺参数条件下的热源温度等特性见表 1－5。

表 1－5　各种热源的主要特性

热源	最小加热面积/cm^2	最大功率密度/（W/cm^2）	温度/K
乙炔火焰	10^{-2}	2×10^3	3 400～3 500
金属极电弧	10^{-3}	10^4	6 000
钨极氩弧（TIG）	10^{-3}	1.5×10^4	8 000
埋弧焊	10^{-3}	2×10^4	6 400
电渣焊	10^{-2}	10^4	2 300
熔化极氩弧（MIG）、CO_2 气体保护焊	10^{-4}	$10^4\sim10^5$	—
等离子	10^{-5}	1.5×10^5	18 000～24 000
电子束	10^{-7}	$10^7\times10^9$	—
激光	10^{-8}	$10^7\sim10^9$	—

对于各种热源的物理本质和相应的焊接方法，将在有关章节中进行介绍。

1.3.3　焊接热过程

电弧焊时，焊件及填充金属被电弧加热熔化形成熔池，随着焊接热源移开后又冷却结晶形成焊缝，这样的加热与冷却过程称为焊接热过程。焊接热过程的内容包括焊接热循环、焊接温度场、焊接传热的基本规律、焊接热源等。

1. 焊接热过程的特点

（1）焊接热过程是在焊件的局部进行的。通常焊条电弧焊时，熔池的质量仅为 3～9 g。埋弧焊时，即使焊接电流很大，熔池质量也不超过 100 g。因此对焊件整体来说，加热极不均匀。

（2）焊接热过程是一个瞬时进行的过程。主要体现在升温速度快，高温停留时间短，冷却速度快。电弧焊时其加热速度可达 1 500 ℃/s 以上，熔池存在的时间一般只有几秒至几十秒。

（3）加热温度高。电弧焊时，电弧的最高温度为 5 000～6 000 ℃。该温度远高于金属的熔点。对于低碳钢来讲，熔池的平均温度仅为（1 770 ± 100）℃，熔滴为（2 300 ± 200）℃，熔渣为（1 550 ± 100）℃。表 1 −6 所示为几种不同材质在不同焊接方法下熔池的平均温度。

表 1 −6　熔池的平均温度

被焊金属	熔点/℃	焊接方法	平均温度/℃	过热温度/℃
低碳钢	1 525	埋弧焊	1 705 ~ 1 860	185 ~ 325
		熔化极氩弧焊	1 625 ~ 1 800	100 ~ 275
		钨极氨弧焊	1 665 ~ 1 790	140 ~ 265
铝	660	熔化极氩弧焊	1 000 ~ 125	340 ~ 585
		钨极氩弧焊	1 075 ~ 1 215	415 ~ 550
Cr12V	1 310	药芯焊丝	1 500 ~ 1 610	190 ~ 300

（4）焊接过程中的热源是在不断地运动着的。焊件受热区域的不断变化，使得这种传热过程具有不均匀性。

2. 焊接温度场

（1）焊接温度场的概念。热能传递的方式主要有传导、对流、辐射三种。在电弧焊中，热能传给焊件主要是传导和辐射两种方式。焊件受到电弧热源加热时，温度就会升高。由于焊接热过程的特点，离开热源不同的距离，在不同的时刻，焊件上的各点温度都是不同的，但这种变化有其内在的规律。焊接温度场就是在焊接过程中的某一瞬时，焊件上各点的温度分布，通常用等温线或等温面来表示（图 1 −6）。为了便于分析、研究焊接温度场，对实际焊接条件下复杂的热过程进行简化处理，如假设热源的功率稳定不变，热源做恒速直线运动，在经过一段时间以后，以热源为中心的温度场达到饱和状态而趋于不变等。另外根据焊件的尺寸和热源的性质把温度场分为一维（单向线性传热）、二维（平面传热）、三维（空间传热）三种状况。

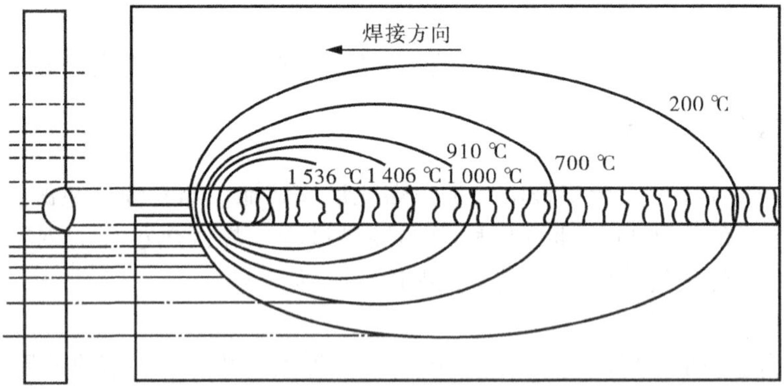

图 1 −6　焊接温度场

（2）影响焊接温度场的因素。焊接温度场的形状主要受下列因素的影响。

1）热源的性质和焊接参数由于热源性质的不同，如气焊、电弧焊、电子束焊等，焊接时的温度场分布也不同。热源的能量越集中，温度场的范围越小。如气焊时，热源作用面积大，电弧温度相对较低，其温度场的范围就较大，而 TIG 焊热能集中，电弧温度又较高，其温度场的范围就较小。

同样的焊接热源，由于采用的焊接参数（主要为热源的功率和焊接速度）不同，温度场的分布变化也很大。如以厚度为 10 mm 的低碳钢板焊接为例，当热源功率不变时，随着焊接速度的增加，等温线范围变小，即温度场的宽度和长度都变小，而宽度减小更大些（图 1－7）。对于同一种焊接热源，当焊接速度不变时，随热源功率的增大，等温线范围也随之增大（图 1－8）。

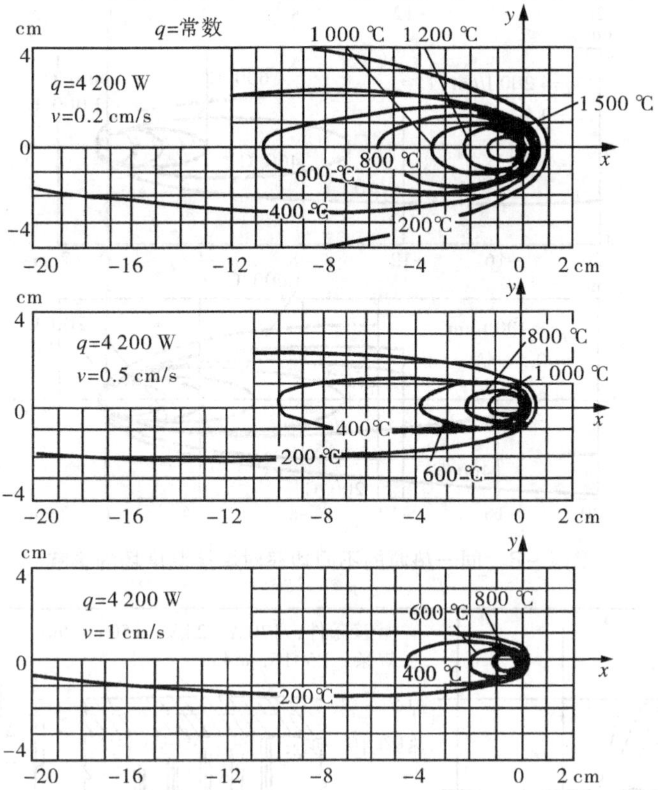

图 1－7　焊接速度对温度场的影响

2）被焊金属的热物理性质。用同样功率、同样焊接参数焊接几种厚度相同但材质不同的金属时，温度场的形状也各不相同。金属的热物理性质，诸如热导率、比热容、热扩散率都是温度的函数，各个金属都不相同。

3）被焊金属的状况主要是指被焊金属的尺寸大小、厚度和所处状态（环境温度、预热等）对传热过程都有很大的影响，因而也就影响到温度场的分布。

3. *焊接热循环*

焊接温度场能反映出焊件温度某一瞬间时刻在空间的分布情况，但不能说明焊件上各点温度随时间的变化情况。这种反映焊件上的某一点，在焊接热源的作用下，其温度随着时间的变化经历由低到高，再由高到低的过程称为焊接热循环。焊接热循环的主要参数是加热速度（ω_H），加热最高温度（T_{max}），相变温度以上的停留时间（t_H）和冷却速度（ω_c），如图 1－9 所示。

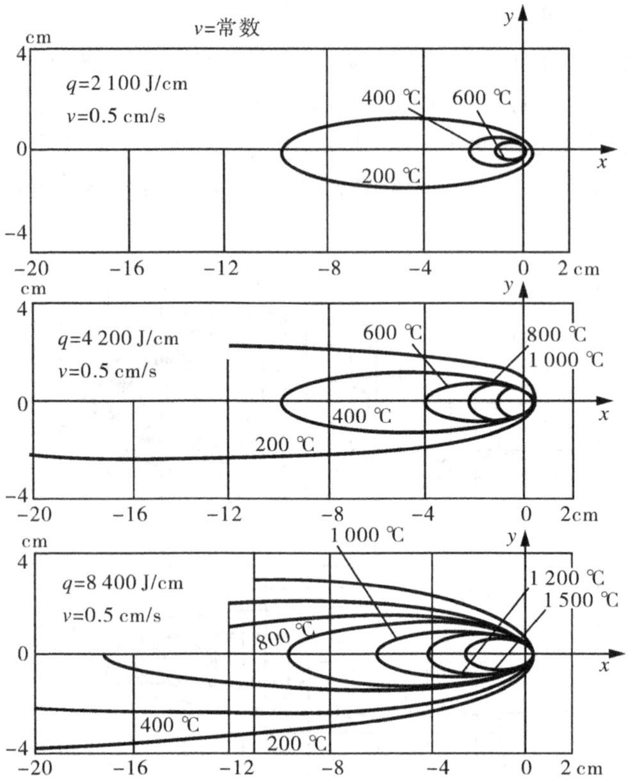

图 1-8　同一热源的不同功率对焊接温度场的影响

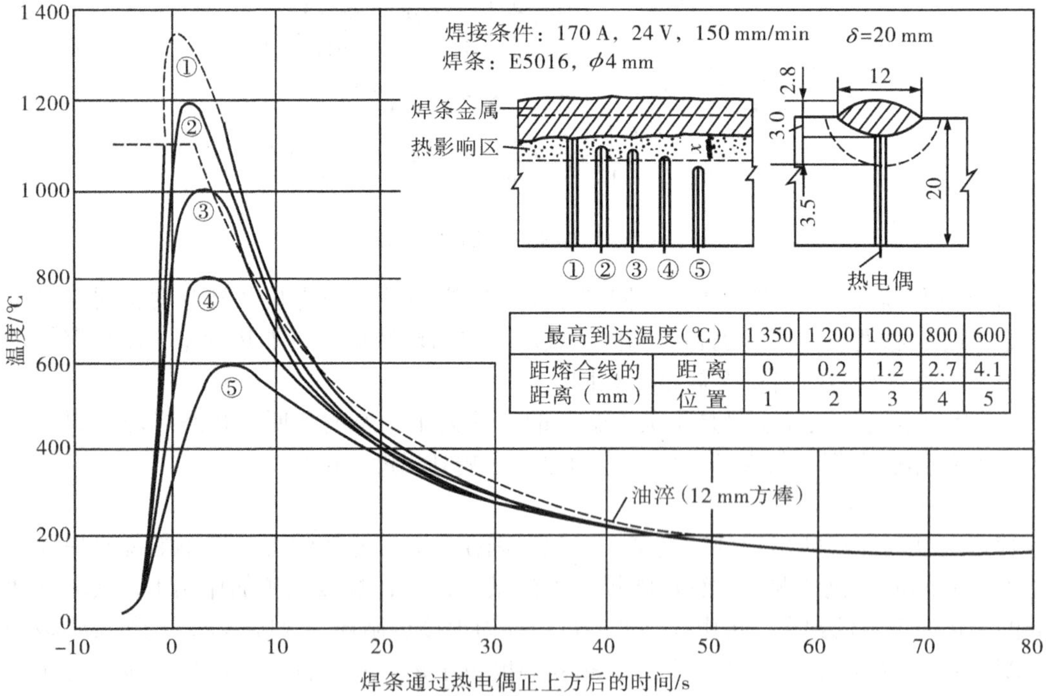

图 1-9　焊接热循环曲线及特征

（1）焊接热循环的特征。图 1－10 是厚度为 20 mm，原始温度为 50 ℃，焊接热输入为 4 250 J/cm 的低碳钢焊接典型的热循环曲线。从该曲线上可以看出焊接热循环具有两个主要特征：

1）加热峰值温度高，加热速度和冷却速度大，且加热速度比冷却速度更大。

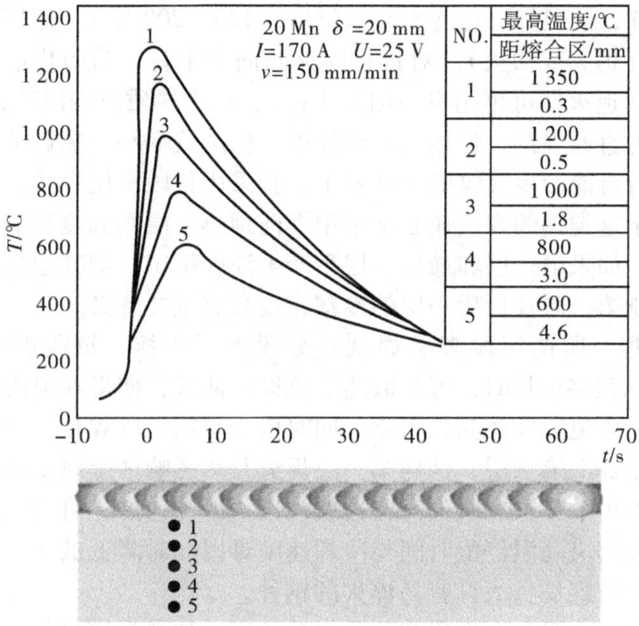

图 1－10　焊接接头的典型热循环

2）焊件上各点的热循环不同。焊件上各点热循环主要取决于各点至焊缝中心的距离，越靠近焊缝中心，峰值温度越高，加热速度和冷却速度也越大，反之亦然。

（2）影响焊接热循环的因素。影响热循环的因素与影响温度场的因素基本相同，主要是热源的种类及功率、被焊金属的热物理性质、焊件几何尺寸等。表 1－7 所述为部分焊接条件对焊接热循环参数的影响。

表 1－7　部分焊接条件对焊接热循环参数的影响

焊接条件	峰值温度 T_{max}	相变温度以上停留时间 t_H	加热速度 ω_H	冷却速度 ω_c
热输入 q	↑	↑	↑	↑
初始或预热温度 T_0	↑	↓	↑	↓
板厚 δ	↓	↓	↓	↑

4. *焊接热循环的调整及控制*

焊接热循环对焊缝及其热影响区的组织和性能具有重要影响，调整和控制焊接热循环对保证和提高焊接质量具有重要作用。焊接热循环调整和控制的原则主要是使焊接变形和焊接残余应力最小，焊缝及热影响区有良好的性能和组织，并有利于提高生产效率。

在单层焊时由于受到焊缝截面的限制，不能在较大的范围内调整输入功率和焊接速度，因而焊接热循环的调整受到一定限制。不过，在实际焊接生产中更多地采用多层多道焊，像厚壁管道、容器和重型金属结构等要焊接几十层乃至更多。因此，对多层焊热循环的调整和控制具有重要意义。在实际生产中，根据情况不同，多层焊可分为“长段多层焊”和“短段多层焊”。

（1）长段多层焊。所谓长段多层焊，就是指每道焊缝长度较长，并在1 m以上。因此在下一道焊缝焊接前，前层焊缝已冷至较低温度（100～200 ℃），这样后层焊缝对前层焊缝具有热处理作用（退火或回火）。对具有淬火倾向的钢材，为防止最后一层淬火，有时多加一层退火焊道（退火层可再用机械加工去掉），使焊接质量得以改善。

长段多层焊多为直通焊接，焊接工艺较简单，生产效率高，热影响区较窄。但是对于一些淬硬倾向较大有可能产生裂纹的钢种就不适合采用长段多层焊接，以避免快速冷却淬硬而产生冷裂，对于这类钢的焊接还必须采用焊前预热、层间温度控制、后热等措施。在进行长段多层焊时，如果第一层和最后一层不产生淬硬组织，则其他层也不会产生淬硬组织，因此检测和控制第一层及最后一层的冷却速度具有重要意义。

（2）短段多层焊。所谓短段多层焊就是分段逐层焊接，每段焊缝长度较短，仅为50～400 mm。采用短段多层焊时，可获取陡窄热循环曲线，使得在奥氏体转变温度（Ac_3）以上停留的时间短，避免奥氏体晶粒粗化。同时由于采用短段焊接，当焊缝快冷到马氏体转变温度时，再立刻焊上第二层，这样第一层焊缝及热影响区金属受到第二层焊缝焊接时热量作用，温度将不再下降且有所上升，这就减慢了冷却速度，可有效避免淬硬组织的出现。短段多层焊可以解决高温停留时间与冷却速度难以同时降低的矛盾，这种热循环的调节十分适用于焊后晶粒容易长大且容易淬火的钢种。

应用短段多层焊，主要是合理确定每段焊缝长度，如果焊道过长，则前一层焊缝已冷至马氏体转变温度以下，并产生马氏体组织，可能产生裂纹，短段多层焊就失去意义。若焊道过短，则会使焊缝及热影响区在高温停留时间过长，造成晶粒粗化，同样也达不到工艺目的。

应指出的是，短段焊操作过程烦琐，如果焊道长度选取不当，不仅不能改善接头性能，还有降低质量的危险，只有在特殊情况下才能使用短段焊。

5. 焊接热过程对焊接接头的影响

由于焊接热过程的特点具有极大的差异性和不均匀性，因此将使焊接接头中的组织、性能及化学成分产生很大的变化。不均匀的加热和冷却，使焊件各区域的膨胀和收缩不一致，导致构件中产生焊接残余应力和变形，所有这些，都将导致焊接接头可能产生各种缺欠。

一般来讲，焊接热过程对焊接接头性能的影响主要体现在焊接热输入、焊接加热速度和冷却速度等方面，而以上问题又主要取决于所采用的焊接方法和焊接参数。在焊接淬硬倾向较大的钢种时，一般都要严格控制焊接热输入以提高焊接接头的塑性和韧性，防止结构的脆性破坏。1968年，日本某地有一台球形贮罐在水压试验时发生了脆断事故。经查，其原因是补焊时采用了很大的焊接热输入（80 000 J/cm），再加之焊后未做好消氢处理工作，因此产生的裂纹造成了脆断。焊接冷却速度对焊接接头的性能也有直接的影响。例如，在焊接高强度钢时，一般都要通过焊前预热、焊后缓冷来降低焊接接头的冷却速度，以此来降低焊接的淬硬倾向，改善显微组织，提高韧性。同时，低冷却速度还有利于焊缝中氢的扩散和逸出，可有效减少裂纹的产生。

第 2 章　绿色焊接

古往今来，制造业一直是人类文明进步的基础，是社会生产力发展水平的重要体现，也是国家竞争力的主体。自第一次工业革命发生后，高速增长的工业经济取得了举世瞩目的成就，但与此同时，高消耗、高排放、低效率的粗放式增长方式，也带来了一系列严重的资源、环境、生态及社会民生问题。如何破解经济增长与生态环境保护之间的矛盾，实现高效、清洁、低碳、循环和可持续发展，促进工业文明与生态文明的和谐共生，是当前全球亟待解决的现实问题。

1992 年 10 月，联合国“环境与发展”大会把清洁生产纳入了会议的主要文件——《21 世纪议程》。清洁生产的提出预示了环境保护和工业污染防治将发生重大的战略性转移。1993 年我国国家环保总局就开始实施世界银行技术援助项目，推进“中国清洁生产”。2002 年，《中华人民共和国清洁生产促进法》在第九届全国人民代表大会常务委员会第二十八次会议上修订通过，并于 2003 年 1 月 1 日起施行。第十八次全国代表大会提出“大力推进生态文明建设”，并将其纳入“五位一体”中国特色社会主义事业总体布局；之后，第十八届中央委员会第五次全体会议进一步提出“创新、协调、绿色、开放、共享”的五大发展理念。

绿色制造是绿色发展的重要组成部分。工业发达国家在绿色制造领域的技术创新和产业模式变革加速。美国、英国、德国、日本等工业发达国家将绿色制造作为下一代工业革命，纷纷实施“绿色新政”，并提出了绿色制造的愿景和目标。美国政府《先进制造伙伴计划》将“可持续制造”列为 11 项振兴制造业的关键技术之一；英国政府科学办公室在《未来制造》中，将“可持续制造”定义为下一代制造，通过提高现有产品和制造工厂的生态效率，制定了“可持续制造”的三阶段战略和路线图；德国将“资源效率”列为《工业 4.0》的八大关键领域之一；日本在 20 世纪 90 年代初推出了“绿色行动计划”，致力于资源保护、减少能源和材料消耗、降低固体废弃物和温室气体排放，以提升企业竞争力。可见绿色发展已经成为全球产业变革的主基调。

2.1　绿色焊接的由来

装备制造业是制造过程中原料及能源消耗大户，基础制造工艺是装备制造业生产过程的耗能及污染物排放的主要环节。作为制造业中的重要环节，焊接技术是汽车、石化装备、电力装备、造船、钢铁装备等产业的基础制造核心技术。据统计，全世界 45% 的金属结构需要使用焊接得以成形。以我国 2014 年钢产量 11.26 亿吨为例，近 50% 的钢材需要经过焊接加工制成各种构件或产品。随着重大工程和高端装备制造业的发展，焊接制造领域在取得显著发展的同时，依然面临能耗高、材料利用率低、资源环境影响大、装备技术落后等问题，具体表现为以下几个方面。

（1）焊接技术效率低、能耗大。以我国船舶焊接为例，我国造船业中焊接机械化、自动化率约为日本、韩国的65%，劳动生产率约为日本、韩国的2%，人均年造船量约为10%～15%。大多数的船舶制造企业仍以手工电弧焊、埋弧焊为主要焊接手段，同时焊接过程节能、节材管理水平滞后，船舶制造焊接耗电量仍占到总用量的50%以上。

（2）焊接材料污染大。焊接材料伴随着熔化、蒸发、燃烧等过程会产生大量烟尘及有害气体，一些焊接材料中含有铅、卤素等有害元素。高烟尘焊接材料和含重金属的焊接材料严重恶化了生产和生活环境。

（3）电弧及高频磁场辐射伤害较大。焊接过程中会产生红外线、紫外线和可见强光线。红外线会引起焊接人员出现皮炎，皮肤上出现红斑、水疱，伴随有烧灼感，还会引起电光性眼炎；同时红外线会引起皮肤组织的热作用，容易有热感，还会造成红外线白内障；可见强光线则会引起电焊晃眼、视觉模糊。焊接过程的高频电磁场也会使焊接人员感到劳累，甚至会造成特殊的伤害。

（4）焊接装备技术滞后。以我国焊接装备技术为例，焊接机械化与自动化总体水平较低，平均约占50%，重大装备急需的机器人、焊接专机等先进设备主要依靠进口，焊接装备的自动化程度、稳定性和可靠性等方面仍有待提高。

由此可见，在基础制造业快速发展的同时，重视环保性焊接材料、焊接设备的生产，采用环保型焊接工艺，增强环境保护意识，发展“高效、节能、安全、环保”的绿色焊接技术是促进制造业可持续发展的必经之路。

2.2 绿色焊接的发展现状

绿色焊接技术可以理解为“高效、节能、减排、降材”的焊接技术。绿色焊接技术的实现需要绿色焊接材料、焊接工艺、技术与装备为保障。成分无害化的焊接材料，可以从焊接源头上避免危害物质进入环境；成熟可靠的环保生产工艺，可进一步减少危害物质对环境的影响；应用绿色焊接工艺与装备和绿色环保型焊接材料，可持续减少焊接污染物的产生，并降低总体能源消耗。总之，从消耗品的焊接材料到实施焊接的工装设备，都可以进行控制及干预来实现绿色焊接。近年来，绿色焊接技术的发展主要集中在焊接工艺及方法、焊接电源、焊接材料、焊接结构四个方面。

2.2.1 绿色焊接工艺及方法发展现状

近些年来，绿色高效焊接技术不断地涌现，主要的特点是生产效率高、节能、节材、排放量低。依赖于相应高端焊接设备的新型绿色焊接技术正逐渐取代传统的焊接技术和方法，开始在工业生产制造中崭露头角。

1. 电弧焊绿色焊接技术

电弧焊是目前应用最为广泛的焊接方法，包括焊条电弧焊、埋弧焊、熔化极气体保护焊、钨极惰性气体保护电弧焊以及等离子弧焊。

焊条电弧焊是各种电弧焊方法中发展最早、目前仍然应用最广的一种焊接方法。焊条电弧焊以其焊接设备简单、轻便、操作灵活的特点可以应用于维修及装配中短缝的焊接，特别是可以用于难以达到的部位的焊接。但焊条电弧焊焊接劳动条件差，焊接过程需要手工操作和眼睛观察完成全过程，焊接过程伴随高温烘烤和置身于有毒的烟尘环境中；另一方面焊条电弧焊生产效率低，焊接过程中需要更换焊条，且焊材的使用效率也较低。随着焊接劳动力成本持续上升、熟焊工短缺与焊接效率的降低，焊条的使用比例已逐步下降至30%，在长期范围内焊条的使用率还会进一步降低。

采用连续送丝并配以焊剂保护的埋弧焊具有生产效率高、焊接质量好、劳动条件优良等优点。传统的埋弧焊焊接时需要采用颗粒状焊剂进行保护，一般只适应于平焊和角焊位置，焊接时不能直接观察电弧于坡口的相对位置，焊接设备相对复杂，焊接机头尺寸较大。基于埋弧焊原理开发的新型绿色埋弧焊技术有效地解决了此类问题，如窄间隙埋弧焊成功地解决了针对特厚钢结构焊接效率与质量相矛盾的问题；纵列式排列的多丝埋弧焊已经成为厚板、焊接工作量大的大型构件的理想高效焊接方法；带极堆焊的熔敷速率高达60～70 kg/h，达到普通埋弧焊熔敷效率的2～3倍，是压力容器管板及内壁堆焊的常用焊接方法。

熔化极气体保护电弧焊（MIG/MAG）在工业制造中应用比例逐渐增大，其焊接效率、熔敷速率及焊材利用率均较高。但由于其焊接过程中焊接飞溅及烟尘较大，焊接劳动强度大，焊接热输入过高，不适用于薄板的焊接等特点限制了其进一步推广使用。后期开发的变极性熔化极气体保护电弧焊、冷金属过渡技术和高速熔化极气体保护电弧焊技术明显克服了焊接过程中的飞溅大、薄板焊接的局限性，并进一步提高了焊接搭桥能力以及焊接效率。采用药芯焊丝的熔化极气体保护焊技术在焊接过程中飞溅明显减少，且焊缝更加美观；同时在药粉的保护作用下，焊缝在冶金上更具优越性。

钨极惰性气体保护电弧焊（TIG）焊接热源稳定，焊接电流在极低的情况下仍然能够稳定燃烧，常用于薄板以及精密部件的焊接。钨极惰性气体保护电弧焊焊接熔深较浅、焊接速度较慢、生产效率低的原因限制了其在加工制造中使用的比例。近些年来在其热源形式的基础上开发的绿色新型TIG焊技术在保证稳定热源的基础上明显地提升了焊接生产效率。如A－TIG焊采用活性剂可以实现10 mm左右厚的钢板不开坡口一次焊接成形；热丝TIG及多钨极TIG焊熔敷效率可达到5.8 kg/h。

依靠喷嘴拘束作用形成压缩电弧的等离子弧焊能量密度可达10^5～10^6 W/cm^2，达到TIG电弧的数千倍。因此，等离子弧焊在焊接10 mm左右厚的钢板时可不开坡口，实现单面焊双面成型。另一方面，由于等离子焊接电弧处于压缩状态，因此其焊接热影响区较小，能够获得性能更为优良的焊接接头，尤其体现在0.1 mm左右厚的超薄板焊接过程中。后期改进开发的变极性等离子技术极适用于铝合金的焊接，在中等厚度的铝合金焊接过程中，能够在不开坡口、不需背面强制成形的保护条件下，实现一次单面焊双面成型，目前已经在国防及航天工业制造上广泛应用。

2. *高能束绿色焊接技术*

高能束焊接技术是当前比较流行的绿色焊接技术，这一类焊接方法包括电子束焊、激光焊及激光复合焊。

电子束焊是利用高速电子聚焦后所形成的电子束轰击工件表面时所产生的热能进行焊

接的方法。采用电子束作为焊接热源具有功率密度高、焊接精确快速且可控的特点。电子束焊接过程中穿透能力强，焊缝深宽比较大，可实现特大厚度板材不开坡口的单道焊接，同时也适用于超薄材料的精密焊接；焊接速度较快，一般为1 m/min，焊接热影响区较小；真空环境下焊缝的质量较高，特别适用于活泼金属的焊接。用其他焊接方法能进行熔化焊的金属及其合金都可以用电子束进行焊接。电子束焊主要用于高质量产品、异种金属、易氧化金属及难熔金属的焊接。

激光焊是利用大功率相干单色光子流聚焦而成的激光束作为热源进行的焊接。与常规的焊接方法相比，激光焊具有更高的功率密度，加热集中，焊接热影响区较窄，特别适宜于精密焊接和微细焊接；焊缝深宽比较大，能一次焊接厚度较大的工件；适宜于难容金属、热敏感性强金属以及物理性能差异悬殊的工件连接；可穿透透明介质，对密闭容器内的工件进行焊接；激光束不受电磁干扰，焊接过程中没有磁偏吹现象，适宜于磁性材料焊接；焊接过程不需要真空室，同时也不会产生X射线。激光焊已经在重工业产品及精密焊接中应用广泛。

激光电弧复合焊是近些年来发展起来的新工艺方法，它将激光焊和电弧焊的优点综合在一起，有效地解决了激光焊对焊接间隙大和错边敏感的问题，同时焊接速度大大提高，焊缝成形后的质量更加优良、焊接变形小。国外已成功将激光电弧复合焊应用于重要的工业生产，国内也在全地面起重机伸臂、履带式起重机及刮板输送机中部槽上成功应用。

3. 绿色固相焊接技术

固相焊接技术近些年在工业制造中应用比例逐渐增加，且逐渐在重要国防部件的焊接制造中应用，比较有代表性的绿色固相焊接技术包括摩擦焊、搅拌摩擦焊和超声波焊。

摩擦焊是以机械能为能源的固相焊接，它利用两表面间的机械摩擦所产生的热实现金属的连接。摩擦焊时热量集中在结合面处，焊接热影响区较窄，通常在焊接终止时增大压力，使热态金属受顶锻而结合，结合面并不熔化。摩擦焊生产效率较高，几乎所有能进行热锻的金属都能用摩擦焊进行焊接。摩擦焊还适用于异种金属的焊接。

20世纪90年代由英国焊接研究所发明的搅拌摩擦焊目前被业界公认为新型绿色焊接技术的翘楚。搅拌摩擦焊使用特殊材料的搅拌头在焊缝的接头部位旋转并按一定速度沿焊接方向进行，将接头两侧的金属搅拌在一起而形成坚固的焊缝。由于焊缝金属未熔化只是在塑性状态下搅拌，因此焊缝质量优良。搅拌摩擦焊特别适用于铝、镁、铜等有色金属的连接，在钢材的连接上也有一定的应用。目前搅拌摩擦焊在宇航和航空等重要工业已经开始应用并逐渐在取代传统的焊接技术。

超声波焊是一种以机械能为能源的固相焊接技术，焊接工件在较低的静压力下，由声极发出的高频振动能使结合面产生强烈摩擦并加热到焊接温度而形成结合。超声波焊适用于大多数金属材料之间的焊接，能实现金属、异种金属及金属与非金属间的焊接，可用于金属丝、箔或薄板金属接头的重复性生产。

4. 绿色智能化焊接系统

随着机械数字化、自动化技术的发展，以及产业界对智能化、高品质焊接需求的增长，自动化焊接技术应用日益广泛，焊接生产过程的机械化和自动化是绿色焊接技术发展的必然途径。

从自动化焊接技术概念提出伊始，自动化焊接技术先后经历了开环设计的刚性自动化焊接技术和能够实现闭环控制的自适应控制自动化焊接设备，以及当前应用较为普遍的智能化自动焊接设备。绿色智能化焊接专机发展至现在已经能够利用各种高级传感元件，并借助计算机软件系统、数据库及专家系统实现识别、判断、实时监测、运算、自动编程、参数优化、自动编排焊道顺序及焊接参数调用等功能，大大提升了焊接生产效率和焊缝外观及质量。

工业机器人作为现代制造技术发展的重要标志，自首台工业机器人问世以来，就对现代高技术产业各领域及人们的生活产生了重要影响。焊接机器人是应用最为广泛的一类工业机器人，在各国机器人的应用比例中占机器人总数的40% ~50%。机器人焊接技术是焊接自动化的革命性进步，突破了传统的焊接刚性自动化方式，开拓了柔性自动化焊接新方式。相比刚性专用自动化焊接设备，机器人焊接技术使小批量产品的焊接生产成为可能，在一条焊接机器人生产线上可同时自动生产若干种焊件，缩短了产品改型换代的准备周期，减少了相应的设备投资。

2.2.2　绿色焊接电源发展现状

回顾弧焊电源技术发展，可简单归结为“变压器 - 可控硅 - 逆变器 - 数字化逆变”这一不断进步的过程。

弧焊变压器是一种简单和常用的弧焊电源，它提供交流输出，适用于焊条电弧焊。弧焊变压器的伏安特性通常为恒流特性。由于一般的变压器是恒压特性，不适宜直接用于焊条电弧焊，因此弧焊变压器是一种具有恒流特性的特殊变压器。虽然利用机械移动来改变外特性和实现焊接参数调节的弧焊变压器简单可靠，但其调节不灵活精细、笨重且耗料较多，只能在要求不高的场合应用。

可控硅整流式直流弧焊电源是20世纪60年代初发展起来的弧焊电源，它采用晶闸管作为整流元件，通过电子电路控制或调节的方式实现其输出外特性和动特性的控制，最终满足各种弧焊工艺的要求。其本身具有良好的可控性，对输出外特性形状和规范参数的调节或控制都可以通过改变可控硅的导通角或控制角来实现，因而它的性能更加优于弧焊变压器，现在已成为一种主要的直流弧焊电源，并取代了弧焊变压器。

由于焊接电源的低电压、大电流性质，作为焊接电源必须使用变压器降压，即使是直流弧焊电源，也必须先降压再整流，如晶闸管整流式弧焊电源。在大功率电源中，变压器占据了电源主要的体积、重量和材料成本。逆变电源的出现实现了使用20 kHz以上的中频变压器取代传统的50/60 Hz工频变压器，同时逆变电源具有更高的响应速度，因此逆变焊接电源具有体积小、质量轻、节能环保的突出优点；而且其控制方式易于实现数字化，焊接过程的实时控制得以实现，为焊接朝着智能化、绿色化的方向发展提供了可能。早在20世纪80年代国内外就开始大力研发逆变电源技术在焊接领域的应用，率先在手工电弧焊电源上取得突破，并得到推广应用。近些年来，随着逆变技术研究的深入，焊接电源的可靠性和耐候性等有很大进步。如今，在取代传统变压器的工业产品上得到普遍应用。目前逆变技术在CO_2、TIG、MIG/MAG、等离子、电阻焊等焊接设备上得到普遍推广，并逐步得到认可。

逆变电源的高响应速度为焊接控制技术提供了理想的功率平台，数字化技术在焊接电源中的应用进一步提高了电源控制技术的水平和可操作性。目前数字化逆变技术已经能够实现高程度的控制电路数字化及开放式的数字化接口，可实现多信息交换的软件加载方式的数字化智能控制平台。

2.2.3 绿色焊接材料发展现状

焊接材料在焊接过程中会在高温下形成金属蒸气，在空气中迅速氧化形成氧化物烟尘。此外在电弧高温和紫外线的作用下，焊接区的周围也会形成多种有毒气体，对人体的健康造成严重的危害。随着国内外环保意识逐渐增强，在使用焊材进行生产制造时的污染治理和有害排放便更加受到关注，各焊材制造企业针对绿色焊接材料也开始着力进行研究，研究主要体现在绿色钎焊材料和绿色熔焊材料。

1. 绿色钎焊材料

传统钎焊材料多为有毒钎料，有毒钎料主要通过如下途径危害人们的健康：在钎料熔炼、加工和钎焊工作中，有毒金属如铅、镉等蒸发，在空气中被氧化，进入大气，被人吸入，或者沉降在土壤、溶入水中；用有毒钎料钎焊的产品也会造成污染，如盛装食品的容器，使食品受污染；废弃的电子产品污染土壤和地表水等。

在电子组装业中，软钎料采用的传统钎料是锡铅钎料。铅对全身各系统和器官都有毒性，主要累及神经、造血、胃肠道、肾脏及心血管系统。开发无毒的能代替传统锡铅钎料的钎料，是全球电子工业所面临的重要课题之一。在20世纪90年代初，人们开始研究无铅钎料，目前国内外的研究都是以锡为基础的合金。一些国家的钎焊工作者提出的主要替代物是Sn－Ag－Cu及Sn－Ag－Bi合金。日本的研究小组推荐Sn－(3～4) Ag－(0.5～1) Cu和Sn－(3～4) Ag－(1～3) Bi合金。有关无铅钎料的标准也已出台，如ISO 9453、ISO 9454、TIS 23282等。日本主要的电子组装商在2002年使用无铅钎料代替传统锡铅钎料，其他电子组装商也在2004年停止使用含铅钎料。

绿色钎料开发的另一个热门课题是无镉钎料的研究。美国的BAg－la钎料是20世纪30年代第一个取得专利的含镉银钎料，随后很快形成了Ag－Cu－Zn－Cd系列钎料，用于各种黑色金属和各种有色金属及其合金的钎接，并得到了广泛的应用。到20世纪60、70年代各国先后发现了含镉钎料是致癌的有毒钎料，围绕以Ag－Cu－Zn系为基本合金的无镉钎料引起了人们的研究兴趣。到20世纪80年代已开发了Ag－Cu－Zn－Sn、Ag－Cu－Zn－Ni及Ag－Cu－Zn－In系的钎料。20世纪90年代德国和美国开发出了含稼的无镉银钎料，这种钎料具有很好的润湿性能和较高的强度。国内以郑州机械研究所为代表的钎焊材料制造企业在无镉绿色钎料的开发上做了大量的研究工作，研究了常用元素对钎料性能的主导作用和协同效应，对相关元素与镉的效用关系进行了分析，通过探明无镉钎料组织性能的演变规律及镉当量的创建，开发出系列的高性能无镉绿色钎料。郑州机械研究所还针对传统钎料、钎剂独立添加导致钎剂无序散乱、大量废弃的问题，创新钎料/钎剂定比复合方式，开发出无缝药芯钎料、自黏结药皮钎料，提高了钎剂的使用效率，相同润湿效果下钎剂用量比实心焊丝减少了40%，显著降低因钎剂挥发及清洗钎剂残留导致的污染，改善了焊接工作环境。

2. 绿色熔焊材料

电弧焊接过程中，气体从熔滴内溢出导致飞溅。熔焊过程中产生的烟尘、气体、飞溅等对环境污染严重，对人体健康造成危害。采用药芯焊丝或气体保护焊丝，可显著减少焊接烟尘与气体的产生。减少飞溅的主要途径除改进焊接工艺与设备来稳定电弧以外，还需采用低飞溅焊接材料和焊接防飞溅剂。

目前市场上已经有大量的低污染低排放焊接材料产品，包括药芯钢焊丝、药芯铝焊丝、低飞溅焊丝等。这些材料都具有烟尘少、高熔敷率、低飞溅的特点，可与自动焊配合使用。如部分企业开发出的焊接过程中电弧稳定、飞溅损失可忽略的低飞溅型焊条；焊接工艺性能优良、飞溅小、脱渣容易的氧化钛型 CO_2 气体保护药芯焊丝；这些减少飞溅的焊接防溅剂均在生产制造中得到了应用。

近些年来，无镀铜焊丝是绿色熔焊材料研究的热点。相比传统的镀铜焊丝，无镀铜焊丝具有焊丝防锈性能好、焊接飞溅小、焊接烟尘量少、焊缝成形相对美观、焊丝送丝性能与电弧稳定性高等特点。镀铜焊丝生产过程中会有铜离子流失并产生废液和废气，废料排放严重污染环境，而无镀铜焊丝由于在生产过程中表面采用机械处理且无须镀铜，几乎不产生污染物，从而达到环保节能的目标。随着机械自动化的提高和推广，国内外对环保型无镀铜焊丝的需求也越来越多，为无镀铜焊丝的发展带来了新的契机。目前应用无镀铜焊丝较多的是工程机械、汽车制造等行业，部分企业生产的无镀铜焊丝在市场上已经得到客户的广泛认可。

2.2.4 绿色焊接结构发展现状

绿色焊接技术的实现除选用绿色焊接工艺及方法、绿色焊接材料外，还可以从通过优化产品，减少焊接工作量来实现，比如选用窄间隙坡口设计、复合板的使用、产品的轻量化设计等均可以减少焊接材料的使用和焊接过程的工作量。

自 1963 年 12 月《铁时代》杂志上首次刊发由美国 Battelle 研究所开发的窄间隙焊接技术以来，窄间隙焊接技术作为一种更先进的焊接技术，立即受到了世界各国焊接专家的高度关注，并相继投入了大量的研究。发展至现在，窄间隙焊接技术已经衍生出多种技术，如单丝窄间隙埋弧焊、双丝窄间隙埋弧焊、窄间隙 TIG 焊、窄间隙熔化极气体保护电弧焊、窄间隙激光焊。日本学者甚至将窄间隙焊接和激光焊并称为 20 世纪最适合焊接厚板的方法。窄间隙焊焊缝具有较好的力学性能、较低的残余应力与残余变形，同时窄间隙焊也具有较高的焊接生产率与较低的生产成本，这些决定着该技术在钢结构焊接领域客观上存在着巨大的应用潜力和广阔的应用范围。从技术角度上看，其诸多的技术优越性决定着该技术具有极大的诱惑力；从经济角度上看，窄间隙焊接技术的确存在着一个经济性，即享有其技术优越性的同时，能获得显著经济效益的板厚范围。一般来讲，板厚越大，其经济效益也越大，当焊接板厚达到 100 mm 以上时，窄间隙焊接与传统坡口形式相比总效率可提高 50% ~80%，可节约焊丝 38% ~50%。窄间隙焊接的上限板厚只取决于所开发的窄间隙焊技术的焊枪可达深度，理论上不存在上限板厚限制焊枪。现有的窄间隙焊，焊接 500 ~600 mm 板厚已经无任何技术障碍。

爆炸复合板是爆炸焊接复合金属板的通俗说法，由于其采用炸药为能源，通过瞬间高温高压能将不同性质的金属板焊接在一起，能基本保证原来材料的成分和物理特性，因此具有良好的设计性，既可以单独设计，又可以根据需要将不同材料设计制造成最佳使用状态。爆炸复合板材料这种具有良好设计性的特点，决定了其广泛的用途，现已大量应用于石油、化工、冶金、机械、电子、电力、汽车、轻工、宇航、核工业、造船等行业。爆炸复合板在化工行业广泛应用，这主要源于化工装备的自有特性，许多化工装备要求时常处于高温、高压、耐腐蚀状态，而要同时满足这几个要求就必须要求设备材料具有良好的耐热性、耐腐蚀和高强度的特点，同时在工业生产中，设备的制造成本也越低越好，而这恰好是爆炸复合板的优势所在，如不锈钢－碳钢复合板、钛－碳钢复合板等，不但保留了不锈钢和钛的抗耐腐蚀性能，而且又具有碳钢良好的导热性、成形性、可焊性及较好的力学性能，因此被广泛应用于石油化工、煤化工等化工装备行业。对于传统的石油化工、管线等需要进行内部堆焊防腐及耐磨材料的产品，使用复合板代替原始母材，可一次性减轻大量的焊接工作，实现绿色焊接节能减排的效果。

装备轻量化是国际资源节约趋势下的重要举措，材料轻量化不仅可以节省材料的使用，还可以减少能源的消耗及污染的排放。近些年来，石化、重型装备和汽车等产品的服役条件日趋复杂，逐渐向介质苛刻化、服役温度极端化等方向发展，因此工业装备呈现出大型化、重型化的发展态势。材料用量的增加无疑也增加了焊接操作的工作量。通过改变设计选材或优化产品设计可减少材料的使用量，从而使焊接工作量减少，实现绿色制造的目的。工业装备的轻量化设计可以通过两个途径来实现，其一为优化设计条件，在保证使用材料性能稳定的条件下，降低材料的安全系数或采用当前流行的弹塑性设计准则进行设计，此途径已经在重型压力容器制造上有过成功应用，制造材料相比原来减少10%，因此焊接工作量也大幅度的减少；其二为采用高强材料替代原有的常规材料，高强材料的使用可以使设备所用材料在较小的设计厚度条件下就能达到原设计要求，因此选用高强材料相当于为装备“瘦身”，制造材料厚度的减少无疑也减少了焊接的工作量及焊材的使用量，这一点在汽车轻量化项目上已经深得体现。

2.3 绿色焊接发展的总结与展望

2.3.1 现状和存在的问题

目前，不同的国家和相关的行业正在加紧推进绿色焊接的发展，同时对焊接环境的安全及烟尘排放等也制定了相关的标准。国内外在清洁焊接生产及绿色焊接技术的推广上主要在以下几方面进行了工作。

（1）政府和行业协会在焊接作业场所环境标准、防护标准及焊接材料发尘量标准方面开展了相关工作，普通焊接材料外包装上标注发尘量标识。

（2）开展焊接材料的生命周期评价，并以评价结果指导焊接材料的设计开发。控制重金属及六价铬元素含量，开发和应用低尘、低毒、高效、低能耗焊接材料。

（3）清洁生产在焊接材料制造和焊接过程中的实施。

虽然国内外开始对绿色可持续的焊接制造方式开始重视，但从世界范围上看，由于生产力的不均衡、安全工作基础薄弱等原因，绿色焊接的相关工作在很长一段时间内滞后于理论研究，没有得到良好的发展，仍存在以下问题。

虽然绿色钎焊理念在制造业提出并推广，但目前只有一些在国际上有影响力的大厂在积极推进，更多的中小型企业还在观望。即便在有动力推进的大厂里，由于钎料在成分、形态上的改变，工人在焊接操作手法等习惯方面也处于适应阶段，一方面需要国家层面上在政策方面进行引导，另一方面也需要相关技术人员深入客户企业进行指导。

熔焊材料生产厂家主要关注生产焊接材料过程中的三废排放。对焊接过程中产生的烟尘、气体、飞溅等所造成的环境和人体伤害还没有足够的认识。大多数的厂家只考虑到经济效益、成本投入及缺少相应强制的标准或法规，普遍对绿色环保焊材不重视，没有研发积极性。

在绿色焊接装备方面，国内外开展了大量研究，并已形成相应的品牌产品，但总体价格偏高，生产制造企业无法接受。要想大幅度降低价格，并为推广具有低能耗、低排放、高效率特征的绿色焊接技术提供装备支撑，需要国家层面上进一步支持和引导。

在绿色焊接结构设计方面，针对新式的焊接结构形式需要相应的焊接设备进行焊接，焊接设备对焊接结构的适应性仍需加大投入力度进行改进和完善。另外，母材性能的稳定性是产品设计优化的基础，母材的稳定性不能保证，绿色焊接设计也就没有任何意义。

2.3.2　绿色焊接技术的发展展望

为更好实现经济转型升级、加强生态环境保护，实现机械制造行业的高端、智能、环保的要求。绿色焊接技术的发展仍将继续从源头减排、过程监控和技术创新等方面开展工作。

（1）加强对智能焊接制造模式的研发，利用大数据概念对历史数据进行分析梳理，优化产品设计。

（2）在焊接生产中贯彻落实高效、清洁、节能、节材的绿色制造理念及政策，大力推广和研发绿色焊接新方法和新技术。

（3）研发具备节能、节材、高效、低排放特征的绿色焊接设备。

（4）加强对相关基础共性技术研究的支持力度，提升绿色焊材质量、开发高端产品，降低成本。

（5）优化产品设计。设计及制造工艺向精密化方向发展，节约大量原材料，从源头上实现节能减排。

（6）在焊接防护方面加大研发力度，开发新型焊接烟尘整体治理和局部防护设备。

（7）升级和推广职业健康安全标准，通过环保立法手段限期禁用含有毒有害元素的焊接材料并严格执行。

随着国家政策上对绿色焊接技术的规范引导，以及公众对绿色、环保型焊接生产方式的需求，绿色焊接生产水平已经有了明显提升。但绿色焊接技术的发展与推广工作仍任重而道远，相关企业、科研院所及高校仍应在此基础上中流击楫，厚积薄发，强化合作，以应对中长期内市场对绿色焊接日益增长的需求。

第 3 章　焊接冶金

3.1　焊接化学冶金及其应用

3.1.1　焊接化学冶金的特点

焊接冶金过程是指焊接过程中焊接区内各种物质之间在高温下相互作用的过程，包括化学反应以及物质的迁移和重新分布。这些过程对焊缝金属的化学成分、组织性能及焊接缺欠的产生都有重大影响。

伴随冶金化学反应的进行，焊接过程会释放一些副产品，如粉尘、有毒气体（HF、氮氧化物、O_3、CO 等）、强光、辐射、噪声、光气等，造成对周围环境的污染和人体健康的危害。因此，需进一步研发低烟尘并且无毒的焊接材料，开发无弧光和烟尘污染的焊接方法，淘汰高能耗的焊接设备。最终实现焊接过程的零污染、低能耗——绿色焊接。

1. 金属保护的必要性

熔焊时，由于熔化金属和周围介质的相互作用，使焊缝金属的成分和性能与母材和焊接材料有较大的差异。在焊接过程中，熔化金属与周围空气的相互作用，使焊缝金属中的氧、氮含量增加。锰、碳等元素因烧损和蒸发而减少，使焊缝金属的塑韧性下降，但由于氮的强化作用，最终使焊缝强度变化较小，见表 3－1。为保证焊缝质量，焊接过程中需要对熔化金属进行保护，不同焊接方法有不同的保护方式。熔焊时各种保护方式与焊接方法见表 3－2。

表 3－1　低碳钢无保护焊时母材与焊缝的性能

性能指标	母材	焊缝	性能指标	母材	焊缝
抗拉强工/MPa	390～440	334～390	弯曲角/（°）	180	20～40
伸长率/%	25～30	5～10	冲击韧性/（J/cm^2）	>147	4.9～24.5

表 3－2　熔焊方法的保护方式

保护方式	焊接方法
熔渣保护	焊条电弧焊、埋弧焊、电渣焊、不含造气成分的药芯焊丝焊接
气体保护	气焊、CO_2 焊、氩弧焊（TIG、MIG）、MAG、等离子弧焊

续表

保护方式	焊接方法
气渣联合保护	具有造气成分的药芯焊丝焊接
真空保护	真空电子束焊
自保护	含有脱氧、脱氧剂的自保护焊丝焊接

2. 焊接冶金反应的区域性和连续性

焊接冶金过程是分区域（或阶段）连续进行的，各区域的反应条件不同，会影响到各区域反应进行的可能性、方向、速度和限度。

不同的焊接方法有不同的冶金反应区。焊条电弧焊有三个反应区：药皮反应区、熔滴反应区和熔池反应区，如图 3－1 所示。熔化极气体保护焊只有熔滴反应区和熔池反应区。而钨极氩弧焊和电子束焊只有熔池反应区。

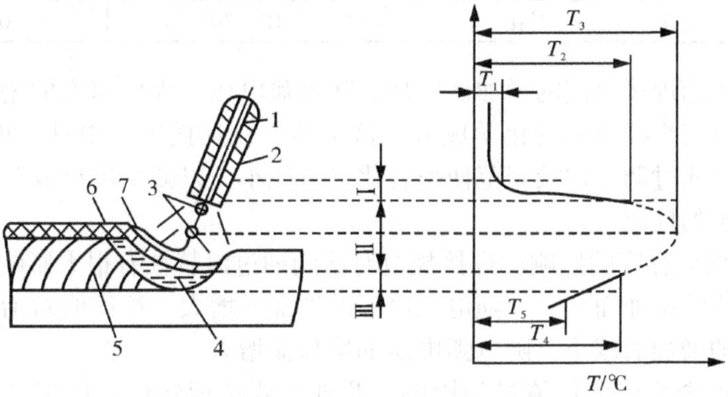

图 3－1　焊条电弧焊冶金反应区及其温度分布

Ⅰ. 药皮反应区　Ⅱ. 熔滴反应区　Ⅲ. 熔池反应区

1. 焊芯　2. 药皮　3. 包有渣壳的熔滴　4. 熔池　5. 已凝固的焊缝　6. 焊壳　7. 熔渣

T_1. 药皮反应开始温度　T_2. 焊条熔滴温度　T_3. 弧柱间熔滴温度　T_4. 熔池最高温度　T_5. 熔池凝固温度

（1）药皮反应区。药皮反应区（图 3－1 中的Ⅰ区）温度范围从 100 ℃至药皮的熔点（对钢焊条约为 1 200 ℃），主要产物是气体和熔渣，可作为熔滴和熔池反应区的反应物，因而影响到整个焊接化学冶金过程和焊接质量。

（2）熔滴反应区。从熔滴形成、扩大到过渡至熔池中都属于熔滴反应区（图 3－1 中的Ⅱ区）。此区的冶金反应主要包括气体的分解和溶解、熔融金属及其合金的氧化和还原反应、金属的蒸发及焊缝金属的合金化等。

（3）熔池反应区。熔滴和熔渣落入熔池后就开始熔池区的冶金反应（图 3－1 中的Ⅲ区），直至金属凝固形成焊缝金属。

3. 焊接规范对焊接化学冶金过程的影响

在焊接过程中，由于母材成分、焊件结构尺寸、接头形式、焊缝分布等因素的不同，使焊接规范发生变化，从而影响焊接化学冶金过程的进行，并最终影响焊缝金属的化学成分。

（1）对熔合比的影响。熔焊时，焊缝金属是由填充金属（焊条、焊丝等）和局部熔化的母材组成的。熔合比是指在焊缝金属中局部熔化的母材所占的比例。熔合比的大小受多种因素的影响，如焊接方法、焊接规范、接头形式、坡口角度、药皮和焊剂的性质、焊条（焊丝）的倾角等，见表3－3。当焊接方法确定后，熔合比的大小主要与焊接规范有关。

表3－3　焊接规范对低碳钢熔合比的影响

焊接方法	接头形式	母材厚度/mm	熔合比 θ
焊条电弧焊	I形坡口对接	2～4	0.4～0.5
		10	0.5～0.6
	V形坡口对接	4	0.25～0.5
		6	0.2～0.4
		10～20	0.2～0.3
	角接及搭接	2～4	0.3～0.4
		5～20	0.2～0.3
	堆焊	—	0.1～0.4
埋弧焊	对接	10～30	0.45～0.75

通常，熔合比随焊接电流的增加而增加，随电弧电压、焊接速度的增加而减小。通过改变熔合比可以改变焊缝金属的化学成分，这个结论在焊接生产中具有重要的实用意义。例如堆焊时，总是通过调整焊接规范使熔合比尽可能小，以减少母材成分对堆焊层的稀释作用来保证堆焊层的性能。

（2）对冶金反应程度的影响。焊接规范对熔滴的过渡特性有很大影响。试验证明，熔滴存在时间随电流的增加而减小，随电弧电压的增加而增大，这说明对冶金反应进行的完全程度将随电流的增加而减小，随电弧电压的增加而增大。

（3）对参与冶金反应的熔渣量的影响。此处主要指埋弧焊。焊接电流增加，熔深加大，电弧伸入熔池内部，焊剂熔化量减少，即与液态金属作用的熔渣量减少，冶金反应减弱；反之冶金反应增强。

4. 焊接化学冶金反应的不平衡性

焊接化学冶金系统是复杂的高温多相反应系统。由物理化学可知，多相反应是在相界面上进行的，并与传热、传质、动量传输过程密切相关。对于焊条电弧焊和埋弧焊，系统中有液态金属、熔渣和电弧气氛三个相互作用的相；电渣焊主要是液态金属和熔渣之间的作用；而气体保护焊主要是气相与金属之间的相互作用。这种多相的相界面，增加了物质的传递难度，尽管焊接区的温度很高（超高温），并有强烈的搅拌作用，但是各部分的反应条件变化剧烈，再加上时间短暂，特别在焊接连续冷却过程中温度变化范围很大，停留时间很短，这就造成焊接化学冶金反应的不平衡性。

因此，不能直接应用热力学平衡的计算公式定量地分析焊接化学冶金反应，但是作为定性分析还是有益的。例如，通过热力学计算可以确定焊接化学冶金反应可能的方向、发展的趋势、影响因素等。

3.1.2　焊接区内金属、气体及熔渣三相间的相互作用

1. 焊接区内的气体

除直接输送和侵入焊接区内的气体外，焊接过程中所进行的各种物理化学反应也产生

气体，如焊条药皮中的造气剂和焊条涂料的增塑剂的热氧化分解反应、焊接材料中碳酸盐（$CaCO_3$、$MgCO_3$ 和 $BaCO_3$）和高价氧化物（Fe_2O_3 和 MnO）的分解等。

电弧空间的气体状态可以是分子和高温分解的原子及离子态（表 3－4）。气相的成分及数量随着焊接方法、焊接参数、焊条或焊剂类型等因素的不同而变化。焊接碳钢时气相冷至室温的成分见表 3－5。电弧区内的气体是由 CO、CO_2、H_2O、N_2、H_2、O_2、金属和熔渣的蒸气，以及它们分解或电离的产物所组成的混合物，其中对焊接质量影响最大的是 N_2、H_2、O_2、CO_2 和 H_2O 等。

表 3－4　气体分解反应在标准状态下的热效应

编号	反应式	ΔH^0_{298}/（kJ/mol）	编号	反应式	ΔH^0_{298}/（kJ/mol）
1	$F_2 = F + F$	−270	6	$CO_2 = CO + \frac{1}{2}O_2$	−282.8
2	$H_2 = H + H$	−433.9	7	$H_2O = H_2 + \frac{1}{2}O_2$	−483.2
3	$H_2 = H + H^+ + c$	−1 745	8	$H_2O = OH + \frac{1}{2}H_2$	−532.8
4	$O_2 = O + O$	−489.9	9	$H_2O = H_2 + O$	−977.3
5	$N_2 = N + N$	−711.4	10	$H_2O = 2H + O$	−1 808.3

表 3－5　焊接碳钢时气相冷却至室温的成分

焊接方法	焊条和焊剂类型	气相体积分数/%				
		CO	CO_2	H_2	H_2O	N_2
焊条电弧焊	钛钙型	50.7	5.9	37.7	5.7	—
	钛铁矿型	48.1	4.8	36.6	10.5	—
	纤维素型	42.3	2.9	41.2	12.6	—
	钛型	46.7	5.3	35.5	13.5	—
	低氢型	79.8	16.9	1.8	1.5	—
	氧化铁型	55.6	7.3	24.0	13.1	—

2. 气体对金属的作用

（1）氧的影响。焊丝、熔剂和母材中溶解的氧或氧化物、金属表面的油脂、铁锈、油漆等污物及熔剂内部的结晶水等均构成了氧的来源。焊接过程中，气相、熔渣与金属反应会使焊缝增氧。用各种方法焊接时焊缝的含氧量见表 3－6。当然，不同的焊接方法、焊接材料和焊接参数，焊缝的含氧量也不同。

表 3－6　各种方法焊接时焊缝的含氧量

材料及焊接方法	平均氧的质量分数/%	材料及焊接方法	平均氧的质量分数/%
低碳镇静钢	0.003～0.008	纤维素型焊条	0.090
低碳沸腾钢	0.010～0.020	氧化铁型焊条	0.122
H08 焊丝	0.01～0.02	铁粉型焊条	0.093

续表

材料及焊接方法	平均氧的质量分数/%	材料及焊接方法	平均氧的质量分数/%
H08 光焊线焊接	0.15～0.30	埋弧焊	0.03～0.05
低氢型焊条	0.02～0.03	电渣焊	0.01～0.02
钛铁矿型焊条	0.101	气焊	0.045～0.05
钛钙型焊条	0.05～0.07	CO_2 气体保护焊	0.02～0.07
钛型焊条	0.065	氩弧焊	0.0017

由于金属本身在加热到很高温度时非常容易氧化，致使焊缝金属及其合金元素迅速被氧化而形成氧化物。氧对焊接和焊接质量的主要影响有：

1）使焊缝金属及合金元素被烧损，造成焊缝的力学性能下降。在熔滴和熔池表面，铁（Fe）、碳（C）、硅（Si）、锰（Mn）等有益元素被氧化，使焊缝金属的强度、硬度和塑性下降。氧对低碳钢力学性能的影响如图 3－2 所示。

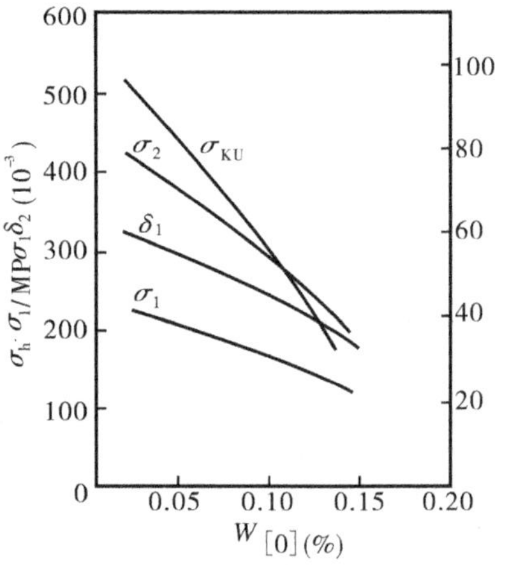

图 3－2 氧（以 FeO 形式存在）对低碳钢力学性能的影响

2）使飞溅严重，易形成气孔、夹渣。焊接碳钢和合金钢时，碳（C）烧损产生一氧化碳气体，导致飞溅增加；同时产生溶于熔池的氧化亚铁（FeO），它与熔池中的其他元素会继续发生氧化反应。在氧化反应中产生的气体，不仅使焊接时飞溅增加，而且当焊缝金属的冷凝速度大于气体逸出的速度时，就会形成气孔。氧化后产生的合金元素的氧化物（如 SiO_2、MnO 等）均不熔于钢中，一般都将浮到熔池表面或进入熔渣中，但有时来不及浮出时，就会在焊缝中形成夹渣。为实现清洁生产和绿色焊接，应尽量减小焊缝的氧含量，降低焊接过程中飞溅的产生。

3）造成焊接困难。焊接某些合金时，在熔池表面生成的难熔氧化物（如 Al_2O_3、Cr_2O_3 等）阻碍冶金反应进行和熔渣浮出。如焊接铝及其合金时，不仅铝表面原有的氧化膜会阻碍焊接，而且在焊接熔池表面还会生成新的氧化铝膜，妨碍焊接过程的正常进行。

此外，熔池中的氧可能使晶界氧化、晶粒粗大及形成热裂纹，还可能使焊缝金属的导电性、耐腐蚀性或其他特殊性能降低。总之，氧在焊缝金属中的危害性是相当大的。因此，在焊接过程中应严格控制氧的来源和选用适当的熔剂，以尽量避免和减少氧对焊缝金属的影响。

（2）氢的影响。在气焊时，氢来源于乙炔的分解和燃烧、焊接材料（焊丝和熔剂）和母材表面的铁锈及水分、油污、油漆等污物。氢通常不与焊缝金属发生化学反应，但能溶解于铁（Fe）、镍（Ni）、铜（Cu）、铬（Cr）、钼（Mo）等金属中。冷却时由于熔池的冷却速度较快，使溶解的氢来不及逸出，残存在固体焊缝中。因而引起焊接接头有以下缺欠：

1）在焊缝金属内部形成氢气孔。气焊低碳钢时，氢气孔大多分布在焊缝的表面，气孔四周光滑，断面呈铁钉状，从焊缝表面看，呈圆喇叭口形。焊接其他碳钢、合金钢和不锈钢时在焊缝内部出现的气孔，主要也是氢气孔。

2）在熔合区和热影响区形成冷裂纹。焊接中碳钢、高碳钢、低合金和合金钢等易淬火钢，在冷却过程中，当焊缝金属发生由奥氏体向铁素体转变时，氢的溶解度突然降低，同时氢在铁素体中的扩散速度比较快，此时氢就会从焊缝穿过熔合区向热影响区扩散，而氢在奥氏体中的扩散速度较慢，结果在熔合区附近就形成了富氢带。氢扩散到熔合区、热影响区聚集，由原子态变为分子态，形成压应力，可能使原有的微观缺欠不断扩大，最后形成具有延迟特性的冷裂纹——“氢致裂纹”。

3）产生白点、引起氢脆性。碳钢或低合金钢焊缝，如含氢量多，则常在其破断面出现光亮圆形的局部脆性断裂点，称之为白点。白点的直径一般为0.5～3 mm，其周围为韧性断口，在多数情况下，白点的中心有裂纹、气孔或小的夹杂物。白点使焊缝金属的塑性下降。

（3）氮的影响。焊接区周围的空气是焊缝金属中氮的主要来源。焊缝金属的含氮量，随着焊嘴离焊件距离的增加而增加，并随气焊火焰中氧与乙炔混合比值的增高而增加。这是因为混合比值增高使火焰中的氧过剩，使火焰紊乱，引起空气的卷入和熔池的搅拌，故使焊缝金属的含氮量增加。此外，焊接材料（焊丝、熔剂）和母材中所含的氮，在气焊时会熔入焊缝金属中形成氮化物。焊接气体纯度不高，例如氧气纯度不高或乙炔中有空气，在气焊时也会使氮进入熔池中。氮对焊缝金属的影响如下：

1）对力学性能的影响。氮元素可以提高焊缝金属强度，降低其塑性和韧性。

2）易形成气孔。气焊时，当焊接区保护不良，就会使空气中的氮进入焊缝金属熔池中。由于熔池的冷却速度很快且迅速结晶，焊缝金属中过饱和的氮来不及逸出熔池，形成氮气孔。

3）引起焊缝时效脆化。进入焊缝金属熔池中的氮，其中一部分在高温作用下，能和锰（Mn）、硅（Si）、铝（Al）、铁（Fe）等元素化合成为能溶于熔池的氮化物。这些氮化物在熔池结晶过程中一部分分布在固熔体内和晶界上，另一部分则以过饱和的形式存在于固熔体中，随着时间的延长，能在晶界处形成稳定的针状 Fe_4N，使焊缝金属的塑性和韧性大大下降，这种现象称为时效脆化。

3. 焊接区内的熔渣

（1）焊接熔渣的作用。

1）焊接时液态熔渣覆盖在熔滴和熔池的表面，把液态金属与空气隔离开，保护液态金属不被氧化和氮化；熔渣凝固后所形成的渣壳覆盖在焊缝金属上，可以使高温的焊缝金属不受空气的侵害，起到机械保护作用。

2）在熔渣中加入某些物质可以使电弧容易引燃、稳定燃烧，减少飞溅，获得良好的焊缝成形等。开发低飞溅的熔渣体系，是实现绿色焊接的一个有效途径。

3）在一定的条件下，熔渣可以去除焊缝中的有害杂质，如氧、氢、硫、磷，以及向焊缝金属过渡有益的合金元素。

（2）焊接熔渣的成分和分类。焊接熔渣的基本类型见表3－7。典型焊接熔渣的化学成分见表3－8。实际的熔渣是多种化合物组成的复杂体系，为便于研究，常简化为由含量比较多、影响比较大的成分组成的渣系。例如，表 3-8 中低氢型焊条可简化为 $CaO-SiO_2-CaF_2$ 三元体系。

表 3-7 焊接熔渣的基本类型

类型	主要组成物	渣系举例	特点	主要用途
盐型	氟酸盐、氯酸盐和不含氧的化合物	CaF_2-NaF CaF_2-BaCl_2-NaF $KCl-NaCl-Na_3AlF_6$	氧化性很小	焊接铝、钛和其他化学活性金属及其合金
盐-氧化物型	氟化物和强金属氧化物	$CaF_2-CaO-Al_2O_3$ $CaF_2-CaO-SiO_2$ $CaF_2-CaO-Al_2O_3-SiO_2$	氧化性较小	焊接合金钢及合金
氧化物型	各种金属氧化物	$MnO-SiO_2$ $FeO-MnO-SiO_2$ $CaO-TiO_2-SiO_2$	氧化性强	焊接低碳钢和低合金钢

表 3-8 典型焊接熔渣的的化学成分

焊条和焊剂类型	熔渣化学成分/%										熔渣碱度		焊渣类型
	w_{SiO_2}	w_{TiO_2}	$w_{Al_2O_3}$	w_{FeO}	w_{MnO}	w_{CaO}	w_{MgO}	w_{Na_2O}	w_{K_2O}	w_{CaF_2}	B_1	B_2	
钛铁矿型焊条	29.2	14.0	1.1	15.6	26.5	8.7	1.3	1.4	1.1	—	0.88	-0.1	氧化物型
钛型焊条	23.4	37.7	10.0	6.9	11.7	3.7	0.5	2.2	2.9	—	0.43	-2.0	氧化物型
钛钙型焊条	25.1	30.2	3.5	9.5	13.7	8.8	5.2	1.7	2.3	—	0.76	-0.9	氧化物型
纤维素型焊条	34.7	17.5	5.5	11.9	14.4	2.1	5.8	3.8	4.3	—	0.60	-1.3	氧化物型
氧化铁型焊条	40.4	1.3	4.5	22.7	19.3	1.3	4.6	1.8	1.5	—	0.60	-0.7	氧化物型
低氢型焊条	24.1	7.0	1.5	4.0	3.5	35.8	—	0.8	0.8	23.3	1.86	+0.9	盐-氧化物型
HJ430	38.5	—	1.3	4.7	43.0	1.7	0.45	—	—	6.0	0.62	-0.33	氧化物型
HJ251	18.2~22.0	—	18.0~23.0	≤1.0	7.0~10.0	3.0~6.0	14.0~17.0	—	—	23.0~30.0	1.15~1.44	+0.048~+0.49	盐-氧化物型

4. 焊接熔渣的性能

（1）熔渣的碱度。碱度是衡量熔渣酸碱性的指标，其他物化性质都与碱度有密切关系，它可以反映熔渣的冶金反应能力和物理性质。熔渣碱度的定义可以表示为

$$B=\frac{\sum \text{碱性氧化物的摩尔分数}}{\sum \text{酸性氧化物的摩尔分数}}$$

为计算方便，氧化物含量也可以改为质量百分比：

$$B=\frac{\sum \text{碱性氧化物}\,\%}{\sum \text{酸性氧化物}\,\%}$$

根据 B 值就可以将熔渣分为酸性渣和碱性渣。当 $B>1.3$ 时，为碱性渣；当 $B<1.3$ 时，为酸性渣。

但利用上面的计算公式实际计算出来的 B 值是不准确的，因为它既没有考虑到氧化物酸性和碱性的强弱程度，也没有考虑酸性氧化物与碱性氧化物形成复合物的情况。

比较精确的计算公式是：

$$B_1=\frac{0.018CaO+0.015MgO+0.006CaF_2+0.014(Na_2O+K_2O)+0.007(MnO+FeO)}{0.017SiO_2+0.3(TiO_2+ZrO_2+Al_2O_3)}$$

式中的氧化物以质量百分比计算。当 $B_1>1$ 时，为碱性渣；当 $B_1<1$ 时，为酸性渣；当 $B_1=1$ 时，为中性渣。

这个公式计算起来比较麻烦，所以清华大学的陈伯蠡教授建议采用下列修正式：

$$B_1=\frac{CaO+MgO+Na_2O+K_2O+0.4(MnO+FeO+CaF_2)}{SiO_2+0.3(TiO_2+ZrO_2+Al_2O_3)}$$

当 $B_1>1.5$ 时，为碱性渣；当 $B_1<1.0$ 时，为酸性渣；当 $1<B_1<1.5$ 时，为中性渣。

（2）熔渣的黏度。熔渣黏度是指液态渣内部相对运动时各层之间产生的内摩擦力（在单位速度梯度下，作用在单位面积上的内摩擦力），单位是帕秒（Pa · s），用 η 表示。黏度的倒数 $\phi=1/\eta$ 叫流动性，黏度越小，流动性越大。

黏度对渣的保护效果、飞溅、焊接操作性、焊缝成形、熔池中气体的外逸、合金元素在渣中的残留损失、化学反应的活泼性等都有显著的影响。黏度过大时，渣冶金反应能力降低，焊缝成形不良且易产生气孔等缺欠；黏度过小时，渣覆盖性差，降低保护效果，焊缝成形差且不能全位置焊。

（3）表面张力。熔渣的表面张力实际上是熔渣与气相接触时的比表面能，而熔渣和金属间的比表面能称为界面张力，对熔滴过渡、焊缝成形、脱渣性及冶金反应等都有很大影响。比如，如果熔渣的表面张力大就会阻碍熔滴过渡。

5. 熔渣对金属的作用

（1）熔渣对焊缝金属的氧化。活性的熔渣对焊缝金属的氧化有两种基本形式：扩散氧化和置换氧化。

1）焊接钢时，FeO 既溶于渣中又溶于液态钢中。在温度不变的情况下，当增加熔渣中 FeO 浓度时，它将向焊缝金属中扩散，使焊缝中的含氧量增加，即扩散氧化。在熔渣中含 FeO 相同的情况下，碱性渣中 FeO 大部分以自由态存在，而 SiO_2、TiO_2 等酸性氧化物较少，故容易向金属扩散，造成焊缝增氧，因此碱性焊条药皮中一般不加入含 FeO 的物质，并要求焊接时清除焊件表面上的氧化皮；相反，在酸性渣中，酸性氧化物较多，它们能与 FeO 形成 $FeO\cdot SiO_2$ 等复合物，使自由 FeO 减少，因而扩散到金属中的 FeO 量减少。但是实际情况是，由于碱性焊条药皮的氧化性小，含 FeO 量少，因此碱性焊条的焊缝含氧量比酸性焊条少。

2）置换氧化是指当焊接熔渣中含有比较多的易分解的氧化物时，则可能要与液态铁发生置换反应，使铁氧化，而同时伴随着另一种元素的还原。例如，用低碳钢焊丝配合高硅高锰焊剂（如 HJ431）埋弧焊时，就会使焊缝增加硅和锰，而使铁氧化，生成的 FeO 大部分进入熔渣，少部分溶于焊缝中，使焊缝增氧。

（2）焊缝的脱氧。脱氧就是通过焊丝或药皮加入某种元素——脱氧剂，使它本身在焊接过程中被氧化，从而保护被焊金属及其合金元素不被氧化的过程。生产中常用于脱氧的铁合金或金属粉末有锰铁、硅铁、钛铁、铝粉等。对脱氧剂的要求是，在焊接温度下，对氧的亲和力比被焊金属大，而且脱氧后的产物应不溶于液态金属，并能浮在熔渣中。焊缝脱氧按其进行的方式分为先期脱氧、沉淀脱氧和扩散脱氧三种。

1）在药皮加热阶段，尚处于固态的药皮中所进行的脱氧反应称为先期脱氧。由于药皮加热阶段的温度比较低，反应时间短，因此先期脱氧是不完全的。

2）沉淀脱氧是在熔滴和熔池中，利用溶解在液态金属中的脱氧剂，直接和溶于液态金属中的 FeO 作用，使铁还原。沉淀脱氧是减少焊缝含氧量的主要方式。脱氧产物从熔滴和熔池中浮到熔渣中去。

3）如果熔渣中有强酸性氧化物如 SiO_2、TiO_2 等，它们可以与 FeO 生成复合物 FeO · SiO_2、FeO · TiO_2，其结果可使熔渣中的自由 FeO 减少，促使液态金属中的 FeO 不断地向渣中扩散，这就是扩散脱氧。扩散脱氧在酸性渣中比在碱性渣中更为有利。但是，在焊接条件下，由于冷却速度大，在液态金属和熔渣相界面上进行的这一过程是不够充分的。因此，仅靠扩散脱氧方式是难以较好地完成脱氧任务的。

3.1.3 焊缝金属的合金化与杂质的控制

1. 焊缝金属的合金化

将所需的合金元素通过焊接材料过渡到焊缝金属中去的过程称为焊缝金属的合金化。

（1）焊缝金属合金化的目的。

1）补偿焊接过程中由于蒸发、氧化等造成的合金元素的损失。

2）防止裂纹、气孔等焊接缺欠，改善焊缝金属的组织和性能。例如，为了消除因硫引起的热裂纹，需要向焊缝中过渡锰。

3）获得具有特殊性能的熔敷金属和良好的异种金属焊缝。例如用堆焊方法过渡 Cr、Mo、W、Mn 等合金元素使工件表面获得良好的耐磨性、耐热性、耐蚀性、热硬性等特殊性能。

（2）焊缝金属合金化的方式。

1）填充金属过渡。把所需要的合金元素加入焊芯、焊丝、带极或板极中，配合碱性药皮或低氧、无氧焊剂进行焊接或堆焊，从而把合金元素过渡到焊缝或堆焊熔敷金属中。这样形成的焊缝成分均匀、稳定可靠，合金损失少，但制造工艺复杂。

2）合金粉末涂敷过渡。将需要过渡的合金元素按比例配制成具有一定粒度的合金粉末，把合金粉末输送到焊接区或直接涂敷在焊件表面或坡口内，在焊接热源的作用下与母材熔合后形成合金化的熔敷金属。这种方式的优点是元素的比例调配方便，不必经过轧制、拔丝等工序，合金含量的损失小，但合金成分的均匀性差，制粉工艺较复杂。

3）药皮、药芯或焊剂过渡。把所需要的合金元素以铁合金或纯金属的形式加入药皮、药芯或焊剂中。这种合金化的最大优点是合金成分的配比可以任意调整，可以得到任意成分的焊缝或堆焊金属。除药芯焊丝制造较复杂、成本较高外，药皮和非熔炼焊剂均制造容易，成本低。但这种合金过渡方法的合金元素氧化损失较大，合金化程度有限，故合金利用率低，且难以保证焊缝金属成分的稳定性和均匀性。

4）从金属氧化物中还原出金属进行合金过渡，如利用硅锰还原反应等。但是，这种方法只有还原对氧亲和力弱的金属时才是有效的；缺点是会使焊缝增氧。

5）应用药芯焊丝或药芯焊条。药芯焊丝是在普通低碳钢带卷制成薄壁圆形钢管或异形钢管的同时，填满铁合金、铁粉等一定成分的药粉，经拉制而成的一种焊丝。其优点是药芯中合金成分的配比可任意调整，以满足堆焊工作的需要，合金的利用率比较高；缺点是不容易制造，成本较高。

（3）合金过渡系数及其影响因素。合金过渡系数的定义是焊接材料中的合金元素过渡到焊缝金属中的数量与其原始含量的百分比，简化的表达式如下：

$$\eta = \frac{C_d}{C_e} = \frac{C_d}{C_{cw} + K_b C_{co}}$$

式中，η——合金过渡系数；

C_d——合金元素在熔敷金属中的含量；

C_e——合金元素的原始含量；

C_{cw}——合金元素在焊芯中的含量；

K_b——焊条药皮质量系数；

C_{co}——合金元素在焊条药皮中的含量。

该式没有考虑合金元素的各种损失和药皮中金属填加剂对熔敷金属质量的影响，表示的是总的合金过渡系数，并不能说明合金元素由焊丝和药皮每一方面过渡的情况。实际上，这两种过渡形式的过渡系数是不相等的，尤其当药皮氧化性较强时更为明显（见表3－9）。一般情况下，通过焊丝合金过渡时过渡系数较大，而通过药皮合金过渡时过渡系数较小。

表3－9　锰的过渡系数

含锰量及过渡系数/%	药皮类型		
	氧化铁型	钛铁矿型	氧化锰型
药皮中锰的质量分数	9.0	4.3	5.4
焊芯中锰的质量分数	0.14～1.3	0.14～1.3	0.14～1.33
熔敷金属中锰的质量分数	0.77～1.2	0.77～1.28	0.55～1.04
过渡系数	8.4～11.8	15.6～21.6	10～15
由焊丝过渡的系数	42	45	33
由药皮过渡的系数	7～8	14～17	9～11.5

影响过渡系数的因素如下：

1）合金元素的物理化学性质。合金元素的沸点越低，焊接时的蒸发损失越大，其过渡系数越小。合金元素对氧的亲和力越大，氧化损失越大，其过渡系数越小。当用几个合金元素同时合金过渡时，其中对氧亲和力大的元素将依靠自身的氧化，而减少其他元素的氧化，从而提高了其他合金元素的过渡系数。例如，在碱性药皮中加入铝、钛，可以提高硅和锰的过渡系数。

2）合金元素的含量。随着药皮或焊剂中合金元素含量的增加，其过渡系数逐渐增加，最后趋于定值。

3）合金剂的粒度。增大合金剂的粒度，其表面积和氧化损失减少，而残留损失不变，过渡系数增大；但是粒度过大，则不易熔化，过渡系数减小。

4）药皮（或焊剂）的成分。药皮（或焊剂）的成分决定了气相和熔渣的氧化性、熔渣的碱度和黏度等性能，直接影响着合金的过渡系数。药皮或焊剂的氧化势越大，合金过渡系数越小。若合金元素及其氧化物在药皮中同时存在，由质量作用定律可知，这样能够提高该元素的过渡系数。若其他条件相同，合金元素的氧化物性质与熔渣的酸碱性相同，有利于提高过渡系数；若性质相反，就会降低过渡系数。例如，SiO_2 是酸性的，随着熔渣碱度的提高，硅的过渡系数下降；而 MnO 是碱性的，随着熔渣碱度的提高，锰的过渡系数增大。

5）药皮质量系数及焊接参数。在药皮中合金剂含量相同时，药皮质量系数增加，过渡系数减小。

2. 焊缝杂质的控制

（1）氧的控制。在正常的焊接条件下，焊缝中的氧主要来自焊接材料，焊件表面的铁锈、氧化膜、水分等。因此，控制氧的措施是预防和脱氧。

1）采用纯度高的焊接材料，在焊接活性金属及某些合金钢时，应尽量采用不含或低含氧量的焊接材料。例如，采用低氧或无氧焊条、焊剂，采用高纯度的惰性气体作为保护气体；或者在真空条件下焊接，这样可以降低焊缝金属的含氧量。

2）采用冶金方法进行脱氧。通过向焊丝或焊条药皮中加入某种合金元素，使这些合金元素在焊接过程中被氧化，从而保护被焊金属及其合金元素不被氧化。

3）控制焊接参数。焊条电弧焊时，增加电弧电压使空气容易侵入电弧，并且增加了氧与熔滴接触的时间，致使焊缝含氧量增加。因此控制焊接参数可有效减少氧含量。

（2）氢的控制。氢对焊缝金属有不利影响，必须严格控制以尽量减少焊缝金属中的氢含量。

1）限制焊接材料中的水分。制造焊条、焊剂、药芯焊丝用的各种材料，如有机物、天然云母都不同程度地含有吸附水、结晶水、化合水或溶解的氢。因此，制造低氢和超低氢型焊条和焊剂时，应尽量选用不含或含氢少的材料。在制造焊条或焊剂时，适当提高烘焙温度可以降低焊接材料中的水分含量，降低氢含量，如图 3－3 所示。焊条、焊剂在大气中长期放置会吸潮，几种焊条的吸潮性曲线如图 3－4 所示。

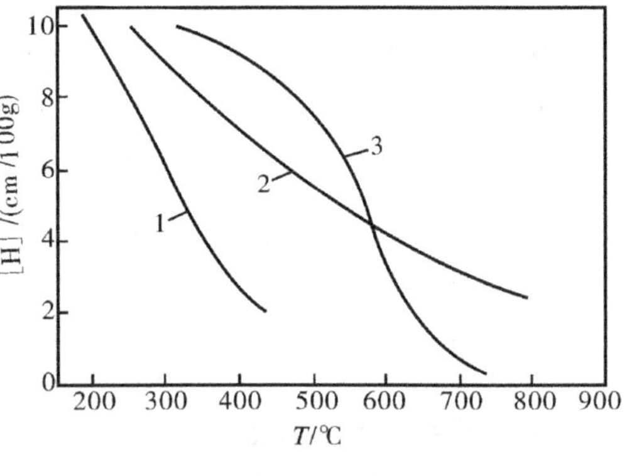

图 3－3　烘焙温度对焊缝氢含量的影响

1. 碱性焊条　2. 碱性烧结焊剂　3. 药芯焊丝

2）清除焊丝和焊件表面的杂质。焊丝和焊件坡口表面的铁锈、油污、吸附水等是增加焊缝氢含量的原因之一，焊前可用机械或化学方法进行清理。

3）调整焊接材料的成分。通过调整焊接材料的成分，使氢在焊接过程中生成比较稳定的不溶于液态金属的氢化物，如 HF、OH 及其他稳定氢化物，以减少焊缝金属中的氢含量、降低氢化物气体的释放。

4）控制工艺参数。焊条电弧焊时，增大焊接电流使熔滴吸氢量增加。直流正接时，焊缝中的氢含量比直流反接时高，用交流电焊接时，因熔滴和气氛接触机会增加，焊缝中

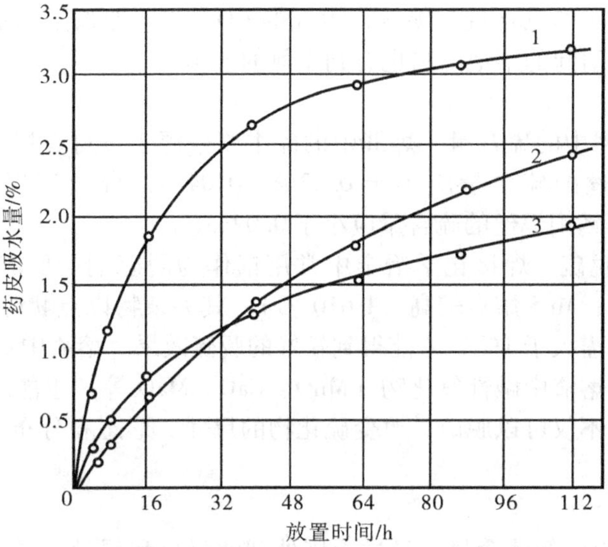

图 3－4　放置时间对焊条药皮吸水量的影响

1. E5015　2. D－6 低尘焊条　3. E4303

的氢含量比直流焊接时多。

5）焊后脱氢处理。焊件焊后经过特定的热处理可以使氢扩散外逸，减少焊接接头中的氢含量。一般将焊件加热到 350 ℃，保温 1 h，可将绝大部分扩散氢去除。

（3）氮的控制。

1）加强焊接区的保护。与氧不同，氮一旦进入液态金属中，要脱氮就比较困难，所以控制氮的主要措施是加强对焊接区的保护，防止空气与金属作用。焊条药皮的保护作用，在很大程度上取决于药皮的成分和含量。药芯焊丝的保护效果，主要取决于其中保护成分的含量。不同焊接方法的保护效果是不同的，见表 3－10 所述。

表 3－10　不同焊接方法焊接低碳钢时焊缝中的含氮量

焊接方法		[N]/%	焊接方法	[N]/%
焊条电弧焊	光焊丝电弧焊	0.08～0.228	埋弧焊	0.002～0.007
	纤维素焊条	0.013	CO_2 保护焊	0.008～0.015
	钛型焊条	0.015	气焊	0.015～0.020
	钛铁型焊条	0.014	熔化极氩弧焊	0.006 8
	低氢型焊条	0.010	药芯焊丝明弧焊	0.015～0.04

2）控制合理的焊接工艺参数。增加电弧电压（即增加电弧长度），导致氮与熔滴的作用时间增长，使焊缝金属中的氮含量增加；增加焊接电流，熔滴过渡频率增加，氮与熔滴的作用时间缩短，焊缝氮含量下降；采用直流反接法可减少焊缝氮含量；在同样条件下，增加焊丝直径使熔滴变粗导致焊缝氮含量下降；多层焊因氮的逐层积累致使焊缝中的氮含量比单层焊时高。

3）利用合金元素控制氮的含量。碳能降低氮在铁中的溶解度，增加焊丝或药皮中的碳含量可以降低焊缝中的氮含量。碳氧化生成的 CO、CO_2 加强了保护效果，降低了气相中氮的分压。碳氧化引起的熔池沸腾也有利于氮的逸出。

（4）硫的控制。

1）限制焊接材料中的硫含量。焊缝中的硫主要来源于母材、焊丝、药皮或焊剂。低碳钢及低合金钢焊丝的硫含量应小于 0.03%～0.04%；合金钢焊丝的硫含量应小于 0.025%～0.03%；不锈钢焊丝的硫含量应小于 0.02%。

2）用冶金方法脱硫。焊接化学冶金中常用锰作为脱硫剂。反应产物 MnS 不溶于钢液，大部分进入熔渣；MnS 熔点较高（1 610 ℃），其夹杂物以点状弥散分布，危害较小。一般熔池中的锰含量需大于 1%，才能得到较好的脱硫效果。熔渣中加入 CaF_2 能降低渣的黏度，有利于脱硫。熔渣中碱性氧化物（MnO、CaO、MgO 等）也能脱硫。

此外，稀土元素不仅可以脱硫，改变硫化物的尺寸、形态和分布，还可以提高焊缝的韧性。

（5）磷的控制。

1）限制焊接材料中的磷含量。经过冶炼处理的母材和焊丝，磷含量较低，药皮、药芯和焊剂中的锰矿是导致焊缝增磷的主要来源。

2）用冶金方法脱磷。焊接冶金过程中的脱磷反应分为两步：首先是 FeO 将 P 氧化为 P_2O_5，然后 P_2O_5 与熔渣中的碱性氧化物生成稳定的磷酸盐，进入熔渣。

3.2 焊接熔池的凝固及焊缝组织

熔焊过程中，母材在热源作用下发生局部熔化，与熔化了的焊丝金属混合，形成了熔池，随后熔池金属凝固结晶形成了焊缝金属。熔池凝固过程对焊缝金属的组织、性能具有重要的影响。在熔池凝固的过程中还可能会产生气孔、裂纹、夹杂、偏析等缺欠，这些缺欠都会严重影响焊缝金属的性能。焊接熔池凝固以后的连续冷却过程中，焊缝金属将发生组织转变。转变后的组织性能，取决于焊缝的化学成分及冷却条件，本节将根据焊接的特点和母材成分的不同进行分析和讨论。焊接接头是由焊缝及热影响区组成的，热影响区是焊接过程中，母材因受热的影响（但未熔化）而发生金相组织和力学性能变化的区域。本节将讨论焊接加热及冷却过程中，母材受热源作用而发生金属组织转变的特点，以及焊接热影响区的组织分布及性能。这对于深入了解焊接接头的组织状态，以及对保证焊接接头的质量和可靠性具有重要的意义。

3.2.1 焊接熔池的凝固特点

焊接熔池的凝固条件与一般铸钢锭的凝固结晶不同，焊接熔池的凝固有如下特点：

（1）熔池的体积小、冷却速度快。由于熔池体积小，又被冷金属所包围，所以熔池的冷却速度很大，平均为 4～100 ℃/s。铸钢锭的平均冷却速度为（3～150）$\times 10^{-4}$ ℃/s。由此可见，熔池的平均冷却速度比铸钢锭的平均冷却速度大 10^4 倍左右。因此，对于含碳量较高、合金元素较多的钢种容易产生淬硬组织，甚至焊道上产生裂纹。由于冷却很快，熔池中心和边缘还有较大的温度梯度，致使焊缝中的柱状晶能够迅速成长，所以在通常情况下电弧焊的焊缝中没有等轴晶。

（2）熔池中的液态金属处于过热状态。在电弧焊的条件下，对于低碳钢或低合金钢材料，熔池的平均温度可达（1 770 ±100）℃，而熔滴的温度更高，约为（2 300 ±200）℃。一般铸钢锭的温度很少超过 1 550 ℃。因此，熔池中的液态金属处于过热状态。由于液体金属的过热程度较大，合金元素的烧损严重，使熔池中非自发晶核的质点大为减少，这也是促使焊缝中柱状晶得到发展的原因之一。

（3）熔池在运动状态下结晶。铸钢锭的结晶是在钢锭模中静态下进行结晶的，而一般熔焊时，熔池凝固是随热源移动而进行的。在熔池中金属的熔化和凝固是同时进行的，如图 3 –5 所示，在熔池的前半部 *abc* 进行熔化过程，而熔池的后半部 *cda* 进行凝固过程。此外，在焊接条件下，气体的吹力、焊条的摆动以及熔池内部的气体外逸，都会产生搅拌作用。这对于排除气体和夹杂，并得到致密而性能良好的焊缝是很有利的。

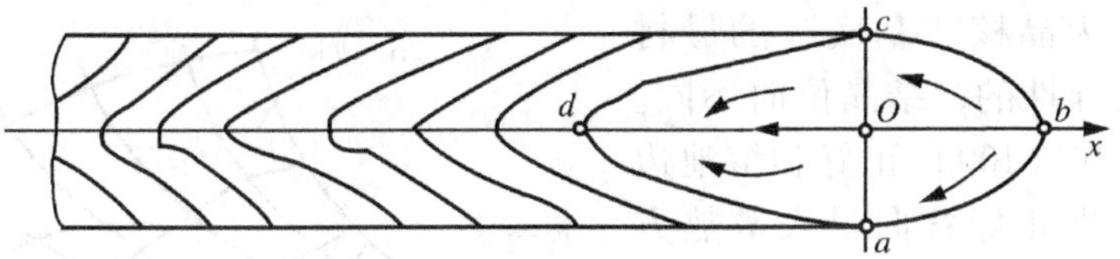

图 3 –5　熔池在运动状态下的结晶

（4）熔池周围散热条件好。焊接熔池周围的母材金属对于熔池金属好似“模壁”，但熔池与其周围母材金属之间直接接触，不像铸件那样存在气隙。焊接熔池的质量相对于周围母材金属的质量很小，母材金属对小体积熔池具有很大的“质量效应”，促进了热量的吸收。所以，焊接熔池界面的导热条件十分有利。熔池边界或凝固中的固 – 液界面的温度梯度比铸件高 10^3 ~ 10^4 倍。

3.2.2　焊缝区的结晶特点及其组织

1. 焊接熔池的凝固

（1）非均匀形核和联生生长。熔池的凝固结晶过程是通过形核与长大的机制进行的。由于焊接熔池液态金属处于过热状态，焊接熔池液态金属凝固时，非均匀形核起主要作用。熔池边界的母材晶粒表面成为新相晶核生长的基底。

1）熔池底部未熔化的被焊母材金属的晶粒表面，非自发晶核就依附在这个表面上，并以柱状晶向焊缝中心成长，形成联生生长，如图 3 –6 所示。

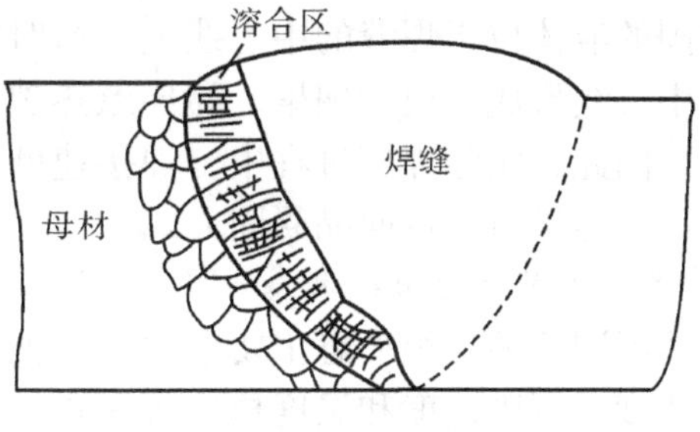

图 3 –6　熔合区母材半熔化晶粒上成长的柱状晶

2）熔池液态金属中未熔化的悬浮质点，如通过焊接材料加入一定量的高熔点元素（如 Mo、V、Ti、Nb 等）而得到，以溶质质点形式存在，或形成氧化物、碳化物、氮化物并促使焊缝形成等轴晶，或为熔池中的未熔化的金属颗粒。

当新相在现成表面上形成时，新相表面的一部分与现成的固相表面接触，另一部分与液相接触。当现成固相表面的表面能小于新相与液相间的界面能时，新相才能较顺利成长。作为新相晶核基底的现成表面，在晶格形式和点阵常数上与新相晶核越接近，其间的界面张力越小，越易于促进新相的形核。

研究表明，焊接熔池底部未熔化的母材金属晶粒表面是液态金属主要的非均匀形核的现成表面，这种依附于母材金属晶粒现成表面形成共同晶粒的结晶方式称为联生结晶。焊缝金属柱状晶相当于熔池边界的母材晶粒的外延生长，与联生结晶相连的母材晶粒尺寸也就是焊缝柱状晶的尺寸。

（2）择优长大。焊接熔池底部的新相晶核形成后，通过二维成核的方式长大。但晶核长大的趋势不同，有的一直长大到达焊缝内部；有的长大很短距离就被抑制。因此，形成二维成核的概率与组分过冷度、熔池边界母材的结晶位向有关。二维成核在原子排列最紧密的晶面上最易形成。对于立方点阵金属（Fe、Ni、Cu、Al 等），最有利于晶体成长的结晶位向为 100。

熔池底部作为晶核“基底”的母材金属晶粒是各向异性的，结晶位向不同。若晶粒的结晶位向（100）正好和熔池边界等温面垂直，即正好背向最大散热方向，此晶粒上成长的新相会成长为发达的柱状晶。若晶粒的结晶位向不垂直于熔池边界的等温面，新相成长过程就会受阻，这就是熔池凝固的择优长大，如图3－7所示。

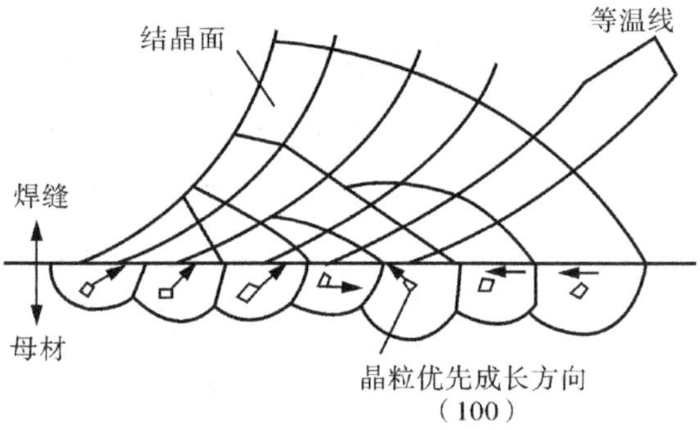

图 3－7　焊缝中柱状晶的择优长大

（3）偏向晶和定向晶的形成。晶界是由一个取向的晶粒过渡到另一个取向的晶粒的分界面，晶粒生长的方向与熔池形状和焊接速度密切相关。正常焊接速度下，枝状晶生长方向是朝向焊缝中心并偏向焊接方向前倾长大，形成弯曲状的晶粒，称为“偏向晶”。当焊接速度足够大时（如高压电子束焊），晶粒成长的方向垂直于焊缝中心线、成对地和几乎不变方向地生长，形成“定向晶”。偏向晶和定向晶凝固方式影响熔池凝固最后的残留液体的位置。熔池以偏向晶凝固时，最后凝固的液体位于熔池后部一定宽度的区域内，不易形成杂质聚集面；熔池以定向晶凝固时，最后凝固的液体位于焊缝的中心线上，这时易沿焊缝中心线形成杂质的偏聚，易导致热裂纹的形成。因此，实际焊接过程中，焊接速度不宜过快，应尽量避免定向晶凝固方式。

2. *熔池凝固后的组织形态*

熔池凝固后的组织形态主要取决于熔池中的溶质浓度、凝固速度和温度梯度等因素，如图 3－8 所示。由于成分过冷导致的液—固相界面前沿的温度梯度、凝固速度不同，焊缝凝固后的结晶形态可以有：平面晶、胞状晶、胞状树枝晶、树枝柱状晶、等轴树枝晶等，如图 3－9 所示。

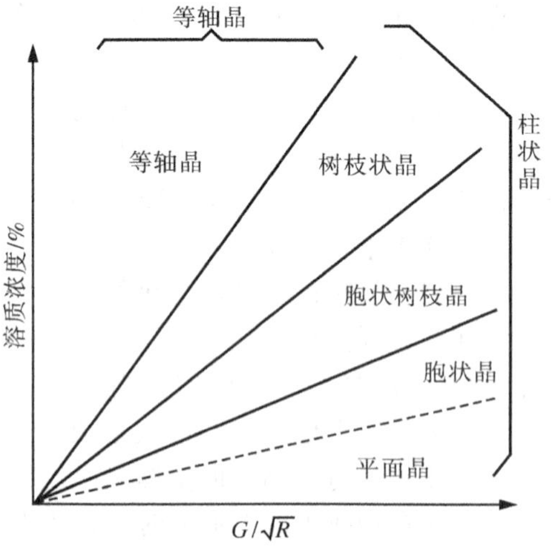

图 3－8　溶质浓度、凝固速度和温度梯度对结晶形态的影响

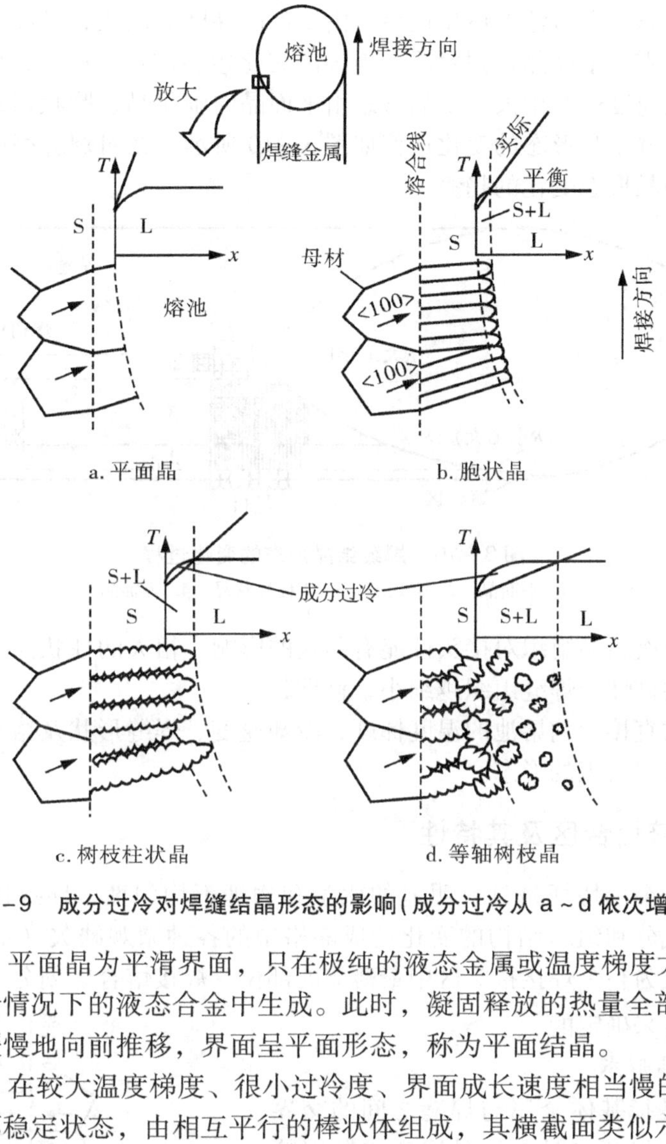

图3－9　成分过冷对焊缝结晶形态的影响（成分过冷从a～d依次增大）

（1）平面晶。平面晶为平滑界面，只在极纯的液态金属或温度梯度大于凝固温度曲线和不形成组分过冷情况下的液态合金中生成。此时，凝固释放的热量全部向界面后方的固体散去，使界面缓慢地向前推移，界面呈平面形态，称为平面结晶。

（2）胞状晶。在较大温度梯度、很小过冷度、界面成长速度相当慢的情况下生成胞状结晶，界面处于不稳定状态，由相互平行的棒状体组成，其横截面类似六角蜂窝，主轴与成长方向一致。

（3）枝状柱状晶。当界面液相有较大过冷度时，胞状成长过渡到“台阶”方式成长，造成表面凸起择优生长，形成枝状晶。枝状晶的形成是由于凝固界面溶质偏析引起的，枝晶的间距决定于溶质浓度分配系数 K_0 与凝固速度。溶质偏析系数（$1-K_0$）的绝对值越大，凝固速度越快，枝晶间距越小。当每个枝晶与邻近生长的枝晶接触时即停止生长，枝晶的接触面便成为两个晶体的晶界，晶粒就是每个晶核形成的晶体。当浓度过冷并进一步增大时，在一个晶粒内除产生一个很长的主枝外，还向四周伸出二次横枝，形成明显的树枝状结晶。

（4）等轴树枝晶。熔池中温度梯度很小时，熔池中未熔化的悬浮质点为非自发形核的现成凝固表面，这些晶粒不受其散热条件的影响，可以自由生长，形成等轴晶。

3. 实际焊缝的结晶形态

焊接实践表明，熔池中成分过冷的情况在焊缝的不同部位是不同的。因此，将会出现不同的焊缝结晶形态。在熔池的熔化边界，由于温度梯度 G 较大，结晶速度 R 又较小，所以成分过冷接近于零，平面晶得到发展。当远离熔化边界向焊缝中心过渡时，温度梯度 G 逐渐变小，而结晶速度逐渐增大，结晶形态由平面晶向胞状晶、胞状树枝晶，一直到等轴晶的方向发展，焊缝结晶形态的变化过程如图 3－10 所示。在对焊缝凝固组织的金相观察中，证实了上述结晶形态变化的趋势。

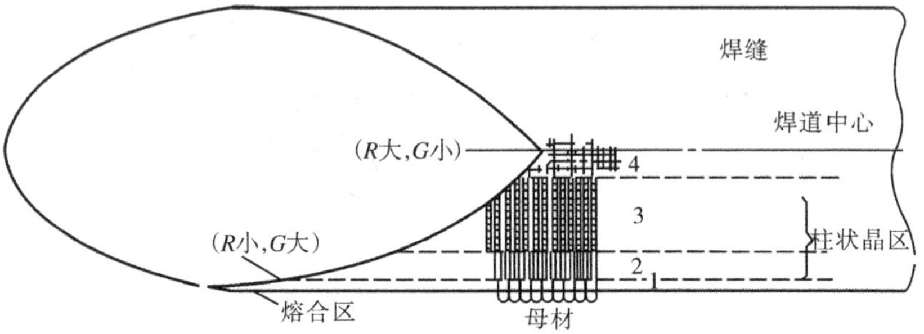

图 3－10　焊缝结晶形态的变化过程

1. 平面晶　2. 胞状晶　3. 树枝柱状晶　4. 等轴晶

焊缝金属的一次结晶组织对接头性能有明显的影响。粗大的柱状晶不但降低焊缝的强度，也降低焊缝的韧性。焊缝组织越细小，韧性越好。

焊接工艺参数直接影响熔池的温度梯度、冷却速度、焊缝形状及熔池的冶金过程，最终影响焊缝金属凝固组织的形态。

3.2.3　焊接熔合区及其特性

焊接熔合区的突出特征是具有明显的化学和物理不均匀性，导致该区域组织结构突变。熔合区化学成分和组织结构的变化造成晶格中的各种微观缺欠（如空位、位错等），降低接头性能，成为整个焊接接头区中最薄弱的部位。焊接熔合区划分是以化学成分和显微组织形貌的认定来确定的。

1. 熔合区结晶形态

焊接熔合区是指基体金属与焊缝之间的交界区域，包括熔合边界两侧具有结晶层和扩散层特征的过渡区段。在这个过渡区段内，成分和组织性能不同于母材和焊缝金属。母材与填充金属的成分相差较大时，在焊接熔合区附近会形成一个成分和组织性能突变的区域；即使母材与填充金属成分相同，由于熔合区两侧不同的熔化结晶和相变条件，仍会导致在熔合区附近形成不同的组织。

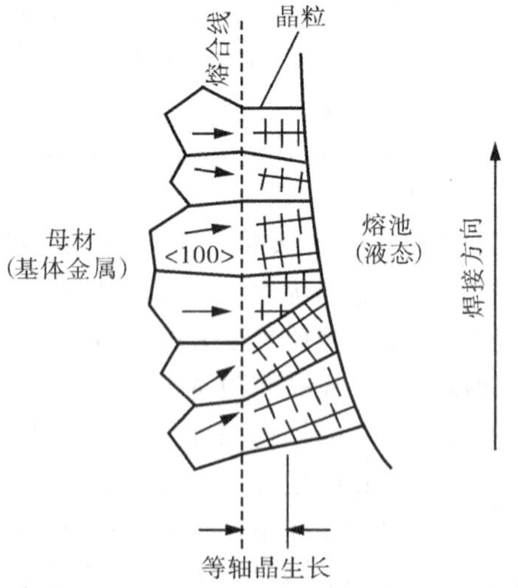

图 3－11　熔合区附近焊缝结晶取向及晶粒外延生长

熔合区附近焊缝结晶取向及晶粒外延生长如图 3－11 所示。焊缝凝固晶粒的 <100> 方向与液相的最小温度梯度平行时，它的生长会很快超过其他取向的晶粒。熔合区焊缝结晶形态的变化如

图 3 - 12 所示。焊接熔合区熔化边界线示意图如图 3 - 13 所示。

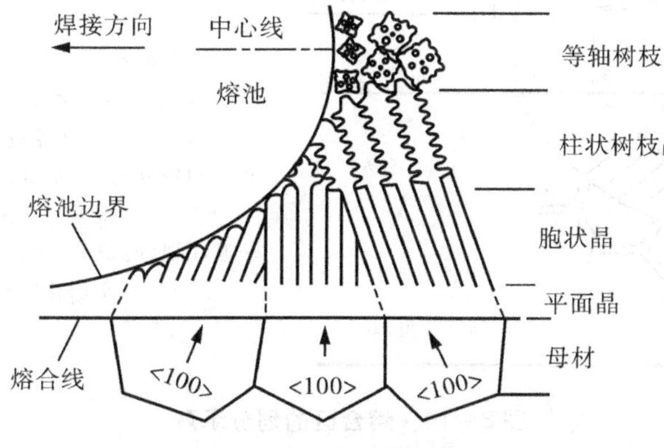

图 3 - 12　熔合区焊缝结晶形态的变化

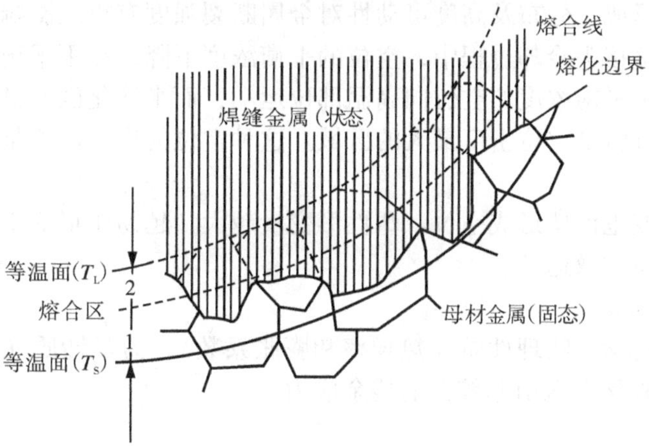

图 3 - 13　焊接熔合区熔化边界线示意

1. 半熔合区　2. 过渡区

2. 熔合区的划分

低合金钢熔合区的焊缝与母材之间不是一条简单的熔合线，而是由一个区域构成，即熔合区。该区包括半熔化区、结晶过渡区和未混合区几个部分，如图 3 - 14 所示。靠近熔化边界母材一侧局部熔化的区域为半熔化区，其宽度取决于焊接热输入和母材金属熔化特性。焊接热输入越大或母材局部熔化温度越低，半熔化区越宽；组织不均匀性边界与焊缝 - 熔化区（*W/F*）边界所围成的特征区域为结晶过渡区，其宽度取决于化学元素扩散驱动力和结晶条件；焊缝金属与母材的化学成分差异越大，浓度梯度和扩散驱动力越大，结晶过渡区越宽。

3. 晶界液化现象

在近缝区，共存固液相之间的相互作用使溶质易于转入液相中，使晶界偏析增大。近缝区的晶界偏析促使在真实固相线以下产生晶界局部液化，在塑性应变的作用下，易于形成大小不同的空穴和液化裂纹等缺欠。

4. 物理不均匀性

近缝区或半熔化区在不平衡加热时，出现空位和位错的聚集或重新分布，即物理不均

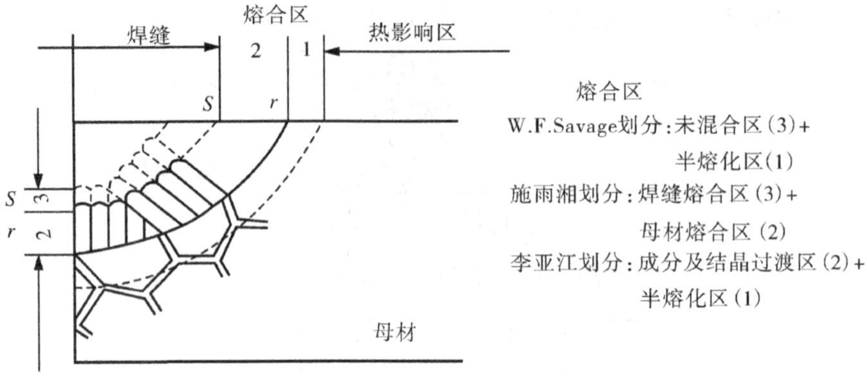

图 3－14　熔合区的划分示意

1. 半熔化区　2. 结晶过渡区　3. 未混合区

匀性。其中空位的形成、分布及高度可动性对金属断裂强度有重大影响。空位的平衡浓度与温度成比例。焊接接头冷却过程中，空位的平衡浓度下降，在不平衡冷却时，空位将处于过饱和状态，超过平衡浓度的空位向高温部位运动，而半熔化区本身就易于形成较多空位，因此熔合线附近将是空位密度最大的区域。这种空位的聚合可能是熔合区延迟裂纹形成的原因之一。

同时，塑性形变也促使形成空位。塑性形变量越大，越易于形成空位，而且空位往往趋于向应力集中部位扩散运动。

5. 残余应力的形成

熔合区存在的化学、物理性质（热导率和膨胀系数）、力学性质（屈服强度和弹性模量）的不均匀性会在熔合区引起较大的残余应力。

3.3　焊接热影响区的组织与性能

3.3.1　热影响区的形成与划分

焊缝两侧母材由于受热的影响（但未熔化）而发生组织和力学性能变化的区域，称为“热影响区”（heat affected zone，HAZ）或称“近缝区”（near weld zone）。

焊接过程中，焊缝两侧的不同部位经历不同的焊接热循环。离焊缝愈近，母材加热的峰值温度愈高，加热速度和冷却速度愈快。因此，经历不同热循环的部位，实质上经受了一次特殊的自发热处理，形成一个在组织和性能上不均匀的焊接热影响区。在这个区中，有些部位的组织和性能优于母材焊前的组织和性能，有些部位则相反，这些部位便成为焊接接头的薄弱环节。它一般会导致 HAZ 局部性能下降，最终使焊接结构的综合性能下降。

用于焊接的低合金钢，从热处理特性来看分为以下两类。

（1）淬火倾向很小的不易淬火钢。如低碳钢及含合金元素很少的普通低合金钢。

（2）易淬火钢。这类钢由于含碳或合金元素较多，能通过热处理淬火强化，如中碳钢和低、中碳调质合金钢等。

由于淬火倾向不同，这两类钢的焊接热影响区组织性能也完全不同。

1. 不易淬火钢的热影响区组织

强度级别较低的普通低合金结构钢（简称普低钢，如16Mn、14MnNb等），在一般的焊接条件下，淬火倾向较小，属于不易淬火钢。这类钢通常为热轧状态。

不易淬火钢热影响区各部分被加热的温度范围如图3－15a所示。可以把热影响区各部分被加热到的最高温度结合焊接热循环曲线（图3－15c），并参照铁碳状态图（图3－15b）来进行分析。加热温度在A_{c1}以下的区域，组织不发生变化，保持热轧状态的母材原始组织（铁素体＋珠光体），具有带状组织的特征。热影响区中组织发生显著变化的部位，相当于加热在A_{c1}以上直至熔化温度。根据加热时组织变化的情况，可将热影响区大致划分为4个区域：部分相变区、细晶粒区、粗晶粒区、熔合区。

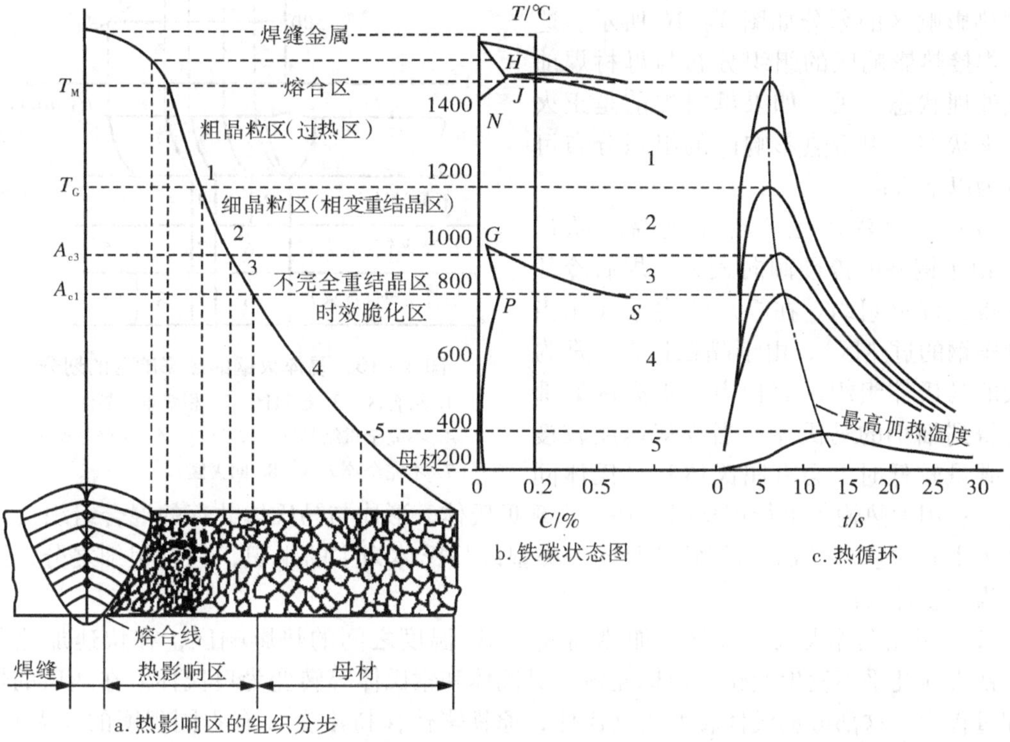

图3－15　不易淬火钢热影响区各部分被加热的温度范围

（1）部分相变区（或不完全重结晶区）加热温度范围为$A_{c1}\sim A_{c3}$。该区域内加热时，钢中的珠光体和部分铁素体转变为小晶粒奥氏体，但仍保留部分铁素体。之后冷却时奥氏体转变为细小的铁素体和珠光体（即重结晶），未熔入奥氏体的铁素体不发生转变，晶粒粗大（即不完全重结晶）。因而冷却后的组织晶粒大小极不均匀，并保留原始组织中的带状组织特征。

（2）细晶粒区（或相变重结晶区）加热温度范围为$A_{c3}\sim TK_s$（TK_s为晶粒开始急剧粗化的温度），铁素体和珠光体全部转变为奥氏体。由于焊接时加热速度快，A_{c1}、A_{c3}、TK_s都移向较高温度，同时在高温下停留的时间短，所以即使温度接近1 100 ℃，奥氏体晶粒还未明显长大。该区域空冷后得到均匀细小的铁素体＋珠光体，相当于热处理中的正火组织，故又称正火区或相变重结晶区。

（3）粗晶粒区（或过热区）加热温度范围 $TK_s \sim T_m$（熔点）。当加热至 1 100 ℃以上温度时，奥氏体晶粒开始急剧长大，尤其在 1 300 ℃以上晶粒明显粗大。由于晶粒粗大，在焊后冷却条件下出现粗大的魏氏组织，使塑性和韧性降低（对强度影响不大）。

2. 易淬火钢的热影响区组织

这类钢包括中碳钢（如 40、45、50 钢等）、低碳调质钢（$R_m = 450 \sim 1\ 000$ MPa）和中碳调质钢（$R_m = 880 \sim 1\ 170$ MPa）等。这类钢由于含有较多的碳或合金元素，具有高的淬透性，易获得马氏体组织。易淬火钢热影响区的划分如图 3－16 所示。这类钢焊接热影响区的组织分布与母材焊前的热处理状态有关。如果母材焊前是正火或退火状态，焊后热影响区的组织分布可以分为以下方面。

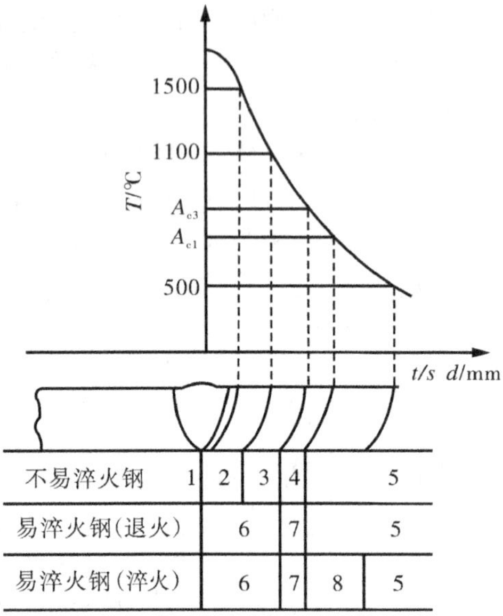

图 3－16　易淬火钢的热影响区的划分

1. 熔合区　2. 过热区　3. 相变重结晶区
4. 不完全重结晶区　5. 母材　6. 完全淬火区
7. 不完全淬火区　8. 回火区

（1）完全淬火区。当加热温度超过 A_{c3}，由于钢种的淬硬倾向较大，焊后冷却时易得到淬火组织。在靠焊缝附近（相当于低碳钢的过热区），由于晶粒长大，常为粗大的马氏体组织，而相当于正火区的部分将得到细小的马氏体。当冷却速度较慢或含碳量较低时，会有屈氏体和马氏体同时存在；用大热输入进行焊接时，还会出现贝氏体，形成与马氏体共存的混合组织（以马氏体为主）。这个区域的组织特征是同一类型以马氏体为主的组织，只有粗细之分，因此统称为完全淬火区。

（2）不完全淬火区。母材被加热到 $A_{c1} \sim A_{c3}$ 温度之间的热影响区，在快速加热条件下，铁素体几乎不发生变化，而珠光体、贝氏体和索氏体等转变为奥氏体。在随后的快速冷却过程中，这部分奥氏体转变为马氏体，原铁素体保持不变（有不同程度的长大），最后形成马氏体－铁素体的组织，故称为不完全淬火区。如果含碳量和合金元素含量不高或冷却速度较小时，这部分奥氏体也可能转变为索氏体或珠光体。

（3）回火区。如果母材焊前处于调质态，那么焊接热影响区的组织除了存在上述的完全淬火区和不完全淬火区之外，还可能发生不同程度的回火，称为回火区（低于 A_{c1} 温度的热影响区）。回火区组织性能发生变化的程度取决于焊前调质（如淬火＋低温回火）的回火温度。回火区一般为回火索氏体组织，离熔合区越远，温度越低，淬火组织的回火程度降低，相应地得到回火屈氏体、回火马氏体组织。如果焊前调质状态为淬火＋高温回火，回火区组织性能发生变化的下限决定于焊前的回火温度，例如焊前调质时的回火温度为 450 ℃，那么焊接时低于此温度的热影响区的组织性能不发生变化，高于此温度的区域，组织性能将发生变化。

3.3.2 热影响区的焊接热循环

1. 焊接热循环的意义

焊接过程中热源沿焊件移动，焊件上某点温度随时间的增长由低而高（加热），又由高而低（冷却）的变化过程称为焊接热循环。低合金钢手工电弧焊焊件上不同点的焊接热循环曲线如图 3－17 所示。

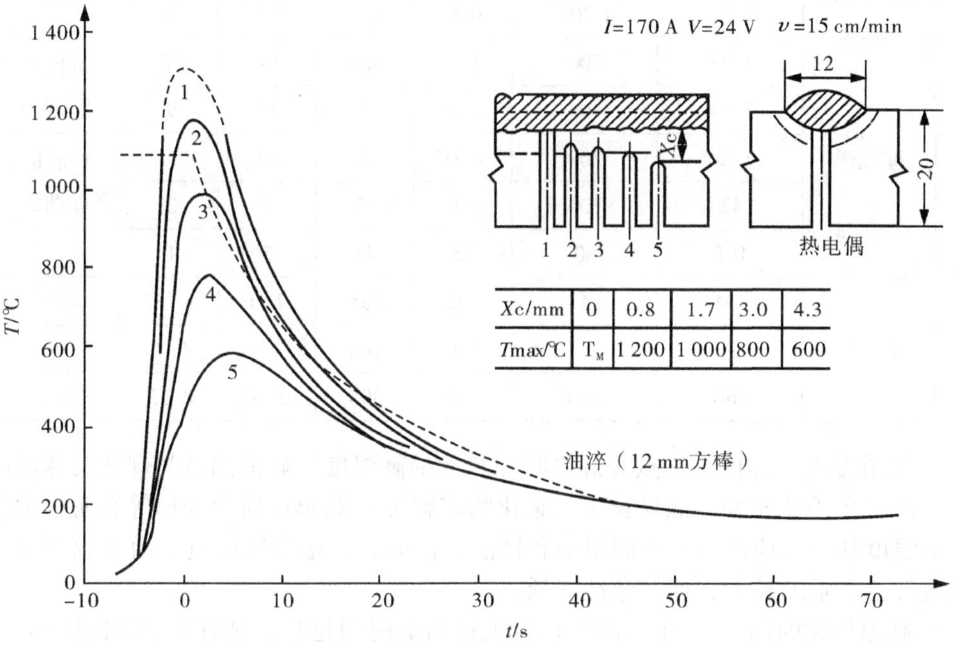

Xc/mm	0	0.8	1.7	3.0	4.3
Tmax/℃	T_M	1 200	1 000	800	600

图 3－17 低合金钢手工电弧焊焊件上不同点的焊接热循环曲线

由图 3－17 可知，在焊缝两侧距焊缝远近不同的各点经历的热循环不同。离熔合区越近的点加热速度越快，峰值温度越高，冷却速度也越快，并且加热速度比冷却速度快得多。

焊接是一个不均匀的加热和冷却过程，是一种特殊的热处理，会造成不均匀的组织和性能。焊接热循环的特性不同，对焊缝两侧金属的组织和性能的影响也不相同。焊缝两侧处于固态的金属，由于受焊接热循环的作用致使组织和性能发生变化的范围，即为焊接热影响区。正确控制焊接热循环参数，对于控制焊缝金属和热影响区的组织和性能具有重要的意义。

2. 焊接热循环的特征参数

决定焊接热循环特征的主要参数有：加热速度、峰值温度、高温持续时间和某一温度区间的冷却时间（如从 800 ℃至 500 ℃冷却时间 $t_{8/5}$，从峰温冷至 100 ℃的冷却时间 t_{100}等）。

（1）加热速度 焊接加热速度比热处理快得多，随加热速度提高，相变温度也随之提高，同时奥氏体的均匀化和碳化物的溶解过程也很不充分，由此影响热影响区的组织和性能。加热速度受焊接方法、被焊材料、板厚及焊接线能量等影响。低合金钢几种常见的焊接方法有关加热速度、冷却速度的数据见表 3－11。

表 3-11　低合金钢单道焊时近缝区的焊接热循环参数

板厚/mm	焊接方法	焊接热输入/(kJ/cm)	900 ℃时的加热速度/(℃/s)	900 ℃以上的停留时间/s		冷却速度/(℃/s)		备注
				加热时	冷却时	900 ℃	540 ℃	
1	钨极氩弧焊	0.84	1 700	0.4	1.2	240	60	对接不开坡口
2		1.68	1 200	0.6	1.8	120	30	
3	埋弧焊	3.78	700	2.0	5.5	54	12	对拉不开坡口，有焊剂垫
5		7.14	400	2.5	7	40	9	
10		19.32	200	4.0	13	33	5	V 形坡口对接，有焊剂垫
15		42	100	9.0	22	9	2	
25		105	60	25	75	5	1	
50	电渣焊	504	4	162	335	1.0	0.3	双丝
100		672	7	3.6	168	2.3	0.7	三丝
220		966	3.0	144	395	0.80	0.25	双丝

（2）峰值温度。焊件上某点在焊接时加热的最高温度。峰值温度与焊缝及热影响区组织性能变化（奥氏体转变、晶粒长大、碳化物溶解等）和焊后应力变形等有密切关系，不同的峰值温度和冷却速度导致不同组织和性能。例如，在熔合区附近，由于温度高使母材金属晶粒发生严重的长大，促使塑性降低。

（3）高温持续时间。在相变温度 A_{c3} 以上停留的时间越长，越有利于奥氏体的均匀化。当温度很高时，即使停留时间不长，某些金属也将产生严重的晶粒长大。为便于分析，把高温停留时间分为加热过程的停留时间和冷却过程的停留时间。

（4）冷却速度（或冷却时间）。在一定温度范围内的平均冷却速度（或冷却时间），或者某一瞬时温度的冷却速度。对于低碳钢和低合金钢来说，人们感兴趣的是熔合区附近的瞬时冷却速度，因为这个温度范围的相变最激烈。对于中、高碳钢或合金钢，冷却速度越快，越易形成淬硬组织，使力学性能降低同时还有产生焊接裂纹的危险。对于奥氏体不锈钢、高温合金等，冷却速度过于缓慢会引起析出脆化、抗腐蚀性能降低。

3.3.3　影响热影响区的组织及性能的主要因素

在焊接快速加热和连续冷却的条件下，热影响区的转变属于非平衡转变，往往会得到多种混合组织，造成组织鉴别困难。在一定条件下，热影响区组织主要与母材的化学成分和焊接工艺条件有关，在鉴别热影响区组织时应该注意以下几点。

1. 母材的化学成分及原始状态

母材的化学成分是决定热影响区组织的主要因素。对于含碳或合金元素较低的低碳钢及低合金钢，淬硬倾向较小，其热影响区主要为铁素体、珠光体和少量魏氏组织等，并可能有少量的贝氏体或马氏体。对于淬硬倾向较大的钢种，其热影响区主要为马氏体，并依冷却速度的不同可能出现贝氏体、索氏体等组织。

对于不含碳化物形成元素的钢，其奥氏体的稳定性（淬硬倾向）主要取决于奥氏体晶粒长大的倾向；奥氏体晶粒越粗大，越容易产生淬硬组织。对于含碳化物形成元素的钢，如18MnMoNb、40Cr等，只有当碳化物溶解于高温奥氏体时，才增加淬硬倾向。对于易淬硬钢，其马氏体类型主要取决于含碳量：当含碳量较低时，会得到低碳马氏体，否则会得到高碳马氏体。

钢中存在较严重的偏析时，往往会出现反常情况。当在正常成分范围内出现一些预料不到的硬化和裂纹时，偏析常是造成这种情况的原因之一。例如含锰钢的偏析倾向是比较大的，在焊接快速加热和冷却的条件下，热影响区奥氏体的成分极不均匀，在含碳量比较高的部位，就有可能形成脆硬的马氏体而致裂。

此外母材的原始组织状态也是分析热影响区组织的重要依据。清楚地了解母材的原始组织，对认识热影响区经焊接热循环作用之后的组织性能变化有着重要帮助，尤其对于不完全重结晶区更是如此。

2. 焊接工艺条件

焊接工艺条件主要指焊接方法、焊接热输入和预热温度等。它们主要影响焊接的加热速度、高温停留时间和冷却速度，在一定成分条件下决定奥氏体晶粒的长大倾向、均质化程度和冷却时的组织转变。因此，对于一定的钢种，高温停留时间越长，冷却速度越快，得到的淬硬组织所占的比例越大。

在快速加热和冷却的条件下，即使对于低碳钢，加热温度在 $A_{c1} \sim A_{c3}$ 的不完全重结晶区，也可能出现高碳马氏体。这是因为在快速加热条件下，原珠光体的部位转变为高碳奥氏体（$w_c = 0.8\%$），并且来不及扩散均匀化，当冷却速度很快时，就转变为高碳马氏体。而铁素体始终未发生变化，最后得到马氏体和铁素体的混合组织。这一过程示意如图3－18所示。

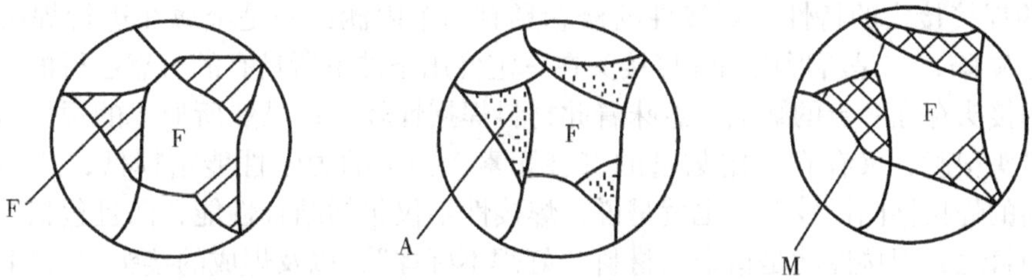

a. 加热前　　b. 加热后　　c. 淬火后

图3－18　快速加热及冷却时的M－F组织

F. 铁素体　A. 奥氏体　M. 马氏体

第 4 章　金属焊接性及其试验方法

在进行焊接工艺设计或焊接生产之前，必须首先了解材料的焊接性，以确保采用合适的焊接材料和焊接工艺方法来获得满足要求的焊接接头。焊接是一个快速加热和冷却的过程，焊缝和热影响区金属在很短的时间内要经历升温熔化、物理化学反应、冷却结晶、固态相变等过程。以上过程都是在金属温度分布和化学成分都处于极不平衡的特定条件下进行的，被焊金属经过这些过程后能否形成完整的焊接接头，能否保持特定的使用性能，这就是金属的焊接性问题。

4.1　金属焊接性及其分析方法

4.1.1　焊接性及其影响因素

1. 焊接性的概念

金属焊接性，俗称可焊性，是金属材料是否能适应焊接加工而形成完整的、具有一定使用性能的焊接接头的特性。焊接性的概念具有两个内涵：一是金属在进行焊接加工中是否容易产生缺陷；二是所形成的焊接接头在一定使用条件下所具有的可靠运行的能力。通过焊接而成的接头存在一定的缺陷，意味着此材料焊接性较差；虽然所形成的焊接接头没有缺陷，但是接头很脆，又存在一定数量的有害元素，接头的力学性能指标低，达不到使用要求，此材料的焊接性同样较差。也就是说，焊接性不仅包括结合性能，而且包括结合后的使用性能。简言之，焊接性就是指金属材料“好焊不好焊”，以及焊成的接头“好用不好用”。

从理论上讲，凡是在熔化状态下相互能形成固溶体或共晶的两种金属合金，原则上都可以实现焊接。这是材料实现焊接的理论依据，但这并不等于材料用任何焊接方法都能获得满足使用要求的焊接接头。同种金属之间具有很好的焊接性，但它们在不同的焊接工艺条件下的焊接性却表现出很大的差异。

焊接性可分为工艺焊接性和使用焊接性。工艺焊接性是指在一定焊接工艺条件下，获得优质、无缺陷的焊接接头的能力。它不是金属本身所固有的性能，而是根据某种焊接方法和所采用的具体工艺措施来评定的。一般的熔焊过程，要经历加热、冷却、相变、冶金反应及扩散过程。焊接热循环对焊接热影响区组织状态及力学性能会产生影响，焊缝金属冶金过程中的合金元素的氧化、还原反应，以及氢、氧、氮、硫、磷的溶解对形成气孔、夹渣、裂纹等缺陷同样也会产生影响。工艺焊接性是可以比较的。如果一种金属材料可以在很简单的工艺条件下焊接而获得完好的接头，能够满足使用要求，就可以说焊接性良好；反之，如果必须保证在很复杂的工艺条件下（如高温预热，采用高能量密度、高纯度保护气氛或高真空度的焊接方法，以及焊后热处理等）进行焊接才能获得在性能上满足使用要求的接头，就可以说焊接性较差。随着新的焊接方法、焊接材料及焊接工艺的发展与完善，一些原来焊接性差的金属材料，其焊接性也会变好。使用焊接性是指焊接接头满足某种使用性能的能力，通常包括常规的力学性能、低温韧性、抗脆断性能、高温蠕变、疲劳性能、持久强度，以及抗腐蚀性和耐磨性等指标。

对于熔焊来说，焊接过程一般包括冶金过程和热过程这两个必不可少的过程。在焊接接头区域，冶金过程主要影响焊缝金属的组织与性能，而热过程主要影响热影响区的组织与性能。由此提出冶金焊接性和热焊接性的概念。

（1）冶金焊接性。冶金焊接性是指高温下的熔池金属与气相、熔渣等相之间发生化学冶金反应所引起的焊接性变化。这些冶金过程包括合金元素的氧化、还原、蒸发，从而影响焊缝的化学成分和组织性能；氧、氢、氮等的溶解、析出对生成气孔或对焊缝性能的影响；在焊缝结晶及冷却过程中，由于焊接熔池的化学成分、凝固结晶条件，以及接头区热胀冷缩和拘束应力等影响，有时焊接接头会产生热裂纹或冷裂纹。

除材料本身化学成分和组织性能对焊接性的影响之外，焊接材料、焊接方法、保护气体等均对冶金焊接性有重要的影响。因此除了利用研制新材料来改善冶金焊接性之外，还可以通过发展新焊接材料、新焊接工艺等途径来改善冶金焊接性。

（2）热焊接性。焊接过程中要向接头区输入热量，对焊缝附近区域形成加热和冷却过程，这对靠近焊缝的热影响区的组织性能有很大影响，从而引起热影响区硬度、强度、韧性、耐蚀性等的变化。

与焊缝金属不同，焊接时热影响区是不熔化的，化学成分一般不会发生明显的变化，而且不能通过改变焊接材料来进行调整，即使有些元素可以由熔池向熔合区或热影响区粗晶区扩散，那也是很有限的。因此，母材本身的化学成分和物理性能对热焊接性具有十分重要的意义。工业上大量应用的金属或合金，对焊接热过程有反应，会发生组织与性能的变化。即使是一些不发生相变的纯铝、纯镍、纯钼等，经过焊接热过程的影响，也会由于晶粒长大或形变硬化消失而使其性能发生较大变化。为改善热焊接性，除了选择适当母材之外，还要正确选定焊接方法和热输入。例如在需要减少焊接热输入时，可以选用能量密度大、加热时间短的电子束焊、等离子弧焊等方法，并采用热输入小的焊接参数以改善热焊接性。此外，焊前预热、缓冷、水冷、加冷却垫板等工艺措施也都可以影响热焊接性。

2. 焊接性的影响因素

焊接性是金属材料对焊接加工的适应能力，既受材料本身性质影响，也与焊接工艺条件和使用条件有关。因此，影响焊接性的因素包括材料因素、工艺因素、结构因素和使用条件。

（1）材料因素。材料因素不仅包括被焊母材本身，还包括所使用的焊接材料，如焊丝、焊条、焊剂及保护气体等。母材的材质对热影响区的性能起着决定性的影响，焊接材料对焊缝金属的成分和性能至关重要。如果焊接材料和母材匹配不当，则可能引起焊接区内的气孔、裂纹等缺陷，或者造成脆化、软化及引起耐蚀、耐磨等性能的变化。为保证良好的焊接性，必须对材料因素予以充分重视。

（2）工艺因素。工艺因素包括焊接方法、焊接工艺措施。焊接方法对工艺焊接性的影响主要有两个方面：一方面是焊接热源的特点，如能量密度大小等，它可以直接改变焊接热循环的各项参数，如峰值温度、高温停留时间及相变温度区间的冷却速度等；另一方面是对熔池和接头附近区域的保护，如熔渣保护、气体保护、渣-气联合保护或真空保护，这些都将影响焊接冶金过程。焊接热过程和焊接冶金过程直接决定接头的质量和性能。

在各种工艺措施中，某些金属和构件采用焊前预热和焊后热处理，这些措施对降低焊接残余应力、减缓冷却速度以防止热影响区淬硬脆化，避免接头产生热裂纹或氢致冷裂纹是比较有效的。

（3）结构因素。结构因素主要是指焊接结构形状、尺寸、厚度以及接头坡口形式和焊缝布置等。不同板厚、不同接头形式或坡口形状的焊件传热方向和传热速度不一样，从而对熔池结晶方向和晶粒成长有影响。焊接结构的形状、板厚和焊缝的布置决定接头的刚度和拘束度，对接头的应力状态产生影响。设计焊接结构过程中，减小接头的刚度，减少交叉焊缝，可以达到降低应力集中的效果，这样就可以改善材料焊接性。

（4）使用条件。使用条件指工件的工作温度、负载条件和工作介质等。一定的工作环境和运行条件要求焊接结构具有相应的使用性能。例如，在低温工作的焊接结构必须具备抗脆性断裂性能；在高温工作的焊接结构要具备抗蠕变性能；在交变载荷下工作的焊接结构具有良好的抗疲劳性能；在一定腐蚀介质中工作的焊接容器应具备抗腐蚀性能等。使用条件越苛刻，对接头质量的要求就越高，金属材料的焊接性就越复杂，越难以掌握。

4.1.2 焊接性分析方法

焊接性的分析就是对金属材料焊接的难易程度做出判断或预测，估计焊接过程可能出现的问题，分析产生问题的原因和寻求解决问题的办法。从工艺焊接性和使用焊接性两个方面去考察该材料对焊接的适应能力。前者解决材料能不能焊接的问题，后者解决焊后能不能使用的问题。

1. 分析材料的焊接性

从材料工艺焊接性分析的角度，主要是考察金属材料在一定的焊接工艺条件下，产生焊接缺陷的倾向性。

从焊接对象的材料本身化学成分入手，按材料中合金元素及其含量间接地评价其产生焊接缺陷的倾向性。例如，采用“碳当量法”分析钢材的化学成分对焊接热影响区的淬硬倾向造成的影响和冷裂纹的敏感性；采用“焊接冷裂纹敏感指数”分析钢材的化学成分、焊缝含氢量和接头拘束度对产生冷裂纹的倾向；采用“共晶相图”分析结晶时的成分偏析、低熔共晶的数量及脆性温度区间的大小对焊接结晶裂纹产生的倾向；采用“利用连续冷却曲线（CCT 图）和模拟焊接热影响区的连续冷却曲线（SHCCT 图）”可分析焊后接头组织与性能，评估焊接性。

（1）碳当量法。由碳当量推测材料的焊接性是一种粗略估计低合金钢淬硬及冷裂敏感性的方法。由于焊接热影响区的淬硬及冷裂倾向与化学成分直接有关，所以可以用化学成分来估计冷裂敏感性的大小。在各种元素中，因为碳对淬硬及冷裂影响最显著，所以有人将各种元素的作用按照相当于若干含碳量的作用折合并叠加起来，求得所谓的“碳当量”，以其值的大小作为估计淬硬及冷裂倾向大小的指标，认为其值越小焊接性越好。

国际焊接学会（IIW）推荐：

$$C_{eq}=\omega(C)+\frac{\omega(Mn)}{6}+\frac{\omega(Cr)+\omega(Mo)+\omega(V)}{5}+\frac{\omega(Ni)+\omega(Cu)}{15} \tag{4-1}$$

此式可用于中等强度级别非调质态的低合金钢（抗拉强度 σ_b 介于400~700 MPa之间）。

美国焊接学会提出下式：

$$C_{eq}=\omega(C)+\frac{\omega(Mn)}{6}+\frac{\omega(Si)}{24}+\frac{\omega(Ni)}{15}+\frac{\omega(Cr)}{5}+\frac{\omega(Mo)}{4}+\left(\frac{\omega(Cu)}{13}+\frac{\omega(P)}{2}\right) \tag{4-2}$$

此式可用于含碳量较高的低合金高强度钢。

日本的JIS和WES推荐：

$$C_{eq}=\omega(C)+\frac{\omega(Mn)}{6}+\frac{\omega(Si)}{24}+\frac{\omega(Ni)}{40}+\frac{\omega(Cr)}{5}+\frac{\omega(Mo)}{4}+\frac{\omega(V)}{14} \tag{4-3}$$

此式主要适用于强度级别较高（σ_b 介于500~1 000 MPa之间）的调制态和非调制态的低合金高强度钢。

（2）焊接冷裂纹敏感指数。合金结构钢焊接时产生冷裂纹的原因除化学成分外，还与焊缝含氢量和接头拘束度等密切相关。日本学者采用形坡口“小铁研试验”对200多种不同成分钢材、不同厚度及不同的焊缝含氢量进行试验，求得焊接冷裂纹敏感指数 P_c：

$$P_c=C+\frac{Si}{30}+\frac{Mn}{20}+\frac{Cu}{20}+\frac{Ni}{60}+\frac{Cr}{20}+\frac{Mo}{15}+\frac{V}{10}+5B+\frac{\delta}{600}+\frac{H}{60}(\%) \tag{4-4}$$

此式适用于：C 0.07% ~0.22%；Si≤0.60%；Mn 0.40% ~1.40%；Cu≤0.50%；Ni≤1.20%；Cr≤1.20%；Mo≤0.70%；V≤0.12%；Nb≤0.04%；Ti≤0.05%；B≤0.005%；板厚 δ=19~50 mm；扩散氢含量H=1.0~5.0 mL/100 g（GB 3965—1983测氢法）。

求得 P_c 后，利用下式即可求出斜形坡口对接裂纹试验条件下，为防止冷裂所需要的最低预热温度 T_0（℃）：

$$T_0=1\,440P_c-392 \tag{4-5}$$

（3）利用合金相图。在共晶型相图中，固相线与液相线之间的温度区间会影响结晶过程的成分偏析，影响生成低熔点共晶的程度，也影响脆性温度区间的大小，这对分析热裂倾向有重要参考依据。此外，若结晶凝固时形成单相组织，则焊缝晶粒易于粗大，也是形成热裂纹的重要因素。

（4）利用CCT图或SHCCT图。利用合金钢的CCT图或SHCCT图（图4-1）可判断不同热循环条件下获得的接头组织与硬度，评估发生裂纹的危险性，以确定合适的焊接工艺条件。

金属材料的熔点、热导率、线膨胀系数、密度等物理性能参数也对焊接热循环、结晶、相变等过程产生影响，从而影响焊接性。金属材料的热导率高，焊接时散热快，工件不容易熔化；焊接热源能量不足时，会产生未焊透缺陷；熔池结晶快，易产生气孔；金属材料线膨胀系数大，接头变形和应力大，产生裂纹倾向大。

从焊接对象材料的化学性能出发，考虑焊缝金属被有害元素侵害的倾向性。例如，与氧的亲和力较强的金属材料在高温时极易氧化，必须采用惰性气体保护或真空环境进行焊接。

2. 焊接工艺分析

从焊接工艺条件出发分析焊接性，工艺条件主要包含热源特点、保护方法、热循环控制及其他的一些工艺因素。它们在不同程度上影响金属材料的焊接性。

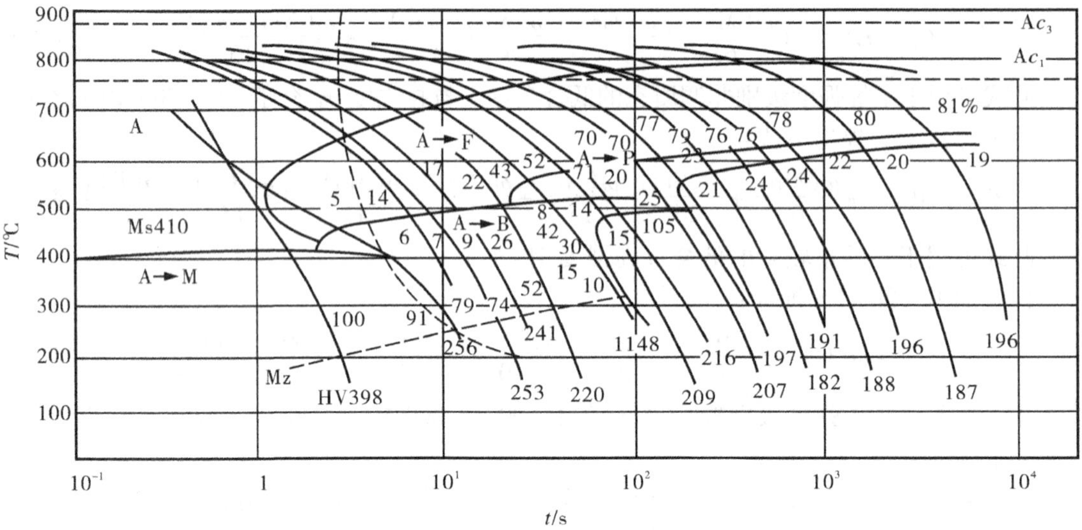

注：图中虚线表示的曲线是相当于厚板手弧焊时的冷却速度

图 4－1　16Mn 钢的连续冷却曲线

（1）热源特点。各种焊接方法所采用的热源在功率、能量密度、最高加热温度等方面有很大的差别，使金属在不同的工艺条件下显示出不同的焊接性，从而影响焊接质量。例如，电渣焊尽管能量密度低，最高加热温度不高，但其功率大，高温停留时间长使得热影响区晶粒粗大，冲击韧度显著降低；相反，激光焊功率虽然不大，但能量密度很高，加热迅速，高温停留时间短，热影响区极窄，没有晶粒长大的危险。

（2）保护方法。熔焊时，对熔池和热影响区金属的保护方法有渣保护、气保护和真空保护等，分别适用于不同的金属和合金。保护方法选择是否恰当也会影响金属的焊接性。通常钢铁焊接时多用渣为主的保护，如手弧焊、埋弧焊等；有时也采用气保护，如 CO_2 保护焊、氩弧焊等。对铝、镁、钛等活泼的金属，则多采用惰性气体保护。

（3）热循环控制。除正确选择焊接工艺规范控制焊接热循环外，预热、缓冷、层间温度等工艺措施也都能调整焊接效果，并不同程度地改变金属的焊接性。

（4）其他工艺因素。为改善金属焊接性，防止各类焊接缺陷的发生，还要对工艺因素的其他环节予以足够的重视。如焊前清理、焊接材料的处理、焊接顺序和焊接规范等。

对于使用焊接性方面的分析，主要考察金属材料在给定焊接条件下，获得的接头是否满足设计提出的性能指标要求，如强度、韧性、疲劳、蠕变、耐蚀性能等。如果以性能为原则设计的焊接接头，则以母材的性能为依据，分别考察焊缝金属和热影响区金属的性能与母材性能的差别及产生的原因。

4.2　焊接性试验的内容及评定原则

4.2.1　焊接性试验内容

从获得完整的和具有一定使用性能的焊接接头出发，针对金属材料的不同性能特点和不同的使用要求，焊接性试验的内容有以下几种。

（1）焊缝金属抵抗产生热裂纹的能力。热裂纹是一种常发生且危害严重的焊接缺陷，是在焊接熔池金属结晶过程中，由于存在一些有害元素或低熔点共晶体在拉伸应力的作用下产生的。热裂纹产生的倾向既与母材、焊接材料有关，又与它们的匹配有关。因此，测定焊缝金属抵抗热裂纹的能力，有助于合理选择和确定焊接材料，是焊接性试验的一项重要内容。此内容既是对母材，又是对焊接材料及其匹配进行的试验。

（2）焊缝和热影响区金属抵抗产生冷裂纹的能力。冷裂纹是低合金高强度钢焊接中常出现的焊接缺陷。氢致延迟冷裂纹的发生具有延迟性，其危害更大，更应该引起充分的重视。冷裂纹是焊缝及热影响区金属在焊接热循环作用下，由于组织硬化倾向严重，而在拉伸应力和扩散氢共同作用下产生的。测定焊缝和热影响区金属抵抗产生冷裂纹的能力，是焊接性试验中很重要而又最常用到的一项试验内容。

（3）焊接接头抵抗脆性转变的能力。经过焊接冶金反应、结晶、固态相变等一系列过程，焊缝金属或热影响区会发生粗晶脆化、组织脆化、热应变时效脆化等，可能导致接头韧性严重下降。对于在低温下工作的焊接结构和承受冲击载荷的焊接结构，韧性损失是一个严重的问题。因此，测定焊接接头抵抗脆性转变的能力也是焊接性试验经常涉及的一项内容。

（4）焊接接头的使用性能。焊接结构的不同使用性能会对焊接性提出不同的要求，焊接性试验内容需要从使用角度出发来制定。这方面的试验内容包括焊接接头抗拉强度、蠕变强度、疲劳强度、抗腐蚀能力等试验。此外，还有一些针对特定结构的专门试验方法。

4.2.2 焊接性试验方法分类

- 焊接性试验方法
  - 工艺焊接性
    - 直接法
      - 焊接热裂纹试验
      - 焊接冷裂纹试验
      - 再热裂纹试验
      - 层状撕裂试验
      - 热应变时效脆化试验
      - 焊接气孔敏感性试验
    - 间接法
      - 由碳当量推测焊接性
      - 裂纹敏感性的临界冷却时间
      - 连续冷却组织转变图
      - 断口分析、金相组织分析
      - 焊接热影响区最高硬度
      - 焊接热、力模拟试验
      - 焊接专家系统、仿真系统等
  - 使用焊接性
    - 直接法
      - 实际产品结构运行的服役试验
      - 压力容器的爆破试验
    - 间接法
      - 焊缝及接头的常规力学性能试验
      - 焊缝及接头的低温脆性试验
      - 焊缝及接头的断裂韧性试验
      - 焊缝及接头的高温性能试验
      - 焊缝及接头的疲劳、动载试验
      - 焊缝及接头的抗腐蚀性、耐磨性试验
      - 应力腐蚀开裂试验

图 4-2 焊接性试验方法分类

焊接性试验方法种类繁多，从不同的角度可进行不同的分类。通常可以将其分为直接法和间接法两大类，具体的分类如图 4 – 2 所示。本章 4. 1. 2 介绍的碳当量法就属于用间接法评定工艺焊接性，本章4. 3 将介绍的常用工艺焊接性试验方法，它属于用直接法评定工艺焊接性。

4. 2. 3　选择或制定焊接性试验方法的原则

现有焊接性试验方法有许多种，且随着技术的发展及要求的提高，焊接性试验方法还会不断地增加。选择或制定焊接性试验方法时必须符合下述原则：

（1）针对性。焊接性试验的条件要尽量与实际焊接时的条件相一致。这些条件包括母材、焊接材料、接头形式与受力状态、环境、焊接工艺参数等，试验条件还应该考虑到产品的使用条件，尽量使之接近。应优先选择国家或国际上已经颁布的标准试验方法，并严格按标准的规定进行试验。对还没有建立标准的，应选择国内外同行中较为通用的或公认的试验方法。这样才能使焊接性试验具有良好的针对性，试验结果才能比较确切地反映出实际生产中可能出现的问题。

（2）再现性。焊接性试验的结果要稳定可靠，具有较好的再现性。试验数据不可过于分散，否则难以找出变化规律和导出正确的结论。应尽量减少或避免人为因素对试验结果的影响，多采用自动化及机械化的操作方法。如果试验结果很不稳定，数据很分散，就很难找到规律性，更不可能用于指导生产。应严格试验程序，防止随意性。

（3）经济性。在符合上述原则并可获得可靠的试验结果的前提下，应力求做到消耗材料少、加工容易、试验周期短，以节省试验费用。此外，在考虑试验成本的同时，还应考虑材料加工、焊接难易程度不同对产品整体制造费用的影响。

4. 3　常用工艺焊接性试验方法

4. 3. 1　可调拘束裂纹试验法

可调拘束裂纹试验法（varestraint test）主要用于研究各类型热裂纹（结晶裂纹、液化裂纹等）。它的基本原理是在焊缝凝固后期，施加不同的应变值，研究产生裂纹的规律。当外加应变值在某一温度区间超过焊缝金属或热影响区内塑性变形能力时，将产生裂纹，并以此来评定产生热裂纹的敏感性。

可调拘束裂纹试验装置示意如图 4 – 3 所示，可进行纵向试验，也可进行横向试验。对焊接区施加的应变值是由外加载荷 F 的作用下使试件弯曲变形而获得。为了保证试件变形速度均匀和试件承受应变量的准确，采用了旋转式加载机构，使加载压头始终垂直于试件表面。近代的可调拘束裂纹试验机具有快速和慢速的变形功能，采用气 – 液压联合作用的加载机构，加载能力为 50 ~ 100 kN。

慢速变形时，采用支点弯曲的方式，应变量由加载压头下降距离 S 任意调节，应变速度为每秒 0. 3% ~ 0. 5% 。

$$S = R_0\alpha\frac{\delta}{2R} \tag{4-6}$$

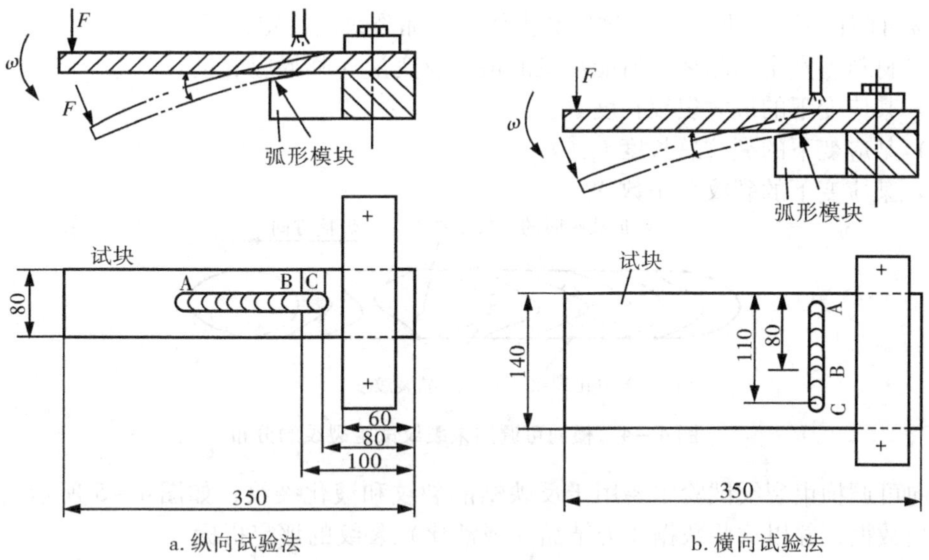

图4－3 可调拘束裂纹试验装置示意（单位：mm）

式中，S——加载压头下降的弧形位移（mm）；

R_0——加载压头的旋转半径（mm）；

α——试板的弯曲角（rad）；

δ——试板厚底（mm）；

R——弧形模块曲率半径（mm）。

快速变形时，应变量由弧形模块的曲率半径来控制，可用下式简化计算：

$$\varepsilon = \frac{\delta}{2R} \times 100\% \tag{4-7}$$

式中，ε——应变量（%）；

δ——试板厚度（mm）；

R——弧形模块曲率半径（mm）。

试验装置上配备有各种记录装置，以记录温度、时间和应变量等。试件尺寸为(5～6) mm×(50～80) mm×(300～350) mm 的钢板，根据试验的要求选择不同曲率的模块。

用所选定的焊条，按指定的焊接参数（通常焊条直径为4 mm，焊接电流170 A，电弧电压24～26 V，焊接速度150 mm/min）施焊。如果只研究母材的热裂倾向，可采用TIG电弧重熔。如图4－3所示，焊接由A点开始到C点停止。当电弧达到B点时，由行程开关控制，使加载压头在试件压至与弧形模块紧贴，在试件上产生如式（4－7）所计算的应变值，这时电弧继续前进达C点停止。变换不同曲率的弧形模块，可以造成焊缝金属发生不同的应变量。当值达到某一临界值时，在焊缝或热影响区就会出现裂纹。随着弧度的增大，出现裂纹的数量和长度均会增加，从而可以得到一系列相应的定量数据。

根据试验目的不同，可确定进行横向或纵向可调拘束裂纹试验，两者可在同一台试验机上进行，试验过程基本相同，仅焊缝所承受的应变方向及试件尺寸不同。试验时，只需将焊接方向改变90°即可。可用工具显微镜检测裂纹的总长度和裂纹的数量。

横向可调拘束裂纹试验主要用于测试焊缝中的结晶裂纹和多边化裂纹，如图4－4所示。直接可测得下列数据，并以这些数据作为结晶裂纹的评定指标。

（1）材料不产生结晶裂纹所能承受的最大应变量（临界应变量）ε_{cr}。

（2）某应变下的最大裂纹长度 $L_{\max}$。

（3）某应变下的裂纹总长度 L_t。

（4）某应变下的裂纹总条数 N_t。

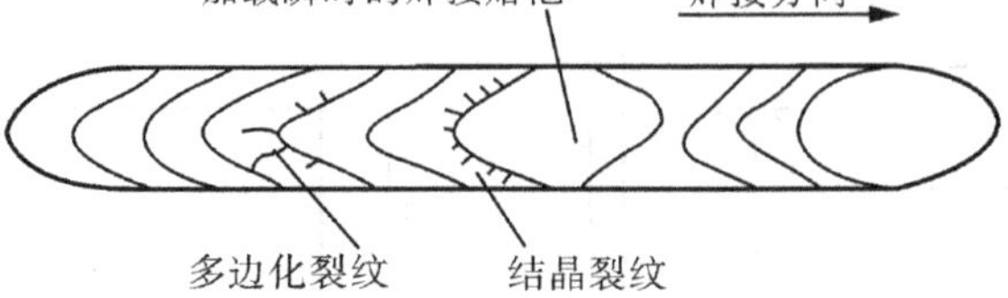

图 4－4　横向可调拘束裂纹试验裂纹的分布

纵向可调拘束裂纹试验主要用于反映结晶裂纹和液化裂纹，如图 4－5 所示。可直接测得下列数据，并以这些数据作为结晶（或液化）裂纹的评定指标。

（1）不产生结晶（或液化）裂纹的最大应变量（临界应变量）ε_{cr}。

（2）某应变下结晶（或液化）裂纹的最大长度 $L_{\max}$。

（3）某应变下结晶（或液化）裂纹的总长度 L_t。

（4）某应变下结晶（或液化）裂纹的总条数 N_t。

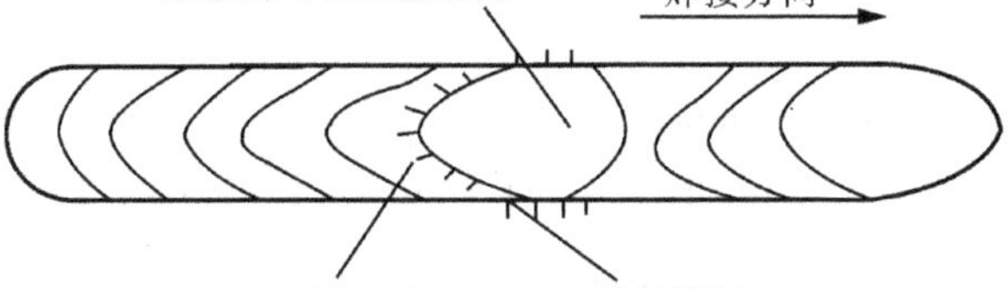

图 4－5　纵向可调拘束裂纹试验裂纹的分布

4.3.2　斜 Y 形坡口焊接裂纹试验法

斜 Y 形坡口焊接裂纹试验法（Y－slit type cracking test）广泛用于评价打底焊缝及其热影响区冷裂倾向，又称为“小铁研”试验。斜形坡口焊接裂纹试验所用试样如图 4－6 所示，试样用被焊材料制成，两端各 60 mm 范围内先用焊缝固定，试板中间预留间隙 2～3 mm；中间 80 mm 段为试验焊缝的位置；试验焊缝引弧、熄弧都应离开拘束焊缝 2～3 mm，收弧时应填满弧坑。

通常以标准焊接参数（焊条直径 4 mm，焊接电流 170 A，焊接速度 150 mm/min，电弧电压 24 V，焊条焊前烘干）在三个试件上重复试验。试验焊缝采用手弧焊和自动送进焊条电弧焊时应分别按照图 4－7 中 a 和 b 所示进行。焊后经不少于 24 h 的时间后再做裂纹检查。首先用放大镜目测或磁性荧光粉检查焊缝表面裂纹，然后沿焊缝长度方向均匀截成六段，检查五个断面的裂纹情况。各类裂纹率可根据下列各式计算求得。

$$根部裂纹率 = \frac{\sum l_{cR}}{l_c} \times 100\% \tag{4-8}$$

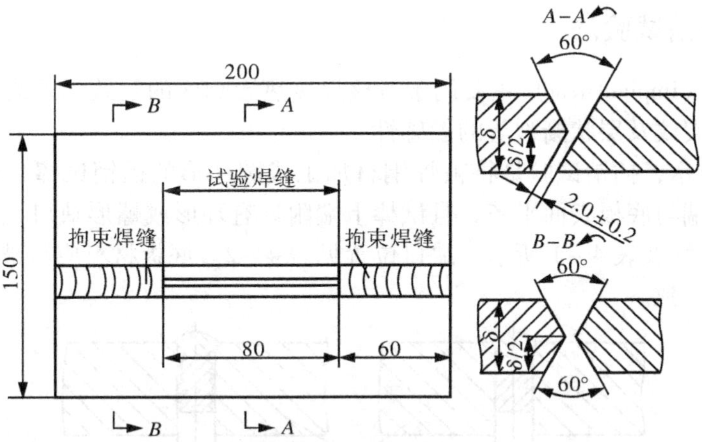

图 4 -6　斜 Y 形坡口焊接裂纹试验的试样及尺寸（单位：mm）

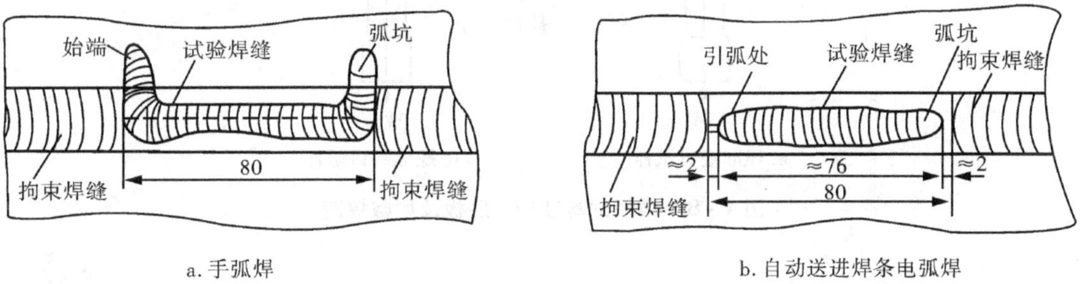

图 4 -7　试验焊缝的焊接方式（单位：mm）

$$表面裂纹率 = \frac{\sum l_{cF}}{l_c} \times 100\% \tag{4-9}$$

$$断面裂纹率 = \frac{\sum h}{5H} \times 100\% \tag{4-10}$$

式中，$\sum l_{cR}$——纵断面上根部裂纹总长度和（mm）；

l_c——试验焊缝长度（mm）；

$\sum l_{cF}$——表面裂纹长度总和（mm）；

$\sum h$——横断面上裂纹深度总和（mm）；

H——焊缝厚度（mm）。

由于斜 Y 形坡口对焊裂纹试验的接头所受拘束度很大，根部尖角又有应力集中，试验条件比较苛刻，所以一般认为在这种试验中若裂纹率不超过 20%，则在实际结构焊接时就不会产生裂纹。

除上述斜 Y 形坡口之外，还有一种直 Y 形坡口的试验方法，主要用于考核焊缝金属的裂纹敏感性。其试验程序与斜 Y 形坡口相同。

4.3.3 插销试验法

插销试验法（implant test）主要用于考核焊接热影响区的氢致延迟裂纹敏感性，也可以用于考核再热裂纹及层状撕裂等的敏感性。

如图 4－8 所示，插销试验是将被焊钢材加工成圆柱形的插销试棒，试棒插入底板上的孔中，试棒上端与底板表面平齐，且试棒上端附近有环形或螺形缺口。插销试棒具体形状、尺寸如图 4－9 及表 4－1 所示，缺口位置见表 4－2。底板材料应与被试验材料相同或热物理常数基本一致。

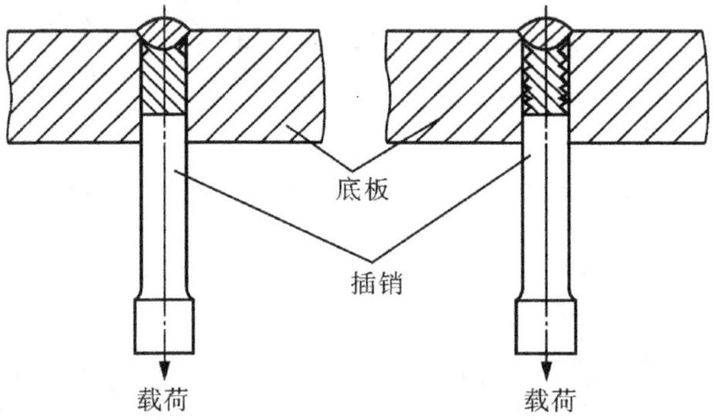

图 4－8　插销试验试棒、底板及熔敷焊道

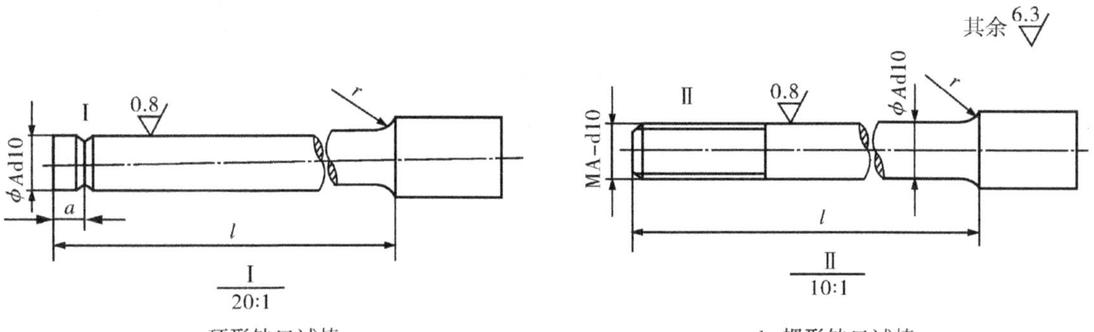

图 4－9　插销试棒的形状、尺寸

表 4－1　插销试棒的尺寸

缺口类别	A/mm	h/mm	θ/°	R/mm	P/mm	l/mm
环形	8	$0.5^{+0.05}_{-0.05}$	40^{+2}_{-2}	$0.1^{+0.02}_{-0.02}$	—	大于底板厚度，一般为 30～150
螺形					1	
环形	6	$0.5^{+0.05}_{-0.05}$	40^{+2}_{-2}	$0.1^{+0.02}_{-0.02}$	—	
螺形					1	

表 4-2 缺口位置与线能量的关系

E/(kJ/cm)	a/mm	E/(kJ/cm)	a/mm
9	1.35	15	2.0
10	1.45	16	2.1
13	1.85	20	2.4

试验时在底板上以规定的热输入熔敷一条焊道，其熔深应使缺口尖端位于热影响区的粗晶区内。施焊时应测定 $t_{8/5}$ 值。如不预热，焊后冷却至 100～150 ℃时加载。如有预热，应在高于预热温度 50～70 ℃时加载。加载时间应在 1 min 之内，且在冷却至 100 ℃或高于预热温度 50～70 ℃之前加载完毕。如有后热，应在后热之前加载。

在无预热条件下，所加载荷保持 16 h 而试棒未断裂即可卸载。有预热条件下，所加载荷保持至少 24 h 才可卸载。经多次改变载荷，即可求出在试验条件下不出现断裂的临界应力 σ_{cr}。临界应力 σ_{cr} 可用于启裂准则，也可以用于断裂准则，但应加以注明。通过比较 σ_{cr} 的大小，即可比较材料抵抗产生冷裂纹的能力。

4.3.4 其他试验法

1. 鱼骨状裂纹试验法

鱼骨状裂纹试验法主要用于评定铝合金、镁合金和钛合金薄板 1～3 mm 焊缝及热影响区的热裂纹敏感性。

鱼骨状裂纹试验试件的形状和尺寸如图 4-10 所示。由图 4-10 可见，试件上每 10 mm加工一个不同深度的槽，造成该试件长度方向上的不同拘束度。显然，沟槽的深度越大，拘束度就越小。试验采用钨极氩弧焊，电流为 70～80 A，焊速为 150～180 mm/min，在带有铜垫板的专用夹具上施焊，焊接方向由 A 至 B。裂纹产生后，随着拘束度的降低而停止裂纹的扩展。测量焊缝或热影响区的裂纹长度（以 5 个试件的裂纹长度平均值确定），即可评定裂纹敏感性的大小。

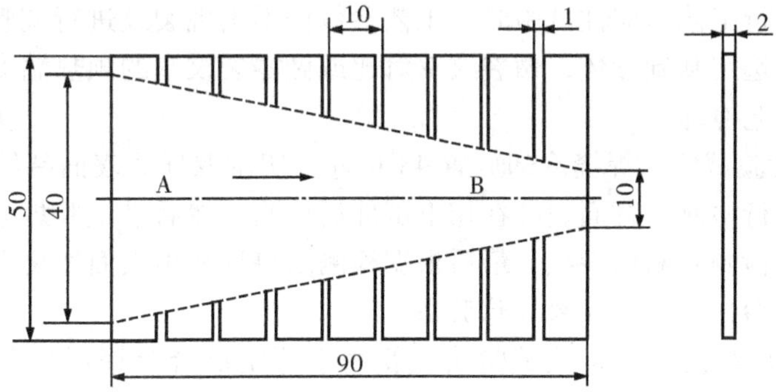

图 4-10 鱼骨状裂纹试验的试件尺寸（单位：mm）

2. 刚性固定对接裂纹试验法

刚性固定对接裂纹试验法（restrained - butt joint cracking test）按国家标准（GB/T 13817—1992《对接接头刚性拘束焊接裂纹试验方法》）（本标准已作废，本书仍作参考）

的规定施行。适用于碳钢、低合金钢焊条电弧焊、埋弧焊和气体保护焊工艺方法，可用于钢材及焊接材料对接接头的抗裂性对比及焊接工艺性试验。

（1）试件制备。如图 4－11 所示为试件的形状和尺寸。试板 $l \geqslant 300$ mm，宽 $b \geqslant 100$ mm，厚度应等于待焊产品厚度，但试板厚度≥25 mm 时，其适用厚度不限。刚性底板长 $L = l + 100$ mm，宽 $B = 2b + 100$ mm，厚度 δ_2 在焊条电弧焊和气体保护焊时≥40 mm，埋弧焊时≥60 mm。用于工艺适用性试验时，坡口按产品首道焊缝时的坡口设计；用于焊接对比试验时，试件厚度≤10 mm 时用“I”形坡口，厚度＞10 mm 时用“V”形坡口。钝边厚度应使试验焊缝保留未焊透，钝边间隙（2＋0.2）mm，坡口角度 α 为 60°，推荐用机械加工坡口。

（2）组装。先将试板点固在刚性底板上，然后焊拘束焊缝，先焊两端的再焊两侧的。拘束焊缝焊脚与试板厚度应等于或大于试验焊缝的三倍。

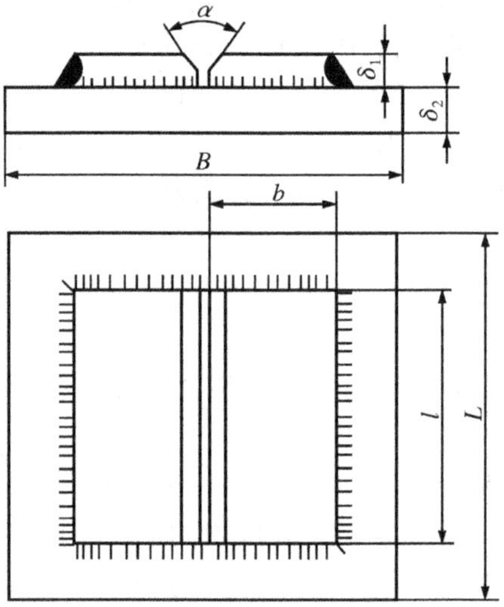

图 4－11　刚性拘束焊接裂纹试验的试件形状及尺寸

（3）试验焊缝焊接。用于验证抗裂性能时，只需焊一道试验焊缝，按要求在室温或预热条件下焊接。进行工艺适应性试验时，工艺参数按不出现裂纹进行调整；进行裂纹倾向性对比试验时，应选定基础参数，做裂纹率对比或做零裂纹率的预热温度及热输入量的对比，焊后按预定工艺冷却。

（4）取样与检验试验。焊缝冷却放置 48 h 进行切割取样。表面裂纹的正面裂纹可在切割拘束焊缝前进行检测，背面裂纹在切下试件后检测。然后沿试验焊缝长度方向至少作六等分截取试样，检测其断面裂纹，最后根据检测结果计算出表面裂纹率和断面裂纹率。

3. 压板（FISCO）对接焊接裂纹试验法

压板（FISCO）对接焊接裂纹试验法主要用于评定低合金钢焊缝金属的热裂纹敏感性，也可以做钢材与焊条匹配性的试验（GB/T 4675.4—1984）。

试验装置如图 4－12。在 C 形夹具中，垂直方向用 14 个紧固螺栓以 3×10^5 N 的力压紧试板，横向用 4 个螺栓以 6×10^4 N 的力定位，使试板牢牢固定在试验装置内，试板尺寸如图 4－13 所示，坡口为“I”形，厚板时也可以采用“V”形坡口。

试板在试验装置内安装时用定位塞片来保证坡口间隙（变化范围为 0～6 mm）。先将横向螺栓紧固，再将垂直方向上的螺栓用测力扳手以 12 000 N·cm 的扭矩紧固。然后按生产上使用的工艺参数依次焊接 4 条约 40 mm 长的焊缝，间距约为 10 mm，弧坑不必填满，如图 4－13 所示。焊后经过 10 min 取下试板，待冷却至室温后将试板沿焊缝纵向弯断，观察是否有裂纹产生，并测量裂纹长度。裂纹率按下式计算：

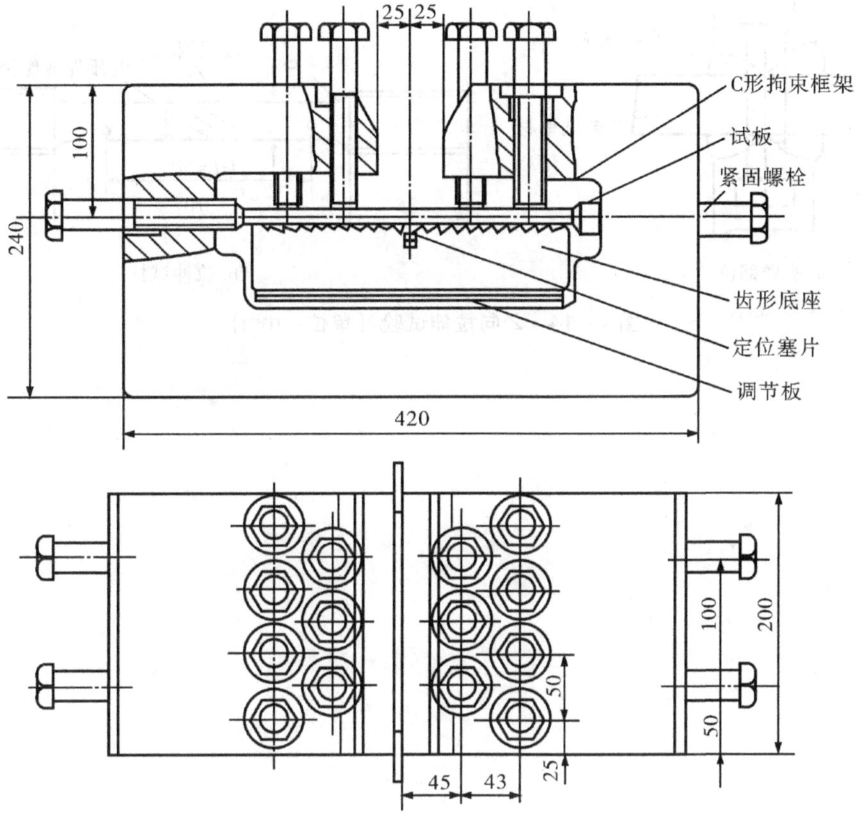

图 4－12　压板对接（FISCO）实验装置（单位：mm）

$$C_F = \frac{\sum l_F}{\sum L_F} \times 100\% \qquad (4-11)$$

式中，C_F——FISCO 试验的裂纹率（%）；

$\sum l_F$——4 条试验焊缝上裂纹长度之和（mm）；

$\sum L_F$——4 条焊缝长度之和（mm）。

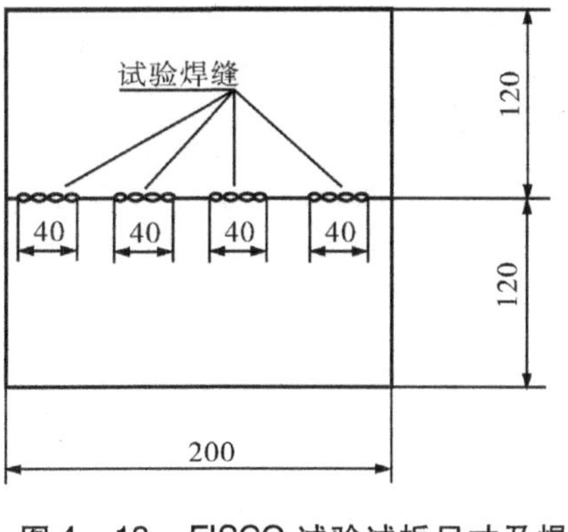

图 4－13　FISCO 试验试板尺寸及焊缝位置（单位：mm）

4. Z 向拉伸试验法

Z 向拉伸试验法（Z－direction Tensile Test）用于测定层状撕裂敏感性。对于板厚 $\delta > 25$ mm 的材料，可直接沿板厚方向（Z 向）截取小型拉伸试棒，如图 4－14a 所示；如板厚 $\delta < 25$ mm 或需制备常规拉伸试棒时，则按图 4－14b 法加工试棒。

试棒拉伸破坏后，以 Z 向断面收缩率 ψ_Z（%）为层状撕裂敏感性的判据。当 $\psi_Z <$（5% ~8%）时，层状撕裂敏感性就很严重；当 $\psi_Z >$（15% ~25%）时，才能较好地抵抗层状撕裂。

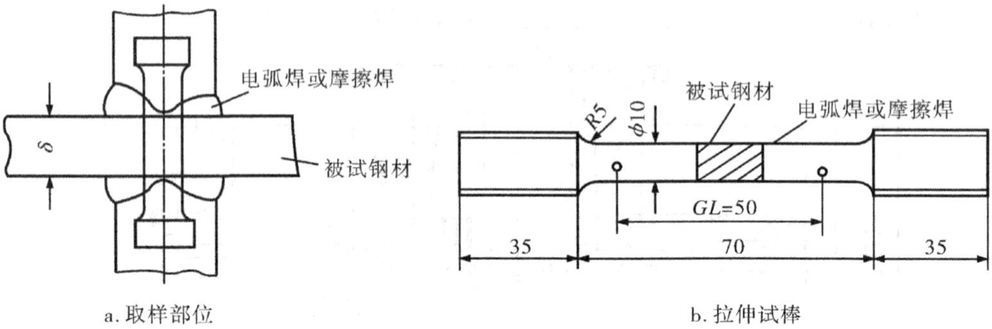

图 4 –14　Z 向拉伸试验（单位：mm）

第5章 弧焊电源及其节能

弧焊电源是用来对焊接电弧提供电能的一种专用设备，是电弧焊机中的核心部分，与一般电力电源不同，弧焊电源的负载是电弧，它必须具有弧焊工艺所要求的电气性能，如合适的空载电压、一定形状的外特性、良好的动特性、灵活的调节特性和操作属性等。高效、低谐波、少电磁污染、自动控制的智能型绿色焊接电源已成为未来焊接电源的发展方向。

5.1 弧焊电源的分类

弧焊电源种类很多，其分类方法也不尽相同，按弧焊电源输出的焊接电流波形的形状将弧焊电源分为交流弧焊电源、直流弧焊电源和脉冲弧焊电源三种类型。

1. 交流弧焊电源

交流弧焊电源包括工频交流弧焊电源（弧焊变压器）、矩形波交流弧焊电源。下面分述其特点及用途。

（1）工频交流弧焊电源。工频交流弧焊电源是弧焊变压器，它把电网的交流电变成适合于电弧焊的低电压交流电，由变压器、电抗器等组成。弧焊变压器具有结构简单、易造易修、成本低、磁偏吹小、空载损耗小、噪声小等优点。但其输出电流波形为正弦波，因此，电弧稳定性较差，功率因数低。

（2）矩形波交流弧焊电源。它是利用半导体控制技术来获得矩形交流电流的。由于输出电流过零点时间短，电弧稳定性好，正负半波通电时间和电流比值可以自由调节，因此适合于铝及铝合金钨极氩弧焊。

2. 直流弧焊电源

（1）直流弧焊发电机。一般由特种直流发电机、调节装置和指示装置等组成。它与弧焊整流器相比，制造复杂，噪声及空载损耗大，效率低，价格高；但其抗过载能力强，输出脉动小，受电网电压波动的影响小，一般用于碱性焊条电弧焊。

（2）弧焊整流器。由变压器、整流器及为其获得所需外特性的调节装置、指示装置等组成。它把电网交流电经降压整流后获得直流电，与直流弧焊发电机相比，具有制造方便、价格低、空载损小、噪声小等优点。

（3）逆变式弧焊电源。直流（DC）-交流（AC）之间的变换称为逆变。实现这种变换的装置就称为逆变器。为焊接电弧提供电能，并具有弧焊工艺所要求电气性能的逆变器，被称为弧焊逆变器。逆变式弧焊电源既可以输出交流电，又可以输出直流电，但目前常用后种形式。

弧焊逆变器的主要组成：供电系统、电子功率系统、电子控制系统、给定与反馈电路、焊接电弧等。弧焊逆变器的基本组成方框图如下：

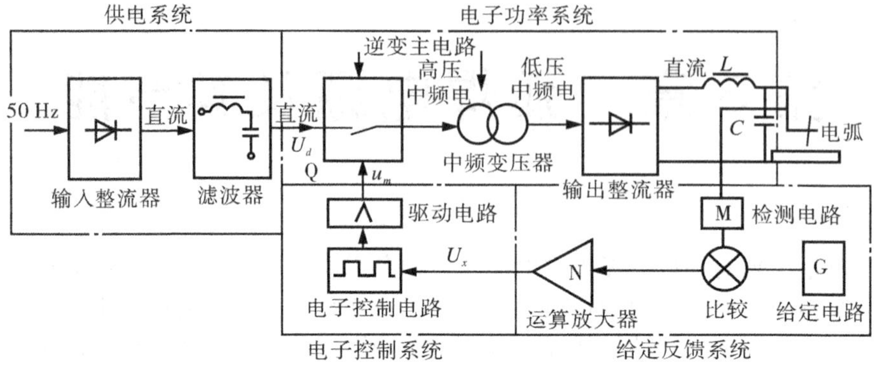

图 5－1　弧焊逆变器主要组成方框图

由图 5－1 可知，弧焊逆变器的主要组成及其作用下：

1）逆变主电路。由供电系统、电子功率系统和焊接电弧组成。电子控制系统为电子功率系统（逆变主电路）提供足够大的、按电弧所需变化规律的产生的开关脉冲信号，以此来完成驱动逆变主电路的工作。

2）反馈与给定系统。它由检测电路（M）、给定电路（G）、比较和放大电路（N）等组成。与电子控制系统一起，实现对弧焊逆变器的闭环控制，并使它获得所需的外特性和动特性。在供电系统中，单相（或三相）50 Hz 或 60 Hz 的交流网路电压单相 220 V（或三相 380 V），经输入整流器（UR1）整流和滤波器（LC1）滤波之后，获得逆变主电路所需的平滑直流电压单相整流约 310 V（或三相整流约为 520 V）。该直流电压在电子功率系统中经逆变主电路的大功率开关电子器件（晶闸管、晶体管、场效应管或 IGBT）组成的交替开关作用，变成几千至二十万赫兹的中频高压电，再经高（中）频变压器（T）降至适合于焊接的几十伏低电压，并借助于电子控制系统的控制驱动电路和给定与反馈电路（M、G、N 等组成），以及焊接回路的阻抗，获得弧焊工艺所需的外特性和动特性。如果需要采用直流电进行焊接，还需经输出整流器 U 整流和经电抗器 L_2、电容器 C_2 的滤波，把高（中）频交流变换成直流输出。

弧焊逆变器的变流过程可以简单叙述为：工频交流（AC）→直流（DC）→高、中频交流（AC）→降压交流（AC）→并再次变成直流（DC）。

弧焊逆变器中可采用三种逆变体制：

A. AC—DC—AC。

B. AC—DC—AC—DC。

C. AC—DC—AC—DC—AC（矩形波交流）。

变极性与交流的最大区别是变极性的电源部分是直流，而不是交流。变极性控制部分只是在程序设定的时段内将焊接电流迅速反向，使之具备反向阴极清理的功能。因此，变极性控制部分的能力决定了变极性电源的先进与否。好的变极性电源应该具有变极性速度快、尖刺波抑制好、正反向电流和时间可以在能力范围内设置不同值等特点，从而能达到调节清理密度、减少清理时间和多余热输入、实现真正方波焊接的目的。

3）逆变主电路基本形式。几种常用的逆变主电路基本形式，如图 5 - 2 所示。

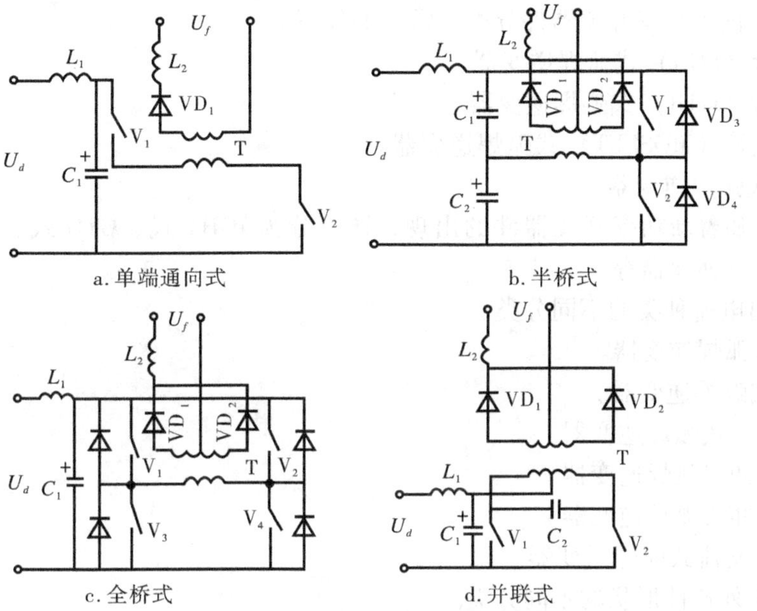

图 5 - 2 逆变主电路常用的基本形式

A. 单端通向逆变主电路：如图 5 - 2a 所示，功率开关管（以电子开关符号示意）V_1、V_2同时按中频周期性通断，从而把输入的直流电逆变成断续的中频电，经中频变压器 T 降压、快速二极管 VD_1 整流、电感滤波，向电弧输出直流电。两个开关管同时承受输入电压，对耐压要求较低，适用于中小功率的逆变器。

B. 半桥式逆变主电路：如图 5 - 2b 所示，输入的直流电压被两组电解电容器平分，串联的两个功率开关管 V_1、V_2轮流通断，形成矩形波交流电。经 T 降压，VD_1、VD_2 全波整流，输出直流电。VD_1、VD_2 必须选用承受双倍输出电压幅值的快速二极管。

C. 全桥式逆变主电路：如图 5 - 2c 所示，由对边桥臂的两对功率开关管 V_1、V_4 和 V_2、V_3 按中频周期性轮流通断，其余工作情况与半桥式相同。功率开关管亦只承受，适合于中大功率的焊接需求。

D. 并联式逆变主电路：如图 5 - 2d 所示 ，这种主电路也称为推挽式逆变主电路。功率开关管 V_1 和 V_2 按中频周期性轮流通断，经 T 降压，VD_1、VD_2 全波整流，输出直流电。开关管承受两倍以上，对耐压要求很高，一般只用于晶闸管式逆变器。

4）弧焊逆变器的优点。具体来说，弧焊逆变器与弧焊变压器、直流弧焊发电机、硅弧焊整流器、晶闸管式弧焊整流器等传统的弧焊电源比较，具有如下显著的特点和优点。

A. 高效节能：效率可达 80% ~92% ，节电 20% ~35% （随负载大小有所变化），空载损耗极小，只有几十瓦至百余瓦，仅为传统弧焊电源的十几分之一。

B. 重量（质量）轻、体积小：中频主变压器的质量仅为传统弧焊电源主变压器的十几分之一，体积仅为其 1/5 至 1/3，移动十分轻便。

C. 电气性能优良。

D. 具有良好的弧焊工艺性能。

5）弧焊逆变器分类。弧焊逆变器从不同的角度可以有不同的分类。

A. 按不同的大功率开关器件分类，常用的如下。

a. 晶闸管（SCR）式弧焊逆变器。

b. 晶体管（GTR）式弧焊逆变器。

c. 场效应管（MOSFET）式弧焊逆变器。

d. IGBT 式弧焊逆变器

e. 其他：随着新功率开关器件的出现，还可分为 IGHT 式、GTO 式、SITH 式、MCT 式、MGT 式弧焊逆变器等。

B. 按输出电流种类的不同分类。

a. 直流式弧焊逆变器。

b. 脉冲式弧焊逆变器。

①低频脉冲式弧焊逆变器。

②中频脉冲式弧焊逆变器。

③高频脉冲式弧焊逆变器。

c. 矩形波交流式弧焊逆变器。

C. 按输出外特性形状的不同分类。

a. 恒流特性的弧焊逆变器。

b. 恒压特性的弧焊逆变器。

c. 缓降特性（含恒流加外拖）逆变器。

d. 多特性弧焊逆变器。

3. 脉冲弧焊电源

脉冲弧焊电源的焊接电流以低频调制脉冲方式馈送，一般由普通的弧焊电源与脉冲发生电路组成，它具有效率高、输入线能量较小、线能量调节范围宽等优点，主要用于气体保护电弧焊和等离子弧焊。

脉冲弧焊电源输出的焊接电流是周期性脉冲式的，包括基本电流（维护电流和脉冲电流），可调规范参数多，包括脉冲频率、幅值、宽度、电流上升速度和下降速度。

（1）脉冲电流波形。如图 5－3 所示，脉冲电流有直流脉冲电流波形和交流脉冲电流波形。

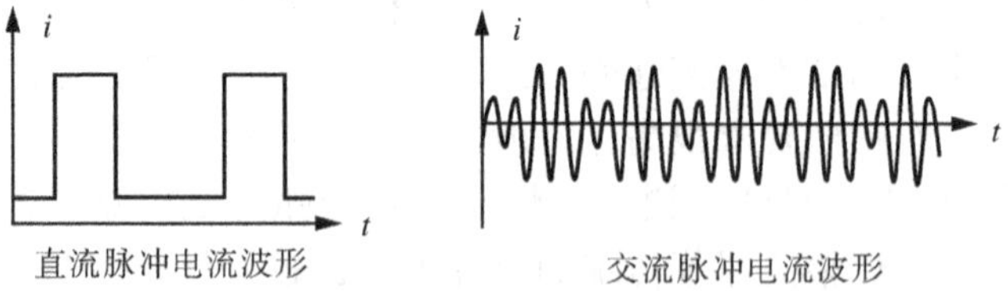

图 5－3　脉冲电流波形

脉冲电源利用脉冲形成的不同热量输入率使深熔和凝固交互进行，以低的平均电流实现射流过渡，进行薄板焊接、全位置焊接和热敏材料的焊接。

（2）实现脉冲焊接电流的途径。

1）利用电子开关。主要用现代电力电子技术中的功率开关器件：晶闸管、大功率三极管、场效应管及 IGBT 等。电子开关位置如图 5－4 所示。

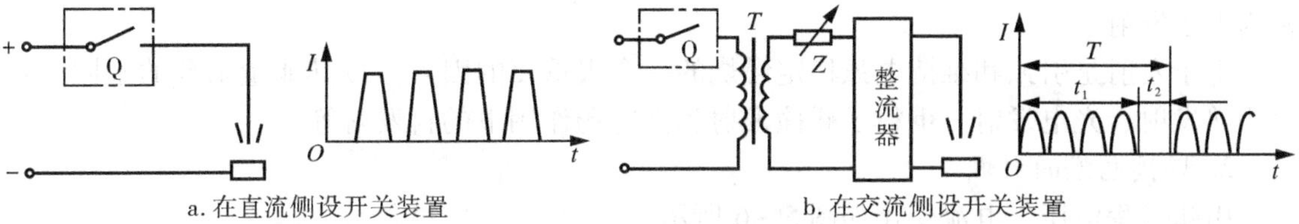

图 5－4　电子开关位置示意

2）利用阻抗的变换。如图 5－5 所示，可以变换交流侧阻抗值和直流侧阻抗值。

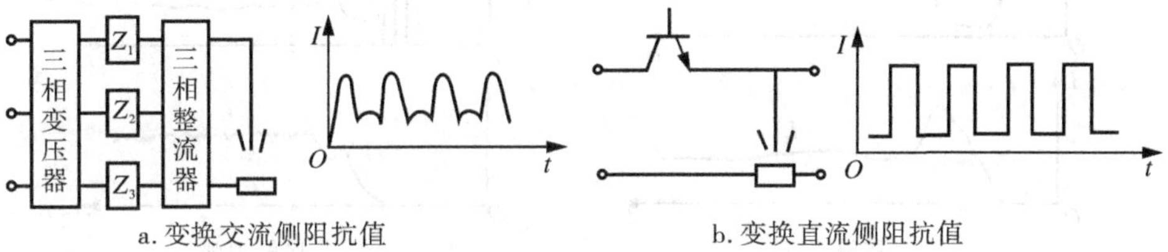

图 5－5　利用阻抗变化方式

（3）脉冲电源的分类。

1）按获得脉冲电流的器件，分为单相整流式、磁放大器式、晶闸管式、晶体管式。

2）按获得脉冲电流的方法，分为交流断续器式（单相整流式、单相半控整流式、交流开关式）、直流断续器式（RC 充放电式，辅助电源充电式）、阻抗变换式。

3）按电源单位，分为单电源式、双电源式。

4）按脉冲电流频率，分为低频式、高频式。

5.2　焊接电弧及其电特性

5.2.1　焊接电弧及其引燃

首先必须了解焊接电弧的物理本质，特别是电特性，然后才能研究电弧对弧焊电源电气性能的要求。

1. 气体原子的激发、电离和电子发射

焊接电弧也是气体放电的一种形式，它与其他气体放电的区别在于它的阴极压降低、电流密度大，而气体的电离和电子发射是电弧中最基本的物理现象。

（1）气体原子的激发与电离气体原子的激发。如果气体原子得到了外加的能量，电子就可能从一个较低的能级跳跃到一个较高能级，这时原子处于“激发”状态，使原子跃至“激发”状态所需的能量，称为激发能。

（2）气体原子的电离。使电子完全脱离原子核的束缚，形成离子和自由电子的过程称为电离。由原子形成正离子所需的能量称为电离能。

在焊接电弧中，根据引起电离的能量来源，有如下三种电离形式：撞击电离、热电离、光电离。

（3）电子发射。在阴极表面的原子或分子，接受外界的能量而释放出自由电子的现象称为电子发射。

电子发射是引弧和维持电弧稳定燃烧的一个很重要的因素。按其能量来源的不同，可分为热发射、光电发射、重粒子碰撞发射和强电场作用下的自发射等。

2. 焊接电弧的引燃

引弧过程电压、电流变化如图 5－6 所示。

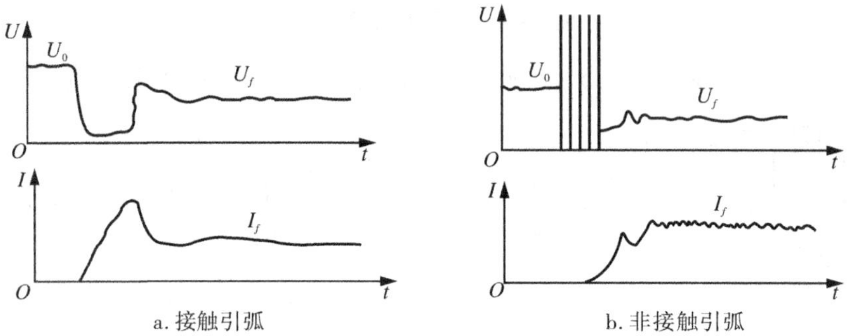

图 5－6　引弧过程电压、电流变化曲线

U_0. 空载电压　U_f. 电弧电压　I_f. 电弧电流

（1）接触引弧。接触引弧即是在弧焊电源接通后，电极（焊条或焊丝）与工件直接短路接触，随后拉开，从而把电弧引燃起来。这是一种最常用的引弧方式，如图 5－7 所示。

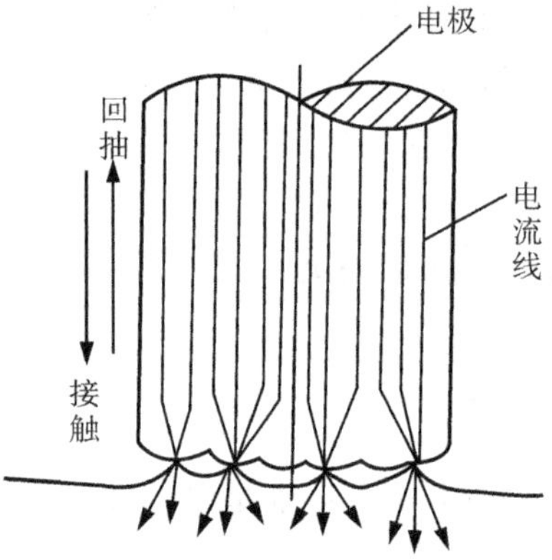

图 5－7　接触引弧示意

（2）非接触引弧。非接触引弧是指在电极与工件之间存在一定间隙，施以高电压击穿间隙，使电弧引燃 。其高频和脉冲引弧示意如图 5－8 所示。

5.2.2　焊接电弧的结构及伏安特性

前面分析了焊接的物理本质和形成。现在介绍它的结构和电特性，即伏安特性，包括静特性和动特性。直流电弧和交流电弧是焊接电弧的两种最基本的形式。

1. 焊接电弧的结构及压降分布

电弧沿着其长度方向分为三个区域。电弧与弧焊电源正极所接的一端称阳极区，与负极相接的一端称阴极区。阴极区和阳极区之间的部分称弧柱区，或称正柱区、电弧等离

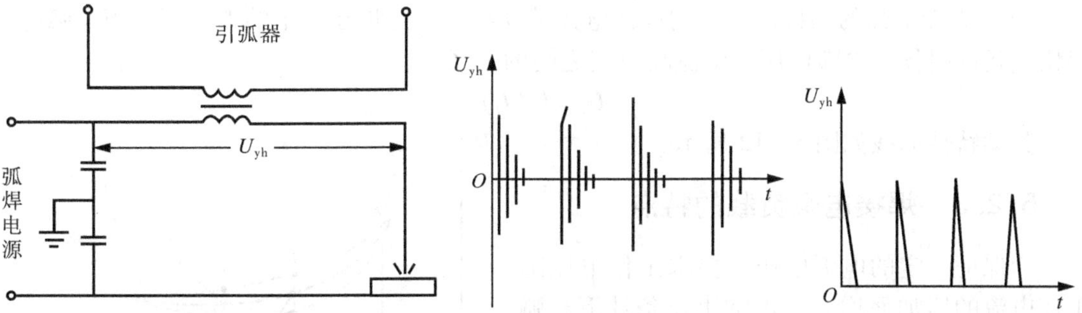

a. 引弧器接入方式　　b. 高频高压引弧电压波形　　c. 高压脉冲引弧电压波形

图 5-8　高频和脉冲引弧示意

U_{yh}—引弧电压　t—时间

区。阴极区的宽度为 10.5～10.6 cm，而阳极区的宽度 10.3～10.4 cm，因此，电弧长度可以视为近似等于弧柱长度。弧柱部分的温度高达 5 000～50 000 K。

沿着电弧长度方向的电位分布是不均匀的。在阴极区和阳极区，电位分布曲线的斜率很大，而在弧柱区电位分布曲线则较平缓，可认为是均匀分布的，电弧结构和电位分布如图 5-9所示。这三个区的电压降分别称为阴极压降 U_i、阳极压降 U_y 和弧柱压降 U_z。它们组成了总的电弧电压，可用下式表示：

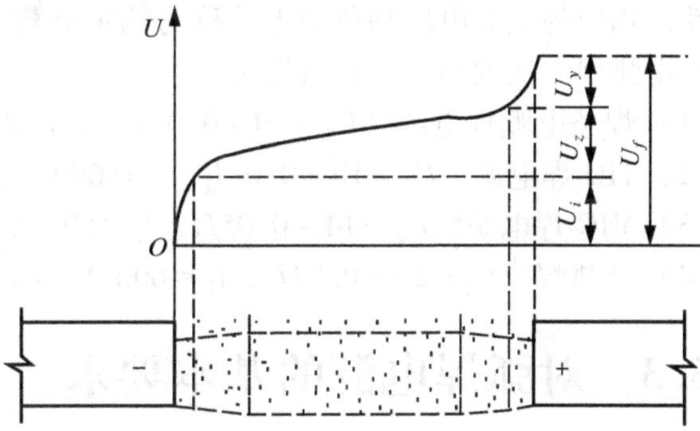

图 5-9　电弧结构和电位分布

$$U_f = U_i + U_y + U_z$$

2. 焊接电弧的电特性

焊接电弧的电特性包括静特性和动特性。

（1）焊接电弧的静特性。一定长度的电弧在稳定状态下，电弧电压与电弧电流之间的关系，称为焊接电弧的静特性伏安特性，简称伏安特性或静特性，其静特性曲线如图 5-10 所示，电弧各区域压降与电流关系如图 5-11 所示。可用下列函数表示：

$$U_f = f\ (I_f)$$

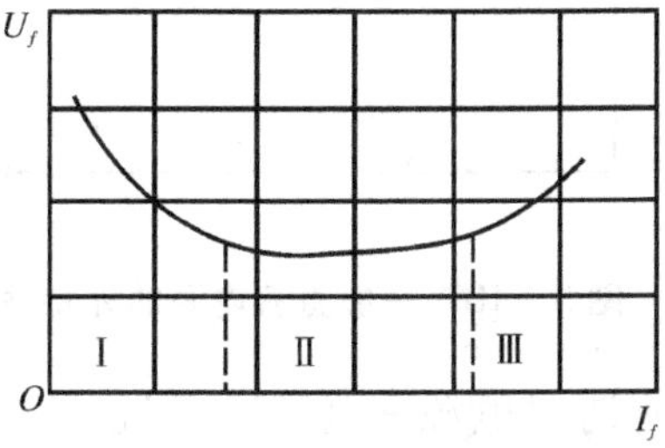

图 5-10　焊接电弧的静特性曲线

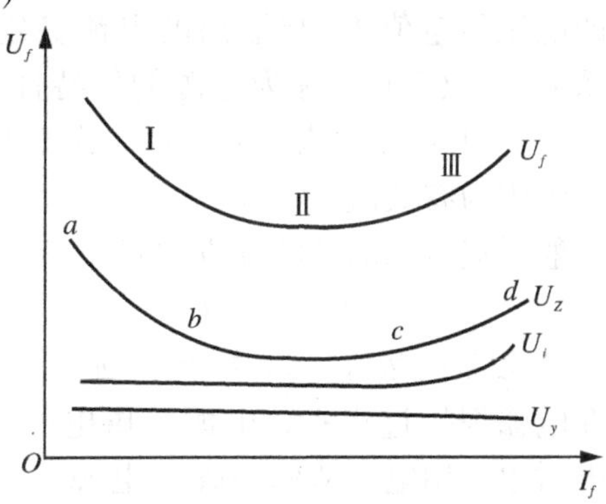

图 5-11　电弧各区域压降与电流的关系

（2）焊接电弧的动特性。所谓焊接电弧的动特性，是指在一定的弧长下，当电弧电流很快变化的时候，电弧电压和电流瞬时值之间的关系。

$$U_i = f(I_f)$$

其动特性曲线如图 5－12 所示。

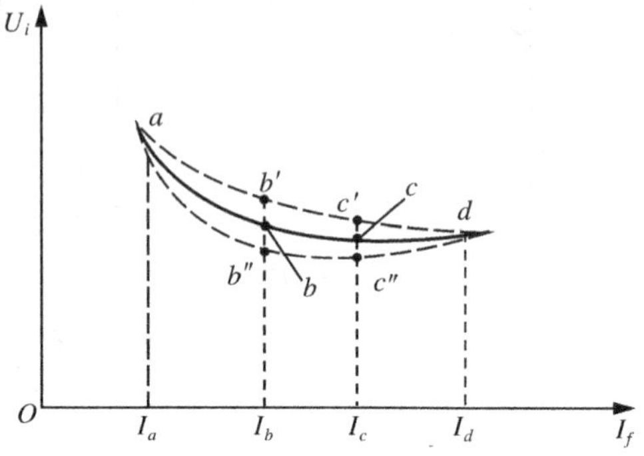

图 5－12　电弧的动特性曲线

5.2.3　焊接电弧负载的特点

为保证一定的电弧电压，要求工作电压随工作电流的增加而增大。正常工作条件下，弧焊电源负载的电压和电流之间的关系称为负载特性。由于焊接回路的电缆等形成的阻抗比较复杂且变化大，为了确定、比较弧焊电源的特性，根据生产经验对弧焊电源的负载特性进行了约定，符合约定关系的负载特性称为约定负载特性，相应的负载电压和负载电流称为约定负载电压（U_2）接电流（I_2）。

常用弧焊方法的约定负载特性为：

（1）焊条电弧焊电源。$U_2 = 20 + 0.04I_2$，$I_2 \leqslant 600$ A；$U_2 = 44$ V，$I_2 > 600$ A；

（2）TIG 焊电源。$U_2 = 10 + 0.04I_2$，$I_2 \leqslant 600$ A；$U_2 = 34$ V，$I_2 > 600$ A；

（3）MIG 焊电源。$U_2 = 14 + 0.05I_2$，$I_2 \leqslant 600$ A；$U_2 = 44$ V，$I_2 > 600$ A；

（4）埋弧焊。$U_2 = 20 + 0.04I_2$，$I_2 \leqslant 600$ A；$U_2 = 44$ V，$I_2 > 600$ A。

5.3　对弧焊电源的基本要求

弧焊电源的负载是电弧，它不仅要为焊接电弧提供电能，同时也要具有适合于弧焊工艺所要求的输出特性，以保证在焊接过程中，引弧容易、电弧燃烧稳定、焊接参数可调且恒定等。为此，焊接电源必须具有下述的各项要求。

5.3.1　弧焊电源的外特性

1. 电源的外特性

在电源参数一定的条件下，改变负载时，电源输出的电压稳定值 U_y 与输出的电流稳定值 I_y 之间的关系 $U_y = f(I_y)$，称为电源的外特性，如图 5－13 所示。对于直流电源，U_y 和 I_y 为平均值，对于交流电源则为有效值。

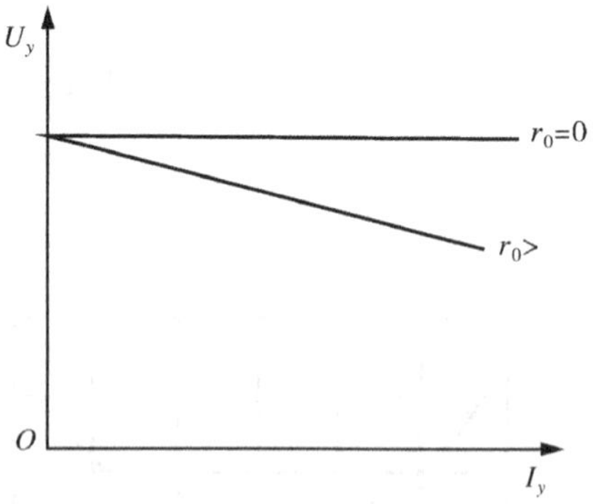

图 5－13　一般直流电源的外特性

一般直流电源的外特性方程式：

$$U_y = E - I_y r_0$$

2. “电源—电弧”系统的稳定性

在电弧焊接过程中，电源起供电作用，电弧作为供电对象而用电，从而构成“电源—电弧”系统，所谓“电源—电弧”系统的稳定性应包含两方面的含义。

（1）系统在无外界因素干扰时，能在给定电弧电压和电流下，维持长时间的连续电弧放电，保持静态平衡。

（2）当系统一旦受到瞬时的外界干扰，破坏了原来的静态平衡，造成了焊接规范的变化，当干扰消失之后，系统能够自动地恢复稳定平衡，使得焊接规范重新恢复。图 5 – 14 中 U_f 和 I_f 为电弧电压和电弧电流的稳定值，图 5 – 15 所示为“电源—电弧”系统示意。

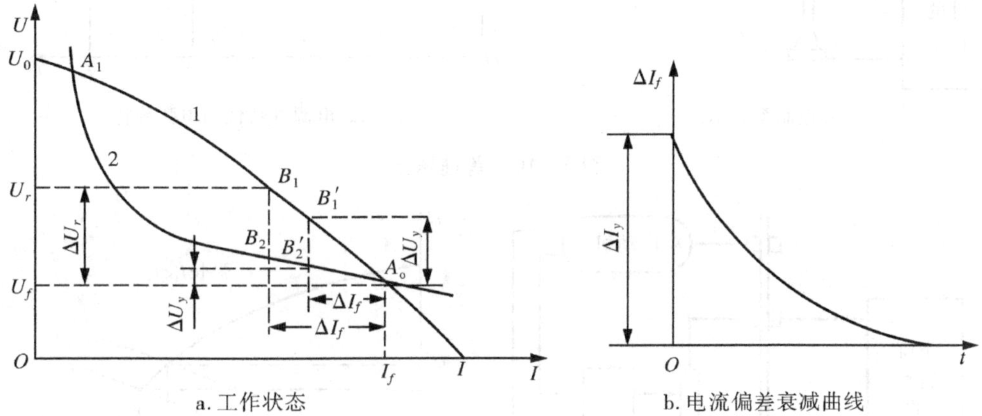

图 5 – 14　U_f 和 I_f 为电弧电压和电弧电流的稳定值

“电源—电弧”系统的稳定条件是：

$$K_W=\left(\frac{\partial U_f}{\partial I}-\frac{\partial U_y}{\partial I}\right)_{I_f}>0$$

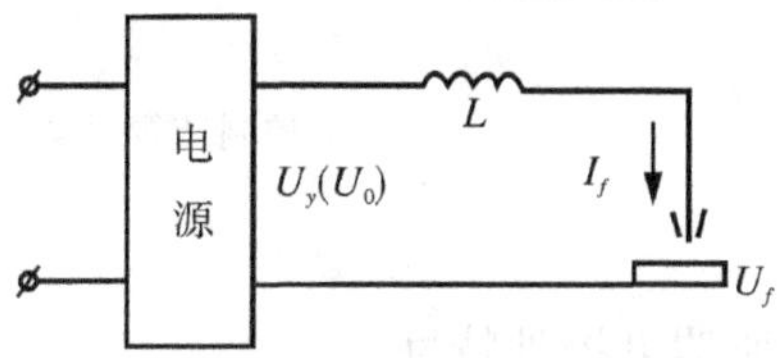

图 5 – 15　电源—电弧系统示意

3. 对弧焊电源的要求

（1）对弧焊电源外特性工作区段形状的要求。

1）手工电弧焊。在手工弧焊中，一般是工作于电弧静特性的水平段上，采用下降外特性的弧焊电源，便可以满足系统稳定性的要求。

2）熔化极弧焊。熔化极弧焊包括埋弧自动焊、混合气体保护焊（MAG）等。这些弧焊方法，不仅要根据其电弧静特性的形状，而且还要考虑送丝的方式来选择合适的弧焊电源外特性工作部分的形状。

熔化极弧焊可分为两种。根据送丝方式不同，熔化极弧焊可分为两种。

A. 等速送丝控制系统的熔化极弧焊。CO_2/MAG、MIG 焊或细丝（直径）的直流埋弧自动焊，电弧静特性均是上升的。弧焊电源外特性为下降、平、微升（但上升的陡度需小于电弧静特性上升的陡度）都可以满足“电源—电弧”系统稳定条件。相关示意如图 5 – 16 所示。

B. 变速送丝控制系统的熔化极弧焊。通常的埋弧焊（焊丝直径大于 3 mm）和一部分 MIG 焊，它们的电弧静特性是平的。相关示意如图 5 – 17 所示。

3）非熔化极弧焊。这种弧焊方法包括钨极氩弧焊（TIG），非熔化极等离子弧焊以及非熔化极脉冲弧焊等，它们的电弧静特性工作部分呈平的或略上升的形状。

4）熔化极脉冲弧焊。一般采用等速送丝，利用“电源—电弧”系统的自身调节作用来稳定焊接规范，维弧阶段和脉冲阶段分别工作于两条电源外特性上。根据不同的焊接工艺要求，脉冲电弧和维弧电弧的工作点也可以分别在恒压和恒流特性段，或者任意组合，

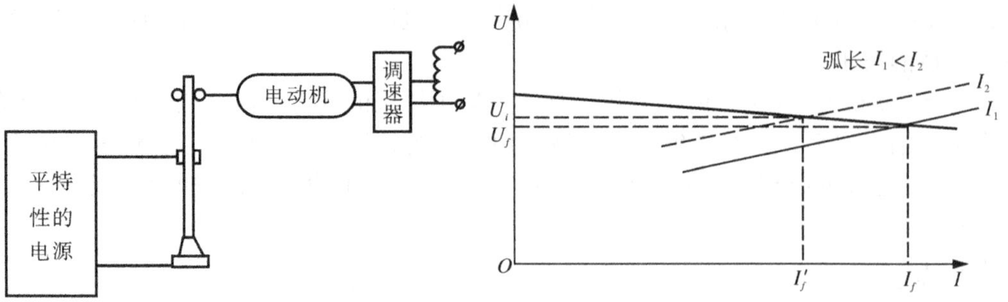

a. 控制系统示意　　b. 弧焊电源外特性与电弧静特性

图 5－16　等速送丝

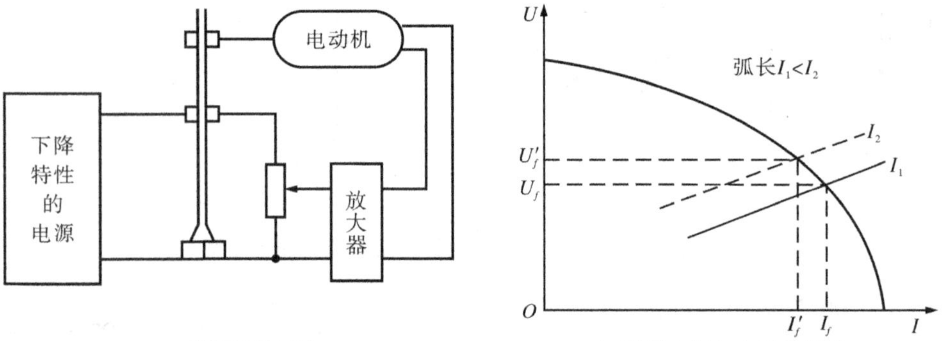

a. 控制装置示意　　b. 弧焊电源与电弧静特性

图 5－17　变速送丝

即所谓可控外特性。

（2）对弧焊电源空载电压的要求。弧焊电源空载电压的确定应遵循以下几项原则。

A. 保证引弧容易。

B. 保证电弧的稳定燃烧。

C. 保证电弧功率稳定。

D. 要有良好的经济性。

E. 保证人身安全。

1）对于通用的交流和直流弧焊电源的空载电压规定如下。

A. 交流弧焊电源：为了保证引弧容易和电弧的连续燃烧，通常采用：

$$U_0 \geqslant (1.8 \sim 2.25) \times U_f$$

B. 手工弧焊电源：$U_0=55\sim70$ V。

C. 埋弧自动焊电源：$U_0=70\sim90$ V。

D. 直流弧焊电源：直流电弧比交流电弧更为稳定，但为了容易引弧，一般也取接近于交流弧焊电源的空载电压，只是下限减少 10 V。

2）在不同工作条件下的额定空载电压不允许超过其如下规定的安全标准。

A. 触电危险性较大的环境：直流 113 V 峰值；交流 68 V 峰值和 48 V 有效值。

B. 触电危险性不大的环境：直流 113 V 峰值；交流 113 V 峰值和 80 V 有效值。

C. 在对操作人员加强保护的机械夹持焊炬情况下：直流 141 V 峰值；交流 141 V 峰值

和 100 V 有效值。

D. 等离子切割：直流 500 V 峰值。

3）综合考虑引弧、稳弧工艺需要，空载电压通常具体要求如下。

A. 弧焊变压器：$U_0 \leqslant 80$ V。

B. 弧焊整流器、弧焊逆变器：$U_0 \leqslant 85$ V。

C. 弧焊发电机：$U_0 \leqslant 100$ V。

一般规定空载电压不得超过 100 V，在特殊用途中，若超过 100 V 时必须备有自动防触电装置。

（3）对弧焊电源稳态短路电流的要求。当电弧引燃和金属熔滴过渡到熔池时，经常发生短路。如果稳态短路电流过大，会使焊条过热，药皮易脱落，使熔滴过渡中有大的积蓄能量而增加金属飞溅。但是，如果短路电流不够大，会因电磁压缩推动力不足而使引弧和焊条熔滴过渡产生困难。对于下降特性的弧焊电源，一般要求稳态短路电流和焊接电流的比值范围为

$$1.25 < \frac{I_{\omega d}}{I_f} < 2$$

4. 弧焊电源外特性形状的分类

从电弧焊接工艺的要求出发，目前已研制出具有各种各样外特性的弧焊电源。

（1）下降特性。这种外特性的特点是，当输出电流在运行范围内增加时，其输出电压随着输出电流的增加而急剧下降。其工作部分每增加 100 A 电流，其电压下降一般应大于 7 V。根据斜率的不同又分为垂直下降（恒流）特性、缓降特性和恒流带外拖特性等。

1）垂直下降（恒流）特性。垂直下降特性也叫恒流特性，其特点是，在工作部分当输出电压变化时输出电流几乎不变 。

2）缓降特性。其特点是当输出电压变化时，输出电流变化较恒流特性的大。

3）恒流带外拖特性。其特点是在其工作部分的恒流段，输出电流基本上不随输出电压变化而产生变化。

（2）平特性。平特性有两种。一种是在运行范围内，随着电流增大，电弧电压接近于恒定不变（又称恒压特性）或稍有下降，电压下降率小于 7 V/100 A；另一种是在运行范围内随着电流增大，电压稍有增加（有时称上升特性），电压上升率应小于 10 V/100 A。

（3）双阶梯形特性。这种特性的弧焊电源用于脉冲电弧焊。维弧阶段工作于“L”形特性上，而脉冲阶段工作于“T”形特性上。由这两种外特性切换而成双阶梯形特性，或称框形特性如图 5－18 所示。

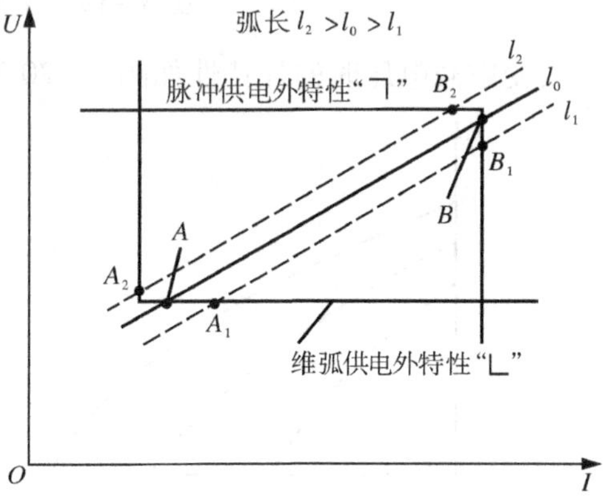

图 5－18　双阶梯形特性

5.3.2 弧焊电源的调节特性

焊接时需根据被焊工件的材质、厚度与坡口形式等选用不同的焊接规范参数，而与弧焊电源有关的焊接参数是电弧工作电压和工作电流，为满足所需的工作电压和工作电流，弧焊电源必须具备可以调节的性能。

1. 弧焊电源的调节性能

弧电压和电流是由电弧静特性和弧焊电源外特性曲线相交的一个稳定工作点决定的。同时，对应于一定的弧长，只有一个稳定工作点。因此，为了获得一定范围所需的焊接电流和电压，弧焊电源的外特性必须可以均匀调节，以便与电弧静特性曲线在许多点相交，从而得到一系列的稳定工作点 。

在稳定工作的条件下，电弧电流、电压、空载电压和等效阻抗之间的关系，可用下式表示：

$$\dot{U}_f = \dot{U}_0 - \dot{I}_f Z$$

或者
$$\dot{I}_f = \frac{\dot{U}_0 - \dot{U}_f}{Z}$$

改变等效阻抗时的外特性如图 5－19 所示。

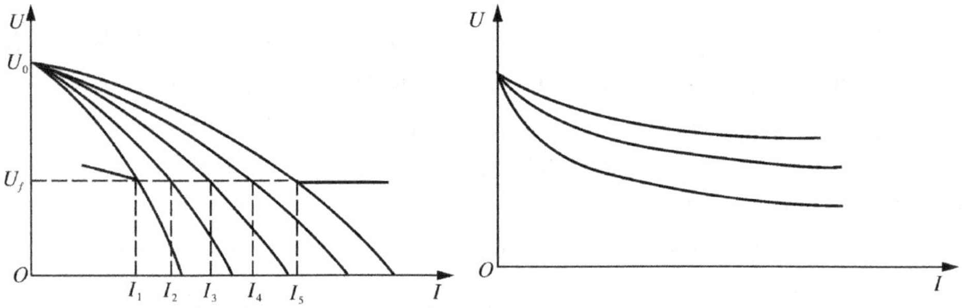

a. 下降外特性　　b. 平外特性

图 5－19　改变等效阻抗时的外特性

改变空载电压时的外特性如图 5－20 所示。

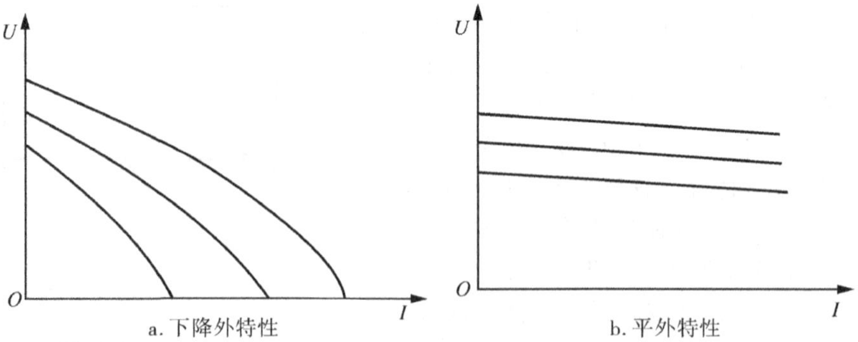

a. 下降外特性　　b. 平外特性

图 5－20　改变空载电压时的外特性特性

（1）手工电弧焊。这种焊接方法所用电流为 I_f，它的调节范围不大，即使电弧电压 U_f 不变，也能保证得到所要求的焊缝成形。因此，在焊接不同厚度的工件时，电弧电压一般

是保持不变的，只调节焊接电流，一般要求交流弧焊电源空载电压为

$$U_0 = (1.8 \sim 2.25)\ U_f$$

手工焊常用的弧焊电源调节外特性方式，即改变 U_0 和 Z 的外特性，如图 5－21 所示。

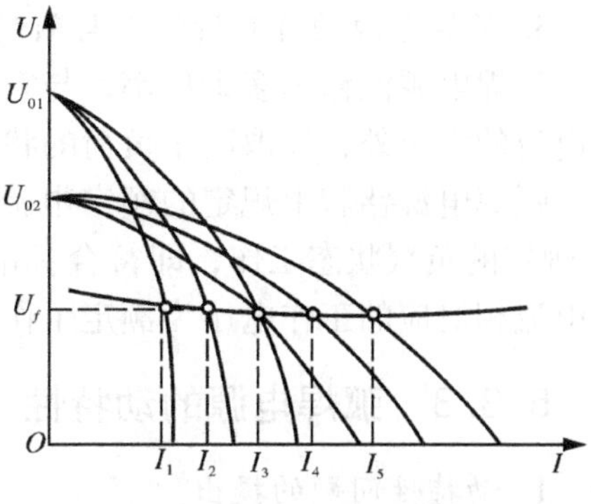

图 5－21　改变 U_0 和 Z 的外特性

（2）埋孤自动焊。在自动焊中，一般当 I_f 增加时熔深随着增大，则要求增大 U_f 以使熔宽相应增加，从而保持合适的焊缝几何尺寸。当增大 U_f 时，则要求相应提高 U_0，以使电弧稳定。

（3）等速送丝气体保护焊。电弧静特性为上升的熔化极气体保护焊可选用平外特性的弧焊电源和等速送丝的焊机。

2．可调参数

（1）下降外特性弧焊电源的可调参数。下降外特性弧焊电源的可调参数，如图 5－22 所示。

工作电流 I_f 是在进行弧焊时的电弧电流或这时弧焊电源输出的电流。

工作电压 U_f 是在焊接时，弧焊电源输出的负载电压。

最大焊接电流 $I_{f\max}$ 是弧焊电源通过调节所能输出的与负载特性相应的上限电流。

最小焊接电流 $I_{f\min}$ 是弧焊电源通过调节所能输出的与负载特性相应的最小电流。

电流调节范围是在规定负载特性条件下，通过调节所能获得的焊接电流范围。通常要求：

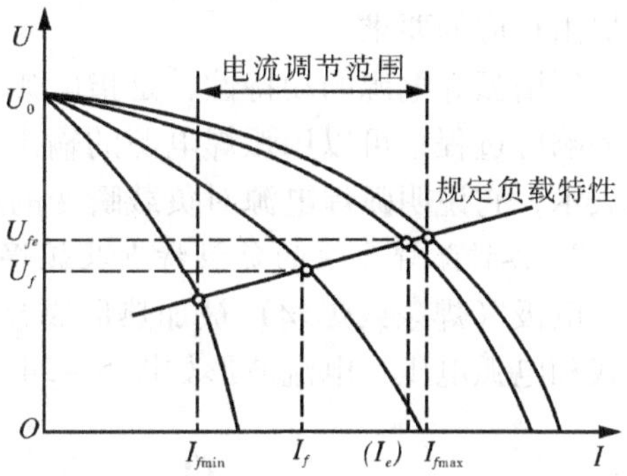

图 5－22　下降外特性弧焊电源的可调参数

$$I_{f\max}/I_e \geq 1.0$$

$I_{f\min}/I_e \leq 0.20$　（TIG 焊要求），I_e 为额定焊接电流。

（2）平外特性弧焊电源的可调参数。工作电流 I_f 的定义与下降外特性弧焊电源的 I_f 相同。在等速送丝 MIG/MAG/CO_2 焊时，焊接电流主要由送丝速度决定，与电压无关。平外特性弧焊接电源的可调参数如图 5－23 所示。

1）工作电压 U_f。它的定义亦同于下降外特性弧焊电源的 U_f。亦要求它随着 I_f 增大而加大，等速送丝 MIG/MAG/CO_2 焊和药芯焊丝自保护弧焊时规定的负载特性如下。

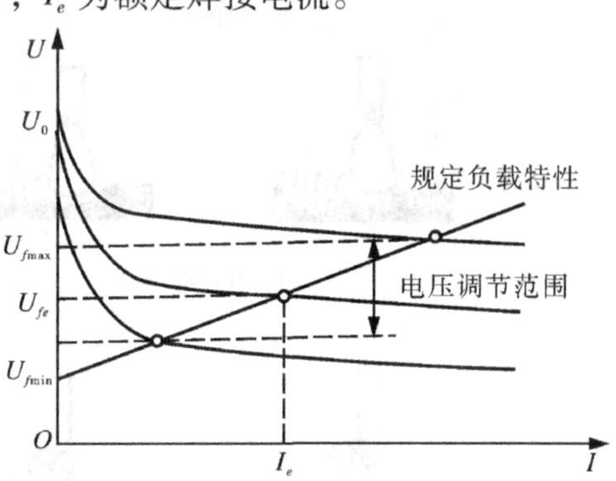

图 5－23　平外特性弧焊电源的可调参数

当 $I_f \leq 600$ A 时，$U_f = 14 + 0.05 I_f$（V）

当 $I_f > 600$ A 时，$U_f = 44$（V）。

最大工作电压 $U_{f\max}$ 为弧焊电源通过调节所能输出的与规定负载特性相对应的最大电压。

最小工作电压 U_{fmin} 为弧焊电源通过调节所能输出的与规定负载特性相对应的最小电压。

2）工作电压调节范围。弧焊电源在规定负载条件下，经调节而获得的工作电压范围。

3. 弧焊电源的负载持续率与额定值

弧焊电源能输出多大功率，与它的温升有着密切的关系。弧焊电源的温升除取决于焊接电流的大小外，还取决于负荷的状态，即长时间连续通电还是间歇通电。

弧焊电源铭牌上规定的额定电流，就是指在规定的环境条件下，按额定负载持续率FS 规定的负载状态工作，即符合标准规定的温升限度下所允许的输出电流值，与额定焊接电流相对应的工作电压为额定工作电压。

5.3.3 弧焊电源的动特性

1. 动特性问题的提出

用熔化极进行电弧焊时，电极（焊条或焊丝）在被加热形成金属熔滴进入熔池时，经常会出现短路。这样，就会使电弧长度、电弧电压和电流产生瞬间的变化。因而，在熔化极弧焊时，焊接电弧对供电的弧焊电源来说，是一个动态负载，这就需要对弧焊电源动特性提出相应的要求。

所谓弧焊电源的动特性，是指电弧负载状态发生突然变化时，弧焊电源输出电压与电流的响应过程，可以用弧焊电源的输出电流和电压对时间的关系即 $U_f = f(t)$、$I_f = f(t)$ 来表示，它说明弧焊电源对负载瞬变的适应能力。

2. 各种弧焊方法的负载特点及弧焊电源的动特性

电极（焊条或焊丝）被加热形成金属熔滴进入熔池的过程，称为熔滴过渡。熔滴过渡形式和电弧电压、电流波形如图 5－24 所示。

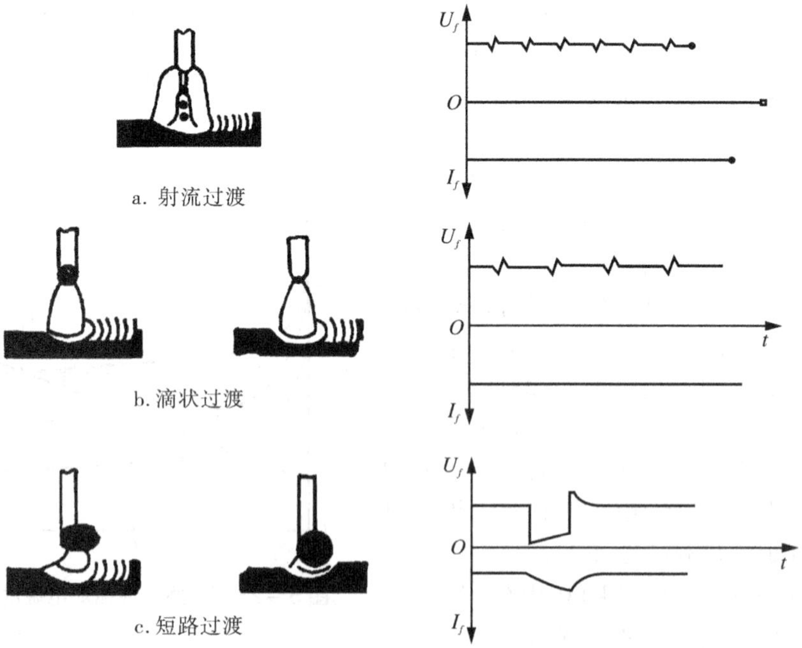

图 5－24 熔滴过渡形式和电弧电压、电流波形

对熔化极弧焊来说，随所采用的工艺方法和焊接规范不同，熔滴过渡就有各种形式，动负载的变化情况也各异，对弧焊电源的动特性要求就有所不同。

对于短路过渡，由于它的电弧是较大变化的动载，使弧焊电源常在空载、负载、短路三态之间转换，故需对弧焊电源的动特性提出特殊要求。

3. 弧焊电源动特性对焊接过程的影响及对它的要求

所谓动特性好，一般是指引弧和重新引弧容易，电弧稳定和飞溅少。就客观评定而言，是用仪器测定参数后做出评定的（按标准指标）。

（1）手工弧焊电源。手工焊时，弧焊电源的电流和电压变化曲线如图 5－25 所示。

1）对瞬时短路电流峰值的要求。瞬时短路电流值，是当焊接回路突然短路时，输出电流的值。一般需考虑由空载到短路和由负载到短路两种。

2）对恢复电压最低值的要求。用直流弧焊发电机进行手工弧焊开始引弧时，在焊条与工件短路被拉开后，即由短路到空载的过程中，由于焊接回路内电感的响应，弧焊电源电压不能瞬间就恢复到空载电压 U_0，而是先出现一个尖峰值（时间极短），紧接着下降到电压最低值 U_{min}，然后再逐渐升高到空载电压 U_0，如图 5－26 所示。

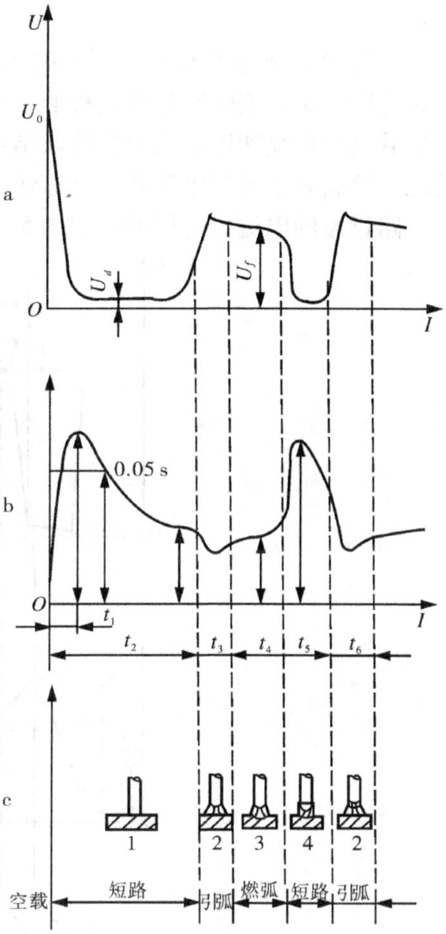

图 5－25　手工焊时，弧焊电源的电流和电压变化曲线

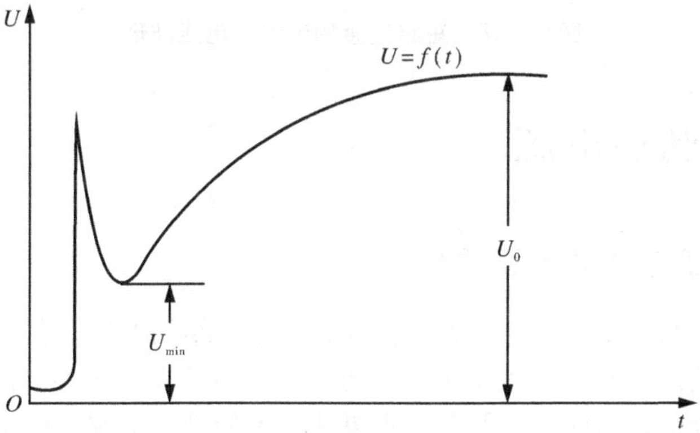

图 5－26　对恢复电压最低值的要求

不同弧焊方法和各种新弧焊工艺的出现，加之动态参数的影响因素也特别多，很难用量化的指标来衡量它的好与坏。因此，在国家制定的新标准中，没有对其考核指标做出硬

性规定。

（2）短路过渡细丝 CO_2 用弧焊电源。短路电流增长速度，即从负载到短路的短路电流增长速度，是影响熔滴过渡过程的一个主要参数，这个参数过大或过小都是不利的。

空载电压恢复速度，当短路阶段结束后，希望立即引燃电弧，以免焊接过程出现中断的情况，这就要求弧焊电源要有足够快的空载电压恢复速度。

短路过渡的电流、电压波形如图 5 - 27 所示

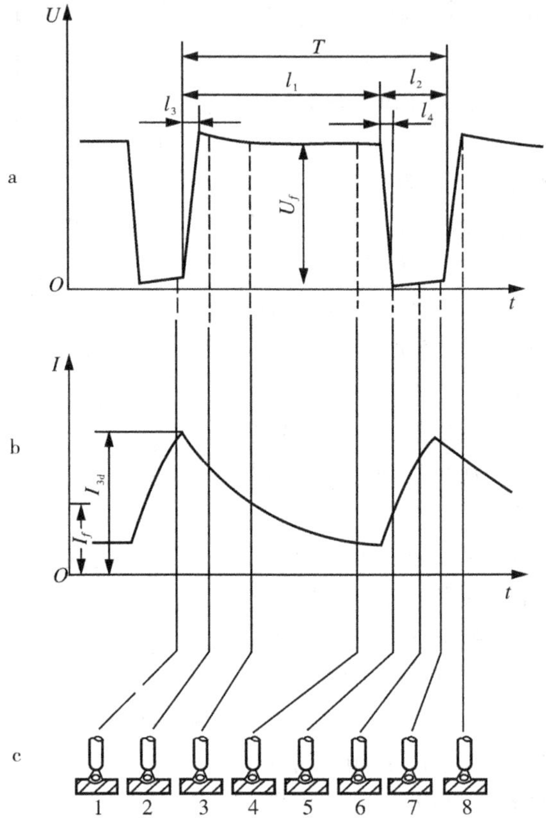

图 5 - 27　短路过渡的电流、电压波形

5.4　直流弧焊电源

5.4.1　机械调节型直流弧焊电源

机械调节型电源的主要电气特性如外特性，是由其结构所决定的。电源输出参数的调节也是靠机械装置进行调节的，如动铁芯、动绕组的移动等。该类电源具有结构简单、易造易修、成本低、效率高等优点，但调节不灵活、不精细，电源比较笨重，耗材多。

机械调节型直流弧焊电源可分为增强漏磁式和动圈式。增强漏磁式弧焊电源结构如图 5 - 28 所示，这种结构可获得下降外特性，铁芯Ⅱ可以移动，进出于铁芯Ⅰ的窗口（在图中是垂直于纸面移动）以调节漏磁，故又称为动铁芯式。动圈式弧焊电源结构如图 5 - 29

所示，这种结构通过调节线圈之间的间距改变气隙，从而改变磁通量。

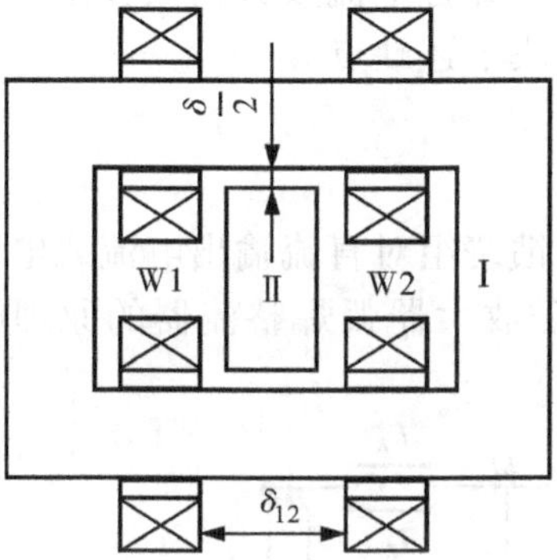

图 5－28　增强漏磁式弧焊电源结构

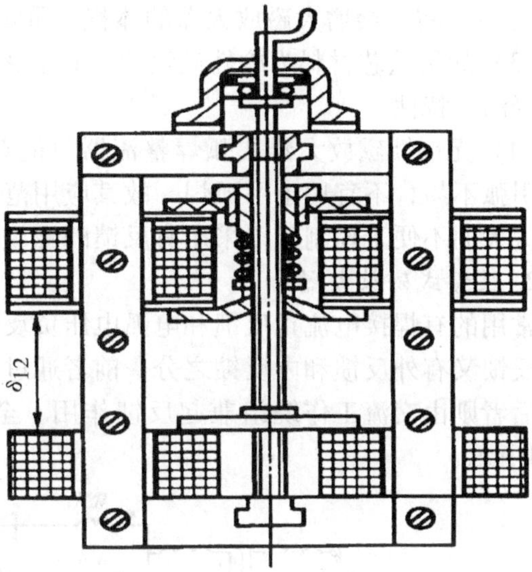

图 5－29　动圈式弧焊电源结构

5.4.2　电磁控制型直流弧焊电源

电磁控制型弧焊电源包括直流弧焊发电机和磁放大式弧焊整流器。此类电源耗材耗电多，电磁惯性很大、动态特性差，一般属于淘汰产品。用柴油机或汽油机代替电动机的直流弧焊发电机可以用于没有电源的野外施工，现在还拥有一定的市场。

电磁控制型弧焊电源可分为无反馈磁放大器式、全反馈磁放大器式、部分反馈磁放大器式。

1. *无反馈磁放大器式*

无反馈磁放大器式硅弧焊整流器原理如图 5－30 所示，无反馈磁放大器的特点如下。

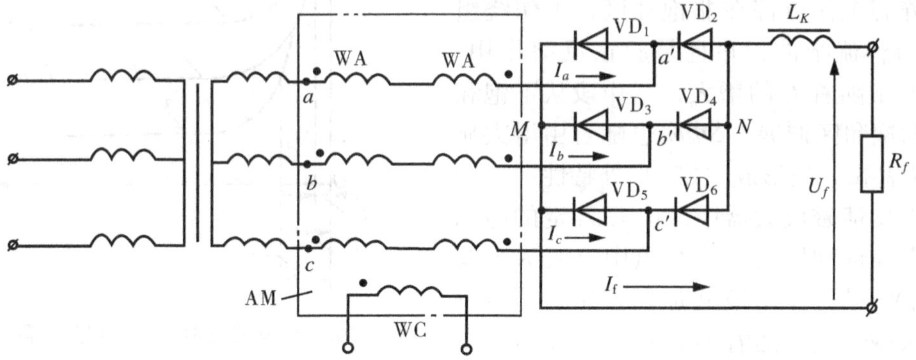

图 5－30　无反馈磁放大器式硅弧焊整流器原理

（1）WA 内流过交流电，接线要保证一个铁芯内 ΦA 与 Φc 方向一致，另一个铁芯内则相反。

（2）可用较小的 I_c 控制较大的 I_a，电流放大倍数 $KI = Nc/NA$，故可适当增大 Nc，使

KI 达几十倍。即使如此，这时 I_c 往往还要达到数安培，其控制功率仍然比较大。但若过分增大 *Nc*，将又会增大磁放大器的体积、重量，并恶化动特性。

（3）如果铁芯材料为冷轧硅钢片，其磁化曲线接近于理想磁化曲线，则可获得近于垂直陡降的外特性。

（4）无反馈磁放大器式弧焊整流器只能获得较为陡降的外特性，由于其短路电流太小，引弧不易，不宜用于手弧焊，故其应用范围有限。并且电流放大倍数较小，以致控制电流太大而不便于控制。可采用有反馈的磁放大器解决上述缺点。

2. 反馈式磁放大器

常用的有焊接电流正反馈和电弧电压负反馈。

反馈又有外反馈和内反馈之分，前者通过外加反馈绕组对直流输出电流或电压进行反馈，后者则由交流工作绕组兼起反馈作用。全反馈磁放大器弧焊整流器的原理电路如图 5－31所示。

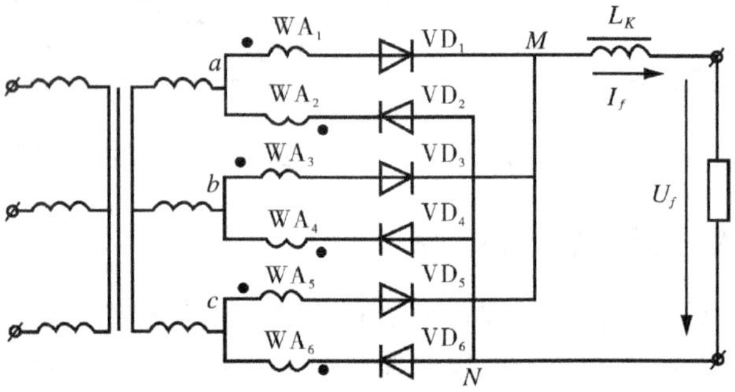

图 5－31　全反馈磁放大器式弧焊整流器的原理电路

采用全反馈磁放大器获得的外特性（图 5－32）与无反馈的截然不同，这是由于二者的磁状态不同。在全反馈磁放大器中，由 I_c 确定的静态工作点都在非饱和区，工作绕组中电流为整流半波，并且是起正反馈作用。在一定 I_c 下随着 I_f 的增大，工作段从不饱和区逐渐向饱和区伸展，$\Delta\Phi m$ 也随着由增大显著到增大甚微，故形成“L”形外特性。

在无反馈磁放大器中，由 I_c 确定的静态工作点常在饱和区而工作绕组中电流为全波交流。$I_f NA$ 是一个半波起加磁作用，而另一半波起去磁作用。随着 I_f 的增大，在两个交流绕组中，在任意瞬时总有一个绕组的工作点由饱和区逐渐向非饱和区伸展，$\Delta\Phi m$ 由增大甚微到增大显著，因而得到的是“┐”形外特性。

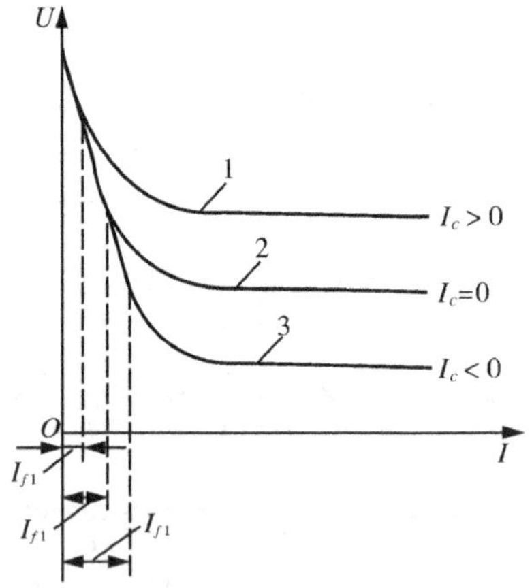

图 5－32　全反馈磁放大器弧焊整流器外特性

部分反馈磁放大器式弧焊整流器的基本电路如图 5－33 所示。其与全反馈磁放大器的差别仅在于在两交流工作绕组之间联接了电阻内桥，其余接线原则不变。各相也是令 *ΦA* 与 *Φc* 的方向一致，只是多了 3 个电阻内桥。

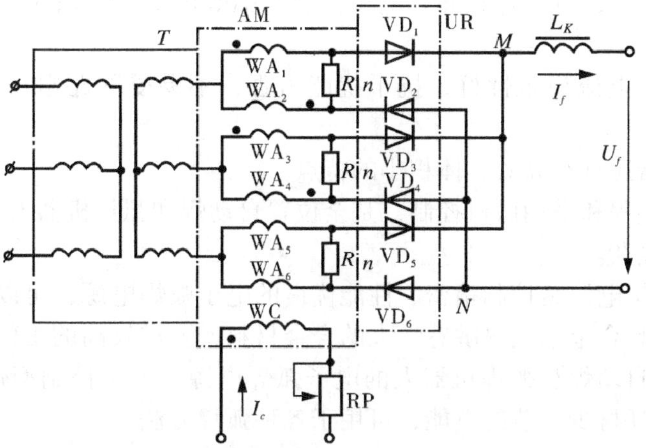

图 5 – 33　电阻内桥部分反馈磁放大器式弧焊整流器

部分内反馈磁放大器式硅弧焊整流器因为有负半周电流的去磁作用，与无反馈式磁放大器类似，可获得下降外特性，改变内桥电阻阻值，可改变外特性下降的陡度。实际外特性是比较平滑的，如图 5 – 34 所示。各相电流在磁放大器交流绕组和内桥电阻构成的两条支路中，是近似按电阻并联规律分配的。有以下关系式：

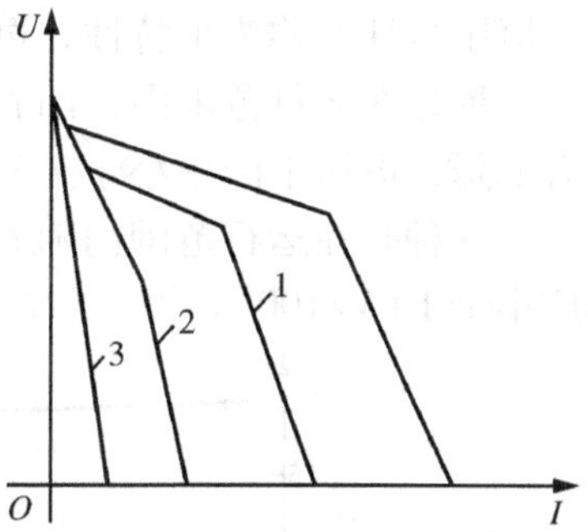

图 5 – 34　内桥磁放大器式弧焊整流器外特性

$$I_n \propto \frac{R_A}{2R_A + R_n} = I$$

式中，R_A——交流工作绕组的电阻。

因此，若 R_n 减小，则 I_n 增大，即去磁半波电流幅值增大，使磁通变化和感抗压降增加。改变 R_n 可调节进而改变外特性形状，故可通过适当选择 R_n 值获得所要求的下降外特性。

5.4.3　节能型电子控制型直流弧焊电源

电子控制型直流弧焊电源的外特性、动特性和调节性能完全借助于电子线路（含反馈电路）来进行控制，包括对输出电流、电压波形的任意控制，而电源结构没有决定性的关系，这就是全电子控制的弧焊电源。

电子控制型弧焊电源是根据电流、电压负反馈控制原理，利用电子电路对电子功率进行控制。

（1）系统（整流器或逆变器）进行闭环控制，以此来获得不同的外特性曲线形状。

1）只取电压负反馈时，弧焊电源的输出特性为恒压外特性。

2）只取电流负反馈时，输出为恒压外特性。

3）电流截止负反馈时，初始为平特性，当电流大于阈值时为恒流或陡降外特性。

（2）电子电子控制型直流弧焊电源的特点：

1）可以对外特性进行任意的控制，满足各种弧焊方法的需要。

2）具有良好的动特性，反应时间短。

3）可调节参数多，特别是脉冲式电子控制的弧焊电源，可以对电弧功率进行精密的控制和遥控。

4）输出电压、电流稳定性好，抗干扰能力强，不易受网路电压波动和温度变化的影响。

5）弧焊逆变器还具有高效、体积小的特点。

6）便于进行编程和采用微机控制，是全位置自动焊和弧焊机器人用的理想弧焊电源。

7）电路比较复杂。

电子控制的弧焊电源是控制精密、性能优良的电子弧焊电源，可以应用于各种弧焊工艺方法，也可以对高合金钢、热敏感性大的合金材料或要求较高的工件进行焊接，特别适合用作管道全位置自动焊和弧焊机器人的电子弧焊电源。电子控制型弧焊电源控制灵活，系统响应速度快，耗材少、节约电能，可用于各种弧焊方法。

5.4.4 恒压特性直流弧焊电源

恒压特性又称为平特性，可分为两种：

一种是在运行范围内，随着电流增大，电弧电压接近于恒定不变（又称恒压特性）或稍有下降，电压下降率小于 7 V/100 A，如图 5－35 所示。

另一种是在运行范围内随着电流增大，电压稍有增加（有时称上升特性），电压上升率应小于 10 V/100 A。

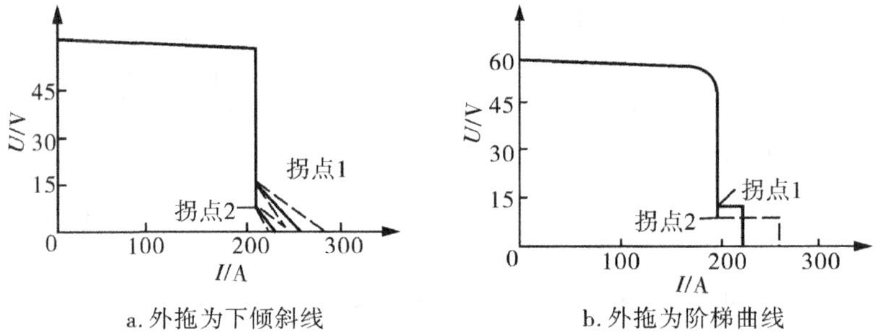

图 5－35　恒流带外拖特性示意

5.4.5 恒流特性直流弧焊电源

恒流这种外特性的特点是，当输出电流在运行范围内增加时，其输出电压随着输出电流的增加而急剧下降，其工作部分每增加 100 A 电流，其电压下降一般应大于 7 V。

根据斜率的不同又分为：

（1）垂直下降（恒流）特性。垂直下降特性也叫恒流特性。其特点是，在工作部分当输出电压变化时输出电流几乎不变。

（2）缓降特性。其特点是当输出电压变化时，输出电流变化较恒流特性的大。

（3）恒流带外拖特性。其特点是在其工作部分的恒流段，输出电流基本上不随输出电压变化。

5.5 交流弧焊电源

交流弧焊电源输出的电流波有两种：一种是近似正弦波，即普通工频交流电的波形，其电源称为弧焊变压器；另一种是矩形波，又称方波，其电源被称为矩形波（或方波）交流弧焊电源，它是近年来发展起来的新型电源。本节主要讲述交流方波电源及变极性电源。

由于交流焊机价格便宜、焊接时磁偏吹小等优点，此外交流负极性半波的“阴极破碎（雾化）”作用，能够清除铝、镁及其合金表面的氧化膜，交流正极性能够使工件获得较大的热量，从而提高了焊接效率，因此交流电弧焊在生产中得到了广泛应用。但是采用交流电弧会导致以下问题：一是会产生直流分量，对焊机和电流波形会产生不良影响；二是电流过零时电弧熄灭，需采用稳弧措施。为了解决上述问题，出现了方波交流焊接电源。

研究和实践证明，采用方波或矩形波交流焊机可以显著地改善电弧的稳定性，在适当的条件下，甚至可以不采用其他任何稳弧措施，就可进行铝、镁及其合金的交流氩弧焊。进一步地，如果正负半波电流持续时间及幅值可调，则更能显著地改变电弧形态、电弧的作用力、电弧对母材热输入量的大小。不仅如此，还可以控制母材熔深、焊缝表面成形，获得与脉冲焊类似的效果。

典型的交流方波电源的电流，如果用β来代表正半波电流与整个周期中的电流比值，则β可以用下式表示：

$$\beta = |I_{SP}| / (|I_{SP}| + |I_{RP}|)$$

式中，β——正半波电流与整个周期中的电流比值，一般取0.5～0.7；

I_{SP}——正极性半波电流的平均值；

I_{RP}——负极性半波电流的平均值。

改变β值可改变电弧的形态和热输入量的大小。实践证明，随着β的增大，阴极清理区变窄，“阴极破碎”作用减弱，电弧压力增高，对母材的热输入量增大。由于电弧热量集中，焊缝宽度变窄，焊缝熔深增加，有利于得到窄而深的焊缝，焊接效果逐渐显现出直流正接时的情况；反之，随着β的减小，则逐渐显现出直流反接时的焊接效果。因此，在满足“阴极破碎”作用要求的前提下，应尽量加大β值，使电弧和焊接效果偏于直流正接时的情况。

由于交流方波电源综合了直流电源和脉冲电源的优点，且交流方波电流过零时的速度变化很快，因而使电弧的稳定性得到了很大的提高。此外，电流正负半波的持续时间或宽度可调，焊接质量和熔敷率容易得到控制。

5.5.1 记忆电感式交流方波电源

1. 记忆电感式交流方波电源主回路

与一般的单相整流器焊接电源相比，记忆电感式交流方波电源在主回路中多设置了一个直流电抗器，由于该电抗器电感量很大，具有存储、续流的作用，一方面可保证小电流的连续性，另一方面，当交流电流过零时，由于电感上的电流不能突变，可得到带有尖峰的电压波形，从而使电流过零点的速度较快，得到近似方波的交流焊接电流，因此该电抗器又称为记忆电感或记忆电抗器。如图5－36所示，典型的记忆电感式交流方波电源主电路由变压器、晶闸管桥及直流电抗器组成主电路，该电路通过晶闸管桥的开关和直流电抗器的储能作用，把正弦波交流电流转变成交流方波电流。

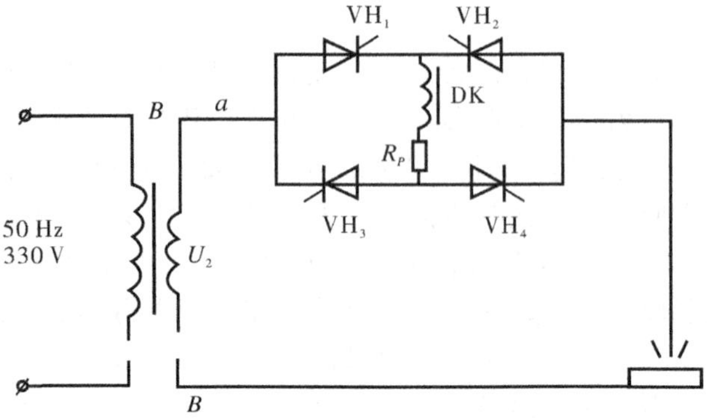

图 5－36　晶闸管电抗器式交流方波弧焊电源示意

2. 外特性控制和规范调节

（1）外特性控制。图 5－37 所示为晶闸管电抗器式矩形波交流弧焊电源外特性曲线的一个实例。

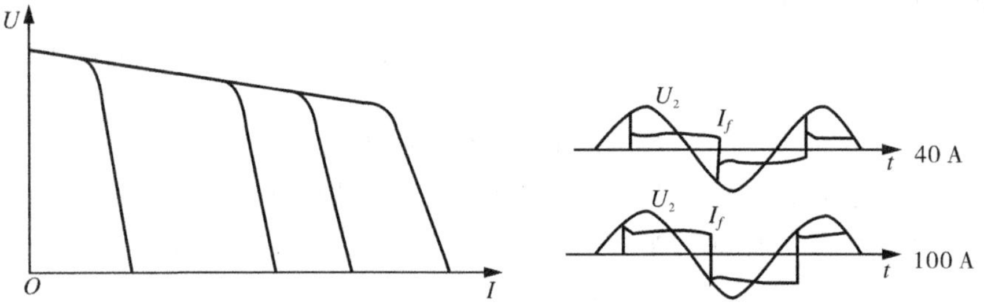

a. 外特性　　b. 电流波形

图 5－37　晶闸管电抗器式矩形波交流弧焊电源外特性及电流波形

（2）规范调节。改变给定电路的电压值便可以得到一组外特性曲线，以满足调节规范的要求。调节规范，实际上就是调节输出总电流，而总电流是正极性电流和负极性电流的平均值之和。调节总电流即相应地调节了负载电流有效值。

5.5.2　逆变式交流方波及变性电源

1. 晶闸管交流方波输出的获得方法

逆变器式矩形波交流弧焊电源主电路由变压器、晶闸管整流器、晶闸管逆变器等组成。如图 5－38 所示为矩形波交流晶闸管式逆变器主电路图。工频正弦波交流电压经主变压器降压和晶闸管的整流，成为几十伏的直流电压，再通过晶闸管逆变器的开关转换，成为矩形波交流电流，实质上它是通过“AC—DC—AC—DC—AC”的逆变体制来获得矩形波交流电流输出的。

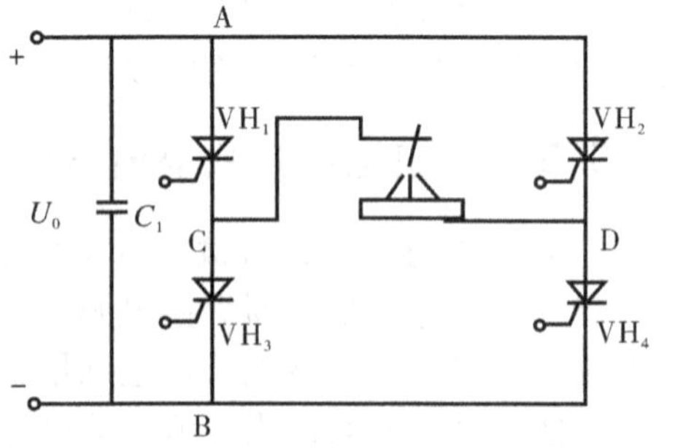

图 5－38　矩形波交流晶闸管式逆变器主电路图

这种类型的矩形波交流弧焊电源，实质上是

由通用弧焊电源（含弧焊逆变器）与矩形波交流发生器（即晶闸管逆变器）所组成。其外特性形状的控制和矩形波交流电流幅值的调节，是通过直流弧焊电源来实现的。这种电源具有以下特点：

（1）采用大功率晶闸管作为开关元件。在较早的时候已能生产出大容量、耐高电压和性能好的大功率晶闸管，一般只用一只或一对管子，其成本较低。但是由于受管子关断时间（图 5-39）的限制，在一般情况下，逆变器的额定工作频率仅为 2 000 Hz 至 5 000 Hz，在此频率范围，噪声较大，特别是在交流弧焊时，其发出的电弧噪声对人体有一定影响。

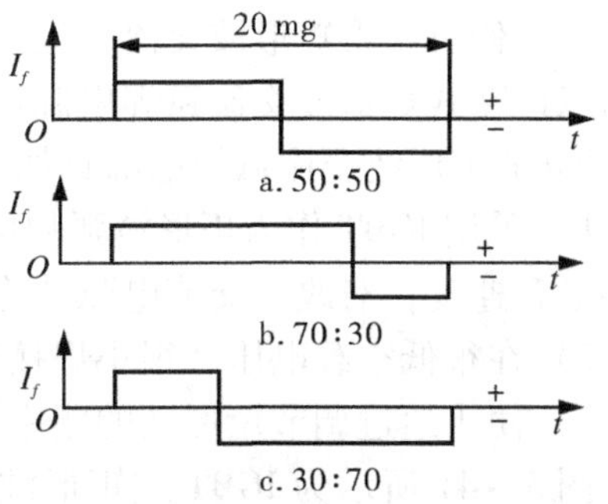

图 5-39　矩形波交流焊接电流波形正、负半波通电时间比示意

（2）具有一般弧焊逆变器共同的特点。它与弧焊发电机和弧焊整流器比较，具有高效节能、重量轻、体积小、功率因数高和弧焊工艺性能好等优点。

2. *IGBT 式交流方波弧焊逆变器*

（1）IGBT 式弧焊逆变器简介。IGBT 式弧焊逆变器的主要组成和基本原理，如图 5-40 所示，它与场效应管弧焊逆变器、晶体管式弧焊逆变器比较，基本结构形式、框架一样，且均采用“定频率调脉宽”的 PWM 调节方式。主要的不同点是：IGBT 管代替场效应管、晶体管；逆变频率 20～25 kHz（而场效应管 50 kHz 以上）；IGBT 管采用电压控制，单管容量足够，不必多管并联工作。它的外特性、调节特性（规范参数调节）和输出波形的获得与控制，也是借助于脉宽的变化（变换、调制）来实现，包括输出脉冲波形的低频调制在内。而且，在输入整流滤波电路、逆变主电路基本类型（多种）、输出滤波电路、带有负反馈的闭环控制电路及其原理等方面，IGBT 式弧焊逆变器与场效应管弧焊逆变器都是基本相同的。

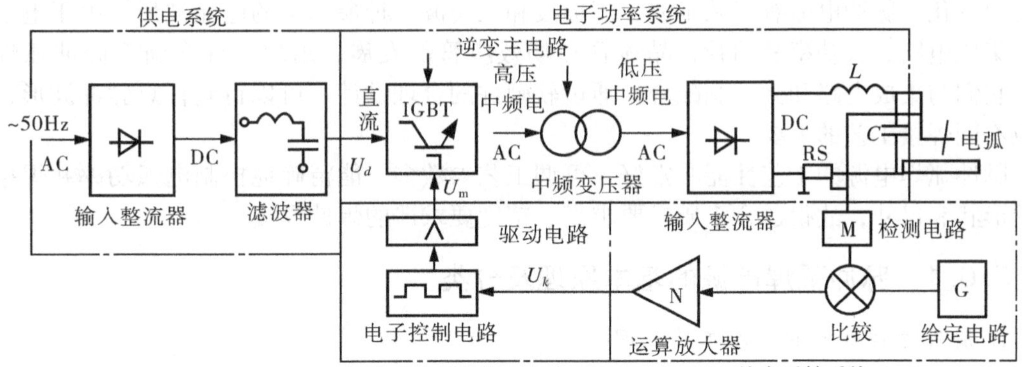

图 5-40　IGBT 全桥式弧焊逆变器基本组成及原理

IGBT 式逆变主电路与 MOSFET 式、晶体管式弧焊逆变器的逆变主电路基本型式类似，常采用单端正激式、半桥式、全桥式和双重正激单端式逆变主电路。弧焊逆变电源的主电路拓扑结构主要有单端正激、半桥式和全桥式等多种形式。

（2）输出交流方波电流的获得原理。借助于“AC-DC-AC-DC-AC”的两次逆变的变换，便可获得矩形波交流电流，这就是所谓 IGBT 逆变式矩形波交流弧焊电源，也可称为双逆变式矩形波交流弧焊电源。

IGBT 矩形波交流弧焊电源具如下特点和优点：

1）采用 IGBT 作为矩形波弧焊电源的逆变元件，提高了弧焊电源输出电流在极性转变时的上升速度，对改善交流电弧的稳定燃烧非常有利。

2）在很低空载电压、很小焊接电流下，不用稳弧装置也可进行铝的钨极氩弧焊接。

3）便于通过调节矩形波的频率和正极性电流比例，改善焊缝成形并减少钨极的烧损。

图 5－41 所示为 IGBT 式矩形波交流弧焊逆变器的原理，实际上，它是由直流弧焊电源和 IGBT 式全桥逆变主电路组成。

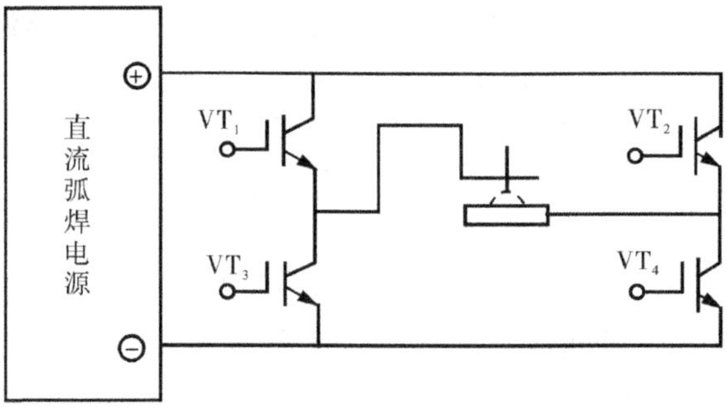

图 5－41　IGBT 式矩形波交流弧焊逆变器的原理

5.6　脉冲弧焊电源

为焊接电弧提供周期性脉冲式电流的电源称为脉冲弧焊电源。一般输出两种电流，即基本电流（又称维弧电流）和脉冲电流。焊接时，焊接电流从基值（低）到峰值（高）重复地变化。脉冲电流有正弦半波、矩形波和三角波三种最基本的电流波形。由于电子技术、集成电路、大功率晶闸管、晶体管和场效应管的发展，出现了许多新型脉冲弧焊电源，它们与集成电路和微控制配合，通过软硬件的合理设计，可以得到任意脉冲波形，以适应不同焊接工艺的需要。

脉冲弧焊电源的工艺性能非常好，可调工艺参数多，能精确地控制电弧功率和焊接熔池的形状和尺寸，故很适合于质量要求高、精度要求严的焊件焊接。

5.6.1　脉冲弧焊电源的基本原理及分类

1. 脉冲弧焊电源的基本工作原理

脉冲孤焊电流由基值电流和脉冲电流两种电流组成，分别由两个电源提供，也可以由一个电源提供幅值大小交替变化的电流。

获得脉冲电流的方法有以下几种方式。

（1）利用硅二极管的整流作用。像整流式脉冲弧焊电源，就是利用硅二极管整流作用而制成的。网络电压经降压变压器 T 降压后，借助硅二极管进行半波或全波整流，从而获得 50 Hz 或 100 Hz 正弦半波的脉冲电流。

1）并联式。并联式单相整流脉冲弧焊电源原理示意如图 5－42 所示。

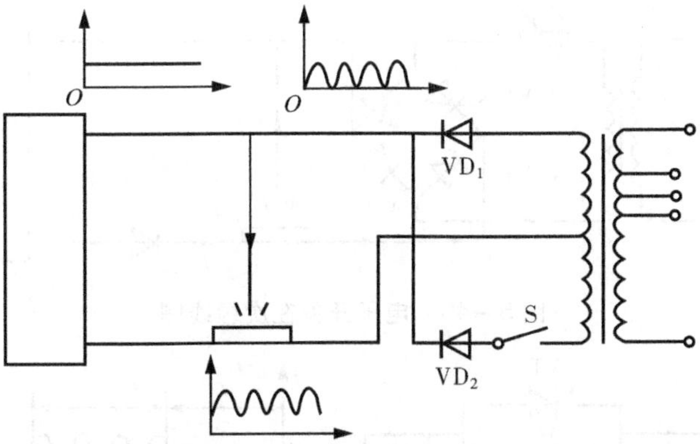

图 5 -42　并联式单相整流脉冲弧焊电源原理示意

当开关 S 开时，半波供电，工作频率为 50 Hz；

当开关 S 闭时，全波供电，工作频率为 100 Hz。

2）可调并联式。可调并联式单相整流脉冲弧焊电源原理及电流波形示意如图 5 -43 所示。

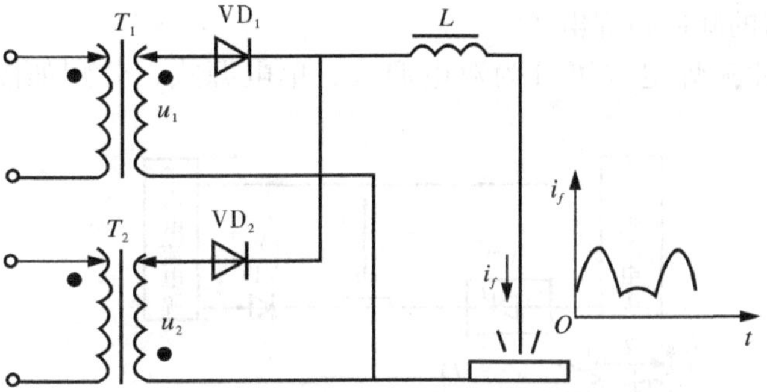

图 5 -43　可调并联式单相整流脉冲弧焊电源原理及电流波形示意

当 $U_1 \neq U_2$ 时，工作频率为 50 Hz；

当 $U_1 = U_2$ 时，工作频率为 100 Hz。

这时把硅二极管改为晶闸管，脉冲电流的脉宽就可调节了。

优点：结构简单，制造容易，成本低，使用可靠。

缺点：可调节参数不多。

（2）利用电子开关作用。由直流弧焊电源和断续器（开关）组成，在直流弧焊电源的交流侧或直流侧，接上晶闸管组，组成交流断续器或直流断续器，借助其开关作用获得脉冲电流。

1）交流断续器的脉冲弧焊电源。按照电子开关的位置不同，可分为电子开关初级侧、次级侧、焊接回路等结构，分别如图 5 -44、图 5 -45、图 5 -46 所示。

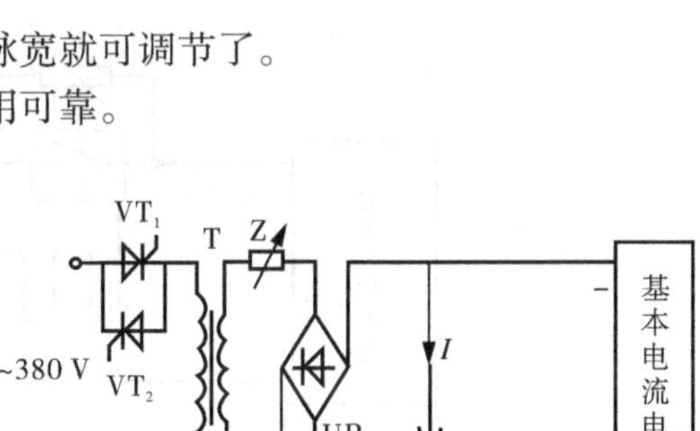

图 5 -44　电子开关在初级线侧

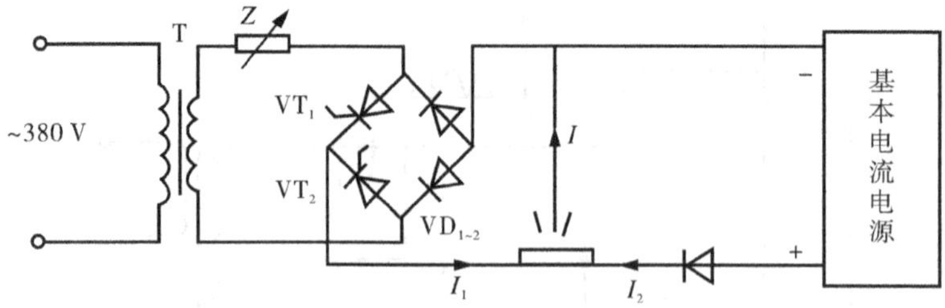

图 5－45　电子开关在次级线侧

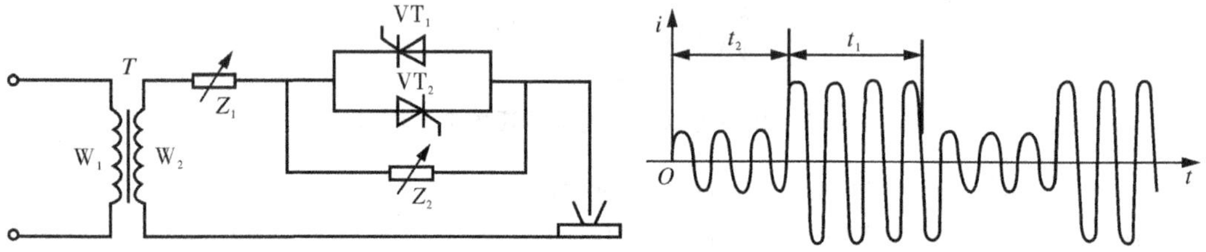

a. 电子开关在焊接回路中　　　　b. 电流波形

图 5－46　电子开关在焊接回路中时电路及电流波形

2）直流断续器的脉冲弧焊电源。

直流断续器脉冲弧焊电源可分为双电源式、单电源式，分别如图 5－47、图 5－48 所示。

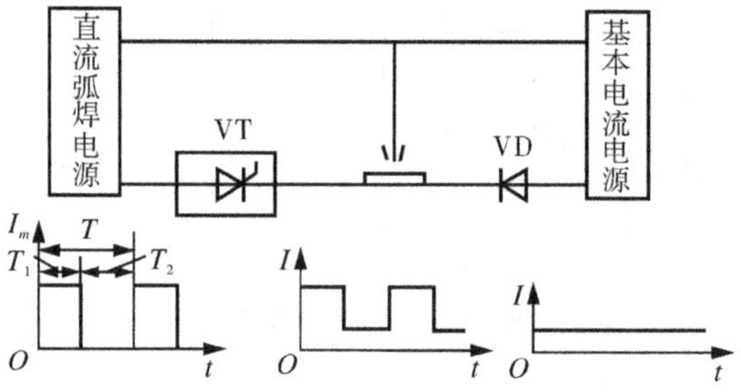

图 5－47　双电源式脉冲弧焊电源结构及电流波形

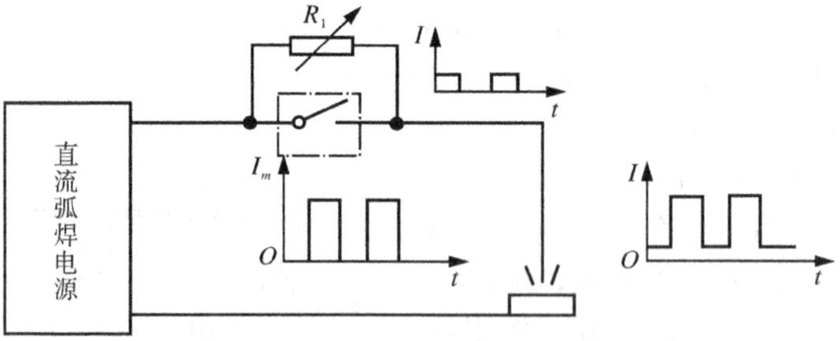

图 5－48　单电源式脉冲弧焊电源结构及电流波形

直流断续器脉冲弧焊电源特点：频率、脉冲宽度、幅值均为无级调节，频率调节范围为 0.2～10 Hz，易于实现一机多用，如直流弧焊、脉冲弧焊、TIG 焊等。

3）利用阻抗变换器的作用。利用阻抗变换器的变换方式和脉冲波形如图 5－49 所示，三相磁放大器式、晶体管式弧焊电源等均利用这种原理，主要有以下两种型式。

A. 变换交流侧电抗值：利用三相磁放大器 AM 的每相阻抗不平衡或使其励磁电流成为脉冲形式，均可获得脉冲电流。

B. 变换直流侧电阻值：网络电压经降压变压器降压和整流器整流后，借助晶体管组的变换电阻值作用，便于获得任意的脉冲电流波形。

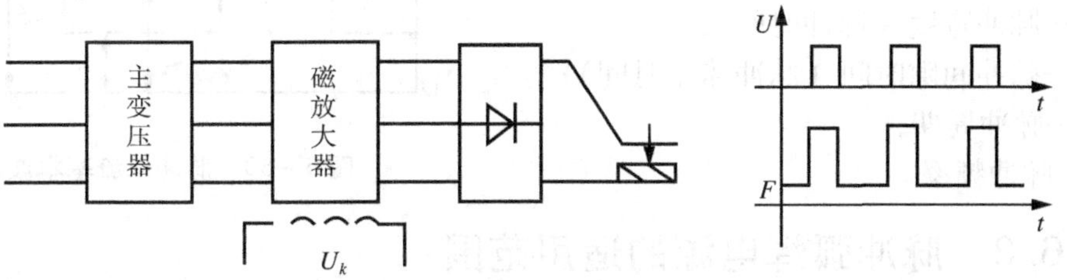

a. 阻抗变抗器变换方式　　b. 脉冲电流波形

图 5－49　利用阻抗变抗器的变换方式及相应波形

可采用三种方法来调节：主变压器次级不平衡、磁放大器交流阻抗不平衡、输入脉冲激磁电流 U_k。

4）利用给定信号变换或电流截止反馈作用。在晶体管式和逆变式弧焊电源中的控制电路中，把脉冲信号指令送到给定值电路，从而在主电路获得脉冲电流，或者借助于周期性变化的电流截止反馈信号，使晶体管弧焊电源获得脉冲输出。

A. 给定信号变换式：在晶体管式、晶闸管式弧焊电源的控制电路中，把脉冲信号指令送到给定值电路，从而在主电路获得脉冲电流。

B. 电流截止反馈式：借助周期性变化的电流截止反馈信号，使晶体管弧焊电源获得脉冲。

2. 脉冲弧焊电源的分类

脉冲弧焊电源的产品型号有 ZPG3－200（脉冲直流钨极氩弧焊）、NSA5－25（脉冲钨极氩弧焊等）。

（1）若按获得脉冲电流的主要器件分，可分为以下几类。

1）单相整流式脉冲弧焊电源。

2）磁放大器式脉冲弧焊电源。

3）晶闸管式脉冲弧焊电源。

4）晶体管式脉冲弧焊电源。

5）逆变器式脉冲弧焊电源。

（2）若按脉冲电源和基本电源的组合分，可分为以下两类。

1）单电源（或一体）式脉冲弧焊电源。

2）双电源（或并联）式脉冲弧焊电源。

5.6.2　脉冲电流的波形及可调的基本工艺参数

如图 5－50 所示，脉冲电流的基本参数如下。

平均电流：

$$I_p = I_j + (I_m - I_j) \cdot t_1/T$$

$$I_p = I_j + (I_m - I_j)K$$

式中，K——脉冲宽度比（占空比）t_1/T；

I_m——脉冲电流峰值（幅值）；

I_j——基值电流（维护电流）；

t_1——脉冲宽度（脉冲时间）；

t_2——脉冲间隙时间（脉冲休止时间）；

T——脉冲周期；

f——脉冲频率。

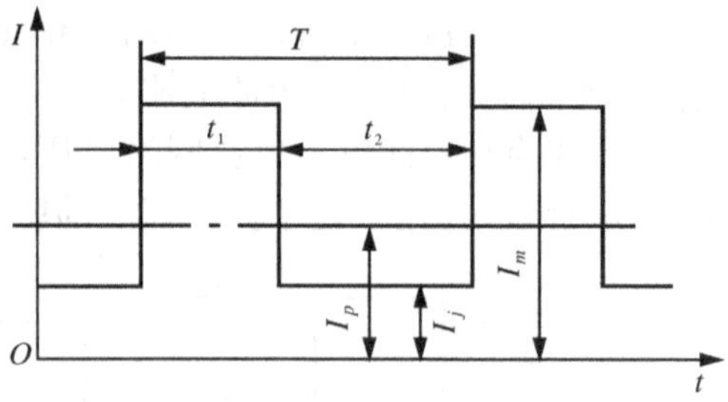

图 5－50　脉冲电流基本波形

5.6.3　脉冲弧焊电源的适用范围

脉冲弧焊电源适用范围广，主要有以下几个方面。

（1）适用于各种气体保护焊、等离子弧焊、焊条电弧等。

（2）可以焊接厚度仅几十微米的超薄金属板，也可以借助窄间隙脉冲气体保护焊焊接厚 150 mm 的大焊件。厚薄相差悬殊的两工件也能焊接。

（3）除可用于焊接普通金属及低合金材料外，还适用于普通电弧焊难以胜任的对热输入敏感的高合金钢或稀有金属的焊接。

（4）用于全位置自动焊。例如，工程中固定管道对接环缝的自动焊。

5.7　CMT 焊接电源

CMT 冷金属过渡焊接技术是一种无焊渣飞溅的新型焊接工艺技术。CMT 技术颠覆了传统，将焊丝的运动与焊接过程结合起来，严格控制熔滴过渡中的输入电流，大幅度降低了焊接热输入。CMT 焊接技术为 MIG/MAG 焊的应用开拓了新的领域，也为 MIG/MAG 熔滴过渡的形式赋予了全新的定义（图 5－51）。

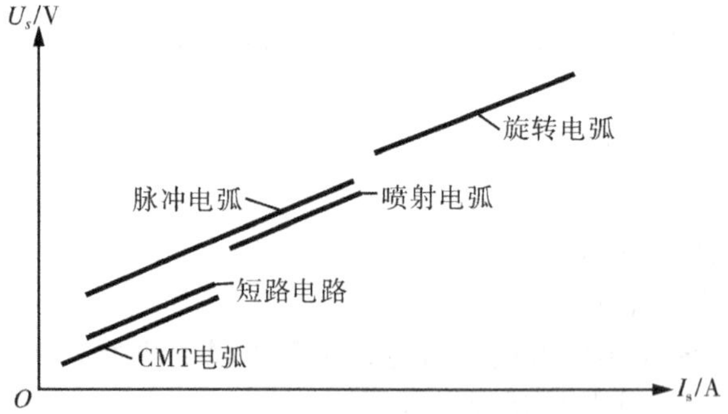

图 5－51　熔滴过渡形式

MIG/MAG 焊的熔滴过渡是传统的短路过渡，其短路过程是：形成电弧加热焊丝——焊丝熔化形成熔滴——熔滴长大，同熔池短路——短路桥爆炸，熔滴脱落。在熔滴形成、脱落过程中都伴有大的短路电流输入，容易形成飞溅；而 CMT 过渡方式正好相反，如图 5－52所示。在熔滴短路时，数字化电源输出电流几乎为零，同时焊丝的回抽运动帮助熔滴脱落，从根本上消除了产生飞溅的因素。

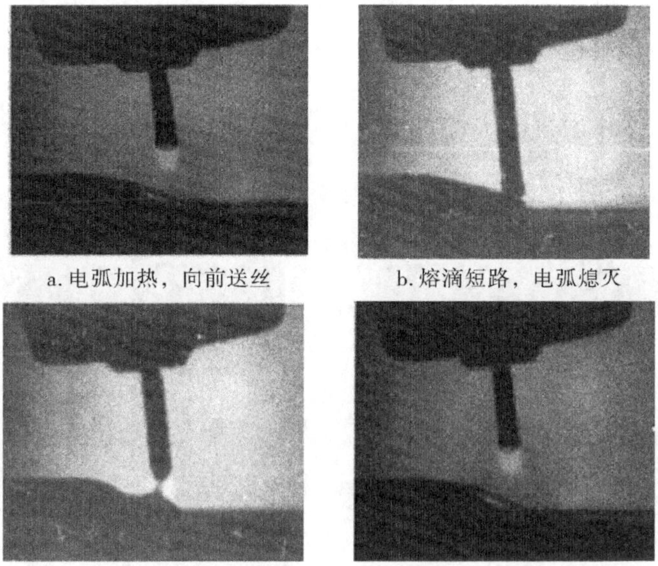

a. 电弧加热，向前送丝　　b. 熔滴短路，电弧熄灭

c. 焊丝回抽，帮助熔滴脱落　　d. 送丝，重新加热

图 5－52　CMT 熔滴过渡过程

5.7.1　熔滴过渡时电压和电流

CMT 焊接系统采用数字化控制，对熔滴过渡进程进行监控。在熔滴形成、长大时，电源输入必要的电流；而在熔滴脱落，过渡至熔池的过程中，电流输入减小，几乎为零，大幅度的降低了热输入量；之后焊丝短路，输入电流，熔滴再度形成。如此反复，形成连续焊接过程。由此可见，整个熔滴过渡过程是一个“热—冷—热”的交替过程。相对于传统的短路过渡，CMT 焊接热输入的量可减少 50% 以上，且不存在短路桥的爆炸，焊接飞溅也不会产生。图 5－53 所示为 CMT 焊接短路过渡过程中电流和电压的变化。

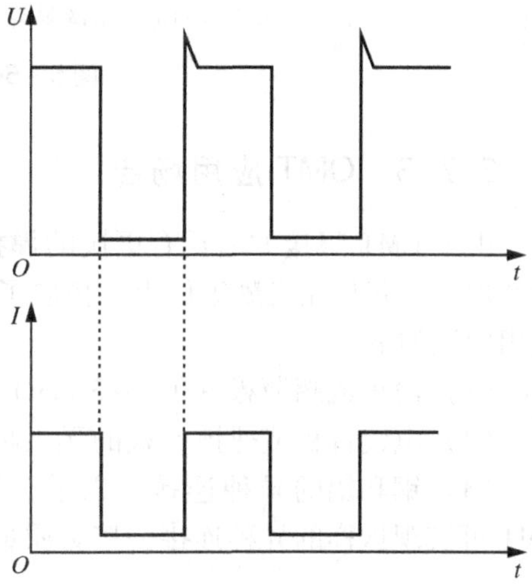

图 5－53　CMT 短路过渡电压、电流变化

5.7.2　焊丝的回抽运动帮助熔滴脱落

传统的短路过渡是通过持续输入的电流造成短路桥爆炸，使焊丝端头的熔滴脱落，进入熔池。CMT 短路过渡后期几乎没有焊接电流，也就没有热输入，熔滴温度会迅速降低。想要促使熔滴脱落，就需要借助焊丝的动作来实现。CMT 是通过焊丝的机械式回抽“甩掉”熔滴，如图 5－54 所示。CMT 的送丝系统不仅仅具有送丝的作用，还具备将焊丝回抽的功能。通过数字化控制系统监控焊丝回抽的时间点、回抽速度、幅度等，既能保证顺利地帮助熔滴脱落，又能为下一个电弧的形成做好准备，同样也能使焊丝脱落的过程比较平和，避免了飞溅的产生。

a. 焊丝向前，电弧加热焊丝

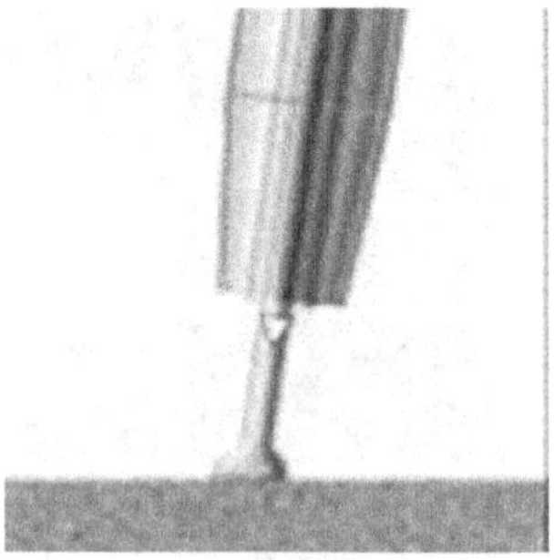

b. 熔滴长大

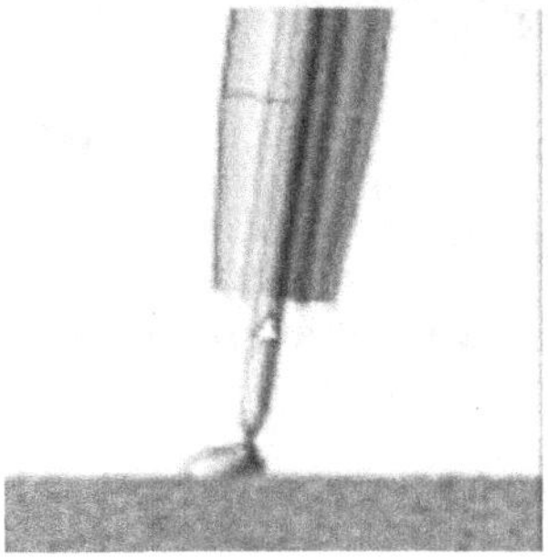

c. 焊丝回抽，熔滴脱落

d. 焊丝向前，电弧加热焊丝

图 5－54　CMT 短路过渡过程

5.7.3　CMT 应用场合

由于 CMT 焊接方法具有更快的焊接速度，更好的搭桥能力，更小的变形，更均匀一致的焊缝，并且无飞溅等优点，拓展了普通 MIG/MAG 焊所不能涉及的领域。目前其主要应用领域如下。

（1）薄板或超薄板（0.3～3 mm）的焊接，并且无须担心塌陷和烧穿。

（2）电镀锌板或热镀锌板的无飞溅钎焊。

（3）钢和铝的异种连接。以前，铝和钢的连接只能通过激光或电子束焊接，现在 CMT 可实现这样的异种连接，接头质量和外观都合格。

5.8　弧焊电源的节能及选用

5.8.1　根据焊接方法选择

（1）手工弧焊。用酸性焊条焊接一般金属结构，可选用动铁式、动圈式或抽头式弧焊变压器（BX1－300、BX3－300－1、BX6－120－1 等）；用碱性焊条焊接较重要的结构钢，可选用直流弧焊电源，如弧焊整流器（ZXG－400、ZX1－250、ZX5－250、ZX5－400、ZX7－400 等），在没有弧焊整流器的情况下，也可采用直流弧焊发电机。这些弧焊电源均应为下降特性。

（2）埋弧焊。埋弧焊一般选用容量较大的弧焊变压器，如果产品质量要求较高，应采用弧焊整流器或矩形波交流弧焊电源。这些弧焊电源一般应具有下降特性，在等速送丝的场合，宜选用较平缓的下降特性，在变速送丝的场合，则选用陡度较大的下降特性。

（3）钨极氩弧焊。钨极氩弧焊要求用恒流特性的弧焊电源，如弧焊逆变器，弧焊整流器。对于铝及其合金的焊接，最好采用矩形波交流弧焊电源。

（4）CO_2 气体保护焊和熔化极氩弧焊。在这些场合可选用平特性（对等速送丝而言）或下降特性（对于变速送丝而言）的弧焊整流器和弧焊逆变器。对于要求较高的氩弧焊必须选用脉冲弧焊电源。

（5）等离子弧焊。最好选用恒流特性的弧焊整流器或弧焊逆变器。如果为熔化极等离子弧焊，则按熔化极氩弧焊选用弧焊电源。

（6）脉冲弧焊。脉冲等离子弧焊和脉冲氩弧焊选用脉冲弧焊电源。在要求高的场合，宜采用弧焊逆变器、晶体管式脉冲弧焊电源。

（7）CMT 焊。CMT 冷金属过度焊接技术是在 MIG/MAG 焊的基础上开发的一种革新技术。CMT 焊接波形控制呈现典型的直流脉冲特征，焊接时热输入较低，这样可有效减少热输入，提高对能量的利用率，并有效地消除飞溅，提高焊后工件表面质量，减小金属的损失，焊接过程中低烟尘，有害气体少，对环境的污染进一步减少，是一种绿色环保的焊接技术。

从上述可见，一种焊接工艺方法并非一定要用某一种型式的弧焊电源，但是被选用的弧焊电源，必须满足该种工艺方法对电气性能的要求，其中包括外特性、调节性能、空载电压和动特性。如果某些电气性能不能满足要求，也可通过改装来实现，这也需要弧焊电源具有一定的通用性。

5.8.2 弧焊电源种类的选择

焊接电流有直流、交流和脉冲三种基本种类，因而也就有相应的弧焊电源：直流弧焊电源、交流弧焊电源和脉冲弧焊电源，除此之外，还有弧焊逆变器。应按技术要求、经济效果和工作条件来合理地选择弧焊电源的种类。

（1）从技术要求考虑。一般情况下，焊接普通低碳钢、低合金钢、民用建筑钢等产品，选用交流弧焊电源即可。

在下述情况下，都应采用直流弧焊电源，要求用直流电源才能施焊的焊条电弧焊、CO_2 气体保护焊、熔化极氩弧焊、等离子弧焊。另外，弧焊电源除用于焊接外，还须用于碳弧气刨、等离子切割等工艺。

在焊接热敏感性大的合金钢、薄板结构、厚板的单面焊双面成形和全位置自动焊中，采用脉冲弧焊电源较为理想。

（2）从工作条件考虑。有的单位电网电源容量小，要求三相均衡用电，宜选用直流弧焊电源。在小单位或实验室，设备数量有限而焊接材料种类又较多时，可选用交、直流两用弧焊电源。

（3）从经济效益考虑。一般交流弧焊电源和直流弧焊电源相比具有结构简单、制造方便、使用可靠、维修容易、效率高及成本低等一系列优点。因此，在满足技术要求的前提下应优先选用交流弧焊电源。

5.8.3 弧焊电源功率的选择

（1）粗略确定弧焊电源的功率。焊接时主要的规范是焊接电流，为简便起见，可按所需的焊接电流对照弧焊电源型号后面的数字来选择容量。例如，BX1－300 中的数字“300”就是表示该型号电源的额定电流为 300 A。

（2）不同负载持续率下的许用焊接电流。弧焊电源能输出的电流值，主要由其允许温升确定，因而在确定许用焊接电流时，需考虑负载持续率。在额定负载持续率下，以额定焊接电流工作时，弧焊电源不会超过它的允许温升。当改变时，弧焊电源在不超过其允许温升情况下使用的最大电流，可以根据发热相等，达到同样额定温度的原则进行换算。

5.8.4 根据工作条件和节能要求选择

在一般生产条件下，尽量采用单站弧焊电源，但是在大型焊接车间，如船体车间，焊接站数多而且集中，可以采用多站式弧焊电源。由于直流弧焊电源需用电阻箱分流而耗电较大，应尽可能少用。

在维修性的焊接工作情况下，由于焊缝不长，连续使用电源的时间较短，可选用额定负载持续率较低的弧焊电源。例如，采用负载持续率为 40%、25%，甚至 15% 的弧焊电源。弧焊电源用电量很大，从节能要求出发，应尽可能选用高效节能的弧焊电源，如弧焊逆变器，其次是弧焊整流器、变压器，非特别需要，一般不用直流弧焊发电机。

第6章 埋弧焊

6.1 埋弧焊的工作原理及特点

埋弧焊全称为埋弧自动焊，在熔焊方法中是效率较高的方法之一，又称为焊剂层下自动电弧焊。埋弧焊仍利用电弧热加热熔化焊丝和母材。由于在其焊接过程中一层可熔化颗粒状焊剂覆盖在焊丝端部、电弧和工件上，因此无可见电弧和飞溅。埋弧焊工艺与其他工艺方法的最根本区别在于焊剂的使用，焊剂直接影响到焊接电弧稳定性、焊缝质量、焊缝的机械和化学特性。

6.1.1 埋弧焊的工作原理

埋弧焊系统示意如图6-1所示，焊剂由焊剂漏斗流出后经由软管输送，均匀地堆敷到装配好的焊件上，焊丝经送丝机构的滚轮和导电嘴送至焊接区。焊接电源分别连接在导电嘴和焊件上，在焊接区域产生电弧。焊丝及送丝机构、焊剂漏斗和焊接控制盘等通常装

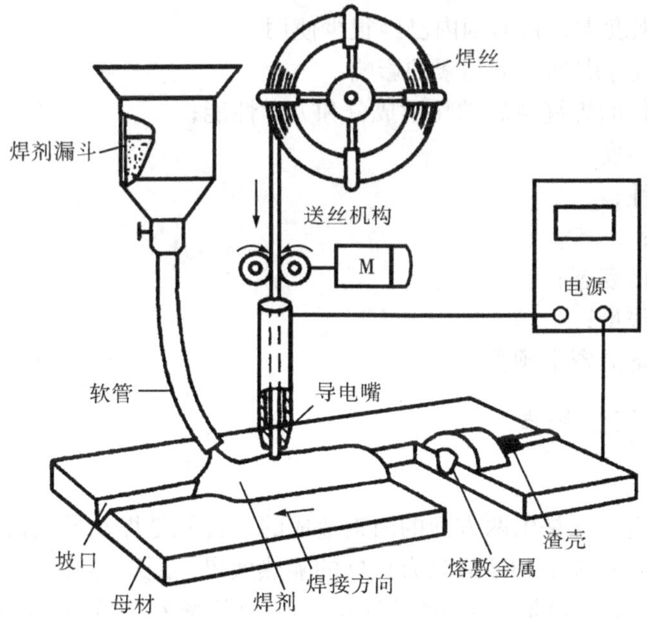

图6-1 埋弧焊系统示意

在一台小车上，以实现焊接电弧的移动。焊接过程是通过操作控制面板上的开关来实现自动控制的。

埋弧焊过程电弧始终处于一层可熔化的颗粒状的焊剂层之下。焊丝、母材及焊剂由于电弧热作用产生熔化并部分蒸发，在焊接区域内就形成了一个由金属和焊剂蒸气充满的空间，电弧在该空间内持续燃烧。埋弧焊焊缝形成过程如图6－2所示，蒸气空间四周分别由熔化的焊剂、渣壳及母材和熔池所包围，因此形成了相对隔离的空间，一方面隔绝了空气的影响，另一方面还可以隔绝弧光辐射对焊接过程的干扰。随着电弧向前移动，电弧力将熔池金属推向后方并逐渐冷却凝固成焊缝，上方熔渣则凝固成渣壳覆盖在焊缝表面。熔渣有两方面的作用：一方面是对熔池和焊缝金属起到机械保护作用；另一方面在焊接过程中还与熔化金属发生冶金反应，从而可以调整焊缝金属的化学成分和力学性能。焊后未熔焊剂清理回收后可以再次利用。

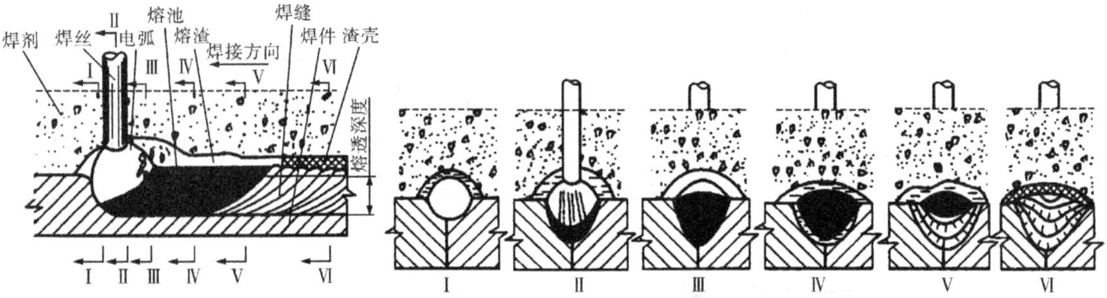

图6－2　埋弧焊的形成过程

按自动化程度分可将埋弧焊分为自动埋弧焊和半自动埋弧焊两种方式，自动埋弧焊焊丝的送进和电弧的移动由埋弧焊焊接小车完成，半自动埋弧电弧移动仍由焊工操作完成，此种焊接方式劳动强度大，目前国内已经很少使用。

埋弧焊的选用应考虑到以下因素的影响：

（1）最终要获得的焊缝金属的化学成分和力学性能；

（2）待焊母材厚度；

（3）焊接可达性；

（4）接头长度；

（5）接头的焊接姿态；

（6）焊接的工作量；

（7）埋弧焊设备的资金预算。

6.1.2　埋弧焊的特点

1. 埋弧焊的优点

（1）生产效率高。这是由两方面的因素造成的，首先是焊丝导电长度缩短，电流密度提高，见表6－1，其次焊剂和熔渣具有良好的隔热效果，通过热辐射和金属飞溅损失的热量较小，虽然只是一部分热量用于熔化焊剂但仍使热效率大大增加，因此电弧的熔深和焊丝熔敷效率大大提高。对于埋弧焊不开坡口单面焊，单道熔深可达20 mm。图6－3所示为几种焊接方法的熔敷速率的比较，以厚度为 8 mm 的钢板对接接头为例，单丝埋弧焊焊速为手工焊的 5 ~8 倍，而双丝及多丝埋弧焊效率还可以再提高 1 倍以上。

表 6 -1　手工电弧焊与埋弧焊的焊接电流、电流密度比较

焊条或焊丝直径/mm	手工电弧焊		埋弧焊	
	焊接电流/A	电流密度/（A/mm^2）	焊接电流/A	电流密度/（A/mm^2）
2	50 ~65	16 ~25	200 ~400	63 ~125
3	80 ~130	11 ~18	350 -600	50 ~85
4	125 ~200	10 ~16	500 ~800	40 ~63
5	190 ~250	10 ~18	700 ~1 000	30 ~50

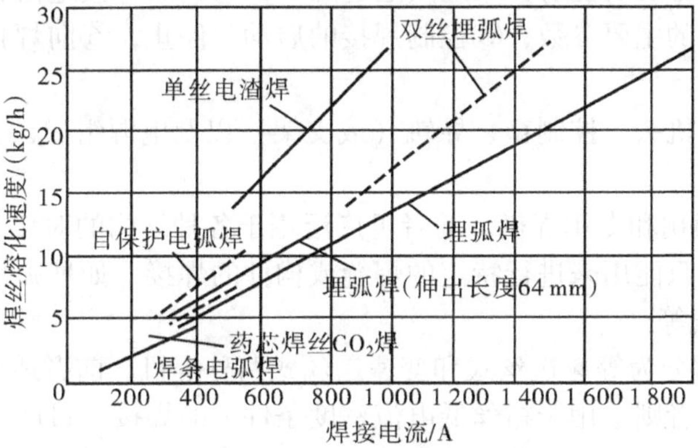

图 6 -3　不同焊接方法的熔敷速率

（2）焊接质量高。熔渣隔绝了空气，保证了熔池金属无法接触空气，使焊缝金属中的氮、氧含量都大为降低。此外，由于渣壳的保护，熔池金属凝固得较慢，冶金反应得以充分进行，减少了产生气孔、裂纹等的可能性。通过选择适当的焊剂成分还可以调整焊缝的合金元素含量，达到调整焊缝化学成分、控制力学性能的目的。由于自调节的作用，对焊工水平要求不高，焊缝成形及成分美观、稳定，因而焊缝机械性能好，焊接质量高。

（3）劳动条件好。除机械化程度较高、焊工操作难度低之外，埋弧焊没有弧光辐射，这是其独有的特点。

2. 埋弧焊的主要缺点

（1）位置限制。由于埋弧焊采用颗粒状焊剂进行保护，虽然通过采用特殊装置可以保证焊剂覆盖在焊缝区不脱落下来，从而实现横焊、立焊和仰焊，但埋弧焊最常见的还是用于平焊和角焊位置的焊接。

（2）焊剂氧化性强。由于焊剂成分中 MnO_2 和 SiO_2 等氧化物较多，不适合进行铝、钛等氧化性较强的金属及其合金的焊接。

（3）不合适焊薄板。埋弧焊使用电流较大，而电流小于 100 A 时，电弧稳定性差，因此不适宜焊厚度小于 1 mm 的薄板。

（4）不适合焊短缝。由于焊接小车行程的限制，焊接设备也比手工电弧焊复杂，一般不用于短焊缝的焊接。

6.2 埋弧焊材料及设备

焊丝和焊剂是埋弧焊的耗材，从普通碳素钢到高级镍合金，多种金属材料的焊接都可以用适当的焊丝和焊剂配合进行埋弧焊。由于上述二者直接参与焊接过程中的冶金反应，因而它们的化学成分和物理性能不仅影响埋弧焊过程中的稳定性、焊接接头性能和质量，同时还影响着焊接生产率，所以根据对焊缝性能的要求，正确选配焊丝和焊剂是埋弧焊技术的一项重要内容。

埋弧焊设备分为半自动埋弧焊和自动埋弧焊两种。由于半自动埋弧焊电弧移动是由焊工操作的，劳动强度大，目前已经很少使用。

自动埋弧焊机的主要功能有：①连续送进焊丝；②输出焊接电流；③使焊接电弧沿焊缝移动；④控制电弧的主要参数；⑤控制焊接的启动与停止；⑥向焊接区输送焊剂；⑦调整焊丝伸出端位置。

自动埋弧焊机由机头、控制箱、导轨（或支架）以及电源组成，大致有如下 4 种分类方法：

（1）按用途分通用和专用焊机。前者可广泛用于各种结构的对接、角接、环缝和纵缝的焊接生产，而后者只能用来进行特定的焊缝或构件的焊接，如埋弧堆焊机、埋弧自动角焊机、“T” 形梁焊机等。

（2）按送丝方式分为等速送丝式和变速送丝式两种焊机。前者适用于细焊丝高电流密度条件的焊接，而后者则适用于粗丝低电流密度条件下的焊接。目前一些焊机可以根据需要灵活地选择等速或电弧电压调节送丝方式。

（4）按行走机构形式分为小车式、门架式、悬臂式三种焊机。通用埋弧焊机多采用小车式行走机构，可适合于焊接各种平板对接、角接及内外环缝；门架式行走机构适用于大型结构件的平板对接、角接焊缝；悬臂式焊机则适用于大型工字梁、化工容器、锅炉汽包等圆筒、圆球形结构上的纵缝和环缝的焊接。

（5）按焊丝数量可分为单丝、双丝、多丝焊机。焊接生产应用最广泛的是单丝焊机；双丝或多丝埋弧焊是提高焊接生产效率的有效方法，目前得到了越来越多的应用，现今使用最多的是双丝和三丝埋弧焊。除了圆形截面焊丝外，还有采用带状电极的专用埋弧焊机。

国产埋弧焊机的主要技术数据见表 6－2。

表 6－2 国产埋弧焊机主要技术数据

技术参数 \ 型号	NZA－1000	MZ－1000	MZ1－1000	MZ2－1500	MZ3－500	MZ6－2×500	MU－2×300	MU1－1000
送丝方式	弧压自动调节	变速送丝	等速送丝	等速送丝	等速送丝	等速送丝	等速送丝	弧压自动调节
焊机结构特点	埋弧、明弧两用焊车	焊车	焊车	悬挂式自动机头	电磁爬行小车	焊车	堆焊专用焊机	堆焊专用焊机
焊接电流/A	200～1 200	400～1 200	200～1 000	400～1 500	180～600	200～600	160～300	400～1 000

续表

型号 技术参数	NZA－1000	MZ－1000	MZ1－1000	MZ2－1500	MZ3－500	MZ6－2×500	MU－2×300	MU1－1000
焊接直径/mm	3～5	3～6	1.6～5	3～6	1.6～2	1.6～2	1.6～2	焊带宽30～80厚0.5～1
送丝速度/（cm/min）	50～600（弧压反馈控制）	50～200（弧压35 V）	87～672	47.5～375	180～700	250～1 000	160～540	25～100
焊速/（cm/min）	3.5～130	25～117	26.7～210	22.5～187	16.7～108	13.3～100	32.5～59.3	12.5～59.3
焊接电流种类	直流	直流或交流	直流	直流或交流	直流或交流	交流	直流	直流
送丝速度调整方法	用电位器无级调速（用改变晶闸管导通角来改变电动机转速）	用电位器调整直流电动机转速	调换齿轮	调换齿轮	用自耦变压器无级调节直流电动机转速	用自耦变压器无级调节直流电动机转速	调换齿轮	用电位器无级调节直流电动机转速

6.2.1 焊丝

埋弧焊使用的焊丝有实心焊丝和药芯焊丝两类，生产中普遍使用的是实心焊丝，药芯焊丝的应用场合目前有不断增多的趋势。焊丝品种随所焊金属的不同而不同，目前已有碳素结构钢、低合金钢、高碳钢、特殊合金钢、不锈钢、镍基合金钢焊丝，以及堆焊用的特殊合金焊丝。埋弧焊用焊丝参照国家标准（GB/T 1495—994、GB/T 4241—2017）焊接用钢丝的规定。

焊丝牌号的字母“H”表示焊接用实心焊丝，字母“H”后面的数字表示碳的质量分数，其后的化学元素符号及元素后面的数字表示该元素大致的质量分数值。当元素的含量 ω（Me）小于1%时，元素符号后面的 1 省略。有些结构钢焊丝牌号尾部标有“A”或“E”。字母“A”为优质品，即焊丝的硫、磷含量比普通焊丝低；“E”表示为高级优质品，其硫、磷含量更低。表 6－3 为国产钢焊丝标准直径及允许偏差。

表 6－3　钢焊丝直径及允许偏差（单位：mm）

焊丝直径		0.4　0.6　0.8	1.0　1.2　1.6　2.0　2.5　3.0	3.2　4.0　5.0　6.0	6.5　7.0　9.0
允许偏差	普通精度	－0.07	－0.12	－0.16	－0.20
	较高精度	－0.04	－0.06	－0.08	－0.10

焊丝直径的选择依用途而定，半自动埋弧焊用焊丝较细，一般为 $\phi1.6 \sim \phi2.4$ mm，自动埋弧焊时一般使用 $\phi2 \sim \phi6$ mm 的焊丝。各种直径的普通钢焊丝埋弧焊时，使用的电流范围见表 6－4。一定直径的焊丝，使用的电流有一定范围，使用电流越大，熔敷率越高。而同一电流使用较小直径的焊丝，可获得加大焊缝熔深、减小熔宽的效果。当工件装配不良时，宜选用较粗的焊丝。

表 6－4　各种直径普通钢焊丝埋弧焊使用的电流范围

焊丝直径/mm	1.6	2.0	2.5	3.0	4.0	5.0	6.0
电流范围/A	115 ~ 500	125 ~ 600	150 ~ 700	200 ~ 1 000	340 ~ 1 100	400 ~ 1 300	600 ~ 1 600

焊丝表面应当干净光滑，除不锈钢、有色金属焊丝外，各种低碳钢和低合金钢焊丝表面最好镀铜，镀铜层既可起防锈作用，又可改善焊丝与导电嘴的接触状况。但抗腐蚀和核反应堆材料焊接用的焊丝是不允许镀铜的。为了使焊接过程稳定进行并减少焊接辅助时间，焊丝通常用盘丝机整齐地盘绕在焊丝盘上。按照国家标准规定，每盘焊丝应由一根焊丝绕成，焊丝盘的内径和重量见表 6－5。

表 6－5　钢焊丝的焊丝盘内径和重量

焊丝直径/mm	焊丝盘内径/mm	每盘重量（不小于）/kg		
		碳素结构钢	合金结构钢	不锈钢
1.6 ~ 2.0	250	15.0	10.0	6.0
2.5 ~ 3.5	350	30.0	12.0	9.0
4.0 ~ 6.0	500	40.0	15.0	10.0
6.5 ~ 9.0	500	40.0	20.0	12.0

6.2.2　焊剂

焊剂在埋弧焊过程中具有下列三种作用：隔离空气、保护焊接区金属不受空气侵害、参与熔池金属的冶金反应。

1. 焊剂的分类

埋弧焊焊剂按用途可分为钢用焊剂和有色金属用焊剂，此外还可以根据制造方法、化学成分、化学性质、颗粒结构等分类，如图 6－4 所示。

2. 焊剂的型号和牌号的编制方法

（1）焊剂的型号。焊剂的型号是按照国家标准划分的，我国现行的标准为 GB/T 5293—2018，其中规定：焊剂型号划分原则是依据埋弧焊焊缝金属的力学性能。

焊剂型号的表示方法：尾部的“H×××”表示焊接试板时与焊剂匹配的焊丝牌号，按 GB/T 14957—1994《熔化焊用钢丝》的规定选用。

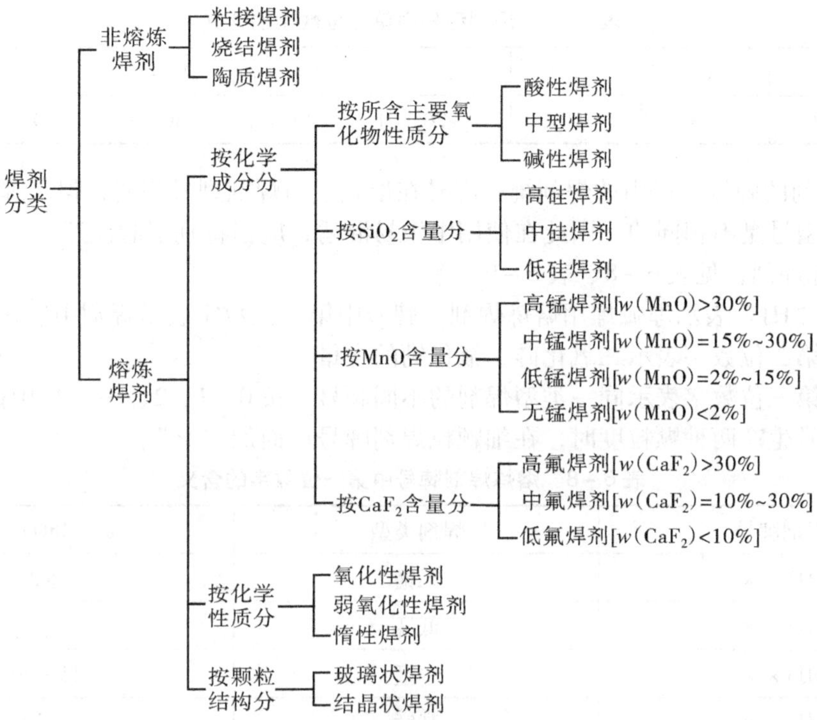

图 6-4　焊剂分类方法

焊剂型号表示方法如图 6-5 所示，焊剂型号中第一位数字的含义见表 6-6，第三位数字的含义见表 6-7。

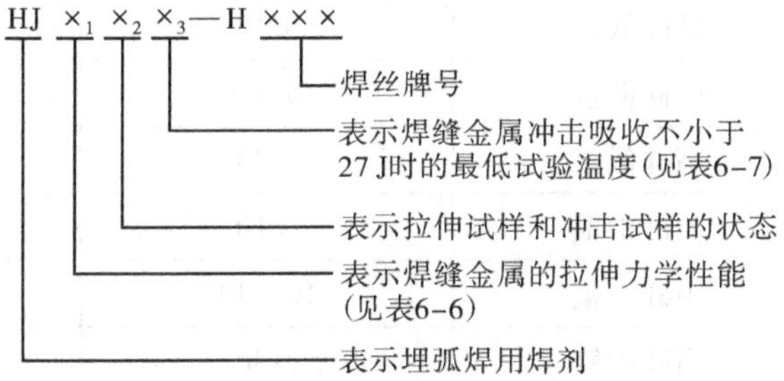

图 6-5　焊剂型号表示方法

举例：HJ403-H08MnA，表示为埋弧焊用焊剂，采用 H08MnA 焊丝按照 GB/T 5293-2018 所规定的焊接参数焊接试板，其试杆状态为焊态时焊缝金属的抗拇强度为 410~550 MPa，屈服点不小于 330 MPa，伸长率不小于 22%，在 -30 ℃时冲击吸收功不小于 27 J。

表 6-6　焊剂型号中第一位数字的含义

$\times_1$	抗拉强度 σ_b/MPa	屈服点 σ_s/MPa	伸长率 δ/%
3	410~550	≥303	≥22.0
4	410~550	≥330	≥22.0
5	480~650	≥437	≥22.0

表 6 -7　焊剂型号中第三位数字的含义

$\times_3$	0	1	2	3	4	5	6
试验温度/℃	—	0	-20	-30	-40	-50	-60

（2）焊剂的牌号。通用的焊剂统一牌号在形式上与焊剂型号相同，但是牌号中数字的含义与焊剂型号是不相同的。因此在使用中极易混淆，应当特别引起注意。

1）熔炼焊剂，见表 6 -8、表 6 -9。

牌号前"HJ"表示埋弧焊用熔炼焊剂。牌号中第一位数字表示焊剂中氧化锰的含量。

牌号中第二位数字表示二氧化硅、氟化钙的含量。

牌号中第三位数字表示同一类型焊剂的不同牌号，按 0、1、2、…、9 顺序编排。

同一牌号生产两种颗粒度时，在细颗粒焊剂牌号后面加"×"。

表 6 -8　熔炼焊剂牌号中第一位数字的含义

焊剂牌号	焊剂类型	ω（MnO）/%
HJ1××	无锰	>2
HJ2××	低锰	2～15
HJ3××	中锰	15～30
HJ4××	高锰	>30

表 6 -9　熔炼焊剂牌号中第二位数字的含义

焊剂牌号	焊剂类型	ω（SiO_2）/%	ω（CaF_2）/%
HJ×1×	低硅低氟	<10	<10
HJ×2×	中硅低氟	10～30	<10
HJ×3×	高硅低氟	>30	<10
HJ×4×	低硅中氟	<10	10～30
HJ×5×	中硅中氟	10～30	10～30
HJ×6×	高硅中氟	>30	10～30
HJ×7×	低硅高氟	<10	>30
HJ×8×	中硅高氟	10～30	>30

焊剂牌号的表示方法如图 6 -6 所示。

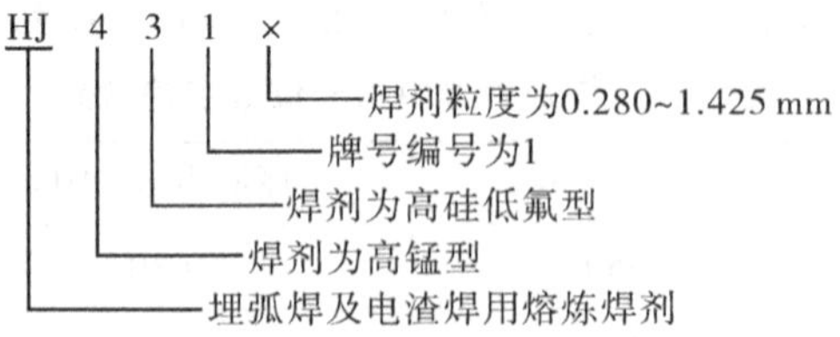

图 6 -6　焊剂牌号表示方法

2）烧结焊剂见表 6－10 所述。

表 6－10　烧结焊剂牌号中第一位数字的含义

焊剂牌号	熔渣渣系类型	主要组成范围（质量分数，%）
SJ1××	氟碱型	$CaF_2 \geqslant 15$ $CaO + MgO + MnO + CaF_2 > 50$ $SiO_2 \leqslant 20$
SJ2××	高铝型	$Al_2O_3 \geqslant 20$ $Al_2O_3 + CaO + MgO > 45$
SJ3××	硅钙型	$CaO + MgO + SiO_2 > 60$
SJ4××	硅锰型	$MnO + SiO_2 > 50$
SJ5××	铝钛型	$Al_2O_3 + TiO_2 > 45$
SJ6××	其他型	

牌号前“SJ”表示埋弧焊用烧结焊剂。

牌号中第一位数字：表示焊剂熔渣渣系的类型。

牌号中第二位、第三位数字：表示同一渣系类型焊剂中的不同牌号焊剂，按 01、02、…、09 顺序编排。如图 6－7 所示。

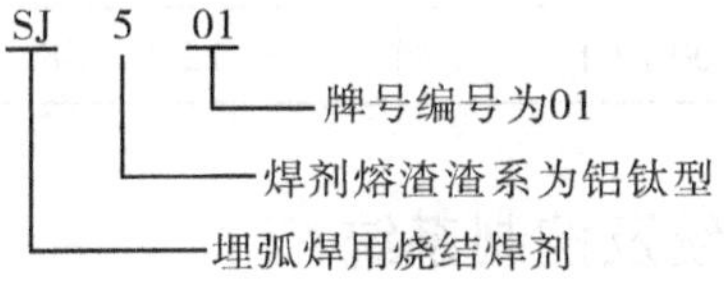

图 6－7　烧结焊剂牌号表示方法

6.2.3　埋弧焊电源

现有的交直流电源都可用于埋弧焊工艺中，双丝和多丝工艺也可以使用交流电源或直流电源配合施焊。常用的直流电源有弧焊发电机、硅弧焊整流器、晶闸管弧焊整流器和逆变式弧焊机等多种类型，输出电源特性类型有平特性、缓降特性、陡降特性、垂降特性等。弧焊变压器是常用的交流电源，此类电源一般为陡降的输出特性。电源外特性的确定应根据具体应用情况选择，对于一般的粗丝埋弧焊，电弧具有水平静特性，应配合下降外特性的电源进行焊接；当使用细丝焊接薄板时，电弧具有上升静特性，依据前面电弧调节系统的介绍，应选用频特性电源。埋弧焊过程通常伴随着大电流和高负载持续率，因此埋弧焊电源都应具有大电流和 100% 负载持续率的输出能力。

1. 直流电源

直流电源的外特性可以是平特性、缓降特性、陡降的或者垂降的，也可以同时配备多种外特性。直流电源往往用于小电流范围、快速引弧、短焊缝、高速焊接、所采用的焊剂的稳弧性差及对焊接工艺参数稳定性要求较高的场合。

采用直流电源进行埋弧焊接时，极性不同将产生不同的焊接效果。直流正接（焊丝接负）时，焊丝熔敷率高；直流反接（焊丝接正）时，熔深大。

直流埋弧焊电源的输出电流范围在 400 ~ 1 500 A。小容量的电源（300 ~ 600 A）常常是多功能的，可以进行 TIG 焊（对应恒流外特性）、实心或药芯熔化极气体保护焊（对应恒压外特性），也可用于 ϕ1. 6 mm、ϕ2. 0 mm 或 ϕ2. 4 mm 焊丝的半自动埋弧焊。自动埋弧焊的焊接电流在 300 ~ 1 000 A 的范围内，可使用的焊丝直径为 ϕ2. 0 ~ ϕ6. 4 mm。由于磁偏吹的影响，直流埋弧焊的焊接电流很少在 1 000 A 以上。

2. 交流电源

一般交流电源输出均为陡降特性，在极性转换时，输出电流下降到零，反向再引弧要求的空载电压较高。根据有利于引弧的原则，埋弧焊的交流电源空载电压一般都大于 80 V，同时由于使用交流电源进行埋弧焊时提高了对焊剂的要求，因此一般适合直流埋弧焊的焊剂不一定适合交流埋弧焊。采用交流电源时，焊丝熔敷速率及焊缝熔深介于直流正接和直流反接之间，而且电弧的磁偏吹此时最小，因此交流电源常见于大电流埋弧焊和采用直流磁偏吹严重的场合。表 6 - 11 所述为单丝埋弧焊常用的电源类型。

表 6 - 11　单丝埋弧焊常用的电源类型

埋弧焊方法	焊接电流/A	焊速/（cm/min）	电源类型
半自动焊	300 ~ 500		直流
自动焊	300 ~ 500	> 100	直流
	600 ~ 900	3. 8 ~ 75	交流、直流
	1 200 以上	12. 5 ~ 38	交流

6. 2. 4　埋弧焊机械系统及控制系统

1. 机械系统

埋弧焊的机械系统主要包括焊机的行走机构及送丝机构，而送丝机构的焊丝送进速度是由控制系统来调控的。按行走机构不同形式可以分为小车式、门架式、悬臂式三种焊机，通用埋弧焊机多采用小车式行走机构，可适合于焊接各种平板对接、角接及内外环缝；门架式行走机构适用于大型结构件的平板对接、角接焊缝；悬臂式焊机则适用于大型工字梁、化工容器、锅炉汽包等圆筒、圆球形结构上的纵缝和环缝的焊接。

常见的埋弧焊行走机构形式，如图 6 - 8 所示。

2. 控制系统

埋弧焊基本的控制系统由 5 个部分组成，包括：

①送丝速度控制，在恒压系统中控制焊接电流，在恒流系统中控制焊接电压；

②送丝方向控制；

③手动或者自动行走选择开关；

④焊接启动/停止开关；

⑤焊接电源的参数给定，在恒压系统中控制焊接电压，在恒流系统中控制焊接电流。

在埋弧焊数字控制系统中普遍采用电流、电压和送丝速度的数据以数字显示。典型的数字控制包括：送丝速度控制、焊接电源控制（电压控制）、焊接启/停、自动/手动行走

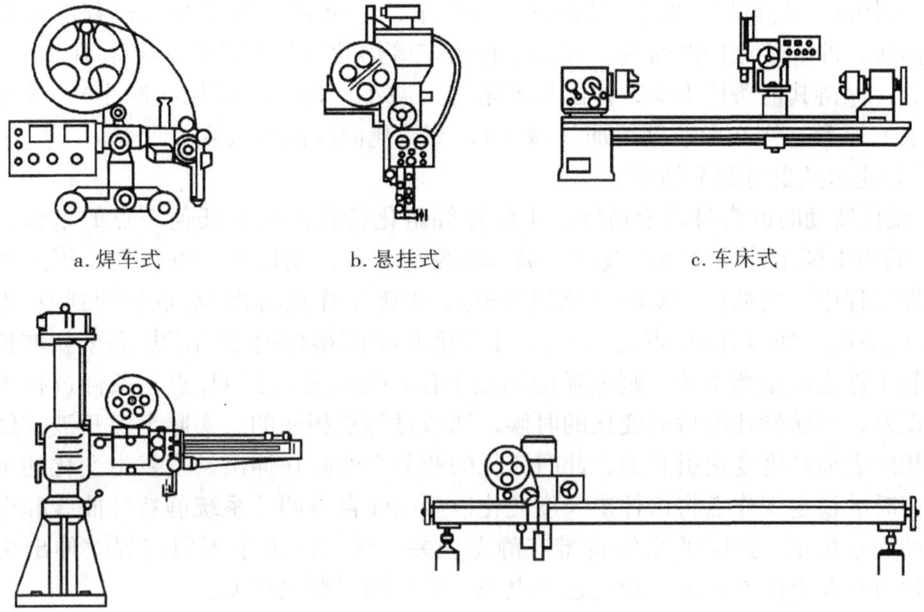

a. 焊车式　b. 悬挂式　c. 车床式

d. 悬臂式　e. 门架式

图 6－8　常见的埋弧焊行走机构

选择、焊丝送进/回抽、试车、火口填充及焊剂的送给控制。埋弧焊数字控制系统的优势在于对焊接过程的精确控制，但是，它不能与所有焊接电源兼容。下面主要介绍送丝机构的控制系统。

送丝系统包括等速送丝调节系统和电弧电压反馈调节系统。

(1) 等速送丝调节系统。等速送丝系统是指在焊接过程中，焊丝等速送进，利用焊接电源固有的特性来调节焊丝熔化速度，以控制点焊长度保持不变，从而达到焊接过程的稳定。

该系统欲达到电弧稳定燃烧的必要条件是送丝速度 v_f 和焊丝熔化速度 v_m 相等，也就是 $v_f = v_m$。另外，根据欧姆定律，焊丝的熔化速度正比于焊接电流 I_a，而反比于焊接电压 U_a，即

$$v_m = k_i I_a - k_u U_a$$

式中，k_i——焊丝熔化速度随焊接电流变化的系数，其值随着焊丝电阻率、直径、伸出长度和电流值的变化而改变；

k_u——熔化速度随电弧电压变化的系数，其值随着弧柱电位梯度、弧长的改变而改变。

所以有：

$$I_a = \frac{v_f}{k_i} + \frac{k_u}{k_i} U_a$$

上面的方程是在送丝速度一定的条件下，弧长不变时电流与电弧电压之间的关系，即等速送丝电弧焊系统的稳定条件，又叫作自调节系统静特性方程或等熔化特性曲线。

该曲线可以通过实验测定。在保护条件、焊丝直径、伸出长度确定的情况下，给定送丝速度和几种不同电源外特性曲线进行焊接，每一组焊接过程的稳态 I_a、U_a，就对应着

$U-I$ 坐标中的一条静特性曲线，如图 6－9a 所示，1～4 曲线就是焊接过程电弧稳定燃烧的工作曲线，即等熔化特性曲线。焊接条件决定等熔化特性曲线的形状和在 $U-I$ 坐标系中的位置，保持其他条件不变，伸出长度增加（减小）时，k_i 增加（减小），等熔化曲线向左（右）平移；当送丝速度增加（减小），等熔化曲线向右（左）平移。

1）等速送丝自身调节精度。

A. 弧长波动时的自身调节精度：工作在等熔化特性曲线上任何一点的电弧，均满足 $v_f=v_m$；而当电弧工作偏离该曲线时，弧长将发生波动。由图 6－9b 可见，等速送丝的自动电弧焊过程中，当弧长突变时（例如缩短），电弧工作点将由 O_0 点移动到 O_1 点，因为 $I_1>I_0$、$U_0>U_1$，所以在 O_1 点 $v_{m1}>v_{m0}$，于是弧长将因熔化速度的增加而重新增长。若此时焊炬与工作表面距离不变，则电弧的稳定工作点最后将回到 O_0 点，条件过程将不带任何静态误差。当送丝速度瞬时变化的时候，调节过程是相同的。实际上弧长波动经常是由于焊炬相对表面高度变化引起的，此时弧长的调节必然是在伸出长度发生变化的条件下实现的。这时的稳定工作点将由伸出长度变化以后电弧自身调节系统静特性曲线和电源外特性曲线的交点决定。这时的系统将带有静态误差。误差的大小不但与焊丝伸出长度变化量、焊丝直径及电阻率相关，而且还和电源外特性曲线形状相关。

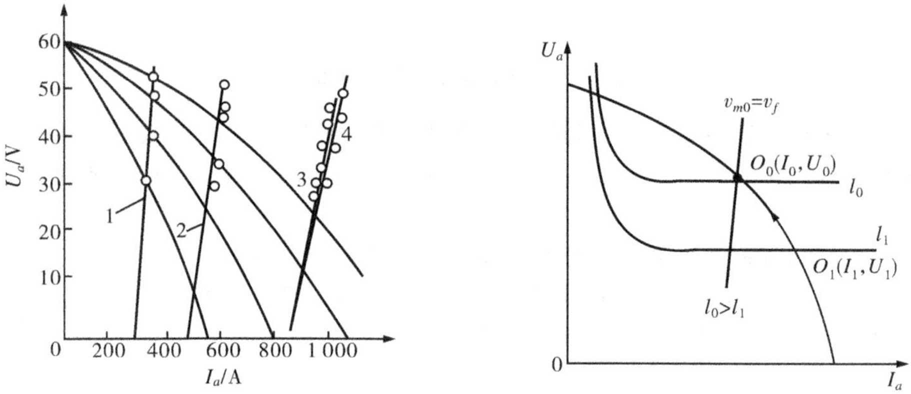

a. 等熔化特性曲线的测定　　　b. 弧长波动时自身调节

图 6－9　等熔化特性曲线及电弧自身调节原理

B. 网路电压波动时的调节误差：由图 6－10可见，网路电压波动将使等速送丝埋弧焊的工作点从 O_0 移到 O_1，这时系统将产生明显的电弧电压静态误差，显然陡降外特性电源（曲线 1，2）引起的电弧电压静态误差较大，而缓降外特性电源（曲线 4，5）的电弧电压静态误差较小。同样的，当采用平硬特性电源焊接时，电弧电压静态误差较小。

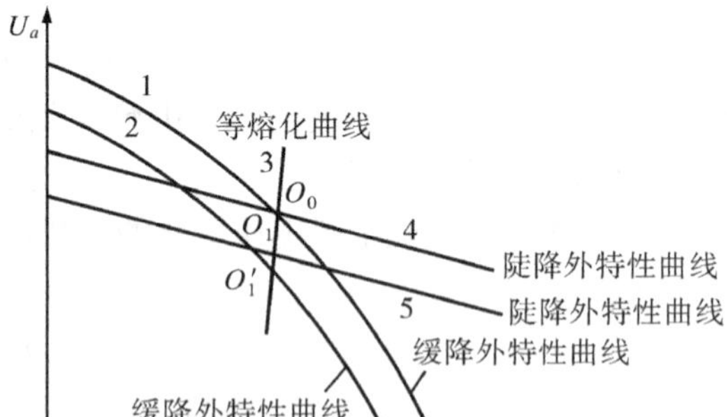

图 6－10　网压波动时的自身调节作用

2）等速送丝调节的灵敏度。在等速送丝过程中，弧长干扰可以通过焊丝熔化速度的变化所产生的电弧自身调节作用得以补偿。但补偿发挥作用也需要一定的时间，若该作用消耗的时间过长，自身调节的灵敏度下降，则焊接过程仍将变得不稳定。只有调节时间足够短暂，焊接过程才能稳定地进行。

自身调节的灵敏度取决于弧长波动所引起焊丝熔化速度变化量的大小，该变化量越大，弧长恢复就越快，调节时间就越短，自身调节灵敏度就越高；反之，该变化量越小，弧长恢复就越慢，调节时间就越长，自身调节灵敏度就低。即有下列关系：

$$\Delta v_m = k_i \Delta I_a - k_u \Delta U_a$$

由此可见，自动调节灵敏度与下列因素有关：

A. 焊丝直径和电流密度：对于细焊丝和足够大的电流密度，则 k_i 值足够大，自身调节作用就非常的灵敏。每一种直径的焊丝都对应着一个最小电流值，该电流值能保证电弧依靠自身调节作用稳定地燃烧，焊丝直径增加，k_i 值随之降低，最小电流值不断提高，调节灵敏度也随之降低，结果就是电弧受干扰后恢复稳定的时间就增长，故等速送丝电弧自身调节系统应在最小电流限制以上使用才适宜。

B. 电源外特性的形状：如图 6－11 所示，采用缓降外特性能在发生同幅度波动时比陡降外特性能获得更大的 ΔI_a，越是缓外特性的电源其 ΔI_a 就越大，弧长恢复速度就越快，而平特性的电源调节灵敏度是最高的。因此，一般等速送丝埋弧焊焊机均采用缓降或平外特性电源。

C. 弧柱的电场强度：电场增大，弧长变化时弧压和电流变化量就大，自身调节灵敏度就提高。然而，伴随着电场强度的增大电弧的稳定性也在降低，此时应当采用空载电压较高的电源。埋弧焊恰恰符合上面的描述，因此应当采用缓降特性电源来保证足够的自身调节灵敏度，同时也保证了引弧和稳弧的空载电压要求。

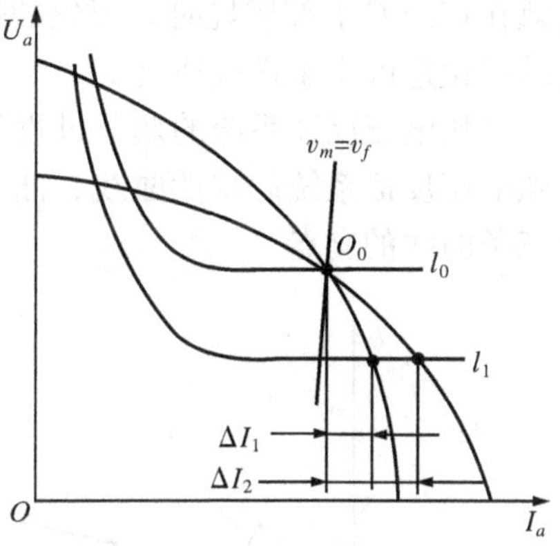

图 6－11　电源外特性形状对自身调节灵敏度的影响

3）等速送丝自身调节系统电压、电流调节方法。缓降或平外特性焊机配等速送丝系统焊接时，电弧自身调节系统静特性曲线几乎垂直于电流坐标轴。焊接电流通过改变送丝速度调制，而弧压则可以通过改变电源外特性来调整。焊接电流和弧压的调整范围则分别由送丝速度和电源外特性的调整范围确定。

（2）电弧电压反馈调节系统。电弧电压反馈自动调节方法，目前主要用于变速送丝并匹配陡降特性焊接电源。当系统遇到外界干扰造成弧长的波动时，利用电弧电压作为反馈量并通过自动调节装置强迫改变送丝速度来恢复弧长，以保证焊接参数稳定，这种自动调节系统也称为均匀调节系统。从自动控制原理看，这是一种以电弧电压作为被控制量，以送丝速度作为控制量的闭环反馈系统。这种系统的调节可以近似用下列方程描述：

$$v_f = k\ (U_a - U_c)$$

式中，k——控制器的灵敏度系数；

U_a——电弧电压的实际值；

U_c——电弧电压设定值。

在电弧稳定燃烧时，应同时满足：$V_f = V_m$ 和 $V_m = k_i I_a - k_u U_a$

因此：

$$U_a = \frac{k}{k + k_u}U_c + \frac{k_i}{k + k_u}I_a$$

若 k、k_i、k_u 和 U_c 为常数，则上式为直线方程，电压轴 U 上的截距为$\frac{k}{k + k_i}U_c$，

直线的斜率：

$$\frac{dU_a}{dI_a} = \tan\beta = \frac{k_i}{k + k_u}$$

上面的方程称为电弧电压反馈变速送丝系统的静态特性方程，对应曲线如图 6－12 所示。电弧在直线 C 上任意点燃烧时，焊丝的熔化速度和送进速度恒相等，焊接过程稳定；电弧在直线 C 下部燃烧时，焊丝的熔化速度高于送进速度；电弧在直线 C 上方燃烧时，焊丝的熔化速度小于送进速度。

电弧电压反馈系统的调节过程如图 6－13 所示，曲线 2 为电源外特性曲线，曲线 C 为电弧电压反馈系统静特性曲线，曲线 l_0 为电弧初始长度弧的电弧静特性曲线，O_0 点为以上三条曲线的交点。

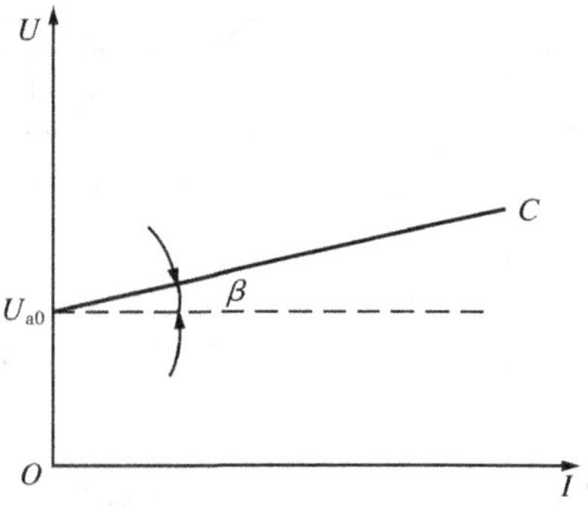

图 6－12　电弧电压反馈调节系统的静特性曲线

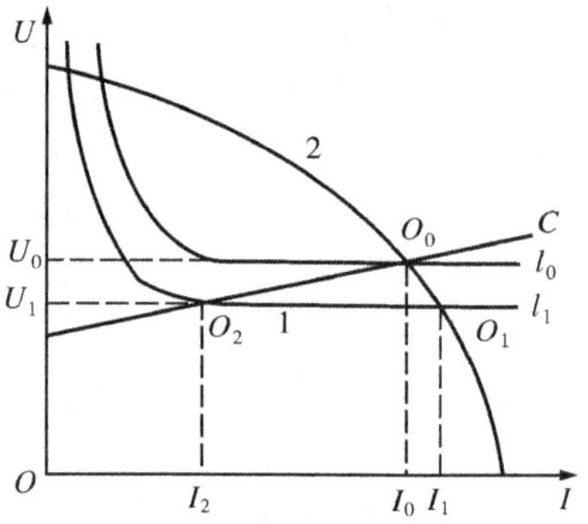

图 6－13　电弧电压反馈调节原理

当电弧在 O_0 点燃烧时，焊丝熔化速度等于送丝速度，焊接过程稳定。当弧长受干扰而缩短，从 l_0 变化为 l_1 时，而电压也由 U_0 变化到 U_1。电弧静特性曲线和电弧电压自动调节系统静特性曲线 C 的交点由 O_0 点移动至 O_2 点。由于送丝速度降低，弧长得以恢复。同时，弧长为 l_1 时，电弧的工作点 O_1 位于 C 曲线下方，此时焊丝的熔化速度大于送丝速度，弧长逐渐增加。由此可见，在电弧电压反馈控制系统中，弧长调节是电弧电压反馈控制送丝速度和电弧自身调节共同作用的过程。但是，电弧电压反馈系统在主要应用粗焊丝、低电流密度的条件下，k_i 值较小，k_u 值很大，因此起主导作用的是前者。

1）电弧电压反馈系统调节精度。

A. 弧长波动时的调节精度：如果弧长波动是在伸出长度不变时，即焊炬相对工件高度不变的条件下发生的，则上述调节过程最终会使电弧恢复到原来的稳定工作点 O_0，调

节过程不包含静态误差。如果弧长波动是因焊炬高度发生变化，即焊丝伸出长度、反馈调节系统静特性发生改变的情况下，则新的稳定工作点 O_0' 将带有静态误差。如图 6－14 所示，调节精度取决于焊丝伸出长度的变化量、焊丝直径、电阻率及电流密度。通常变速送丝自动埋弧焊用于粗焊丝、低电流密度的焊接条件。

B. 电网电压波动时的系统调节精度：如图 6－15 表明电网电压波动时，电源外特性的移动将使电弧稳定工作点从 O_0 点移至 O_1 点，这时电弧电压误差较小，焊接电流误差则可能较大，误差的大小除取决于电网电压波动值大小外，还和系统静特性和电源外特性斜率相关。电压反馈系统调节器灵敏度 k 值越大，电流误差就越明显。因此，这种带电弧电压调节器的系统应采用陡降外特性电源。

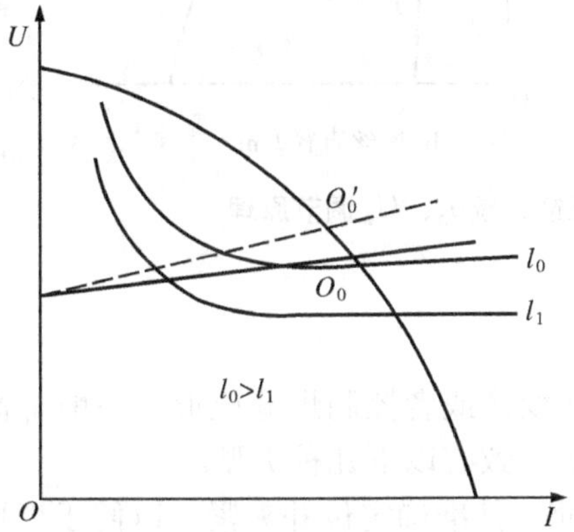

图 6－14　弧长干扰系统误差

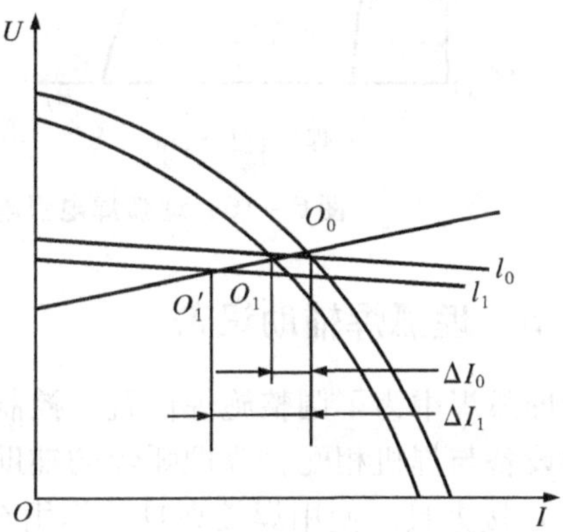

图 6－15　网压干扰系统误差

2）电弧电压反馈调节灵敏度。一般来说，电弧电压调节系统适用于自身调节作用不够灵敏的粗焊丝自动电弧焊。在电弧电压反馈中系统的调节灵敏度，即弧长波动时的恢复速度，主要取决于弧长波动时送丝速度的变化量大小。由前面的叙述可得 $\Delta v_f = k\Delta U_a$，因此电弧电压反馈调节灵敏度与下列因素有关。

A. 电弧电压调节器灵敏度 k 值增大，调节灵敏度也随之提高，但是由于系统中含有惯性环节，k 值过大容易使系统形成振荡，因此 k 值不能无限提高。系统中的惯性环节，特别是送丝电动机的机械惯性越大，系统越易产生振荡，灵敏度就越受限制。因此，国外有些焊机已开始采用机械惯性非常小的印刷电动机作送丝电动机。

B. 弧柱电场强度越大，同样弧长波动引起的 ΔU_a 增大，调节灵敏度也就增大。在 k 值相同的条件下，埋弧焊由于弧柱电场强度大，因此调节灵敏度高。

3）电弧电压反馈系统电压、电流调节方法。在变速送丝电弧电压反馈系统中，系统调节静特性曲线是近于平行 I 轴的直线，而电源通常为陡降外特性。所以焊接电流调节通过调节电源外特性来实现，而调节送丝电压则会使系统静态特性曲线上下平移，从而起到调节电弧电压的作用。电源外特性调节范围确定了焊接电流范围，而送丝速度调节范围则确定了电弧电压的调节范围，如图 6－16a 所示。

应当注意的是，焊丝直径的变化对 k_i 值变化的直接影响，引起电弧电压反馈调节系统静特性斜率的改变，使变速送丝系统的电流和电流调节范围出现移动。若调节器放大倍数不变，将造成细丝埋弧焊接时电流减小而电压调节范围向偏高的方向移动，如图 6－16b

所示。这与一般电流减小，电弧电压也相应减小的参数调节要求是不相适应的，因此在埋弧焊电弧电压反馈系统中应设计成 k 值可调，焊丝比较细时增加 k 值，使系统静特性斜率减小。

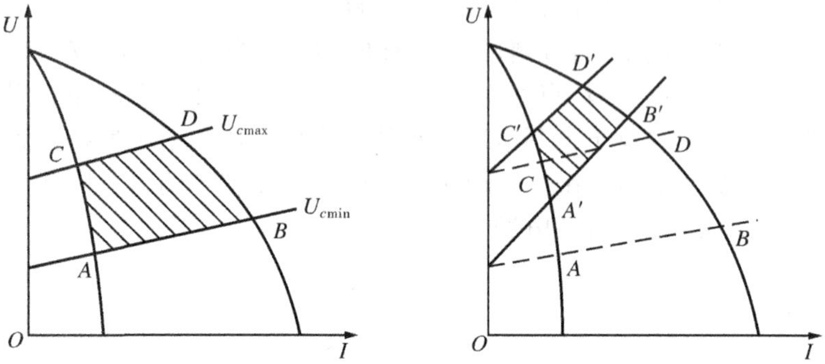

a. 焊丝直径5 mm　　b. 焊丝直径2 mm

图 6－16　埋弧焊电弧电压反馈系统 I_a、U_a 调节原理

6.2.5　埋弧焊辅助设备

自动埋弧焊中为了调整施焊位置、控制焊接变形或者控制焊缝成形，一般都需要有相应的辅助设备与焊机相配合。埋弧焊的辅助设备大致有以下几种类型。

（1）焊接夹具。使用焊接夹具的作用在于使工件准确定位并夹紧，以便于焊接。这样可以在一定程度上减少或免除定位焊缝并控制焊接变形。焊接夹具往往与其他辅助设备联合使用，如单面焊双面成形装置等。

（2）工件变位设备。这种设备的主要功能是使工件旋转、倾斜、翻转，以便把待焊的接缝置于最佳的焊接位置，达到提高生产率、改善焊接质量、减轻劳动强度的目的。工件变位设备根据焊件的形式、结构及尺寸而异。埋弧焊中常用的工件变位设备有滚轮架、翻转机等。

（3）焊机变位设备。焊机变位设备也称为焊接操作机，其主要功能是将焊接机头准确地送到待焊位置，焊接时可在该位置操作，或是以一定速度沿规定的轨迹移动焊接机头进行焊接。在生产中它们一般与工件变位机配合使用，完成各种工件的焊接，基本形式有平台式、悬臂式、伸缩式、龙门式等几种。

（4）焊缝成形设备。埋弧焊的电弧功率较大，钢板对接时，为防止熔化金属的流失和烧穿并促使焊缝背面成形，往往需要在焊缝背面加衬垫。最常用的焊缝成形设备有实心或中空的铜垫板，中空垫板可以通冷却水或气体。此外，成形设备还有焊剂垫，焊剂垫有用于纵缝和用于环缝两种基本形式。

（5）焊剂回收输送设备。用来在焊接中自动回收并输送焊剂，以提高焊接自动化的程度。

6.3 埋弧焊工艺及操作技术

埋弧焊工艺条件对焊接生产效率和焊接质量有着重要影响，这些工艺条件包括：焊接电流、焊接电压、焊速、焊剂种类及颗粒度、焊剂覆盖的宽度及厚度、焊丝材料和直径、焊丝伸出长度等。焊接中操作者必须清楚焊接参数与焊接过程的关系，改变某一个参数，则其他参数应做出相应调整，从而满足焊接过程的需要。

6.3.1 焊前准备

埋弧自动焊在焊前应做好充分的准备，包括后焊件的坡口加工、焊接位置的彻底清理和焊件的装配等，必须对上述工作加以重视，否则必将影响焊件的成形质量。

由于埋弧焊可以使用大电流焊接，因此板厚小于14 mm的钢板可以不开坡口；当板厚为14～22 mm时，一般开“V”形坡口；板厚为22～50 mm时开“X”形坡口，对一些重要的焊件上的关键焊缝，如锅炉汽包等压力容器，则可以开“U”形坡口，以保证焊缝的根部焊透和无夹渣缺陷。对于“V”“X”形坡口，其角度一般为50°～60°，这样有利于提高焊接质量和生产率。坡口可用碳弧气刨、刨边机和气割机等进行加工，加工的坡口边缘必须平直。

在焊前应将坡口和焊接部位的表面铁锈、油污、氧化皮、水分等清除干净，可使用手工清除、机械清除或火焰烘烤等方法进行。

虽然双面埋弧焊对焊件装配要求和焊件规范波动的敏感性不大，但焊件装配的质量还是直接影响焊缝成形质量，因此要求焊件装配必须做到间隙均匀、高低平直不错边。在单面焊双面成形时更应严格保证以上要求。此外，定位焊使用的焊材要与焊接时的材料性能相符，定位焊位置一般应当在第一道焊缝的背面，长度大于30 mm。在长直缝焊接时需加引弧板和熄弧板，这样一方面可以增大焊接的刚性，另一方面可以避免引弧和熄弧时的缺陷。

6.3.2 焊接工艺参数

1. 对接接头单面焊

对接接头埋弧焊时，工件可以开坡口或不开坡口。开坡口不仅为了保证熔深，而且有时还为了达到其他的工艺目的。如焊接合金钢时，可以控制熔合比，而在焊接低碳钢时，可以控制焊缝余高等。在不开坡口的情况下，埋弧焊可以一次焊透20 mm以下的工件，但要求预留5～6 mm的间隙，否则厚度超过14～16 mm的板料必须开坡口才能用单面焊一次焊透。

对接接头单面焊可采用以下几种方法：在焊剂垫上焊，在焊剂铜垫板上焊，在永久性垫板或锁底接头上焊，以及在临时衬垫上焊和悬空焊等，分述如下：

（1）在焊剂垫上焊接。用这种方法焊接时，焊缝成形的质量主要取决于焊剂垫托力的大小和均匀程度，以及装配间隙的均匀程度。图6－17说明焊剂垫托力与焊缝成形的关系。板厚2～8 mm的对接接头在具有焊剂垫的电磁平台上焊接所用的参数列于表6－12。电磁平台在焊接中起固定板料的作用。板厚10～20 mm的“I”形坡口对接接头预留装配间隙并在焊剂垫上进行单面焊的焊接参数见表 6 - 13。所用的焊剂垫应尽可能选用细颗粒焊剂。

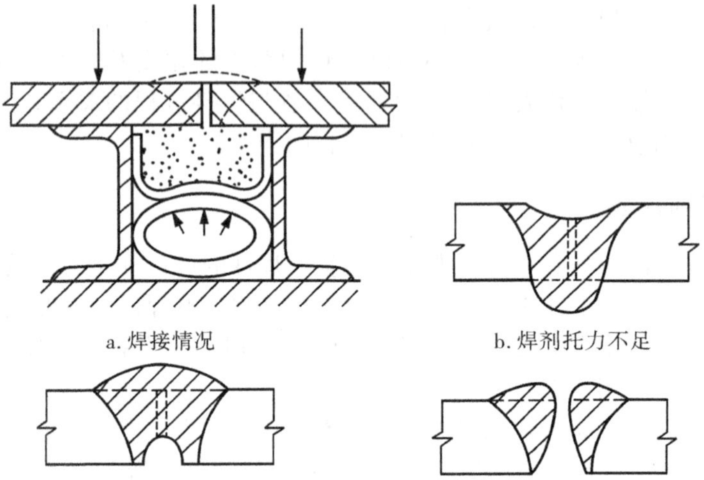

a. 焊接情况　　b. 焊剂托力不足

c. 焊剂托力很大　　d. 焊剂托力过大

图 6 - 17　在焊剂垫上的对接焊

表 6 - 12　对接接头在电磁平台 + 焊剂垫上单面焊的焊接条件

板厚/mm	装配间隙/mm	焊丝直径/mm	焊接电流/A	电弧电压/V	焊速/(cm/min)	电流种类	焊剂垫中焊剂颗粒	焊剂垫软管中的空气压力/kPa
2	0 ~ 1.0	1.6	120	24 ~ 28	73	直流反接	细小	81
3	0 ~ 1.5	1.6	275 ~ 300	28 ~ 30	56.7	交流	细小	81
		2	275 ~ 300	28 ~ 30	56.7			
		3	400 ~ 425	25 ~ 28	117			
4	0 ~ 1.5	2	375 ~ 400	28 ~ 30	66.7	交流	细小	101 ~ 152
		4	525 ~ 550	28 ~ 30	83.3			101
5	0 ~ 2.5	2	425 ~ 450	32 ~ 34	59.3	交流	细小	101 ~ 152
		4	575 ~ 625	28 ~ 30	76.7			
6	0 ~ 3.0	2	475	32 ~ 34	50	交流	正常	101 - 152
		4	600 ~ 650	28 ~ 32	67.5			
7	0 ~ 3.0	4	650 ~ 700	30 - 34	61.7	交流	正常	101 ~ 152
8	0 ~ 3.5	4	725 ~ 775	30 - 36	56.7	交流	正常	101 ~ 152

表 6－13　对接接头在焊剂垫上单面焊的焊接条件

板厚/mm	装配间隙/mm	焊接电流/A	电弧电压/V		焊速/（cm/min）
			交流	直流	
10	3～4	700～750	34～36	32～34	50
12	4～5	750～800	36～40	34～36	45
14	4～5	850～900	36～40	34～36	42
16	5～6	900～950	38～42	36～38	33
18	5～6	950～1000	40～44	36～40	28
20	5～6	950～1000	40～44	36～40	25

注：焊丝直径 5 mm。

（2）在焊剂铜垫板上焊接。这种方法采用带沟槽的铜垫板，沟槽中铺撒焊剂，焊接时，这部分焊剂起焊剂垫的作用，同时又保护铜垫板免受电弧直接作用。沟槽起焊缝背面成形作用。这种工艺对工件装配质量、垫板上焊剂托力均匀与否均不敏感。板料可用电磁平台固定，也可用龙门压力架固定。铜垫板的尺寸见图 6－18 和表 6－14。在龙门架焊剂铜垫板上的焊接参数见表 6－15。

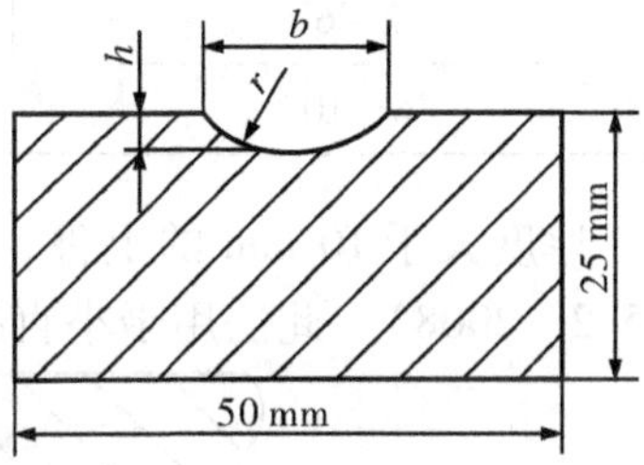

图 6－18　铜垫板尺寸

表 6－14　铜垫板断面尺寸（单位：mm）

焊件厚度	槽宽 b	槽深 h	沟槽曲率半径 r
4～6	10	2.5	7.0
6～8	12	3.0	7.5
8～10	14	3.5	9.5
12～14	18	4.0	12

表 6－15　在龙门架焊剂铜垫板上单面焊的焊接条件

板厚/mm	装配间隙/mm	焊丝直径/mm	焊接电流/A	电弧电压/V	焊速/（cm/min）
3	2	3	380～420	27～29	79.3
4	2～3	4	450～500	29～31	68
5	2～3	4	520～560	31～33	63
6	3	4	550～600	33～35	63
7	3	4	640～680	35～37	58
8	3～4	4	680～720	35～37	53.3
9	3～4	4	720～780	36～38	46

续表

板厚/mm	装配间隙/mm	焊丝直径/mm	焊接电流/A	电弧电压/V	焊速/（cm/min）
10	4	4	780～820	38～40	46
12	5	4	850～900	39～41	38
14	5	4	880～920	39～41	36

（3）在永久性垫板或锁底接头上焊接。当焊件结构允许焊后保留永久性垫板时，厚10 mm以下的工件可采用永久性垫板单面焊方法。永久性铜垫板的尺寸见表6－16。垫板必须紧贴在待焊板缘上，垫板与工件板面间的间隙不得超过0.5～1 mm。

表6－16　对接用的永久性铜垫板

板厚 δ/mm	垫板厚度	垫板宽度
2～6	0.5δ	4δ＋5 mm
6～10	（0.3－0.4）δ	

厚度大于10 mm的上件，可采用锁底接头焊接方法，如图6－19所示（详见GB/T 985.2—2008）。此法用于小直径厚壁圆筒形工件的环缝焊接，效果很好。

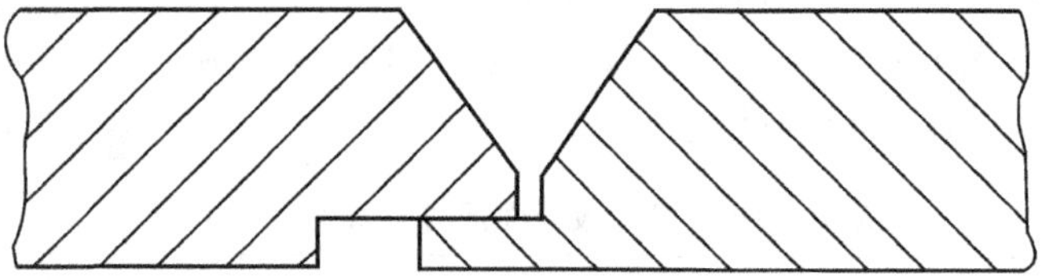

图6－19　锁底对接接头

（4）在临时衬垫上焊接。这种方法采用柔性的热固化焊剂衬垫贴合在接缝背面进行焊接，衬垫材料需要专门制造或由焊接材料制造部门供应。另外还有采用陶瓷材料制造的衬垫进行单面焊的方法。

（5）悬空焊。当工件装配质量良好并且没有间隙的情况下，可以采用不加垫板的悬空焊。用这种方法进行平面焊时，工件不能完全熔透，一般的熔深不超过2/3板厚，否则容易烙穿。这种方法只用于不要求完全焊透的接头。

2. 对接接头双面焊

工件厚度超过12～14 mm的对接接头，通常采用双面焊。接头形式根据板厚、钢种、接头性能要求的不同，可采用图6－20所示的“I”形、“Y”形、“X”形坡口。这种方法对焊接工艺参数的波动和工件装配质量不敏感，一般都可以获得较好的焊接质量。第一面焊接时，所采用的技术与上述单面焊相似，但是不要求完全焊透，焊缝的熔透由反面焊接保证。焊接第一面的实施方法有悬空法、加焊剂垫法及临时工艺垫板法进行焊接。

（1）悬空焊。装配时不留间隙或只留很小的间隙（一般不超过1 mm）。第一面焊接达到的熔深一般小于上件厚度的一半。反面焊接的熔深要求达到工件厚度的60%～70%，以保证工件完全焊透。不开坡口的对接接头悬空双面焊的焊接参数，见表6－17。

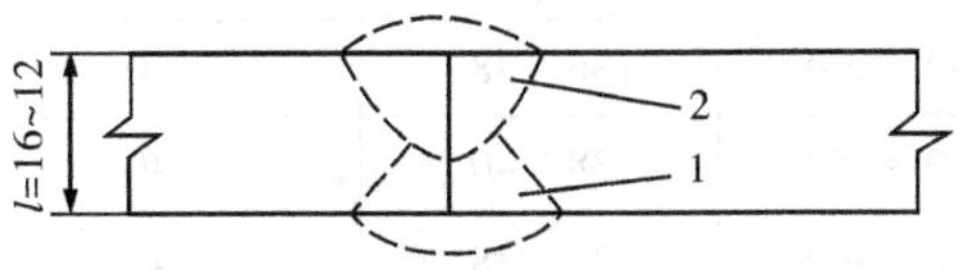

a. "I"形坡口对接焊

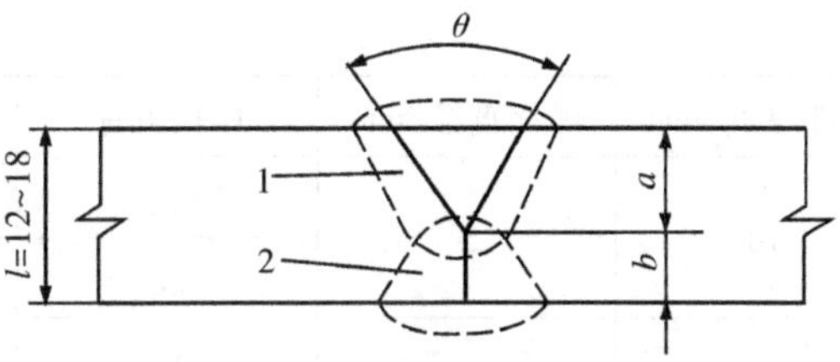

b. "Y"形坡口对接焊

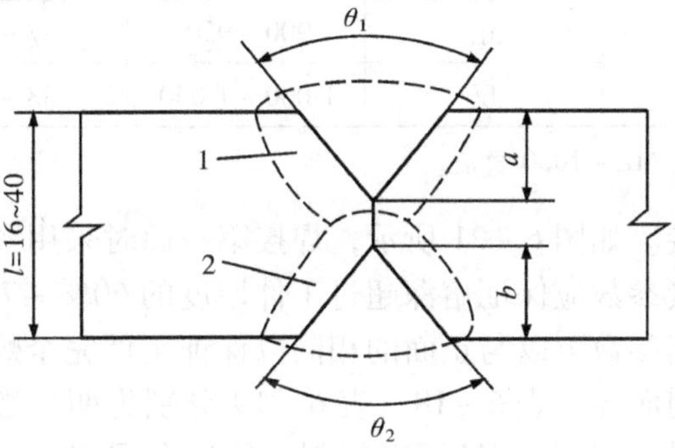

c. "X"形坡口对接焊

图 6－20　不同板厚的接头形式（单位：mm）

表 6－17　不开坡口对接接头悬空双面焊的焊接条件

工件厚度/mm	焊丝直径/mm	焊接顺序	焊接电流/A	电弧电压/V	焊速/（cm/mim）
6	4	正	380～420	30	58
		反	430～470	30	55
8	4	正	440～480	30	50
		反	480～530	31	50
10	4	正	530～570	31	46
		反	590～640	33	46
12	4	正	620～660	35	42
		反	680～720	35	41
14	4	正	680～720	37	41
		反	730～770	40	38
16	5	正	800～850	34～36	63
		反	850～900	36～38	43
17	5	正	850～900	35～37	60
		反	900～950	37～39	48

续表

工件厚度/mm	焊丝直径/mm	焊接顺序	焊接电流/A	电弧电压/V	焊速/（cm/mim）
18	5	正	850～900	36～38	60
		反	900～950	38～40	40
20	5	正	850～900	36～38	42
		反	900～1 000	38～40	40
22	5	正	900～950	37～39	53
		反	1 000～1 050	38～40	40

注：装配间隙 0～1 mm，MZ－1000 直流。

（2）在焊剂垫上焊接。如图 6－21 所示，焊接第一面时采用预留间隙不开坡口的方法最为经济。第一面的焊接参数应保证熔深超过工件厚度的 60%～70%。焊完第一面后翻转工件，进行反面焊接，其参数可以与正面的相同以保证工件完全焊透。预留间隙双面焊的焊接条料：依工件的不同而异，表 6－18、表 6－19 分别为两组数据，可供参考。在预留间隙的“I”形坡口内，焊前均匀塞填干净焊剂，然后在焊剂垫上施焊，可减少产生夹渣的可能，并可改善焊缝成形。第一面焊道焊接后，是否需要清根，视第一道焊缝的质量而定。

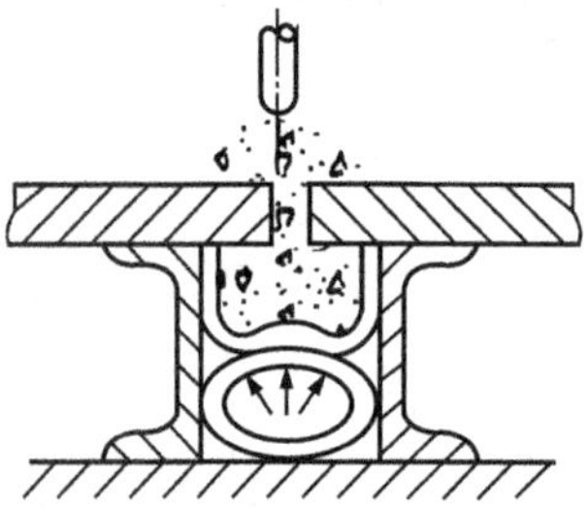
a. 软管气压式

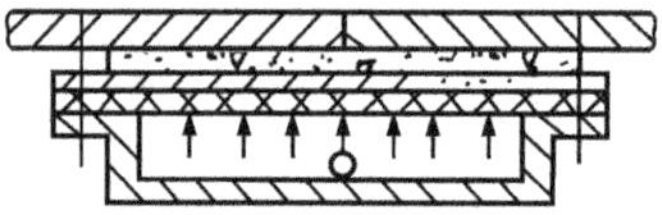
b. 皮膜气压式

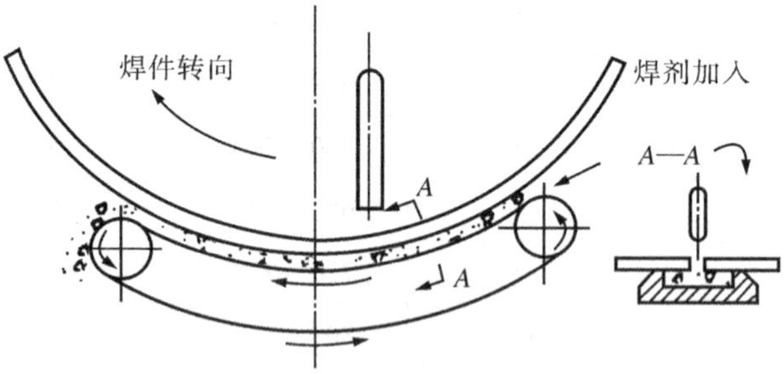

c. 平带张紧式

图 6－21　焊剂垫的结构实例

表 6-18 对接接头预留间隙双面焊的焊接条件（一）

工件厚度/mm	装配间隙/mm	焊丝直径/mm	焊接电流/A	电弧电压/V	焊接速度/(cm/min)
14	3~4	5	700~750	34~36	50
16	3~4	5	700~750	34~36	45
18	4~5	5	750~800	36~40	45
20	4~5	5	850~900	36~40	45
24	4~5	5	900~950	38~42	42
28	5~6	5	900~950	38~42	33
30	6~7	5	950~1 000	40~44	27
40	8~9	5	1 100~1 200	40~44	20
50	10~11	5	1 200~1 300	44~48	17

注：采用交流电，HJ431，第一面在焊剂垫上焊。

表 6-19 对接接头预留间隙双面焊的焊接条件（二）

工件厚度/mm	装配间隙/mm	焊丝直径/mm	焊接电流/A	电弧电压/V	焊接速度/(cm/min)
6	0+1	3	380~400	30~32	57~60
		4	400~550	28~32	63~73
8	0+1	3	400~420	30~32	53~57
		4	500~600	30~32	63~67
10	2±1	4	500~600	36~40	50~60
		5	600~700	34~38	58~67
12	2±1	4	550~580	38~40	50~57
		5	600~700	34~38	58~67
14	3±0.5	4	550~720	38~42	50~53
		5	650~750	36~40	50~57
≤16	3±0.5	5	650~850	36~40	50~57

如果工件需要开坡门，坡口形式按工件厚度决定。工件坡口形式及焊接条件，见表 6-20。

表 6－20　开坡口工件的双面焊的焊接条件

工件厚度/mm	坡口形式	焊丝直径/mm	焊接顺序	坡口尺寸			焊接电流/A	电弧电压/V	焊接速度/(cm/min)
				a/(°)	h/mm	g/mm			
14	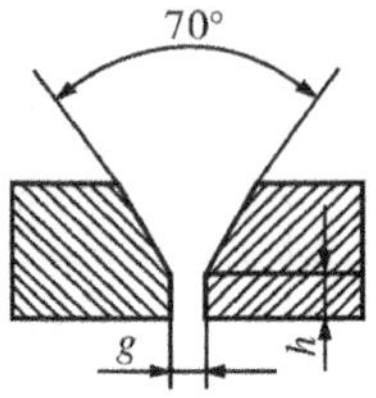	5	正	70	3	3	830～850	36～38	42
			反				600～620	36～38	75
16		5	正	70	3	3	830～850	36～38	33
			反				600～620	36～38	75
18		6	正	70	3	3	830～860	36～38	33
			反				600～620	36～38	75
22		5	正	70	3	3	1 050～1 150	38～40	30
			反				600～620	36～38	75
24	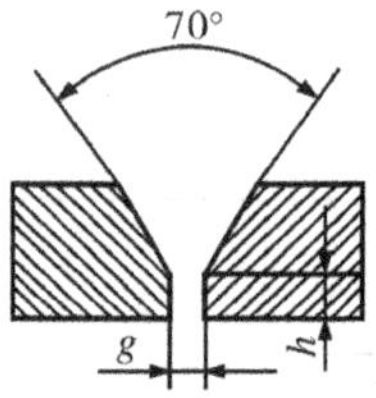	6	正	70	3	3	1 100	38～40	40
		5	反				800	36～38	47
30		6	正	70	3	3	1 000	36～40	30
			反				900～1 000	36～38	33

注：第一面在焊剂垫上焊接。

（3）在临时衬垫上焊接。采用此法焊接第一面时，一般都要求接头处留有一定间隙，以保证焊剂能填满其中。临时衬垫的作用是托住间隙中的焊剂。平板对接接头的临时衬垫常用厚 3～4 mm、宽 30～50 mm 的薄钢带，也可采用石棉绳或石棉板，如图 6－22 所示。焊完第一面后，去除临时衬垫及间隙中的焊剂和焊缝底层的渣壳，用同样参数焊接第二面，要求每面熔深均达板厚的 60%～70%。

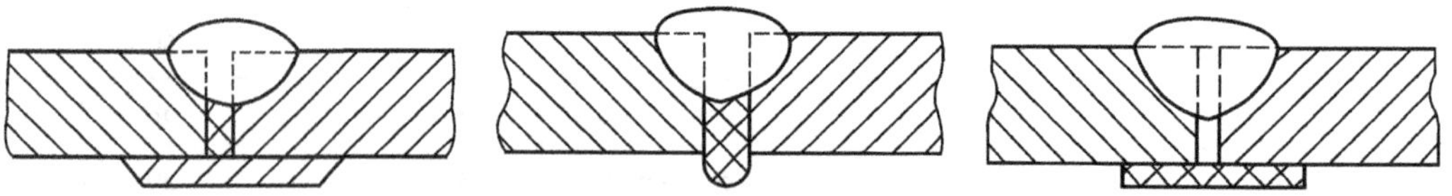

a. 薄钢垫　　b. 石棉绳垫　　c. 石棉板垫

图 6－22　在临时衬垫上焊接

（4）多层焊。当板厚超过 40～50 mm 时，往往需要采用多层焊。多层焊时坡口形状一般采用“V”形和“X”形，而且坡口角度比较窄。图 6－23 所示的焊道宽度比焊缝深度小得多，此时在焊缝中心容易产生“梨形”焊道裂纹。另外在多层焊结束时，在焊道端部需加衬板，由于背面初始焊道不

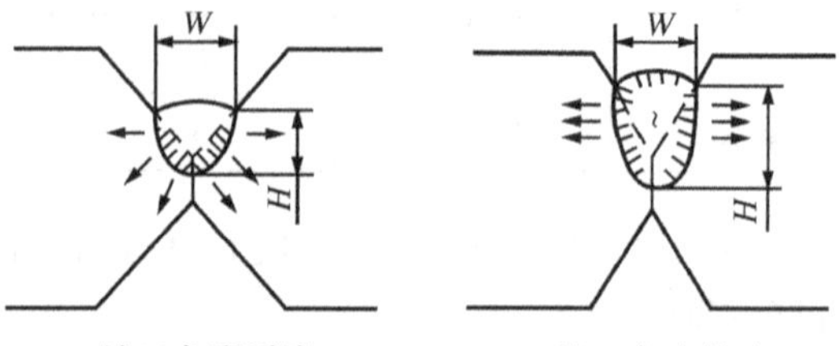

a. 坡口角度适当　　b. 坡口角度较小

图 6－23　多层焊坡口角度对焊缝的影响

能全部铲除造成坡口角度变窄，如图 6 - 24 所示，此时形成的“梨形”焊道更增加裂纹产生倾向，因而需要特别引起注意。

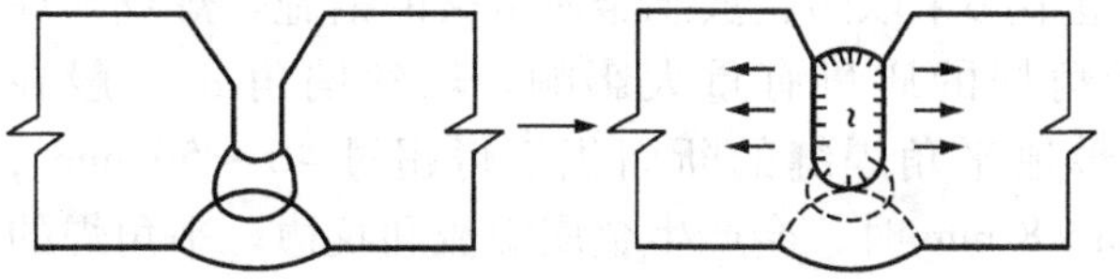

图 6 - 24　坡口狭小产生焊缝内部初始裂纹

3. 角焊缝焊接

焊接“T”形接头或搭接接头的角焊缝时，采用船形焊、平角焊和多丝角焊三种方法。

（1）船形焊。将工件角焊缝的两边置于与垂自线齐成 45°的位置（图 6 - 25），可为焊缝成形提供最有利的条件。这种焊接法接头的装配间隙不超过 1 ~ 1.5 mm，否则，必须采取措施，以防止液态金属流失。船形焊的焊接参数，见表 6 - 21。

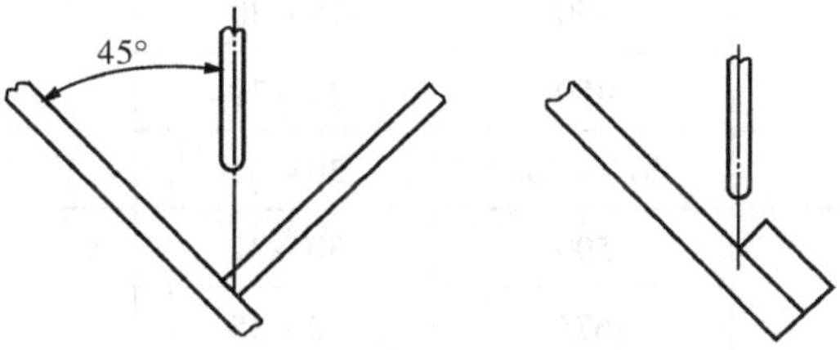

a. T形接头　　b. 搭接接头

图 6 - 25　船形焊

表 6 - 21　船形焊焊接参数

焊脚长度/mm	焊丝直径/mm	焊接电流/A	电弧电压/V	焊速/（cm/min）
6	2	450 ~ 475	34 ~ 36	67
8	3	550 ~ 600	34 ~ 36	50
10	4	575 ~ 625	34 ~ 36	50
	3	600 ~ 650	34 ~ 36	38
12	4	650 ~ 700	34 - 36	38
	3	600 ~ 650	34 ~ 36	25
	4	725 ~ 775	36 ~ 38	33
	5	775 ~ 825	36 ~ 38	30

注：采用交流焊接。

（2）平角焊。当工件不便于采用船形焊时，可采用平角焊来焊接角焊缝（图6－26）。这种焊接方法对接头装配间隙较不敏感，即使间隙达到2～3 mm，也不必采取防止液态金属流失的措施。焊丝与焊缝的相对位置，对于角焊的质量有重大影响。焊丝偏角 α 一般在20°～30°之间，每一单道平角焊缝的断面积不得超过40～50 mm²，当焊脚长度超过8 mm×8 mm时，会产生金属溢流和咬边。平角焊的焊接条件，参照表6－22。

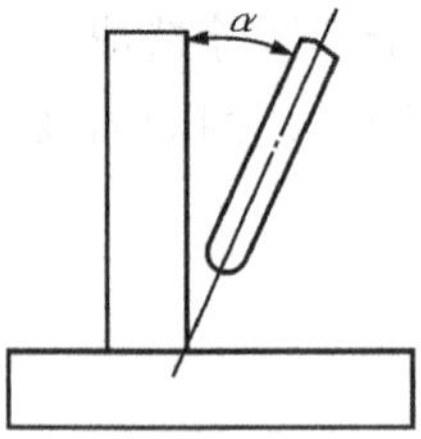

图6－26　平角焊

表6－22　平角焊焊接条件

焊脚长度/min	焊丝直径/mm	焊接电流/A	电弧电压/V	焊速/（cm/min）	电流种类
3	2	200～220	25～28	100	直流
4	2	280～300	28～30	92	交流
	3	350	28～30	92	
5	2	375～400	30～32	92	交流
	3	450	28～30	92	
	4	450	28～30	100	
7	2	375～400	30～32	47	交流
	3	500	30～32	80	
	4	675	32～35	83	

注：有细颗粒HJ431。

（3）多丝角焊。为了提高焊接效率和增大焊角尺寸，可以采用串列多丝角焊，如图6－27所示。此时焊丝布置的位置、角度及距离必须设计好，其依据是前后熔池的确定。如果焊丝距离不大，前面熔池的渣会使后面电弧不定，距离太小又会使熔渣卷入后面的熔池。一般串列电弧焊接时，前面电极使用电流较大而后面较小，焊缝成形较好。

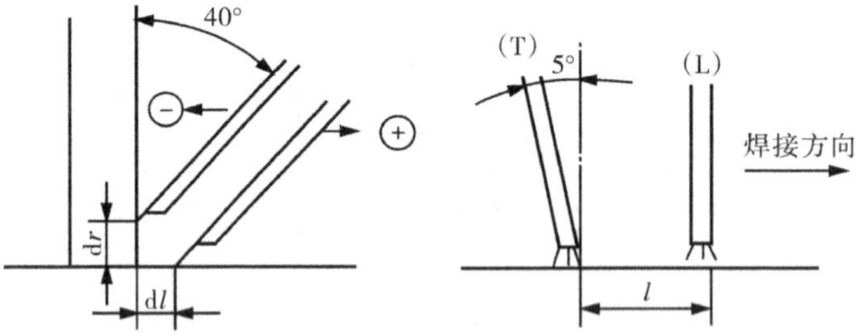

图6－27　串列多丝角焊时焊丝的位置及角度

4．高效埋弧焊

（1）多丝埋弧焊。多丝埋弧焊是一种高生产率的焊接方法，两根或多根焊丝向同一熔池送进，焊丝可以作为电极，也可以不作为电极。按照所用焊丝数目有双丝埋弧焊、三丝埋弧焊等。在一些特殊应用中焊丝数目多达14根。与单丝埋弧焊相比，多丝埋弧焊金属的熔敷效率提高了5倍以上。目前工业上应用最多的是双丝埋孤焊和三丝埋弧焊。双丝焊的电源连接方式如图 6－28 所示。图 6－28a 中采用直流反接作为前导电弧，后续电弧采用交流供电。图 6－28b 中后续电弧则采用了直流反接，焊丝间隔 19 mm，采用 4 mm 焊丝，焊接熔敷率可达到 20 kg/h。图 6－28c 中采用 2 个交流电源供电，注意这 2 个交流电源的接线方式。三丝埋弧焊的电源连接方式如图 6－29 所示。多丝埋弧焊焊接过程中，每根焊丝所用的电流和电压各不相同，因而它们在焊缝成形过程中所起的作用也不相同，一般由前导的电弧获得足够的熔深，后续电弧起调节熔宽或起改善成形的作用。为此，焊丝间的距离要适当。表 6－23 为利用双丝埋弧焊和三丝埋弧焊进行单面焊的焊接条件。

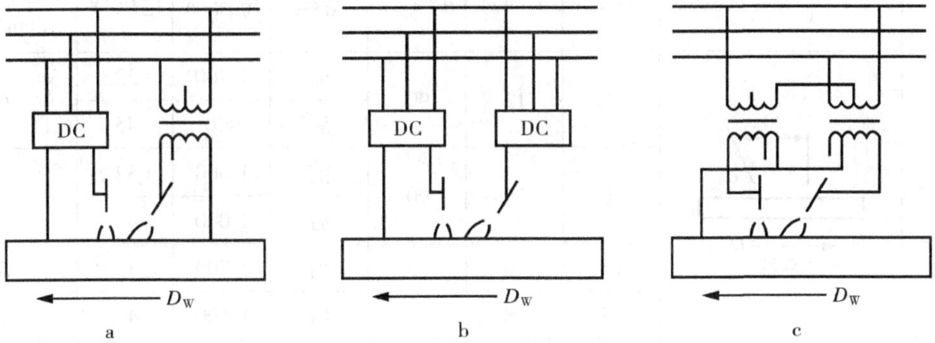

图 6－28　双丝埋弧焊时双电源的组合方式

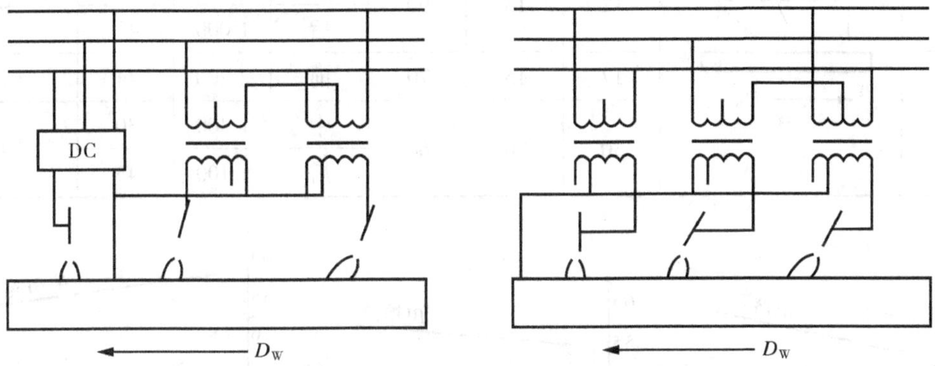

图 6－29　三丝埋弧焊时三电源的组合方式

（2）带状电极埋弧焊。此种焊接方式具有最高的熔敷速度、最低的熔深和稀释度，尤其是双带极埋弧焊，因此是一种理想的表面堆焊的方法。带极埋弧堆焊的关键是要选择合适成分的带材、焊剂和送带机构。一般常用的带宽为 60 mm，焊剂宜采用烧结焊剂，并尽可能减少氧化铁含量，带极埋弧堆焊通常采用直流反接极性。图 6－30 所示为带宽 60 mm 带极堆焊焊接参数对堆焊焊缝成形的影响。为了尽可能减小稀释率，焊接电流不超过 950 A，电压以 26 V 为最佳，焊速也不应选得太大。宽带极埋弧堆焊采用轴向外加磁场或横向交变磁场，可以有效提高宽带堆焊层的熔宽和熔深均匀性。

表 6－23　双丝和三丝埋弧焊单面焊的焊接条件

板厚/mm	焊丝数	焊接参数 坡口 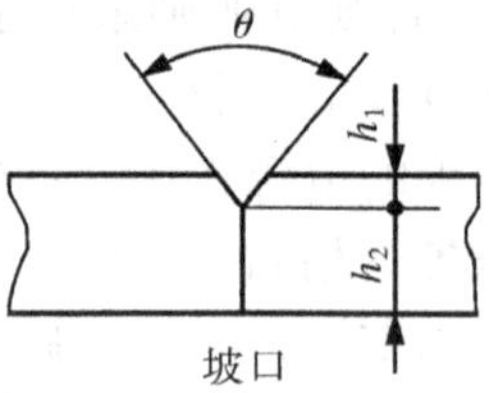						
		h_1/mm	h_2/mm	θ/（°）	焊丝	电流/A	电压/V	焊接速度/（cm/min）
20	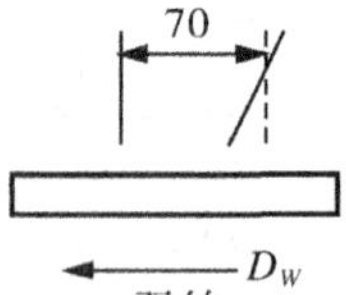	8	12	90	前	1 400	32	60
					后	900	45	
25		10	15	90	前	1 600	32	60
					后	1 000	45	
32		16	16	75	前	1 800	33	50
35		17	18	75	后	1 100	45	43
20	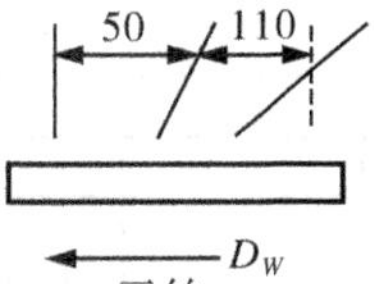	11	9	90	前	2 200	30	110
25		12	13	90	中	1 300	40	95
					后	1 000	45	
32		17	15	70	前	2 200	44	70
50		30	20	60	中	1 400	30	40
					后	1 100	45	

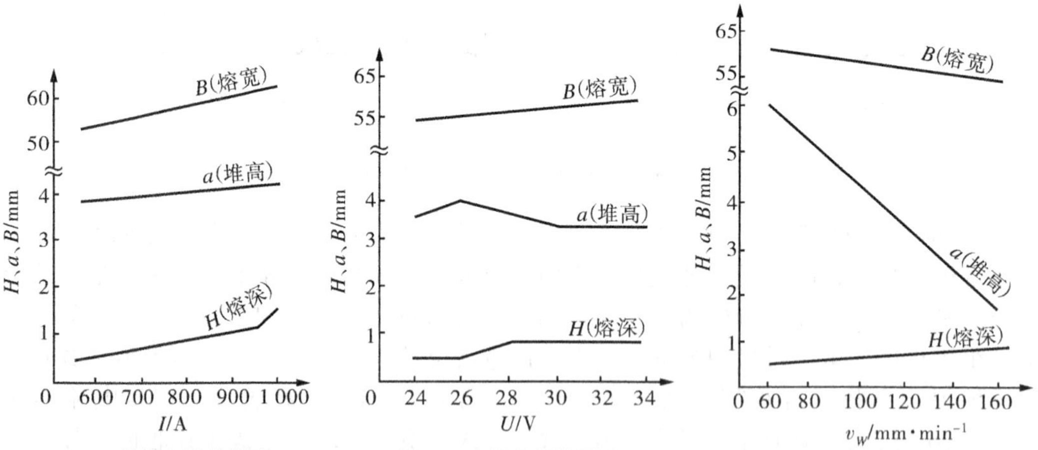

a. 焊接电流的影响　　b. 电弧电压的影响　　c. 焊速的影响

图 6－30　60 mm 带级埋弧堆焊焊接参数对堆焊成形的影响

（3）附加依靠焊丝电阻热预热的热丝、冷丝、铁粉的埋弧焊方法。这些方法具有较高熔敷率、较低的熔深和稀释率的特点，适用于难以制成带极或丝极的某些合金埋弧堆焊及焊接，也常在窄间隙埋弧焊时被采用，冷丝埋弧焊的金属熔敷率最大可以提高到73%左右，一般情况下可以提高35%～40%。在热输入恒定的条件下，熔敷率提高的越大，熔深越浅。热丝埋弧焊由于附加电源对焊丝的加热作用，熔敷率可以提高50%～100%。铁粉埋弧焊工艺中为了得到希望的焊缝化学成分，必须严格控制铁粉的成分。在铁粉埋弧焊工艺中，熔敷率可以提高70%，同时可以改善焊缝成形，减少熔深和合金成分的稀释率。

（4）窄间隙埋弧焊。厚度在50 mm以上的焊件若采用普通的“V”形或“U”形坡口埋弧焊，则焊接层数、道数多，焊缝金属填充量及所需焊接时间均随厚度成几何级数增长，焊接变形也会非常大且难以控制。窄间隙埋弧焊就是为了克服上述弊端而发展起来的，其主要特点有：①窄间隙坡口底层间隙为12～35 mm，坡口角度为1°～8°，每层焊缝道数为1～3，常采用工艺垫板打底焊；②为避免产生电弧在窄坡口内极易诱发的磁偏吹，通常采用交流电弧而不采用直流电弧，晶闸管控制的交流方波电源是一种理想的电源；③为了提高窄坡口埋弧焊的熔敷和焊速，采用串列双弧焊是有效途径，如AC－AC或DC－AC组合的串列双弧；④为使焊丝送达厚板窄坡口底层，需设计能插入坡口内的专用窄焊嘴，焊丝外伸长度常取为50～75 mm以获得较高熔敷率；⑤要采用专用焊剂，其颗粒度一般较细，脱渣性应特别好，为满足高强韧性焊缝金属性能，大多采用高碱度烧结型焊剂；⑥为保证焊丝和电弧在深而窄坡口内的正确位置，常常需要采用自动跟踪控制。

6.4 常见焊接缺陷及防止措施

埋弧焊时可能产生的主要缺陷，除了由于所用焊接参数不当造成的焊缝表面成形不良、咬边、未熔合、未焊透、烧穿以外，还有气孔、裂纹、夹渣等。本节主要叙述气孔、裂纹、夹渣这几种缺陷的产生原因及其预防措施。

6.4.1 气孔的产生及防止措施

埋弧焊焊缝产生气孔的主要原因及防止措施如下：

（1）焊接接头未完全清理。焊接坡口及其附近的铁锈、油污或其他污物在焊接时将产生大量气体，促使气孔生成，因此焊接之前应确保其完全清除。

（2）焊剂吸潮或受污染。焊剂中的水分、铁锈和污物等都会在焊接过程中产生气体从而导致气孔的产生，在回收再利用的焊剂中这个问题更为突出。水分可通过烘干消除，烘干温度与时间由焊剂生产厂家规定。防止焊剂吸收水分的最好方法是正确地保管和储存。污物可以通过对回收焊剂进行筛选排除，采用真空式焊剂回收器可以较有效地分离焊剂与尘土，从而减少回收焊剂在使用中产生气孔的可能性。

（3）焊接时焊剂覆盖不充分。由于电弧外露造成空气侵入而形成气孔。焊接环缝时，特别是小直径的环缝，容易出现这种现象。为防止该现象应调整焊剂覆盖层高度，防止焊剂散落，适时疏通焊剂漏斗。

（4）熔渣黏度过大。焊接时溶入高温液态熔池中的气体在冷却过程中将以气泡形式逸出。如果熔渣黏度过大，将造成气泡外溢受到较大阻碍，被阻挡在焊缝金属表面附近而造成气孔。通过调整焊剂的化学成分，改变熔渣的黏度即可解决。

（5）焊丝表面清理不够。焊丝与焊接接头相类似，如果其表明有未清理完全的水分、铁锈、油污等污染物，在焊接时也有可能产生大量的气体，导致气孔生成，因此对于焊丝的清理也应引起重视，并在清理后尽快进行焊接。

6.4.2 裂纹的产生及防止措施

对于埋弧焊接头来说，常见的裂纹有两种类型：结晶裂纹和氢致裂纹，前者仅见于焊缝金属，后者则可能在焊缝金属或热影响区中观察到。

1. 结晶裂纹

钢材焊接时，焊缝中的硫、磷等杂质在结晶过程中形成 FeS 和 FeP 等低熔点共晶。随着结晶过程的进行，受周围固体作用，它们逐渐向晶界推移，形成了“液态薄膜”。焊缝凝固过程中，由于收缩作用，焊缝区域受拉应力，“液态薄膜”由于无法承受拉应力而形成裂纹。因此，产生“液态薄膜”和焊缝的拉应力是形成结晶裂纹的两个重要原因。

钢材的化学成分对结晶裂纹形成的影响非常重要。硫对形成结晶裂纹影响最大，但其影响程度又与熔池中脱硫元素含量有关，一定比例的 Mn 可以与 S 结合成 MnS 而除硫，从而抑制了 S 的有害作用。Mn 还能与 S 形成细密的硫化物，改善其性能、形态及分布等。因此，为了防止产生结晶裂纹，对焊缝金属中的 Mn 和 S 的比值有一定要求，其比值多大才有利于防止结晶裂纹，还与含碳量有关。图 6－31 所示为 C、Mn、S 含量与焊缝裂纹倾向的关系，可见含 C 量越高，要求 Mn/S 比也越高。

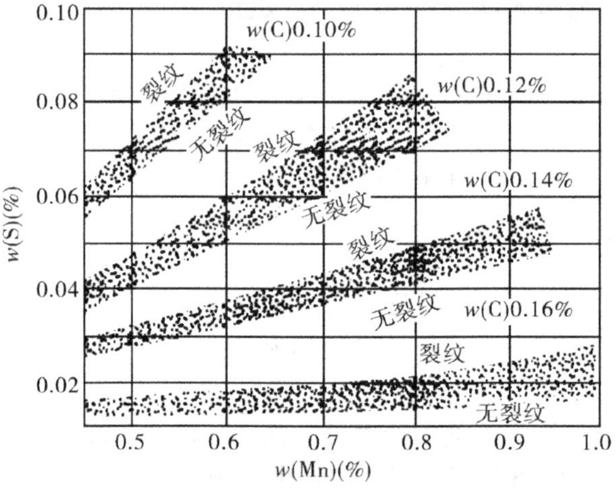

图 6－31 Mn、C、S 同时存在结晶裂纹的影响

埋弧焊焊缝的熔合比通常都较大，因此焊缝结晶裂纹倾向受母材金属的杂质含量的影响很大。母材杂质较多，或因偏析造成局部 C、S 含量偏高，Mn/S 比可能达不到要求。可以通过一系列诸如直流正接、加粗焊丝以减小电流密度、改变坡口尺寸等工艺措施减小熔合比，也可以通过改变焊接材料成分调控焊缝金属的成分，如增加 Mn 含量，降低 C、Si 含量等。

焊缝形状对于结晶裂纹的形成也有非常显著的影响。焊接接头形式不同，不但影响接头的刚性，并且还会影响散热条件与结晶特点，进而对结晶裂纹产生不同的影响。窄而深的焊缝会造成“液态薄膜”更容易在焊缝中心形成，增大了形成结晶裂纹的倾向。图 6－

32 所示为不同接头形式对结晶裂纹的影响，图中 a、b 两种接头抗结晶裂纹能力较高，而 c、d、e、f 几种接头抗裂性较差。

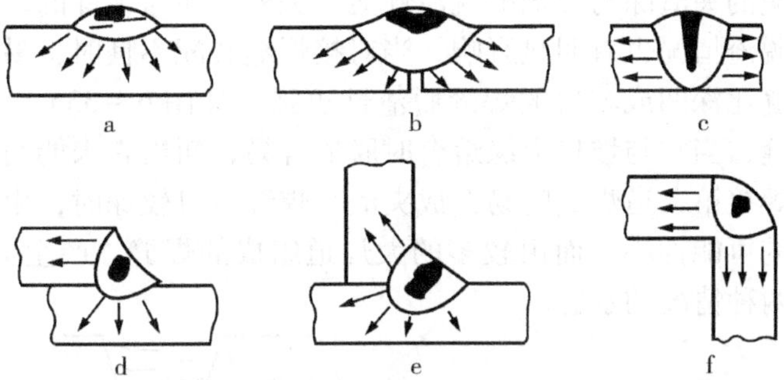

图 6－32　接头形式对结晶裂纹的影响

2. 氢致裂纹

氢致裂纹较多的见于低合金钢、中合金钢和高碳钢的焊接热影响区中。它可能在焊后立即出现，也可能在焊后几小时、几天，甚至更长时间才出现。由于这种裂纹的出现有一定的延迟特点，因此这种裂纹被称为延迟裂纹。

氢致裂纹是多种因素共同作用的结果，常见的影响因素有焊接接头含氢量、接头显微组织、接头拘束情况等。一方面，工件较厚时焊接接头冷却速度较大，对淬硬倾向大的母材金属，易在接头处产生脆硬组织；另一方面，焊接时溶解于焊缝金属中的氢由于冷却过程中溶解度下降，向热影响区扩散。当热影响区的某些区域氢浓度很高而温度继续下降时，一些氢原子开始结合生成氢分子，在金属内部造成很大的局部应力，在接头拘束应力作用下产生裂纹。

这种裂纹在某些超高强钢的焊接过程中会出现在焊缝金属中。

针对氢致裂纹产生的原因，可以从以下几方面采取措施，防止其发生。

（1）减少氢的来源及其在焊缝金属中的溶解。采用低氢焊剂，在焊剂保管中注意防潮，使用前严格烘干；对焊丝、焊接区域附近的锈、油污、水分等焊前必须清理干净。通过焊剂的冶金反应把氢结合成不溶于液态金属的化合物，如高 Mn 高 Si 焊剂可以把 H 结合成 HF 和 OH 两种稳定化合物逸出焊接区域或进入熔渣中，减少氢对生成裂纹的影响。

（2）正确地选择焊接参数。降低钢材的淬硬程度并有利于氢的逸出和改善应力状态，必要时可采用预热。

（3）采用后热或焊后热处理。焊后热处理有利于焊缝中的溶解氢顺利的逸出。有些工件焊后需要进行热处理，一般情况下多采用回火处理。热处理一方面可消除焊接残余应力，另一方面可使已产生的马氏体高温回火，改善组织，而且接头中的氢可进一步逸出，有利于消除氢致裂纹，增加热影响区的延性。

（4）改善焊接接头设计。为了降低焊接接头的拘束应力，在焊接接头设计上应尽可能消除引起应力集中的因素，如避免缺口、防止焊缝的分布过分密集等。由于不对称的坡口裂纹敏感性较大，应尽量设计对称形状的坡口。在满足焊缝强度的基本要求下，应尽量减少填充金属的用量。埋弧焊时，焊接热影响区除了可能产生氢致裂纹外，还可能产生淬硬脆化裂纹、层状撕裂等。

6.4.3 夹渣的产生及防止措施

埋弧焊时，焊缝的夹渣除与焊剂的脱渣性能有关外，还与工件的装配情况和焊接工艺有关。焊缝成形对脱渣情况也有明显影响，当对接焊缝装配不良时，易在焊缝底层产生夹渣。平而略凸的焊缝比深凹或咬边的焊缝脱渣性更强。如图 6－33a、b 所示的两种情况，双道焊的第一道焊缝，当它与坡口上缘熔合时脱渣容易，而当它未能与坡口边缘充分熔合时则脱渣困难，在焊接第二道焊缝时易造成夹渣。焊缝坡口较深时，由较多的小焊道组成的焊缝，产生夹渣的可能性小，而由较多的大焊道组成的焊缝，产生夹渣的可能性较大，图 6－34 所示为这两种情况的示意。

a. 脱渣容易　　b. 脱渣困难

图 6－33　焊道与坡口熔合情况对脱渣的影响

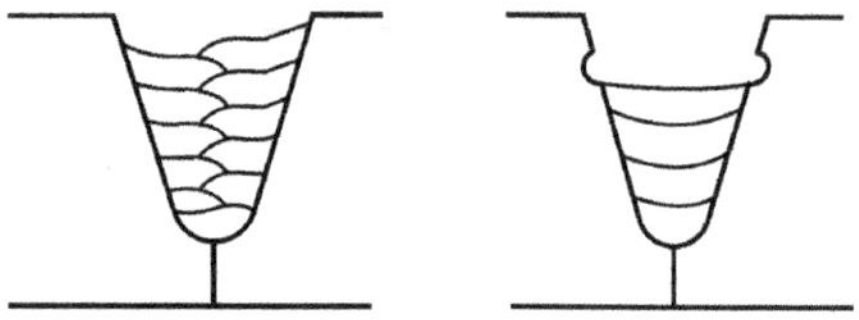

a. 脱渣容易　　b. 脱渣困难

图 6－34　多层焊时焊道大小对脱渣的影响

6.5 生产应用举例

由于埋弧焊的上述优点，故目前仍然活跃在焊接生产中，又因其自身特点而适用于中厚板长焊缝的焊接。目前，埋弧焊可焊接的钢种包括碳素结构钢、低合金结构钢、不锈钢耐热钢及复合钢材等。随着焊接技术的进一步发展，埋弧焊所能焊接的材料已从传统钢铁材料发展到一些有色金属材料，如镍基合金、铜合金的焊接等。埋弧焊在工业制造领域有着广泛的应用，在造船、锅炉与压力容器、化工、桥梁、工程机械、冶金机械，以及海洋结构、核电设备等制造更是不可或缺。

下面以某锅炉厂蒸汽锅炉制造工艺为例简单介绍一下埋弧焊的生产应用。

该厂生产的蒸汽锅炉上锅筒的工作条件是：工作压力为 2.5 MPa，额定蒸发量为 20 t/h，饱和蒸汽温度为 225 ℃，采用板厚为 30 mm 的 20 g 镇静钢制造。为了保证焊接质量和提高生产率，纵缝和环缝均采用直流埋弧焊方法焊接，定位焊采用焊条电弧焊。其结构和纵缝、环缝对接接头的坡口形式和尺寸如图 6－35 所示，所采用的埋弧焊工艺如下。

1. 焊前准备

采用刨边机制作接头坡口，并对坡口及其两侧各 20～30 mm 范围的铁锈、油污等杂质进行清理，使其露出金属光泽。在焊剂垫上进行定位焊，与此同时，在筒体纵缝两侧装配引弧板和熄弧板，尺寸均为 150 mm×100 mm×30 mm，坡口与产品相同。

2. 焊接材料

焊剂采用 HJ431，焊丝采用 ϕ5 mm 的 H08MnA，定位焊的焊条采用 ϕ4 mm 的 E4303（牌号为 J422）。焊前，焊剂在 250 ℃烘干 2 h，焊条在 150℃烘干 2 h。经过烘干的焊剂、焊条放在 100 ℃左右的封闭保温筒里，随用随取。

3. 焊接参数

由于锅筒的纵缝和环缝的钢板厚度一致，材质相同，坡口尺寸一致。因此焊接时选用

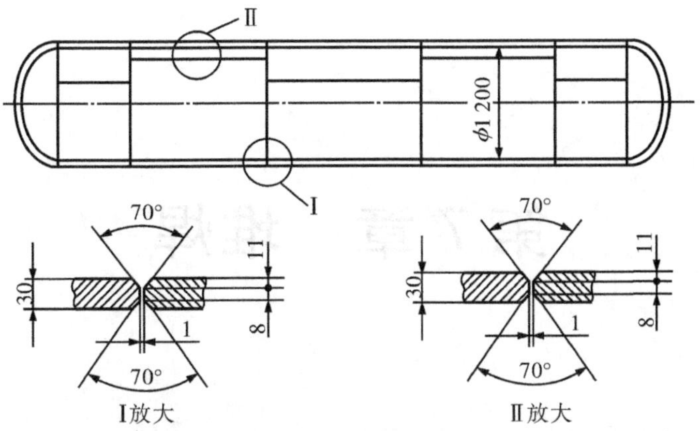

图 6－35　锅炉上锅筒结构及坡口形式和尺寸（单位：mm）

相同的焊接参数。均采用较小的热输入进行多层焊，以提高焊接接头的塑性和韧性。表 6－24 所示为焊接纵缝、环缝采用的焊接参数。

4. 操作技术

采用悬臂式焊接操作机、滚轮架、焊剂垫等辅助设备进行焊接。施焊内纵缝、内环缝的第一道焊缝时，在背面（指锅筒的外面）加平带张紧式焊剂垫，要求纵缝的焊剂垫在焊缝整个长度上与焊件紧密贴合，且压力均匀，以防止液态金属下淌。焊完内环缝以后，焊接外环缝，层间温度均控制低于 250 ℃。环缝焊接时，无论是内环缝，还是外环缝，焊丝均与筒体中心线偏离 35～45 mm 的距离（图 6－36）。其中，内环缝为上坡焊，外环缝为下坡焊。

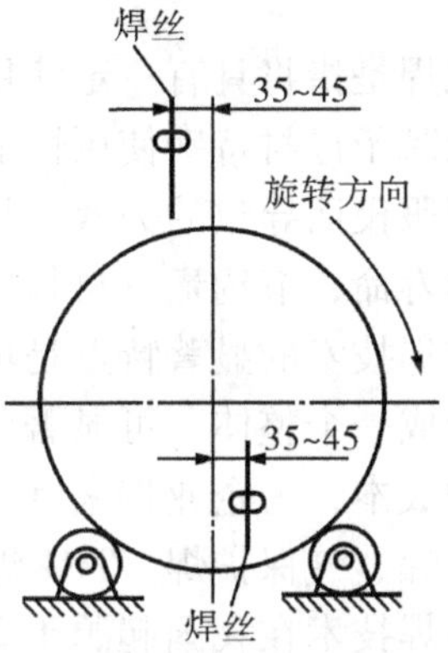

图 6－36　环缝埋弧焊焊丝偏离位置示意（单位：mm）

5. 检验

对锅筒的纵缝、环缝，按照有关技术标准进行检验，结果为合格。

表 6－24　锅筒纵缝、环缝焊接采用的焊接参数

钢板厚度/mm	焊缝层次	焊接电流/A	电弧电压/V	焊接速度/(m/h)	焊丝直径/mm	焊丝伸出长度/mm
30	正 1	680～730	35～38	22～25	5	40
	正 2	630～670	35～38	22～25	5	40
	正 3	530～580	36～38	22～25	5	40
	背 1	630～670	35～38	22～25	5	40
	背 2	620～670	36～38	22～25	5	40
	背 3	620～670	36～38	22～25	5	40
	背 4	530～580	36～38	22～25	5	40

第7章 堆焊

7.1 概述

堆焊是指将具有一定使用性能的合金材料，借助一定的热源手段熔覆在母体材料的表面，以赋予母材特殊使用性能或使零件恢复原有形状尺寸的工艺方法。堆焊既可用于修复材料因服役而导致的失效部位，亦可用于强化材料或零件的表面，其目的都在于延长零件的使用寿命，节约贵重材料，降低制造成本。国内外制造业对堆焊技术的发展十分重视。

堆焊技术的显著特点是堆焊层和母材之间实现了冶金结合，并确保堆焊层与母材很好的结合成一个整体，可显著延长设备的使用寿命，降低企业采购新部件的费用，降低更换部件的成本，为企业带来巨大的经济效益。堆焊技术基础与传统的焊接没有本质区别，焊条电弧焊、气保护焊、TIG 焊、埋弧焊、等离子焊和激光焊等焊接方法均可用于堆焊。

堆焊技术在我国起源于 20 世纪 50 年代末，几乎与焊接技术同步发展。发展初期主要用于修复领域即恢复零件的形状尺寸；20 世纪 60 年代已经将恢复形状尺寸与强化表面及表面改性相结合；改革开放后堆焊技术的应用领域进一步扩大，堆焊技术从修理业扩展到制造业；20 世纪 90 年代受先进制造技术理念的影响，堆焊方法与智能控制技术和精密磨削技术相结合的近净成形技术（near net shape）引起了制造业的广泛关注。这也是堆焊技术从技艺走向科学的重要标志。堆焊技术在我国历经近 50 年的风雨历程，它不仅是延长材料或零件服役寿命的工艺方法，还是先进制造技术的发展基础。

堆焊与一般焊接方法的比较见表 7－1 所述。

表 7－1　堆焊与一般焊接方法的比较

焊接方法	应用目的	金属间结合方式	所属范围	稀释率
一般焊接方法	连接不可拆卸的零件	晶内结合	各种焊接	较大
堆焊	增加零件表面的特殊性能	晶内结合	熔焊的一个分支	较小

7.2 堆焊的节能增材与绿色制造

堆焊是焊接领域内的一个重要的分支。目前堆焊技术主要应用在制造新零件和修复旧零件上。其应用范围涉及冶金机械、矿山机械、农业机械、石油化工机械、交通运输、原子能工程和航天工业等部门。采用堆焊技术对易磨损的轧辊、轴类、工模具等工件进行修复已经取得显著的效益。据统计，用于修复旧件的堆焊金属量占总堆焊材料用量的72.2%，修复旧件的费用很低，而使用寿命往往比新件的寿命还高，如堆焊旧轧辊的费用仅是新轧辊的30%左右，而轧制金属量却比新轧辊提高1~5倍。堆焊技术是利用焊接方法进行强化机械零件表面的一种维修技术，利用这一技术可以改变零件表面的化学成分和组织结构，完善其性能，延长零件的使用寿命，具有重要的经济价值。

随着再制造和绿色再制造概念的发展，以及人们对高性能低成本部件的追求，堆焊技术在钢铁冶金、矿山、电力、化工、水利、建材、煤炭、核电、军工及机械制造等行业得到了广泛的应用。堆焊产业的规模化发展也带动了堆焊材料的大量消耗，堆焊材料的制造业也成为相对独立的规模产业。

堆焊技术作为节能增材和绿色再制造技术的重要组成部分，是中国由制造大国迈向制造强国一个重要基石，具有广阔的发展前景。堆焊技术的发展主要包括：堆焊材料、堆焊工艺（方法）、堆焊设备和失效机制分析四个方面的技术进步，以及前三者之间的相互协调与发展。

7.3 堆焊技术的研究现状

国外堆焊技术在基础研究方面，不同的国家区域具有不同的特点。东欧国家如俄罗斯、乌克兰等，由于历史原因将堆焊技术作为国家投入的技术支撑，使得基础和理论研究工作非常扎实，延续下来的技术基础的完备性、理论工作的细致程度和系列化的技术积累并不逊色于西方发达国家。美国、日本等发达国家的基础研究主要集中在各专业公司、企业集团，大学和研究所也开展相关基础理论研究。

我国堆焊专家围绕提高堆焊质量和效率开展了大量工作，在堆焊方法方面，相继开发了电弧堆焊（单丝、多丝、单带极、多带极）、电渣堆焊（窄带极、宽带极、躺极）、MIG堆焊、等离子弧粉末堆焊、高能光束（激光、聚焦光束）粉末堆焊等。

堆焊材料方面，针对被修复零件的服役要求，相继开发了耐磨的硬质合金复合堆焊材料（包WC的管状焊条及含碳化物的钴基合金、镍基合金、铁基合金粉末），耐冷热疲劳的CrNiWMoNb及镍马氏体时效钢等模具堆焊材料，以及用于轧辊修复的低合金钢堆焊材料（30CrMnSi，40CrMn）、热作模具钢堆焊材料（3Cr2W8，Cr5Mo）、弥散硬化钢堆焊材料（15Cr3Mo2MnV，25Cr5WMoV，27Cr3Mo2W2MnVSi）、马氏体不锈钢堆焊材料（1Cr13NiMo配SJ11烧结焊剂，0Cr14Ni2Si配SJ11烧结焊剂）。

我国堆焊材料方面的突出特点是“焊条多焊丝少、熔炼焊剂多烧结焊剂少、实心焊丝多药芯焊丝少”，而堆焊设备方面的现状则是“改装设备多专用设备少、机械化设备多智能化设备少”。因此，无论是堆焊材料的品种和质量还是堆焊设备的自动化、智能化水平等方面均亟待发展和提高。

国内堆焊规模产业主要集中在耐磨堆焊材料和工业部件的堆焊复合制造或再制造领域。如堆焊药芯焊丝的生产，复合耐磨钢板的堆焊制造，磨辊、模具的堆焊制造或堆焊修复等。

国内堆焊技术和产业发展趋势：①逐步加强和完善从事堆焊产业人员的劳动安全保护

制度建设；②堆焊制造和修复产业行业竞争激烈，行业利润和技术附加值将会减低；③一些规模过小、技术实力差的小企业面临退出市场；④堆焊材料需要增加品种，提高质量，以满足高、中、低端不同客户的不同需求；⑤从事堆焊材料制造和堆焊修复产业的企业更注重基础研究和技术积累。

等离子堆焊是以联合型或转移型等离子弧作为热源，采用合金粉末或焊丝作为填充金属，堆焊时将零件表面和堆焊材料同时熔化，并使两种金属相互混合构成熔池，经熔池冷凝结晶形成堆焊层。其实质是一种熔化焊工艺。

材料表面的堆焊覆层也不再是单一的金属覆层，早在2002年，清华大学的单际国等人就利用高能束在低碳钢表面生成陶瓷增强相的复合材料表层，并对陶瓷颗粒的粒度和加入量对表层性能的影响规律做了分析。相信随着科技发展，堆焊技术会向着更系统、更完善、更高效的方向发展。

7.4　堆焊技术的应用

堆焊技术在我国近50年的发展历程中为基础工业的崛起和发展做出了重要贡献，其应用遍及机械能源、交通电力和冶金工业等领域。

7.4.1　轧辊堆焊

采用堆焊方法修复旧轧辊以提高轧辊的使用寿命，已成为我国轧钢企业降低成本提高效益的重要举措，也是符合我国节能节材绿色生产的基本国策。

我国轧钢企业用于轧辊修复的堆焊技术主要是采用实心焊丝配合烧结或熔炼焊剂的埋弧焊接方法，采用的焊丝材料分为低合金高强钢类、热作模具钢类、马氏体不锈钢类和高合金高碳工具钢类，而焊剂有烧结和熔炼两大类。

近年来，药芯焊丝堆焊技术的开发应用得到了业内人士的高度重视，国内有关单位开发了冷轧辊、热轧辊、连铸辊堆焊用系列药芯焊丝，并且采用CMoWMnSiV系药芯焊丝配合107焊剂成功堆焊修复了热轧开坯辊。我国有关单位在轧辊堆焊设备的智能化方面做出了积极的努力，开发了轧辊堆焊智能控制系统，可配合不同的焊接电源及相应的送丝机构实现CO_2焊、MIG、MAG和埋弧堆焊，特别适合于异型截面工件堆焊。轧辊堆焊修复如图7－1所示。

图7－1　轧辊堆焊修复

堆焊制造复合轧辊是轧辊制造技术的发展趋势。复合辊可以延长使用寿命、提高生产率、降低成本。堆焊中为保证轧辊质量，要采取严格的工艺措施以避免产生未熔合、夹渣、裂纹等缺陷。对基体材料、焊材、工艺、缺陷产生机制等要做进一步研究，以提高复合轧辊堆焊技术的水平。

7.4.2 阀门堆焊

我国阀门密封面堆焊技术的研究工作始于20世纪60年代初，阀门堆焊方法从以手工电弧堆焊和氧－乙炔火焰堆焊等非自动化、低效率的堆焊方法为主，发展到如今广泛采用高效、自动化的堆焊方法，如埋弧堆焊、钨极氩弧堆焊、等离子弧粉末堆焊乃至激光堆焊。而堆焊材料也从以焊条为主转向大量采用堆焊焊丝及堆焊粉末。

我国堆焊技术专家在阀门密封面堆焊材料和堆焊方法方面均做出了积极的贡献，但在堆焊材料方面的发展空间仍很大，如开发阀门密封面堆焊用烧结焊剂、埋弧焊丝、合金钢焊条、镍基合金焊条等。另外，既有高的堆焊效率，又有低的堆焊稀释率的堆焊技术亟待开发堆焊设备，自动化和智能化水平亦需提高。

图7－2 阀门内壁堆焊修复

MIG堆焊在大功率柴油机排气阀再制造中的应用。船用柴油机排气阀的制造技术被发达国家垄断且成本很高，柴油机排气阀在恶劣的工作环境下常常因腐蚀、磨损而失效。为了解决废旧排气阀再制造的问题，构建了再制造船用柴油机阀盘的机器人柔性化MIG堆焊系统。阀门内壁堆焊修复如图7－2所示。

7.4.3 发动机关键部件的堆焊

在高温、强腐蚀及频繁冲击条件下工作的各类发动机进、排气门，经常因盘锥面的破坏而早期失效，采用合理的堆焊方法和堆焊材料修复发动机气门盘锥面可有效延长气门的服役寿命。

活塞是服役工况最恶劣的发动机重要部件之一，随着发动机向高寿命、大功率方向发展，铝合金活塞环槽的堆焊强化已成为提高发动机性能和延长使用寿命的重要举措，活塞环槽的堆焊方法主要是氩弧堆焊和等离子弧堆焊，而堆焊合金的选择则以提高铝合金的硬度和耐热性为原则。

堆焊在发动机中的凸轮轴与挺柱摩擦副的修复强化中亦显示了良好的应用前景。堆焊修复后的发动机曲轴如图7－3所示。

图7－3 堆焊修复后的发动机曲轴

7.4.4 模具的堆焊

为满足模具生产的需要，有效的解决方法之一就是采用刃口堆焊技术。其主要原因是刃口堆焊技术具有以下优点：①节省贵重模具钢，降低成本；②采用堆焊刃口，可简化模具结构，减少模具制造工序，缩短生产周期；③有利于模具的维修，冲模刃口损坏后，可通过重新堆焊制造，从而延长模具寿命；④热处理缺陷少。

大多数汽车制造业已广泛采用堆焊技术，如汽车覆盖件切边模、拉深模、成形模等。随着汽车工业的发展，汽车市场的竞争日益剧烈，堆焊技术在汽车模具上的应用，不仅可缩短制造周期，减少贵重模具钢的消耗，降低成本，且便于生产中的维修，明显提高模具的使用寿命，有效提高生产率。

模具强化堆焊是采用模具钢焊条对模具磨损部位的工作表面区域进行修补。在实际生产中，南京汽车锻造有限公司通过上述的方法，已修复了大量的模具，如对切边凹模及冲头进行堆焊修复，尤其是对履带链板切边凹模堆焊、扇壳切边凹模堆焊。切边凹模一般可重复堆焊两次，这大大降低了模具成本，显著提高了模具寿命。

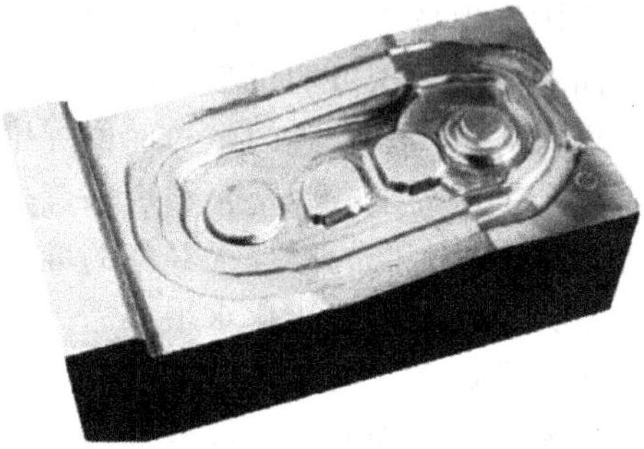

图 7 –4　堆焊后的模具

模具是汽车、锻造等行业不可缺少的组成部分。利用堆焊的方法来制造、修复模具已得到了广泛应用。该方法使得模具具有耐蚀、耐磨等特殊性能，并且节约了资源，使企业取得了较好的经济效益。堆焊后的模具如图 7 –4 所示。

7.4.5　压力容器的堆焊

压力容器广泛应用于化工业、火电站、核电站、冶炼业等领域。其中压力容器的制造和修复是堆焊技术应用较为重要的方面。在化工和核电设备中，压力容器上的接管内壁有时需要不锈钢耐蚀层，以增加其耐蚀性。近年来，堆焊方法在这一领域取得了显著成效。常用的方法有 30°弯管内壁堆焊和 90°弯管内壁堆焊，另外，还有 45°弯管内壁堆焊和 60°弯管内壁堆焊等。压力容器埋弧堆焊如图 7 –5 所示。

图 7 –5　压力容器埋弧堆焊

7.4.6　等离子堆焊应用

在实际的工业生产中，等离子堆焊主要用于表面技术以提高诸如阀门密封面、气阀密封面、模具刃口、输煤机中部槽板、槽帮、无缝钢管顶头、运动部件摩擦副等的耐磨性能，以及石化工业设备的耐腐蚀性能，以延长使用寿命。另外，等离子堆焊技术也广泛应用于模具制造行业。等离子堆焊技术在高温合金的成形和加工方面也有广泛的应用。

随着制造业的快速发展，为了满足各种行业的需要，尤其是在快速制造领域，等离子沉积制造技术也得到人们的注意。等离子沉积制造技术是在等离子粉末堆焊和快速成型技术的基础上发展起来的一种新的材料增量制造技术，它首先是在计算机中生成零件的三维 CAD 模型，然后将该模型根据具体工艺方法，按照一定的厚度进行分层剖分，将零件的三维数据信息转换成一系列二维轮廓数据，再经过逐层熔覆的方式制造出三维零件，也被称为3D打印。

粉末等离子堆焊技术在普通结构钢、铸钢、低合金钢、不锈钢表面堆焊钴基、镍基及铁基高合金材料，以及堆焊含有高比例碳化物高硬高耐磨复合材料，发挥了独特的工艺优越性，在阀门、气门、钻具、密封件、耐磨零部件等产品的制造与再制上成功地实现了较广泛的应用。

图7-6　机器人等离子堆焊

粉末等离子堆焊技术在球铁蝶阀密封面堆焊、特大口径阀密封面堆焊、耐磨板制造、高温模具堆焊等项目上有新应用，这些应用将会推动其在其他工业领域上的应用，而成为主要堆焊方法之一。

机器人等离子堆焊如图7-6所示。

7.4.7　激光堆焊的应用

激光堆焊技术具有普通堆焊技术无法比拟的优点。

（1）可准确控制热输入量。激光扫描速度快，工件加热速度、冷却速度快，热畸变小，厚度、成分和稀释率可控性好，可获得组织致密、性能优越的堆焊层。

（2）节省贵重金属材料。可实现在普通材料上覆盖高性能（耐磨、耐高温、耐蚀等）堆焊层。

（3）激光加工为无接触加工，无加工惯性。

（4）堆焊工艺参数一经确定，堆焊质量易于保证。堆焊可靠性高，故易于实现自动化。

（5）在经济上和覆层质量上优于传统的堆焊和热喷涂工艺。

修复零件是目前我国激光堆焊技术的主要应用形式，可采用激光堆焊工艺制造双金属新零件。激光堆焊由于能在工件表面获得具有高耐磨、高耐蚀等特殊性能的且具有一定厚度的合金堆焊层，在现代工业上已得到了广泛应用，主要表现在对易损易耗件的修复和双金属零件的直接制造等方面，已成为再制造工程的关键技术。专用堆焊材料的配置与激光堆焊过程裂纹的控制尚需进一步深入研究，激光堆焊过程的智能化如模糊控制、神经网络控制和激光堆焊专用系统开发将是未来几年激光堆焊修复和直接制造领域的主要研究方向。可以相信，经过大量的研究和试验，特别是专用送粉装置的研制成功，必将大大推动激光堆焊技术的发展和应用，可预期该技术在工业领域有广阔的应用前景和较高的经济效益。

图7-7　激光堆焊锥口成形

激光堆焊锥口成形如图7-7所示。

7.4.8 摩擦堆焊的应用

摩擦堆焊是一种先进的固态连接技术，作为一种堆焊工艺显示了广泛的应用前景。美国通用电子航空发动机公司（GEAE）将摩擦堆焊技术发展为航空材料连接的重要工艺，探索研究了摩擦堆焊技术在未来航空发动机制造和维修中的应用，并获得了丰富的经验。英国焊接研究所（TWI）在 Alcoa 技术中心的资助下，应用摩擦堆焊技术焊接厚度为 5/16 inch（inch 为非法定计量单位，1 inch = 2.54 cm）的 7075 T651 铝合金板材（一种非常难焊的铝合金）。摩擦堆焊也可以作为一种熔敷金属基复合物（metal matrix composite，MMC）的方法，这项工作最早由英国的 TWI 开创。摩擦堆焊技术在设备及零部件通过维修再制造恢复其性能方面将发挥重要作用。

摩擦堆焊后的石油钻杆如图 7-8 所示。

图 7-8　摩擦堆焊后的石油钻杆

摩擦堆焊技术不仅局限于焊接技术领域，还可广泛拓宽其应用范围，在摩擦轧制、零件快速制造、复合材料制备、材料再利用加工等方面有着巨大的开发潜力。英国、美国、日本和俄罗斯等国家都相继开展了摩擦堆焊技术的研究与开发，并在实际应用方面取得较大进展。目前，国内的应用水平与国外差距较大，随着新材料和新结构的不断应用，对该项技术进行系统深入的开发势在必行。

7.5 堆焊材料

堆焊材料通常依据使用性能大致可分为耐磨料磨损堆焊材料、耐腐蚀堆焊材料和耐高温堆焊材料等不同类型，但由于实际工况的复杂多变性，往往需要堆焊材料同时具有两种或两种以上的使用性能。化学成分和金相组织对堆焊合金的使用性能起决定作用。因此，目前国内外焊接界普遍公认的堆焊材料分类方法是根据合金的成分和焊态组织来进行分类的，最常见的堆焊合金有铁基、镍基、钴基和铜基合金等几种类型。其中，铁基合金因成分、组织可调范围大且成本低，在耐磨料磨损领域得到了最广泛的应用。

铁基合金中常用的合金元素为 Cr、B、Nb、V、Ti、Mn、W、Mo、Ni 等。变化合金元素种类及其含量，堆焊合金基体组织和硬质相应改变。铁基合金可分为中低合金钢类和高合金钢类，各类合金均有其合适的应用范围，而且难以相互替代。铁基合金的抗磨料磨损温度是有一定局限性的，超过一定的温度，铁基合金的红硬性不足，硬度和耐磨性下降比较厉害，这时就需要选择钴基或镍基合金了。钴基合金主要成分是 Co，同时可加入 Cr、C、W 等元素改善其组织，使其获得具有奥氏体基体与共晶碳化物型组织。钴基合金综合性能是各类堆焊合金中最好的，但价格昂贵。镍基合金工艺性能好，分为含硼型、金属间化合物型、碳化物型等，价格较钴基合金低，但仍然远远高于铁基合金。铁基合金可以在很大范围内改变堆焊层的强度、硬度、韧性、耐磨性、耐蚀性、耐热性和抗冲击性。因此，较于钴基合金、镍基合金得到了越来越多企业的青睐。

国际上，堆焊技术的研究热点是通过改善焊材成分，提高堆焊金属的耐磨、耐腐等性能。堆焊药芯焊丝一般依靠在焊接冶金过程中生成的碳化物作为抗磨质点，配合具有强韧性的基体组织来达到耐磨的目的。因此需要在药芯中添加足够的碳化物形成元素，如添加 Cr、Mo、W、V、Ti、Nb 等元素来改善堆焊组织，使其获得更好的耐磨性能。一般来说堆焊金属中是否过渡有足够的合金，是研制堆焊药芯焊丝的关键所在。为了提高熔敷金属中的合金含量，主要有三种途径：一是提高合金元素的过渡系数；二是尽量增大药芯中合金粉末的添加量；三是加大填充率。

大量试验研究表明，多元合金元素复合添加，可充分发挥多种元素间的相互作用，改变合金内部组织，从而改善堆焊金属的力学性能。在硬度水平相同的前提下，多元合金系统的堆焊合金的韧性和抗裂性比单一元素合金系统的要好，即多元合金系统的材料在堆焊中更具有优越性。为此，多元复合强化硬质耐磨堆焊合金的研究受到了普遍重视。目前，多元复合强化硬质堆焊合金主要可分为以下几类：CrC 系复合硬质耐磨堆焊合金、WC 系复合硬质耐磨堆焊合金、NbC 与 VC 系复合硬质耐磨堆焊合金、TiC 系复合硬质耐磨堆焊合金、含 B 复合硬质耐磨堆焊合金。

针对不同的磨损工况，铁基合金的成分体系多种多样。张兵权、刘胜新等研究了 B 含量对铁基堆焊合金耐磨性的影响，结果表明，在 Fe－Cr－C－Si－B 系合金中，加入 B 元素可提高合金的耐磨性。合金中加入 0.6% 的 B 后，在合金显微组织中可以观察到硼化物初生相，可有效提高合金的耐磨性。赵梓淳研究表明，当 Cr 元素添加量为 17.1%，Ti 添加量为 6.8% 或 V 添加量为 10.8% 时，Fe－Cr－Ti（V）－C 合金堆焊层中的碳化相分布均匀，耐磨性最好。朱嘉琪等对 Cr－Mo－W－V－Nb－Ti 系铁基耐磨堆焊合金进行了量化设计和结构研究，解决了高硬度和抗裂性之间的矛盾关系。王亚楠等对 Cr－Mo－W－Mn－Ni 铁基堆焊层的耐热疲劳裂纹形成及扩展的研究表明：当温度低于 700 ℃时，该 Cr－Mo－W－Mn－Ni 铁基堆焊层具有较高的热疲劳抗力。刘政军对 Cr－B－W－V、Cr－Ni－W－Nb、Mn－Cr－Mo－V 复合合金化铁基合金进行了研究，得到了具有良好的耐高温摩擦磨损性的铁基合金，可用来代替昂贵的镍基和钴基合金。

向堆焊粉末中添加碳化物（WC、TiC 等）、氮化物、硼化物和氧化物陶瓷颗粒等高熔点高硬质颗粒是提高堆焊合金耐磨性和硬度的非常有效方法和途径。刘承杰等人研究了碳化钨铁基复合堆焊层组织与抗冲击性能的关系，其结果表明，碳化钨和铁基体的比重直接影响抗冲击磨损和碳化钨的剥落。硬质颗粒增强堆焊复合材料特别适合在严酷的磨粒磨损和冲击磨损条件下使用。高熔点高硬质颗粒的引入方式对堆焊材料的组织和性能有一定的影响。王清宝研究了 C、Cr、V 加入方式对熔覆金属组织和性能的影响。赵丽萍研究了内生/外生 TiC 与 WC 颗粒复合强化铁基耐磨损、耐腐蚀熔覆层的组织和性能，结果表明，碳化物颗粒的引入方法和熔覆方法对其性能有显著的影响。碳化钨增强铁基堆焊合金的耐磨性优异，但其生产成本也较高，不利于该合金的大面积推广使用。

7.6 堆焊工艺

几乎任何一种焊接方法都可用于堆焊，已涉及电弧堆焊（单丝、多丝、单带、多带极）、电渣堆焊（窄带极、宽带极、躺极）、MIG 堆焊、高频堆焊、等离子弧粉末堆焊、高能电子束（激光束、聚焦光束）堆焊、摩擦堆焊等方法。每种堆焊方法各有其优缺点，应用范围也不同。

氧－乙炔焰堆焊适用于批量不大的中、小件小面积堆焊。手工电弧焊设备适用于小批量不规则件堆焊及现场堆焊修复。钨极氩弧焊电弧稳定、飞溅小、堆焊层质量优良，填充材料可为实心药芯丝、铸条或粉末，但堆焊效率较低，适用于堆焊小型和形状复杂的工件。熔化极气体保护电弧堆焊可半自动或保护药芯焊丝堆焊，其中氩气保护堆焊层质量最高。埋弧堆焊无飞溅、焊缝成形光滑，易实现机械化。埋弧堆焊又可分为单丝、多丝、单带、多带极埋弧堆焊。单丝堆焊发展了添加冷丝、撒放合金剂和振动堆焊等方法。多丝埋弧堆焊比单丝堆焊效率高、稀释率低。在大面积堆焊中用带极埋弧堆焊的效率比丝极埋弧堆焊有更高的效率和更低的稀释率。带极可分为实心和药芯两种，当其带宽增加时，则必须有磁控装置。

电渣堆焊是利用导电熔渣的电阻来熔化堆焊材料和母材的堆焊方法。目前带极电渣堆焊使用较多，该方法多适用于压力容器内表面大面积堆焊，堆焊层合金化除了通过电极外，还可把合金粉末加入熔池或涂在电极表面。

围绕着提高质量、效益、多功能化方面，人们相继开发了电弧堆焊、电渣堆焊、等离子堆焊、脉冲等离子堆焊、净成形堆焊、激光堆焊，以及以等离子熔覆、激光熔覆为代表的3D打印增材再制造技术、节能型堆焊技术、聚焦光束堆焊、摩擦堆焊等方法。近几十年来，以激光堆焊为代表的高能束堆焊技术得到了迅速发展，主要是由于激光堆焊可实现热输入的准确控制，涂层厚度大，热畸变小，成分和稀释率可控制性好，从而得到性能优越的堆焊层。但因激光设备和电子束设备价格昂贵，限制了其在工业生产中的广泛应用。聚光光束表面堆焊因其能源利用率高、设备造价相对低而在精密堆焊、特种材料堆焊、大面积堆焊中具有广阔的应用前景。摩擦力堆焊主要用于异种材料间的堆焊。

在工程应用中选择堆焊方法可依据各种堆焊方法的特点，堆焊材料的形状，对堆焊层性能的要求，堆焊件结构、材质和批量、堆焊的经济性等多方面综合考虑。

7.6.1 稀释率

稀释率是堆焊中的一项重要工艺指标，指工件（基体金属）熔化后混入堆焊层，对堆焊层合金的冲淡程度。

堆焊层成分不可能与填充的堆焊材料完全相同，主要取决于稀释率。稀释率大，混入堆焊层的基体金属较多。堆焊合金的化学成分发生改变，将直接影响到堆焊层的硬度、耐蚀性、耐磨性等。稀释率可用下式表示：

$$\text{稀释率}\ \gamma = \frac{\text{堆焊层中基体金属总量}}{\text{堆焊层金属总量}}$$

若堆焊层成形良好，表面平整，熔深基本一致，还可用下式进行计算：

$$\gamma = \frac{h_c}{H}$$

式中，h_c——工件熔深，mm；

H——堆焊层厚度，mm。

稀释率还可表示为

$$\theta = \frac{B}{B+F}$$

式中，θ——稀释率；

B——基体在堆焊层截面中所占的面积；

F——堆焊填充金属在堆焊层截面中所占的面积。

只要元素在基体和堆焊填充金属中的质量分数不同，稀释率就会对堆焊层成分产生影响。当稀释率趋近于零时，堆焊层接近完全由堆焊材料的熔敷金属所构成，此时，堆焊层也称为“熔敷金属”。

堆焊方法不同，稀释率也不相同，见表 7－2 所述。

表 7－2　堆焊方法与稀释率的关系

堆焊工艺方法		稀释率①	熔敷速度/$kg \cdot h^{-1}$	最小堆焊层厚度/mm	熔敷效率/%
氧－乙炔焰堆焊	手工送丝	1～10	0.5～1.8	0.8	100
	自动送丝	1～10	0.5～6.8	0.8	100
钨极氩弧焊		30～50	0.5～5.4	3.2	65
熔化极气体保护电弧堆焊		10～40	0.9～5.4	3.2	90～95
自保护电弧堆焊		15～40	2.3～11.3	3.2	80～85
埋弧堆焊	单丝	30～60	4.5～11.3	3.2	95
	多极	15～25	11.3～27.2	4.8	95
	串联电弧	10～25	11.3～15.9	4.8	95
	单带极	10～20	12～36	3.0	95
	多带极	8～15	22～68	4.0	95
等离子弧堆焊	手动送丝	5～15	0.5～3.6	2.4	98～100
	自动送丝	5～15	0.5～3.6	2.4	98～100
	双热丝	5～15	13～27	2.4	98～100
	自动送粉	5～15	0.5～5.8	0.8	85～95
电渣堆焊		10～14	15～75	15	95～100

注：①指单层堆焊结束。

为确保堆焊层成分及性能的稳定，必须使稀释率尽可能地小，减少基体成分对堆焊层性能的影响。通常，稀释率不大于 10%，并力保整个熔覆层的熔透深度均匀一致。

7.6.2　过渡层

堆焊时，堆焊材料中的合金元素可转移过渡到堆焊层中，形成一个过渡层。合金元素不可能百分百地过渡到堆焊层中，总会有一些烧损。常用合金过渡系数 η 来表示堆焊过程中合金元素的利用率，合金过渡系数 η 可用下式进行计算：

$$\eta = \frac{C_{x,d}}{C_{x,f}}$$

式中，η——合金过渡系数；

$C_{x,d}$——实际熔敷金属中某元素 x 的质量分数；

$C_{x,f}$——堆焊填充金属中某元素 x 的原始质量分数。

合金元素的过渡系数 η 等于元素在堆焊层金属中的实际含量与其在堆焊材料中的含量之比。在堆焊过程中，合金元素的烧损主要是氧化和蒸发。在相同条件下，合金元素对氧亲和力越大，其过渡系数越小，在 1 600 ℃时各种合金元素对氧亲和力由小到大的顺序为：Cu、Ni、Co、Fe、W、Mo、Cr、Mn、V、Si、Ti、Zr、Al。

除了对氧的亲和力外，合金元素的含量对过渡系数也有很大影响。图 7－9 所示为焊剂中 Mn 与 Cr 的含量对其过渡系数的影响。

试验表明，随着药皮或焊剂中合金元素含量的增加，其过渡系数逐渐增加，最后趋于一个定位，药皮（焊剂）的氧化性和元素对氧的亲和力越大，合金元素含量对过渡系数的影响越大。图 7－10 所示为 Mn 的过渡系数与其在焊条中含量的关系。

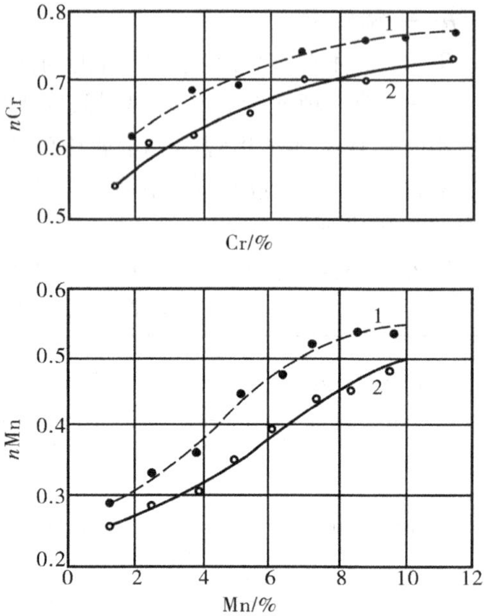

图 7－9　Mn 和 Cr 的含量对其过渡系数的影响

1－正极性　2－反极性

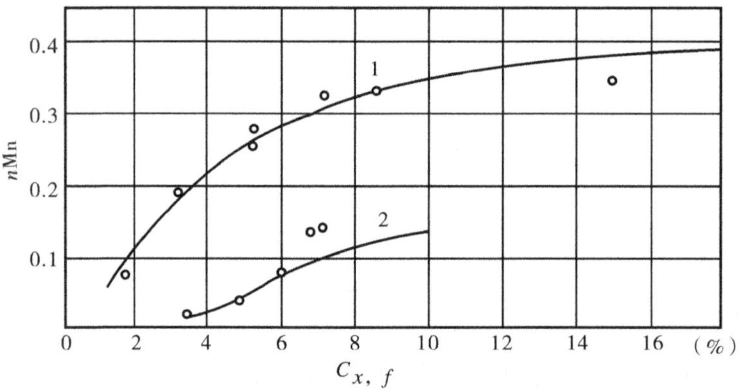

图 7－10　Mn 的过渡系数与其在焊条中含量的关系

1－碱性渣　2－酸性渣

此外，合金元素过渡系数还跟合金剂的粒度有关。增加合金剂的粒度，其表面积和氧化烧损减少，而残留损失不变，过渡系数增大，但若合金剂的粒度过大，则不易熔化，过渡系数减小。表 7－3 所述为合金剂粒度与过渡系数的关系。

表 7－3　合金剂粒度与过渡系数的关系

合金剂粒度/μm	元素过渡系数/%			
	Mn	Si	Cr	C
<56	0.37	0.44	0.59	0.49

续表

合金剂粒度/μm	元素过渡系数/%			
	Mn	Si	Cr	C
56 ~ 125	0.40	0.51	0.62	0.57
125 ~ 200	0.47	0.51	0.64	0.57
200 ~ 250	0.53	0.58	0.67	0.61
250 ~ 355	0.54	0.64	0.71	0.62
355 ~ 500	0.57	0.66	0.82	0.68
500 ~ 700	0.71	0.70	—	0.74

药皮的重量系数对过渡系数影响很大。在药皮中合金剂含量相同的条件下，重量系数 K_b 增加，过渡系数 η 减小。图 7 - 11 所示为 Mn 的过渡系数与 K_b 的关系。

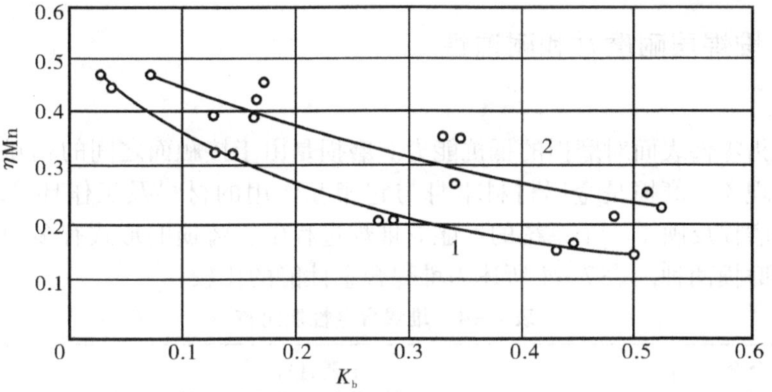

图 7 - 11　Mn 的过渡系数与 K_b 的关系

1 - 含锰铁 20%　2 - 含锰铁 50% 的药皮中大理石和萤石的比例为 1.27:1

为提高 η 值，可采用双层药皮，即里面一层主要加合金剂，外层加造气和造渣剂及脱氧剂。

7.6.3　堆焊组织细化

获得高强、洁净、低碳、均匀化、细晶粒熔敷金属是焊材的制造技术核心。目前，晶粒细化的主要途径有微合金异相形核、提高过冷度、物理干扰、改变焊接方法与工艺、半道焊、回火焊道及焊后热处理技术或同时使用几种方法。

通过将 Ti、Re、Nb、V 等微合金元素添加到焊接材料或在焊接过程中直接注入熔池中，促进液态金属形核，抑制晶粒长大，从而达到细化晶粒改善组织形态的目的。提高熔池冷却速度，可明显细化晶粒，主要方法包括添加局部冷却物质（如气体、水冲击诱导表面形核）、改变焊接方式、减小热输入量等方法。通常采用的物理干扰技术包括：电磁脉冲、超声波或电磁搅拌或电子束及径弯曲通道变形法、振动或者变速转动等。

总的来说，在堆焊材料的使用形式方面，已从初期的以焊条为主转向焊条、实心（药芯）焊丝配焊剂、焊带配焊剂、药芯焊丝及粉末等多种形式，且药芯焊丝的使用比例正逐年增长。我国堆焊材料中手工焊条比例大，自动焊接材料所占比例小，特别是科技含量高的药芯焊丝少，焊材品种不全，不够系列化，许多堆焊材料需要从国外进口，且不能很好地把进口产品国产化。

7.6.4 堆焊后处理

为获得良好的显微组织和力学性能，降低焊接残余应力，焊接大尺寸碳钢及合金钢件必须进行焊后热处理。于昆研究了 Cr－W－Mo－Mn－V 铁基堆焊合金的回火稳定性，结果表明，经 500 ℃保温 2 h 回火后，堆焊层的硬度达 HRC49.5，其冲击韧度和耐磨性较焊态试样有明显提高。吴振东等人研究了回火温度对 Cr－W－Mo 铁基堆焊合金组织及其耐磨性的影响，结果表明，该系合金在焊后经 560 ℃保温 2 h 回火时，其耐磨性最佳。在大尺寸工程结构焊接时，焊后整体或局部热处理不便的条件下，常采用半道焊和回火焊道工艺焊接，从而细化粗晶区，减小焊接应力，提高焊态组织的断裂韧性，避免焊后回火脆性。

7.6.5 堆焊层耐磨性和耐蚀性

1. 耐磨性

耐磨性是指零件表面对磨损的抵抗能力。磨损是由于接触面之间的相互机械作用而造成表面破坏的现象。磨损是金属材料本身与它相互作用的材料及工作环境综合作用的结果，可以说，磨损反映了一个系统的性能。堆焊过程中，磨损的形式有多种，常见的有磨料磨损和黏着磨损两种。表 7－4 所述为堆焊合金性能的比较。

表 7－4 堆焊合金性能比较

序号	堆焊合金	主要性能	性能比较
1	碳化钨	耐磨粒磨损性最好，受磨面变粗糙	韧性增加↓ 耐磨粒磨损性能增强↑
2	高铬合金铸铁	耐低应力磨粒磨损性很好，抗氧化	
3	马氏体合金铸铁	耐磨粒磨损性很好，抗压强度高	
4	钴基合金	抗氧化、耐腐蚀、耐热、抗蠕变	
5	镍基合金	耐腐蚀，也可抗氧化、抗蠕变	
6	马氏体钢	兼有良好耐磨粒磨损性和耐冲击性，抗压强度好	
7	珠光体钢	价廉，耐磨粒磨损与抗冲击性较好	
8	奥氏体不锈钢	耐腐蚀	
9	高锰奥氏体钢	韧性最好，耐凿削式磨粒磨损性较好，耐冲击金属间磨损性好	

（1）黏着磨损。多发生在润滑不良或不进行润滑的滑动摩擦零件中，比如轴、轴承、制动轮、阀门密封面等。黏着磨损要求堆焊材料具有较小的摩擦系数，硬度和耐磨性应与相互摩擦的材料接近。

常用的抗黏着磨损的堆焊材料有铜基合金、钴基合金和镍基合金。

（2）磨料磨损。磨料磨损是硬质颗粒或表面粗糙物体（磨料）在压力作用下对金属表面进行的显微切削。按应力状态不同，磨料磨损分为凿削式磨料磨损、高应力磨料磨损和低应力磨料磨损三种。

凿削式磨料磨损带有很大的冲击作用，常采用具有高韧性的耐磨堆焊材料，其中以奥氏体高锰钢应用最广。高应力磨料磨损是在两个零件表面间夹有磨料，在很大的压应力作用下相互摩擦产生的。常见于球磨机的磨球和衬板、挖掘机的链条和链轮等。在以高应力磨料磨损为主要磨损形式的工作条件下，堆焊材料应具有高的抗拉强度和硬度，而对冲击韧性没有过多要求。常用的堆焊材料有合金白口铸铁、碳化钨和高碳钢等。低应力磨料磨损是固态磨料以某种速度，较自由地与所接触的金属表面做相对运动引起的。这类磨损，作用在磨料上的应力较低，对零件表面的冲击力很小。因此，常采用具有高的耐磨性和硬度的堆焊材料，例如一些硬脆的马氏体合金铸铁和高铬合金铸铁堆焊材料常被应用在低应力磨料磨损工作条件下。典型的低应力磨料磨损有推土机铲刃、泥浆泵叶轮、粉尘排除设备等。

影响材料耐磨性的因素有很多，例如，工作条件、材料成分与性能、零件表面状态等。图 7－12 给出了材料耐磨性与抗拉强度的关系。

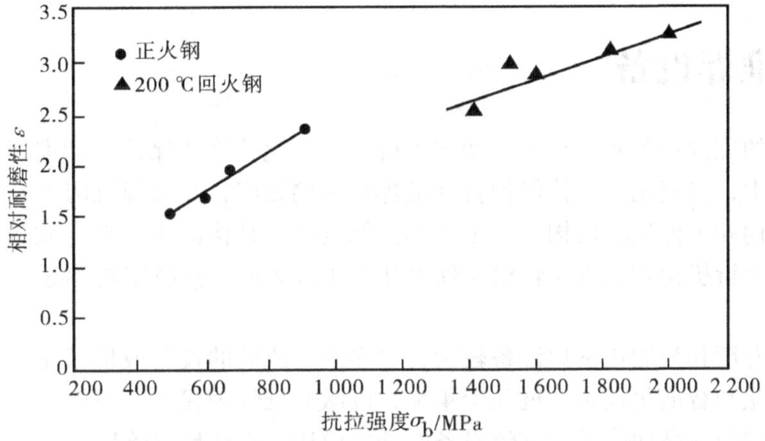

图 7－12　材料耐磨性与抗拉强度的关系

材料的硬度反映了材料表面抵抗磨损的能力，导致材料硬度提高的金属组织一般都能提高材料的耐磨性。表 7－5 所述为不同硬度材料的耐磨性。

表 7－5　不同硬度材料的耐磨性

材料		硬度/HV	相对耐磨性
碳钢和低合金钢	含碳量 0.37%	500	1①
		350	0.87
	含碳量 0.43%	600	1.30
		500	1.02
	含碳量 0.74%	820	1.90
		650	1.30
		500	1.15

续表

材料		硬度/HV	相对耐磨性
合金钢	奥氏体锰钢	200	1.30
	热模具钢	600	1.91
	模具钢	700	1.74
表面覆盖耐磨合金	2.5%C，33%Cr，13%W，余为Co	700	3.95

注：①参考材料的相对耐磨性为1。

2. 耐蚀性

耐蚀性是指金属抵抗腐蚀的能力，提高耐蚀性是堆焊的重要任务之一。金属受周围介质的作用而引起破坏的现象称为金属的腐蚀。金属的腐蚀有两种情况：一是化学腐蚀，金属与介质发生化学反应而引起的腐蚀；二是电化学腐蚀，金属与电解质溶液接触从而发生原电池作用所引起的腐蚀。常用的抗腐蚀堆焊材料有铜基、钴基、镍基合金及镍铬奥氏体不锈钢等。

7.7 堆焊设备

我国常用的堆焊设备有：埋弧自动堆焊机、二氧化碳气体保护自动堆焊机、等离子弧堆焊机等。其中，二氧化碳气体保护自动堆焊机应用较广，其堆焊机床上安装有焊枪运行机构、送丝机构和工件运转机构。焊枪工作性能良好，结构简单，自身质量轻，操作和维修方便。焊枪运行机构和工件运转机构使电弧在工件表面上按特定规律运动而形成致密均匀的堆焊层。

目前我国专用和智能化堆焊设备较少，更多的是改装的设备或机械化设备。各产业需要高效的自动化和智能化设备。近几十年来，以激光堆焊为代表的高能束堆焊技术得到了迅速发展，但国内在高功率激光堆焊设备的开发应用方面还比较落后。

以往再制造通常是一个劳动密集型的过程，需要技能熟练精湛的工人。然而，由于增材制造和3D打印的发展，再制造产业正在不断演变。3D打印技术是通过层层堆叠材料来制造新部件。使用3D打印技术的一项巨大优势是，如果无法再获得某种零部件，就可以3D打印一个出来。其他的增材制造工艺，如激光烧结、焊接、热喷涂，通常是将磨损部件或者旧件恢复至它原来的尺寸。3D打印能通过增材制造进行再制造，使得整个过程从通常的劳动密集型转化为一个更为自动化的过程，这也是再制造企业采用3D打印的实质动力。3D打印将解决再制造领域中要求技术工人训练有素、技艺精湛的难题，能够真正推动整个行业的增长。

7.8 堆焊技术发展方向

堆焊技术发展方向，主要是耐磨料磨损方向。它是如何突破材料合金体系和工艺，实现堆焊层耐磨性与抗裂性、抗疲劳性的综合体现。

目前常用的耐磨料磨损性能优异的合金材料，如高铬合金铸铁类、钴铬钨类、镍铬硼硅类等，抗磨损性能都非常好，但韧性明显不足，抗裂性差，堆焊的厚度及适用性受到很大限制。把铸造中复合镶嵌制造技术通过堆焊的方法实现韧性基体上均匀镶嵌硬质合金颗粒的组织，可实现有效堆焊厚度在 10 mm 以上的效果，并将大幅度提高磨料磨损的使用效果。

未来一段时间内，堆焊技术研发需求主要体现在以下几个方面。

（1）磨损失效理论的研究与实际工件磨损失效机制分析，建立基础数据库，为广泛开展堆焊制造提供理论依据。

（2）针对主要的磨损失效机制，开发适合不同磨损机制的专用类型堆焊材料，使堆焊材料逐渐系列化、精准化、标准化。

（3）具有提供整套堆焊再制造技术服务和拓宽服务领域的能力，提升堆焊技术个性化及定制服务能力。

（4）针对工况情况开发高效质量稳定的自动化智能堆焊设备，推进堆焊技术向智能化方向发展。

（5）3D 打印开拓创新设计的新空间与引领生产模式变革，是现在和将来都要持续、深入研究的重要方向。利用 3D 打印高能束的集中能量，以 3D 打印设备作为材料基因组计划的研制验证平台，可以开发出超高强度、超高韧性、超高耐温、超高耐磨的各种优秀材料，使增材制造变成创材技术。

第 8 章　螺柱焊

将螺柱一端与板件（或管件）表面接触，通电引弧，待接触面熔化后，给螺柱一定压力完成焊接的方法称为螺柱焊，它同时具有熔焊和压焊的特征。

1. 螺柱焊的特点

与普通电弧焊或同样能把螺柱和平板做“T”形连接的其他工艺方法相比，螺柱焊具有以下特点。

（1）焊接时间短（通常小于 1 s），不需要填充金属，生产率高，热输入小，焊缝金属和热影响区窄，焊接变形极小。

（2）只需单面焊，熔池较浅，焊接过程不会对焊件背面造成损害。安装紧固件时，可使紧固件之间的间距达到最小，不必钻孔、攻螺纹或铆接，增加了防漏的可靠性。

（3）对焊件表面清理要求不是很高，焊后无须清理。

（4）与螺纹拧入的螺柱相比，母材所需厚度更小，不仅节省材料，还可减少连接部件所需的机械加工工序，成本低。

（5）螺柱焊可焊接小螺柱、薄母材和异种金属，可胜任多种工况，焊接质量稳定。

（6）可用于全位置焊接。

（7）由于焊接冷却速度快，在焊接易淬硬金属时，易在焊缝和热影响区形成淬硬组织，接头延性较差。

2. 螺柱焊的应用

螺柱焊在安装螺柱及类似紧固件方面可取代铆接、钻孔、焊条电弧焊、电阻焊和钎焊。螺柱焊可焊接低碳钢，低合金钢，铜、铝及其合金制成的螺柱、焊钉（栓钉）、销钉以及各种异型钉，广泛应用于钢结构高层建筑、仪表、机车、航空、石油、高速公路、造船、汽车、锅炉、电控柜等行业。

3. 螺柱焊的分类

根据所用焊接电源和接头形成过程的差别，螺柱焊通常可分为电弧螺柱焊（亦称标准柱焊）、电容储能螺柱焊（亦称电容放电螺柱焊）及短周期螺柱焊（亦称短时间螺柱焊）三种。各种螺柱焊接方法的工艺参数见表 8 – 1 所述。

表 8 – 1　各种螺柱焊接方法的工艺参数

工艺参数	电容储能螺柱焊			短周期螺柱焊	电弧焊柱焊
	预接触式	预留间隙式	拉弧式		
焊接时间/ms	1 ~ 3	1 ~ 3	4 ~ 10	20 ~ 100	100 ~ 2 000

续表

工艺参数	电容储能螺柱焊			短周期螺柱焊	电弧焊柱焊
	预接触式	预留间隙式	拉弧式		
可焊螺柱直径/mm	3~10	3~10	3~10	3~10	3~25
可焊板焊/mm	0.3~3	0.3~3	0.3~3	0.4~3	0.3~3
生产率/个·min^{-1}	2~15		手动2~15，自动40~60		2~15
可焊金属材料	碳钢、不锈钢、镀层钢板（铝合金）				碳钢
螺柱端部形状	圆法兰或凸台		圆法兰、平头钉		
d/δ	8	8	8	3~4	

注：d为螺柱的直径；δ为板厚。

此外，近年来还有一些根据电弧螺柱焊所衍生出的螺柱焊接方法，如埋弧螺柱焊、气体保护螺柱焊等。

8.1　电弧螺柱焊

电弧螺柱焊是以电弧为热源，将螺柱或杆件焊接到另一工件上的工艺。在焊接过程中，有短暂的电弧过程，而这个电弧过程的时间和电流的控制，对焊接质量起决定性作用。

1. 焊接过程

电弧螺柱焊的焊接过程是：将螺柱装入焊枪夹头中，并将陶瓷保护圈装入瓷圈夹头中。首先在螺柱与焊件表面引弧，使其被加热到熔化状态，达到适宜的温度后，将螺柱挤压到熔池中，使两者融合形成焊缝。

电弧螺柱焊的引弧不同于电弧焊，它是靠螺柱引弧端的凸起部分与板接触来引燃电弧的，靠预先加在螺柱引弧端的焊剂、气体或陶瓷圈来保护熔融金属。电弧螺柱焊中，焊接电流不经过调制，基本恒定。

电弧螺柱焊的操作如图8－1所示，操作步骤如下。

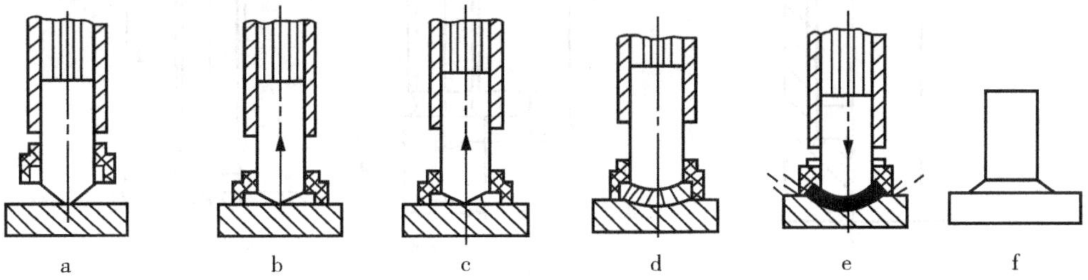

图8－1　电弧螺柱焊的操作

（1）焊枪置于焊件上（图8－1a）。

（2）预加压力使螺柱与陶瓷保护圈同时紧贴焊件表面（图8－1b）。

（3）扣压焊枪上的开关按钮，接通焊接回路，螺柱被自动提升，在螺柱与焊件之间引燃电弧（图 8 -1c）。

（4）电弧扩展到整个螺柱端面，并使端面少量熔化，电弧同时使螺柱下方的焊件表面熔化形成熔池（图 8 -1d）。

（5）电弧按设定时间熄灭，螺柱受弹簧压力，其熔化端被快速压入熔池，同时焊接回路断开（图 8 -1e）。

（6）将焊枪抽起，除去保护套圈（图 8 -1f）。

2. 电弧螺柱焊材料

（1）焊钉的分类。电弧螺柱焊材料主要是焊钉，焊钉的分类如下。

1）按材料的种类，可分为碳钢、不锈钢、铜及铜合金、铝及铝合金焊钉。

2）按焊钉的结构和形状，可分为外螺纹焊钉、内螺纹焊钉、无螺纹焊钉和异形焊钉。

3）按所用的螺柱焊设备，可分为短周期拉弧焊钉、电容储能拉弧焊钉、电弧螺柱焊焊钉，这三种焊钉焊接端的结构有一定差别。

4）按用途，可分为标牌焊钉、保温焊钉、连接焊钉等。

（2）外螺纹焊钉。这种焊钉根据需要由低碳钢、低合金钢、不锈钢、铜、铝等材料制成。图 8 -2 所示焊钉主要承受拉力，焊钉长度可根据实际需要确定。

图 8 -2　外螺纹焊钉

（3）内螺纹螺钉。图 8 -3 所示为内螺纹螺钉的结构示意，由于螺纹在焊钉内部，焊钉的外径略大于同规格的内螺纹焊钉。

（4）剪力拉弧焊钉。剪力拉弧焊钉要特别考虑承受剪切的能力。焊口的根部是承受剪切力最大的部位，因此必须保证焊口处的连接面积。剪力拉弧焊钉焊接前后如图 8 -4 所示，其尺寸参数见表 8 -2。

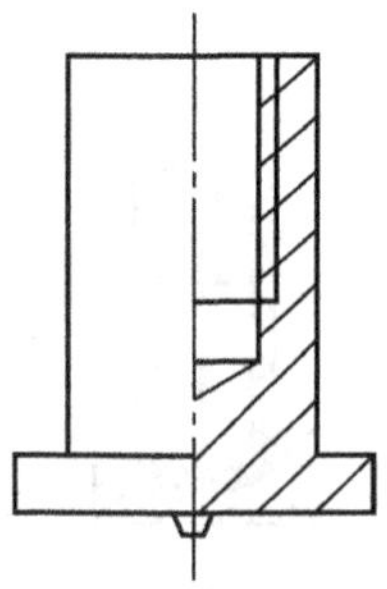

图 8 -3　内螺纹焊钉

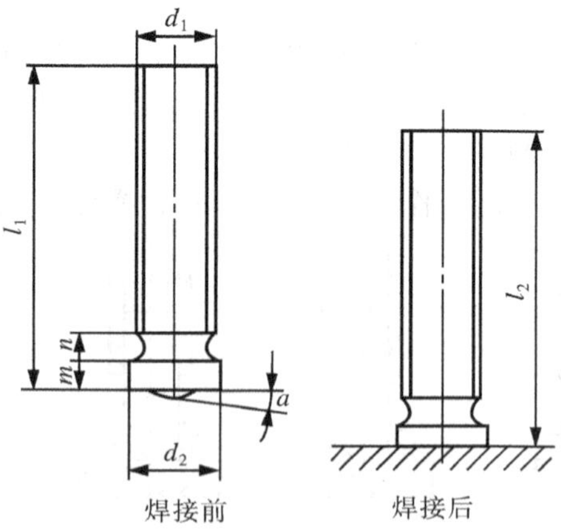

图 8 -4　剪力拉弧焊钉

表 8-2 短周期剪力拉弧焊钉尺寸

d_1	(d_2 ±0.2) /mm	m/mm	n_{max}/mm	a ±0.1°	l_2/mm
M3	4.5	0.7~1.4	1.50	7°	8~30
M4	5.50	0.7~1.4	1.50	7°	8~40
M5	6.50	0.8~1.4	2.00	7°	8~50
M6	7.50	0.8~1.4	2.00	7°	8~50
M8	9.20	0.8~1.4	2.00	7°	8~50
M12	13.50	0.8~1.4	2.00	7°	8~50

（5）异形焊钉。为了满足特殊的使用需要，螺柱焊中还经常会用到一些特殊形状的异性焊钉，图 8-5 所示为一些常见异形焊钉的示意。

螺柱焊也常用于不同材质的焊接，螺柱与不同材质母材焊接时，有的可以焊接，有的不可以焊接，也有的虽然能焊接但质量不够理想。有关螺柱与母材组合的可焊性见表 8-3。

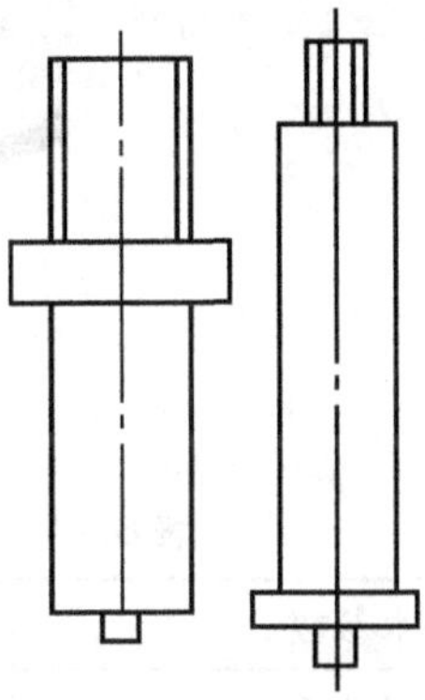

图 8-5 异形焊钉

表 8-3 几种母材与螺柱组合的可焊性

母材	螺柱材料					
	低碳钢	不锈钢	黄铜	防锈铝	压铸铝	纯铝
低碳钢	好	较好	好	不可焊	不可焊	不可焊
镀层为 0.03 mm 的钢	较好	较好	好	不可焊	不可焊	不可焊
奥氏体不锈钢	较好	好	较好	不可焊	不可焊	不可焊
H62	较好	较好	好	不可焊	不可焊	不可焊
钢	较好	较好	好	不可焊	不可焊	不可焊
纯铝	不可焊	不可焊	不可焊	好	好	好
防锈铝	不可焊	不可焊	不可焊	好	好	好
压铸铝	不可焊	不可焊	不可焊	较好	好	好

注：对于其他类型的螺柱焊钉可查阅 GB901—1988《等长双头螺柱 B 级》、GB902.1—2008《手工焊用焊接螺柱》、GB902.2—2010《电弧螺柱焊用焊接螺柱》、GB902.3—2008《储能焊用焊接螺柱》、GB10433—2002《电弧螺柱焊用圆柱头焊钉》等标准。

3. 电弧螺柱焊设备

电弧螺柱焊的焊接设备又称螺柱焊机和电弧螺柱焊机，由焊接电源、控制系统和焊枪三大部分组成。

电弧螺柱焊机的外形如图 8－6 所示，常见的电弧螺柱焊机还有 RSM、RSN、RZN 和 DLH 等系列，表 8－4 为 DLH 系列电弧螺柱焊机的主要技术参数。

图 8－6　电弧螺柱焊机的外形

表 8－4　DLH 系列电弧螺柱焊机的主要技术参数

技术参数		DLH－500	DLH－800	DLH－1200
螺柱直径范围/mm		ϕ3～8	ϕ3～12	ϕ3～6
可焊长度/mm	标准焊枪	≤50	≤50	≤50
	扩展型焊枪	≤500	≤500	≤500
焊接板材厚度/mm		1～20	1～20	1～20
输入电压		三相，380 V，50 Hz	三相，380 V，50 Hz	三相，380 V，50 Hz
输入功率/（kW·A）		10	12	15
焊接功能		短周期、气保护、磁环保护		
焊接材料范围		碳钢、不锈钢、耐热钢、铜、铝		
连续焊接速度/（个/min）		3～15	3～15	3～15
质量/kg		55	70	90

DLH 系列电弧螺柱焊机的性能特点如下。

1）控制系统采用微处理器控制，无级调节焊接时间。

2）内设过热、过载保护系统，保障设备安全及可靠性。

3）具备短周期和长周期拉弧焊接功能。

4）根据需要选择气体保护或磁环保护焊接，保证焊接质量。

5）电压调节，可自动补偿网络电压波动。

6）可以在表面有氧化层或电镀处理的工件上施焊。

（1）焊接电源。螺柱焊机就是螺柱焊的焊接电源，电弧螺柱焊对电源的要求如下。

1）须是直流电源，以获得稳定的焊接电弧。

2）电源应具有较高的空载电压，一般为 70～100 V。

3）电源应具有陡降的外特性。

4）电源应具有足够大的电流增长速度，并能在短时间内达到电流设定值。

螺柱焊机可以用普通直流弧焊电源代替，但必须配备一个控制箱以进行电流通、断的控制，且只能焊接直径较小的螺柱。对于大直径螺柱的焊接，则必须使用专用的螺柱焊机。

（2）焊枪。焊枪是螺柱焊机的执行机构，分手提式和固定式两种。两种焊枪的工作原理相同。手提式焊枪使用较为普遍，操作也比较为方便，固定式焊枪则是固定在支架上，是为在一定工位上完成焊接而专门设计的特定产品，具备较高的生产效率。

手提式焊枪的结构如图 8－7 所示。焊枪上的可调参数有：螺柱的升高高度、螺柱外伸长度、螺柱与套圈夹头的同轴度等。

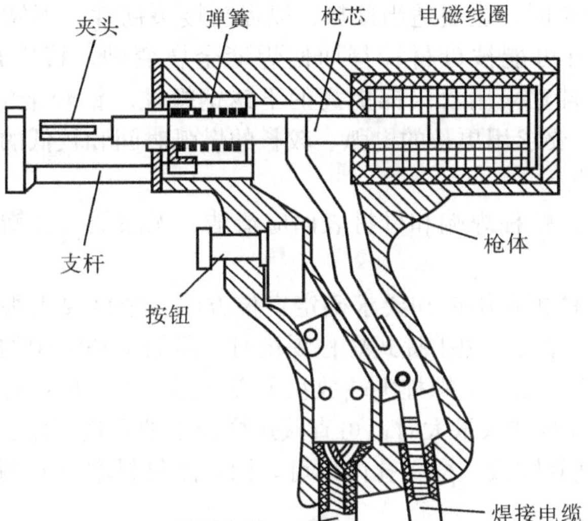

图 8－7　手提式焊枪的结构

螺柱的提升通过电磁线圈实现，弹簧可将螺柱压入熔池完成焊接。有些焊枪为了减缓螺柱压入速度，减少焊接飞溅，枪内安装有阻尼机构。

（3）控制系统。控制系统是螺柱焊机的指令发出机构。电弧螺柱焊时，焊接过程为：螺柱提升→阻尼（螺柱）下降（通电）→引燃电弧（螺柱下降）→电弧燃烧（螺柱下降）→熄弧（螺柱插入熔池并凝固）→焊接结束。

在这个焊接过程中，控制系统首先给提升线圈供电，将螺柱提起，然后提升线圈断电，螺柱向下移动，同时接通焊接电源。当螺柱中心凸出处与板接触时引燃电弧，瞬间将凸出处烧去，进入正常的燃弧阶段。在很短的时间内，燃弧结束，熔池降温，螺柱与板凝固为一体。在这个过程中，控制系统必须准时供电和断电。

4. 电弧螺柱焊工艺

（1）焊接工艺参数。获得优质电弧螺柱焊接头的基本条件是输入足够的能量，而这个能量的大小取决于螺柱的横截面积。而输入焊接区的总能量与焊接电流、电弧电压及燃弧时间有关。电弧电压取决于电弧长度。当提升高度确定后，电弧能量就由焊接电流与焊接时间决定。

由于相同的输入能量可由不同的焊接电流与焊接时间组合获得，所以在一定范围内，改变焊接时间有可能补偿低或高的焊接电流。对于某一给定的螺柱尺寸，均存在一个相当宽的可焊范围，通常需在此范围内选定最适用的焊接电流和燃弧时间。例如，焊接直径为 ϕ19 mm 的低碳钢螺柱，工作点应选在 a 点，即电流 1 600 A、燃弧时间 0.82 s，但这个工作点不是绝对的，可以增大电流、缩短燃弧时间（b 点），也可以减小电流、增大燃弧时间（c 点）。在选定一个燃弧时间后，电流也可在一定的范围内调整（$b \to b'$，$c \to c'$点）。

碳钢电弧螺柱焊时要注意碳含量和母材厚度，一般 w（C）≤0.3% 时不必预热焊接。若母材厚度小于 3 mm，即使 w（C）>0.3% 也可不预热。随着含碳量增加，为了防止产生焊接裂纹，要适当预热。特别对高碳钢［w（C）≥4.5%］必须预热和焊后热处理，一般预热温度在 370 ℃以下，焊后热处理一般为 650 ℃消除应力退火。对于低合金高强度钢，当 w（C）>0.15% 时，也要适当预热，以提高接头韧性。不锈钢螺柱焊到低碳钢母材上时，螺柱中的铬有可能被母材稀释而使焊缝金属变硬，特别是当母材碳含量大于 0.2% 时更为严重，这时宜采用含铬镍更高的不锈钢螺柱。铝合金电弧螺柱焊需 Ar 气保护，和钢螺柱焊相比，要求用更长的电弧、较长的燃弧时间和较低的焊接电流。

（2）焊接操作要点。

1）焊件表面清理。螺柱焊端和母材表面应清洁，无漆层、轧鳞和油水污垢等，允许有少量锈迹。

2）定位。根据螺柱预定用途和要求确定定位方法，精度要求很高时，推荐采用特殊定位夹具或固定式螺柱焊机。用手提式螺柱焊枪时，最简单和常用的定位方法是在工件上用样板划线和打中心孔，然后把螺柱尖端放在中心孔标记处，使螺柱定位。此法定位公差可保持在 ±1.2 mm。若螺柱数量大时，可直接用样板上的孔进行定位焊接，而不必预先在工件上打标记，焊时把套圈放入样板孔内即可。因套圈材料本身有制造公差，故螺柱定位公差一般在 ±0.8 mm。

3）操作。钢螺柱焊采用直流正接，铝及铝合金螺柱焊用直流反接，调节好焊枪提升量、螺柱超出套圈的外伸长度、焊接电流和燃弧时间。焊接时，应保持焊枪与工件表面垂直，施焊过程中不能移动或摇晃焊枪。焊后不能立即提枪，以防拔起螺柱（脱焊）。

4）质量控制。投产前应对所选的焊接工艺进行评定，通常是用与生产时相同的条件下焊成的接头做破坏性试验，如弯曲、扭曲或拉伸试验等。简单的弯曲试验可用锤敲弯或用一段管子套住螺柱。

8.2 电容储能螺柱焊

电容储能螺柱焊也叫电容放电螺柱焊，其供电电源是电容器组。焊接时首先使电容器组储存足够的能量（电荷），然后在螺柱端部与焊件表面间将电能释放出来（即产生电弧），当放电结束时，已经在螺柱的端部和工件的焊接部位形成了能够完成焊接的熔化金属，此时电弧已经熄灭，冷却后便形成牢固的焊接接头。电容储能螺柱焊的放电过程是不稳定的电弧过程，电弧电压和电流每瞬时都在变化，焊接过程是不可控的。

1. 电容储能螺柱焊的分类

根据引弧方式，电容储能螺柱焊可以分为预接触式、预留间隙式及拉弧式三种。

（1）预接触式。预接触式也叫接触引弧式。这种方法必须在螺柱法兰端部预加工出一个凸台。预接触式电容储能螺柱焊焊接过程如图 8-8 所示。其操作步骤如下：

1）柱凸台与焊件接触，如图 8-8a 所示。

2）按下焊枪上的开关，使电容中储存的电能瞬间通过螺柱端部凸台释放，凸台熔化、气化产生电弧后，在焊枪弹簧压力的作用下螺柱向下运动（图 8-8b）。

3）电弧热使螺柱法兰端部及焊件表面形成熔化薄层，螺柱继续向下运动（图 8-8c）。

4）螺柱插入熔池，电弧熄灭，在压力下螺柱法兰端部与焊件形成接头（图 8-8d）。

5）焊接结束，如图 8-8e 所示。

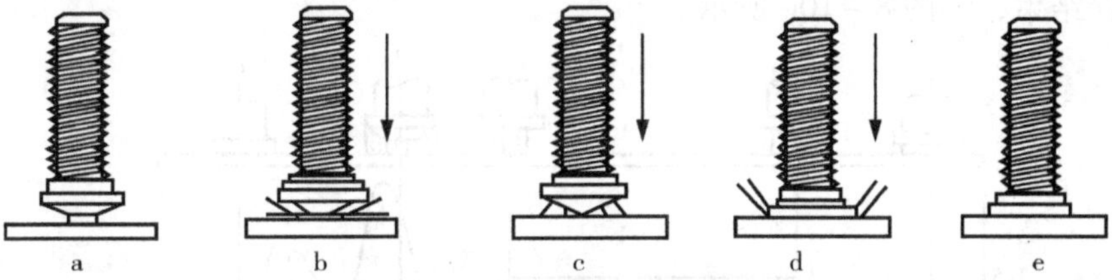

图 8-8　预接触式电容储能螺柱焊的焊接过程

（2）预留间隙式。预留间隙式螺柱焊也叫直冲式螺柱焊。这种方法使用的螺柱与预接触式所使用的螺柱形状相同，均带法兰凸台，但在电容器组储存的能量特别大的条件下，也可以焊法兰端部为 168°的近似平头钉。预留间隙式螺柱焊的焊接过程如图 8-9 所示，其操作步骤如下：

1）启动焊枪上的凸轮开关，焊枪中提升机构将螺柱从焊件表面提升一段距离（预留间隙），如图 8-9a 所示。

2）螺柱在焊枪弹簧压力的作用下向下运动，同时电容器放电开关接通，在螺柱与焊件之间加上一个放电电压（150 V 左右），如图 8-9b 所示。

3）在螺柱带电向下运动过程中，法兰端部凸起与焊件接触，电容放电，将小凸起熔化产生电弧，螺柱继续下落，电弧热使螺柱法兰整个端面与焊件相应部分形成熔化层，电弧长度逐渐缩短，如图 8-9c、d 所示。

4）螺柱侵入熔池，电弧熄灭，如图 8-9e 所示。

5）焊接结束，如图 8-9f 所示。

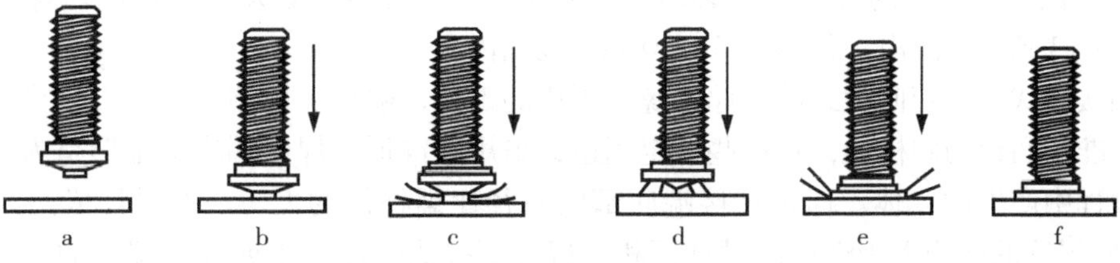

图 8-9　预留间隙式螺柱焊的焊接过程

（3）拉弧式。拉弧式电容储能螺柱焊原理与电弧螺柱焊相似，但焊接时的电弧由先导电弧与焊接电弧两部分组成。先导电弧由整流电源供电，焊接电弧由电容器组供电，这种方法既可以归类于电容储能螺柱焊又可归类于短周期螺柱焊，焊接过程同预接触式电容储能螺柱焊相似，如图 8-10 所示，其操作步骤如下。

1）柱垂直接触焊件，启动焊枪，整流电源供电（图 8-10a）。

2）螺柱提升，电弧产生，此时的电弧称为小电弧或先导电弧（先导电弧电流 30～100 A）。先导电弧清扫焊件表面及螺柱端部，维持 40～100 ms（图 8-10b）。

3）焊枪中电磁铁释放，弹簧压力使螺柱下落，弧柱缩短（图 8-10c、d）。在下落过程中，电容器组向作为负载的小电弧放电，引发大电弧，这个大电弧称为焊接电弧。

4）螺柱继续下落，焊接电弧维持 4～6 ms，使焊件表面形成熔池、螺柱端部形成熔化层，如图 8-10d 所示。

5）焊接结束，如图 8-10e 所示。

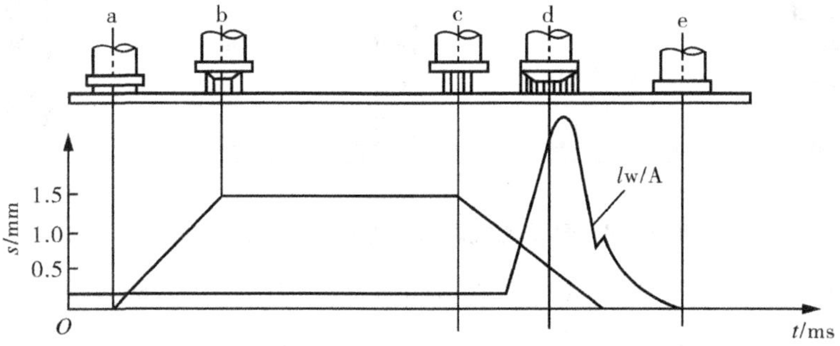

图 8-10　拉弧式电容储能螺柱焊的过程及时序图

2. 电容储能螺柱焊的焊接材料及结构

（1）母材与螺柱的材料。能用电弧螺柱焊接法焊接的金属也都可用电容储能螺柱焊法焊接。由于电容储能螺柱焊是在几毫秒内完成的，一般可在没有保护和焊剂的情况下，获得满意的焊接接头。但用拉弧式电容储能螺柱焊焊接铝及其合金时，需加 Ar 气保护，因燃弧时间相对较长（6～15 ms），金属易氧化。

电容储能螺柱焊的熔深小，螺柱金属与母材混合很少，故可在极薄的板材（如 0.25 mm）上施焊而不致烧穿，可进行多种异种金属之间的焊接。其母材与螺柱金属的组合可参照表 8-3。

（2）螺柱的结构。螺柱体几乎可以是任何形状，如圆柱形（带螺纹或不带螺纹）、方形、矩形、锥形、开槽的等，但它必须适于装夹，而且焊接端必须是圆形的。螺柱的直径可在 1.6～13 mm 范围内，但多在 3～10 mm 范围内。

对预接触式和预留间隙式电容储能螺柱焊用的螺柱，须在焊接端设计成尖顶或有一个小凸台。标准的凸台为圆柱形，对一些特定用途，采用圆锥形。焊接端略呈锥形是为了便于排出焊接过程中产生的气体。通常焊接端底部的直径比螺柱体的大，一般设计成凸缘（即带肩），这样焊缝的面积大于螺柱的横截面积，以保证接头强度等于或大于螺柱的强度。为了提高效率，螺柱的形状和尺寸应尽量规格化和标准化，在表 8-5 中推荐两种螺柱的形状和尺寸。此外，有些场合也用内螺纹焊钉，常用的电容储能螺柱焊用内螺纹焊钉见表 8-6。

表 8－5 电容储能螺柱焊的螺柱形状和尺寸（单位：mm）

带螺纹

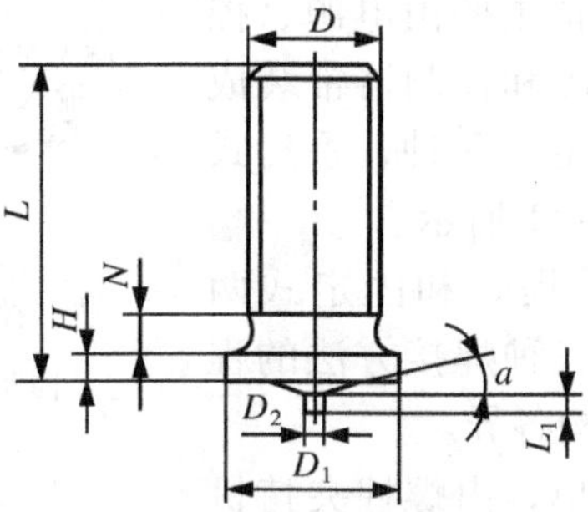

D	L +0.2	D_1 ±0.2	D_2 ±0.08	L_1 ±0.05	H	N_{max}	a ±1°
M3	6～30	4.5	0.65	0.55	0.7～1.4	1.5	3°
M4	6～40	5.5	0.65	0.55		1.5	3°
M5	6～45	6.5	0.75	0.80		2	3°
M6	8～50	7.5	0.75	0.80		2	3°
M8	10～55	9.0	0.75	0.80		2	3°

不带螺纹

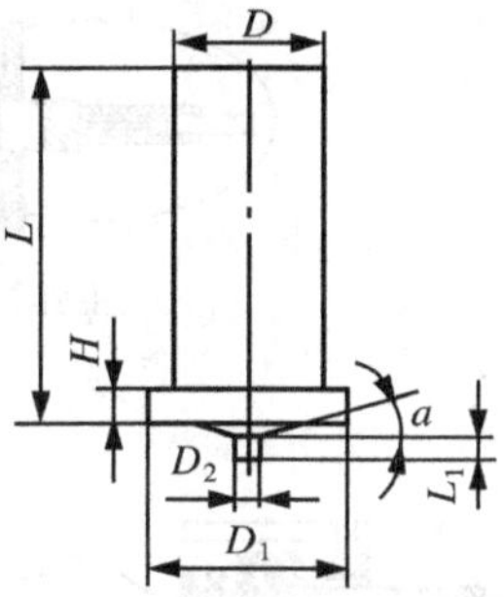

D	L +0.2	D_1 ±0.2	D_2 ±0.08	L_1 ±0.05	H	a ±1°
ϕ3	6～30	5.0	6.5	0.55	0.7～1.4	3°
ϕ4	6～40	6.0	6.5	0.55		3°
ϕ5	6～45	7.0	7.5	0.80		3°
ϕ6	8～50	7.5	7.5	0.80		3°
ϕ7.1	10～55	9.0	7.5	0.80		3°

表 8－6 电容储能螺柱焊用内螺纹焊钉（单位：mm）

d_1 ±0.1	d_2	$b^{+0.5}$	e_{2min}	d_3 ±0.2	d_4 ±0.08	h	a ±1°	L_1
5.0	M3	5.00	2.5	2.5	0.75	0.7～1.4	3°	8～50
6.0	M4	6.00	3.00	3.0	0.75	0.7～1.4	3°	8～50
7.0	M5	7.00	3.00	3.0	0.75	0.7～1.4	3°	860
8.7	M6	8.00	3.00	3.0	0.75	0.7～1.4	3°	860

3. 电容储能螺柱焊的设备

电容储能螺柱焊的设备主要由电源、控制器和焊枪三者组成，电源和控制器常装成一体。焊枪有手提式和固定式两种，手提式电容储能螺柱焊机如图 8－11 所示。

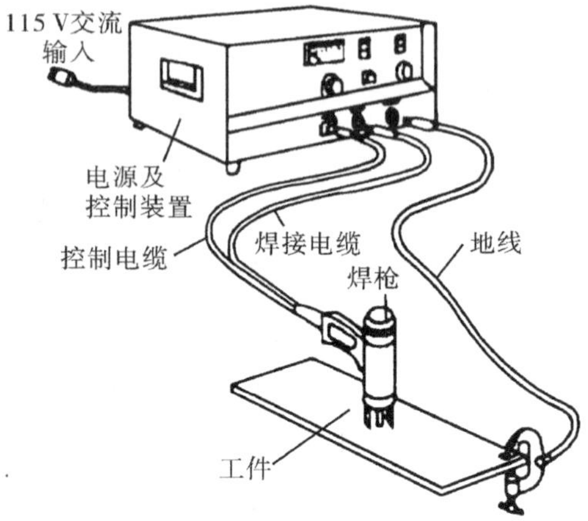

图 8－11　手提式电容储能螺柱焊机

（1）焊枪。焊枪有手提式和固定式两种。由于电容储能螺柱焊三种焊接方法的程序不同，因而焊枪内部结构各异。

预接触式焊枪结构简单，由螺柱夹持机构和将螺柱压入熔池的弹簧压下机构组成。预留间隙式焊枪则需增加提升螺柱的机构，通常是采用电磁线圈，施焊前线圈起作用使螺柱悬在工件上方，施焊时，线圈断电，由弹簧使螺柱移向工件。拉弧式焊枪的结构与电弧螺柱焊的焊枪相类似，拉弧式手提电容储能螺柱焊枪的结构示意如图 8－12 所示。

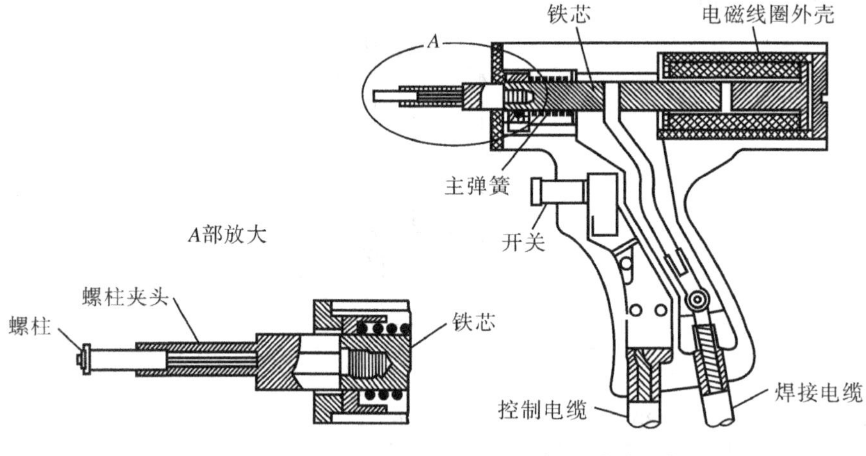

图 8－12　拉弧式手提电容储能螺柱焊枪的结构

（2）电源。电容储能螺柱焊机的电源主要由储能的电容器组和为电容器组充电的装置组成，通常是根据最大储存能量进行专门设计，充电装置以小功率取自网络能量储藏于储能电容器组中。电容器的容量在 20 000～200 000 μF 的范围内，电容器组的充电电压不超过 200 V。

为加快充电速度，输入电源电压为单相或三相的 220 V 或 380 V。便携电容储能螺柱焊机的外形如图 8－13 所示。

此外，国产 RSR 系列电容储能螺柱焊机应用很广，其技术参数见表 8－7。

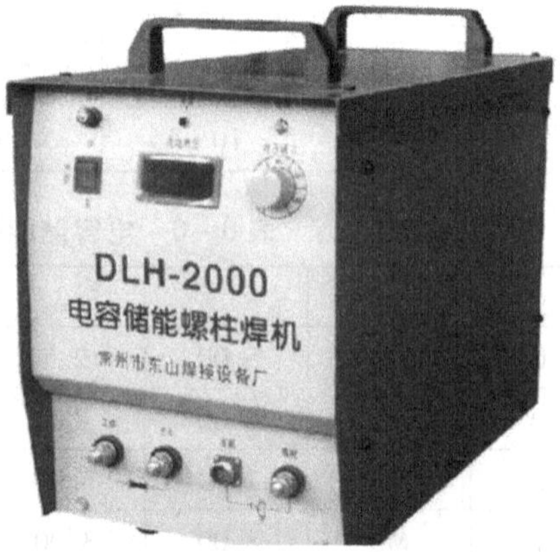

图 8－13　便携电容储能螺柱焊机

表 8 -7　国产部分 RSR 系列电容储能螺柱焊机的技术参数

技术参数		RSR - 400	RSR - 800	RSR - 1250	RSR - 1600	RSR - 2500	RSR - 4000	RSR - 6000
类别		接触式	接触式	接触式	接触式	接触式	接触式	
电源/V		220/110	220/110	220/110	220/380	220/380	单相，380 V,50 Hz	单相，200 V,50 Hz
电源容量/(kV · A)		<1	<1.5	<2	<2.5	<3	0.225 F	3
额定储能量/J		400	800	1 250	1 600	2 000	4 500	6 000
电容器电压调节范围/V		40 ~ 160	40 ~ 160	40 ~ 160	40 ~ 160	40 ~ 160	最高充电电压 220 V	充电电压 30 ~ 180 V
螺柱直径/mm	碳钢、不锈钢	2 ~ 5	3 ~ 6	3 ~ 8	4 ~ 10	4 ~ 12	2 ~ 12 (M4 ~ M12)	3 ~ 12
	铜、铝及其合金	2 ~ 3	2 ~ 4	3 ~ 6	3 ~ 8	3 ~ 8		
螺柱长度/mm	预留间隙式焊枪	≤100	≤100	≤100	≤100	≤100		
	预接触式焊枪	100 ~ 300	100 ~ 300	100 ~ 300	100 ~ 300	100 ~ 300		
焊接生产率/个 · min^{-1}		20	15	12	10	10	5	8
质量/kg		约 20	约 35	约 60	约 80	约 100		30
外形尺寸(长×宽×高)/mm							1 000 ×500 ×1 200	850 ×450 ×780

4. 电容储能螺柱焊工艺

电容储能螺柱焊对母材和螺柱待焊表面清理、装配、定位的要求与电弧螺柱焊相同。

(1) 焊接工艺参数。电容储能螺柱焊的焊接质量取决于焊接能量，该能量由焊接时的放电电流和放电时间决定，而放电电流随充电电压变化，放电时间由设备本身给定。因此，电容储能螺柱焊可调节的工艺参数就是电容的充电电压。

通常电容储能螺柱焊是根据螺柱材质、直径和所选定的焊接方法确定工艺要求，从而确定充电电压值。由于电容器的容量已确定，调节好充电电压也就确定了焊接能量，螺柱直径越大，需要的放电电流亦越大，则所需的充电电压值就越大。表 8 -8 列出了我国 RSR 系列焊机上采用预接触式焊接方法时，充电电压与螺柱直径的对应关系。

表 8－8　充电电压与螺柱直径的关系

螺柱直径/mm		3	4	5	6	8
充电电压/V	钢	40	60	75	90	140
	铝	60	90	110	140	

当螺柱材质与直径相同时，用不同的焊接方法所需放电的电流值也不相同，这和各种焊接方法的焊接时间有关。图 8－14 所示为直径 6.4 mm 钢螺柱焊至 1.6 mm 低碳钢板上时，三种焊接方法的电流与时间的关系，电流变化范围为600～25 000 A。其中预接触式和预留间隙式焊接电流为 2 500～25 000 A，焊接时间为 3～6 ms；拉弧式焊接电流为 600～3 000 A，焊接时间为 6～12 ms。

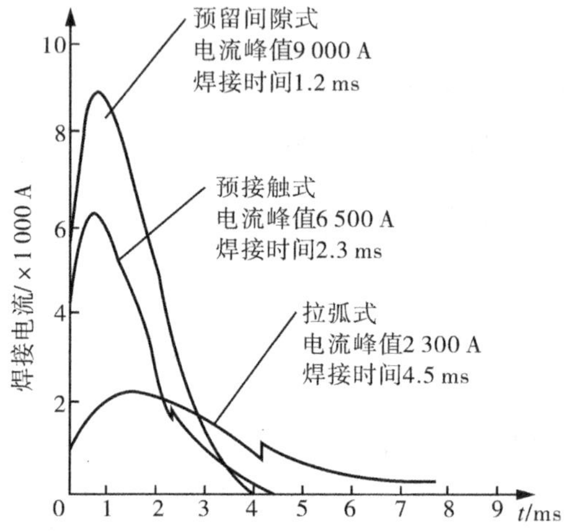

图 8－14　三种电容储能螺柱焊方法的电流与时间的关系

（2）焊接工艺要点。电容储能螺柱焊的质量控制较电弧螺柱焊困难，因看不到电弧，听不到电弧声音，仅从焊后接头外观难以判断焊接质量。目前最好的方法是投产前做工艺评定，即对焊到类似于实际使用母材上的螺柱进行破坏性试验，如弯曲、扭曲或拉伸试验等，评定出满意的焊接工艺，方可用于生产，然后在之后生产过程中，每隔一定时间抽检一次焊缝质量。此外，还须注意：

1）电源的容量应足以焊接所焊螺柱的规格。

2）焊接表面不应有缺欠或过分粗糙，而且应清洁，无油渍、无锈和氧化皮。

3）安放螺柱及操作焊枪时，必须使螺柱轴线垂直于工件表面，以保证接头完全熔合。焊接时，焊枪不能晃动。

8.3　螺柱焊的工艺选择

1. 各种螺柱焊方法的区别

根据前述各种螺柱焊接方法的基本特征，可归纳出它们之间的主要区别，见表 8－9 所述。

表 8－9　各种螺柱焊方法的区别

焊接方法	焊接过程	燃弧时间	焊缝与熔深	螺柱端的制备	对保护要求	对电源要求	焊枪结构
电弧螺柱焊	先直弧后加压	长（0.1～1 s）	焊缝金属厚，熔深大	制成球锥状	需焊剂、套圈或气体保护	陡降弧焊直流电源	有电磁提升引弧机构

续表

<table>
<tr><th colspan="2">焊接方法</th><th>焊接过程</th><th>燃弧时间</th><th>焊缝与熔深</th><th>螺柱端的制备</th><th>对保护要求</th><th>对电源要求</th><th>焊枪结构</th></tr>
<tr><td rowspan="3">电容储能螺柱焊</td><td>预接触式</td><td>先接触，不引弧，通电即加压</td><td rowspan="2">非常短（1 ~6 ms）</td><td rowspan="2">焊缝薄、熔深很浅</td><td rowspan="2">制成圆柱形小凸台或圆锥尖顶</td><td rowspan="2">焊接区不需任何保护</td><td rowspan="3">电容储能电源</td><td rowspan="2">无电磁提升引弧机构</td></tr>
<tr><td>预留间隙式</td><td>先通电，后接触加压</td></tr>
<tr><td>拉弧式</td><td>先引小弧后转大弧并加压</td><td>很短（6 ~12 ms）</td><td>焊缝薄，溶深浅</td><td>制成球锥状</td><td>焊铝及其合金需 Ar 保护</td><td>有电磁提升引弧机构</td></tr>
<tr><td colspan="2">短周期螺柱焊</td><td>先引小弧后转大弧并加压</td><td>0.05 ms 以下</td><td>熔深浅</td><td>制成球锥状</td><td>需焊剂、套圈或气体保护</td><td colspan="2">专用电源，与焊枪配套</td></tr>
<tr><td colspan="2">埋弧螺柱焊</td><td>先引弧后加压</td><td>长（0.1 ~1 s）</td><td>熔深大</td><td>制成球锥状</td><td>埋弧焊剂</td><td>陡降弧焊直流电源</td><td>有电磁提升引弧机构</td></tr>
<tr><td colspan="2">电阻螺柱焊</td><td>先加压后通电</td><td></td><td></td><td>平面形</td><td>无</td><td>用点焊或对焊电源</td><td>无提升机构</td></tr>
</table>

2. 螺柱焊方法的选择

电弧螺柱焊、电容储能螺柱焊及短周期螺柱焊三类焊接方法既有共同点，又有各自最佳的应用范围。选择焊接方法时考虑的依据主要是被焊件厚度、材质和紧固件的尺寸。

（1）螺柱直径大于 8 mm 的一般是受力接头，适合用电弧螺柱焊方法。虽然电弧螺柱焊可以焊直径在 3 ~25 mm 之间的螺柱，但直径在 8 mm 以下的螺柱采用其他方法如电容储能螺柱焊或短周期螺柱焊更为合适。

（2）螺柱直径和焊件厚度有一定的合适比例关系。对电弧螺柱焊，这一比例为 3 ~4；对电容储能螺柱焊和短周期螺柱焊，这个比例可以达到 8 ~10，所以板厚 3 mm 以下的螺柱宜采用电容储能螺柱焊或短周期螺柱焊，而不宜采用电弧螺柱焊。

（3）对于碳钢、不锈钢及铝合金，电弧螺柱焊、电容储能螺柱焊及短周期螺柱焊都可以选用，但对铝合金、铜及涂层钢薄板或异种金属材料，最好选用电容储能螺柱焊。

3. 螺柱焊的优点

与普通电弧焊相比，或与同样能把螺柱与平板做“T”形连接的其他工艺方法相比，螺柱焊有如下优点。

（1）焊接时间短，不需填充金属，生产率高；热输入小，焊缝金属和热影响区窄小，焊接变形极小。

（2）只需单面焊。安装紧固件时，不必钻孔、攻螺纹和铆接，这在容器设计中很有意义，可省去开孔和设置凸台或凸缘的工作，增加了防漏的可靠性。

（3）电容储能螺柱焊可在薄板上焊接螺柱，并能焊接直径较小的螺柱，可进行异种金属间的板—钉焊接，并可在有金属涂层的母材上焊接螺柱。当有涂层时，电容储能时电弧能将金属涂层（如电镀层、镀锌层等）排出接头之外。

（4）对焊接表面清理要求不高。若用电容储能螺柱焊焊接非铁金属和不锈钢等，不必用 Ar 气保护或采用焊剂，可节约成本。

4. 螺柱焊的应用局限性

螺柱焊也不是任何金属或在任何条件下都能焊接，其应用也是有限制的。

（1）螺柱的形状和尺寸。螺柱的形状和尺寸受焊枪夹持和电源容量限制，螺柱底端尺寸受母材厚度限制。

（2）螺柱端的保护。电弧螺柱焊在螺柱端需套一活动套圈，端部需使用焊剂，或需惰性气体保护（焊铝时）。

（3）螺柱端部的形状。预接触式或预留间隙式电容储能螺柱焊的螺柱，其待焊端需加工出严格的凸台或尖顶用于引弧，而且螺柱的直径一般限制在 1.6 ~ 10 mm 范围内，否则就不经济。

8.4　质量控制及质量检测

1. 电弧螺柱焊的质量控制及检测

焊接质量的保证要求采用合适的材料，设备规范参数及操作工艺，也要有经过培训的操作者。正确的规范参数包括：焊枪回抽量（提升）、螺柱超出焊药圈的外伸长度、合适的焊接电流和焊接时间。

焊接质量是通过严格控制焊接时会发生变化的因素来保证的。

为了保持焊接质量的稳定，必须做到以下各点。

（1）对于待焊的螺柱尺寸和种类，要有足够的焊接功率。

（2）钢螺柱采用直流正接，而铝和镁螺柱则采用直流反接。

（3）保证地线与工件良好连接。

（4）焊接电缆规格要足够大且连接良好。

（5）采用合适的附件和焊药圈。

（6）调整焊枪使螺柱超过焊药圈的外伸量达到所推荐的数值，同时也能使螺柱回抽适当的距离，以获得良好的起弧特性。

（7）焊枪与工件之间要稳定地保持适当的角度，一般是成直角，焊接过程中焊枪偶然移动可能造成焊接缺欠。

（8）焊接螺柱处的工件表面要清理。

（9）螺柱焊设备应适当保持清洁并加以维护。

（10）工作开始之前和工作过程中在一定的时间间隔内要检验焊缝。

对于钢制螺柱，焊好的螺柱可以用肉眼检查焊缝外观和均匀性，亦可进行机械性能试验。试验中如果螺柱未开裂，则可认为合格。产品上的螺柱不会由于检验而成弯曲或扭曲的。

肉眼检验检查螺柱底端周围焊缝圆角的连续性和均匀性。焊缝无固角可能表明焊缝有缺欠。图 8－15a 是一个合格的螺柱焊缝，焊缝具有良好的圆角；与之相反，图 8－15b 所示的螺柱焊缝的推进量过短。焊接前，螺柱长总应超出焊药圈的底端适当长度（电弧偏吹也可能引起这类缺欠）。图 8－15c 表示“悬空”缺欠，即螺柱未插入焊接熔池中去，这种情况可以通过重新组装附件，保证螺柱在提升及行进过程中能自由位移来加以改正，同时，也可能需要调整电弧长度。图 8－15d 表示螺柱斜倾，这可将螺柱焊枪的位置垂直于工件定位加以矫正。图 8－15e 说明了焊接功率低的后果。为了解决这一问题，应检查地线连接和所有的接头，同时也应该增加电流设定值或时间设定值，或两者同时增加，也可能需要调整电弧长度。图 8－15f 说明了焊接功率过高的后果，降低电流设定值或焊接时间，或两者同时降低，以减小焊接功率。

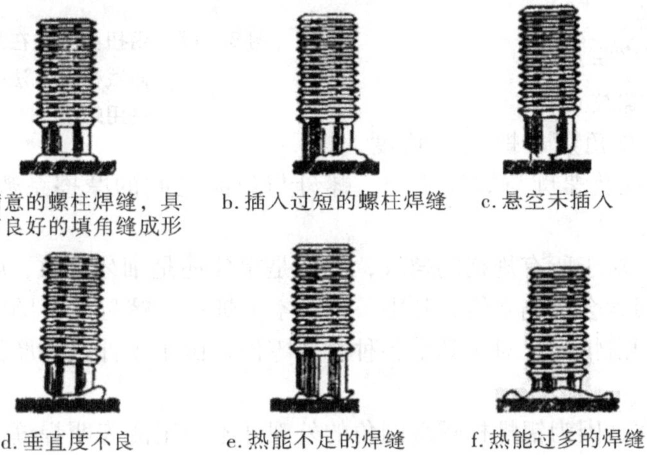

图 8－15　合格和不合格的电弧螺柱焊缝

机械性能试验应在焊接生产开始之前进行，以验证焊接工艺是否合乎要求，也可在生产进行过程中或每班生产开始时进行机械性能试验，以保证焊接条件不发生变化。可通过弯曲螺柱或施加标准规定的拉伸载荷来检验电弧螺柱焊缝。

可用锤敲弯或用套管将螺柱掰弯，如图 8－16 所示。焊缝不断裂所能达到的弯曲角，取决于螺柱和母材的化学成分和状态（冷加工、热处理），以及螺柱的形状。因为弯曲试验会损坏螺柱，所以试验只应在工艺评定试样上进行。

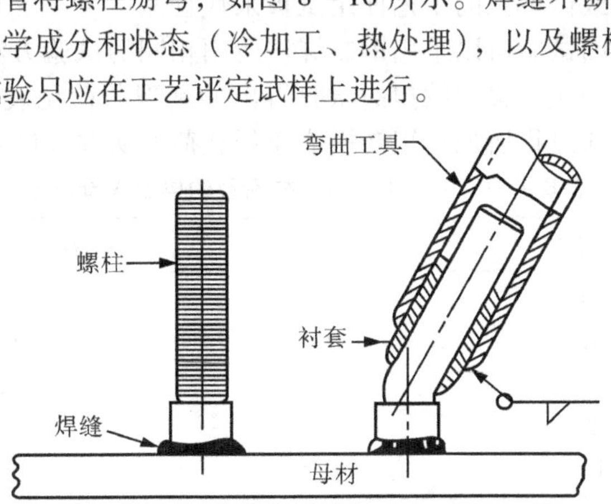

图 8－16　为确定适宜的焊接工艺对焊好的螺柱进行弯曲试验

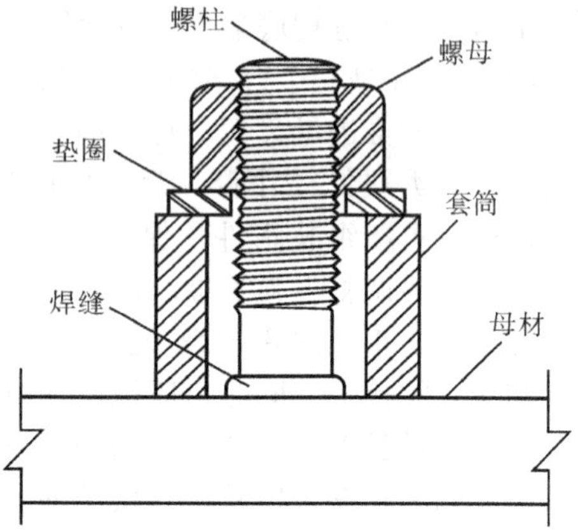

图 8 - 17　用扭曲方法在焊好的螺柱上施加拉伸载荷的方法——对于内螺纹可以采用螺栓

在电弧焊接的螺柱上施加拉伸载荷所用的方法，取决于螺柱的形状。需要使用特殊工具适当地夹持螺柱而不损坏螺柱，也需要一个特殊的加载装置。可用于直螺纹螺柱的简便施加拉伸载荷的方法如图 8 - 17 所示，用一个尺寸相当的钢套筒罩住螺柱，在套筒上放一垫圈，用扳手将材质与螺柱相同的螺母在垫圈上拧紧，这样，就在螺柱上施加了拉伸载荷（同时也有一定的剪力）。

螺母的扭矩 T 与拉伸载荷 F 之间的关系可用下述公式计算：

$$T = kFd$$

式中，d——标称螺纹直径；

k——与螺纹角度、螺旋线角度、螺纹直径及螺母与螺纹之间、螺母与垫圈之间的摩擦系数等这些因素有关的常数。

在低碳钢中，对于所有规格的螺纹，不论是粗牙还是细牙螺纹，k 值约为 0.2。但是，影响摩擦的许多因素会影响 k 值，其中一些因素是螺柱、螺母和垫圈的材质及其表面光洁度，以及它们的润滑情况。对于其他各种材质零件，由于零件之间摩擦状况不同，可能有不同的 k 值。

对于铝制螺柱，因为铝螺柱焊缝圆角的外观并不一定能表明焊缝的质量，所以铝螺柱焊缝的肉眼检验应用的范围受到一定的限制。因此，肉眼检验只推荐用于检查铝螺柱焊缝的完全熔合和焊缝圆周的咬边。

可以采用图 8 - 16 所示的弯曲试验检验铝螺柱以确定铝螺柱合格的焊接工艺。如果螺柱弯曲后与原始轴线的夹角等于或大于 15°而焊缝不断裂或焊缝未开裂，则该焊接工艺应认为是满意的。产品上的螺柱不应当弯曲后再矫直，因为这可能损伤螺柱，在这种情况下，可以采用扭转试验或做单独的工艺评定试板来代替。

带螺纹铝螺柱的扭曲试验可以采用钢制螺柱所用相同的试验方法，扭矩要加到一预定值，或者直到螺柱断裂为止。典型的扭曲试验得出的断裂载荷见表 8 - 10。对于实际的应用，验收试验载荷应该通过将所加扭矩转换成拉伸载荷的实验室试验来确定。

表 8 - 10　引起铝合金螺柱断裂的典型螺母扭矩

螺纹代号	断裂载荷/（N · m）
1/4 - 20	7
5/16 - 18	13
3/8 - 16	22
7/16 - 14	33
1/2 - 13	49

2. 电容储能螺柱焊的质量控制及检测

电容储能螺柱焊缝的质量控制比电弧螺柱焊缝更加困难，因为没有稳定的电弧和焊缝圆角。操作者既听不到电弧声音，也看不到电弧，同时也不能用焊缝圆角的特性来判断焊缝的质量。

对于电容储能螺柱焊，质量控制的最好方法，是对焊到类似于实际生产使用的母材上的螺柱进行破坏性试验。破坏性试验应该是弯曲、扭曲或拉伸试验。一旦确定了焊接工艺，便可以开始生产，最好是在生产过程中每隔一定的时间就检验一次焊缝质量，以查明焊接条件是否改变。

为了生产和保持优质的电容储能螺柱焊缝，需要考虑如下几点。

（1）电源的容量，应足以焊接待焊螺柱的规格。

（2）正确地维护和操作设备。

（3）电缆连接牢固。

（4）在焊接过程中，要正确地装上螺柱和操纵螺柱焊枪。

（5）焊接表面清洁，表面应无过多的油渍、润滑脂及其他润滑液，同时应无锈，无轧钢氧化皮及其他氧化物。否则都会促使焊接区域和接地处电阻增高。

（6）焊接表面的缺欠，如过分粗糙，这些可能妨碍焊缝区的完全熔合。

（7）螺柱轴线与工件表面的垂直度，对于完全熔合很重要。

（8）螺柱焊接端具有合适的形状。尖顶尺寸，斜面角及焊接底部直径均应符合要求。

电容储能螺柱焊缝可以用肉眼和机械方法检验。肉眼检验方法是对焊缝外观的判断。如果经肉眼检查后对焊缝仍有疑问，则应对焊缝进行机械性能试验。

电容储能螺柱焊缝的机械性能试验应采用在电弧螺柱焊中所述的相同方法进行，这些试验包括弯曲试验和标准载荷拉伸试验。试验可用来确定焊接条件，也可用以检验成品螺柱。

对于不同螺柱材料和规格用这种方法进行验收试验时的最大螺母扭矩，列于表 8－11 中。表 8－11 给出的扭矩在螺柱中产生略低于材料屈服强度的拉伸应力，该表也列出了拉伸载荷，其值约为不同直径的螺柱材料的标准抗拉强度。此外表 8－11 还列出了螺柱能够承受的最大剪切载荷，以供参考。对于验证试验和螺柱的选择，用户应该考虑适当的安全系数。

表 8－11　电容储能螺柱焊接的不同材料和规格螺柱的扭曲、拉伸及剪切载荷

螺柱材料	螺柱代号	最大紧固扭曲[①]/(N·m)	最大拉伸载荷[②]/kN	最大剪切载荷/kN
低碳钢，镀薄钢的钢	6－32	0.7	2.2	1.7
	8－32	1.4	3.4	2.6
	10－24	1.6	4.3	3.2
	1/4－20	4.9	7.8	5.8
	5/16－18	8.1	13	9.8
	3/8－16	12	19	14

续表

螺柱材料	螺柱代号	最大紧固扭曲①/（N·m）	最大拉伸载荷②/kN	最大剪切载荷/kN
不锈钢 304 或 305	6 - 32	1.1	3.5	2.6
	8 - 32	2.3	5.8	4.2
	10 - 24	2.6	6.8	5.1
	1/4 - 20	8.5	13	9.6
	5/16 - 18	14	17	14
	3/8 - 16	21	22	20
铝合金 1100	6 - 32	0.3	0.9	0.6
	8 - 32	0.6	1.3	0.8
	10 - 24	0.7	1.7	1.0
	1/4 - 20	2.4	3.0	1.9
	5/16 - 18	4.1	5.0	3.1
	3/8 - 16	6.0	7.4	4.4
铝合金 5086	6 - 32	0.4	1.7	1.0
	8 - 32	0.8	2.6	1.6
	10 - 24	1.1	3.3	2.0
	1/4 - 20	3.7	6.1	3.8
	5/16 - 18	6.2	10	6.2
	3/8 - 16	9.2	15	9.4
铜合金（黄铜）260 及 268	6 - 32	0.9	2.7	1.7
	8 - 32	1.8	3.8	2.5
	10 - 24	2.7	4.6	3.0
	1/4 - 20	6.4	8.7	5.7
	5/16 - 18	12	15	9.5
	3/8 - 16	16	21	14

注：①这些数值应使螺柱的拉伸应力略低于材料的屈服强度。

②这些数值应达到材料的标准抗拉强度。

第9章 钎焊

9.1 钎焊原理及工艺特点

9.1.1 钎焊原理

钎焊的根本目的是获得优质接头，接头的形成包括钎料填缝、与母材冶金结合两个过程，前者为钎焊创造条件，后者是获得牢固接头的关键。因此要求液态钎料能充分地流入并填满接头间隙，且与母材发生良好的冶金结合。

钎焊过程中，组件之间的接头间隙如图9－1所示，复杂的冶金和化学过程发生在接头内部和所包含材料的表面。

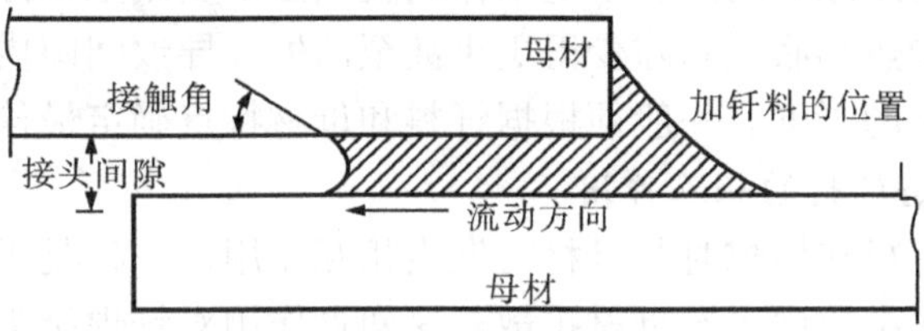

图9－1 钎焊接头示意

液态钎料在母材表面铺展润湿是二者发生物理化学反应形成牢固钎焊接头的前提条件。润湿的驱动因素是物相表面能和钎焊过程中化学反应生成的相形成自由能。润湿条件建立后，液态钎料在毛细作用下填充接头间隙。润湿性及流动性都受界面间的化学反应、钎料自身和接头形状的影响，二者共同影响接头的最终性能。

1. 液态钎料的填隙过程

要使熔化的钎料能很好地流入接头间隙，就必须具备一定的条件，而润湿性和毛细管作用就是填隙的最基本条件。

（1）润湿性。润湿性是指钎焊时液态钎料对母材浸润和附着的能力，它反映了液态钎料能否和固态待焊件表面良好接触的性质。当一滴液体在固体表面上呈球状，像水珠在荷叶上一样滚来滚去，说明它对固体表面润湿性差，或不润湿。若该液滴在固体表面上呈椭球状，如图9－2所示，说明该液体对固体表面有润湿性或铺展性。图中θ称为润湿角，δ_{gq}、δ_{yq}、δ_{yg}分别表示固－气、液－气、液－固界面间的界面张力。当液滴铺展停止时，在O点处三力平衡，即：

$$\delta_{gq}=\delta_{yg}+\delta_{yq}\cos\theta \qquad (9-1)$$

$$\cos\theta=\frac{\delta_{gq}-\delta_{yg}}{\delta_{yq}} \qquad (9-2)$$

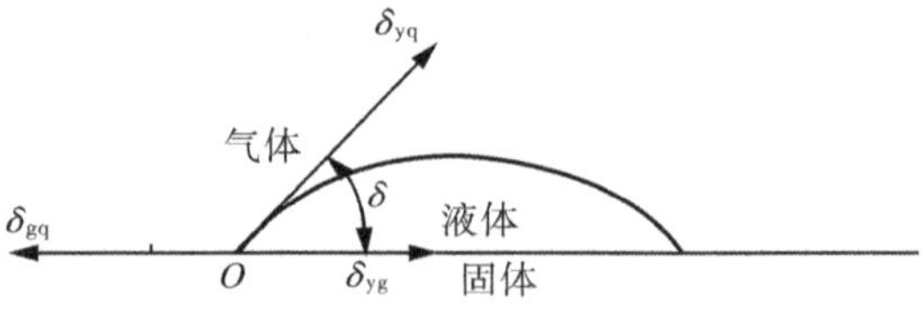

图 9－2　液滴在固体表面的润湿

θ 角表示润湿的程度，它的大小与各界面张力的数值有关。$\theta=0°$表示液固完全润湿，$\theta=180°$视为完全不润湿（这时液滴呈球状）。钎焊时，钎料的润湿角最好小于 20°。

（2）影响润湿性的因素。从式（9－2）可看出液态钎料对母材金属的润湿性取决于具体条件下 δ_{gq}、δ_{yq}、δ_{yg}三项的相互作用。只要使得 δ_{gq}增大、δ_{yq}或 δ_{yg}减小，都能使 $\cos\theta$ 增大，θ 角减小，即能改善液态钎料对母材的润湿性。具体因素为：①钎料和母材的成分：钎料与母材之间相互溶解或形成化合物，则润湿性好。②温度：随温度升高，钎料对母材的润湿性提高。③金属表面氧化物：母材表面存在氧化物（膜），润湿性差，钎焊时应清除钎料和母材表面的氧化物，以改善其润湿性。④钎剂：添加钎剂有利于提高润湿性。⑤母材表面状态：当钎料与母材间相互作用较弱的情况下，母材表面较粗糙时可以改善润湿性；若钎料与母材之间相互作用较强，润湿性则与表面粗糙度无关。

（3）毛细作用。钎焊时，液态钎料之所以能自动地填满接头的间隙，主要是依靠毛细管作用在缝隙中流动。根据毛细管作用原理，要使液态钎料能填满接头间隙，首先必须使液态钎料对母材具有良好的润湿性，润湿性愈好，毛细作用就愈强。其次，钎焊接头设计和装配必须保证有小的间隙，间隙愈小毛细作用就愈强。实用上间隙并不能过小，因为钎焊时温度升高，金属受热膨胀，间隙变得更小甚至消失，导致间隙内的气体和钎剂难以排出，反而影响钎焊接头的强度。一般须根据钎料和母材特点确定最佳的装配间隙。

2. 液态钎料与固态母材的相互作用

钎焊时，熔化的钎料在填隙时与母材将发生相互作用，一种是固态母材向液态钎料溶解；另一种是液态钎料组分向固态母材扩散。这两种作用对钎焊接头性能影响很大。

（1）母材向液态钎料溶解。若钎料和母材在液态下能互溶，则钎焊时，一般会发生母材向液态钎料溶解的现象。适量溶解有利于提高润湿性，同时对钎料起着合金化作用，可提高钎焊接头的强度。但过度溶解会使液态钎料的熔点和黏度提高，流动性变坏，同时，会破坏毛细作用，使液态钎料填隙困难。母材溶解过多就会在母材表面出现溶蚀缺陷（即在加钎料处或圆角处产生凹陷），严重时甚至出现溶穿。

母材向钎料溶解作用的大小取决于母材和钎料的成分、钎焊温度、保温时间和钎料的数量。若母材的溶解有助于在钎缝中形成其晶体，则母材的溶解度大。温度越高，保温时间越长，钎料量越多，溶解作用也越激烈。

（2）钎料向母材扩散。钎焊过程中存在钎料向母材的扩散，一种是向母材晶粒内扩散，形成固溶体，这对钎焊接头性能无不良影响；另一种是向母材晶粒边界扩散，在晶界上形成脆性低熔点共晶体，这对接头性能不利。

钎料与母材相互作用，若在接头上形成固溶体，则接头的性能较好；若形成脆性化合物（即脆性相），则对接头的性能不利。因此，在选择钎料和确定钎焊工艺参数时，应力求避免钎料与母材之间生成脆性化合物或使其生成量尽可能的小。

9.1.2　钎焊的工艺特点

1. 工艺特点

钎焊是采用比焊件（母材）熔点低的金属材料作钎料，将母材与钎料加热到高于钎料熔点，但低于母材熔点的温度，利用液态钎料润湿母材，填充接头间隙，并与母材相互扩散而实现连接焊件的方法，如图9－3所示。

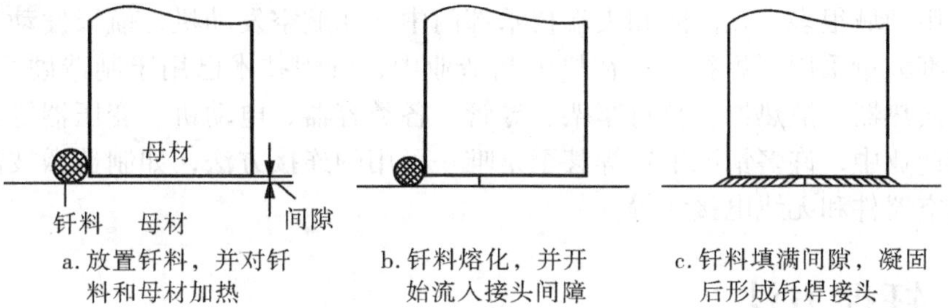

图9－3　钎焊过程

与熔化焊相比，钎焊有如下特点：

（1）钎焊时，钎料熔化，母材不熔化，焊接温度所选范围大。为防止母材组织和性能变化，可选择熔点低的钎料进行钎焊，熔焊则没有这种选择余地。

（2）钎焊时，焊件常整体加热或钎缝周围大面积均匀加热，因此焊件的相对变形量和钎焊接头的残余应力都比熔焊小得多，易于保证焊件的精密尺寸。

（3）可用多条钎缝或大批量的焊件同时或连续进行钎焊，生产率很高。钎焊过程很少受焊件结构的开敞性和可达性的影响。

（4）可用于异种金属、金属与非金属、非金属与非金属之间的连接。

（5）钎缝的强度和耐热性都比母材金属低。钎焊接头较多地采用搭接接头以弥补强度不足，但会导致结构的重量增大，耗材较多。

2. 类型

按照不同的特征和标准，钎焊方法有以下几种分类方式。

（1）按照所采用钎料的熔点可将钎焊分为两类，钎料熔点低于450 ℃时称为软钎焊，高于450 ℃时称为硬钎焊，这种分类方法基本上反映了钎焊接头的强度和耐热性能。

（2）按照钎焊温度的高低可分为高温钎焊、中温钎焊和低温钎焊，温度的划分是相对于母材熔点而言。例如：对钢件来说，钎焊温度高于800 ℃称为高温钎焊，550～800 ℃之间称为中温钎焊，低于550 ℃称为低温钎焊；但对于铝合金来说，钎焊温度高于450 ℃称为高温钎焊，300～450 ℃之间称为中温钎焊，低于300 ℃称为低温钎焊。

（3）按照热源不同可分为火焰钎焊、炉中钎焊、感应钎焊、电阻钎焊、浸渍钎焊、气相钎焊、烙铁钎焊及超声波钎焊等。

（4）按照去除母材表面氧化膜的方式可分为钎剂钎焊、无钎剂钎焊、自钎剂钎焊、气体保护钎焊及真空钎焊等。

（5）按照接头形成的特点可分为毛细钎焊和非毛细钎焊。液态钎料依靠毛细作用填入钎缝的情况称为毛细钎焊；毛细作用在钎焊接头形成过程中不起主要作用的称为非毛细钎焊。接触反应钎焊和扩散钎焊是最典型的非毛细钎焊。

（6）按照被连接的母材或钎料的不同，可分为铝钎焊、银钎焊、铜钎焊、不锈钢钎焊、钛合金钎焊、高温合金钎焊、陶瓷钎焊及复合材料钎焊等。

3. 适用范围

钎焊适用范围极广，可连接的材料有同种金属、异种金属、金属与非金属、非金属与非金属。钎焊最适于薄件、小件、精密件或形状复杂而多钎缝的构件的焊接。

钎焊应用领域很多。在国防和尖端技术部门中，如航空发动机、航天发动机、原子能设备制造等都大量采用钎焊技术；在机电制造业中，钎焊技术已用于制造硬质合金刀具、钻探钻头、换热器、散热器、自行车架、导管、各类容器、电动机、变压器等；在电子工业和仪表制造业中，许多情况下钎焊甚至是唯一可用的连接方法，如制造微波波管、电子管、电子真空器件和无线电接线等。

9.2 钎焊方法

钎焊方法很多，基本上都是以热源的性质及其加热的方式来命名的。对工业上最为常用的钎焊方法简述如下。

9.2.1 火焰钎焊

使用可燃气体与氧气（或压缩空气）混合燃烧的火焰进行加热的钎焊，称为火焰钎焊。火焰钎焊由于燃气来源广，所用设备简单轻便，又不依赖电力供应，并能保证必要的钎焊质量，故应用极为广泛。

火焰钎焊所用的可燃气体有乙炔、丙烷、石油气、雾化汽油、煤气等，助燃气体为氧气和压缩空气，不同混合气体其火焰温度不同。火焰钎焊中最常用的是氧乙炔焰，其最高温度达 3 100 ℃，远高于钎焊所需温度（很少超过 1 200 ℃），故常用外焰区来加热，因该区火焰温度较低而体积较大，加热均匀。一般使用中性焰或轻微过乙炔焰，以防止母材和钎料过分氧化。使用黄铜钎料时，为了在钎料表面形成一层氧化锌薄膜，以防止锌的蒸发，可采用轻微氧化焰。氧乙炔焰主要用于铜和钢的钎焊。

当加热温度不要求很高时，可用压缩空气代替氧，用丙烷、石油气、雾化汽油等代替乙炔。这些火焰温度较低，适用于钎焊小件、薄件、铝及其合金。使用软钎料时，还可以采用喷灯来加热。

火焰钎焊需用钎剂去膜，常用膏状钎剂和液体钎剂。手工钎焊时应先均匀加热工件达钎焊温度再送进钎料，否则钎料不能均匀填充间隙。对于预置钎料的接头应先加热工件，避免火焰直接与钎料接触，使其过早熔化。

1. 火焰钎焊的特点

火焰钎焊的装置简单，须对工件表面进行焊前清洗，去除胶、油污、水、锈、漆等，焊后须对接头进行去钎剂和渣壳等表面清理。火焰钎焊的特点如下。

（1）火焰钎焊不需要保护气体，通常需要使用钎剂，只适用于不太高活性和不需要专门保护的母材的连接。钎焊后接头表面有钎剂残渣和热垢，会引起潜在的腐蚀，需进行清洗，亦可采用气体钎剂实现绿色化钎焊。

（2）火焰钎焊应用范围广，可加工任何数量的接头，设备的初期投资低（如手工火焰钎焊），并且操作技术容易掌握。

（3）工艺方便、灵活，也可以实现自动化的操作。但手工火焰钎焊的劳动强度大，工件质量很大程度上取决于操作工的技能。

（4）钎料的选择范围广，从低温的银基钎料到高温的镍和铜基钎料，都可以应用；丝状、片状、预成形或膏状形式的钎料都可以应用在火焰钎焊中。

（5）燃烧气体的种类多，来源广。燃烧的气体火焰根据应用要求，能被调节成碳化焰、还原焰、中性焰或者氧化焰，调节方便。

（6）局部加热时可以很方便地完成同一部件上不同形状焊缝的钎焊；但超重的部件需要的加热时间过长，且钎焊区域的温度很难超过 1 000 ℃。

（7）使用含镉钎料时，如果钎焊温度超过镉的蒸发温度，将危害人体健康。

2. 火焰钎焊的应用

火焰钎焊不受产品数量的限制，可以低成本地加工一个到几百万个接头。手工火焰钎焊使用在小批量的生产和需要在各种位置上局部钎焊多个接头的产品上，在安装和维修场合也常见手工火焰钎焊（图 9－4）的使用。主要用于铜基钎料、银基钎料、钎焊碳钢、低合金钢、不锈钢、铜与铜合金的薄壁和小型焊件，也可用于铝基钎料钎焊铝及铝合金。

传统的火焰钎焊多数为手工操作，劳动强度大，焊后质量、尺寸精度均难以保证，同时还要求操作者有较高的钎焊技术水平。大批量生产时，应采用半自动或自动火焰钎焊。目前，在国内的家电及制冷行业，火焰钎焊的数控化、智能化有了较大飞跃，对提高生产效率和产品质量有极大的推动作用。火焰钎焊自动进行的程度取决于以下因素：部件尺寸和结构、接近接头的方便程度、要求的生产速度、搬运部件需要的劳动量、使用的钎料等。自动火焰钎焊设备通常被设计成使用多位焊炬，这样既能增加加热组件焊炬的数量，也能够增加加热速度和批量生产效率。

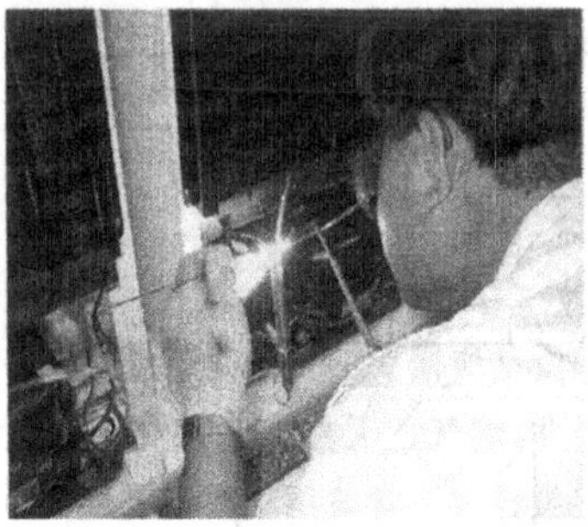

图 9－4　手工火焰钎焊

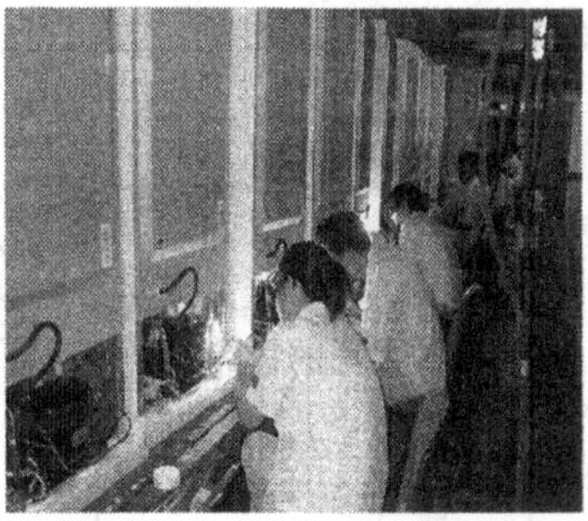

图 9－5　冰箱手工火焰钎焊

加热器具、空调器和制冷工业利用火焰钎焊连接大量管路接点，图 9－5 所示为随着冰箱在组装线上移动，用手工火焰钎焊连接系统接点。图 9－6 所示为自动钎焊在空调器热交换器组件上的应用。

在压缩机工业中，管件被连接到压缩机壳体上既可以采用手工钎焊也可以采用半自动火焰钎焊（图 9－7）。在管件工业中，大部分黄铜和紫铜水龙头组件是靠自动火焰钎焊连接的。一些产品，例如碳素工具钢、汽车部件、家庭用品、阀门等，大都采用火焰钎焊加工接点。

图 9-6　空调器的自动火焰钎焊

图 9-7　半自动火焰钎焊压缩机管口

3. 钎焊用焊炬及喷嘴

（1）焊炬。手工钎焊的焊炬由枪体、混合室和喷嘴组成。枪体当作手柄并有阀门控制氧气和燃气从枪体中流出；混合室提供了适合燃烧的燃气和氧气的混合；喷嘴提供了所期望的火焰尺寸和轮廓，它能保证钎焊操作者有效把火焰引向被钎焊件。

（2）焊炬喷嘴。各种火焰钎焊的喷嘴根据焊炬尺寸、焊件尺寸和选择的燃气类型来确定，材料通常采用具有高的导热性、不容易过热的铜合金。乙炔气或氢气使用的喷嘴口是平的；用于丙烷或液化石油气的喷嘴，在喷嘴口上有一个凹面，以防止侧向风吹灭火焰。

4. 火焰钎焊用夹具

手工火焰钎焊的夹具不能干涉焊炬火焰的正常移动和接合面的均匀加热。钎焊操作者需要良好的视野观察接头。夹具与组件的接触面积越小越好，它不能被焊炬火焰退火、不能接触钎剂、不能起到散热器的作用。火焰钎焊夹具应能适应钎焊组件加热后的膨胀。

9.2.2　电阻钎焊

电阻钎焊是将焊件直接通以电流或将焊件放在通电的加热板上利用电阻热进行的钎焊。有直接和间接两种加热方式，如图 9-8 所示。

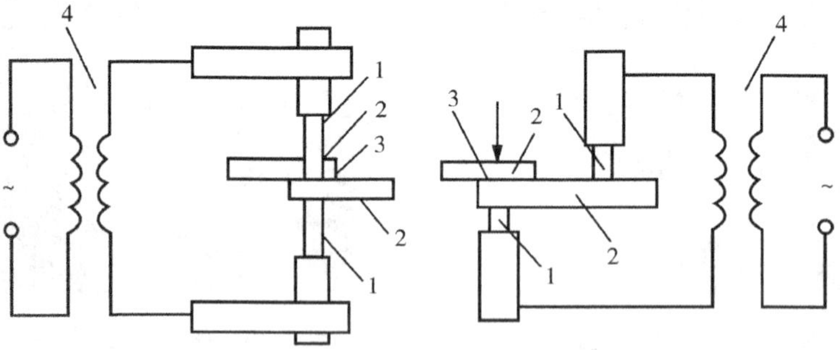

a. 直接加热法　　　　b. 间接加热法

图 9-8　电阻钎焊原理

1. 电极　2. 焊件　3. 钎料　4. 变压器

直接加热的电阻钎焊，电流通过钎焊面和钎料形成回路，靠钎焊面的电阻热加热到钎焊温度，加热速度很快。间接加热的电阻钎焊，电流或只通过一个零件，或根本不通过焊件，而是通过另外一块石墨板或耐热合金板，焊件置于该板上，全部靠该板的电阻热传导到焊件来实现钎焊。

电阻钎焊加热迅速，生产率高，劳动条件好，但加热温度不易控制，接头尺寸不能太大，形状也不能复杂。电阻钎焊主要用于刀具、带锯、导线端头、电触点、电机的定子线圈及集成电路元件的连接等。电阻钎焊最适于采用箔状钎料，若用丝状钎料，须等钎焊面加热到钎焊温度后，再手工送丝。电阻钎焊可在通用电阻焊机上进行，也可采用专门为电阻钎焊而设计的设备。

为了适应大批量生产，国内外陆续发展了一些连续式、半自动及自动电阻钎焊机。此类电阻钎焊机对钎焊过程的电流、电压、热功率、温度、时间、压力等参数可进行实时动态控制。整个钎焊过程实现自动化，加热迅速，生产效率高，热量集中，对周围的热影响小，工艺简单，劳动条件好。

9.2.3 浸渍钎焊

将装配好的焊件整体或局部浸入钎料槽、浴槽或盐浴槽中加热而进行的钎焊，称为浸渍钎焊。浸渍钎焊在液体介质中进行，由于液体介质热容量大、导热好、能迅速而均匀地加热焊件，因此，生产率高，焊件变形、晶粒长大和脱碳等现象不显著。又因液体介质隔绝空气，焊件不受氧化，易于实现钎焊机械化，很适于大批量生产。有时，还能在钎焊的同时完成淬火、渗碳、氰化等热处理过程。

按所用液体介质不同，浸渍钎焊可分为盐浴（盐液）钎焊和金属浴（熔化钎料）钎焊。

1. 盐浴钎焊

将装配好钎料的焊件浸入盐浴槽中加热而进行的浸渍钎焊，主要用于硬钎焊。盐在槽中溶解被加热成高温盐液，起到加热和保护焊件的作用。因此，盐液必须具有合适的熔点，成分和性能稳定，对工件能起保护作用。常用盐液有：①中性氯盐，可防止工件表面氧化；②中性氯盐加少量钎剂，通常加入硼砂以提高盐浴去氧化物能力；③渗碳和氰化盐，在钎焊钢时，可对钢表面起渗碳和渗氮作用。

表9-1为钎焊钢和低合金钢用的盐液成分和钎焊温度。

表9-1　盐浴钎焊钢和低合金钢用的盐类

盐类	成分（质量分数）/%	钎焊温度/℃	适用钎料
中性	$BaCl_2$ 100	1 100～1 150	铜
中性	$BaCl_2$ 95，NaCl 5	1 100～1 150	铜
中性	$BaCl_2$ 80，NaCl 20	670～1 000	黄铜
中性	NaCl 100	850～1 100	黄铜
含钎剂	$BaCl_2$ 80，NaCl 20，硼砂 1	900～1 000	黄铜
中性	$BaCl_2$ 50，KCl 50	730～900	银基钎料
中性	$BaCl_2$ 55，NaCl 25，KCl 20	620～870	银基钎料
氰化	Na_2CO_3 20～30，KCl 20～30 NaCN 30～40	650～870	银基钎料
渗碳	NaCl 30，KCl 30，碳酸盐 20， NaCN 15～20 活性剂余量	900～1 000	黄铜

盐浴钎焊主要设备为盐浴槽。其加热方式有外热式和内热式两种，前者是在槽外用电阻丝加热，应用不广；后者是靠电流通过盐液产生电阻热进行自身加热，被广泛应用，如图9－9所示。表9－2介绍了几种定型盐浴炉的型号和技术数据。

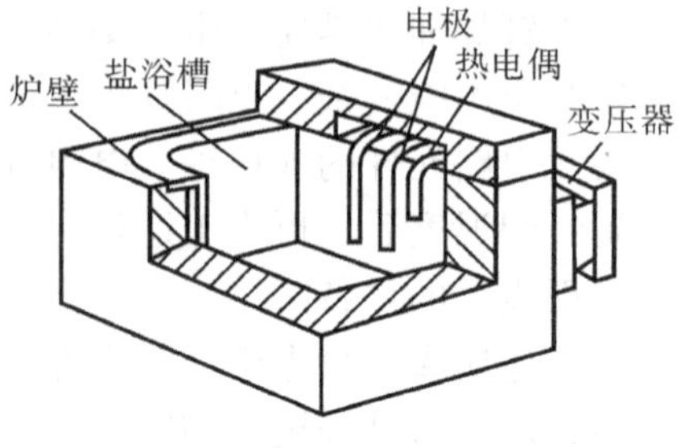

图9－9　内热式盐浴槽

盐浴钎焊的优点是能恒温控制，加热均匀，一次能完成大量多种钎缝，生产率高，易实现自动化大批量生产；缺点是使用大量盐类，焊后须清洗焊件上的残余钎剂，盐浴蒸气和废水容易引起污染，耗电量大等。

表9－2　盐浴炉型号和技术数据

型号	功率/kW	电压/V	相数	最高工作温度/℃	盐浴槽尺寸（mm）	最大生产率/kg·h^{-1}
RDM2－25－8	25	380	1	850	300×300×490	90
RDM2－50－6	50	380	3	600	500×920×540	100
RDM2－75－13	75	380	3	1 300	310×350×600	250
RDM2－100－8	100	380	3	850	500×920×540	160

2. 金属浴钎焊

金属浴钎焊是将焊件浸入覆盖有钎剂的钎料浴槽中加热所进行的浸渍钎焊。装配好的工件在被液态钎料加热的同时，钎料也渗入接头间隙而完成钎焊。此法加热均匀，温度控制精确，装配较容易（不必安放钎料和钎剂），生产率高，一次能完成大量多种或复杂钎缝的钎焊，如蜂窝式换热器、散热器等。此法的缺点是除非工件表面做了阻焊处理，否则会被全部搪满钎料，从而增加了钎料消耗。

9.2.4　感应钎焊

利用高频、中频或工频交流电感应加热进行的钎焊，称感应钎焊。其装置原理如图9－10所示，钎焊时将焊件置于感应圈产生的交流磁场中，焊件即产生感应电流（涡流）而被加热。焊件内的感应电流与交流电的频率成正比，随着所用交流电频率的提高，感应电流增大，焊件的加热变快。感应钎焊多数是用10 kHz以上的高频交流电。但是，频率越高，交流电的集肤效应越明显，即加热深度越浅。

近年来，感应钎焊在工业中的应用越来越受到人们的重视。

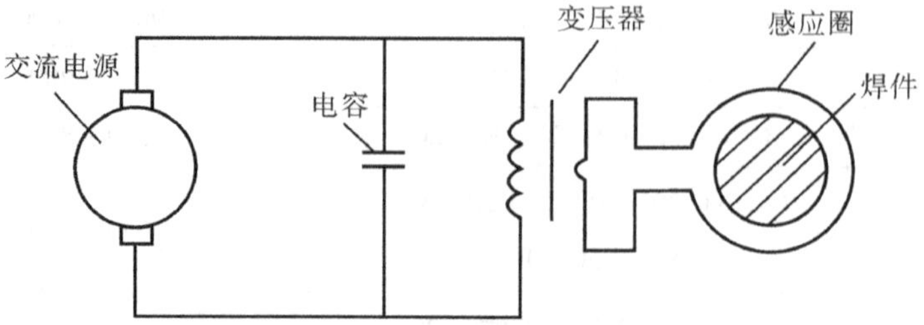

图9－10　感应钎焊装置原理

1. 感应钎焊的加热方式

感应钎焊是通过感应电流加热的，感应电流流过工件时的电阻热是主要热源，有时被称作 I2R 损耗。如果部件是一个电导体，被放置在有快速变化的交变电流流动的感应线圈的电磁场中时，电阻热将发生在整个部件上，如图 9－11所示。

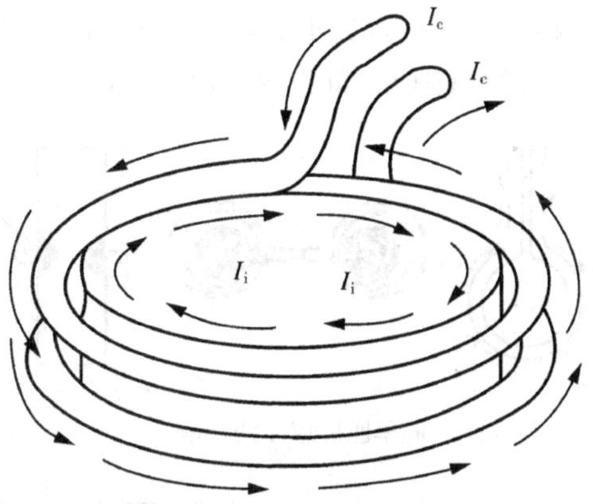

图 9－11 电磁场感在被感应的工件中出现的感应电流

I_c. 线圈电流 I_i. 工件内的感应电流

2. 感应钎焊的优点

感应钎焊的优点如下。

（1）通常为局部加热，可减少构件的性能变化，例如在连接高强度部件时，可避免材料在回火或退火下强度的损失，还可以减少工件变形，消除可能发生的对接接头周围工件的烧损。

（2）加热控制精确，工艺循环稳定，感应钎焊接头外观平整、光滑、均匀，接头工艺一致性强、加热造成的合金损耗最小。

（3）加热速度快，焊件变色轻，可避免结垢，允许在空气中加热。

（4）在需要时，感应器和控制箱可采用柔性连接（图 9－12），满足在工件移动的过程中钎焊接头。感应钎焊可应用在生产线上，自动或半自动生产线以预置钎料的方式进行，节约人工成本。

（5）可减少和简化夹持工装，感应钎焊的加热范围小，提高了所用工装的寿命，保证了被连接部件的尺寸精度。

（6）产量不高时，如果没有现成的感应发生器，用铜管制成的简单的感应器也可以很经济地完成感应钎焊操作。

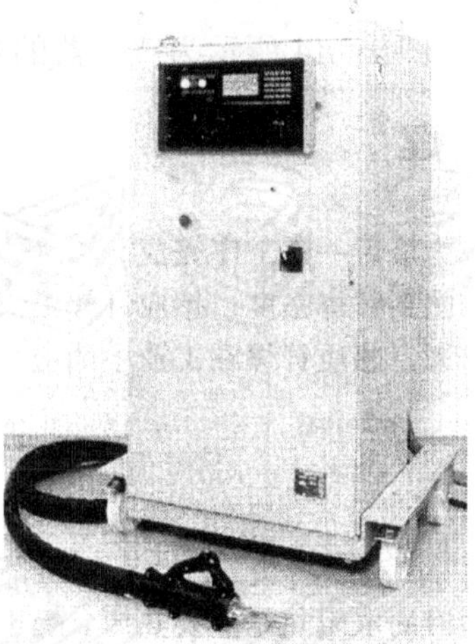

图 9－12 感应器与控制箱之间采用柔性连接

3. 感应钎焊的缺点

感应钎焊具有一系列的优点，但仍有不足之处：①配套系统复杂，包含多个钎焊接头的复杂组件，加热难度很大甚至不可能实现；②部件的装配难度大；③设备的初装费用高；④需要专门知识。

4. 感应钎焊设备

感应钎焊设备主要是交流电源和感应圈（器）。良好的感应加热设备可以对所加工的接头部件提供合适的热量，这主要取决于感应线圈的设计，加热速度，被连接材料的电导率和热导率，以及所包含的部件的质量。工频电源很少直接用于钎焊；中频电源（1～10 kHz）可以是发电机或可控硅中频发生器；高频电源主要是真空电子管电源，输出频率通常为 100～450 kHz，容量在 0.5～600 kW 之间。选用交流电源时主要依据是钎焊所要求的电流频率和功率，必须结合焊件的大小和材料来考虑。

感应圈（又叫感应器）是感应钎焊设备的重要元件，交流电源的能量是通过它传递给焊件而实现加热的。正确设计和选用感应圈的原则是：保证焊件加热得迅速、均匀和高效率。影响感应圈的磁场和焊件加热区形状，除交流电源的工作频率和输出功率外，还有下列因素：①感应圈的形状；②感应圈的匝数；③每匝之间的间距；④感应圈与焊件之间的距离（空气隙），如图 9－13 所示。

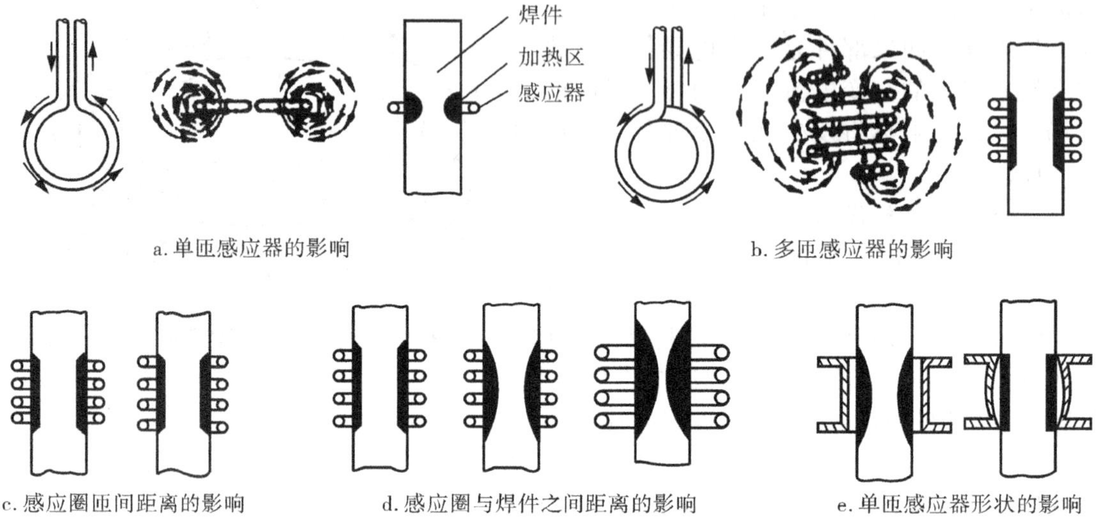

图 9－13　感应器（圈）设计要素对加热形状的影响

图 9－14 所示为感应器的基本设计与用例。

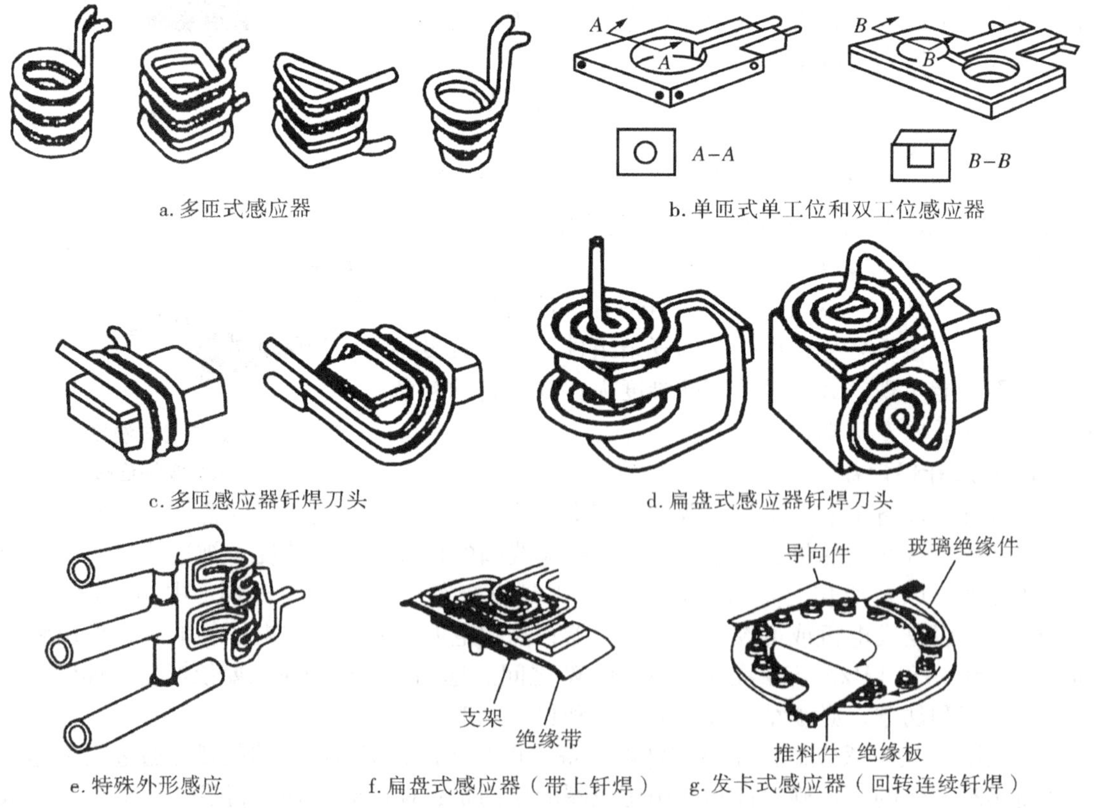

图 9－14　感应钎焊感应器基本设计与用例

感应钎焊时，若将焊件放在感应圈内，将难以进给钎料，故宜在装配时预先把钎料和钎剂放好，可使用箔状、丝状、粉末状和膏状的钎料。图 9－15 所示为感应钎焊用的典型钎料预制件示意。

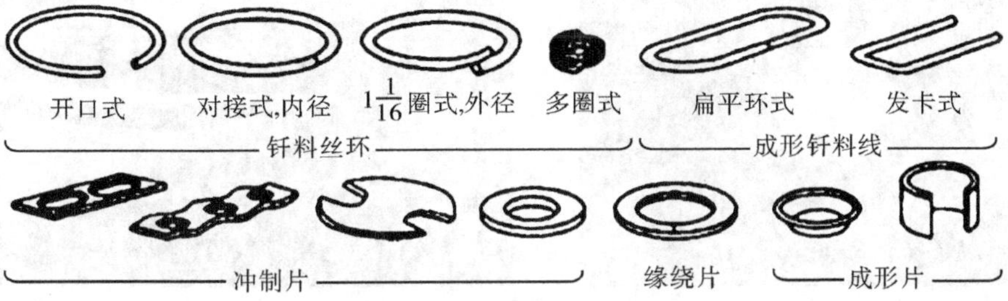

图 9－15　感应钎焊用的典型钎料预制件示意

5. 感应钎焊的应用

感应钎焊广泛用于钎焊钢、铜及铜合金、高温合金等具有对称形状的焊件。异种金属也可以用感应钎焊，但在钎焊磁性金属与非磁性金属时，必须用特殊的技术来补偿它们在加热速度和热膨胀系数上的差异。铝、镁及其合金的硬钎焊，由于温度不易控制，很少使用感应钎焊。在实际生产中，广泛用于消费品、工业产品、结构组件、电力和电子产品、微型设备、手工工具及空间部件等。

图 9－16 和图 9－17 所示为紫铜件构成的管件靠感应钎焊组合在一起，使用 BCu91PAg 钎料环，不使用钎剂。

图 9－16　预置钎料环的感应钎焊

图 9－17　完成感应钎焊的接头

图 9－18 所示为使用平板感应器对 ϕ1.9 mm 纯铜镀锡毛细管与 1 mm 厚温控器镀锡钢制膜盒底座进行钎焊。

图 9－19 所示为冰箱压缩机内部的高压排气管感应钎焊过程，批量生产时，仅 3～4 s/套。钢件的钎焊材料是铜钎料；含有铜则采用银钎料，通常是 40%～50% 的银基钎料；铜和铜部件的钎焊采用含磷钎料。使用与母材熔点接近的钎料是感应钎焊的优势之一。

图 9－20 所示为 4 个铜管同时连接到铸造黄铜集气管上。在操作过程中，清理过的铜管端被固定在集管上，钎料合金环和钎剂被预先放置，随后，加热完成感应钎焊。

图 9－18　温控器膜盒底座的感应钎焊

图 9－19　压缩机高压排气管感应钎焊

图 9－21 所示为铜铝异种材料的感应钎焊。ϕ6 mm × 1 mm 紫铜与 ϕ8 mm × 1 mm 纯铝棒材，钎料为锌镉系焊环、钎剂 028Cs/D，钎焊周期 7 s/点，功率 12 kW。

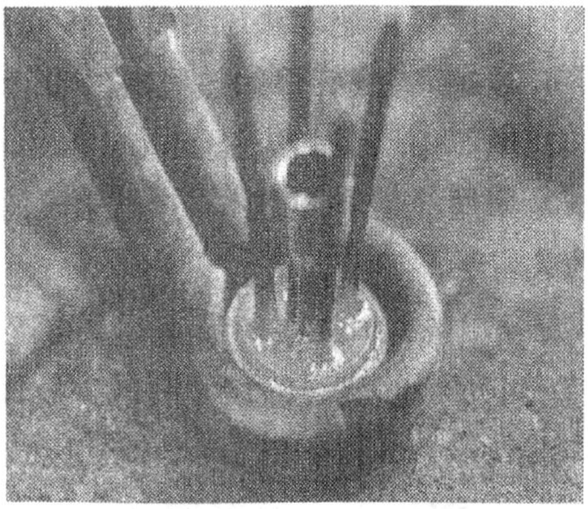

图 9－20　黄铜集气管组件的感应钎焊

图 9－21　铜铝异种材料的感应钎焊

因为感应钎焊有精确的热量控制和集中加热能力，所以能够使用递减钎焊温度的钎料进行顺序钎焊。图 9－22 所示为电子管组件在无钎剂、控制气氛条件下采用顺序感应钎焊生产的接头。

局部加热及递减熔点的多种合金的使用，可以生产出牢固的接头，而不破坏已有的钎焊部件。例如，在某种电子管生产中，通常先使用铜钎料在 1 093 ℃的温度下钎焊，接着用金钎料在 1 052 ℃的温度下钎焊，紧随其后的是具有递减熔化温度的银合金钎料，使用在 900 ℃、802 ℃、749 ℃、702 ℃等各个温度下。通过逐步降低温度来顺序地进行钎焊，形成完整的接头。

9.2.5　炉中钎焊

将装配好钎料的工件放在炉中加热所进行的钎焊，称为炉中钎焊，如图 9－23 所示。根据钎焊过程焊件所处的气氛不同，炉中钎焊可分为：空气炉中钎焊、还原性气体炉中钎焊、惰性气体炉中钎焊和真空炉中钎焊。炉中钎焊的特点是焊件整体加热，加热均匀，焊件变形小，加热速度慢，通常是采取一炉同时钎焊多件来提高生产率或采取连续传送方式

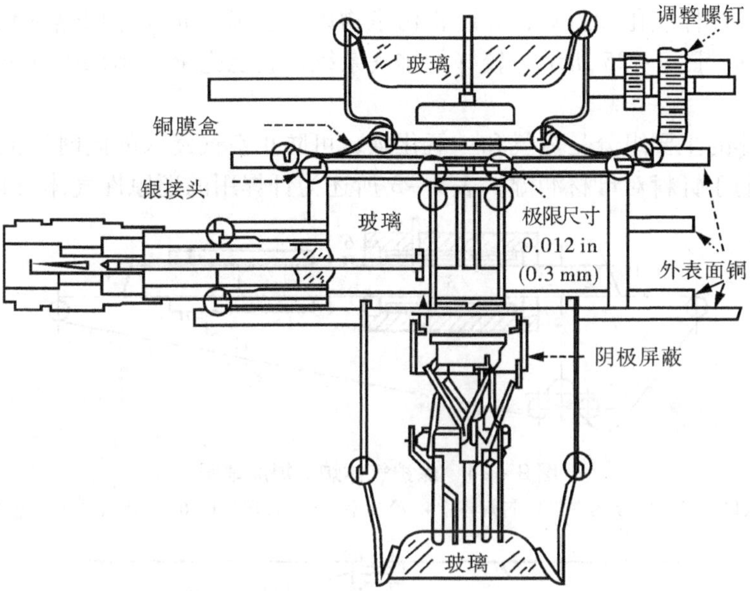

图 9－22　在无钎剂、控制气氛条件下采用顺序感应钎焊生产的接头

注：in 为非法定计量单位，1 in＝2.54 cm。

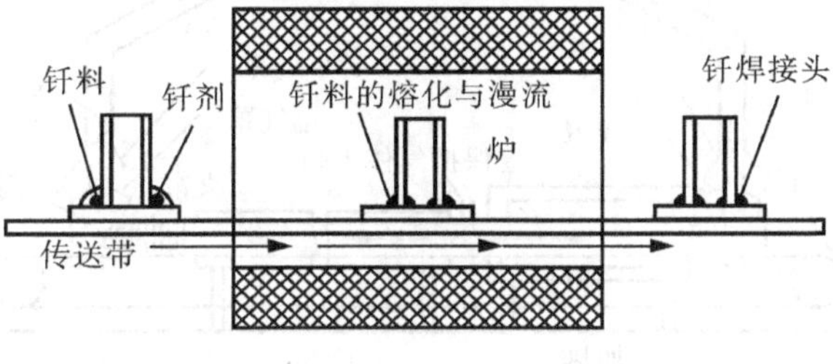

图 9－23　炉中钎焊工作示意

进行大批量生产。

1. 空气炉中钎焊

空气炉中钎焊将装配好的焊件放入一般工业电炉中加热至钎焊温度，靠钎剂去除氧化膜，熔化的钎料流入接头间隙，冷凝后即成钎焊接头。此法设备简单，成本较低，但加热速度慢，工件易被氧化，钎料熔点高时更为显著，其应用受限制，逐渐被保护气体炉中钎焊替代。

2. 保护气体炉中钎焊

保护气体炉中钎焊是将装配好的工件置于特定气体炉中进行加热的钎焊，可分为还原性气体炉中钎焊和惰性气体炉中钎焊。典型的保护气体钎焊如图 9－24 所示，装配好的焊件由传送带经入口炉门 1 被送入预热室 2，在预热室缓慢加热，使温度均匀防止变形；然后被送入钎焊室 3，这时焊件已加热到钎焊温度，在气体保护下完成钎焊过程；钎焊好的焊件进入冷却室 4，在气体保护下冷却至 100～150 ℃经出口炉门 5 出炉。此炉只适于钎焊碳钢，因炉门经常开启，钎焊室很难保持纯净的气氛。对于钎焊合金钢和不锈钢等需在密封的钎焊容器内进行。

为了避免钎焊件氧化和脱碳，并防止污染物以不正确方向穿过加热室和冷却室，宜在出入炉门处排气。图 9 – 25 所示为较好的排气系统，它能完全控制保护气体沿任一个方向通过炉子。

还原性气体的主要组分是氢气和一氧化碳，可防止空气侵入的同时还能还原工件表面的氧化物，有助于钎料对母材润湿。表 9 – 3 所述为钎焊用的还原性气体及其用途。

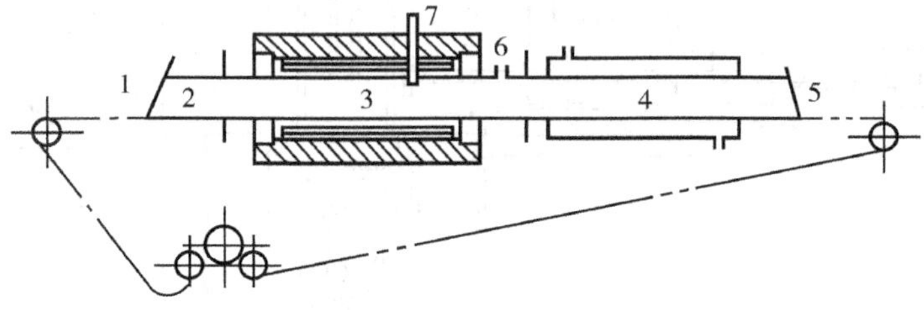

图 9 – 24　保护气体炉钎焊原理图

1. 入口炉门　2. 预热室　3. 钎焊室　4. 冷却室　5. 出口炉门　6. 气体入口　7. 热电偶

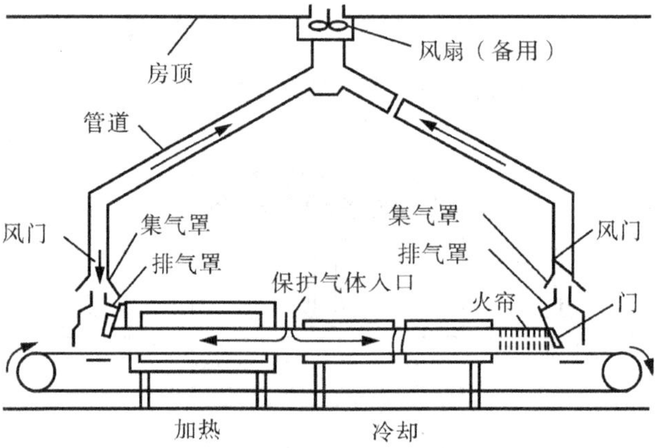

图 9 – 25　网带传送钎焊炉排气系统

表 9 – 3　炉中钎焊用的还原性气体及其用途

气体	主要成分（体积分数,%）				露点/℃	用途		备注
	H_2	CO	N_2	CO_2		钎料	母材	
放热气体	14 ~ 15	9 ~ 10	70 ~ 71	5 ~ 6	室温	铜、铜磷、黄铜、银基	碳钢、无氧铜、镍、蒙乃尔	脱碳性
放热气体	15 ~ 16	10 ~ 11	73 ~ 75	—	– 40		无氧铜、碳钢、镍、镍基合金蒙乃尔、高碳钢	渗碳性
吸热气体	38 ~ 40	17 ~ 19	41 ~ 45	—	– 40			
氢气	97 ~ 100	—	—	—	室温		无氧铜、碳钢、镍、高碳钢、镍基合金、蒙乃尔、不锈钢	脱碳性
干燥氢气	100	—	—	—	– 60	铜、铜磷、黄铜、银基、镍基		
分解氨	75	—	25	—	– 60			

注：蒙乃尔又称镍合金。

还原性气体炉中钎焊时，最常用钎料是铜和镍基钎料，因它们不含易挥发元素。钎料中锌的含量应低，以减少锌的挥发。钎焊铜时，必须是无氧铜。

惰性气体炉中钎焊用的是氩气，只起保护作用，其纯度高于99.99%。通常工件放在容器内，在流动氩气中钎焊。此钎焊方法，安全可靠，但成本较高。

3. 真空炉中钎焊

真空炉中钎焊是将装配好的焊件置于真空炉中加热所进行的钎焊，简称真空钎焊。在真空度为0.133 Pa时，只含有0.000 001%的残余气体，完全可防止氧、氢、氮等与母材发生作用。在高真空条件下，一些金属表面的氧化物在高温时发生挥发，若连续抽气保持真空，则可以清除硬钎焊时释放出来的挥发物质。钢中的碳在真空中加热对氧化物有还原作用，在钎焊含有铬、钛、铝等元素的合金钢、高温合金、钛合金、铝合金及难熔金属时，不需使用钎剂。

真空钎焊炉分热壁型和冷壁型两类。热壁真空炉实际上是一个真空钎焊容器，把装配好的焊件放在该容器内，容器放入炉膛中加热到钎焊温度，保温一定时间，把容器取出在空气中冷却。图9-26所示为热壁真空炉示意，图9-26a为单容器真空炉，在高温和真空条件下容器受压力大，易变形；图9-26b为双容器真空炉，炉膛也抽成真空，以减小钎焊容器的压力。

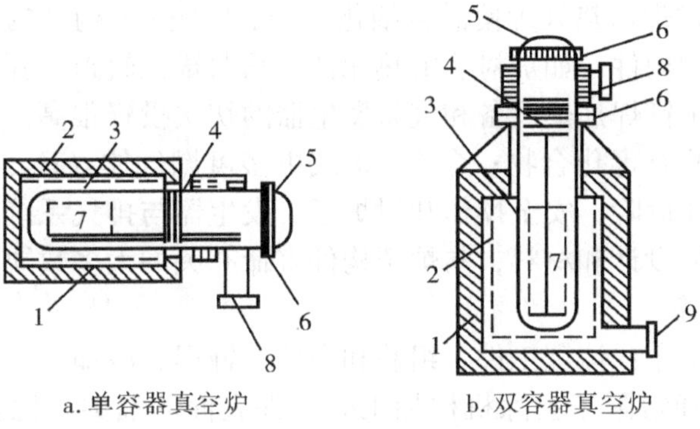

图9-26 热壁真空炉简图

1. 炉壳 2. 加热器 3. 真空容器 4. 反射屏 5. 炉门 6. 密封环 7. 工件 8. 接扩散泵 9. 接机械真空泵

冷壁型炉把加热炉与钎焊室合为一体，如图9-27所示。炉壁作成双层结构的水冷套，内置热反射屏(内侧均匀分布加热元件)，既保护炉壳，又可提高加热效率。此类真空炉使用较安全方便，但结构较复杂，制造费用高，焊后焊件只能随炉冷却，生产率低。为了提高冷却速度，可以在冷却时通入惰性气体，通过安装在热反射屏与炉体之间的热交换器加速其冷却。

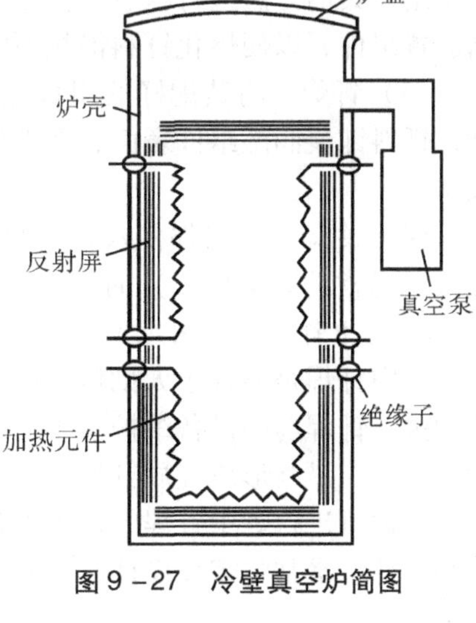

图9-27 冷壁真空炉简图

真空系统包括机械真空泵、油扩散泵、真空管道和真空阀门等。当只要求0.133 Pa以下的真空度时，只用机械泵即可；要求更高真空度时需同时使用扩散泵。钎焊常用真空度在 1.33×10^{-3} Pa ~ 1.33×10^{-1} 之间。

真空钎焊接头质量高，可以连接其他方法无法钎焊的材料，但在真空中金属易蒸发，不宜采用锌、镉、锂、锰、镁和磷等元素含量多的钎料，也不适于钎焊含有大量这些元素的母材。

4. 炉中钎焊的优缺点

与其他钎焊方法相比，炉中钎焊的主要优点是保护气氛易获得、成本低、易存储、防氧化能力强、适用范围广。炉中钎焊的保护气氛能充分还原铁的氧化物，在用铜钎料钎焊碳钢时一般不需要使用钎剂。保护气氛还能防止工件表面进一步氧化，铬、锰、铝和硅的总含量超过2%或3%的某些低合金钢需要强还原气氛（如干燥的氢或分解氨）、钎剂或镍镀层，以便获得良好的润湿作用。另外，无论用间歇式炉或连续炉，都能以较低的单件成本钎焊大批量的组件，同一组件上的几个接头可在一道工序内完成钎焊。在钎焊的各个阶段，包括冷却阶段，炉中钎焊都能精确地控温使其均匀化。在炉中的各个室或不同区域内，加热和冷却过程中，均能提供不同的保护气氛。炉中钎焊能使整个工件的温度均匀分布。如果接头结构设计和装配良好，钎料的数量和形式正确，那么钎焊接头就具有均匀一致的强度和致密性。

炉中钎焊的大多数缺点都与以铜钎焊钢时所需要的较高温度有关。铜钎焊钢时的温度比银基钎料钎焊所要求的钎焊温度高约300 ℃以上。高温足以使中碳钢、高碳钢和低合金钢的晶粒粗化（可通过焊后热处理使晶粒细化），对于加热炉构件的寿命是有害的，特别是那些处于高温工作的构件，如炉衬、电热元件、马弗罐、轨道、托盘和传送带等。与其他钎焊设备相比，炉中钎焊加热设备和气氛发生器的初次投资很高。工业气氛和发生器制备的气氛可能含有一些有毒化合物；含有5%或更多可燃气体（H_2、CO和CH_4）的气氛具有潜在的火灾和爆炸危险，安全操作和对炉子、发生器与排气系统的预防性维护都是必要的。通过改进炉子的设计和材料，与炉子构件寿命有关的大多数缺点都可以克服。

5. 炉中钎焊的工序

炉中钎焊有四道工序：清理工件、组装和夹持、钎焊、冷却。

（1）清理工件。通常限于去除机械加工时工件表面的油类。比较好的清理方法是碱洗、溶剂清洗和蒸汽去油。使用碱洗后，要除去工件上的全部碱性化合物。为了去除含铅钎料的拉拔用有色乳剂，一般要用机械清理方法，如干喷砂或磨料浆湿喷砂。

（2）组装和夹持。炉中钎焊的组件一般都设计成能用压入配合、扩口、铆接或其他不需采用夹具的方法进行组装。但是，为了保持各零件间的相互位置关系，或在钎焊炉中适当放置组件，以便熔化钎料能按所需方向漫流，偶尔也需要使用夹具。

（3）钎焊。将装配好的组件送进炉子的钎焊室，在适当的保护气氛中加热至钎焊温度，钎料铺展润湿组件表面，在毛细作用下进入接头，与未熔化母材形成固溶体，从而实现结合。

（4）冷却。将组件移入炉子的冷却室，在保护气氛中冷却。直到组件被冷却到足够低温度（通常约为150 ℃）时，再将组件移出冷却室。

6. 炉中钎焊的适用范围

炉中钎焊是适合于大批量生产的高效率的自动化钎焊方法，钎焊质量与设备及工艺密切相关。钎焊前的设备维护、工艺编制、前期准备工作，以及对方法、工艺和设备的理解和掌握，对最终形成优质钎焊接头十分重要。

通常可进行炉中钎焊的钢零件包括中小型冲压件、深拉延的薄板金属件、小型锻件和某些铸件。常常将零件设计成“自锁”型，不使用夹具组装即可钎焊。有时也需要使用夹具，但尽可能不用。冲毛边、扩口、旋压铆接、滚花、收口、压配合和定位焊等能保证钎焊所需的良好组装。

9.2.6 特种方法

1. 波峰钎焊和再流钎焊

波峰钎焊和再流钎焊是在现代电子工业制造印制电路板（printed circuit boards，PCB）过程中发展出来的两种软钎焊方法。从本质上看，波峰钎焊是金属浴钎焊的变种，而再流钎焊则多属于炉内钎焊。

电子组装技术早期采用通孔组装技术（through hole tcchnology，THT），后来又发展了表面组装技术（surface mounted technology，SMT），前者采用的是波峰钎焊方法；后者采用的是再流钎焊方法。上述两种电子组装技术的工艺流程的区别如图 9－28 所示。波峰钎焊时的基本流程是：插装→波峰钎焊→清洗→检测→返修；再流钎焊时的基本流程是：印制→贴片→再流钎焊→清洗→检测→返修。

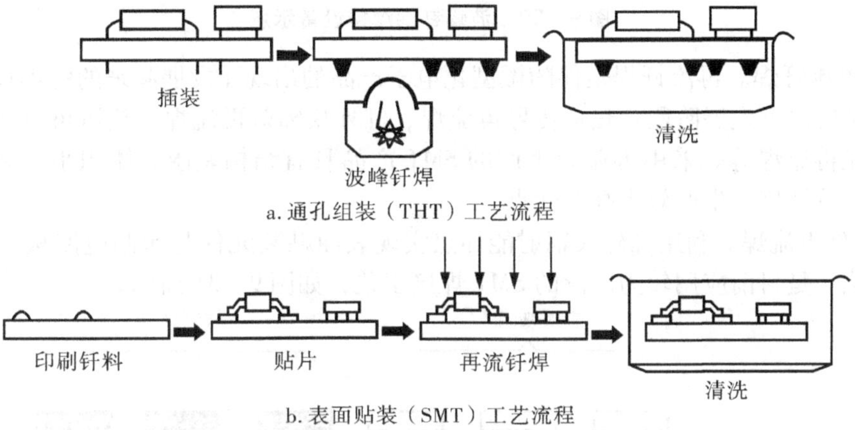

图 9－28　两种电子组装技术的工艺流程

（1）波峰钎焊。波峰钎焊是将熔融的液态钎料，借助泵的作用，在钎料槽液面形成特定形状的钎料波形，在特定的角度和浸入深度下，插装的线路板底部穿过钎料波峰而形成焊点的焊接过程，如图 9－29 所示，图 9－29a 是单波峰焊，图 9－29b 是双波峰焊。

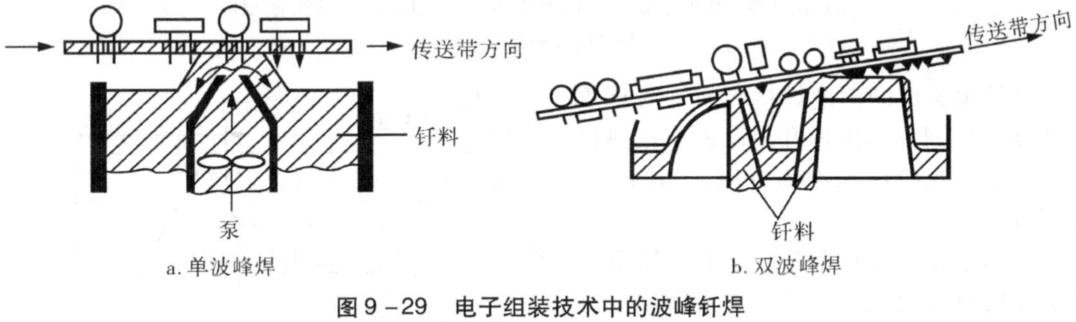

图 9－29　电子组装技术中的波峰钎焊

波峰钎焊设备主要由传送系统、软钎剂涂布区、预热区、锡炉（焊接）区、冷却区和排气系统等组成，如图 9－30 所示。我国研发的单相感应式液态金属电磁泵波峰焊技术，与国外现有技术相比，具有设备结构简单、加工制造容易、维修方便、可靠性高、节能减排、波峰平稳、环保性能好等优点。

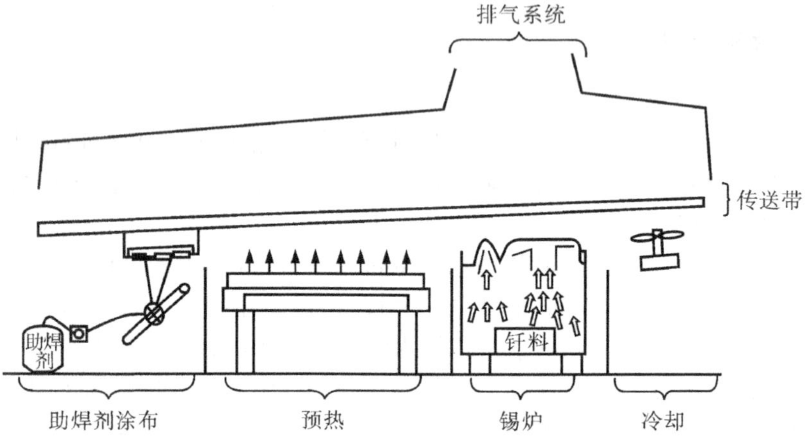

图 9－30　波峰钎焊焊接设备示意

（2）再流钎焊。再流钎焊是伴随微型化电子产品的出现而发展起来的钎焊技术。再流钎焊技术经历以下发展阶段：热板传导再流焊、红外热辐射再流焊、热风再流焊、气相再流焊和激光再流焊等。采用再流焊生产的 SMT 产品具有结构紧凑、体积小、耐振动、抗冲击、高频特性好、生产效率高等优点。

1）红外再流焊。利用红外线辐射能加热实现表面贴装元件与印制电路板之间连接的软钎焊方法，是目前应用较为广泛的 SMT 焊接工艺，如图 9－31 所示。

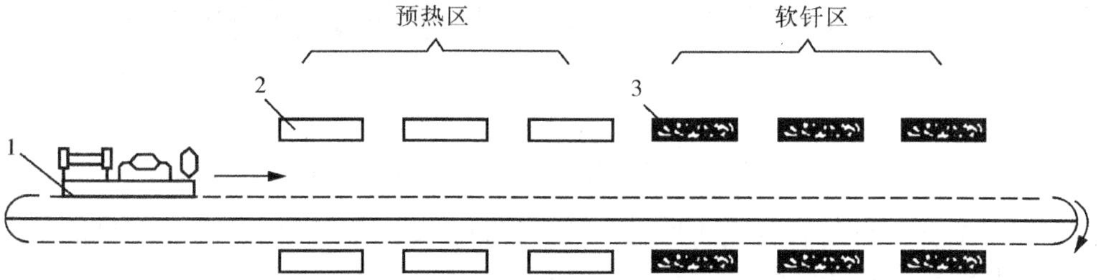

图 9－31　红外再流焊基本原理示意

1. 已涂钎料膏和放置元件的印制电路板　2. 预热区红外线辐射元件
3. 软钎区红外线辐射元件

红外再流焊的温度焊接参数（又称焊接热循环）划分为预热升温阶段、预热保温阶段、再流阶段和冷却阶段，如图 9－32 所示。

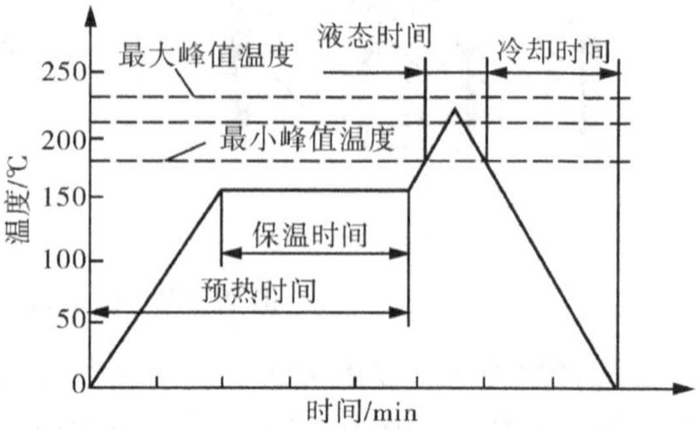

图 9－32　红外再流焊的温度参数

2）热风对流再流焊。利用受热空气的对流传热实现表面贴装元件与印制电路板之间焊接的软钎焊方法，简称热风再流焊。其热源是加热器的辐射热，受热空气在鼓风机的驱动下在再流焊炉中形成对流，并实现热量传递。

在再流焊炉内，一般在传送带上下各设置若干个温区，分别进行温度控制，因而加热均匀，温度稳定，可获得比较精准的再流钎焊的温度曲线，图 9－33 所示为典型的 Sn63Pb37 钎料膏再流钎焊的温度曲线，它可分为：预热、保温、回流、冷却四个阶段。

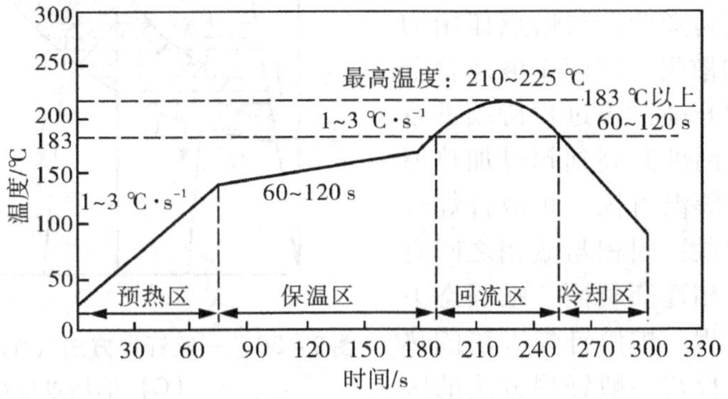

图 9－33　Sn63Pb37 钎料膏再流钎焊的温度曲线

3）气相再流焊。利用饱和蒸汽的汽化潜热来实现表面贴装元件与印制电路板之间焊接的软钎焊方法，如图 9－34 所示。印制电路板放置在充满饱和蒸汽的氛围中，蒸汽与表面贴装元件接触时冷凝并放出汽化潜热使钎料膏熔化。

4）激光再流焊。激光再流焊是利用激光辐射能加热来实现表面贴装元件与印制电路板之间焊接的软钎焊方法，如图 9－35 所示。前述三种再流焊均属群焊工艺，一次可完成整块印制电路板的焊接，而激光再流焊属点焊工艺，采用局部加热进行逐点焊接。

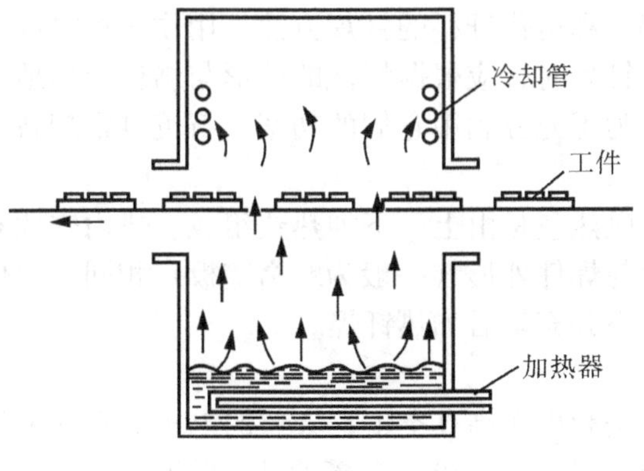

图 9－34　气相再流焊装置示意

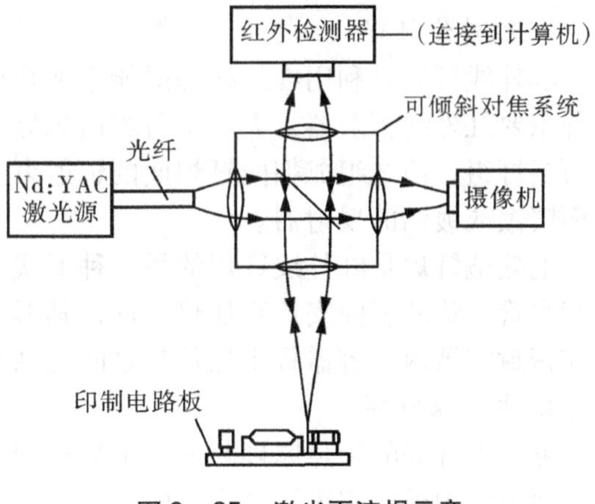

图 9－35　激光再流焊示意

再流焊所用的钎料是由钎料合金粉末和钎剂均匀混合而成的膏状物，称为钎料膏。对钎焊膏的基本要求是：绿色无害（无毒、无臭和无腐蚀）、来源广制备简单、印制性能好、流变性能好、具有一定黏性、钎焊性能好易形成可靠接头、储存寿命长，一般在 0～5 ℃下可保存 3～6 个月。印制后放置时间长，一般在常温下能放置 12～24 h。

2. 扩散钎焊

扩散钎焊的最根本特征是，在钎焊加热过程中钎缝间隙内的液态合金不是降温凝固形成钎缝，而是在高于钎料的固相线温度下长时间保温，钎料等温凝固形成钎缝。等温凝固的机制是，在加热保温过程中，间隙中的钎料熔化后，随着母材的溶入和钎料中低熔点组元或起降低钎料熔点作用的组元（降凝剂）的散失，间隙中液态合金的固相线温度逐渐升高，该过程持续进行而使合金的固相线温度升高到超过加热温度后，合金即发生等温凝固。扩散钎焊过程一般可分三个阶段：固相与液相之间有限的相互扩散；液相逐渐凝固；在固态下发生的均匀扩散过程。扩散钎焊方法的热过程和钎缝凝固过程与一般钎焊方法的区别如图 9 - 36 所示。

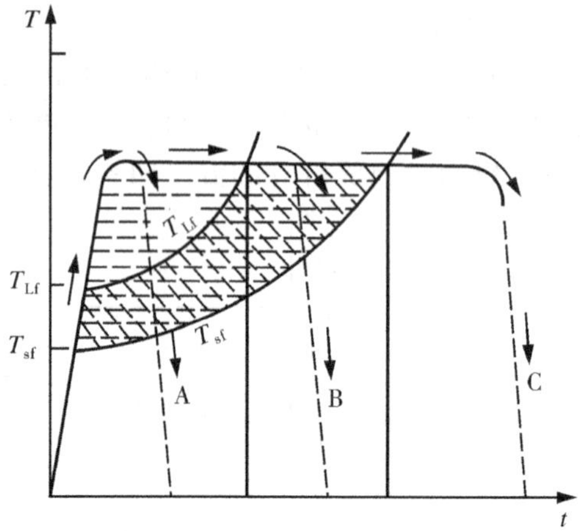

图 9 - 36 一般钎焊方法（A、B）和扩散钎焊方法（C）的热过程和钎缝凝固过程

T_{sf}、T_{Lf}、T_{sj}、T_{Lj}—分别为钎料的固相线、液相线温度、钎缝的固相线、液相线温度

实线—加热过程 虚线—冷却过程

扩散钎焊由于需要长时间加热保温，故最适宜于采用保护气氛炉中加热和真空炉中加热的方法。扩散钎焊使用的钎料成分一般不同于常规钎料，并且其获得方式除类似常规钎料靠熔炼制备外，在不少场合是通过加在母材表面的金属镀层或夹在间隙中的金属箔，加热中与母材接触反应来形成。扩散钎焊的主要过程参数是钎缝间隙宽度、钎焊温度和时间，而后两者又取决于间隙宽度和液态合金的低熔点组元或降凝剂组元的相对含量。因此，应尽可能保持最小的钎缝间隙，为此要经常施加适当的压紧力。

3. 红外线钎焊

红外线钎焊是利用红外线辐射能来加热焊件和熔化钎料的钎焊方法。用作钎焊热源的一种主要红外线辐射器是大功率石英白炽灯。钎焊时，应根据焊件的外形与结构合理地布置石英灯组，使之组成朝向钎焊面的辐射束。为了充分利用它们的功率，石英灯常配备工作面镀银或镀铝的反射器。

电热毡钎焊是红外线钎焊的另一种形式。电热毡是由上、下加热垫组成。垫内安放有冷却水管，垫的表面安置着加热元件，其形状与焊件外形（一般为蜂窝壁板）相同。焊件放在密封容器内，容器置于加热垫之间在抽真空并充氩后加热钎焊。

4. 电子束钎焊

电子束钎焊的加热原理与电子束焊相同，是利用在高真空下，聚焦的电子流在强电场中高速地由阴极向阳极运动中，电子与零件的钎焊面（阳极）碰撞的动能转变为热能来实现钎焊加热的。与电子束焊不同的是，钎焊要求的加热温度要低得多，通常采用扫描的或散焦的电子束。

电子束钎焊与其他钎焊方法相比有重大的缺点，它要求使用高真空和高精度的操纵装置，设备复杂、钎焊过程生产率低、成本高。

5. 激光钎焊

激光钎焊是使用激光束作为加热热源的钎焊。激光束是用激光器发射的高相干性、单色、高强度的细电磁辐射波束，聚焦直径仅为 1 ~ 10 μm，能量密度很高，相关数据见表

9－4。激光可实现对微小面积的高速加热，并保证对毗连母材的性能不产生明显影响，适宜于对加热敏感的微电子器件的钎焊连接。激光束与电子束虽具有近似的特性，但激光钎焊有明显的技术优点，激光辐射可以用简单的光学系统来实现聚焦，且不要求真空环境，可在任何气氛中使用，因此设备较简单、成本较低、生产率高。

表9－4　各种热源的最大热流密度

热源	最小加热面积 S/cm^2	最大热流密度 $q/$（$W \cdot cm^{-2}$）
氧化焰	10^{-2}	5.1×10^4
电弧	10^{-3}	1.0×10^5
电子束	10^{-7}	5.0×10^8
激光束	10^{-7}	1.0×10^9

9.3　钎焊工艺参数

钎焊的工艺参数包括钎焊温度、升温和冷却速度、保温时间及钎焊后处理等，其中钎焊温度和保温时间是关键。

9.3.1　钎焊温度

钎焊温度通常选择高于钎料液相线温度25～50 ℃范围内，以保证钎料能填满间隙，温度过高，容易导致熔蚀缺陷。但不同的情况要具体分析，如钎料的固相线和液相线的温度相隔较远时，钎焊温度可以等于或稍低于钎料液相线温度；而对于某些钎料，如镍基钎料，希望它与母材发生充分的反应，钎焊温度可能高于钎料液相线温度100 ℃以上。

9.3.2　升温和冷却速度

钎焊过程中，升温和冷却速度要综合考虑母材的性质，工件的形状尺寸，以及钎料与母材的相互作用。对于脆性大、热导率较低和尺寸较厚的工件不宜升温过快，因过快容易引起焊件内外很大的温度梯度，应力和变形则不可避免，增加了开裂的倾向。当使用亚共晶钎料时，宜采用较快的升温速度，以减少熔析的产生，而快速冷却有利于钎缝组织细化，可提高其力学性能，但过快冷却对于性质较脆、热导率低和厚度较大的焊件来说，易产生裂纹。

9.3.3　保温时间

钎焊保温时间视工件尺寸和钎料与母材相互作用的剧烈程度而定。大件的保温时间应长些，以保证加热均匀；钎料与母材作用强烈的，保温时间要短些。适当的保温时间有利于钎料与母材之间的相互扩散，形成牢固的接头。但保温时间过长将导致熔蚀等缺陷发生。

9.3.4　钎焊后处理

钎焊的焊后处理包括清除残余钎剂、阻流剂及其他堆积物，焊后热处理，焊后表面处理，如镀覆其他惰性金属保护层、氧化或钝化处理、喷漆等。

（1）钎剂的清除。钎剂残渣多有腐蚀性，且妨碍对钎缝质量的检查，焊后应清除干净。可针对钎剂的物理化学性质采取不同的清除方法。如可用异丙醇、酒精、汽油、三氯乙烯等有机溶剂清除含松香的活性钎剂残渣；可用热水洗涤有机酸及盐组成的钎剂与无机酸组成的软钎剂残渣；可用有机溶剂去除用凡士林调制的膏状钎剂残渣；可用喷砂法去除硼砂和硼酸为基的硬钎剂残渣。

（2）阻流剂的清除。对于“分离剂”型的阻流剂，很容易用钢丝刷、压缩空气或冲水等机械方法清除，对“表面反应”型阻流剂，用热硝酸-氢氟酸酸洗，最容易清除，但对含铜和银的合金不适用，用氢氧化钠或二氟化铵溶液清除，可适用于任何场合。清除阻流剂后须用清水洗涤干净。

9.4 钎料

9.4.1 对钎料的基本要求

钎焊时用的填充金属称钎料。由于焊件是依靠熔化的钎料凝固后而被连接起来的，因此钎焊接头的质量很大程度上取决于钎料。为了满足工艺要求和获得高质量的钎焊接头，钎料必须满足下列基本要求。

1. 钎料的基本要求

（1）应具有合适的熔点。钎料的熔点至少应比母材的熔点低 40～50 ℃，若两者熔点过于接近，则钎焊过程不易控制，甚至可能引起母材过热或局部熔化。

（2）应具有良好的润湿性，能充分填满接头间隙。

（3）与母材发生物理化学作用，保证二者之间形成牢固的结合。

（4）成分稳定，尽量减少钎焊温度下元素的损耗，少用或不用稀贵金属。

（5）满足钎焊接头物理、化学和力学性能的要求。

2. 钎料的分类、牌号和供应状态

（1）钎料的分类。按熔化温度范围可分为：熔化温度低于 450 ℃的软钎料，高于 450 ℃的硬钎料，高于 950 ℃的高温钎料。根据熔化温度和钎焊接头的强度不同，可分为易熔钎料（软钎料）和难熔钎料（硬钎料）。

硬纤料根据组成钎料的主要元素不同，分为铝基、银基、铜基、锰基、金基、镍基、铁基等。硬钎料的熔化温度范围见表 9-5。

表 9-5 硬钎料的熔化温度范围

组成	熔化范围/℃	组 成	熔化范围/℃
镍基钎料	780～1 200	黄铜钎料	820～1 050
钯基钎料	800～1 230	铜磷钎料	700～900
金基钎料	900～1 020	银基钎料	600～970
铜基钎料	1 080～1 130	铝基钎料	460～630

软钎料有：铋基、铟基、锡基、铅基、镉基、锌基等钎料，熔化温度范围如图 9-37

所示。

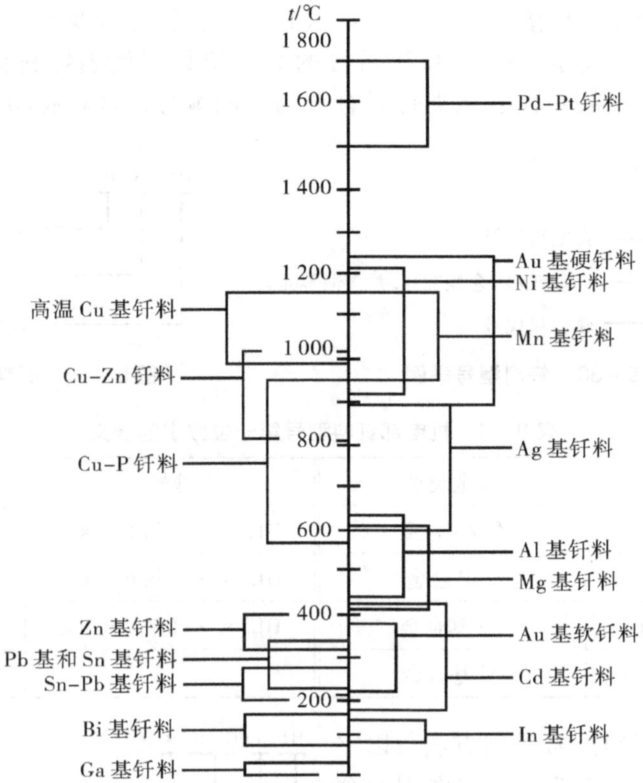

图 9-37　各类钎料的熔化温度范围

（2）型号的编制方法。

1）国家标准。我国钎料的型号尚未完全统一，有行业自定的、习用的和外来的，同一钎料通常有多种表示方法。GB/T 6208—1995《钎料型号表示法》① 代替了 GB 6208—1986《钎料牌号表示方法》，规定钎料型号由两部分组成，之间用“-”分开。第一部分用一个大写英文字母表示钎料的类型，“S”表示软钎料，“B”表示硬钎料。第二部分由主要合金组分的化学元素符号组成，这部分中第一个化学元素符号表示钎料的基体组分，其他化学元素符号按其质量分数（%）顺序排列。当几种元素质量分数相同时，按其原子序数顺序排列；软钎料每个化学元素符号后都要标出其公称质量分数，硬钎料仅第一个化学元素后标出公称质量分数。公称质量分数取整数误差 ±1%，公称质量分数小于 1% 的元素在型号中不必标出，但如某元素是钎料的关键组分一定要标出时，软钎料型号中可仅标出其化学元素符号，硬钎料型号中将其化学元素符号用括号括起来。

每个钎料型号中最多只能标出 6 个化学元素符号，将符号“E”标注在型号之后表示是电子行业用软钎料。对于真空级钎料，用字母“V”表示，以短划“-”与前面的合金组分分开。既可用作钎料又可用作气焊焊丝的铜锌合金，用字母“R”表示，前面同样加

①GB/T 6208-1995《钎料型号表示法》已于 2005 年 10 月 14 日作废，但目前仍未有替代标准，故本书仍作参考。

短划“-”。钎料型号举例如图 9-38 所示。

2）原机械工业部《焊接材料产品样本》（1997）钎料牌号编制法，以牌号“HL××
×”或“料×××”表示，在“HL”后接的第一位数字代表钎料化学组成类型（表 9-6），第二、第三位数字代表该类钎料合金的不同编号，钎料牌型号举例如图 9-39 所示。

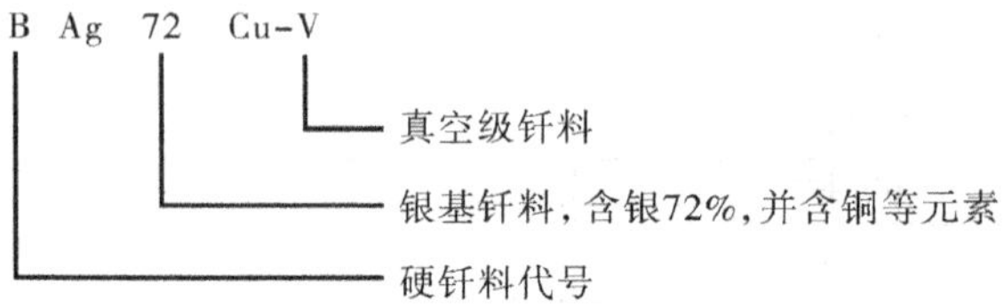

图 9-38 钎料型号举例

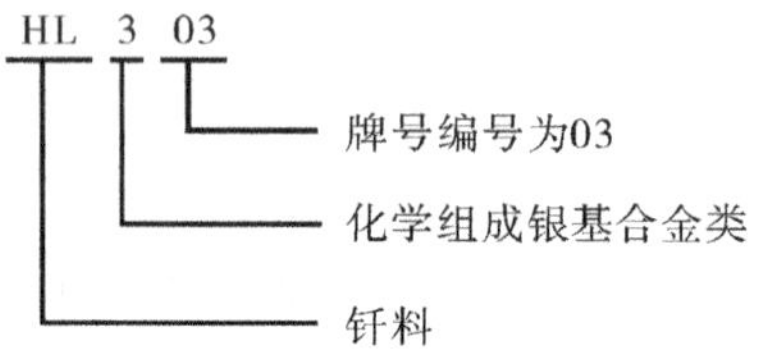

图 9-39 钎料牌型号举例

表 9-6 机电部钎料型号第一位数字的含义

牌号	合金类型	牌号	合金类型
HL1××（料 1××）	CuZn 合金	HL5××（料 5××）	Zn 基、Cd 基合金
HL2××（料 2××）	CuP 合金	HL6××（料 6××）	SnPb 合金
HL3××（料 3××）	Ag 基合金	HL7××（料 7××）	Ni 基合金
HL4××（料 4××）	Al 基合金		

3）冶金部的钎料型号编制方法。以字母“HI”表示钎料，在“HI”后面用两个化学元素符号表明钎料的主要组元，最后用一个或多个数字标出除第一个主要元素以外钎料的其他主要合金组元的含量，钎料型号编制法如图 9-40 所示。

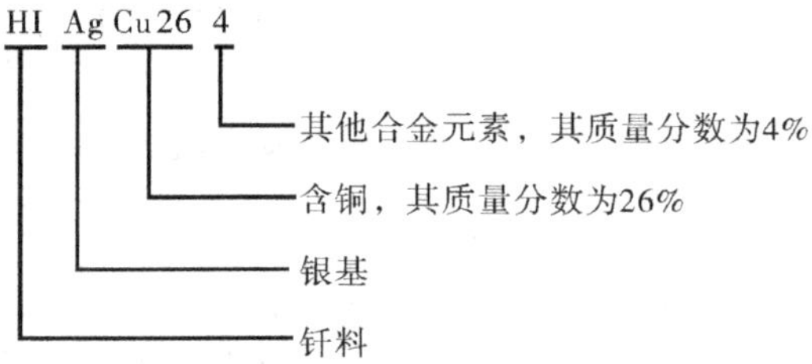

图 9-40 钎料型号编制法

目前我国钎料型号和牌号表示方法由于历史原因，统一尚需时日，作为过渡，后面对尚未标准化的暂保留所用来源的牌号。

（3）钎料供应状态。钎料通常有丝状、棒状、带（箔）状、铸条状、粉状及膏状等供应状态。可根据接头形状需求做成圈状、环状、簧状等预成形件，还可做成药芯/药皮钎料、其他复合钎料，或原位合成钎料。

9.4.2 常用软钎料

1. 锡基钎料

锡基钎料中以锡铅钎料应用最广。在 Sn-Pb 合金中，ω（Sn）为 61.9% 时，即形成熔点为 183 ℃的共晶。在锡中加入铅可提高强度，若在共晶点成分附近则强度和硬度最高，但电导率却随铅的增加而降低。在锡铅钎料加入少量锑［ω（Sb）<3%］，可减轻钎料在液态时的氧化，提高接头的热稳定性。锡铅钎料的工作温度一般不高于 100 ℃，有冷脆性，若在低温工作应采用含锡量低的钎料。锡铅钎料常制成丝状、棒状、扁带状，有的做成松香芯焊丝，活性松香焊丝去膜能力强，焊点光亮，钎剂残渣的腐蚀性小。

其他锡基钎料有含银、锌、锑、铜的，其熔化温度和工作温度较高，有较好的抗蚀和抗蠕变性能。表 9－7 列出了部分锡铅钎料和锡银钎料的牌号、成分、主要性能和用途。

表 9－7 锡铅钎料和锡银钎料的牌号、成分、性能和用途

牌号	化学成分（质量分数）/%				熔化温度/℃		电阻率/（μΩ·m）	用途
	Sn	Sb	Pb	杂质	固相线	液相线		
BSn4Pb	3～4	5～6	余量	<0.5	245	265	—	含锡量最低，脆性大，只用于钢的镀覆和钎焊时不受冲击的零件，以及卷边或销口钎缝
BSn18Pb	17～19	2～2.5	余量	<0.5	183	277	0.220	含锡量低，力学性能差，可用于钎焊铜、黄铜、镀锌铁皮等这些强度要求不高的场合，以及钎焊低温工作的工件
BSn30Pb	29～31	1.5～2.0	余量	<0.5	183	256	0.182	应用较广的钎料，润湿性较好，用于钎焊铜、黄铜、钢、锌板、白铁皮和散热器、仪表、无线电器械、电动机匝线、电缆套等
BSn40Pb	39～41	1.5～2.0	余量	<0.5	183	235	0.170	应用最广的钎料，润湿性好，用于钎焊铜和铜合金、钢、镀锌铁皮等，可得到光洁表面。常用于钎焊散热器、无线电及电器开关设备、仪表零件等
BSn50Pb	49～51	≤0.8	余量	<0.5	183	210	0.156	钎焊散热器、计算机零件、铜和黄铜、白铁皮等
BSn55Pb	54～56	≤0.8	余量	<0.5	183	200	—	—
BSn60Pb	59～61	≤0.8	余量	<0.5	183	185	0.145	熔点最低，适于钎焊不能受高温和窄间隙的地方，如电子器件、电气开关零件、计算机零件、易熔金属制品和淬火钢件等
BSn90Pb	89～91	≤0.15	余量	<0.3	183	222	0.120	可钎焊大多数钢、铜和合金及其他金属，含铅少，特别适于钎焊食品器皿和医疗器材
HL605	95～97	—	—	Ag3～4	221	230	—	抗腐蚀性好，工作温度可达 100 ℃，适宜于钎焊铜、黄铜、铝青铜、铝黄铜等

2. 铅基钎料

铅基钎料耐热性能比锡铅钎料好，但对铜的润湿性较差。为提高其润湿性，可加入一些锡。铅基钎料多以丝状供应。表 9－8 为部分铅基钎料的牌号、成分、性能和用途。

表 9-8　铅基钎料的牌号、成分、性能和用途

牌号	化学成分（质量分数）/%				熔化温度范围/℃	电阻率/（μΩ·m）	用途
	Pb	Ag	Sn	杂质			
HLAgPb97	96~98	2.7~3.3	—	<0.5	300~305	0.20	钎焊铜及铜合金，工作温度<150 ℃
HLAgPb92-5.5	92	2.5	5.5	<0.5	295~305	—	
HLAgPb65-9-5	65	5	30	—	225~235	—	
HLAgPb83.5-15-1.5	83.5	1.5	15	<0.5	265~270	—	

3. 镉基钎料

镉基钎料是软钎料中耐热性最好的一种，并具有较好抗腐蚀性。该钎料主要成份是镉银合金，含银量不宜过多，当 ω（Ag）>5%后，其液相线温度迅速上升，结晶间隔变宽；加入锌可降低熔化温度及减轻液态钎料的氧化，并适当提高钎料强度。镉基钎料用于钎焊铜时，钎焊温度不能高，加热时间不宜长，以免在接头界面生成铜镉脆性化合物。镉基钎料多以丝状供应。表 9-9 为镉基钎料的牌号、成分、性能和用途。

表 9-9　镉基钎料牌号、成分、性能和用途

牌号	化学成分（质量分数）/%			熔化温度范围/℃	抗拉强度/MPa	用途
	Cd	Ag	Zn			
HL503	95	5	—	338~393	112.8	钎焊工作温度较高的铜和铜合金，如散热器及电机整流子。工作温度<250 ℃
HLAgCd96-1	96	3	1	300~325	110.8	
Cd79ZnAg	79	5	16	270~285	200	
HL508	92	5	3	320~360	—	

4. 锌基钎料

锌的熔点为 419 ℃，加入锡和镉能降低熔点，加入银、铜、铝等元素可提高其抗腐蚀性。多数锌基钎料强度低，延性差，对钢和铜及其合金润湿性差，故主要用于钎焊铝及铝合金。表 9-10 为部分锌基钎料的牌号、成分、性能和用途。

表 9-10　锌基钎料的牌号、成分、性能和用途

牌号	化学成分（质量分数）/%						熔化温度/℃		用途
	Zn	Sn	Pb	Cd	Al	Cu	固相线	液相线	
HL501	56~60	38~42	—	—	—	1.5~2.5	200	350	用于铝芯线的刮擦钎焊，也可钎焊铝、铝合金与铜接头
HL502	58~62	—	—	38~42	—	—	266	335	润湿性好，可焊铝和铝合金、铝与铜，耐蚀性尚好
HL607	8~10	29~33	49~53	8~10	—	—	150	210	钎焊铝芯电缆接头，接头耐蚀性差，表面须用保护措施

续表

牌号	化学成分（质量分数）/%						熔化温度/℃		用途
	Zn	Sn	Pb	Cd	Al	Cu	固相线	液相线	
HL505	70～75	—	—	—	25～30	—	430	500	用于铝和铝合金钎焊，接头耐蚀性好

9.4.3 常用硬钎料

硬钎料由于强度高，可用于受力构件的焊接，也可用在高温工作场合。

1. 铝基钎料

铝基钎料主要用于钎焊铝及铝合金，成分以铝硅合金为基础组分，有时加入铜、锌、锗等元素以满足工艺性能要求。在铝镁合金中加入 ω（Mg）=1%～1.5%的 Mg，可用于铝合金的真空钎焊。表 9－11 为部分铝基钎料的牌号、成分、性能和用途。

铝基钎料合金与恰当的钎剂合成可制备药芯钎料，与传统的实心钎料相比，药芯钎料具有以下优点：自带钎剂，钎焊时减少添加钎剂的工序，焊接效率高；成分调节灵活、节能节材、钎剂用量少、成本低、污染小、焊缝成形美观，且可直接连续施焊。药芯钎料的出现和发展适应了钎焊生产向高效率、低成本、高质量、自动化和智能化方向发展的趋势。铝基钎料可做成双金属复合板，即在基体金属两侧复合 5%～10% 板厚的钎料（称铝钎焊板）。用于钎焊大面积或接头密集的部件，如柴油机的冷却器等。表 9－12 为铝钎焊板的性能。

表 9－12 铝钎焊板

牌 号	基体金属	包覆层	包覆层熔化温度/℃	钎焊温度/℃
LF63－1	3A21	Al－11～12.5Si	577～582	582～604
LF－3	3A21	Al－6.8～8.2Si	577～612	600～615

2. 银基钎料

银基钎料是应用最广的一类硬钎料。其熔点适中，工艺性好，能润湿多种金属且具有良好的强度、塑性、导热性、导电性和耐腐蚀性能。因此用于钎焊低碳钢、结构钢、不锈钢、铜及其合金、可伐合金和难熔金属等。银基钎料主要是银铜和银铜锌合金，有时加入镉、锡、锰、镍、锂等元素以满足不同的工艺要求。银基钎料加入铜可降低银的熔化温度，又不会形成脆性相，ω(Cu)=28%的银铜合金为共晶成分，其熔化温度为 780 ℃；再加锌可进一步降低其熔化温度，但锌超过一定量，组织中将出现脆性相，故 ω(Zn)不宜大于 35%。为进一步降低熔点，可在银基钎料中加入镉，但也不能过量，否则也生脆性相，且镉蒸气有毒。表 9－13 为银基钎料的牌号、成分、性能及用途。

真空钎焊用的银钎料不能含有磷、镉、锌、镁、锂等易挥发元素。表 9－14 为真空级银钎料的牌号、成分、性能和用途。多种药芯银基钎料已经研发生产，在空调制冷、电力、电器行业等领域必将有广泛的应用前景。

3. 铜基钎料

纯铜也可作钎料，其熔点为 1 083 ℃，用作钎料时钎焊温度为 1 100～1 150 ℃。为防止焊件氧化，纯铜钎料多在还原性气氛、惰性气氛和真空条件下钎焊钢和铜及其合金时使用。

表 9－11　铝基钎料的牌号、成分、性能和用途

分类	牌号	化学成分（质量分数）/%										熔化温度/℃		性能与用途
		Al	Si	Cu	Zn	Fe	Mg	Cr	Ti	Mn	其余	固相线	液相线	
铝硅	BA188Si		11～13	<0.3	<0.20		<0.10	—	—	<0.05		577	580	一种通用钎料，适用于各种钎焊方法，具有极好的流动性和抗腐蚀性
铝硅铜	BA190Si		9～11		<0.10		<0.05		0.2			577	590	制成片状用于炉中钎焊、浸渍钎焊，钎焊温度比 BA192Si 低
	BA192Si		6.8～8.2	<0.25					—	<0.10		577	615	流动性差，对铝的熔蚀性小，制成片状用于炉中钎焊和浸渍钎焊
铝硅镁	BA167CuSi		5.5～6.5	27～29						<0.15		525	535	适用于火焰钎焊，熔化温度低，容易操作，钎料脆，抗蚀性低于铝硅钎料
	BA186SiCu	余量	9.3～10.7	3.3～4.7		<0.8	—	<0.15			≤0.15	520	585	适用于各种钎焊方法，钎料的结晶温度间隔较大，易于控制钎料流动
	BA186SiMg		11～13					—		<0.10		559	579	真空钎焊用片状、丝状钎料，用于钎焊温度不高，流动性好的场合
	BA188SiMg		9.0～10.5		<0.20							559	591	
	BA189SiMg		9.5～11	—			0.20～1					559	582	
	BA190SiMg		6.8～8.2				2.0～3.0					559	602	真空钎焊用片状钎料，钎焊温度高

注：化学成分和熔化温度摘自 GB/T 13815—1992。

表 9－13　银基钎料的牌号、成分、性能及用途

牌号	化学成分（质量分数）/%						熔化温度/℃		用途
	Ag	Cu	Zn	Cd	Sn	其他	固相线	液相线	
BAg94Al	余量					Mn0. 7～1. 3	780	825	用于钎焊钛和钛合金
BAg10CuZn	9～11	52～54	余量	—	—	Al4. 5～5. 5	815	850	钎焊温度较高，塑性较差，用于钎焊 ω（Cu）低于58%的黄铜、铜、钢
BAg25CuZn	24～26	40～42	余量	—	—	—	745	775	有较好的润湿性和填缝能力，可钎焊要求表面光洁、能承受冲击载荷的铜和铜合金、钢、不锈钢等零件，但其钎焊温度较低，接头性能更好，是最常用的一种银钎料
BAg45CuZn	44～46	29～31	余量	—	—	—	665	745	
BAg50CuZn	49～51	33～35	余量	—	—	—	690	774	钎料结晶间隔较大，适用于钎焊间隙不均匀或要求钎缝圆角较大与承受多次冲击载荷的零件
BAg65CuZn	64～66	19～21	余量	—	—	—	685	720	钎料熔化温度较低，强度和塑性好，用于对钎焊性能要求高的黄铜、青铜和钢件
BAg70CuZn	69～71	24～26	余量	—	—	—	730	755	适宜钎焊要求电导性好的铜、黄铜、银等，含锌少可用于炉中钎焊
BAg40CuZnCdNi	39～41	15. 5～6. 5	17. 3～18. 3	25. 1～26. 5	—	Ni0. 1～0. 3	595	605	熔化温度最低的银钎料，工艺性能和力学性能很好，用于钎焊铜和铜合金、钢、不锈钢，特别适宜于要求钎焊温度低的调质钢及铍青铜等。镉蒸气有毒
BAg50CuZnCd	49～51	14. 5～16. 5	14. 5～18. 5	17～19	—	—	625	635	特别适用于对钎焊温度要求不严，而对强度要求高的零件
BAg35CuZnCd	34～36	25～29	23～29	17～19	—	—	605	700	可填充较大和不均匀的间隙，但为了防偏析，要求加热快。钎焊铜和铜合金、钢、不锈钢
BAg50CuZnCdNi	49～51	14. 5～16. 5	13. 5～17. 5	15～17	—	Ni2. 5～3. 5	630	690	耐热和耐腐蚀性好，适于钎焊不锈钢及硬质合金

续表

牌号	化学成分（质量分数）/%						熔化温度/℃		用途
	Ag	Cu	Zn	Cd	Sn	其他	固相线	液相线	
BAg56CuZnSn	55 ~ 57	21 ~ 23	15 ~ 19	—	4.5 ~ 5.5	—	620	650	BAg50CuZnCd 的代用品，钎焊不锈钢，钎缝与不锈钢色相近
BAg40CuZnSnNi	39 ~ 41	24 ~ 26	29.5 ~ 31.5	—	2.7 ~ 3.3	Ni1.3 ~ 1.65	634	640	BAg40CuZnCd 的代用品，无毒，但性能不及 BAg40CuZnCd

表 9－14　真空级银钎料的牌号、成分、性能和用途

牌号	化学成分（质量分数）/%										熔化温度/℃		用途
	Ag	Cu	Sn	In	Bi	Pb	Cd	Zn	S	P	固相线	液相线	
BAg－V	99.5	0.05	—	—	—	0.002	0.001	0.001	0.005	0.002	960	960	电真空器件钎焊时用作第一级钎料
BAg50Cu－V	49 ~ 51	49 ~ 51	—	—	—	0.002	0.001	0.001	0.005	0.002	779	850	电真空器件钎焊时用作中间级钎料
BAg72Cu－V	71 ~ 73	27 ~ 29	—	—	—	0.002	0.001	0.001	0.005	0.002	779	779	电真空器件钎焊中应用最广的一种钎料。多级钎焊时用作中间级钎料或末级钎料
BAg60CuIn－V	余量	29.2 ~ 9.8	—	9 ~ 11	—	0.002	0.001	0.001	0.005	0.002	600	720	电真空器件多级钎焊时用作末级钎料
BAg68CuPb－V	余量	26 ~ 28	Pb4.5 ~ 5.5	—	—	0.002	0.001	0.001	0.005	0.002	807	810	与 BAg72Cu－V 相同，但钯大大提高了钎料对钢和镍基合金的润湿性

在铜中加入锌可降低其熔点，随着含锌量增加，合金组织中出现α、β、γ等相。其中α相为强度和塑性良好的固溶体，是应用最广的铜锌钎料，可以用于钎焊受力大，要求接头塑性好的铜、镍和钢制零件；β和γ均为性脆化合物相，很少应用。铜锌钎料使用时，锌容易挥发，导致钎料熔点升高，接头中产生气孔；此外，锌蒸气有毒，不利于人体健康，在钎料中加入少量硅可减少锌的挥发。表9－15为铜和铜锌钎料的成分、性能和用途。

铜磷钎料，是一种以Cu－P和Cu－P－Ag合金为基础组分的钎料，主要用于钎焊铜和铜合金。这种钎料工艺性能好，价格低，钎焊铜时可以不用钎剂（自钎剂），也能获得具有较好导电性和抗蚀性接头，在电动机制造和制冷设备等方面应用广泛。铜磷钎料不能用于钎焊钢、镍合金和ω（Ni）超过10%的铜镍合金。表9－16为主要铜磷钎料的成分、性能和用途。

在铜中加入镍和钴可提高其耐热性能，使其成为铜基高温钎料。表9－17为高温铜基钎料的成分、性能和用途。

4. 锰基钎料

锰基钎料属于较高温度用钎料。锰的熔点为1 235 ℃，加入镍能形成熔点为1 005 ℃的固溶体，塑性优良。为提高锰基钎料的高温抗氧化性和热强性，常加入铬、钴、铁、硼等元素，同时可降低其熔点，改善工艺性能。

锰基钎料塑性好，可制成各种形状，对不锈钢、高温合金的润湿性和填隙能力都很好，对不锈钢没有强烈的熔蚀和晶间渗入作用。锰基钎料适于在高纯度保护气体中钎焊，不适于火焰钎焊和真空钎焊。表9－18为锰基钎料的成分、性能及用途。

5. 镍基钎料

镍基钎料具有优良的抗腐蚀性和耐热性，用于钎焊高温工作的零件。镍的熔点很高（1 452 ℃），热强度不足，用作钎料时须加入合金元素以降低其熔点并提高其热强度，常加元素有铬、硅、硼、磷、铁等。铬是主加元素，能使镍固溶强化，增大抗氧化、抗腐蚀能力及提高钎料的高温强度；硅可降低熔点，增加流动性，室温下硅在镍中溶解度为6%左右，超过此浓度便形成脆性相，使合金变脆；硼与镍形成低熔共晶，显著提高钎料高温强度，改善润湿性；磷能大大降低镍的熔点，ω（P）＝11%时形成熔点为880 ℃的共晶；碳也能降低镍的熔点，但碳对钎料的高温强度及溶蚀性有不良影响。表9－19为镍基钎料成分、性能及用途。

9.4.4 钎料的选择原则

1. 选用钎料时须考虑的原则

（1）润湿母材并能形成良好的钎焊接头。应考虑钎料与母材的相互作用，例如铜磷钎料不能钎焊钢和镍，因在界面上会生成极脆的磷化物相；镉基钎料钎焊铜时，也易在界面形成脆性的铜镉化合物，而使接头变脆。

（2）满足工件的工作要求。工作要求是多方面的，如力学性能、工作温度、耐蚀性、电导性、辐射稳定性和组件预期的寿命等。若对钎焊接头强度要求不高和工作温度不高时，宜选用软钎料；对低温工作的接头应使用含锡量低的钎料；对于要求高温强度和抗氧化性好的接头，宜选用镍基钎料；硼能吸收中子，故含硼的钎料不能用于核领域；对于要求导电性好的电气零件，应选用含锡量高的锡铅钎料或含银量高的银基钎料；真空密封接头应采用真空级钎料；对要求抗腐蚀性好的铝钎焊接头，应采用铝硅钎料等。

表 9－15　铜和铜锌钎料的成分、性能和用途

钎料型号	钎料牌号	化学成分（质量分数）/%							熔化温度范围/℃	抗拉强度/MPa	用途
		Cu	Sn	Si	Fe	Mn	Zn	其他			
BCu	—	≥99	—	—	—	—	—	—	1 083	—	主要用于还原性气氛，惰性气氛和真空条件下钎焊低碳钢、低合金钢、不锈钢、镍、钨和钼等
BCu54Zn	H62	52±1.5	—	—	—	—	余量	—	900～905	313.8	应用最广的铜锌钎料，用来钎焊受力大的铜、镍、钢制零件
BCu54Zn	HlCuZn46 HL103	54±2	—	—	—	—	余量	—	885～888	254	塑性较差，主要用来钎焊不受冲击和弯曲的铜及其合金零件
BCu54Zn	HlCuZn52 HL102	48±2	—	—	—	—	余量	—	860～870	205	脆性大，主要用来钎焊不受冲击和弯曲的 ω(Cu)大于68%的铜合金
BCu54Zn	HlCuZn64 HL101	36±2	—	—	—	—	余量	—	800～823	29	脆性大，钎焊接头性能差，主要用于黄铜钎焊
	Cu－Mn－Zn－Si	余量	—	0.2～0.6	—	24～32	14～20	—	825～831	411.6	用于硬质合金的钎焊
	HLD2	余量	—	—	—	6～10	34～36	2～3	830～850	377	代替银钎料用于带锯的钎焊
BCu60－ZnFe－R	丝222	58±1	0.85±0.15	0.1±0.05	0.8±0.4	0.06±0.03	余量	—	860～900	333.4	与BCu60ZnSn－R钎料相同
BCu60－ZnSn－R	丝221	60±1	1±0.2	0.25±0.1	—	—	余量	—	890～905	343.2	可取代H62钎料以获得更致密的钎缝，尚可作为气焊黄铜用的焊丝
BCu58ZnMn	HL105	58±1	—	—	0.15	4±0.3	余量	—	880～909	304.2	锰可提高其强度、塑性及对硬质合金的润湿性，用于硬质合金刀具、模具及采掘工具的钎焊
BCu48－ZnNi－R	—	48±2	—	0.15±0.1	—	—	余量	Ni10±1	921～935		用于有一定耐热要求的低碳钢、铸铁、镍合金的钎焊，对硬质合金工具也有良好的润湿性

表 9－16 铜磷钎料的成分、性能和用途

钎料型号	钎料牌号	化学成分（质量分数）/%					熔化温度范围/℃	抗拉强度/MPa	电阻率 (Ω · cm^2/m)	用途
		Cu	P	Ag	Sn	其他				
BCu95P	—	余量	5 ±0.3	—	—	—	710 ~ 899	—	—	制成片状使用，流动性低，特别适宜于电阻钎焊
BCu93P	HL201	余量	6.8 ±0.4	—	—	—	710 ~ 793	470	0.28	流动性极好，脆性大，主要用于机电和仪表工业，钎焊不受冲击载荷的铜和黄铜零件
BCu92PSb	HL203	余量	6.3 ±0.4	—	—	Sb1.5 ~ 2.5	690 ~ 800	305	0.47	流动性稍差，用途与 BCu93P 相仿
BCu91PAg	HL209	余量	7 ±0.2	2 ±0.2	—	—	645 ~ 810	—	—	钎料中的银改善了它的塑性，在较大温度范围内能填充接头间隙，用于电冰箱、空调器、电机和仪表行业
BCu89PAg	HL205	余量	5.8 ~ 6.7	5 ±0.2	—	—	650 ~ 800	519	0.23	塑性和导电性得到提高，流动性低，适宜于钎焊间隙较大的零件
BCu80PAg	HL204	余量	4.8 ~ 5.3	15 ±0.5	—	—	640 ~ 815	503	0.12	塑性和导电性进一步改善，用于钎焊要求比 BCu89PAg 钎料高的场合
BCu80PSn－Ag	—	余量	5 ±0.3	5 ±0.5	10 ±0.5	—	560 ~ 650	—	—	用于要求钎焊温度低的铜及铜合金零件
—	HIAgCu70－5	余量	5 ±0.5	25 ±0.5	—	—	650 ~ 710	—	—	塑性和导电性最好的一种，钎焊要求高的电气接头
—	HICuP6－3	余量	6 ±0.3		3.5 ±0.5	—	640 ~ 680	—	0.35	流动性好，钎焊接头性能与 BAg25CuZn 钎料的相仿，可部分代替银钎料和铜磷银钎料钎焊铜及铜合金

续表

钎料型号	钎料牌号	化学成分（质量分数）/%					熔化温度范围/℃	抗拉强度/MPa	电阻率（Ω·cm²/m）	用途
		Cu	P	Ag	Sn	其他				
BCu86SnP	—	余量	5.3±0.5	4±0.3	7.5±0.5	Ni=0.8±0.4	—	—	—	用途与 HICu6-3 相似，Ni 的加入使钎料脆性增大，但流动性提高
—	HL206	余量	6~10	2~10	3~10	—	620~660	—	—	用途与 HICuF6-3 相似，但钎焊温度更低

表 9-17　高温铜基钎料的成分、性能和用途

钎料牌号	化学成分（质量分数）/%						熔化温度范围/℃	钎焊温度范围/℃	用途
	Cu	Ni	Si	B	Fe	其他			
HICu-2	余量	17~19	1.6~1.9	0.15~0.25	0.8~1.2	Co=4.5~5.5 Mn=6~7	1 027~1 070	1 080~1 100	用途与 HICuNi-9-2-0.2 钎料相同，但钎焊温度较低，可避免母材晶粒长大和麻面等缺陷。HICu-2a 因含锰量较低，火焰钎焊的工艺性优于 HICu-2
HICu-2a	余量	17~19	1.6~1.9	0.15~0.25	0.8~1.2	Co=4.5~5.5 Mn=4.5~5.5	1 050~1 080	1 090~1 100	
QCu-4	余量	—	—	—	—	Co=10±1 Mn=31.5±1	840~850	1 000~1 050	主要用于气体保护钎焊不锈钢，钎焊接头工作温度可达 538 ℃，钎焊马氏体不锈钢时可将钎焊与淬火处理合并进行，简化工艺过程
HICuNi-9-2-0.2	余量	27~30	1.5~2	≤0.2	<1.5	—	1 080~1 120	1 150~1 200	在 600 ℃以下几乎与 1Cr18Ni9Ti 不锈钢等强度，主要用于不锈钢的钎焊，钎料熔点高，容易引起母材晶粒长大和近缝区麻面缺陷

表 9－18　锰基钎料的成分、性能及用途

钎料牌号	化学成分（质量分数）/%							熔化温度范围/℃	钎焊温度范围/℃	用途
	Mn	Ni	Cr	Cu	Co	Fe	其他			
BMn70NiCr	70 ±1	25 ±1	5 ±0. 5	—	—	—	—	1 035 ~1 080	1 150 ~1 180	使用很广，有较好的润湿性和填缝能力，对母材的熔蚀小，可满足不锈钢波纹板夹层结构换热器的低真空钎焊的要求
BMn40NiCrFeCo	40 ±1	41 ±1	12 ±1	—	3 ±0. 5	4 ±0. 5	—	1 065 ~1 135	1 180 ~1 200	高温性能和抗腐蚀性稍高于 QMn－1 钎料，但钎焊温度更高，为避免母材晶粒长大，必须严格控制钎焊温度
BMn68NiCo	68 ±1	22 ±1	—	—	10 ±1	—	—	1 050 ~1 070	1 120 ~1 150	高温性能好，钎焊温度低于前两者，适宜用于钎焊工作温度较高的薄件
BMn50NiCuCrCo	50 ±1	27. 5 ±1	4. 5 ±1. 5	—	4. 5 ±0. 5	—	—	1 010 ~1 035	1 060 ~1 080	熔化温度较低，能填充较大的接头间隙，特别适宜用于在氩气保护下高频钎焊不锈钢接头
BMn65NiCoFeB	余量	16 ±1	—	—	16 ±1	3 ~3. 5	B0. 1 ~0. 3	1 010 ~1 055	1 060 ~1 085	对不锈钢的润湿性较差，可用作钎焊毛细管等易被钎料堵塞的场合
BMn45NiCu	45 ±1	20 ±1	—	35 ±1	—	—	—	950	1 000	熔点低，可适应分步钎焊及补钎的要求

表 9－19　镍基钎料成分、性能及用途

牌号	化学成分（质量分数）/%							熔化温度/℃		用途
	Ni	Cr	B	Si	Fe	C	P	固相线	液相线	
BNi74CrSiB	余量	13 ~ 15	2. 75 ~ 3. 5	4 ~ 5	4 ~ 5	0. 6 ~ 0. 9	—	975	1 038	用于对强度要求高以及高温合金钎焊，如涡轮叶片、喷气发动机零件及高应力部件
BNi75CrSiB	余量	13 ~ 15	2. 75 ~ 3. 5	4 ~ 5	4 ~ 5	0. 06	—	975	1 075	用于高温喷气发动机零件，以及室温或低温下工作的零件
BNi82CrSiB	余量	6 ~ 8	2. 75 ~ 3. 5	4 ~ 5	2. 5 ~ 3. 5	0. 06	—	970	1 000	与上述钎料相似，但能在较低温度下钎焊
BNi68CrWB	余量	9. 5 ~ 10. 5	2. 2 ~ 2. 8	3 ~ 4	2 ~ 3	0. 06	W11. 5 ~ 12. 5	970	1 095	接头抗氧化性比上述钎料较差，用于钎焊高温下受大应力的零件
BNi92SiB	余量	—	2. 75 ~ 3. 5	4 ~ 5	0. 5	0. 06	—	980	1 010	与 BNi74CrSiB 钎料相似，但对保护气氛和真空度的要求较低
BNi93SiB	余量	—	1. 5 ~ 2. 2	3 ~ 4	1. 5	0. 06	—	980	1 065	用于要求钎缝圆角较大和韧性较好的场合，也能用来钎焊间隙较大的接头
BNi71SiB	余量	18. 5 ~ 19. 5	—	9. 75 ~ 10. 5	—	0. 10	—	1080	1135	用于钎焊在高温下工作的高强度和抗氧化的接头，还可用于钎焊不含硼的核部件
BNi89P	余量	—	—	—	—	0. 10	P10 ~ 12	877	877	流动性好，对母材的熔蚀小，用于钎焊工作温度不太高的不锈钢零件
BNi76CrP	余量	13 ~ 15	0. 10	0. 10	0. 2	0. 08	P9. 7 ~ 10. 5	890	890	钎焊蜂窝结构，薄壁管组件以及高温下使用的其他结构，又可用于不含硼的各种部件

(3) 满足所用钎焊方法及钎焊性需要。炉中钎焊不宜选用含易挥发元素（如锌、镉）的钎料；真空钎焊要求钎料不含高蒸气压元素；钎焊经调质处理的2Cr13 钢工件时，可选用 BAg40CuZnCd 钎料，其钎焊温度低于 700 ℃，不至于引起工件退火；对冷作硬化铜材钎焊，应选用钎焊温度不超过 300 ℃的钎料，以免钎焊后母材软化。

(4) 成本低。在性能相同的情况下应选用价格便宜，来源广的钎料。

2. 具体选用时注意事项

(1) 尽量选择主要成分与母材主要成分相同或相近的钎料，以保证良好的润湿性。要能与母材发生一定的冶金反应，但不生成脆性金属间化合物。同时应考虑母材的热处理要求。

(2) 钎料的液相线要低于母材固相线至少 40 ~ 50 ℃。

(3) 钎料的熔化区间窄，否则将引起工艺困难，温度差过大还易引起熔析。

(4) 钎料的主要成分和母材的主要成分在元素周期表中的位置应尽量靠近，这样引起的电化学腐蚀较小，接头抗腐蚀性好。

(5) 在钎焊温度下，钎料具有较高的化学稳定性，即具有较低的蒸气压和低的氧化性，以免钎焊过程钎料成分发生变化。

(6) 钎料本身具有良好的加工性能，可做成丝、棒、片、箔、粉等形状。

(7) 许多场合下，选择钎料的基本要求是满足接头的美观要求。像珠宝工业中钎料与母材的颜色应匹配。在钎焊后产品要求喷漆和电镀的场合，需要接头的外表面保持光滑，选择不能形成大钎角的钎料可以满足这个要求。

(8) 在钎料、钎剂和所用的气体中不应存在易燃、易爆或刺激的成分。有些 BAg 类钎料中含有镉元素，在钎焊过程中产生的氧化镉是有毒的，应尽可能选用无镉钎料。

表 9 - 20 为各种金属材料组合所适用的钎料，供选用参考。

9.5 钎剂

钎焊时使用的熔剂称钎剂，又称钎焊焊剂，是保证钎焊过程顺利进行和获得致密接头不可缺少的焊接材料之一。

1. 钎剂的作用与要求

钎剂在钎焊过程中起到清除钎料和母材表面氧化物，避免焊件和液态钎料再次氧化及改善钎料对母材润湿性的作用。

钎剂应能很好地溶解或破坏母材和钎料表面的氧化膜，其熔点和最低活化温度应稍低于钎料的熔化温度（10 ~ 30 ℃），在钎焊温度下应黏度小，流动性好，能很好地润湿母材和减小液态钎料的界面张力。钎剂残渣应易于排除，不成为夹渣，腐蚀性要小，其挥发物的毒性小，最好是焊后免清洗的钎剂。

2. 钎剂的组成与分类

钎剂可能是单一物质，如广泛使用的硼砂，也可能是多组分的复杂物质，一般由基质、去膜剂和界面活性剂组成。

表 9－20　各种材料组合适用的钎料

	Al 及其合金	Be、V、Zr 及其合金	Cu 及其合金	Mo、Nb、Ta、W 及其合金	Ni 及其合金	Ti 及其合金	碳钢及低合金钢	铸铁	工具钢	不锈钢
Al 及其合金	Al－[①]，Sn－Zn，Sn－Al，Zn－Cd									
Be、V、Zr 及其合金	不推荐	无规定								
Cu 及其合金	Sn－Zn，Zn－Cd，Sn－Al	Ag－	Ag－，Cd－，Cu－P，Sn－Pb							
Mo、Nb、Ta、W 及其合金	不推荐	无规定	Ag－	无规定						
Ni 及其合金	不推荐	Ag－	Ag－，Au－，Cu－Zn	Ag－，Cu，Ni－	Ag－，Ni－，Au－，Pd－，Cu－，Mn－					
Ti 及其合金	Al－Si	无规定	Ag－	无规定	Ag－	无规定				
碳钢及低合金钢	Al－Si	Ag－	Ag－，Sn－Pb，Cu－Zn，Au，Cd	Ag－，Cu，Ni－	Ag－，Sn－Pb，Au－，Cu－，Ni－	Ag－	Ag－，Cd－，Cu－Zn，Au－，Ni－，Sn－Pb，Cu			
铸铁	不推荐	Ag－	Ag－，Sn－Pb，Au－，Cu－Zn，Cd－	Ag－，Cu，Ni－	Ag－，Ni－，Cu[②]，Cu－Zn[③]	Ag－	Ag－，Cu－Zn，Sn－Pb	Ag－，Ni－，Cu－Zn，Sn－Pb		

续表

	Al 及其合金	Be、V、Zr 及其合金	Cu 及其合金	Mo、Nb、Ta、W 及其合金	Ni 及其合金	Ti 及其合金	碳钢及低合金钢	铸铁	工具钢	不锈钢
工具钢	不推荐	不推荐	Ag－，Cu－Zn，Ni－	不推荐	Ag－，Cu，Ni－，Cu－Zn	不推荐	Ag－，Ni－，Cu，Cu－Zn	Ag－，Cu－Zn，Ni－	Ag－，Ni－，Cu，Cu－	
不锈钢	Al－Si	Ag－	Ag－，Sn－Pb，Au－，Cd－，Cu－Zn	Ag－，Cu，Ni－	Ag－，Ni－，Au－，Pb－，Cu－，Mn－，Sn－Pb	Ag－	Ag－，Ni－，Sn－Pb，Au－，Cu－	Ag－，Cu－，Ni－，Sn－Pb	Ag－，Cu，Ni－	Ag－，Ni－，Au－，Pb－，Cu－，Sn－Pb，Mn－

注：①Al－为铝基钎料；②Cu－为纯铜钎料；③Cu－Zn 为铜锌钎料

基质是钎剂的主要成分，决定着钎剂的熔点，其熔化后覆盖在焊点表面起隔绝空气作用，又是其他功能组元的溶剂。基质大多数采用热稳定的金属盐或金属盐系统，如硼化物、碱金属和碱土金属，在软钎剂中还采用高沸点的有机溶剂。

去膜剂是通过物理化学过程除去、破碎或松脱母材表面氧化膜，使得熔化的钎料能润湿新鲜的母材表面。碱金属和碱土金属的氟化物具有溶解金属氧化物的能力，常用作钎剂的去膜剂，如 KF、NaF、LiF、AlF_3、CaF_2 等。

活性剂的作用是加速氧化膜的清除和改善钎料的铺展。常用的活性剂有：重金属卤化物（如氯化锌）和氧化物（如硼酸）等。

通常把钎剂分为软钎剂、硬钎剂、铝用钎剂和气体钎剂四类。不同的钎料、母材和钎焊方法，要使用不同的钎剂。

目前钎剂的型号（或牌号）尚未完全统一，有标准规定的、行业自定的、习用的和外来的，这里主要介绍标准的和习用的。

（1）硬钎剂。JB/T 6045—2017《硬钎焊用钎剂》规定，以“FB”作为硬钎焊用钎剂标识符号，在它后面接一组数字，第 1 位数字为钎剂主要组分分类代号，有 1，2，3，4 类，其含义见表 9－21。后面再接表示该类钎剂的顺序号数字，在型号尾部分别用大写字母 S（粉状、粒状）、P（膏状）、L（液态）表示钎剂的形态。硬钎剂型号举例如图 9－41 所示。

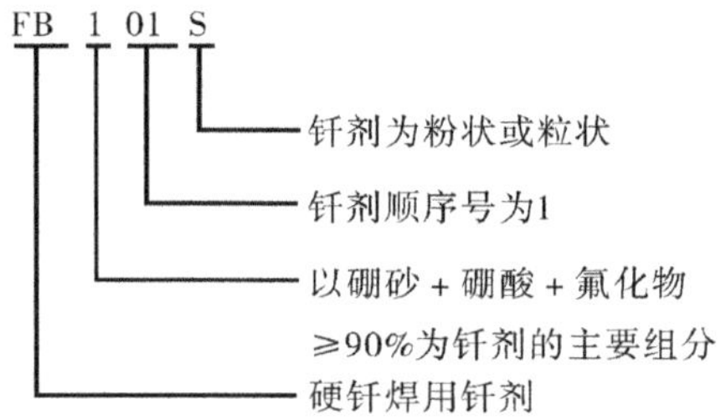

图 9－41　硬钎剂型号举例

表 9－21　钎剂主要组分分类

分类代号	钎剂主要组分（质量分数）	钎焊温度/℃
1	硼砂＋硼酸＋氟化物≥90%	550～850
2	卤化物≥80%	450～620
3	硼砂＋硼酸≥90%	800～1 150
4	硼酸三甲酯≥60%	＞450

习用的牌号表示方法是：在牌号前面用“QJ”表示钎剂，后接三个数字，第 1 位表示钎剂用途，如 1 为银钎料钎焊用钎剂，2 为钎焊铝及铝合金用的钎剂等；第 2、3 位数字表同一类型的不同牌号。常用钎剂的牌号及其用途见表 9－22。钎剂牌号举例如图 9－42 所示。

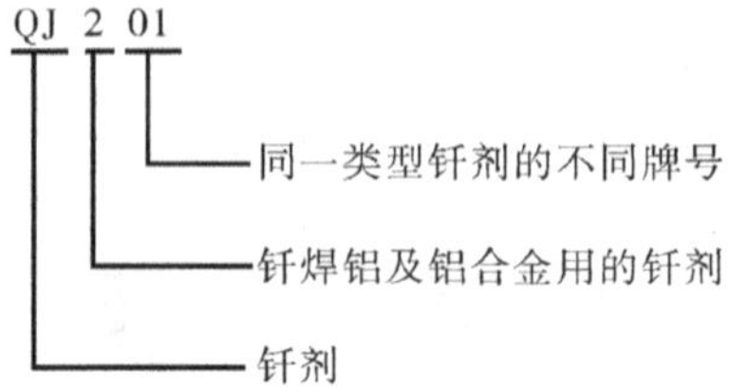

图 9－42　钎剂牌号举例

表 9－22　常用钎剂的牌号及用途

牌号	名称	钎焊温度/℃	用途
QJ101	银钎焊钎剂	550～850	各种铜及铜合金、钢和不锈钢
QJ102	银钎焊钎剂	600～850	各种铜及铜合金、钢和不锈钢，活性极强
QJ103	特制银钎焊钎剂	550～750	各种铜及铜合金、钢和不锈钢
QJ104	银钎焊钎剂	650～850	各种铜及铜合金、钢和不锈钢
QJ201	铝钎焊钎剂	450～620	铝及铝合金，活性极强
QJ203	铝电缆钎焊钎剂	270～380	铝及铝合金、铜及铜合金、钢等
QJ207	高温铝钎焊钎剂	560～620	铝及铝合金

（2）软钎剂。GB/T 15829—2008《软钎剂 分类与性能要求》规定，软钎焊用钎剂的型号由“FS”加上表示钎剂分类的代码组成。其代码是根据所含主要组分、活性剂和钎剂形态等分成三类并编码，见表 9－23。例如磷酸活性无机膏状钎剂应编为 3，2，1，C，用 FS321C 表示；非卤化物活性液体松香钎剂应编为 1，1，3，A，用 FS113A 表示。

表 9－23　钎剂分类及其代码

<table>
<tr><th>钎剂类型</th><th>主要组分</th><th>活性剂</th><th>形态</th></tr>
<tr><td rowspan="2">1. 树脂类</td><td>1. 松香（松脂）</td><td rowspan="4">1. 未加活性剂
2. 加入卤化物活性剂
3. 加入非卤化物活性剂</td><td rowspan="7">A. 液态
B. 固态
C. 膏状</td></tr>
<tr><td>2. 非松香（树脂）</td></tr>
<tr><td rowspan="2">2. 有机物类</td><td>1. 水溶性</td></tr>
<tr><td>2. 非水溶性</td></tr>
<tr><td rowspan="3">3. 无机物类</td><td>1. 盐类</td><td>1. 加入氯化铵
2. 未加入氯化铵</td></tr>
<tr><td>2. 酸类</td><td>1. 磷酸
2. 其他酸</td></tr>
<tr><td>3. 碱类</td><td>铵及（或）氯类</td></tr>
</table>

9.5.2　软钎剂

钎焊温度低于 450 ℃时所用的钎剂称为软钎剂。根据残渣的性质，可将软钎剂分成：腐蚀性钎剂、弱腐蚀性钎剂和无腐蚀性钎剂三大类。软钎剂由成膜物质、活化物质、助剂、溶剂和稀释剂组成，见表 9－24。

表 9－24　软钎剂的组成结构

	钎剂的组成		典型原材料
不挥发性物质	成膜物质	矿脂	矿物油、凡士林、石脂等
		天然树脂	松香
		合成树脂	改性酚醛树脂、聚氨基甲酸酯 改性丙烯酸树脂、聚合松香 改性环氧树脂等
	活化物质	无机酸	盐酸、正磷酸、氢氟酸、氟硼酸等
		无机金属盐	$ZnCl_2$、$SnCl_2$、$CdC1_2$、$CuCl$、$PbCl_2$、$NaCl$、氟硼酸镉、氟硼酸锌
		有机酸	乳酸、硬脂酸、柠檬酸、松香酸、苯二甲酸、水杨酸、谷氨酸、油酸、安息香酸、草酸、十二烷酸等
		有机卤化物	溴化水杨酸、溴化肼、盐酸联胺、盐酸苯胺、盐酸乙二胺、盐酸谷氨酸、氢溴酸肼、盐酸肼、十六烷基溴化吡啶、溴化胺、十六烷基三甲基溴化胺、二乙基二甲基十六烷溴化胺等
		胺、酸胺及其他	乙二胺、三乙醇胺、苯胺、联胺、磷酸苯胺、磷酸联胺、环己烷二胺、环丁烷二胺、二乙烯肼、二乙烯三胺、甘油、脲、氟碳等
	助剂		乳剂、甘油、润湿剂等
挥发物质	溶剂与稀释剂		水、乙醇、丙三醇、甲醇、异丙醇、聚乙二醇、乙醚、松节油等

1. 腐蚀性软钎剂

腐蚀性软钎剂由无机酸和无机盐组成，活性强，能有效地去除母材表面的氧化物，促进钎料的润湿和铺展，但残渣具有强烈的腐蚀性，钎焊后必须彻底清除。无机盐主要是氯化锌，无机酸主要是正磷酸。表 9－25 为典型腐蚀性钎剂的成分和用途。这类钎剂去氧化物能力强，热稳定性好，适应钎焊温度范围和材料种类宽，一般的黑色金属、有色金属、不锈钢、耐热钢等都可采用。腐蚀性软钎剂广泛用于汽车散热器、空调器、制冷设备等的钎焊。

表 9－25　腐蚀性软钎剂的成分和用途

牌号	成分	用途
1	$ZnCl_2$ 1 130 g，NH_4Cl 110 g，H_2O 4 L	铜及铜合金、钢
2	$ZnCl_2$ 1 020 g，NaCl 280 g，NH_4Cl 15 g，HCl 30 g，H_2O 4 L	铜及铜合金、钢
3	$ZnCl_2$ 600 g，NaCl 170 g	浸渍钎焊覆盖剂
4	$ZnCl_2$ 710 g，NH_4Cl 100 g，凡士林 1 840 g，H_2O 180 g	铜及铜合金、钢
5	$ZnCl_2$ 1 360 g，NH_4Cl 140 g，HCl 85 g，H_2O 4 L	硅青铜、铝青铜、不锈钢
6	H_3PO_4 960 g，H_2O 455 g	锰青铜、不锈钢
QJ205	$ZnCl_2$ 50 g，NH_4Cl 15 g，$CdCl_2$ 30 g，NaF 6 g	镉基钎料钎焊铜及铜合金

2. 弱腐蚀性软钎剂

弱腐蚀性软钎剂主要成分为有机酸、有机卤化物、胺和酸胺等，它们在钎焊过程中均能去除氧化膜（表 9-26）。这类钎剂残渣有一定腐蚀性，钎焊后仍应清除。

表 9-26　弱腐蚀软钎剂的成分和用途

编号	成分	用途
1	盐酸谷氨酸 540 g，尿素 310 g，水 4 L	铜、黄铜、青铜
2	一氢溴化肼 280 g，水 2 550 g，非离子润湿剂 1.5 g	铜、黄铜、青铜
3	乳酸（85%）260 g，水 1 190 g，润湿剂 3 g	铍青铜

3. 无腐蚀性软钎剂

无腐蚀性软钎剂主要成分为松香。松香去除氧化物能力较差，通常加入活化物质，以提高其去氧化物能力。松香钎剂只能在 300 ℃以下使用，超过 300 ℃时，松香会碳化而失效。钎剂残渣不腐蚀母材和钎缝，不吸潮，并有良好的电绝缘性能，特别适于钎焊无线电和弱电器中的导电元件。表 9-27 为典型非腐蚀性软钎剂的组分。

表 9-27　无腐蚀性软钎剂的成分

编号	成分（质量分数）
1	水白松香 10%～25%，酒精、松精、松节油或凡士林余量
2	水白松香 40%，盐酸谷氨酸 2%，酒精 58%
3	水白松香 40%，十六烷基溴化吡啶 4%，酒精 56%
4	水白松香 40%，硼酸酯 4%，酒精 56%
5	水白松香 40%，一氢溴化肼 2%，酒精 58%

9.5.3　硬钎剂

钎焊温度高于 450 ℃用的钎剂称为硬钎剂。现有的硬钎剂主要是以硼砂、硼酸及它们的混合物作为基体，再添加各种碱金属或碱土金属的氟化物、氟酸盐等。它们去除氧化膜的反应如下。

硼酸（H_3BO_3）加热分解形成硼酐 B_2O_3：

$$2H_3BO_3 \rightarrow B_2O_3 + 3H_2O\uparrow \qquad (9-4)$$

硼酐的熔点为 580 ℃，能与铜、锌、镍和铁的氧化物形成易熔的硼酸盐：

$$MeO + B_2O_3 \rightarrow MeO \cdot B_2O_3 \qquad (9-5)$$

生成的硼酸盐以渣的形式浮在钎缝表面，既可去膜，又能起机械保护作用。

硼砂（$Na_2B_4O_7 \cdot 10H_2O$）含结晶水，须脱水后使用。硼砂在 741 ℃时熔化，液态下分解成硼酐和偏硼酸钠：

$$Na_2B_4O_7 \rightarrow B_2O_3 + 2NaBO_2 \qquad (9-6)$$

硼酐与金属氧化物形成易熔的硼酸盐，而偏硼酸钠又与硼酸盐形成熔点更低的复合化合物。

$$MeO + 2NaBO_2 + B_2O_3 \rightarrow (NaBO_2)_2 \cdot Me(BO_2)_2 \qquad (9-7)$$

因此，硼砂去氧化物能力比硼酸强，但硼砂熔点较高，在 800 ℃左右黏性大，流动性差。

硼砂 - 硼酸钎剂配合银钎料使用时，其熔点仍太高，黏度太大。为进一步降低其熔点，可加入氟化钾（KF）或氟硼酸钾（KBF_4），还可提高去氧化物能力和降低表面张力。

硬钎剂残渣有腐蚀性，焊后必须进行清洗。表 9 - 28 为典型硬钎剂成分和用途。

表 9 - 28　硬钎剂成分和用途

牌号	成分（质量分数）/%	作用温度/℃	用途	备注
FB101	硼酸 30，氟硼酸钾 70	550 ~ 850	银钎料钎剂	QJ101
FB102	无水氟化钾 42，氟硼酸钾 23，硼酐 35	600 ~ 850	应用最广的银钎料钎剂	QJ102
FB103	氟硼酸钾 > 95，碳酸钾 < 5	550 ~ 750	用于银铜锌镉钎料	QJ103
FB104	硼砂 50，硼酸 35，氟化钾 15	650 ~ 850	银基钎料炉中钎焊	QJ104
FB105	硼酸 80，脱水硼砂 14. 5，氟化钙 5. 5	850 ~ 1 150	铜基钎料钎焊不锈钢	201 号

9. 5. 4　铝用钎剂

铝及铝合金熔点较低，化学活性强，其表面氧化膜致密稳定且熔点极高，钎焊时必须采用专门的钎剂，按其使用温度，可以分为软钎剂和硬钎剂两类。

1. 铝用软钎剂

按其去氧化膜方式分有：有机钎剂和反应钎剂两类。

（1）有机钎剂。其主要组分是三乙醇胺，为了提高活性可加入氟硼酸或氟硼酸盐，依靠生成的有机氟硼化物去氧化膜。这类钎剂热稳定性差，活性小，长时间加热会失去活性，温度超过 275 ℃时钎剂碳化失效，流动性差，残渣腐蚀性低。

（2）反应钎剂。其主要组分是锌、锡等重金属氯化物，为提高其活性，添加少量锂、钠、钾等卤化物。反应钎剂一般都含有氯化胺或溴化胺，以改善润湿性及降低熔点，一般以粉末状溶在有机溶剂中使用。

表 9 - 29 为铝用软钎剂的组分及特性。

表 9 - 29　铝用软钎剂的组分及特性

类别	牌号	组分（质量分数）/%	钎焊温度/℃	腐蚀性	导电性	
					钎剂	残渣
有机钎剂	剂 204	Cd（BF4）$_2$10、Zn（BF4）$_2$ 2. 5、NH_4BF_4 5、三乙醇胺 82. 5	180 ~ 275	小	中	低
反应钎剂	剂 203	$ZnCl_2$ 55、$SnCl_2$ 28、NH4Br 15、NaF 2	280 ~ 350	大	高	高
		$SnCl_2$ 88、NH_4Cl 10、NaF 2	300 ~ 340	大	高	高
		$ZnCl_2$ 88、NH_4Cl 10、NaF 2	330 ~ 385	大	高	高

2. 铝用硬钎剂

铝用硬钎剂以碱金属或碱土金属的氯化物的二元或三元低熔混合物作为基体组分，再加入氟化物去膜剂，有时还添加某些重金属氯化物作活性剂。含 LiCl 的钎剂去膜能力强，铺展性较好，黏度、熔点较低，有利于保证钎焊质量。但 LiCl 价格昂贵，成本高。加入 NaF 或 KF 能提高去膜能力，但量不能过多，否则熔点升高，使钎料铺展性变差，可再加入 $ZnCl_2$、SnCl 等重金属氯化物提高钎剂活性。这类钎剂具有强烈腐蚀作用，焊后必须彻底清除残渣。

表 9 – 30 为典型铝用硬钎剂的组分及用途。

表 9 – 30 铝用硬钎剂的组分及用途

牌号	组分（质量分数）/%	钎焊温度/℃	用途
QJ201	KCl 50，LiCl 32，$ZnCl_2$ 8，NaF 10	450 ~ 620	火焰钎焊、炉中钎焊
QJ202	KCl 28，LiCl 42，$ZnCl_2$ 24，NaF 6	450 ~ 620	火焰钎焊、炉中钎焊
QJ206	KCl 32，LiCl 25，$ZnCl_2$ 8，SnCl 25，LiF 10	550 ~ 620	火焰钎焊、炉中钎焊
YJ17	KCl 51，LiCl 41，KF 3.7，AlF_3 4.3	>560	浸渍钎焊
129A	KCl 49.5，LiCl 11.8，NaCl 33，LiF 1.9，$ZnCl_2$ 1.6，$CdCl_2$ 2.2	550	炉中钎焊
171B	KCl 48.7，LiCl 24.2，NaCl 22.1，LiF 2.0，TiCl 3	490	炉中钎焊，用于 2A12，5A02
H701	KCl 46，LiCl 12，NaCl 26 $ZnCl_2$ 1.3，$CdCl_2$ 4.7	>560	火焰钎焊、炉中钎焊
1712B	KCl 47，LiCl 23.5，NaCl 21，AlF_3 3，$ZnCl_2$ 1.5，$CaCl_2$ 2，TiCl 2	>500	火焰钎焊、炉中钎焊，用于 2A12，5A02
QF	$KF \cdot 2H_2O$ 42 ~ 44，$AlF_3 \cdot 2H_2O$ 56 ~ 58	>570	炉中钎焊

9.5.5 气体钎剂

钎焊过程中以气体形式起作用的钎剂称为气体钎剂，主要用于炉中钎焊和火焰钎焊。其优点是焊后一般没有固态残渣，不需做焊后清洗。

炉中钎焊用的气体钎剂中，活性气体有氯化氢、氟化氢和三氟化硼，前两者作钎剂对母材有腐蚀作用，一般是以少量添加在惰性气体中使用。三氟化硼作钎剂能有较好的润湿性，对母材腐蚀性小。低沸点液态物质如三氯化硼和三氯化磷等的汽化产物加入惰性气体中可以在 300 ~ 1 000 ℃钎焊铜及其合金、碳钢及不锈钢、铝及其合金等。低升华点的氟化铵、氟硼酸铵和氟硼酸钾等，可直接放入钎焊容器中使用，它们分别在 600 ~ 800 ℃、850 ~ 950 ℃和 800 ~ 900 ℃完全分解（升华），生成 HF、BF_3、KF 和 H_2 等汽化产物，能很好地去除钎焊金属的氧化物。因其分解温度高，故主要用于钢和不锈钢的硬钎焊。

火焰钎焊时采用的气体钎剂多是硼有机化合物（如硼酸甲脂、硼甲醚等）的蒸气，把这些蒸气加在燃气中供给，它们在火焰中与氧反应生成硼酐，靠硼酐与母材的氧化物形成易溶的硼酸盐而被清除掉。

使用气体钎剂要有相应的安全措施，因为所有用作气体钎剂的化合物的气化产物都有毒性。

常用气体钎剂的种类和用途见表 9 – 31。

表 9 –31　常用气体钎剂的种类和用途

气体	适用方法	钎焊温度/℃	适用材料
三氟化硼	炉中钎焊	1 050 ~ 1 150	不锈铜、耐热合金
三氯化硼	炉中钎焊	300 ~ 1 000	铜及铜合金、铝及铝合金、碳钢及不锈钢
三氯化磷	炉中钎焊	300 ~ 1 000	铜及铜合金、铝及铝合金、碳钢及不锈钢
硼酸甲酯	火焰钎焊	>900	碳钢、铜及铜合金

在钎焊过程中采用气体钎剂，操作简单，消耗的钎料少，钎缝表面没有残渣，焊后无须清理。

第 10 章　扩散焊

扩散焊是将紧密接触的焊件置于真空或保护气氛中，并在一定温度和压力下保持一段时间，使接触界面间的原子相互扩散而实现可靠连接的一种固相焊接方法。作为一种绿色、环保的焊接技术，扩散焊在实施过程中基本没有粉尘、有毒气体、强光、高频活化等对环境和人体产生恶劣影响的因素。

扩散焊特别适合异种金属材料、耐热合金和陶瓷、金属间化合物、复合材料等新材料的结合，尤其是对于熔焊方法难以焊接的材料，扩散焊具有明显的优势，这使其日益引起人们的重视。目前，扩散焊广泛应用于航空、航天、仪表及电子等国防部门，并逐步扩展到机械、化工及汽车制造等领域。

10.1　扩散焊的原理、特点、分类及方法

10.1.1　扩散焊的原理

扩散焊时，把两个或两个以上的被焊件紧压在一起，置于真空或保护气氛中，加热至母材熔点以下某个温度，然后对其施加压力，使其表面的氧化膜破碎，表面微观凸起处发生塑性变形和高温蠕变而达到紧密接触，激活界面原子之间的扩散，在若干微小区域出现界面间的结合。再经过一定时间的保温，这些区域进一步通过原子相互扩散得以不断扩大。当整个连接界面均形成金属键结合时，则完成了扩散焊接过程。

实际的待焊接表面总是存在微观凹凸不平、气体吸附层、氧化膜等，而且待焊件表面的晶体位向不同，不同材料晶体结构不同，这些因素都会阻碍接触点处原子之间金属键的形成，影响扩散焊过程的稳定进行。因此，扩散焊时必须采取适当的工艺措施来解决这些问题。温度、压力、时间、保护气氛、真空条件等为实现金属间原子相互扩散与金属键结合创造了条件。

1. 同种金属间扩散焊过程

同种金属间扩散焊焊缝的形成过程如图 10 - 1 所示。为了便于分析和研究，通常把其分为物理接触，接触表面的激活、扩散及形成接头三个阶段。

扩散焊前，通常对材料表面进行机械加工、研磨、抛光和清洗，但无论焊前如何加工处理，加工后的材料表面在微观上仍然是粗糙的，且表面还常常有氧化膜覆盖。将这样的固体表面相互接触，在室温且不施加压力的情况下，结合面只限于少数凸出点接触，如图 10 - 1a 所示。

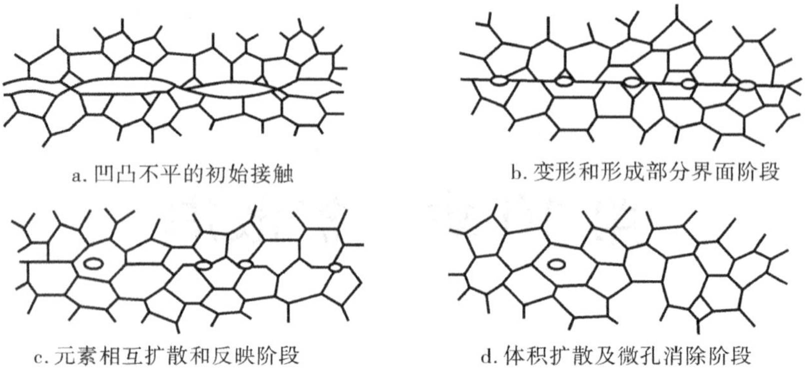

a. 凹凸不平的初始接触　　b. 变形和形成部分界面阶段

c. 元素相互扩散和反映阶段　　d. 体积扩散及微孔消除阶段

图 10－1　扩散焊的三个阶段模型

扩散焊的第一阶段是物理接触阶段，即在高温下通过对被焊件施加压力，使材料表面微观凸出点接触部位发生塑性变形，并在变形中挤碎表面氧化膜，导致该接触点被挤平而接触面积增加，净面接触处便形成金属键连接。其余未接触部分形成微孔残留在界面上，如图 10－1b 所示。

扩散焊的第二阶段是相互扩散和反应阶段，高温下微观不平的表面，在外加压力的作用下，紧密接触的界面上发生原子持续扩散，而使界面上许多微孔消失。与此同时，界面处的晶界发生迁移而离开原始界面，但仍有许多小微孔遗留在晶粒内，如图 10－1c 所示。

扩散焊的第三阶段是结合层的成长阶段，原子扩散向纵深发展，界面与微孔最后消失形成新的晶界，达到冶金结合，最后结合区成分趋于均匀，形成可靠的焊接接头，如图 10－1d所示。

常用金属材料在真空条件下，去除氧化膜的机制见表 10－1。

表 10－1　不同材料表面氧化膜的行为

材料类型		钛镍型	钢铁型	铝型
结合过程	接合前	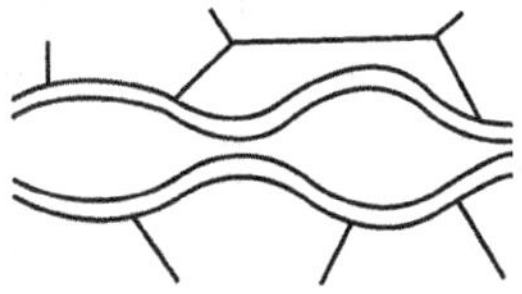	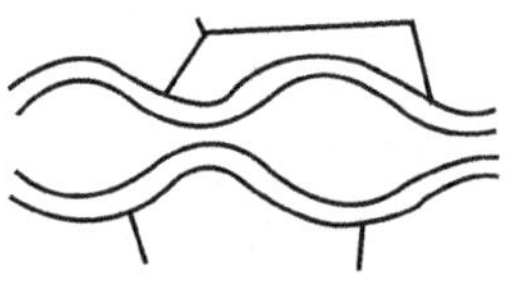	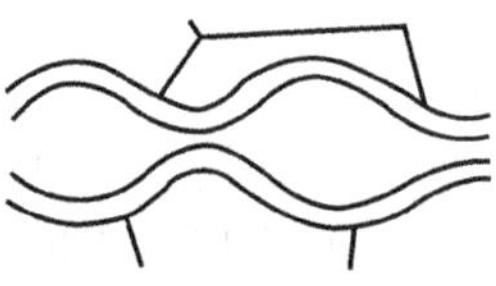
	初期阶段	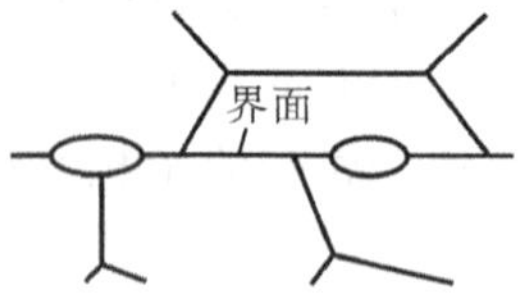	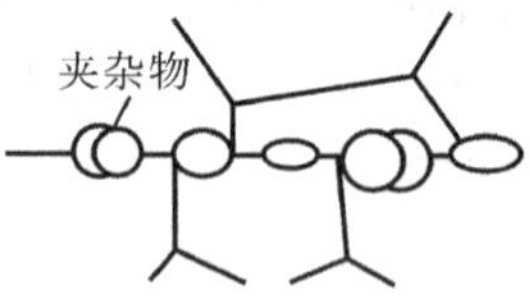	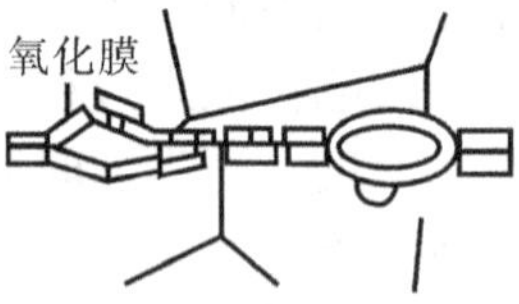
	后期阶段	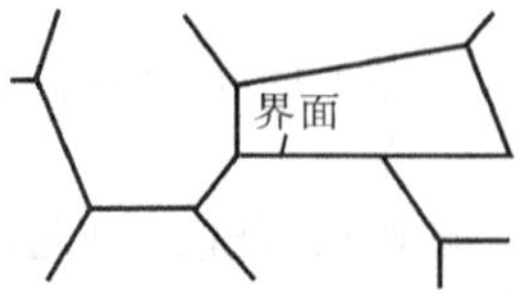	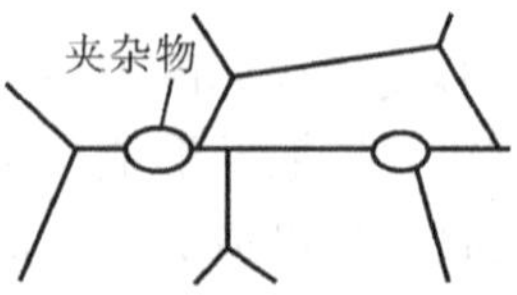	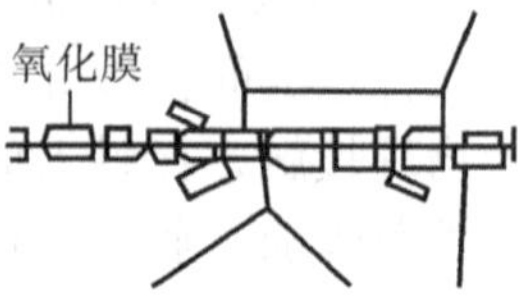
氧化膜行为		溶解	球化聚集	破碎
结果		界面无氧化膜痕迹	界面留有细小、分散氧化膜	界面残留破碎的氧化膜

2. 液相扩散焊过程

液相扩散焊过程可用图 10－2 所示的五个阶段来描述。

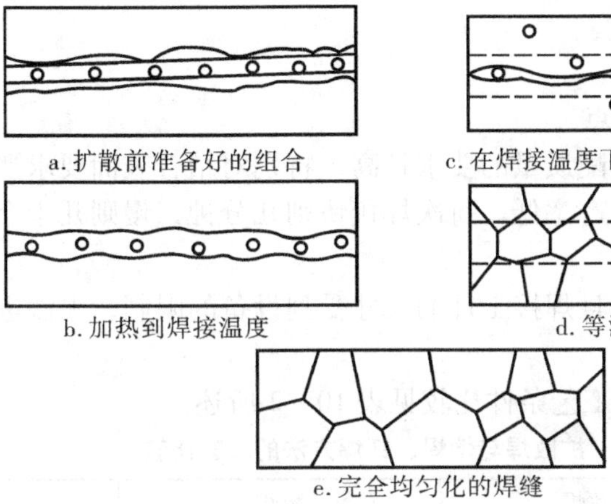

图 10－2　液相扩散焊过程示意

（1）置于两待焊表面之间的中间层在低的压力作用下与待焊表面接触（图 10－2a）。

（2）中间层与母材之间发生共晶反应或中间层熔化，形成液相并润湿填充接头间隙（图 10－2b）。

（3）等温凝固阶段（图 10－2c）。工件处于保温阶段，液相层与母材之间发生扩散。

（4）等温凝固过程结束。液相层完全消失，接头初步形成（图 10－2d）。

（5）均匀化扩散阶段（图 10－2e）。接头成分和组织进一步均匀化，达到使用要求为止。

10.1.2　扩散焊的特点

与其他焊接方法相比，扩散焊有其自身的特点。

1. 扩散焊的优点

扩散焊有以下几个方面的优点。

（1）不同于传统的熔化焊，在扩散焊过程中不会产生烟尘、有毒气体（如 HF、NO_x、O_3、CO、H_2S 等）、金属蒸气（如 Cu、Pb、Mn 等）、弧光、噪声等直接或间接污染环境和危害人体健康，可以实现焊接过程的完全无害化。

（2）扩散焊接时因基体不过热、不熔化，可以在不降低被焊材料性能的情况下焊接几乎所有的金属或非金属，特别适合于熔焊难以焊接的材料，如活性金属、耐热合金和复合材料等。对于塑性差或熔点高的同种材料，以及不互溶或在熔焊时会产生脆性金属间化合物的异种材料，扩散焊是一种可靠的焊接方法。

（3）扩散焊接头质量好，其显微组织和性能与母材接近或相同，在焊缝中不存在熔焊缺欠，也不存在过热组织和热影响区。焊接参数易于精确控制，在批量生产时接头质量和性能稳定。

（4）焊件精度高、变形小。因焊接时所加压力较小，工件多是整体加热，随炉冷却，故焊件整体塑性变形很小，焊后的工件一般不再进行机械加工。

（5）可以焊接大断面工件。因焊接所需压力不大，故大断面焊接所需设备的吨位不高，易于实现。

(6) 可以焊接结构复杂、接头不易接近及厚薄相差较大的工件，能对组装件中许多接头同时实施焊接。

2. 扩散焊的缺点

扩散焊有以下几个方面的缺点。

(1) 对焊件表面的制备和装配质量的要求较高，特别对结合表面要求严格。

(2) 焊接热循环时间长，生产率低。每次焊接快则几分钟，慢则几十个小时。对某些金属会引起晶粒长大。

(3) 设备一次性投资较大，且焊接工件的尺寸受到设备的限制，无法进行连续式批量生产。

扩散焊与熔焊、钎焊方法的工艺条件比较见表 10-2 所述。

表 10-2　扩散焊与熔焊、钎焊方法的工艺比较

工艺条件	扩散焊	熔焊	钎焊
加热	局部、整体	局部	局部、整体
温度	0.5~0.6 倍母材熔点	母材熔点	高于钎料熔点
表面准备	严格	不严格	严格
装配	精确	不严格	不严格
焊接材料	金属、合金、非金属	金属合金	金属、合金、非金属
异种材料连接	无限制	受限制	无限制
裂纹倾向	无	强	弱
气孔	无	有	有
变形	轻	强	轻
接头施工可达性	有限制	无限制	有限制
接头强度	接近母材	接近母材	取决于钎料的强度
接头抗腐蚀性	好	敏感	差

10.1.3　扩散焊的分类

根据被焊材料的组合方式和加压方式的不同，扩散焊可以分成：同种材料扩散焊、异种材料扩散焊、加中间层的扩散焊、过渡液相扩散焊、超塑性成形扩散焊、热等静压扩散焊等，扩散焊的主要类型及工艺特点见表 10-3 所述。

表 10-3　扩散焊的主要类型及工艺特点

类型	工艺特点
同种材料的扩散焊	指不加中间层的两同种金属直接接触的一种扩散焊。对待焊表面制备质量要求高，焊时要求施加较大的压力，焊后接头组织与母材基本一致。对氧溶解度大的钛、铜、锆、铁等金属最易焊，而对容易氧化的铝及其合金，含铝、钛、铬的铁基及钴基合金则难焊
异种材料的扩散焊	指异种金属或金属与陶瓷、石墨等非金属之间直接接触的扩散焊。由于两种材质的物理和化学等性能存在差异，焊接时可能出现： (1) 因线膨胀系数不同，结合面上出现热应力； (2) 由于冶金反应在结合面上产生低熔点共晶或形成脆性金属间合物； (3) 因扩散系数不同，接头中形成扩散孔洞； (4) 因电化学性能不同，接头可能产生电化学腐蚀

续表

类型	工艺特点
加中间层的扩散焊	指在待焊材料界面之间加入中间层材料的扩散焊。该中间层材料通常以箔片、电镀层、喷涂或气相沉积层等形式使用，其厚度 < 0.25 mm。中间层的作用是：降低扩散焊的温度和压力，提高扩散系数，缩短保温时间，防止金属间化合物的形成等。中间层经过充分扩散后，其成分逐渐接近于母材。此法可以焊接很多难焊的或在冶金上不相容的异种材料
过渡液相扩散焊（TLP 法）	一种具有钎焊特点的扩散焊。在待焊件表面之间放置熔点低于母材的中间层金属，在较小压力下加热，使中间层金属熔化、润湿并填充整个接头间隙成为过渡液相，通过扩散和等温凝固，然后再经一定时间的扩散均匀化处理，从而形成焊接接头的方法，又叫扩散钎焊
超塑性成形扩散焊（PF - DB）	一种将超塑性成形与扩散焊组合起来的工艺，适用于具有相变超塑性的材料，如钛及其合金等的焊接。薄壁零件可先超塑性成形然后焊接，也可相反进行，次序取决于零件的设计。如果先成形，则使接头的两个配合面对在一起，以便焊接；如果两个配合面原来已经贴合，则先焊接，然后用惰性气体充压，使零件在模具中成形
热等静压扩散焊（HIP）	利用热等静压技术完成焊接的一种扩散焊。焊接时将待焊件安放在密封的真空盒内，将此盒放入通用高压惰性气体的加热釜中，通过电热元件加热，利用高压气体与真空盒中的压力差对焊件施以各向均衡的等静压力，在高温与高压共同作用下完成焊接过程。此法因加压均匀，不易损坏构件，适合于脆性材料的扩散焊，还可以精确地控制焊接构件的尺寸

10.1.4 扩散焊的方法

每一类扩散焊根据其所使用的工艺不同形成了许多扩散焊方法，见表 10 - 4。

表 10 - 4 扩散焊方法

序号	划分依据	方法名称	特点
1	保护气氛	真空扩散焊	在真空条件下进行扩散焊
		气体保护扩散焊	在惰性气体或还原性气体中进行扩散焊
2	加压方法	机械加压扩散焊	用械机压力对连接面施加扩散压力，压力均匀性难于保证
		热胀差力加压扩散焊	利用夹具和焊接材料或两个焊接工件热胀系数之差而获得扩散压力
		气体加压扩散焊	利用保护气压力对连接面施加扩散压力，适于板材大面积扩散焊
		热等静压扩散焊	利用超高压气体对工件从四周均匀加压进行扩散焊

续表

序号	划分依据	方法名称	特点
3	加热方法和方式	电热辐射加热扩散焊	常用方法，利用电阻丝（带）高温辐射加热工件，控温方便、准确
		感应加热扩散焊	高频感应加热，适合小件
		电阻扩散焊	利用工件自身电阻和连接面接触电阻，通电加热工件，加热较快
		相变扩散焊	焊接温度在相变点附近温度范围内变动，缩短扩散时间，改善接头性能
4	与其他工艺组合	超塑成形扩散焊	将超塑成形和扩散焊结合在一个热循环中进行
		热轧扩散焊	将板材滚轧变形与扩散焊结合
		冷挤压扩散焊	利用冷挤压变形增强扩散接头强度

10.2 扩散焊设备

扩散焊时须保证连接面与被连接金属不受空气的影响，必须在真空或惰性气体介质中进行。现在采用最多的方法是真空扩散焊。真空扩散焊可以采用高频、辐射、接触电阻、电子束及辉光放电等方法，对工件进行局部或整体加热。工业生产中应用的扩散焊设备，主要采用感应和辐射加热的方法。

1. 扩散焊设备构成

扩散焊设备主要是由带有真空系统的真空室、加热系统、对工件的加压系统、对温度和真空度的检测系统以及控制装置组成。无论何种加热方式的真空扩散焊设备都主要由以下几部分组成。

（1）真空室。真空室越大，要达到和保持一定的真空度，对所需真空系统的要求就越高。真空室中应有由耐高温材料围成的均匀加热区，以保持设定的温度。真空室外壳需要冷却。

（2）真空系统。一般由扩散泵和机械泵组成，真空度越高，越有利于被焊材料表面杂质和氧化物的分解与蒸发，促进扩散焊的顺利进行。但真空度越高，抽真空的时间越长。

（3）加热系统。一般由感应线圈和高频电源组成。根据不同的加热要求，辐射加热可选钨、钼或石墨作加热体，经过高温辐射对工件进行加热。

（4）加压系统。扩散焊过程一般要施加一定的压力。在高温下材料的屈服强度较低，为避免构件的整体变形，加压只是使接触面产生微观的局部变形。扩散焊所施加的压力较小，压强可在 1 ~ 100 MPa 范围内变化。只有当材料的高温变形阻力较大，或加工表面较粗糙，或扩散焊温度较低时，才用较高的压力。目前主要采用液压和机械加压系统。

（5）测量与控制系统。现在应用的扩散焊机都具有对温度、压力、真空度及时间进行控制的控制系统。可实现对温度从 20 ~ 2 300 ℃的测量与控制。压力的测量与控制一般是通过压力传感器进行的。

（6）水冷系统一般通过水循环系统进行冷却。扩散焊设备启动前，首先应接通水冷循环。

2. 常用扩散焊设备

扩散焊设备种类繁多，目前较常用的有如下几款。

（1）真空扩散焊设备。真空扩散焊设备是通用性好的常用扩散焊设备，主要由真空室、加热器、加压系统、真空系统、温度测控系统及电源等几大部分组成。加热器为电阻丝的真空扩散焊设备如图 10－3 所示。真空扩散焊设备除加压系统外，其他几个部分都与真空钎焊加热炉相似。扩散焊设备在真空室内的压头或平台要承受高温和一定的压力，因而常用钼或其他耐热、耐压材料制作。加压系统常为液压系统。

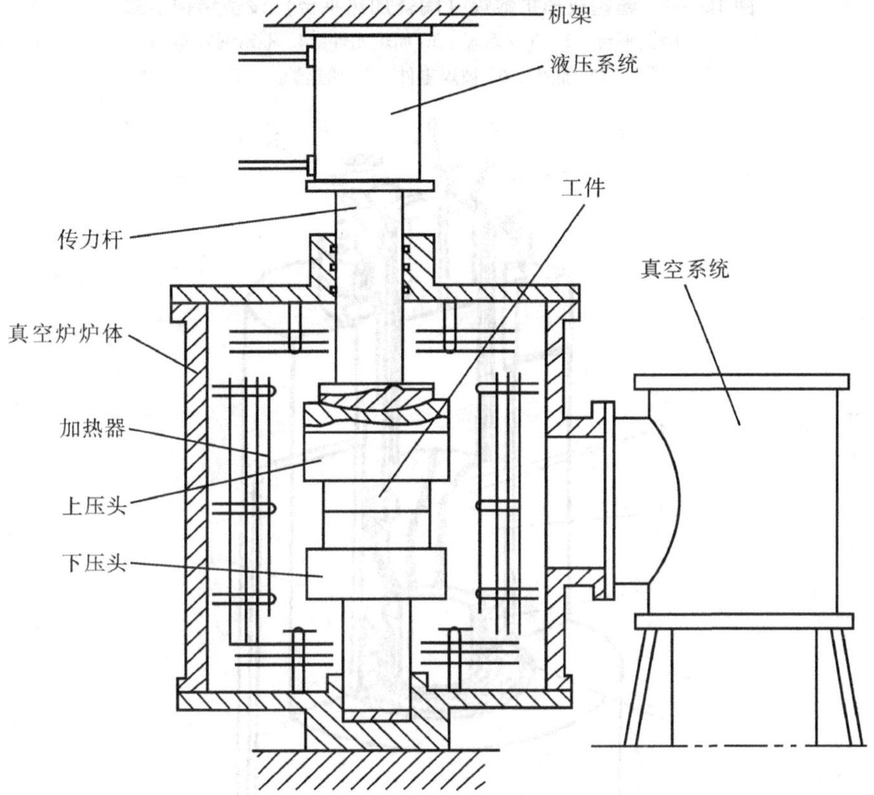

图 10－3　真空扩散焊（电阻辐射加热）设备结构示意

（2）超塑成形－扩散焊设备。此设备是由压力机、真空－供气系统、特种加热炉及其电源组成。加热炉中的加热平台应能承受一定压力，由高强度陶瓷材料制成，安装于压力机的金属台面上。模具及工件置于两平台之间。如采用不锈钢板封焊成软囊式真空容器，而待扩散焊零件密封在该容器内，则该类设备可在真空下扩散焊较大尺寸的工件，如图 10－4 所示。

（3）热等静压扩散焊设备。热等静压扩散焊是在通用热等静压设备中进行，它是由水冷耐高压气罐、加热器、框架、液压系统和电源等部分组成。图 10－5 所示为该设备主体部分的结构示意。

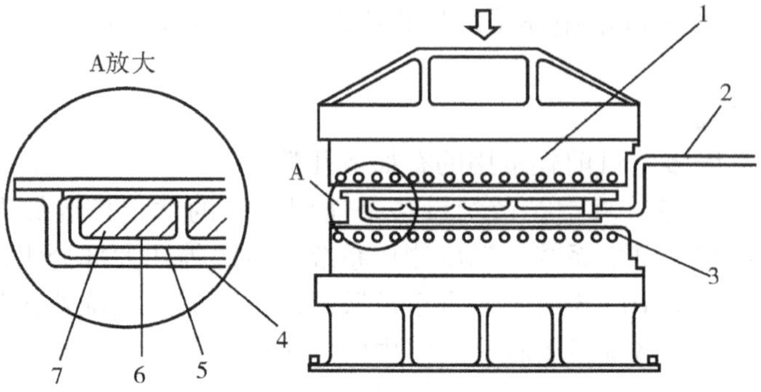

图 10－4　超塑成形扩散焊（陶瓷加热平台）设备结构示意

1. 陶瓷平台　2. 真空系统　3. 加热元件　4. 不锈钢容器
5. 底板　6. 被焊零件　7. 加热炉

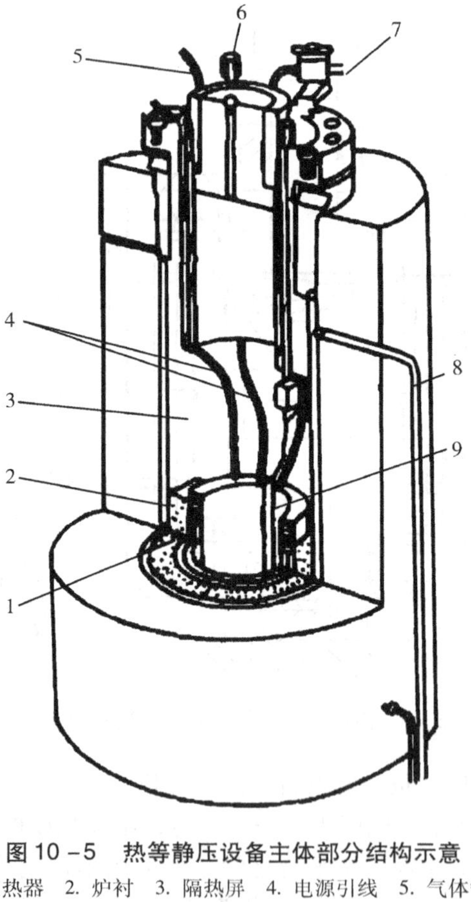

图 10－5　热等静压设备主体部分结构示意

1. 电热器　2. 炉衬　3. 隔热屏　4. 电源引线　5. 气体管道
6. 安全阀组件　7. 真空管道　8. 冷却管　9. 热电偶

10.3 扩散焊工艺

为获得优质的扩散焊接头，除根据所焊工件的材料、形状和尺寸等选择合适的扩散焊方法和设备外，精心制备待焊零件，选取合适的焊接条件并在焊接过程中控制主要工艺参数也是极其重要的。另外，从冶金因素考虑，仔细选择合适的中间层和其他辅助材料也是十分重要的。焊接加热温度、对工件施加的压力，以及扩散的时间是主要的工艺参数。

10.3.1 待焊表面的清理制备

1. 工件表面处理及装配

为了使工件得到满意的扩散焊结合，被焊接件必须满足以下两个必要条件。

(1) 焊件表面金属与金属间达到紧密接触。

(2) 必须对有妨碍的材料表面污染物加以破坏和分解，以便金属间结合。

金属表面一般不平整，附着有氧化物或其他固态或液态产物（如油脂、灰尘等），吸附有气体或潮气。待焊件组装前须对工件表面进行仔细处理。表面处理不仅包括清洗，去除表面膜层（氧化物），清除气、水或有机物表面膜层，还有对金属表面粗糙度的要求。

对工件表面的最小平直度和最小粗糙度有一定的要求。常用的金属切割和研磨抛光的方法能够加工出所要求的表面平直度和粗糙度。机械加工或磨削的附带效果是引起表面的冷作硬化，冷作硬化表面的再结晶有增加界面附近扩散速度的倾向。

2. 焊前清理

对工件进行焊前清理的化学腐蚀有两个作用。

(1) 去除非金属表面膜（通常是氧化物）。

(2) 部分或全部去除在机械加工时形成的冷作硬化层。

除油是表面清理工序的必要部分，可使用乙醇、三氯乙烯、丙酮、洗涤剂以及其他清洁剂，也可用在真空中加热的方法来获取清洁的表面。有机物或水、气的吸附层通过在真空中加热很容易被去除，但大多数氧化物在真空加热时不分解。真空清洁处理后的零件要求随即在真空或控制气体中保存，以免重新形成化学吸附层。

表面处理还需考虑具体的焊接条件。如果在很高的温度或压力下扩散连接，获得特别清洁的表面就不十分重要了。原子活性、表面凸凹变形及杂质元素溶解有助于使表面污染物分解。在较低温度和较低压力下焊接时有必要进行较严格的表面处理。

工件表面处理后须对清洁的表面进行保护，有效的方法是在扩散焊过程中采用保护性气氛。真空环境能够长时间防止污染。氩气、氦气也可用于在高温下保护清洁的表面，但使用这些气体时纯度必须很高，以防止造成重新污染。

工件装配是扩散焊最终得到质量良好的扩散焊接头的关键步骤之一。待焊表面紧密接触可以使被连接面在较低的温度或压力下实现完整、可靠的结合与连接。

10.3.2 中间层材料

1. 中间层的作用

中间层的作用是下列中的一条或几条。

（1）改善表面接触，从而降低对待焊表面制备质量的要求，降低所需的焊接压力。

（2）改善扩散条件，加速扩散过程，从而降低焊接温度，缩短焊接时间。

（3）改善冶金反应，避免（或减少）形成脆性金属间化合物和不希望有的共晶组织。

（4）避免或减少因被焊材料之间物理化学性能差异过大所引起的问题，如热应力过大、出现扩散孔洞等。

2. 中间层材料的选择

相应地所选择的中间层材料应满足下列要求中的一条或几条。

（1）容易塑性变形。

（2）含有加速扩散或降低中间层熔点的元素，如硼、铍、硅等。

（3）物理化学性能与母材差异较被焊材料之间的差异小。

（4）不与母材产生不良的冶金反应，如产生脆性相或不希望有的共晶相。

（5）不会在接头上引起电化学腐蚀问题。

通常，固相扩散焊的中间层是熔点较低（但不低于焊接温度），塑性好的纯金属，如铜、镍、银等，液相扩散焊的中间层是与母材成分接近，但含有少量易扩散的低熔点元素的合金，或者是能与母材发生共晶反应，又能在一定时间内扩散到母材中的金属。

中间层厚度一般为几十微米，以利于缩短均匀化扩散处理时间。厚度在 30 ~ 100 μm 时，可以以箔片形式夹在两待焊表面之间，不能轧成箔的中间层材料，可用电镀、渗涂、真空蒸镀、等离子喷涂等方法直接将中间层材料涂覆在待焊表面，镀层厚度可仅数微米。中间层可以是两层或三层复合。中间层厚度可根据最终成分来计算，初选，通过验证修正后确定。

10.3.3 隔离剂

扩散焊中为了防止压头与工件或工件之间某些待定区域被扩散黏结在一起，需加隔离剂（或称止焊剂），这种辅助材料（片状或粉状以及黏结剂）应具有以下性能。

（1）高于焊接温度的熔点或软化点。

（2）有较好的高温化学稳定性，高温下不与工件、夹具或压头起化学反应。

（3）应不释放出有害气体污染附近待焊表面，不破坏保护气氛或真空度。

例如钢与钢扩散焊时，可用人造云母片隔离压头。钛与钛扩散焊时，可涂一层氮化硼或氧化钇粉末。黏结剂可用易分解挥发的聚乙烯醇水溶液，或用聚甲基丙烯酸甲酯、乙酸乙酯和丙酮配制的溶液。

10.3.4 焊接工艺参数的选择

1. 固相扩散焊的工艺参数的选择

固相扩散焊的工艺参数主要包括加热温度、压力、保温时间、保护气氛等。这些因素对扩散焊过程及接头质量有极其重要的影响。

（1）加热温度是扩散焊最重要的工艺参数，在一定的温度范围内，温度越高，扩散过程越快，所获得的接头强度也越高。从这一点考虑，应尽可能选用较高的扩散温度。但加热温度受被焊工件和夹具的高温强度、母材成分、表面状态、中间层材料、相变点，以及再结晶温度等因素所限制，而且当温度高于某一定值后再提高时，接头质量提高不多，有时反而下降。对于许多金属及合金来说，固相扩散焊温度为0.6～0.8T_m（T_m是母材熔点）。

（2）施加压力的主要作用是使结合面微观凸起的部分产生塑性变形，达到紧密接触，同时促进界面区的扩散，加速再结晶过程。如果压力过低，表层塑性变形不足，表面形成物理接触的过程进行不彻底，界面上残留的孔洞过大且过多。较高的压力可产生较大的表层塑性变形，还可使表层再结晶温度降低，加速晶界迁移。高的压力有助于扩散焊第二阶段微孔的收缩和消除，也可减少或防止异种金属扩散焊时的扩散孔洞。在其他参数固定时，采用较高压力能产生较好的接头，如图10－6所示。工件晶粒粗大或者表面粗糙度较大时所需的扩散焊压力也较大，但过大压力会导致工件变形，同时高压力需要成本较高的设备和更精确的控制。压力的上限应取决于对焊接总体变形量的限定、设备的吨位等。

除了热等静压扩散焊外，通常扩散焊压力在0.5～50 MPa之间。在正常扩散焊温度下，从限制变形量考虑，扩散焊压力选择可参考表10－5。在固相扩散焊后期可将压力减小，以减少工件变形。

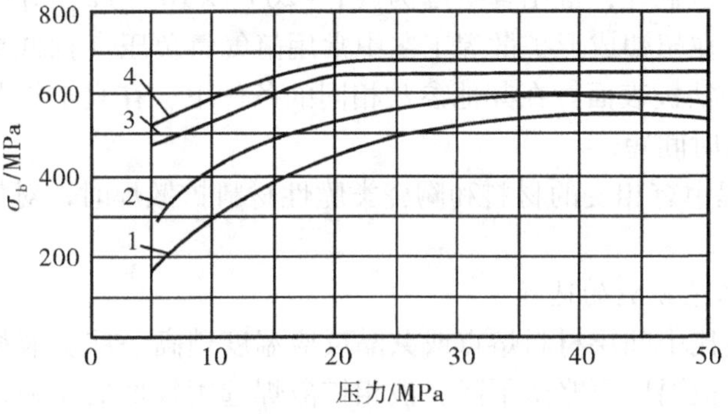

图10－6　扩散焊接头强度与压力的关系

1. T=800 ℃　2. T=900 ℃　3. T=1 000 ℃　4. T=1 100 ℃

表10－5　同种金属固相扩散焊常用扩散压力

材料类型	碳钢	不锈钢	铝合金	钛合金
普通扩散压力/MPa	5～10	7～12	3～7	—
热等静压扩散压力/MPa	100	—	75	50

（3）保温时间是指被焊工件在焊接温度下保持的时间。在该保温时间内必须保证扩散焊过程全部完成，达到所需的结合强度，如图10－7所示。保温时间太短，扩散焊接头达不到稳定的与母材相等或相近的强度，严重时导致焊缝中残留许多孔洞，影响接头性能。但高温、高压持续时间太长，对扩散焊接头质量起不到进一步提高的作用，反而会使母材的晶粒长大。对可能形成脆性金属间化合物的接头，应控制时间以控制脆性层的厚度。

保温时间与加热温度、压力是密切相关的。采用较高温度、压力时，焊接时间有数分钟即可；而用较低温度、压力时，则可能需要数小时。实际扩散焊工艺中保温时间从几分钟到几小时，有时甚至长达几十小时。但从提高生产率考虑，保温时间越短越好。如缩短保温时间，必须相应提高温度与压力。对于加中间层的扩散焊，焊接时间还取决于中间层的厚度和对接成分、组织均匀性的要求（包括脆性相的允许量）。

（4）焊接保护气氛的纯度、流量、压力或者真空度、漏气率均会影响扩散焊的接头质

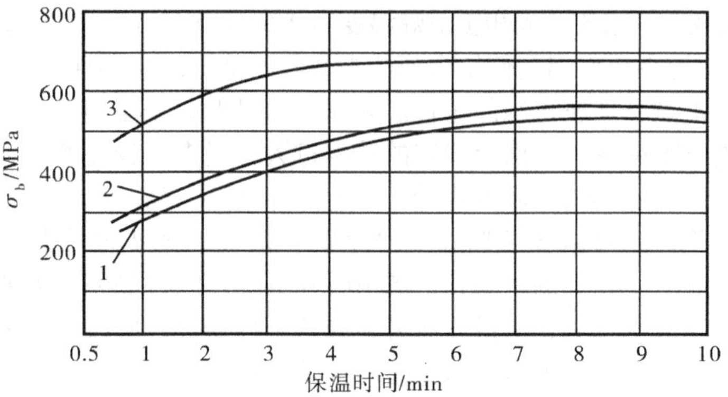

图 10－7　扩散焊接头强度与保温时间的关系

1. $T=800$ ℃　2. $T=900$ ℃　3. $T=1\ 000$ ℃

量。常用的保护气体是氩气，常用真空度为（1～20）$\times 10^{-3}$ Pa，对有些材料也可用高纯度的氮、氢或氦气。在超塑成形扩散焊工艺中常用氩气氛负压（抽低真空－充氩－抽低真空，反复3次）保护钛板表面。在其他参数相同的条件下，在真空扩散焊中比在常压氩气保护气氛中所需扩散时间短。

（5）其冷却过程中有相变的材料和陶瓷类脆性材料扩散焊时，对加热和冷却速度应加以控制。

2. 液相扩散焊工艺参数的选择

液相扩散焊温度比中间层材料熔点或共晶反应温度稍高一些。液相金属填充间隙后的等温凝固和均匀化扩散温度可略微下降。液相扩散焊选用较低的压力，压力过大时在某些情况下可能导致液态金属被挤出，使接头成分失控。焊接时间取决于中间层厚度和对接头成分、组织均匀度的要求。共晶反应扩散中，加热速度过慢，则会因扩散而使接触面上成分变化，影响熔融共晶生成。液相扩散焊对保护气氛的要求与钎焊相同。

在实际生产中，所有焊接参数的确定均应根据试焊所得接头性能选择最佳值。表10－6至表10－9列出了一些常用材料组合的扩散焊焊接参数。

表 10－6　同种材料扩散焊焊接参数

序号	被焊材料	焊接温度/℃	焊接压力/MPa	保温时间/min	保护气氛/10^{-3} Pa
1	LD10 铝合金	540	4	180	
2	Cu	800	6.9	20	还原性气氛
3	H72 黄铜	750	8	5	
4	可伐合金	1 100	19.6	25	1.33
5	GH3039	1 175	29.4～19.6	6～10	13.3
6	GH3044	1 000	19.6	10	
7	TC4 钛合金	900～930	1～2	60～90	13.3 或氩低真空
8	Ti_3Al 金属间化合物合金	960～980	8～10	60	真空

表 10－7　异种材料扩散焊焊接参数

序号	被焊材料	焊接温度/℃	焊接压力/MPa	保温时间/min	保护气氛/10^{-3} Pa
1	Al＋Cu	500	9.8	10	6.67
2	5A06 铝合金＋不锈钢	550	13.7	15	13.3
3	Al＋钢	460	1.9	15	13.3
4	Cu＋低碳钢	850	4.9	10	
5	Cu＋Ti	860	4.9	15	
6	Cu＋Mo	900	72	10	
7	Cu＋95 瓷	950～970	77.8～11.8	15～20	6.67
8	QCr0.8＋高 Cr－Ni 合金	900	1	10	
9	QSn10－10＋低碳钢	720	4.9	10	
10	Ti＋不锈钢	770	—	10	
11	可伐合金＋Cu	850	4.9	10	
12	可伐合金＋青铜	950	6.8	10	1.33
13	硬质合金＋铜	1 100	9.8	6	13.3

表 10－8　加中间层扩散焊（同种材料）焊接参数

序号	被焊材料	中间层	焊接温度/℃	焊接压力/MPa	保温时间/min	保护气氛/10^{-3} Pa
1	5A06 铝合金	5A02	500	3	60	50
2	Al	Si	580	9.8	1	
3	H62 黄铜	Ag＋Au	400～500	0.5	20～30	
4	1Cr18Ni9Ti	Ni	1 000	17.3	60～90	13.3
5	A286 合金钢	Ni	1 200	4.9	60	
6	K18 Ni 基高温合金	Ni－Cr－B－Mo 合金	1 100	—	120	真空
7	GH141	Ni－Fe	1 178	10.3	120	
8	GH22	Ni	1 158	0.7～3.5	240	
9	GH188 钴基合金	97Ni－3Be	1 100	10	30	
10	Al_2O_3	Pt	1 550	0.03	100	空气
11	95 瓷	Cu	1 020	14～16	10	5
12	SiC	Nb	1 123～1 790	7.26	600	真空
13	Mo	Ti	900	68～86	10～20	
14	W	Nb	915	70	20	

表 10－9 加中间层扩散焊（异种材料）焊接参数

序号	被焊材料	中间层	焊接温度/℃	焊接压力/MPa	保温时间/min	保护气氛/10^{-3} Pa
1	Cu + Al_2O_3 瓷	Al	580	19.6	10	
2	TA1 钛 +95 瓷	Al	900	9.8	20～30	<13.3
3	TC4 钛合金 +1Cr18Ni9Ti 不锈钢	V + Cu	900～950	5～10	20～30	1.33
4	Al_2O_3 + ZrO_2	Pt	1 459	1	240	
5	Al_2O_3 + 不锈钢	Al	550	50～100	301	
6	Si_3N_4 + 钢	Al－Si	550	60	30	
7	ZrO_2 + 不锈钢	Pt	1 130	1	240	

10.4 扩散焊的应用

由于扩散焊的接头质量好且稳定，材料适用范围极广，特别适于脆性材料、特殊结构的焊接。在航空航天、电子和核工业等领域，许多零部件的使用环境苛刻，加之产品结构要求特殊，设计者不得不采用特种材料，如为减轻重量而采用空心结构，而且要求接头与母材成分、性能上匹配，在这种焊接质量更为重要的情况下，虽然扩散焊的生产成本稍高一些，但扩散焊成为优先考虑的焊接方法。目前，扩散焊应用日益广泛，已逐步扩展到机械、化工及汽车制造等领域。

10.4.1 钛合金的扩散焊

钛及钛合金是一种比强度高、耐腐蚀、耐高温的高性能材料，适于制造重量轻，可靠性高的结构，目前广泛应用于航空、航天工业中。在航空航天领域常用来制造压力容器、贮箱、发动机壳体、卫星壳体、构架、发动机喷管延伸段等。钛合金采用扩散焊，其接头性能优于常规熔焊。

钛合金在扩散焊时无须对焊件表面进行特殊的准备和控制。钛合金扩散焊时，钛表面的氧化膜在高温下可以溶解在母材中，在 5 MPa 的气压下，可以溶解 TiO_2 达 30%，故氧化膜不妨碍扩散焊的进行。在相同成分的钛合金扩散焊的接头组织中没有原始界面的痕迹。

钛合金能吸收大量的 O_2、H_2 和 N_2 等气体，故不宜在 H_2 和 N_2 气氛中进行扩散焊，应在真空状态或 Ar 气保护下进行。

钛合金应用最普遍的焊接方法是超塑成形扩散焊接（SPF/DB），所选择的温度与通常扩散焊接所用的温度基本相同，但须注意压力与时间要匹配选择。

钛合金原始晶粒度对扩散焊质量也有影响。从图 10－8 可以看出原始晶粒越细，获得良好扩散焊接头所需要的时间越短，施加的压力也越小。因此，超塑性成形扩散焊接工艺要求钛合金母材必须具有细晶组织。

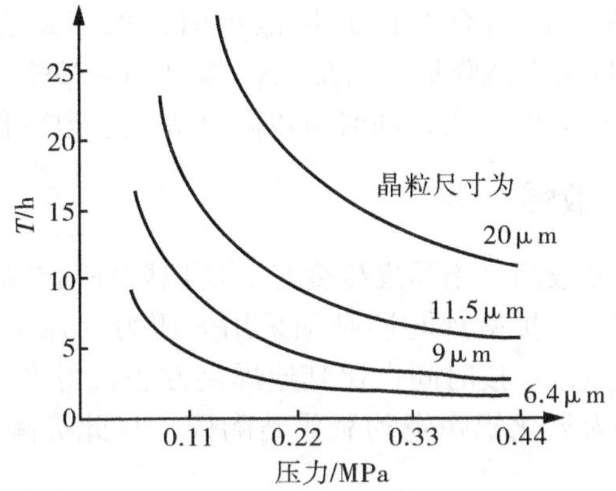

图 10-8 钛合金超塑性成形扩散焊晶粒度与焊接时间与压力的关系

钛合金常用焊接参数为加热温度：1 123 ~ 1 273 ℃；保温时间：60 ~ 240 min；压力：2 ~ 5 MPa；真空度：1.33×10^{-3} Pa 以上或在 Ar 气保护下焊接。对于大面积钛合金扩散焊，可采用加中间层进行扩散钎焊，中间层主要采用 Ag 基钎料、Ag - Cu 钎料、Ti 基钎料。Cu 基钎料和 Ni 基钎料由于容易和 Ti 发生反应，形成金属间化合物，一般不作为中间层或钎料使用。

10.4.2 镍基合金的扩散焊

镍合金具有优良的耐高温、耐腐蚀及耐磨损等性能，其熔焊时焊接性差，接头韧性远低于母材，因此较多地应用扩散焊实现连接。

由于镍合金的高温强度高，变形阻力大，焊接时必须提高焊接温度或增大焊接压力。镍合金表面含有 Ti 和 Al 的氧化膜，而且 Ni 在高温下也容易生成氧化镍，这些氧化膜性能比较稳定，须仔细地进行焊件表面准备。在焊接过程中，要严格控制气氛，以防止表面污染，通常还需要纯镍作中间层。

镍合金扩散焊接时，可根据不同合金类型、结构形式选用直接扩散焊法、加中间层扩散焊法或液相扩散焊法。

镍合金扩散焊接的参数为加热温度：1 093 ~ 1 204 ℃；保温时间 10 ~ 120 min；压力 2.5 ~ 15 MPa；真空度 1.33×10^{-2} Pa 以上。实际焊接参数与零件的几何形状有关，要获得满意的焊接质量需根据实验结果确定。

10.4.3 新型高温材料的扩散焊

高温合金的热强性高，变形困难，同时又对过热敏感，因此必须严格控制焊接参数，才能获得与母材性能匹配的焊接接头。高温合金扩散焊时，需要较高的焊接温度和压力，焊接温度为 0.8 ~ $0.85T_m$（T_m 是合金的熔化温度）。

焊接压力通常略低于相应温度下合金的屈服应力。其他参数不变时，焊接压力越大，界面变形越大，有效接触面积越大，接头性能越好，但焊接压力过高，会使设备结构复杂，造价昂贵。焊接温度较高时，接头性能提高，但焊接温度过高会引起晶粒长大，塑性降低。

含铝、钛高的沉淀强化高温合金固态扩散焊时，由于结合面上会形成 Ti（CN）、Ni - TiO_3等析出物，造成接头性能降低。若加入较薄的 Ni - 35% Co（质量分数）中间层合金，则可以获得组织性能均匀的接头，同时可以降低焊接参数变化对接头质量的影响。

10.4.4 陶瓷的扩散焊

因为陶瓷的硬度与强度较高，不易发生变形，所以陶瓷与金属的扩散焊除了要求被连接的表面非常平整和清洁外，扩散焊时还必须采用大压力（压力高达 0.1 ~ 15 MPa）、高温度（通常为 0.5 ~ 0.9T_m），焊接时间也比其他焊接方法长得多。陶瓷与金属的扩散焊连接中，最常用的陶瓷材料为氧化铝陶瓷和氧化锆陶瓷。与此类陶瓷焊接的金属有铜、钛、镍、不锈钢、复合材料等。

氧化铝陶瓷材料具有硬度高塑性低的特性，在扩散焊时仍将保持这种特性。即使氧化铝陶瓷内存在玻璃相，扩散焊时也要加热到 1 100 ~ 1 300 ℃以上才会出现蠕性，陶瓷与大多数金属扩散焊时的实际接触首先是在金属的塑性变形过程中形成的。

陶瓷与金属直接用扩散焊连接有困难时，可以采用中间层的方法，而且金属中间层的塑性变形可以降低对陶瓷表面的加工精度。例如在陶瓷与 Fe - Ni - Co 合金中间加入20 μm 厚的 Cu 箔作为过渡层，采用压力 15 MPa，时间为 10 min，在温度 1 050 ℃工艺下可得到抗拉强度 72 MPa 的扩散焊接头。

这种中间过渡层可以直接使用金属箔片，也可以采用真空蒸发、离子溅射、化学气相沉积、喷涂、电镀等工艺获得中间过渡层，扩散焊工艺不仅用于金属与陶瓷的焊接，也可用于微晶玻璃、半导体陶瓷、石英、石墨等与金属的焊接。

几种介质与金属扩散焊的工艺参数实例见表 10 - 10。无氧铜与氧化铝陶瓷在氢气气氛中的扩散焊的工艺参数见表 10 - 11。铜与氧化锌陶瓷扩散焊的工艺参数见表 10 - 12。

表 10 - 10 几种介质与金属扩散焊的工艺参数

材料组合	过渡层	焊接温度/℃	压力/MPa	保温时间/min	真空度/Pa	备注
硅硼玻璃 - 可伐合金	Cu 箔 0.05 mm	590	5	20	5×10^{-2}	抗拉 10 MPa
石英玻璃 - Cu	Cu 5 ~ 10 μm	950	10	30	$(0.1 \sim 5)\times10^{-2}$	抗拉 29 MPa，耐 700 ℃热冲击
95% Al_2O_3 瓷 - Cu	—	1 000 ~ 1 020	20 ~ 22	20 ~ 25	—	H_2 中
ZnS 光学陶瓷 - Cu 可伐合金	—	850	8 ~ 10	40	—	Ar 中
硅晶体 - Cu	镀 Cu（Ni）	370	20	60	0.1	—

续表

材料组合	过渡层	焊接温度/℃	压力/MPa	保温时间/min	真空度/Pa	备注
(钇-钆)石榴石铁氧体-Cu	Cu 箔 0.6 mm	1 000 ~ 1 050	16 ~ 20	15 ~ 20	0.1	抗拉 68 MPa
石墨-不锈钢	—	1 250 ~ 1 300	1 ~ 2	5	5×10^{-4}	—

表 10-11　无氧铜与氧化铝陶瓷在氢气气氛中扩散焊的工艺参数

陶瓷与金属	厚度/mm	工艺参数						
		焊接温度/℃	保温时间/min	压力/MPa	加热速度/(℃·min^{-1})	冷却速度/(℃·min^{-1})	总加热时间/min	总冷却时间/min
Al_2O_3 + 无氧 Cu	7 + 0.4	1 000	20	19.6	10	3	60 ~ 70	120
Al_2O_3 + 无氧 Cu	7 + 0.4	1 000	20	21.56	15	10	70	120
Al_2O_3 + Cu	7 + 0.5	1 000	20	21.56	10	3	70	120
Al_2O_3 + Cu	7 + 0.5	1 000	20	19.6	10	10	60	120

表 10-12　铜与硫酸锌陶瓷扩散焊的工艺参数

材料组合	介质	工艺参数			
		焊接温度/℃	保温时间/min	压力/MPa	真空度/Pa
铜 + 硫化锌陶瓷	氩气	850	35	7.81	1.33×10^{-1}
		800	40	7.81	
		850	35	9.8	
		800	40	7.81	
		850	40	9.8	
		850	40	9.8	

第 11 章 电阻焊

电阻焊发明于 19 世纪末期，是一种通过电极对组合工件施加压力，利用电流通过接头的接触面及邻近区域产生的电阻热进行焊接的方法。自电阻焊出现以后，就以其生产效率高、质量好、成本低、易于实现机械化等绿色焊接特点迅速在航空航天、电子、汽车、家用电器等行业推广应用。相比其他焊接方法，电阻焊主要有以下优点。

（1）熔核形成时始终被塑性包围，熔化金属与空气隔绝，焊接冶金过程简单。

（2）焊接加热时间短，热量集中，焊接热影响区小，变形和应力也较小。通常在焊后无需校正和热处理工序。

（3）焊接过程无须焊丝、焊条等填充金属，以及氧、乙炔、氩气等耗材，焊接成本低。

（4）操作简单，易于实现机械化和自动化，对工人的技能操作水平要求不高，焊接劳动强度低。

（5）生产率高，焊接过程噪声小，而且没有有害气体及烟尘产生，相比其他焊接方法，焊接环境有较大程度的改善。

（6）适用材料广泛，不仅能够焊接钢铁材料，还可以焊接铝、铜等有色金属及其合金。

电阻焊在最初出现时设备比较简单，随着焊接结构的日趋复杂化，以及控制技术、电力电子技术的不断进步，电阻焊技术有了长足的发展，不同类型的电阻焊设备不断涌现。依据电阻焊的焊接接头形式，电阻焊可分为点焊、缝焊、凸焊和对焊。

11.1 点焊

点焊是将焊件装配成搭接接头，并压紧在两电极之间，利用电阻热熔化母材金属，形成焊点的电阻焊方法。

点焊主要用于焊接接头无须气密或液密的金属板材搭接场合，是一种高速、经济的焊接方法。目前，点焊已在汽车壳体、配件、家具等低碳钢产品及航空、航天工业中由合金钢、不锈钢、铝合金、钛合金制成的发动机、导弹、火箭等部件的焊接中广泛应用。

11.1.1 点焊基本原理

电阻点焊原理和接头的形成如图 11－1 所示。将焊件压紧在两电极之间，施加电极压力后，电阻焊变压器向焊接区通过强大的焊接电流，在焊件接触面上形成真实的物理接触点，并随着通电加热的进行而不断扩大。在电流和压力作用下，塑变能与热能使焊点部位接触点的原子不断激活，接触面消失，继续加热形成熔核。熔核通常以柱状晶形式生长，将合金浓度较高的成分排至晶叉及枝晶前端，直至生长的枝晶相互抵住，获得牢固的金属结合，接合面消失后得到柱状晶生长充分的焊点。

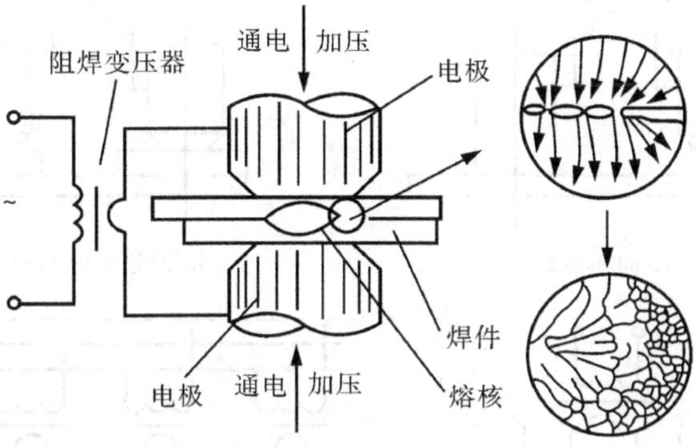

图 11-1　电阻点焊原理

11.1.2　点焊方法和工艺

1. 点焊方法的分类

根据点焊时电极向焊接区的馈电方式，可以分为双面点焊和单面点焊。图 11-2 及图 11-3 所示为常用的单面点焊和双面点焊类型。

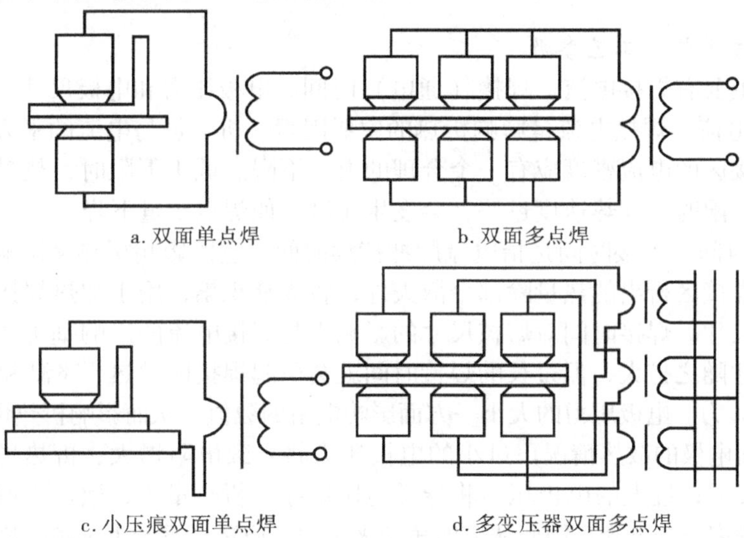

图 11-2　不同形式的双面点焊

双面点焊应用最广，双面单点焊是最常用的方式。小压痕双面单点焊常用于装饰性面板点焊，多变压器双面多点焊因采用多个变压器单独双面馈电，其点焊质量明显优于图 11-2b中的普通双面多点焊。

单面点焊时，电极由工件的同一侧向焊件馈电，仅用于下电极无法抵达构件背面或里面的场合。其中图 11-3a 常用于零件较大、二次回路过长情况；图 11-3b 因无分流产生而优于图 11-3c，此时焊接电流全部流经焊接区，为降低分流可在工件下面铺设铜垫板，以提供低电阻电路；图 11-3d 各对电极均有单独变压器供电，可同时通电，具有焊接质量高、生产率高、变形小和三相负载平衡等优点，常用于汽车组件的生产。

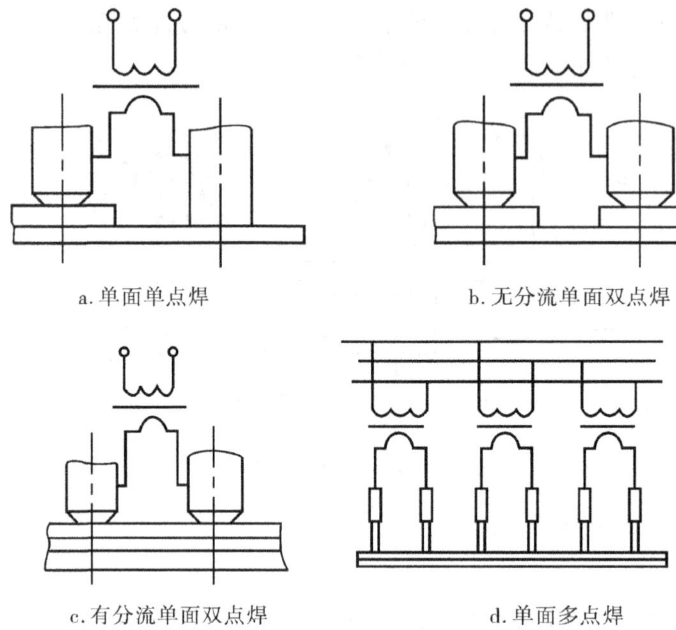

a. 单面单点焊　b. 无分流单面双点焊　c. 有分流单面双点焊　d. 单面多点焊

图 11－3　不同形式的单面点焊

2. 点焊的主要焊接工艺参数

点焊参数主要有焊接电流、焊接（通电）时间、电极压力和电极尺寸。

（1）焊接电流。焊接电流是影响析热的主要因素，析热量与电流的平方成正比。在正常情况下，焊接区的电流密度应有一个合理的上、下限。低于下限时，热量过小，不能形成熔核；高于上限时，加热速度过快，会发生飞溅，使焊点质量下降。

（2）焊接时间。焊接时间是指电流脉冲持续时间，它既影响析热又影响散热。在规定焊接时间内，焊接区析出的热量除部分散失外，将逐渐积累，用于加热焊接区使熔核逐渐扩大到所需的尺寸。焊接时间对熔核尺寸的影响也与焊接电流的影响基本相似，焊接时间增加，熔核尺寸随之扩大，但过长的焊接时间就会引起焊接区过热、飞溅和搭边压馈等。

（3）电极压力。电极压力的大小一方面影响电阻的数值，从而影响析热量的多少，另一方面影响焊件向电极的散热情况。过小的电极压力将导致电阻增大、析热量过多且散热较差，引起前期飞溅；过大的电极压力将导致电阻减小、析热量少、散热良好、熔核尺寸缩小，尤其是焊透率显著下降。因此从节能角度来考虑，应选择不产生飞溅的最小电极压力。

（4）电极工作面尺寸。目前点焊时主要采用锥台形和球面形两种电极。一般选用比期望获得的熔核直径大 20% 左右的工作面直径所需的端部尺寸。

3. 不同厚度和不同材料的点焊

在通常条件下，不同厚度和不同材料的点焊，熔核不以接合面对称，而向厚板或导电、导热性差的焊件偏移，其结果使其在接合面上的尺寸小于该熔核直径。同时，也使其在薄件或导电、导热性好的焊件中焊透率小于规定数值，使焊点承载能力降低。如图 11－4 所示。

为了保证接头强度，应控制焊接区析热和散热条件，调整焊接区温度场，使加热最高温度区接近焊件的接合面，通常可采用以下措施来解决。

（1）采用强条件。因通电时间短，使工件间接触电阻产热的影响增大，电极散热的影

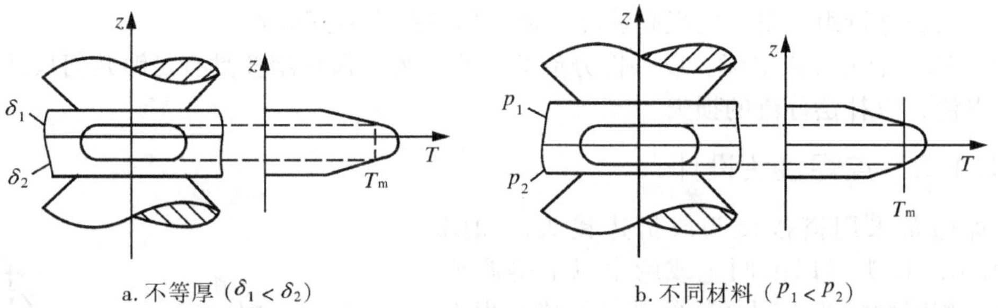

图 11－4　不等厚度、不同材料点焊时熔核偏移

响降低，有利于克服核心偏移。

（2）采用不同的电极直径。薄件（或导电、导热性好的焊件）一侧采用小直径的电极，以增大电流密度，减小热损失；而厚件（或导电、导热性差的焊件）一侧则选用大直径电极。

（3）采用不同材料电极。可使用导热性好的材料放于厚件（或导电、导热性差的焊件）一侧使其热损失增加，进而调节温度场分布，减小熔核偏移。

（4）采用工艺垫片。在薄件（或导电、导热性好的焊件）一侧附加导热性较差、厚度为 0.2～0.3 mm 的工艺垫片，以减少这一侧的散热。

4. 点焊分流及其减少措施

点焊时焊接电流不通过焊接区而流经焊件其他部分称为点焊分流。焊接过程中同一焊件上已焊的熔核对正在焊的熔核就能构成分流，焊接区外焊件间的接触点也能引起分流，如图 11－5 所示。分流会使焊接区的有效电流减小，析热不足而使熔核尺寸减少，导致熔核强度下降。分流电流在电极—焊件接触面一侧集中过密，将因局部过热造成飞溅、烧伤焊件或电极、熔核偏斜等。分流是点焊过程中的常见问题，在焊接时应尽量减小其对焊接接头的影响，可以采用以下常用措施来减少分流影响。

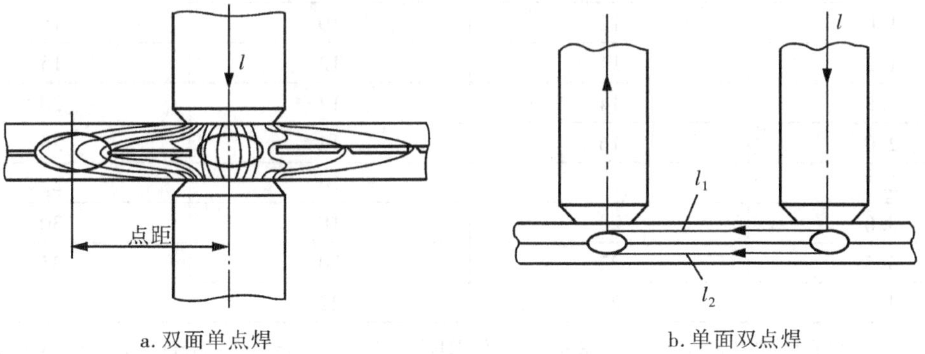

图 11－5　点焊电流分流

（1）选择合适的点距。材料的电阻率越小，板厚越大，焊件层数越多，则分流越大，所允许的最小点距也应增大。

（2）焊前清理焊件表面。表面上存在有氧化膜、油垢等脏物时，焊接区总电阻增大，使分流增大。

（3）提高装配质量。待焊处装配间隙大，其电阻增加，使分流增大。因此，结构刚性较大或多层板进行组装时，应提高装配质量，尽量减小装配间隙。

（4）适当增大焊接电流，以补偿分流的影响。为了保证熔核具有足够几何尺寸，应加大焊接电流，以补偿分流的损失。

11.1.3 点焊接头设计

点焊通常采用搭接接头或折边接头，如图11－6所示。接头可以由两个或两个以上等厚或不等厚、相同材料或不同材料的零件组成，焊点可以是单点或多点。在结构设计时除必须考虑电极的可达性，即电极必须能方便到达构件的焊接部位，还应考虑边距与搭接量、点距、装配间隙和焊点强度等因素。

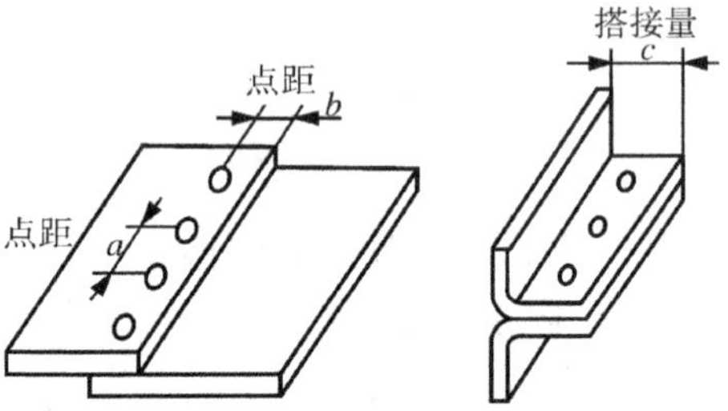

图11－6 点焊接头的基本形式

边距是指焊点中心离板边缘的最小距离。边距过小，边缘处母材过热并向外挤压，会减弱对熔核的拘束，可能会使熔核部分外露而产生飞溅。边距尺寸一般取6～10倍板厚。搭接量是指接头重叠部分的尺寸，最小搭接量通常是最小边距的两倍。

点距指相邻两焊点的中心距。点距的最小值取决于被焊金属的厚度、导电率、表面清洁度与熔核直径。设计最小点距主要考虑前后焊点分流。表11－1为点焊接头推荐最小点距。

表11－1 点焊接头最小点距（单位：mm）

最薄板件厚度	被焊金属		
	结构钢	不锈钢及高温合金	轻金属
0.5	10	8	15
0.8	12	10	15
1.0	12	10	15
1.2	14	12	15
1.5	14	12	20
2.0	16	14	25
2.5	18	16	25
3.0	20	18	30
3.5	22	20	35
4.0	24	22	35

点焊时工件的装配间隙要尽可能小，仅使用焊接压力消除间隙将消耗部分电极压力，使实际的焊接压力降低。若装配间隙不均，则会造成焊接压力波动，使各焊点强度不一致。

单个焊点的抗剪强度取决于两板交界面熔核的面积。为了保证接头强度，除熔核直径外，焊透率和压痕深度也应符合要求，两板的焊透率应分别测量。焊透率的表达式为 $\eta=\frac{h}{\delta-c}\times100\%$（参见图11－7）。两板上的焊透率应介于20%～80%之间。镁合金的最大焊透率只允许到60%，而铁合金则允许到90%。焊接不同厚度的工件时，焊透率可取薄板焊透率20%。当点焊两种厚度的碳钢时，最大厚度比为4:1，点焊三种厚度接头时，外侧两板厚度比不得大于2.5:1。压痕深度不超过板厚15%，如两板厚度比超过2:1时，压痕深度可增大到20%~25%。

点焊焊接结构通常由多点连接而成，其排列形式多为单排，有时也可为多排，多排排列时最好为交错排列，而非矩形排列。

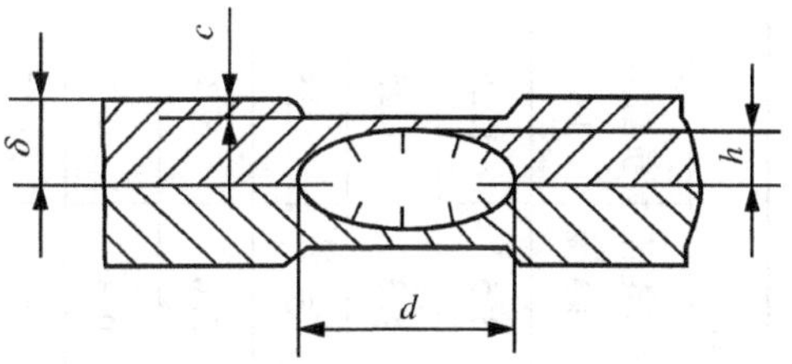

图11-7　低倍磨片上的熔核尺寸

d—熔核直径　*δ*—工件厚度

h—熔深　*c*—压痕深度

11.1.4　常用金属的点焊

1. 电阻焊前工件的清理

无论是点焊、凸焊和缝焊，在焊接前均需对焊件表面进行清理，以除掉表面脏物与氧化膜，获得小而均匀的接触电阻，避免电极黏结、喷溅，保证点焊质量和提高生产率。

清理方法为机械清理和化学清理两种。常用的机械清理方法有喷砂、喷丸、抛光，以及用砂布或钢丝刷清理等。化学方法主要是酸洗或其他化学溶液处理。不同金属和合金用不同的方法处理，简介如下。

铝及其合金对表面要求极其严格，由于铝对氧的化学亲和力强，铝及其合金表面氧化膜主要用化学方法去除。通常在碱溶液中去油和冲洗后，放入正磷酸溶液腐蚀。为了减慢新膜形成速度和填充新膜孔隙，在腐蚀的同时进行钝化。常用钝化剂为重铬酸钾和重铬酸钠。腐蚀后进行冲洗，然后在硝酸溶液中亮化以后再进行冲洗，在75 ℃的干燥室干燥或用热空气吹干，这样在焊前可存放72 h。铝合金也可用机械方法清理，如纱布或者钢丝刷等。

镁合金一般使用化学清理，经腐蚀后再在铬酐溶液中钝化。这样处理后可以保持10昼夜或更长时间，性能几乎不变，也可以用钢丝刷清理。

铜合金可以通过在硝酸及盐酸中处理，然后进行中和并清除焊接出的残留物。

不锈钢、高温合金电阻焊时，保持工件表面高度清洁十分重要，因为油污、尘土、油漆的存在，能增加硫脆化的可能性，从而使接头产生缺陷。清理可用抛光、喷丸、钢丝刷或化学腐蚀。

钛合金的氧化皮，可在盐酸、硝酸及磷酸钠的混合溶液中进行深度腐蚀加以去除，也可用钢丝刷或喷丸。

低碳钢和低合金钢在大气中抗腐蚀能力较低，因此，经常用抗蚀油保护。如果涂油表面未被脏物或其他不良的导电材料所覆盖，在电极的压力下油膜很容易被挤开，不会影响接头质量。

镀层钢板，除少数特殊外，一般不用特殊清理就可以焊接。镀铝钢板则需要钢丝刷或化学处理。带有磷酸盐涂层的钢板，需要采用较高的电极压力焊接。

2. 低碳钢的点焊

低碳钢的含碳量低于0.25%，其电阻率适中，需要的焊机功率不大；塑性温度区宽，不必使用很大的电极压力就能获得所需的塑性变形；碳与微量元素含量低，无高熔点氧化物，一般不产生淬火组织或夹杂物；结晶温度区间窄、高温强度低、热膨胀系数小，因而开裂倾向小。这类钢具有良好的焊接性。表11-2为三种推荐的低碳钢点焊的焊接条件。

表 11 -2　三种推荐的低碳钢点焊的焊接条件

板厚/mm	最佳参数				中等参数				一般参数			
	焊接时间/ms	电极压力/kN	焊接电流/kA	抗剪力/kN	焊接时间/ms	电极压力/kN	焊接电流/kA	抗剪力/kN	焊接时间/ms	电极压力/kN	焊接电流/kA	抗剪力/kN
0.4	80	1.15	5.2	1.8	160	0.75	4.5	1.6	340	0.4	3.5	1.25
0.6	120	1.5	6.6	3.0	220	1.0	5.5	2.8	440	0.5	4.3	2.25
0.8	140	1.9	7.8	4.4	260	1.25	6.5	4.4	500	0.6	5	3.55
1.0	160	1.9	8.8	6.1	340	1.5	7.2	5.4	600	0.75	5.6	5.3
1.2	200	2.7	9.8	7.8	380	1.75	7.7	6.8	660	0.85	6.4	6.5
1.6	260	3.6	11.5	10.6	500	2.4	9.1	10	860	1.15	7	9.25
2.0	340	4.7	13.3	14.5	600	3.0	10.3	13.7	1 060	1.5	8	13
2.3	400	5.8	15	18.5	740	3.7	11.3	17.7	1 280	1.8	8.6	16.8
2.8	460	7.0	16.2	23.8	860	4.3	12.1	23	1 580	2.2	9.4	21.7
3.2	540	8.2	17.4	31	1 000	5.0	12.9	28.5	1 760	2.6	10	26.7
4	840	10	19	42	1 500	6.3	14.3	41	2 580	3.4	11	35
6	1 340	15.5	23.5	79	2 500	9.7	17.5	73	4 160	5.4	13.5	63
8	2 000	22	27	114	3 600	13	20	104	6 000	7.5	15.6	95
9	2 340	26	29	121	4 260	15	21.2	112.5	7 000	8.8	16.5	102
10	2 660	29.5	30	131.5	4 760	17	22.5	121	8 340	10	17	111

3. 镀层钢板的点焊

（1）镀锌钢板点焊。镀锌钢板大致分为电镀锌钢板和热浸镀锌钢板，前者的镀层比后者薄。点焊镀锌钢板用的电极，推荐用 2 类电极合金。当点焊外观要求很高时，可以采用 1 类合金。推荐使用锥形电极形状，锥角 120°～140°。使用焊钳时，推荐采用端面半径为 25～50 mm 的球面电极。

表 11－3 为国际焊接协会推荐的镀锌钢板点焊参数。

表 11－3　镀锌钢板点焊的推荐焊接参数

板厚/mm	电极工作面直径/mm	电极压力/kN	焊接电流/kA	通电时间/s
0.5	4.8	1.38	9.0	0.1
0.7	4.8	1.90	10.3	0.17
0.9	4.8	2.50	11.0	0.2
1.0	5.2	2.85	12.5	0.25
1.25	5.7	3.85	14.0	0.3
1.5	6.4	4.40	15.5	0.33

（2）镀铝钢板的点焊。镀铝钢板有两种：一种是以耐热为主，表面镀有一层厚 20～25 μm 的 Al－Si 合金的钢板，可耐 640 ℃高温；另一种是以耐腐蚀为主，表面为纯铝镀层，其镀层厚度为前者的 2～3 倍。点焊这两种镀铝钢板都可获得强度满意的熔核，由于镀层的导电、导热性好，故需用较大焊接电流，并应采用硬铜合金的球面电极。

表 11－4 为耐热镀铝钢板点焊的焊接参数。如果焊接耐蚀镀铝钢板时镀层较厚，应采用较大的电流和较低的电极力。

表 11－4　耐热镀铝钢板的点焊参数

板厚/mm	电极球面半径/mm	电极压力/kN	焊接时间/周	焊接电流/kA	抗剪强度/kN
0.6	25	1.8	9	8.7	1.9
0.8	25	2.0	10	9.5	2.5
1.0	50	2.5	11	10.5	4.2
1.2	50	3.2	12	12.0	6.0
1.4	50	4.0	14	13.0	8.0
2.0	50	5.5	18	14.0	13.0

4. 不锈钢的点焊

不锈钢按组织可分为奥氏体型、马氏体型、铁素体型三种类型。奥氏体型与铁素体型不锈钢易于点焊。马氏体型不锈钢焊后硬度高、性能脆，焊接时需精确控制焊接参数，焊后常需作热处理，故较少用于点焊结构。点焊不锈钢的电极推荐用 2 类或 3 类电极合金，以满足高电极压力的需要。表 11－5 为奥氏体不锈钢点焊的焊接参数。

表 11 -5　奥氏体不锈钢点焊的焊接参数

板厚/mm	电极端面直径/mm	电极压力/kN	焊接时间/周	焊接电流/kA
0.3	3.0	0.8 ~ 1.2	2 ~ 3	3 ~ 4
0.5	4.0	1.5 ~ 2.0	3 ~ 4	3.5 ~ 4.5
0.8	5.0	2.4 ~ 3.6	5 ~ 7	5 ~ 6.5
1.0	5.0	3.6 ~ 4.2	6 ~ 8	5.8 ~ 6.5
1.2	6.0	4.0 ~ 4.5	7 ~ 9	6.0 ~ 7.0
1.5	5.5 ~ 6.5	5.0 ~ 5.6	9 ~ 12	6.5 ~ 8.0
2.0	7.0	7.5 ~ 8.5	11 ~ 13	8 ~ 10
2.5	7.5 ~ 8.0	8.5 ~ 10	12 ~ 16	8 ~ 11

马氏体不锈钢多在淬火后低温或高温回火状态下使用，这种钢点焊后将再次淬硬，使接头塑性下降。为了改善接头力学性能，应采用焊后在电极间进行回火处理的双脉冲点焊工艺，一般不采用电极的外部水冷，以免因淬火而产生裂纹。表 11 -6 为马氏体不锈钢双脉冲点焊的焊接参数。

表 11 -6　马氏体不锈钢（2Cr13、1 Crll Ni2W2MoVA）双脉冲点焊的焊接参数

薄件厚度/mm	焊接		脉冲间隔时间/s	回火处理		电极压力/N
	电流/kA	时间/s		电流/kA	时间/s	
0.3	5 ~ 5.5	0.06 ~ 0.08	0.08 ~ 0.18	3 ~ 4	0.08 ~ 0.1	1 500 ~ 2 000
0.5	4.5 ~ 5	0.08 ~ 0.12	0.08 ~ 0.2	2.5 ~ 3.7	0.1 ~ 0.16	2 500 ~ 3 000
0.8	4.5 ~ 5	0.12 ~ 0.16	0.1 ~ 0.24	2.5 ~ 3.7	0.14 ~ 0.2	3 000 ~ 4 000
1	5 ~ 5.7	0.16 ~ 0.18	0.12 ~ 0.28	3 ~ 4.3	0.18 ~ 0.24	3 500 ~ 4 500
1.2	5.5 ~ 6	0.18 ~ 0.2	0.18 ~ 0.32	3.2 ~ 4.5	0.22 ~ 0.26	4 500 ~ 5 500
1.5	6 ~ 7.5	0.2 ~ 0.24	0.2 ~ 0.32	4 ~ 5.2	0.2 ~ 0.3	5 000 ~ 6 500
2	7.5 ~ 8.5	0.26 ~ 0.3	0.24 ~ 0.42	4.5 ~ 6.4	0.3 ~ 0.34	8 000 ~ 9 000
2.5	9 ~ 10	0.3 ~ 0.34	0.28 ~ 0.46	5.8 ~ 7.5	0.34 ~ 0.44	10 000 ~ 11 000
3	10 ~ 11	0.34 ~ 0.38	0.3 ~ 0.5	6.5 ~ 9	0.42 ~ 0.5	12 000 ~ 14 000

5. 高温合金的点焊

高温合金分铁基合金（GH140、GH35）和镍基合金（GH30、GH44、GH128 等），常温下多为奥氏体组织。

高温合金具有比奥氏体不锈钢更大的电阻率，更小的热导率和更高的高温强度，故可采用较小的焊接电流，但须用高的电极压力进行焊接。多数高温合金对硫、磷、铅、锡等杂质非常敏感，因这些元素在铁、镍中的溶解度极小，易形成低熔点共晶，产生热裂纹。杂质较多、晶粒大小均匀度差的高温合金（特别是铁基合金）对裂纹更为敏感。大多数耐热钢及高温合金在熔化区与近缝区易产生“胡须”状的不均匀组织。为了防止裂纹，点焊时要减少过热和加强散热，还要注意表面清理和保证足够的电极压力。表 11－7 列出了 GH44、GH33 等高温合金的焊接参数。

表 11－7　GH44、GH33 等高温合金的焊接参数

薄件厚度/mm	焊接		间隔时间/s	预热		电极压力/kN	锻压力/kN	锻压力开始时间/s
	电流/kA	时间/s		电流/kA	时间/s			
0.3	5～6	0.14～0.2	—	—	—	4.0～5.0	—	—
0.5	4.5～5.5	0.18～0.24	—	—	—	5.0～6.0	—	—
0.8	5～6	0.22～0.34	—	—	—	6.5～8.0	—	—
1	6～6.5	0.32～0.4	—	—	—	8.0～10.0	—	—
1.2	6.2～6.8	0.38～0.48	—	—	—	10.0～12.0	—	—
1.5	6.5～7	0.44～0.62	—	—	—	12.5～15.0	—	—
2	7～7.5	0.58～0.76	—	—	—	15.5～17.5	—	—
2.5	7.5～8.2	0.78～0.96	—	—	—	18.5～19.5	—	—
3	8～8.8	1～1.3	—	—	—	20.0～21.5	—	—
2	7～7.5	0.58～0.76	0.24～0.4	5.5～7	0.5～0.6	14.0～15.0	—	—
2.5	7.5～8.2	0.78～0.96	0.3～0.46	6.～7.5	0.54～0.76	15.0～16.0	—	—
3	8～8.8	1～1.3	0.34～0.52	6.5～8	0.6～0.8	16.0～17.0	—	—
1.5	6.2～6.8	0.7～0.8	0.06～0.1	4.2～4.6	0.6～0.8	11.0～12.5	19.0～20.0	0.86～1
2	6.6～7.2	0.8～0.9	0.1～0.12	4.4～4.9	1～1.2	13.0～15.0	20.0～22.0	1～1.1
2.5	7.2～8	1.1～1.2	0.12～0.16	4.9～5.5	1.2～1.4	14.0～15.0	24.0～28.0	1.4～1.52
3	7.8～8.6	1.24～1.42	0.16～0.24	5.3～6	1.5～1.7	16.0～18.0	30.0～32.0	1.4～1.6

6. 铝合金的点焊

铝合金分为冷作强化和热处理强化两大类。铝合金点焊的焊接性较差，尤其是热处理强化的铝合金。其原因及应采取的工艺措施如下。

（1）电导率和热导率较高，必须采用较大电流和较短时间，才能做到既有足够的热量形成熔核，又能减少表面过热，避免电极黏附和电极铜离子向纯铝包覆层扩散，降低接头

的抗腐蚀性。

（2）塑性温度范围窄、线膨胀系数大，必须采用较大的电极压力，电极随动性好，才能避免熔核凝固时，因过大的内部拉应力而引起的裂纹。对裂纹倾向大的铝合金，如LF6、LY12、LC4等，还必须采用加大锻压力的方法，使熔核凝固时有足够的塑性变形、减少拉应力，以避免裂纹产生。

（3）表面易生成氧化膜，焊前必须严格清理，否则极易引起飞溅和熔核成形不良（熔核形状不规则，凸台和孔不呈圆形），使焊点强度降低。

基于上述特点，点焊铝合金应选用具有下列特性的焊机：

1）能在短时间内提供大电流；

2）电流波形最好有缓升缓降的特点；

3）能精确控制工艺参数，且不受电网电压波动影响；

4）能提供阶梯形和马鞍形电极压力；

5）机头的惯性和摩擦力小，电极随动性好。

点焊铝合金的电极应采用1类电极合金，球形端面，以利于压固熔核和散热。

表11－8为铝合金用交流点焊机点焊的焊接参数；表11－9为用直流脉冲焊机点焊的焊接参数。

表11－8　铝合金用交流点焊机点焊的焊接参数

材料厚度/mm	A类铝合金			B类铝合金		
	电极力/N	焊接电流/kA	焊接时间/s	电极力/N	焊接电流/kA	焊接时间/s
0.5+0.5	2 200	17	0.08	1 300	16	0.08
0.8+0.8	3 500	19	0.10	1 900	18	0.10
1.0+1.0	4 500	24	0.12	2 500	22	0.12
1.5+1.5	6 500	30	0.16	3 500	27	0.14
2.0+2.0	8 000	35	0.20	5 000	32	0.18

7. 钛合金点焊

钛合金的焊接性与不锈钢相似，焊接参数也大致相同。钛合金的热敏感性强，即便采用强条件，晶粒也会严重长大，焊透率可高达90%，但对质量无明显影响。其焊接条件可参考表11－10。由于钛合金的高温强度大，电极最好采用球形端面的2类电极合金。

表 11 -9　铝合金用直流脉冲焊机点焊的焊接参数

材料厚度/mm	参数特点	加压方式	A 类铝合金							B 类铝合金				
			电极力参数			电流脉冲				加压方式	电极压力/kN	焊接电流/kA	焊接时间/s	锻压力/kN
						主脉冲		缓冷脉冲						
			电极压力/kN	锻压力/kN	焊接时间/s	脉冲电流/kA	脉冲时间/s	焊接电流/kA	脉冲时间/s					
0.8+0.8	硬规范	Ⅱ	3.5	5.0	0.06	26	0.04			Ⅰ	2.0	25	0.04	22.0
1.0+1.0		Ⅱ	4.0	8.0	0.06	29	0.04			Ⅰ	2.5	29	0.04	
1.5+1.5		Ⅱ	5.0	14.0	0.08	41	0.06			Ⅰ	3.5	35	0.06	
2.0+2.0		Ⅱ	7.0	19.0	0.12	51	0.10			Ⅰ	5.0	45	0.10	
2.5+2.5		Ⅱ	9.0	26.0	0.16	59	0.14			Ⅰ	6.5	49	0.14	
3.0+3.0		Ⅱ	12.0	32.0	0.20	64	0.16			Ⅰ	8.0	57	0.18	
0.5+0.5	硬规范	Ⅱ	2.0			20	0.02	12	0.04					
0.8+0.8		Ⅱ	3.0	7.0	0.06	25	0.04	15	0.08					
1.0+1.0		Ⅱ	4.0	8.0	0.08	29	0.04	18	0.08					
1.5+1.5		Ⅱ	5.0	11.0	0.12	40	0.06	20	0.12					
2.0+2.0		Ⅱ	8.0	18.0	0.14	55	0.08	25	0.16					
2.5+2.5		Ⅱ	12.0	28.0	0.18	64	0.10	32	0.2					
1.5+1.2	软规范	Ⅱ	4.0	10.0	0.16	31	0.12							
2.0+2.0		Ⅱ	6.0	16.0	0.24	34	0.20							
2.5+2.5		Ⅱ	8.0	22.0	0.28	40	0.24							
3.0+3.0		Ⅱ	10.0	30.0	0.34	45	0.28							

表 11-10 TC4（T16A14V）钛合金点焊的焊接参数

板厚/mm	电极力/kN	焊接时间/周波	焊接电流/kA	焊点强度/kN	
				正拉	剪切
0.9	2.7	7	5.5	2.7	7.8
1.5	6.8	10	10.5	4.5	22
1.8	7.5	12	11.5	8.4	28
2.3	11.0	16	12.5	9.5	38

11.1.5 点焊机及其应用

1. 点焊机的分类

点焊机按用途可以分为通用型、专用型和特殊型；按安装方法可以分为固定式和移动式；按主电源类型可以分为工频、电容储能、二次整流、低频、逆变电源焊机等；按电极运动方式可以分为垂直运动式和圆弧运动式；按加压机构类型可以分为杠杆弹簧式、气压式和气-液压式等；按同时焊接的焊点数可以分为单点、双点和多点焊机；按机械结构分为四种基本类型：摇臂型、直压型、移动型和多点型。

2. 点焊机的选用原则

在实际应用中，一般根据被点焊工件的结构形状、材料种类、板厚等特点选用，点焊机选用原则如下。

（1）焊机结构类型的选择。选择焊机结构类型时主要考虑工件大小、工件结构、焊点质量要求等因素。例如，工件尺寸不太大，易移动，通常采用固定式点焊机；若对焊点质量要求不高时，选用制造成本较低的圆弧运动式点焊机，特别是脚踏式点焊机；对焊点内部及表面质量要求较高时，则必须选用垂直运动式点焊机；若工件尺寸很大，而且在固定工位或流水线不便移动的，则要选择移动式点焊机。

（2）焊机主电源类型选择。焊机电源选择应主要考虑被焊材料的种类和厚度。例如，对一般厚度不大的低碳钢、不锈钢点焊通常选用低频交流点焊机即可；对铝合金、耐热合金等材料，大厚度钢板等点焊，最好选用二次整流、三相低频，或大容量储能点焊机；而对仪表、电器等小型结构件点焊通常采用电容储能点焊机，以使热量集中，对焊接区周围的热影响较小。

（3）焊机功率选则。焊机功率的选择应考虑被焊的材料种类及板厚。例如，点焊低碳钢薄板，选用 50 kV·A 以下的点焊机即可，随着钢板厚度增加，所用焊机的功率也需增加，点焊板厚 5 mm 以上的低碳钢板，通常需选用 200 kV·A 的点焊机。点焊铝合金所需焊机功率，为点焊同样厚度钢板所需功率的 2~3 倍。

（4）焊机臂伸长度选择。额定视在功率相同的情况下，点焊机的臂伸长度越长，则输出的焊接功率越低。因此，在满足工件结构焊接位置的条件下，尽量选用臂伸长度短的焊机，这样有利于充分利用输入功率。

11.2 缝焊

缝焊是焊件装配成搭接接头并置于两滚轮电极间，滚轮电极加压焊件并转动，连续或断续供电，形成一条连续焊缝的电阻焊方法。

缝焊时，每一个焊点同样要经过预压、通电加热、冷却结晶三个阶段。在滚轮电极直接压紧下，被通电加热的金属处于“通电加热”阶段；即将进入滚轮电极下面的邻近金属，受到一定的预热和滚轮的部分压力作用，处于“预压阶段”；刚从滚轮电极下面出来的邻近金属，一方面开始冷却，同时受到滚轮电极的部分压力作用，处于“冷却结晶”阶段。由于该过程是在动态下进行的，在预压、冷却阶段压力不充分，焊缝接头质量比一般的点焊差，易出现裂纹、缩孔等缺陷。

11.2.1 缝焊方法的分类

根据滚轮电极旋转（焊件移动）与焊接电流通过（通电）的机－电配合方式，缝焊可分为连续缝焊、断续缝焊、步进缝焊。

（1）连续缝焊。滚轮电极连续转动，焊件等速移动，焊接电流连续通过，每半周形成一个焊点，焊速可达10～20 m/min。其滚轮电极易发热和磨损，滚轮加在焊接区的预压力与锻压力不足，易在滚轮前发生飞溅，在滚轮后的焊缝产生收缩性缺陷；滚轮在焊件各点停留时间短，焊件表面散热条件差，表面易过热，焊接变形较大。由于焊缝表面质量差，实际应用有限。

（2）断续缝焊。焊件连续等速移动，焊接电流断续流过，电流通断一次形成一个焊点。根据板厚，焊速可达0.5～4.3 m/min。由于电流连续通过，滚轮电极和工件在焊接过程中得以冷却，滚轮寿命得到提高，热影响区宽度和变形也相应减小。但在熔核冷却时，滚轮电极有一部分离开，熔核没有获得充分的锻压，仍会有焊接收缩缺陷产生的机会。断续缝焊广泛应用在生产黑色金属的气、水、油的密封焊缝中。

（3）步进缝焊。焊件断续移动，焊接电流在焊件静止时通过，每“通－移”一次形成一个焊点，并可施加锻压力。接头形成与点焊相似。焊速较低，一般仅0.2～0.6 m/min。因为熔核的整个结晶过程是在滚轮电极固定不动的条件下进行，所以焊接过程与点焊相同，质量能够得到有效保证。步进缝焊结构相对复杂，需要有实现滚轮电极间歇旋转的复杂机械装置和实时通电的控制系统。步进缝焊仅用于焊接铝合金和镁合金等高密封焊件。

11.2.2 缝焊工艺

1. 缝焊工艺特点

缝焊接头是在动态下形成的，往往表现出压力作用不充分和表面温度比点焊高及表面黏附严重等缺陷，因此在缝焊时应注意以下问题。

（1）焊前焊件表面必须认真全部或局部（焊缝两侧20 mm）清理。滚轮电极经常修磨，对于某些镀层钢板的密封缝焊需用专用的修磨刀。

（2）不等厚度和不同材料缝焊时，需采取合理的工艺措施改善熔核偏移。

（3）缝焊前必须采用点固焊定位，定位点间距75～150 mm，并注意点固焊的位置和表面质量。环形焊件点固后间隙应沿圆周均匀分布且不得过大。

（4）长焊缝时要注意分段调节焊接参数和焊接顺序。

2. 焊缝接头设计

缝焊接头一般有图11－8所示的三种构成形式。平板搭接接头在焊接时，部分焊件进入焊接回路内，会影响焊接参数的恒定。卷边搭接接头焊接时，焊件处于焊接回路之外，能保证整个接头焊接条件的恒定，使整个长度焊缝质量保持一致。

缝焊结构时，必须注意滚盘的可达性。当焊接小曲率半径的工件时，由于内侧滚轮半径的减小受到一定限制，必然会造成熔核向外偏移，甚至会使内侧板件未焊透，因此要避免设计曲率半径过小的工件。如果在一个工件上既有平直部分又有曲率半径很小的部分，如摩托车油箱，为了防止小曲率半径的焊缝未焊透，可以在焊接到此部位时增加焊接电流。

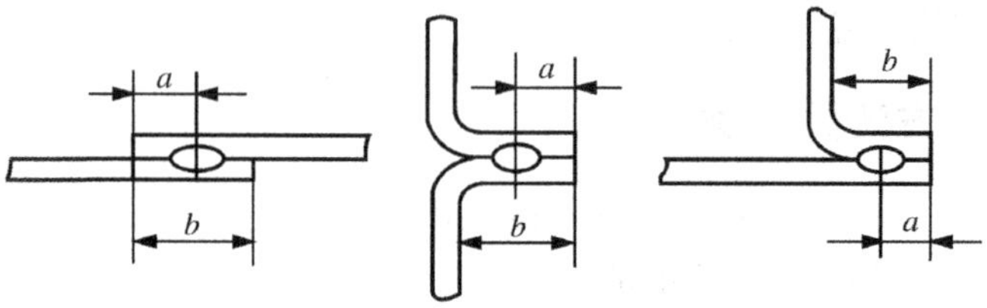

图 11－8　缝焊接头的三种搭接接头形式

3. 工艺参数对缝焊质量的影响

工频交流断续缝焊在缝焊中应用最广，其主要焊接参数有：焊接电流、电流脉冲时间、脉冲间隔时间、电极压力、焊接速度及滚轮电极端面尺寸。

（1）焊接电流。考虑到缝焊的分流，焊接电流应比点焊时增加 20% ~60%，具体数值视材料的导电性、厚度和重叠量（点距）而定。

（2）电流脉冲时间 t_{on} 和脉冲间隔时间 t_{off}。在缝焊时，可以通过脉冲时间 t_{on} 来控制熔核尺寸，调整脉冲间隔时间 t_{off} 和焊接速度来控制熔核重叠量。在用较低焊接速度焊接时 t_{on}/t_{off} = （1.25:1） ~ （2:1），可以获得良好效果。随着焊接速度增加将引起点距加大、重叠量降低，为保证焊缝的密封性，需提高 t_{on}/t_{off} 值，采用较高速度时，$t_{on}/t_{off} = 3$ 或更高。

（3）电极压力。考虑到缝焊的压力不充分，电极压力应比点焊时增加 20% ~50%。电极压力过高，会使压痕过深，同时会使滚轮加速磨损和变形。压力不足则易产生缩孔，并会引起接触电阻过大使电极寿命缩短。

（4）焊接速度。选择焊接速度时，应保证熔核点距或重叠率符合密封性要求。通常在焊不锈钢、高温合金和有色金属时，为了避免喷溅和形成致密性过高的焊缝，必须采用较低的速度。有时采用步进缝焊，使熔核形成全过程均在滚轮停止的情况下进行。这种缝焊速度比常用的断续缝焊低得多。

当焊接速度增大时，为了获得足够的热量，必须增大焊接电流。过大的焊接速度会引起板件表面烧损和电极黏附，需采用外部水冷。

11.2.3　常用金属缝焊

因为缝焊焊接过程相对复杂，焊接规范参数较多，缝焊接头的密封性和耐蚀性要求使其对缺陷的敏感性增大，所以金属材料的缝焊焊接性比点焊差，在焊接不同材料时应严格控制焊接参数，保证焊接质量。

1. 低碳钢的缝焊

低碳钢是焊接性最好的缝焊金属材料。表 11－11 为低碳钢缝焊的焊接参数。随着板厚

表 11－11　低碳钢搭接缝焊工艺参数

板厚/mm	滚盘尺寸/mm			电极压力/kN		最小搭接量/mm		高速焊接				中速焊接				低速焊接			
	最小	标准	最大	最小	标准	最小	标准	焊接时间/周	休止时间/周	焊接电流/kA	焊接速度/(cm/min)	焊接时间/周	休止时间/周	焊接电流/kA	焊接速度/(cm/min)	焊接时间/周	休止时间/周	焊接电流/kA	焊接速度/(cm/min)
0. 4	3. 7	5. 3	11	2. 0	2. 2	7	10	2	1	12. 0	280	2	2	9. 5	200	3	3	8. 5	120
0. 6	4. 2	5. 9	12	2. 2	2. 8	8	11	2	1	13. 5	270	2	2	11. 5	190	3	3	10. 0	110
0. 8	4. 7	6. 5	12	2. 5	3. 3	9	12	2	1	15. 5	260	3	2	13. 0	180	2	4	11. 5	110
1. 0	5. 1	7. 1	14	2. 8	4. 0	10	13	2	2	18. 0	250	3	3	14. 5	180	2	4	13. 0	100
1. 2	5. 4	7. 7	14	3. 0	4. 7	11	14	2	2	19. 0	240	4	3	16. 0	170	3	4	14. 0	90
1. 6	6. 0	8. 8	16	3. 6	6. 0	12	16	3	1	21. 0	230	5	4	18. 0	150	4	4	15. 5	80
2. 0	6. 6	10. 0	17	4. 1	7. 2	13	17	3	1	22. 0	220	5	5	19. 0	140	6	6	16. 5	70
2. 3	7. 0	11. 0	17	4. 5	8. 0	14	19	4	2	23. 0	210	7	6	20. 0	130	6	6	17. 0	70
3. 0	8. 0	13. 6	20	5. 7	10	16	20	4	2	27. 5	170	1	7	22. 0	110	6	6	20. 0	60

增加，焊件刚性加大，受压时不易变形，焊接区难以紧密贴合，分流增大，使作用在焊接区电流和电极压力减小。因此随着板厚增加，电极压力、焊接电流和焊接时间应适当增大，焊接速度适当降低。表 11 –12 和表 11 –13 为连续通电的低碳钢压平缝焊和垫箔缝焊的焊接条件。

表 11 –12　低碳钢压平缝焊的焊接条件

板厚/mm	搭接量/mm	电极压力/kN	焊接电流/kA	焊接速度/（cm/min）
0.8	1.2	4	13	320
1.2	1.8	7	16	200
2.0	2.5	11	19	140

表 11 –13　低碳钢垫箔缝焊的焊接条件

板厚/mm	电极压力/kN	焊接电流/kA	焊接速度/（cm/min）
0.8	2.5	11.0	120
1.0	2.5	11.0	120
1.2	3.0	12.0	120
1.6	3.2	12.5	120
2.3	3.5	12.0	100
3.2	3.9	12.5	70
4.5	4.5	14.0	50

2. 镀层钢板的缝焊

镀层钢板缝焊时比无镀层低碳钢缝焊时需更大焊接电流，镀层容易黏附到焊轮上，特别容易形成气孔和裂纹，破坏气密性，比点焊焊接性差。镀锌钢的缝焊困难点在于选取恰当的焊缝参数，参数不适当会引起裂纹气孔。要获得优质接头，焊透率需控制在 10% ~ 20%。焊件近表面层的温度过高是焊透率过大的主要原因之一。保持焊轮表面整洁、增强冷却和降低焊接速度是降低表面温度的有效措施。因为在缝焊始点处，分流小而引起熔深的加大，很易产生裂纹，因此在起始点处用较小焊接电流。缝焊时拐角处因焊轮有宽度，内外圈线速度相等，会引起接头变形不均导致应力而产生裂纹，所以应采用薄焊轮，或尽可能将拐角曲率半径设计大些。

表 11 –14 为镀锌钢板缝焊的焊接参数，表 11 –15 为镀铝钢板缝焊的焊接参数，表 11 –16为镀铅钢板缝焊的焊接参数。

表 11 –14　各种镀锌钢板缝焊的焊接参数

镀层种类及厚度	基层板厚/mm	滚盘宽度/mm	电极压力/kN	时间/周		焊接电流/kA	焊接速度/（cm/min）
				焊接	休止		
热镀锌钢板（15 ~ 20 μm）	0.6	4.5	3.7	3	2	16	250
	0.8	5.0	4.0	3	2	17	250

续表

镀层种类及厚度	基层板厚/mm	滚盘宽度/mm	电极压力/kN	时间/周		焊接电流/kA	焊接速度/(cm/min)
				焊接	休止		
热镀锌钢板(15~20 μm)	1.0	5.0	4.3	3	2	18	250
	1.2	5.5	4.5	4	2	19	230
	1.6	6.5	5.0	4	1	21	200
电镀锌钢板(2~3 μm)	0.6	4.5	3.5	3	2	15	250
	0.8	5.0	3.7	3	2	16	250
	1.0	5.0	4.0	3	2	17	250
	1.2	5.5	4.3	4	2	18	230
	1.6	6.5	4.5	4	1	19	200
硝酸盐处理防锈钢板	0.6	4.5	3.7	3	2	14	250
	0.8	5.0	4.0	3	2	15	250
	1.0	5.0	4.5	3	2	16	250
	1.2	5.5	5.0	4	2	17	230
	1.6	6.5	5.5	4	1	18	200

表 11-15 镀铝钢板缝焊的焊接参数

板厚/mm	滚轮宽度/mm	电机压力/kN	时间/周		焊接电流/kA	焊接速度/$cm \cdot min^{-1}$
			焊接	休止		
0.9	4.8	3.8	2	2	20	220
1.2	5.5	5.0	2	2	23	150
1.6	6.5	6.0	3	2	25	130

表 11-16 镀铅钢板缝焊的焊接参数

板厚/mm	滚轮宽度/mm	电机压力/kN	时间/周		焊接电流/kA	焊接速度/(cm/min)
			焊接	休止		
0.8	7	3.6~4.5	3	2	17	150
			5	2	18	250
1.0	7	4.2~5.2	2	1	17.5	150
			5	1	18.5	250
1.2	7	4.5~5.5	2	1	18	150
			4	1	19	250

3. 不锈钢和高温合金的缝焊

缝焊结构用得最多的是奥氏体不锈钢，其导电率和热导率均较低，宜采用小电流和短时间。但其高温强度高，须采用较大的电极压力和中等焊接速度。推荐采用断续缝焊，同时加强外部水冷。宜采用硬度较高的电极材料，并防止变形。单相交流断续缝焊的焊接参数见表 11－17。

表 11－17　不锈钢（1Cr18Ni9Ti）断续缝焊的焊接参数（HB/Z 78—1984）

板厚/mm	滚轮宽度/mm	电机压力/kN	时间/周		焊接电流/kA	焊接速度/(cm/min)
			焊接	休止		
0.3	3.0～3.5	2.5～3.0	1～2	1～2	4.5～5.5	100～150
0.5	4.5～5.5	3.4～3.8	1～3	2～3	6.0～7.0	80～120
0.8	5.0～6.0	4.0～5.0	2～5	3～4	7.0～8.0	60～80
1.0	5.5～6.5	5.0～6.0	4～5	3～4	8.0～9.0	60～70
1.2	6.5～7.5	5.5～6.2	4～6	3～5	8.5～10	50～60
1.5	7.0～8.0	6.0～7.2	5～7	5～7	9.0～12	40～60
2.0	7.5～8.5	7.0～8.0	7～8	6～9	10～13	40～50

高温合金缝焊时，应采用较小的焊接速度、较长的休止时间以利于散热，高温合金缝焊的焊接参数见表 11－18。

表 11－18　高温合金缝焊的焊接参数

板厚/mm	电机压力/kN	时间/周		焊接电流/kA	焊接速度/(cm/min)
		焊接	休止		
0.3	4～9	3～5	2～4	5～6	60～70
0.5	5～8.5	4～6	4～7	5.5～7	50～70
0.8	6～10	5～8	8～11	6～8.5	30～45
1.0	7～11	7～9	12～14	6.5～9.5	30～45
1.2	8～12	8～10	14～16	7～10	30～40
1.5	8～13	10～13	19～25	8～11.5	25～40
2.0	10～14	12～16	24～30	9.5～13.5	20～35
2.5	11～16	15～19	28～34	11～15	15～30
3.0	12～17	18～23	30～39	12～16	15～25

4. 铝及铝合金的缝焊

根据铝合金类别的不同，其缝焊性能差别很大。属于 Al－Mn 系的 3A21 和属于 Al－Mg 系的 5A02、5A03、5A06 等变形铝合金均系热处理不能强化的铝合金，均具有较好的塑性，缝焊性能较好。这类铝合金既可在具有步进式传动的低频缝焊机上进行焊接，在要求不高时亦可在单相交流缝焊机进行断续缝焊。属于 Al－Cu－Mg 系的 2Al2、2Al1 和属于 Al－Cu－Mg－Zn 的 7A14 等变形铝合金均系热处理强化合金，缝焊性差，除了产生焊接软化区还产生焊接裂纹，必须在具有步进传动的三相低频、直流冲击波或二次整流式缝焊机上进行焊接。表 11－19 为防锈铝系列铝合金断续缝焊的焊接参数。

表 11－19 防锈铝系列铝合金断续缝焊的焊接参数

板厚/mm	滚轮圆弧半径/mm	步距（点距）/mm	3A21、5A03、5A06				2A12、7A04			
			电极压力/kN	焊接时间/周	焊接电流/kA	每分钟点数	电极压力/kN	焊接时间/周	焊接电流/kA	每分钟点数
1.0	100	2.5	3.5	3	49.6	120～150	5.5	4	48	120～150
1.5	100	2.5	4.2	5	49.6	120～150	8.5	6	48	100～120
2.0	150	3.8	5.5	6	51.4	100～120	9.0	6	51.4	80～100
3.0	150	4.2	7.0	8	60.0	60～80	10	7	51.4	60～80
3.5	150	4.2	—	—	—	—	10	8	51.4	60～80

表 11－20 和表 11－21 分别列举了防锈铝（LF）系列铝合金和硬铝（LY）、超硬铝（LC）系列铝合金在低频缝焊机上焊接的焊接参数。表 11－22 列出了铝合金密封性焊缝的参考点距。

表 11－20 防锈铝（LF）系列铝合金的低频焊接参数

板厚/mm	电极压力/kN	焊轮圆弧半径/mm	时间/周①		焊接电流/kA
			焊接时间	静止焊轮间冷却	
0.4	1.8	50	1/2	3	17
0.5	2.25	50	1	4	20
0.6	2.5	50	1	4	25
0.8	2.75	50	1	5	30
1.0	3.4	50	2	5	35
1.3	3.65	50	2	6	40
1.6	4.1	75	3	7	44
2.0	4.55	75	4	11	50
2.3	5.0	75	4	12	56

续表

板厚/mm	电极压力/kN	焊轮圆弧半径/mm	时间/周①		焊接电流/kA
			焊接时间	静止焊轮间冷却	
2.6	5.9	100	5	15	63
3.2	6.4	100	5	20	70

注：①低频焊时，每一脉冲（低频半波）形成一个焊点，半波通电的时间常用工频的周数计算。表中类同。

表 11-21　硬铝（LY）、超硬铝（LC）系列铝合金的低频焊接参数

板厚/mm	电极压力/kN	焊轮圆弧半径/mm	时间/周			焊接电流/kA
			焊接	电流衰减	静止焊轮间冷却	
0.4	2.7	50	1/2	—	3	18.4
0.5	4.1	50	1	—	4	23.5
0.8	7.3	50	1	3	4	34.5
1.0	9.1	50	1	4	6	46.0
1.3	11	50	2	4	8	52.9
1.6	15	75	2	5	10	62.0
2.0	18	75	3	5	12	72.5
2.6	23	100	4	6	14	97.7
3.2	29	100	5	8	20	11.5

表 11-22　铝合金密封性焊缝的参考点距

板厚/mm	0.4	0.50	0.80	1.0	1.3	1.6	2.0	2.6	3.2
点距/mm	1.2	1.3	1.60	1.80	2.10	2.50	2.80	3.20	3.60

5. 钛合金的缝焊

钛合金具有良好的缝焊性能，与不锈钢相比，其焊接电流较小，电极压力也偏小，其熔核允许的焊透率大（因热导率小，金属表面不易过热）。表 11-23 列举了 TC2 钛合金缝焊的焊接参数。

表 11-23　TC2 钛合金缝焊的焊接参数

薄件厚度/mm	电极压力/kN	焊接时间/s		焊接电流/kA	焊接速度/(m·min)
		脉冲	休止		
0.3	1.0~1.5	4~6	6~7	5.0~5.5	1~1.2
0.5	2.0~2.5	5~6	7~9	5.0~6.0	0.9~1.0

续表

薄件厚度/mm	电极压力/kN	焊接时间/s		焊接电流/kA	焊接速度/(m·min)
		脉冲	休止		
0.8	3.0~3.5	6~7	7~9	5.0~6.0	0.8~0.9
1.0	3.5~4.0	6~7	9~12	6.0~6.5	0.7~0.8
1.2	4.0~4.5	7~8	10~12	7.0~8.0	0.7~0.8
1.5	4.5~5.5	9~10	15~18	8.0~9.0	0.6~0.7
2.0	5.5~6.5	10~11	16~20	9.0~10.0	0.5~0.6
2.5	6.5~8.5	12~13	16~22	10.0~11.0	0.4~0.5
3.0	9~11	14~15	17~24	11.0~12.5	0.3~0.4

11.2.4 缝焊机及其应用

1. 缝焊机的分类

缝焊机按电源供电种类可分为工频交流、三相低频交流、二次整流、电容储能等，以工频交流应用最广。依据工件的焊接接头形式可分为横向缝焊机、纵向缝焊机、通用缝焊机。

（1）横向缝焊机。滚轮的轴线与电极臂平行或同轴，在焊接操作时形成的缝焊接头与焊机的电极臂相垂直的称为横向缝焊机。这种焊机用于焊接水平工件的长焊缝和圆周环形焊缝，如用于汽车、摩托车油箱外环焊缝。图 11－9 所示为横向缝焊机外形。

（2）纵向缝焊机。滚轮轴线与电极臂相垂直，在焊接操作时形成的缝焊接头与焊机的电极臂相平行的称为纵向缝焊机，这种焊机用于焊接水平工件的短焊缝、圆筒形容器的纵向直焊缝。筒体纵缝自动焊机主要用于消防筒、太阳能热水器、电热水器、储水筒、汽车、摩托车消声器等筒体纵缝焊接和平板对焊。可广泛地应用于钢构、造船厂、汽车、薄壁压力容器、汽车配件、家用电器、医疗机械、建筑装饰、食品机械等制造行业。图 11－10 所示为纵向缝焊机外形。

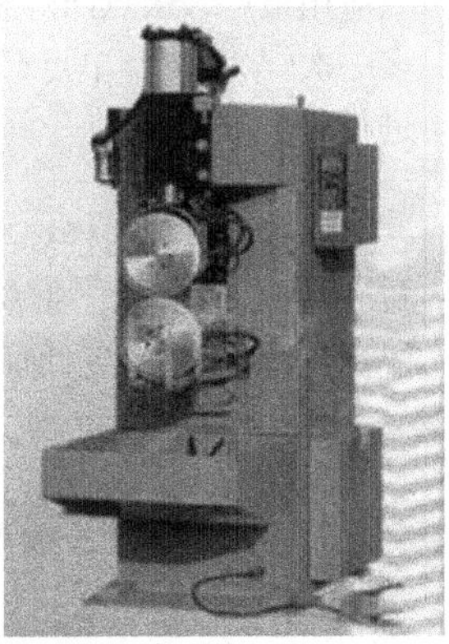

图 11－9　横向缝焊机

图 11－10　纵向缝焊机

（3）通用缝焊机。这种焊机的电极可做90°旋转，其下电极臂和下电极有两套，一套用于横向缝焊，另一套用于纵向缝焊，根据需要可互换。

2. 缝焊机的选用原则

在实际应用中，一般根据被焊工件的结构、形状、材料种类、板厚及焊缝密封性要求等，选用不同种类焊机，选择缝焊机类型时需要遵循以下原则。

（1）缝焊机结构的选择。其结构的选择主要考虑被焊工件的形状尺寸，当所需焊接的焊缝走向与电极臂垂直时选横向焊机；当所需焊接的焊缝走向与电极臂平行时尽可能选用纵向缝焊机；当需要经常纵横互换时选用通用缝焊机。

（2）缝焊机主电源类型选择。其电源类型的选择主要考虑被焊材料种类、板厚及焊接速度。一般低碳钢、不锈钢材料的低速及中速缝焊，通常选用工频交流缝焊机。缝焊铝合金、耐热合金等材料，需选用二次整流或三相低频缝焊机；此外，低碳钢高速搭接缝焊（15 m/min），如需密封性也可采用二次整流缝焊机，但最好采用逆变式缝焊机。

（3）缝焊机功率选。一般考虑被焊材料性质、板厚及焊接速度等。随着材料导电性、导热性，板厚和焊接速度的增加，所需焊机功率也增加。

11.3 凸焊

凸焊是指在一侧工件的贴合面上预先加工出一个或多个凸起点，使其与另一工件表面相接触并通电加热，然后压塌，使这些接触点形成焊点的电阻焊方法。

11.3.1 凸焊分类

根据凸焊方法的不同，凸焊接头可分为熔化连接和固相连接。其中，单点凸焊、多点凸焊和线材交叉焊接多为熔化连接；环焊、“T”形焊和滚凸焊等多为固相连接。为良好地控制焊接热过程，凸焊大多采用软规范。不同接头结构形式的凸焊分类见表11－24。

表11－24　焊接方法及特点

凸焊类型	接头结构形式	应用
单点凸焊或多点凸焊	凸点设计成球面形、圆锥形和方形，并预先压制在薄件或厚件上	应用最广，多点凸焊在凸焊机上进行，最多一次焊20点；单点凸焊也可在点焊机上进行
环焊	在一个工件上预制出凸环或利用工件原有的型面、倒角构成的锐边，焊后形成一条环焊缝	应用很广，密封性焊缝应在直流焊机上进行，最大 ϕ80 mm，非密封性焊缝亦可在交流焊机进行；管壳、螺母、注液口等
“T”形焊	在杆形件上预制出单个或多个球形面、圆锥形、弧形面及齿形等凸点，一次加压通电焊接	常用于螺钉、管－板等“T”形接头

续表

凸焊类型	接头结构形式	应用
滚凸焊	在面板上预先压制多个圆凸点或长凸点，滚轮电极压紧工件，电流仅在有凸点的位置才通过，电极与工件连续转动	需配备专用滚轮焊机，常用于汽车制动蹄等
线材焊接	利用线材（包括管材）轮廓的凸起部分相互交叉接触	应用较广，可在凸焊机或多点焊机上进行，常用于网片焊接等

11.3.2 凸焊工艺

1. 凸焊的工艺特点

凸点的存在使电流集中，克服了点焊的熔核偏移缺点，因此凸焊可以焊接的厚度比可以超过6:1。

凸焊时，电极必须随着凸点的压溃而迅速地下降，否则会因失压而产生喷溅，因此，应采用电极随动性好的焊机。多点凸焊时，如果焊接条件不适当，会引起凸点偏移现象，导致接头强度降低。

实际焊接时，在保证正常熔核的条件下，除应选用较大电极压力、较小的焊接电流外，还应尽可能地提高加压系统的随动性。

环焊缝密封性在批量生产中较难保证，需在凸环的设计、焊接夹具、焊机等方面采取相应的措施。

2. 凸焊接头设计

凸焊接头根据结构需要，可以设计成搭接接头，“T”形接头和十字接头。

（1）搭接接头。凸焊搭接接头设计与点焊相似，但搭接量比点焊小。凸点设置一般要考虑材料性质、凸点加工的难易程度和外观要求等。焊接同种金属时最好将凸点设置在厚工件上。焊接异种金属时，将凸点设置在导电率高的工件上；当厚板上冲制凸点困难时，也可在薄板冲制凸点；当加工凸点一侧工件表面质量要求较高时，可将凸点冲在另一个工件上。

（2）“T”形接头。由于“T”形接头难于形成塑性环，熔化金属不能保证在接头中，因此“T”形凸焊实质上是塑性焊接。汽车制动蹄的焊接是使用最广的“T”形凸焊。通常是在面板上冲出圆凸点或长凸点，使用有自动送料的全自动滚凸焊机进行焊接，部分情况也使用手工送料的点凸焊机。点凸焊机因结构简单、功率小、价格低、更换制动蹄品种方便和易于维修而广泛应用，但其缺点是生产效率相对较低。

采用全自动滚凸焊，下滚轮电极夹持筋板，并带动面板和滚轮旋转。面板以直线送进，并在凸点被依次焊接的过程中逐渐被压弯。下滚轮不间断旋转，每转一周可焊接两个制动蹄，如图 11－11a 所示。

采用点凸焊时，先将筋板置于下滚轮夹具中，由气动夹具夹紧，再将已压弯的面板（圆弧半径比成品的略大）置于筋板上进行焊接，如图 11－11b 所示。下电极多采用手动旋转。上电极每压下一次，焊接一个凸点，全部凸点焊完，夹具松开。

无论采用哪种焊机，都要考虑分流的影响，焊接时必须采用能按顺序改变各点电流的控制装置。

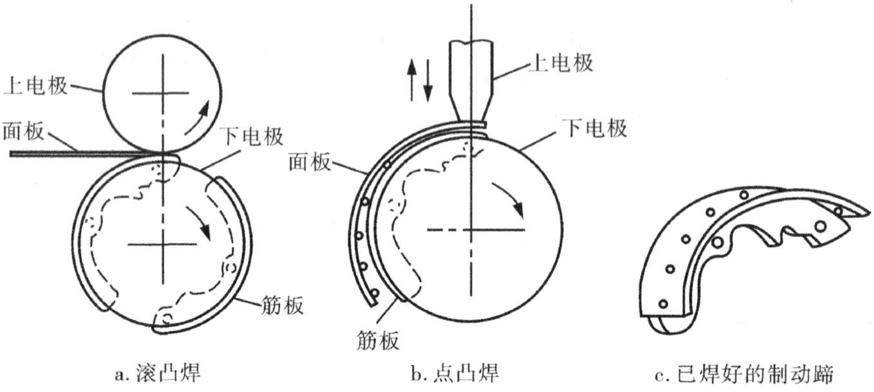

图 11－11　制动蹄“T”形凸焊

1. 面板　2. 筋板　3. 上电极　下电极

（3）十字接头。十字接头主要用于线材、管材等的交叉焊，焊接接头形式如图 11－12 所示。图 11－12a 所示接头的缺点是交叉两管只有一个凸点，接头的抗弯、抗扭强度很低。改变成图 11－12b 所示的形式，先将两管的局部压成“U”形，然后进行焊接，此时一个接头上将形成四个凸焊点，情况就会有所好转。图 11－12c 为管子的“T”形接头，为保证接头美观，对管子的端面必须进行预加工。

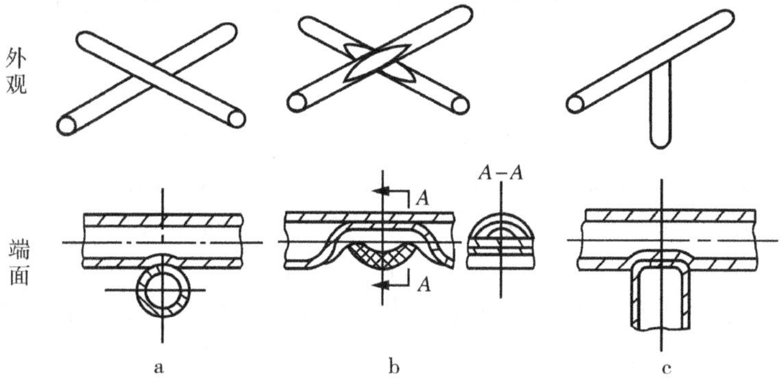

图 11－12　管子凸焊示意

3. 凸点设计

凸点的作用是将电流和压力局限在工件的特定位置上，其形状和尺寸取决于应用的场合和需要的焊点强度。一般而言，凸点尺寸和板厚相关，当平板较薄时采用小凸点，较厚时采用大凸点。图 11－13 所示为圆球形凸点尺寸（JB/T 10258—2001），其中板厚 t 和凸点直径 d 的关系见表 11－25，表 11－26 为相应的凸点尺寸。凸点直径 d_1 的公差是 0 ~ 0.1，凸点高度 h 的公差应为 ±10%，一次焊数个凸点的情况除外。同一个工件上任意两个凸点高度差异不能超过 5%。

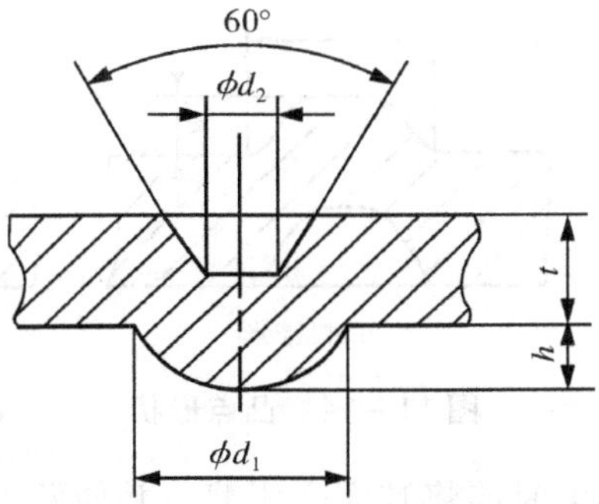

图 11－13　圆球形凸点尺寸

表 11－25　凸点直径的分组

钢板厚度/mm	凸点直径 ϕd_1/mm		
	A 组	B 组	C 组
$t≤0.5$	1.6	2	2.5
$0.5<t≤0.63$	2	2.5	3.2
$0.63<t≤1$	2.5	3.2	4
$1<t≤1.6$	3.2	4	5
$1.6<t≤2.5$	4	5	6.3
$2.5<t≤3$	5	6.3	8

表 11－26　凸焊的凸点尺寸

凸点所在板厚/mm		0.5		1.0		2.0		3.2		4.0		6.0	
平板厚度/mm		0.5	2.0	1.0	3.2	1.0	4.0	1.0	5.0	2.0	6.0	3.0	6.0
凸点尺寸/mm	直径 d	1.8	2.3	1.8	2.8	2.8	4.0	3.5	4.5	6.0	7.0	7.0	9.0
	高度 h	0.5	0.6	0.5	0.8	0.7	1.0	0.9	1.1	1.2	1.5	1.5	2.0

凸点形状（图 11－14）以圆球形及圆锥形应用最广，圆锥形的凸点形状可提高凸点刚度，预防凸点过早压溃，还可以减小因焊接电流密度大引起的前期喷溅。带溢出环形槽的凸点，可防止压塌的凸点金属挤在加热不良的周围间隙内而引起电流密度降低，避免焊不透情况的发生。

多点凸焊时，凸点高度不一致将引起各点电流不平衡，使接头强度不稳定，故凸点高度误差应不超过 ±0.12 mm。若采用预热电流，则误差范围可增大。

凸点也可以做成长条形的，以增加熔核尺寸、提高焊点强度，此时凸点与工件为线接触。

4. 凸焊的工艺参数

凸焊的工艺参数主要有电极压力、焊接时间、焊接电流。

（1）电极压力。凸焊电极压力和被焊金属性能、凸点尺寸和一次焊接的凸点数有关。

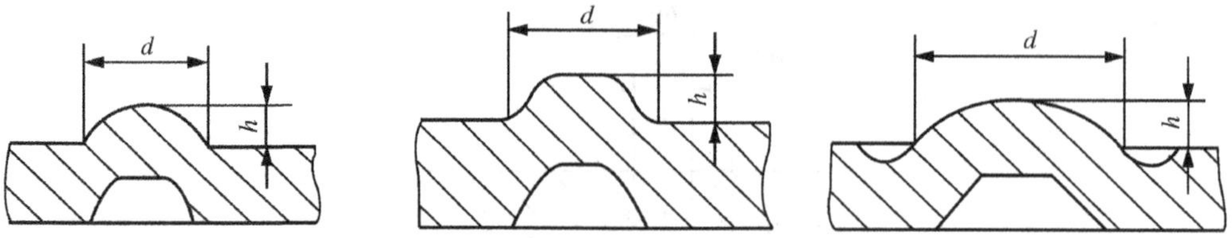

图 11 - 14 凸点形状

电极压力应在凸点达到焊接温度时能将其完全压溃，并使两工件紧密贴合，电极压力对接头的拉剪载荷的影响比点焊时要明显得多。

（2）焊接时间。对于给定的工件材料和厚度，焊接时间由焊接电流和凸点刚度决定。在确定合适的电极压力和焊接电流后，再调节焊接时间，直至获得满意的焊点。如果想缩短焊接时间，需要增大相应的焊接电流，但焊接电流太大可能引起金属过热和喷溅。通常凸焊的焊接时间比点焊长，焊接电流比点焊小。

（3）焊接电流。凸焊时每个凸点所需电流比点焊时小，但在凸点完全压溃前电流必须能使凸点完全熔化，推荐的电流应该为在合适的电极压力下不至于挤出过多金属的最大电流。通常是根据被焊金属的性能和厚度来确定焊接电流大小。凸点尺寸一定，挤出的金属量随电流增加而增加，采用递增的调幅电流可以减小挤出金属。

多点凸焊时，总的焊接电流大约为每个凸点所需的电流乘以凸点数，然后根据凸点公差、工件形状以及焊机二次回路阻抗等因素做适当调整。

此外，焊接电流波形、压力变化曲线及焊机加压系统的随动性也对凸焊质量有重要影响。

11.3.3 常用金属材料的凸焊

1. 低碳钢的凸焊

低碳钢是最适合凸焊的金属材料，其构件可进行大批量凸焊生产。厚度小于 0.25 mm 的薄板凸焊时容易提前压溃，因此不推荐使用凸焊。凸焊通常用于板厚大于 0.5 mm 的冲压件。

表 11 - 27 为低碳钢薄板凸焊的焊接参数，凸点形状为半球状或圆锥状。表 11 - 27 中，A 类参数用于单个凸点或凸点间距较表中数值大 1.5 ~ 2 倍的情况；B 类参数用于 2 个凸点的情况；C 类参数用于多个凸点，且点距较小。电极压力及焊接电流两项参数均指每个凸点的数值。表 11 - 28 为低碳钢厚板单点凸焊的焊接参数，待焊的上下板厚度可以不同，但厚板厚度不得超过薄板的 3 倍。不同板厚的板材凸焊时，凸点尽可能地加工在较厚的一块板，以减少熔核的偏移，而参数按较薄的一面选取，以免喷溅。正常凸点通常用单点凸焊，以达到较高的焊点强度。为了减少由于凸点加工的不均匀而引起的焊接电流和压力分配不均，并减少喷溅，焊接电流应递增。另外，与厚板的点焊一样，防止熔核内产生缩孔等缺陷，还需加大锻压力。

表 11－27　低碳钢薄板凸焊的焊接参数

板厚/mm	点距/mm	焊核直径/mm	A 参数			B 参数			C 参数		
			时间/周	电极压力/N	焊接电流/A	时间/周	电极压力/N	焊接电流/A	时间/周	电极压力/N	焊接电流/A
0.6	7	2.5	3	800	5 000	6	700	4 300	6	500	3 300
0.8	9	3	3	1 100	6 600	6	700	5 100	10	600	3 800
0.9	10	4	5	1 300	7 300	8	900	5 500	13	650	4 000
1.0	10	4	8	1 500	8 000	10	1 000	6 000	15	700	4 300
1.2	12	5	8	1 800	8 800	16	1 200	6 500	19	1 000	4 600
1.5	15	6	10	2 500	10 300	20	1 600	7 700	25	1 500	5 400
1.8	18	7	13	3 000	11 300	25	2 000	8 000	32	1 800	6 000
2.0	18	7	14	3 600	11 800	28	2 400	8 800	34	2 100	6 400
2.5	23	8	16	4 600	14 100	32	3 100	10 600	42	2 800	7 500
3.0	27	9	18	6 800	14 900	38	4 500	11 300	50	3 600	8 300

表 11－28　低碳钢厚板单点凸焊的焊接参数

板厚/mm	凸点尺寸/mm		最小距离/mm	电极压力/N		递增时间/周	焊接时间/周	焊接电流/kA	焊点拉剪力/N
	直径	高度		焊接	锻压				
正常凸点									
4	8.5	1.65	45	9 560	19 000	12	54	15.8	34 700
5	10.5	2.13	51	13 000	26 000	17	84	18.8	50 000
6	12.5	2.60	61	16 700	33 400	25	121	23.3	76 900
小尺寸凸点									
4	7.0	1.52	41	6 300	12 600	12	54	11.5	24 600
5	8.5	1.83	44	7 100	14 200	17	84	13.9	34 200
6	9.5	2.16	43	8 900	17 800	25	121	17.3	53 300

2. 镀层钢板的凸焊

镀层钢板的金属镀层有 Zn、Pb、Al、Cu、Ni 等，其中使用最多的是镀锌钢板。由于凸点的存在和平板电极的采用，镀层钢板的凸焊要比点焊时容易得多。与无镀层的钢板相比，镀层钢板所用焊接电流相对较大，且应随着镀层厚度的增大而增加。表 11－29 为镀锌钢板凸焊的焊接参数。

表 11－29　镀锌钢板凸焊的焊接参数

每板板厚/mm	电极压力/N	时间/周	焊接电流/A	凸点尺寸/mm		熔核直径/mm	焊点拉剪力/N
				直径	高度		
1.0	1 100	13	10 000	4.5	1.0	3.8	4 100
1.6	1 800	17	11 500	5.5	1.2	6.4	9 100
2.0	2 500	21	16 000	6.4	1.4	6.4	12 000
2.4	3 300	25	16 000	6.4	1.4	7.6	19 000
2.8	4 300	28	22 000	6.4	1.4	7.9	22 000

3. 贴塑钢板的凸焊

因为这种钢板的一面有绝缘的聚氯乙烯塑料层，所以只能用单面单点或单面双点凸焊。为保证贴塑面没有明显压痕，需采用与贴塑面钢板相同花纹的钢板作为垫板。凸点采用圆球形，强度要求高时可采用如图 11－15a 所示的环形凸点。也可在钢件上冲孔，利用冲孔毛边作为环形凸点，如图 11－15 所示。但由于此类凸点毛边高度低，在焊接时常在毛边以外的区域通电，焊接质量不稳定。为此改进成图 11－15c 的形式，增加高度 H，可以减少焊接时产生的间隙。表 11－30、表 11－31 为贴塑钢板圆球形、环形凸点凸焊的焊接参数。

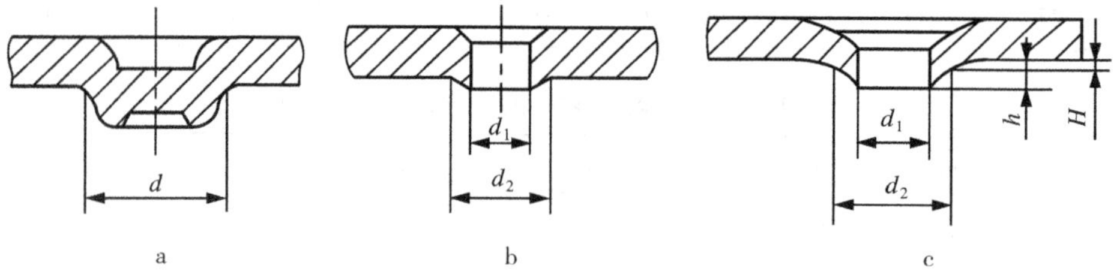

图 11－15　贴塑面钢板使用的各种环形凸点

表 11－30　贴塑钢板圆球形凸点凸焊的焊接参数

板厚/mm		凸点尺寸/mm		电极压力/kN	焊接时间/ms	交流半波电流峰值/kA	抗剪力/kN
贴塑钢板	凸点所在钢板	直径 d	高度 h				
0.6	0.4	0.4	2.0	0.15	4	3.2	0.75
	0.6	0.3	1.8	0.15	5	3.5	0.50
0.8	0.4	0.4	1.8	0.15	5	3.2	0.65
	0.8	0.4	1.8	0.20	5	3.5	1.0
1.0	0.4	0.4	2.0	0.15	5	4.0	0.75
	1.0	0.5	2.0	0.25	5	4.5	1.0
1.2	0.6	0.6	2.6	0.25	6	5.0	1.0
	1.2	0.5	3.0	0.85	6	8.0	2.0

表 11－31　贴塑钢板环形凸点凸焊的焊接参数

板厚/mm		凸点尺寸/mm		电极压力/kN	焊接时间/ms	交流半波电流峰值/kA	抗剪力/（kN/点）
贴塑钢板	凸点所在钢板	直径 d	高度 h				
0.6	0.4	0.4	2.0	0.15	4	3.2	0.75
	0.6	0.3	1.8	0.15	5	3.5	0.50
0.8	0.4	0.4	1.8	0.15	5	3.2	0.65
	0.8	0.4	1.8	0.20	5	3.5	1.0
1.0	0.4	0.4	2.0	0.15	5	4.0	0.75
	1.0	0.5	2.0	0.25	5	4.5	1.0
1.2	0.6	0.6	2.6	0.25	6	5.0	1.0
	1.2	0.5	3.0	0.85	6	8.0	2.0

4. 不锈钢的凸焊

不锈钢凸焊相对比较简单，但多点凸焊时应注意熔核的移位现象。熔核的移位将导致熔核强度降低。因此，凸焊时凸点间距不易过小，并且要采用较高的电极压力，但不可过高，以免凸点压坏。表 11－32 为不锈钢凸焊凸点尺寸和焊接参数。

表 11－32　不锈钢凸焊凸点尺寸和焊接参数

板厚/mm	凸点尺寸/mm		焊接电流/A	电极压力/N	时间/周
	d	h			
0.6	2.4	0.6	3 500	2 500	6
0.8	2.4	0.6	4 000	2 800	7
1.0	2.6	0.7	4 500	3 200	8
1.2	2.8	0.7	5 000	3 800	10
1.6	3.2	0.8	6 000	5 000	12
2.3	3.8	1.0	7 000	6 000	18
3.2	4.5	1.0	8 000	7 000	24

11.3.4　凸焊机及其应用

凸焊是点焊的改进焊接方法，其焊接过程与原理和点焊相同，因此所用的凸焊机与点焊机基本相同，区别主要有以下几点。

（1）凸焊的上下电极不是圆棒状而是平板状，其工作面为平面，通常都开有标准的“T”形槽用以安装螺栓。

（2）焊机所需功率和电极压力较大。功率和压力取决于同时施焊的凸点数或凸环的面积。

（3）一般电极加压只适于直压型，即上电极垂直其工作面运动。

11.4　对焊

对焊，是把两工件端部相对放置，利用焊接电流加热，然后加压完成焊接的电阻焊方法。对焊生产效率高，易于实现自动化，因而获得广泛应用。目前主要用于带钢、型材等工件的接长、汽车车辋等环形工件的对焊，以及异种金属的对焊。对焊主要包括电阻对焊和闪光对焊两种。

11.4.1　电阻对焊

电阻对焊是将两工件夹在导电夹具内，使其端面接触，通电后电流通过夹紧在钳口（电极）内使工件加热升温。由于工件接触端面的电阻较高，接触面及其近缝区温度迅速上升，当达到焊接所需温度时，在一定顶锻力的作用下产生一定的塑性变形后而焊合。电阻对焊属于高温塑性状态下的焊接方法，焊接时工件端面始终压紧，利用电阻热加热至塑性状态，然后迅速施加顶锻力完成焊接。电阻对焊在接合面处并不需要加热至熔化，而仅仅加热至塑性状态（低于金属熔点），使其在顶锻时容易产生塑性变形即可。所以，电阻对焊是加热和加压的综合作用的工艺过程。

和点焊一样，电阻对焊时接触电阻取决于接触面的表面状态、温度及压力。当接触端面有明显的氧化物或其他脏物时，接触电阻就大。温度和压力的增高，都会因实际接触面积的增大而使接触电阻减小。焊接刚开始时，接触点上的电流密度很大。端面温度迅速升高，接触电阻急剧减小。当加热到一定温度（钢 600 ℃，铝合金 350 ℃）时，接触电阻完全消失。

电阻对焊具有接头光滑、毛刺小、焊接过程简单、无弧光和飞溅，易于操作等优点。但是，接头的力学性能较低，焊前对接头待焊面的准备要求较高，特别大的断面对焊尤为困难。

主要适用于对接直径在 20 mm 以内的棒材或线材，不适于大断面对接和薄壁管子对接。可焊的金属材料有碳钢、不锈钢、铜合金和许多铝合金等。对于低碳钢焊件，其直径宜在 16 mm 以下，个别可达 25 mm 左右。铜对焊时用电量大，一般不采用电阻对焊。有一些铝合金焊接时，需要精确地控制顶锻力才能成功。

1. 焊前准备

焊前准备主要是接头的准备。焊面必须干净、加热均匀，达到焊缝全面接合而无未焊合和产生夹杂物等缺陷。两工件端面尺寸一致，以保证两工件的加热和塑性变形一致。

2. 焊接工艺参数

电阻对焊主要工艺参数有：伸出长度、焊接电流（或焊接电流密度）、焊接通电时间、焊接压力和顶锻压力、焊接留量。这些参数对焊接的加热和变形均有重大影响。

（1）伸出长度。指焊件伸出夹钳电极端面的长度。选择伸出长度时应考虑两焊件的热平衡和顶锻时的稳定性。若调伸长度过大，则接头易过热，顶锻时易失稳而旁弯；若调伸过短，则使工件冷却过于强烈，温度场陡降，塑性温度区窄，增加了塑性变形的困难。

一般低碳钢电阻对焊的调伸长度取 $L=(0.5-1)\,d$，d 为圆料的直径或方料边长。铝

和黄铜 $L=(1-2)d$。其材质相同、截面形状和尺寸相同的工件焊接，两端调伸长度相等，若截面大小不同，则大截面调伸长度适当增大；若材质不同，两端调伸长度不等，导电性好、导热性好、熔点高的金属，调伸长度增大，以调节接合面两侧的温度分布。

（2）焊接电流和通电时间。在电阻对焊中焊接电流通常用电流密度表示。焊接电流和焊接时间可以在一定范围内相应地调配。可以采用强条件，也可采用弱条件。但焊接条件过强，加热不易均匀或加热区窄、塑性变形困难，易产生未焊透缺陷；条件过弱，接合面严重氧化，接头区晶粒粗大，会影响接头强度。

（3）焊接压力和顶锻压力。在电阻对焊时焊接压力影响接触面的析热和塑性变形，顶锻压力影响塑性变形。在等压式焊接时，焊接压力和顶锻力相等，一般用于较软金属的焊接；在变压式焊接时，焊接压力一般较小，顶锻力较大，使接头产生较大塑性变形，适宜焊接合金钢、非钢铁金属及其合金等。焊接压力不能过小，否则会产生飞溅，增加端面氧化，并在接口附近造成疏松。

（4）焊接留量。电阻对焊时常利用加热过程焊件的缩短量（加热留量）来控制加热温度。线材焊接时，合适的加热留量是：低碳钢为（0.5～1）d，铝和黄铜为（1～2）d，纯铜为（1.5～2）d，d 为线材直径。顶锻时留量一般为加热留量的30%～40%。表11－33所述为低碳钢电阻对焊时加热留量与截面关系。淬火钢焊接的加热留量应增加15%～20%。截面积大于300 mm^2 的焊件，一般应在保护气氛中焊接。

表11－33　电阻对焊加热留量与截面关系

焊件截面积/mm^2	25～100	250	500～1 000
加热留量/mm	0.8～1.0	1.5～1.8	2.0～2.5

11.4.2　闪光对焊

闪光对焊是将焊件装配成对接接头，接通电源并使其端面逐渐移近达到局部接触，利用电阻热加热这些接触点（产生闪光），使端面金属熔化，直至端面金属在一定深度范围内达到预定温度时，迅速施加顶锻力完成焊接的方法。闪光对焊分为连续闪光对焊和预热闪光对焊。

凡是可以锻造的金属，原则上都可以进行闪光对焊。因此，许多钢铁材料及非钢铁金属都可以焊接，但焊接钛合金时最好在惰性气体保护下进行，以免接头塑性下降。焊接高淬硬性碳钢和合金钢时，焊后热影响区性能与母材差别较大，通常焊后要进行热处理。铅、锌、锡、铋和锑及其合金不能用闪光对焊；一些有毒金属，如铍及铍合金，没有严格的防护措施，也不能进行闪光对焊。

1. 基本原理

（1）闪光对焊原理和接头形成。如图11－16所示，将焊件1夹紧于夹钳电极2中，接通阻焊变压器3，移动夹钳并使两工件端面轻微接触，形成许多接触点，电流通过时，接触点熔化，形成连接两端面的液态过梁。由于过梁中电流密度极高，使过梁中的液态金属蒸发，过梁爆破。随着动夹钳的缓慢推进，过梁不断产生和爆破。在蒸气压力和电磁力的作用下，液态金属微粒不断从对口喷射出来，形成火花急流及闪光。在此过程中焊件逐渐缩短，端头温度也逐渐升高，过梁的爆破速度也逐渐加快，动夹钳的移动速度也必须逐渐加大。在闪光过程结束前必须使整个端面形成一层液态金属层，并沿工件在一定深度上达到塑性变形温度。此时，动夹钳突然加速，对焊件施加足够的顶锻力，对口间隙迅速减小，过梁停止爆破，随即切断电源，封闭焊件端面的间隙和过梁爆破后留下的火口。同时挤出端面的液态金属及氧化物夹杂，使洁净的塑性金属紧密接触，并使接头区产生一定的塑性变形，以促进再结晶的进行，形成共同晶粒，获得牢固接头。闪光对焊时，在金属加热过程虽有金属熔化，但实质上是塑性状态下的固相焊接。

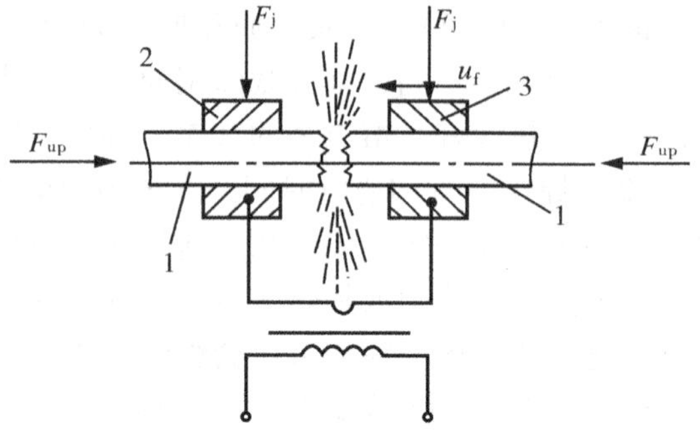

图 11－16　闪光对焊原理

1. 焊件　2. 夹钳电极　3. 阻焊变压器

F_j. 夹紧力　F_{up}. 顶锻力　u_f. 闪光速度

（2）闪光对焊的热源及加热特点。闪光对焊的热源即为焊接区析出的电阻热。闪光对焊中接触电阻 R_c 比电阻对焊的大得多，并存在于整个闪光过程，虽然其值逐渐减小，但始终大于工件的内部电阻，直到顶锻开始的瞬间 R_c 才完全消失。由于 R_c 大并且存在于整个闪光过程，所以闪光对焊焊接时接头加热主要靠 R_c，其产生的热量占总析热的 80%～90%。连续闪光对焊因主要靠接触电阻加热，故温度成陡降分布。预热闪光对焊介于二者之间。

2. 焊前准备

闪光对焊的焊件准备包括：端面几何形状、焊件端头的加工和表面清理。闪光对焊时，两焊件对接面的几何形状和尺寸应基本一致（图 11－17），圆形焊件直径差不超过 15%，方形焊件和管形焊件尺寸差不超过 10%，以保证两焊件的加热和塑性变形程度一致。

闪光对焊对焊件端面的清理要求不严，但与夹钳电极的接触表面应严格清理，清理方法可用机械法或化学法，视焊件形状、大小和批量而定。

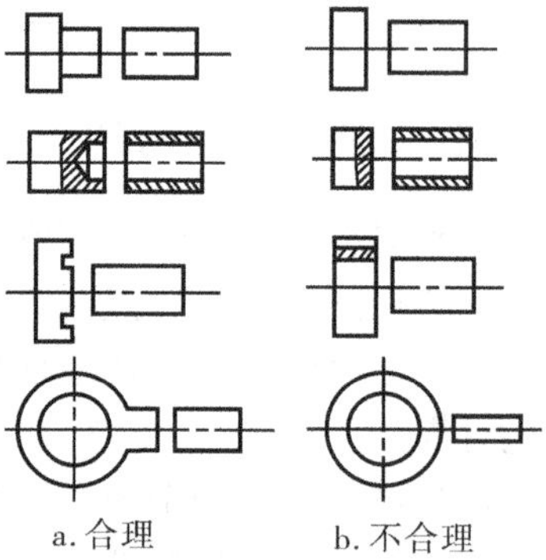

图 11－17　闪光对焊接头形式

3. 工艺参数

闪光对焊工艺参数有：伸出长度、闪光电流、闪光留量、闪光速度、顶锻留量、顶锻速度、顶锻压力、顶锻电流、夹紧力，预热闪光对焊时还有预热温度、预热时间等，它们对焊接质量的影响及选取原则如下。

（1）调伸长度与留量。调伸长度即伸出长度，指焊件伸出静夹钳电极和动夹钳电极的长度。它的作用除了保证焊接所需的各种留量外，还起调节焊接温度场作用。

伸出长度主要用于调节温度分布，伸出长度越大，温度分布越平缓。同时伸出长度对顶锻过程中引起的接头错位程度有明显影响，伸出长度越大，错位程度越大。闪光留量应等于闪光对焊各留量之和加钳口最终开距。表 11－34 为不同金属闪光对焊的伸出长度。

表 11 - 34　不同金属闪光对焊的伸出长度

金属种类		伸出长度	
左	右	左	右
低碳钢	奥氏体钢	$1.2d$	$0.5d$
中碳钢	高速钢	$0.75d$	$0.5d$
钢	黄铜	$1.5d$	$1.5d$
铜	钢	$2.5d$	$1.0d$

（2）闪光电流和顶锻电流。闪光电流取决于工件的截面面积和闪光所需要的电流密度，在闪光过程中，随着闪光速度的逐渐提高和接触电阻 R_c 的逐渐减小，电流密度将增大。顶锻时 R_c 迅速消失，电流将急剧增大到顶锻电流，此时的电流密度为顶锻电流密度。

电流的大小取决于焊接变压器的空载电压 U_{20}，在保证稳定闪光条件下应尽量选用较低的 U_{20}。同时，也应考虑电流密度的选择与焊接方法、材料性质和焊件截面尺寸的匹配问题。例如，连续闪光对焊导电、导热性良好的材料，闪光电流密度取高值；预热闪光对焊大截面焊件，闪光电流密度应取低值，参考值见表 11 - 35。

表 11 - 35　闪光和顶锻时电流密度的参考值（单位：A/mm^2）

零件	材料			顶锻时
		平均值	最大值	
在高生产率情况下				
厚度 2 ~ 6 mm 的板材和管材，直径 6 ~ 30 mm 的棒材	低碳钢	10 ~ 15	15 ~ 20	40 ~ 60
	铬钢	15 ~ 20	20 ~ 20	35 ~ 55
	铝合金	20 ~ 35	25 ~ 45	130 ~ 170
	铜合金	25 ~ 40	30 ~ 50	200 ~ 300
在额定功率情况下				
板材、管材、棒材	低碳钢	2 ~ 4	6 ~ 8	20 ~ 25
	铬钢	6 ~ 8	12 ~ 15	40 ~ 50
	铝合金	5 ~ 12	10 ~ 20	60 ~ 80
	铜含金	15 ~ 20	15 ~ 25	100 ~ 200

（3）闪光留量 Δ_f。补偿焊件因闪光烧化而减短的预留长度称闪光留量。它是保证焊件加热深度的参数，通常是按焊件截面选择。一般闪光留量 Δ_f 占总量的 70% ~ 80%，而预热闪光焊比连续闪光焊小 30% ~ 50%。

（4）闪光速度 v_f。在稳定闪光条件下，即为零件瞬时接近速度，即动夹钳的瞬时进给速度，也叫烧化速度。在闪光开始阶段由于端面温度低，过梁从形成到爆破所需时间长，因此必须在较低速度下才能激发闪光，预热可提高初始速度。随着闪光的进行，端面温度升高，在同样功率下过梁从形成到爆破的时间缩短，因此希望加快焊件的接近速度以保证爆破的连续进行，从而改善保护条件。选择闪光速度时须考虑被焊材料的成分和性能，对含有易氧化元素多的或导电、导热性好的材料，闪光速度宜大些。

低碳钢连续闪光焊时，平均闪光速度一般为0.8~1.5 mm/s，顶锻前闪光速度为4~5 mm/s。预热闪光对焊时，平均闪光速度为1.5~2.5 mm/s。

（5）顶锻留量Δ_u。闪光对焊时，考虑两焊件因顶锻缩短而预留的长度称顶锻留量，它影响液态金属的排除和塑性变形的大小。Δ_u根据工件的截面面积选取，随着截面面积的增大而增大，通常Δ_u占总留量的20%~30%。其中，有电顶锻量为无电顶锻量的0.5~1.0倍；焊铝合金时Δ_u值比焊同截面尺寸钢时约大50%。同时，小截面或薄壁铝件焊接时，为避免过热，应限制其有电顶锻时间不应超过0.06 s。

（6）顶锻速度v_u。顶锻阶段动夹具的移动速度称为顶锻速度，通常v_u略大些，有利于迅速封闭对口端面间隙、减少金属氧化。v_u过小，不仅使闭合间隙和塑性变形所需时间增长，而且由于对口金属温度早已降低，导致去除和破坏氧化膜困难。

（7）顶锻力F_u。闪光对焊时，顶锻阶段施加在焊件端面上的力，常用单位面积上的压力F_u表示。顶锻力是为了达到预定的塑性变形量而施加的力，其值随材料的热强性能和加热温度分布而异。压强过小，则变形不足，接头强度下降；压强过大，则变形量过大，晶纹弯曲严重，接头的韧性下降。高温强度大的金属，要求大的顶锻压强，温度梯度大的接头也应提高顶锻压强。表11-36给出了各种金属材料顶锻压强的参考值。

表11-36　各种金属材料闪光对焊顶锻压力的参考值

材料	顶锻力/MPa			材料	顶锻力/MPa		
	连续闪光		预热闪光		连续闪光		预热闪光
	生产规范值	额定值			生产规范值	额定值	
低碳钢	90~100	50~80	40~60	奥氏体钢	150~220	120~200	100~140
中碳钢	100~110	60~90	40~60	铜	250~400	—	—
高碳钢	110~120	70~100	40~60	钛	30~60	—	30~40
铸铁	80~100	60~80	40~60	黄铜	140~250	—	—
低合金钢	100~110	50~100	40~60	青铜	140~250	—	—
铁素体钢	100~180	80~150	60~80	—	—	—	—

（8）预热闪光对焊参数。除上述焊接参数外，还应考虑预热温度和预热时间。预热温度根据工件截面材料性能选择。预热温度过高，会使接头韧性、塑性降低；预热温度过低，会使闪光困难，加热区变窄而不利于顶锻塑性变形。

（9）夹紧力F_c。电极夹钳对工件的夹紧力必须保证顶锻时不打滑，它与顶锻力F_u及焊机结构有关。当焊机为有顶座结构时，F_c可大为降低。如焊机无顶座结构，其大小可按下式计算：$F_c \geq K_c F_u$。其中K_c为夹紧系数（0.8~4.0）。

11.4.3　常用金属材料闪光对焊

对焊属于压焊，其可焊金属和合金范围广泛。电阻对焊常用于对接碳素钢、纯铜、纯铝和黄铜等塑性较好的材料。闪光对焊则除少数热脆性合金外，几乎所有可锻压的金属均可焊接。除同种材质外，尚可焊接多种异种金属。异种材料闪光对焊组合见表 11－37。

表 11－37　异种材料的闪光对焊组合

	钨	钛合金	钽	工具钢	不锈钢	碳钢、合金钢	镍合金	钼	镁合金
铝合金							▲		▲
铜合金		▲		▲	▲	▲	▲		▲
镁合金									▲
钼				▲	▲	▲	▲		
镍合金	▲		▲	▲	▲	▲	▲	▲	
碳钢、合金钢	▲	▲	▲	▲	▲	▲			
不锈钢	▲	▲	▲	▲	▲				
工具钢	▲		▲	▲					
钽			▲						
钛合金		▲							
钨	▲								

注：▲表示已实现对焊。

1. 碳素钢和铸铁的对焊

碳素钢中，因为低碳钢具有较高的高温塑性，而且不易淬火，所以最容易对焊。随着钢中含碳量增加，电阻率增大，热导率减小，结晶区间增宽、高温强度和淬火倾向增大。因此，焊接中碳钢和高碳钢时，常需增大顶锻力和顶锻留量。为了防止接头产生淬火组织，常采用预热闪光对焊、焊后缓冷及回火等措施。

铸铁可以进行闪光对焊。由于采用连续闪光对焊时容易产生白口，所以一般都是采用预热闪光对焊，其预热温度为 700～800 ℃，焊后接头良好。

2. 合金钢的对焊

（1）低合金钢。低合金钢闪光对焊的特点与中碳钢相似，具有淬火倾向，焊后会使热影响区的硬度增高、冲击韧度下降。这类钢的高温强度比低碳钢大，因此，焊接时的单位顶锻力要比低碳钢增大 25%～50%。为了防止合金元素被氧化，应提高闪光速度和顶锻速度。

（2）高碳合金钢。这类钢除具有高碳钢的特点外，还含有一定数量的合金元素。因含碳量高，结晶温度区间宽，于是在接口处的半熔化区较宽，需要有足够的顶锻力，才能把半熔化区内的液态金属挤出去和产生所需的塑性变形量。另外，因含有合金元素，会形成高熔点氧化物，故需较高的闪光速度和顶锻速度，以及较大的顶锻压强和顶锻留量。

（3）奥氏体不锈钢。这类钢的主要合金元素是铬和镍，与低碳钢相比具有高温强度高、导电、导热性差和熔点低的特点，而且含有大量易生成高熔点氧化物的合金元素铬，这就要求焊接时闪光稳定而强烈，顶锻迅速，并使焊接区产生足够的塑性变形。因此，需采用较快的闪光速度和顶锻速度，以及较大的顶锻力。表 11－38 为各类钢闪光对焊的主要焊接参数。

表 11－38　各类钢闪光对焊的主要焊接参数

类别	平均闪光速度/mm·s^{-1}		最大闪光速度/mm·s^{-1}	顶锻速度/mm·s^{-1}	顶锻压力/MPa		焊后热处理
	预热闪光	连续闪光			预热闪光	连续闪光	
低碳钢	1.5～2.5	0.8～1.5	4～5	15～30	40～60	60～80	不需要
低碳钢及低合金钢	1.5～2.5	0.8～1.5	4～5	≥30	40～60	100～110	缓冷、回火
高碳钢	≤1.5～2.5	≤0.8～1.5	4～5	15～30	40～60	110～120	缓冷、回火
珠光体高合金钢	3.5～4.5	2.5～3.5	5～10	30～150	60～80	110～180	回火、正火
奥氏体钢	3.5～4.5	2.5～3.5	5－8	50～160	100～140	150～220	一般不需要

3. 铝及其合金的闪光对焊

这类材料具有导电、导热性好，熔点低，易氧化且氧化物熔点高，塑性温度区窄等特点，给焊接带来困难。闪光对焊时，必须采用很高的闪光和顶锻速度、大的顶锻留量和强迫成形的顶锻模式，所需功率也要比钢件大得多。

4. 铜及其合金的闪光对焊

铜的导电、导热性比铝还好，熔点较高，因而比铝要难焊得多。纯铜闪光对焊时，很难在端面形成液态金属层并保持稳定的闪光过程，也很难获得良好的塑性温度区。为此，焊接时需要很高的闪光速度、顶锻速度和顶锻压强。

5. 钛及钛合金的闪光对焊

钛及其合金的闪光对焊的主要问题是淬火和吸收氧、氮等气体使接头塑性降低。若采用强烈闪光的连续闪光对焊，不加保护气体就可获得满意的接头。当采用闪光、顶锻速度较小的预热闪光焊时，应在 Ar 或 He 保护气氛中焊接。预热温度为 1 000～1 200 ℃，焊接参数和焊接钢时基本一致，只是闪光留量稍有增加。

第 12 章 摩擦焊

摩擦焊（friction welding，简称 FRW）是一种固态热压焊，它是利用焊件接触面之间的相对摩擦运动和塑性流动所产生的热量，使界面及其附近达到热塑性状态并在压力作用下产生适当的宏观塑性变形而形成接头。

摩擦焊始于 1891 年，当时美国批准了这种焊接方法的第一个专利，主要利用摩擦焊来连接钢缆。随后德国、英国和日本等国家也先后开展了摩擦焊的生产与应用。由于摩擦焊方法具有许多突出的优点，各国对这一方法都很重视。目前俄罗斯、英国、日本、德国及美国等国家已将摩擦焊技术广泛应用于汽车、拖拉机、刀具、航空、军工、石油、化工等行业设备的制造，每年的摩擦焊接件达亿万件，如汽车上的排气阀、桥壳、传动轴、半轴、车轮、变速杆、减震器和转向操纵杆等都应用了摩擦焊技术。摩擦焊除应用于一般工业部门外，还向航空、航天及核工业部门的一些高新技术领域拓展。

我国早在 1957 年就建立了摩擦焊试验室，并且实验成功了铝 - 铜摩擦焊。我国摩擦焊技术的研究和应用是与世界各技术先进国家同步进行的。在摩擦焊机的设计制造和各种材质不同接头型式（管 - 管、棒 - 棒、管 - 棒、管 - 板）的焊接工艺、摩擦焊接头焊后热处理、焊后接头无损检验和焊接过程中焊接参数的监控等的研究中取得许多成果。我国在 1960 年将摩擦焊技术用于水冷电机紫铜 - 不锈钢拼头套制造上；1965 年用于铜 - 铝导电转子上；1970 年用于异种钢排气阀、锅炉水冷壁、刀具、化工阀门上；1978 年用于钻杆上。近十多年来摩擦焊焊接产品的范围愈来愈广，焊机的数量也急剧增加，摩擦焊焊接产品的焊接面积可从几平方毫米到上万平方毫米。

摩擦焊的热影响区小，不会产生通常熔化焊的缺陷，焊接生产率高，产品质量稳定，成品率可达到 99.9% 以上。如德国在汽车零件排气阀的焊接加工中，用摩擦焊代替闪光焊，废品率由原来 1.4% 降到 0.04% ~0.01%；英国一家汽车厂对 200 万汽车后桥进行摩擦焊时，没有发现一件废品。摩擦焊接的加工精度也不断提高，如长度可控制在 ±0.2 mm 以内，同轴度小于 0.2 mm。摩擦焊耗能低，节能显著，如摩擦焊所需动力是闪光焊的 1/10 ~1/5。多年来，摩擦焊以其优质、高效、节能和无污染的技术特色，深受制造业的重视，特别是近年来不断开发出的摩擦焊新技术，如超塑性摩擦焊、线性摩擦焊、搅拌摩擦焊等，使其不仅在电力、化学、机械制造、石油天然气、汽车制造等产业部门得到了愈来愈广泛的应用，而且在航空、航天、核能、海洋开发等高技术领域也展现了新的应用前景。

12.1 摩擦焊的原理及特点

12.1.1 连续驱动摩擦焊的工作原理

1. 连续驱动摩擦焊的工作原理

连续驱动摩擦焊是传统摩擦焊工艺中应用最广泛、最具有代表性的摩擦焊加工方法。其原理是利用被焊工件的相对转动，同时施加适当的轴向压力（摩擦压力），使工件接触面相互摩擦而升温，当温度达到使焊接件接触端部呈热塑性状态时，迫使工件相对转动迅速停止，同时将轴向压力加大，并适当保压一段时间以产生足够塑性变形，从而使两工件牢固地焊接在一起。具体过程如图 12－1 所示。

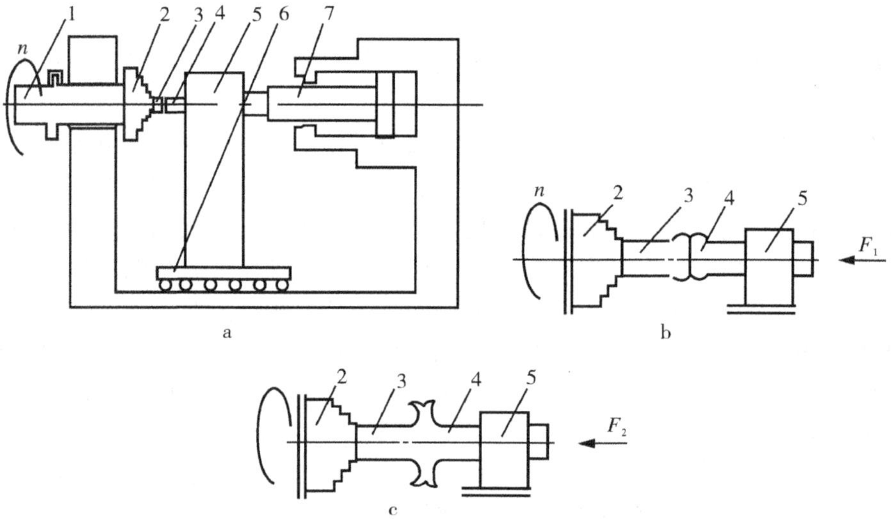

图 12－1 摩擦焊原理

1. 主轴 2. 转动夹具 3、4. 工件 5. 固定夹具 6. 溜板 7. 操纵液压缸

（1）将两个被焊工件 3 和 4 分别卡在转动卡具 2 和固定夹具 5 上，主轴 1 带动转动夹具 2 旋转，操纵液压缸 7，使溜板 6 向左移动，被焊工件 3 和 4 的焊接表面接触。

（2）工件 3 相对工件 4 旋转，并在摩擦压力 F_1 的共同作用下产生的摩擦热使焊接界面的温度急剧上升，被焊金属达到塑性状态，塑性变形使一些金属被挤出形成飞边。

（3）主轴 1 刹车，同时施加顶锻力 F_2，使被焊工件 3 和 4 焊接在一起，同时有较多的金属挤出。

连续驱动摩擦焊过程所产生的摩擦加热功率为

$$P=\mu kpv \tag{12-1}$$

式中，P——摩擦加热功率；

μ——摩擦系数；

k——系数；

p——摩擦压力；

v——摩擦相对运动速度。

2. 连续驱动摩擦焊接过程

连续驱动摩擦焊接的焊接过程可分为摩擦加热过程和顶锻焊接过程两部分，摩擦加热过程又可以分成初始摩擦、不稳定摩擦、稳定摩擦和停车四个阶段。顶锻焊接过程可以分为纯顶锻和顶锻维持两个阶段。下面以 ϕ16 mm 的 45 号钢连续驱动摩擦焊接过程（图 12－2）为例予以说明。

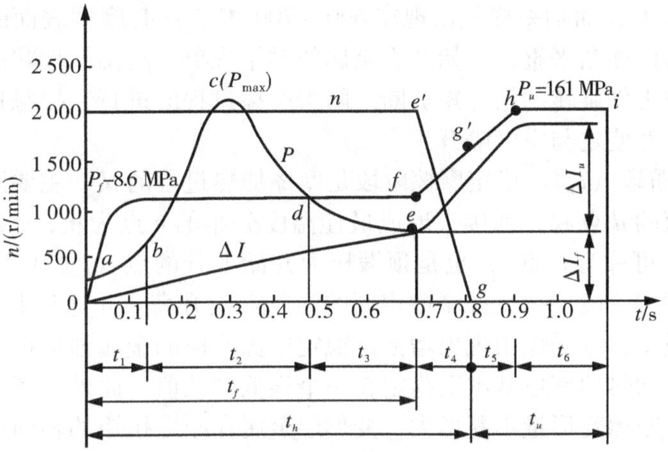

图 12－2　摩擦焊接过程示意

n. 工作转速；P_f. 摩擦压力；P_u. 顶锻压力；ΔI_f. 摩擦变形量；ΔI_u. 顶锻变形量；P. 摩擦加热功率；P_{max}. 摩擦加热功率峰值；t. 时间；t_f. 摩擦时间；t_h. 实际摩擦加热时间；t_u. 实际顶锻时间

（1）摩擦加热过程。

1）初始摩擦阶段（t_1）。此阶段是从两个工件开始接触的 a 点起，到摩擦加热功率显著增大的 b 点止。摩擦开始时，由于工件待焊接表面不平，以及存在氧化膜、铁锈、油脂、灰尘和吸附气体等，使得摩擦系数很大，随着摩擦压力的逐渐增大，摩擦加热功率也慢慢增加，此阶段终了时焊接面温度将升到 200～300 ℃。

在此阶段，由于两个待焊工件表面互相作用着较大的摩擦压力和具有很高的相对运动速度，凸凹不平的表面会迅速产生塑性变形和机械挖掘现象。塑性变形使得接触界面的金属形成晶粒细小的变形层，变形层附近的母材也沿摩擦方向产生塑性变形。金属互相压入部分的挖掘，使摩擦界面出现同心圆痕迹，增大了塑性变形。因摩擦表面不平，接触不连续，以及温度升高等原因，使摩擦表面产生振动，此时空气可能进入摩擦表面，使高温下的金属氧化。但由于 t_1 时间很短，摩擦表面的塑性变形和机械挖掘又可以破坏氧化膜，因此，对接头的质量影响不大。当焊件断面为实心圆时，其中心的相对旋转速度为零，外缘速度最大，此时焊接表面金属处于弹性接触状态，温度沿径向分布不均匀，摩擦压力在焊接表面上呈双曲线分布，中心压力最大，外缘最小。在压力和速度的综合影响下，摩擦表面的加热往往从距圆心半径 2/3 左右的地方首先开始。

2）不稳定摩擦阶段（t_2）。不稳定摩擦阶段是摩擦加热过程的一个主要阶段，该阶段从摩擦加热功率显著增大的 b 点起，越过功率峰值 c 点，到功率稳定值的 d 点为止。此阶段由于摩擦压力较初始摩擦阶段增大，相对摩擦破坏了焊接金属表面，让洁净的金属直接接触。随着摩擦焊接表面的温度升高，金属的强度有所降低，而塑性和韧性却有很大的提高，增大了摩擦焊接表面的实际接触面积。这些因素都使材料的摩擦系数增大，摩擦加热功率迅速提高。当摩擦焊接表面的温度继续增高时，金属的塑性增高，而强度和韧性都显著下降，摩擦加热功率也迅速降低到稳定值 d 点。因此，摩擦焊接的加热功率和摩擦扭矩都在 c 点呈现出最大值。在45号钢的不稳定摩擦阶段，待焊表面的温度由200～300 ℃升高到1 200～1 300 ℃，而功率峰值出现在600～700 ℃。这时摩擦表面的机械挖掘现象减少，振动降低，表面逐渐平整，开始产生金属的黏结现象。高温塑性状态的局部金属表面互相焊合后，又被工件旋转的扭力矩剪断。随着摩擦过程的进行，接触良好的塑性金属封闭了整个摩擦面，并使之与空气隔开。

3）稳定摩擦阶段（t_3）。稳定摩擦阶段是摩擦加热过程的又一主要阶段，其范围从摩擦加热功率稳定值的 d 点起，到接头形成最佳温度分布的 e 点为止，e 点也是焊机主轴开始停车的时间点（可称为 e' 点），也是顶锻压力开始上升的点（f 点）以及顶锻变形量的开始点。在稳定摩擦阶段中，工件摩擦表面的温度继续升高，并达到1 300 ℃左右。这时金属的黏结现象减少，分子作用现象增强。稳定摩擦阶段的金属强度极低，塑性很大，摩擦系数很小，摩擦加热功率也基本上稳定在一个很低的数值。此外，其他连接参数的变化也趋于稳定，只有摩擦变形量不断增大，变形层金属在摩擦扭矩的轴向压力作用下，从摩擦表面挤出形成飞边，同时，界面附近的高温金属不断补充，始终处于动平衡状态，只是接头的飞边不断增大，接头的热影响区变宽。

4）停车阶段（t_4）。停车阶段是摩擦加热过程至顶锻焊接过程的过渡阶段，是从主轴和工件一起开始停车减速的 e' 点起，到主轴停止转动的 g 点止。从图12－2可知，实际的摩擦加热（$a \sim g$）时间 $t_h = t_1 + t_2 + t_3 + t_4$。尽管顶锻压力从 f 点施加，但由于工件并未完全停止旋转，所以 g' 点以前的压力，实质上还是属于摩擦压力。顶锻开始后，随着轴向压力的增大，转速降低，摩擦扭矩增大，并再次出现峰值，此值称为后峰值扭矩。同时，在顶锻力的作用下，接头中的高温金属被大量挤出，工件的变形量也增大。因此，停车阶段是摩擦焊接的重要过程，直接影响接头的焊接质量，要严格控制。

（2）顶锻焊接过程。

1）纯顶锻阶段（t_5）。从主轴停止旋转的 g（或 g'）点起，到顶锻压力升至最大的 h 点为止。在这个阶段中，应施加足够大的顶锻压力，精确控制顶锻变形量和顶锻速度，以保证获得优异的焊接质量。

2）顶锻维持阶段（t_6）。该阶段从顶锻压力最大点 h 开始，到接头温度冷却到低于规定值为止。在实际焊接控制和自动摩擦焊机的程序设计时，应精密控制该阶段的时间 t_u（$t_u = t_5 + t_6$）。在顶锻维持阶段，顶锻时间、顶锻压力和顶锻速度应相互配合，以获得合适的摩擦变形量 Δl_f 和顶锻变形量 Δl_u。在实际计算时，摩擦变形速度一般采用平均摩擦变形速度（$\Delta l_f / t_f$），顶锻变形速度也采用其平均值［$\Delta l_u /(t_4 + t_5 + t_6)$］。

总之，在整个摩擦焊接过程中，待焊的金属表面经历了从低温到高温摩擦加热，连续发生了塑性变形、机械挖掘、黏结和分子连接的变化，形成了一个存在于全过程的高速摩擦塑性变形层，摩擦焊接时的产热、变形和扩散现象都集中在变形层中。在停车阶段和顶锻焊接过程中，摩擦表面的变形层和高温区金属被部分挤碎排出，焊缝金属经受锻造，形成了质量良好的焊接接头。

3. 摩擦焊接热源的特点

从本质上讲摩擦焊就是利用焊件接触面之间的相对摩擦运动和塑性流动所产生的热量进行焊接。焊接过程中两工件摩擦表面的质点，在摩擦压力和摩擦扭矩的作用下沿工件径向力与切向力的合成方向做相对高速摩擦运动，把摩擦的机械功转变成热能及塑性变形功，在两工件界面形成塑性变形层。该变形层的温度高、能量集中，具有很高的加热效率。

摩擦加热功率就是摩擦焊接热源的功率。摩擦加热功率的大小及其随摩擦时间的变化，不仅直接影响接头的加热过程、焊接生产率和焊接质量，也决定了摩擦表面焊接温度及其温度场的分布，同时也将影响摩擦焊机的设计与制造。一般认为，由扭矩产生的机械功率 E_t 可以全部转换成摩擦热功率 Q_f，即：

$$E_t = Q_f \tag{12-2}$$

$$E_t = M\omega_0 \tag{12-3}$$

$$Q_f = \int_A f(r)\delta(r)\varpi_f \mathrm{d}A \tag{12-4}$$

式中，M——传递给工件的扭矩；

ϖ_f——旋转工件角速度；

ω_0——摩擦界面的相对速度（$\varpi_f = \varpi_0$）；

f（r）——摩擦系数；

δ（r）——摩擦压力；

r——旋转半径；

A——摩擦面积。

C. J. CHENG 指出，输入摩擦界面的能量并非全部转换为摩擦热，一部分能量耗散在工件塑性变形上，但转换为变形功的能量是可以忽略的。有些学者认为，摩擦焊接接头变形特征（包括轴向及扭转变形）非常明显，因此必然有一定量的（不可忽略）机械功转换为塑性变形功。研究表明，在摩擦初始阶段，摩擦主要局限于摩擦表面某些微凸体上。当这些微凸体在很高的局部压力下产生强烈的塑性屈服和流动直至焊合（黏着），而又在剪应力的作用下高速剪断时，金属原子被激活，运动速度加快，温度升高，从而释放出大量的热量，同时发生宏观的塑性变形，因而机械功绝大部分转换成摩擦热，产热效率接近100%。随着摩擦过程的进行，摩擦热量不断向两侧工件中传导，促进摩擦界面温度升高，剪切强度降低，形成高温塑性层，当高温黏塑性体内的剪切强度与摩擦界面上的剪切应力相当时，在扭矩作用下，不仅在摩擦界面上发生相对摩擦而生热，同时高温黏塑性体内已开始发生扭转塑性变形，使部分机械功转换成塑性变形功。摩擦时间越长，高温黏塑性层越厚，温度越高，剪切强度与黏度越低。当焊接过程进行到稳定摩擦阶段时，工件温度形态不再发生明显的变化，高温黏塑性区的温度、厚度亦处于准平衡状态，因此产生的热效率逐渐稳定在某一个值。

对摩擦焊热源与其他焊接技术的热源有很大不同，其主要特点如下。

（1）摩擦焊是在焊接过程中两工件摩擦表面的摩擦将机械功转变成热能加热焊接接头。

（2）摩擦焊热源的功率和温度不仅取决于焊接工艺规范参数，还受到焊接工件的材料、形状、尺寸及焊接表面准备情况的影响。

（3）金属焊接表面的摩擦不仅产热，而且还能破坏和消除表面的氧化膜。变形层金属的封闭、挤出和不断被高温区金属更新，可以防止焊缝金属的继续氧化。

12.1.2 惯性摩擦焊的工作原理

惯性摩擦焊工作原理如图 12－3 所示：旋转焊件与飞轮相连，焊接开始时首先将飞轮 1 和旋转的工件 2 加速到一定的转速，然后飞轮与主电机脱开。同时，可移动的工件 3 向前移动，两工件接触后开始摩擦加热，而飞轮受摩擦扭矩的制动作用，转速逐渐降低，当转速为零时，焊接过程结束。

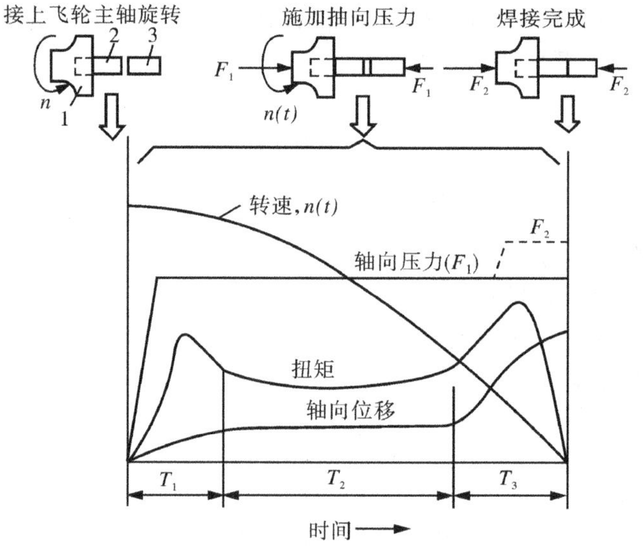

图 12－3 惯性摩擦焊原理示意

1. 飞轮 2、3. 工件

惯性摩擦焊的飞轮储存的能量 A 与飞轮转动惯量 J 和飞轮角速度 ϖ 的关系为

$$A = \frac{J\varpi^2}{2} \tag{12-5}$$

对实心飞轮

$$J = \frac{GR^2}{2g} \tag{12-6}$$

式中，G——飞轮重力；

R——飞轮半径；

g——重力加速度。

惯性摩擦焊的主要特点是恒压、变速，它将连续驱动摩擦焊的加热和顶锻结合在一起。控制参数少（只有压力和转速），便于实现自动控制；焊接参数稳定性好，接头质量稳定；能在短时间内释放较大能量，便于焊接大截面结构；焊接周期短，热影响区窄；不需要制动装置，焊机结构简单。在实际生产中，可通过更换飞轮或不同尺寸飞轮的组合来改变飞轮的转动惯量，从而改变加热功率。

12.1.3 搅拌摩擦焊的基本原理

1. 搅拌摩擦焊接过程

搅拌摩擦焊接过程（图 12－4）分为三个阶段：搅拌头扎入阶段、搅拌头沿焊缝方向行走阶段、搅拌头提起阶段。焊件不同部位在这三个阶段中经受了不同的热循环作用，以下结合 5 mm 厚铝锂合金轧制板的搅拌摩擦焊试验具体说明。搅拌头主要参数如下：轴肩直径为 13.8 mm，搅拌头直径（跟部）和长均为 4.8 mm，焊件尺寸为 150 mm × 100 mm × 5 mm。焊前用钢丝刷对与轴肩接触的母材表面及接合面进行轻刷，以去除氧化膜，然后用丙酮或乙醇将接头位置附近清理干净。用卡具将试件刚性固定在钢背板上后，将搅拌头以 300 r/min 的转速慢慢扎入接合面内直至焊件底部，然后沿接合线方向以 20 mm/min 的速度行走。

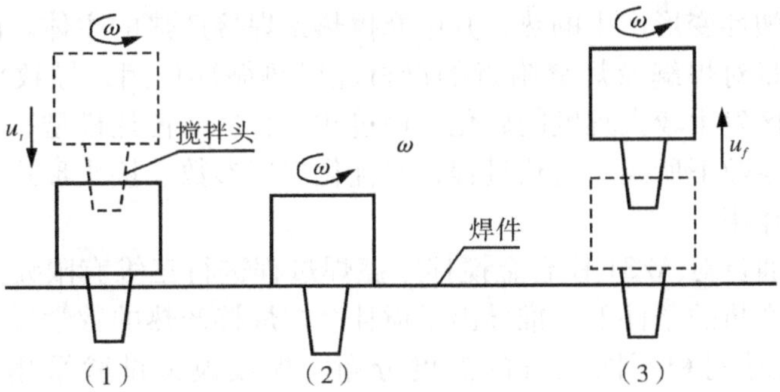

图 12－4 搅拌摩擦焊接过程

u_f. 搅拌头扎入速度 ω. 搅拌头转速 u_t. 搅拌头提升速度

（1）搅拌头扎入阶段。实验结果表明，在搅拌头扎入过程结束瞬时热循环温度达到最大值。随着搅拌头沿焊缝方向行走，热循环温度迅速下降。由于扎入过程中，轴肩没有热输入，热输入仅来自于搅拌头/焊件界面处的摩擦，而因插入点的热循环温度较低。

（2）搅拌头沿焊缝方向行走阶段。当搅拌头沿接合线方向行进时，为了行走畅通，搅拌头必须不断地向前方材料施加较大的挤压作用，促使前方软化材料流动到搅拌头后方形成的空腔内，因而搅拌头/焊件间的摩擦作用较强，摩擦热输入和热循环最高温度值较大。同时，搅拌头的行走，导致轴肩不断地将其下方的软化材料填入搅拌头后方的空腔内，从而持续地与焊件表面的硬质材料相接触，因而轴肩热输入作用受焊接过程中形成的软化材料的弱化影响较小。搅拌头/焊件、轴肩/焊件界面热输入的共同作用，保证了焊接过程中的持续高温热输入，焊接过程的稳定和焊缝的形成。

（3）行走过程结束，搅拌头提起过程。焊接行走过程结束时，搅拌头只有旋转行为，因而搅拌头附近的软化材料弱化了搅拌头/焊件间的摩擦作用，导致来自于搅拌头/焊件界面间的摩擦热输入不断降低，因而热循环最高温度降低。搅拌头离开焊件后，在焊缝的终端形成一个匙孔。

焊缝起点和终点因分别受搅拌头扎入和提起过程的影响，经受的热循环温度较其他部位低。焊缝起点和终点之间的材料经受的热循环作用比较稳定，焊接过程中距焊缝中心不同位置的峰值温度测量结果如图 12－5 所示。在该搅拌摩擦焊接过程中，焊缝中心经受的焊接热循环温度最高，为 415 ℃，随着距焊缝中心距离的增加，材料所经受的最高热循环温度逐渐下降。焊缝两侧经受的热循环温度不同，前进侧的温度略高于后退侧 7 ~ 12 ℃。前进侧和后退侧分别对应于旋转的搅拌头在焊缝方向的切线速度与搅拌头行进方向相同和相反的侧面（图 12 - 4）。

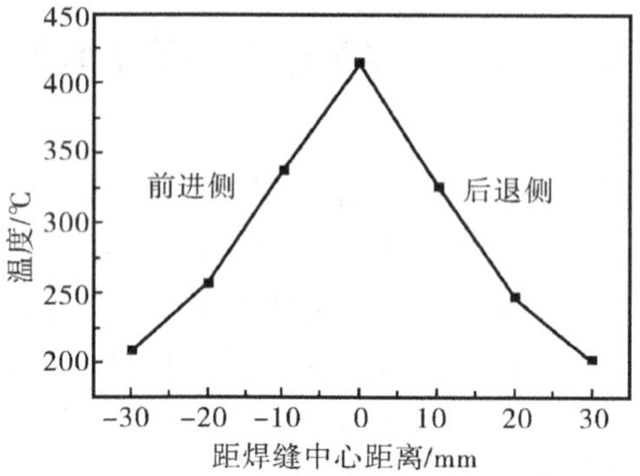

图 12 - 5　焊接过程中距焊缝中心不同位置的峰值温度

2. *搅拌摩擦焊产热及温度分布*

搅拌摩擦焊的热源主要是轴肩与焊件材料上表面、搅拌头与接合面间的摩擦热、搅拌头附近材料的塑性变形产生的热，其中摩擦热是焊接产热的主体。随着搅拌头沿焊缝方向行走，这些热量对焊缝及焊缝附近的母材施以热循环作用，导致材料中沉淀相的溶解、焊缝和热影响区发生较大程度的软化。通过建立合适的传热模型，可以从理论上预测材料在一定的焊接参数下所经历的热过程，对优化焊接参数、接头形式、获得符合性能要求的接头具有重要作用。

一些研究人员通过对 AZ31 镁合金搅拌摩擦焊过程进行三维有限元分析，在不考虑搅拌头与母材的摩擦产热的条件下，推导出了搅拌摩擦焊接产热的数学模型，计算了接头搅拌摩擦焊过程不同时刻和不同位置的温度分布。焊接模拟试验采用两块厚 5 mm、宽 50 mm、长 360 mm 的 AZ31 镁合金板，焊接速度为 2 mm/s、搅拌头旋转速度 900 r/min，整个模拟过程 180 s，试验结果如图 12 - 6 所示。

由图 12 - 6a 可知，焊缝后部的温度高于起焊时的温度。起焊位置最高温度为 350 ℃，焊接一段时间后 $X=60$ mm 处的最高温度为 426 ℃，两者之间的最高温度差为 76 ℃，以后依次每隔 60 mm 最高温度升高 40 ℃左右，说明镁合金搅拌摩擦焊过程中对相邻的待焊区的预热作用显著。

图 12 - 6b 所示为距焊缝中心不同位置的温度分布，由图可知，远离焊缝 23 mm 处的最高温度（266 ℃）比焊缝中心温度（463 ℃）约低 200 ℃；距离焊缝 8 mm 处最高温度 387 ℃；距离焊缝 15 mm 处最高温度 326 ℃。各点的温度随时间的变化趋势一致，准稳态时四个点的温度趋于一致，热扩散达到均衡。

图 12 - 6c 所示为搅拌摩擦焊产热达到准稳态时距焊缝中心不同位置沿焊缝方向距离的温度分布曲线。趋势与图 12 - 6b 的相同。搅拌头在 $X=150$ mm 处摩擦旋转，故在此处温度为最高值。已经焊完的部分温度维持在 230 ℃ ~250 ℃左右，轴肩对 FSW 过程的预热随着距离轴肩位置的增加而明显下降，180 mm 处的温度只有 120 ℃左右，而此后焊缝处的温度基本维持在室温。

由于热传导作用，搅拌摩擦焊过程受到预热作用，预热对焊接过程有利，且沿着焊缝方向焊接最高温度存在稍微升高的趋势，但变化不大。焊接过程最高温度维持在 460 ℃左右，低于镁合金的熔化温度，属于固态焊接。

3. *焊接接头特征及显微组织*

搅拌摩擦焊接时，由于轴肩与焊件上表面紧密接触，因而焊缝通常呈“V”形，接头

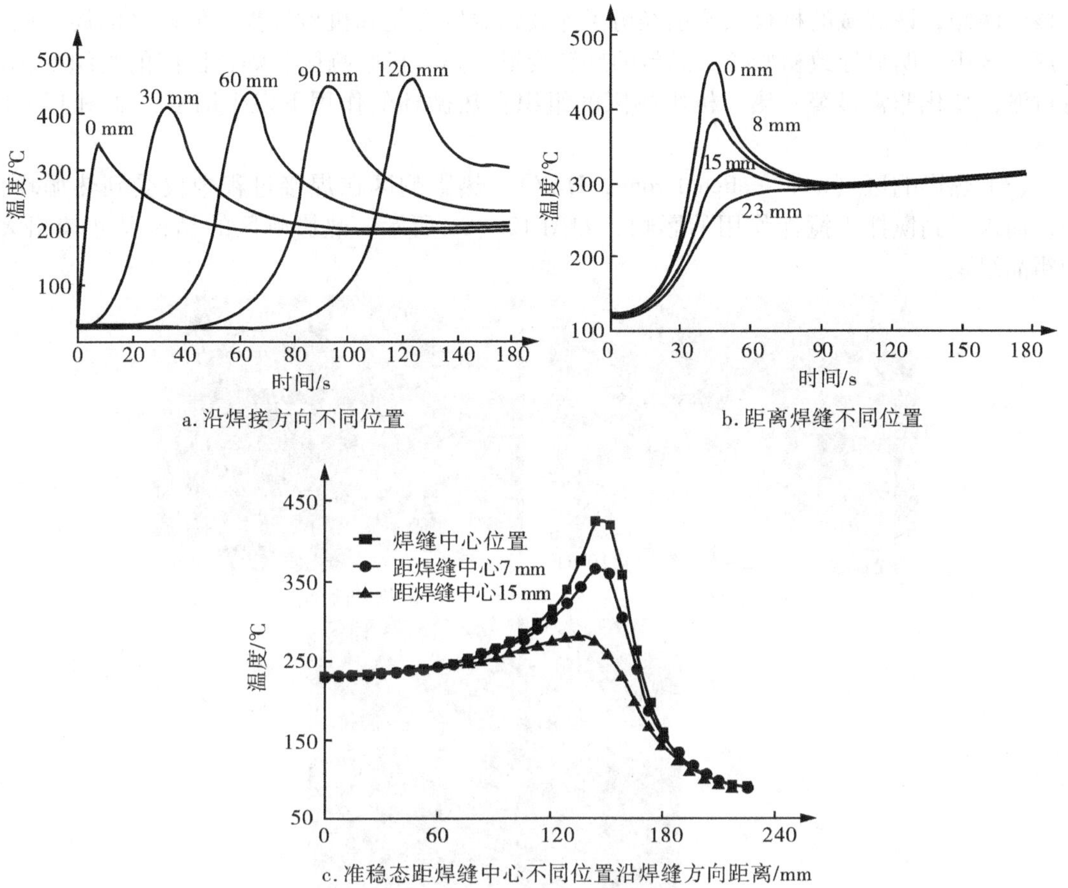

图 12 -6　焊接过程不同时刻、不同位置的温度分布

一般形成三个组织明显不同的区域：焊核区、热 - 机影响区、热影响区，如图 12 -7 所示，三个区域的显微组织如图 12 -8 所示。

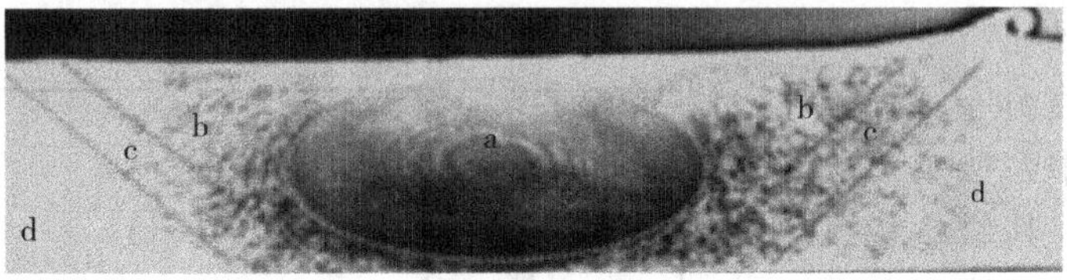

图 12 -7　搅拌摩擦焊接头微观结构

a. 焊核区　b. 热 - 机影响区　c. 热影响区　d. 母材

（1）焊核区（weld nugget zone，WNZ）。焊核区位于焊缝中心靠近搅拌头扎入的位置，一般由细小的等轴再结晶组织构成，该区的塑性流动是非对称性的，经历了高温、大应变后，焊核的中心发生了强烈的变形，大应变导致焊核区在焊接过程中发生了动态再结晶。图 12 -8a 所示为 5 mm 深处 2519 铝合金搅拌摩擦焊焊核区细小的等轴再结晶组织，并且由于在焊接过程中材料与搅拌头之间的相互作用，焊核区常出现同心环（洋葱环组织）。

（2）热 - 机影响区（thermal - mechanically affected zone，TMAZ）。热 - 机影响区位于

焊核区两侧，该区域的材料虽然也经历了连续的温度变化和机械搅拌，但该区的局部应变较焊核区小，明显导致初始拉长晶粒的旋转变形。热 - 机影响区和焊核区间的组织变化没有过渡，变化非常显著。热 - 机影响区的组织在热循环的作用下发生回复，如图 12 - 8b 所示。

（3）热影响区（heat - affeted zone，HAZ）。热影响区在焊接过程中仅受到热循环作用，而未受到搅拌头搅拌作用的影响，如图 12 - 8c 所示，热影响区的晶粒尺寸较粗大，为粗晶组织。

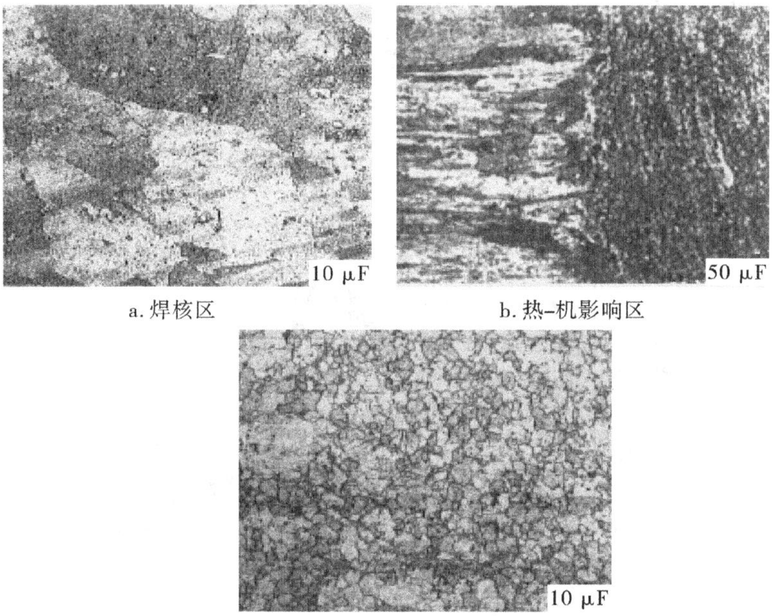

a. 焊核区　　b. 热–机影响区

c. 热影响区

图 12 - 8　2519 铝合金搅拌摩擦焊接头各区金相微观组织

（焊接速度为 20 mm · min^{-1}　顶锻力为 2 000 N　搅拌头转速为 1 600 ~ 2 300 r · min^{-1}）

4. 接头力学性能

（1）接头硬度分布。在搅拌摩擦焊接过程中，接头不同区域发生了软化，其软化程度的差异，导致了接头硬度分布呈“W”形，图 12 - 9 所示为 6063 - T5 铝合金（T5：从形成温度冷却后人工时效）搅拌摩擦焊接头的硬度分布，可以看出，WNZ/TMAZ 界面两侧的硬度值相差较小；HAZ/TMAZ 界面两侧的硬度值则相差较大。这种硬度差异导致冷却过

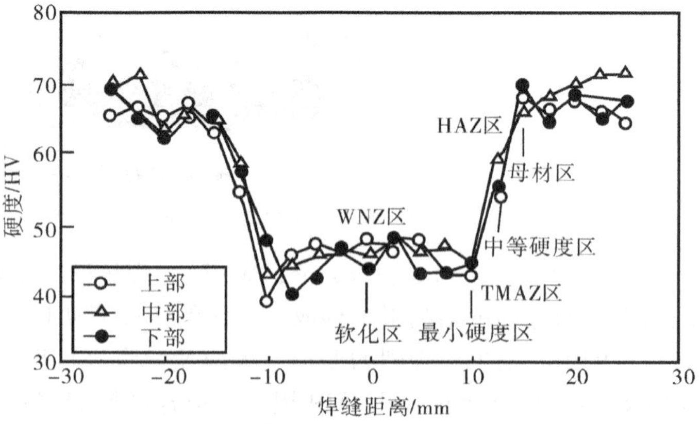

图 12 - 9　6063 - T5 铝合金接头的显微硬度分布

程中热影响区和热－机影响区界面两侧材料的变形协调性较差，因而界面处易形成较大的残余应力集中，导致该区域为整个接头中强度最弱的区域。

（2）接头强度。国内外目前所开展的搅拌摩擦焊研究主要集中在铝合金、镁合金，以及纯铜等软质、易于成形的材料，对钛合金、不锈钢、铝基复合材料也有少量研究。从表12－1可以看出，无论哪种材料，包括难熔焊的硬铝和超硬铝，其搅拌摩擦焊接头的抗拉强度均能达到母材的70%以上。接头性能除了与母材本身的性能有关外，在很大程度上还取决于搅拌摩擦焊的焊接参数。

表12－1 搅拌摩擦焊接头/母材的力学性能

母材	强度 σ_b/MPa	屈服强度 $\sigma_{0.2}$/MPa	延伸率 δ/%	母材	强度 σ_b/MPa	屈服强度 $\sigma_{0.2}$/MPa	延伸率 δ/%
2024－T3	432/497	304/424	7.6/14.9	AM50（日本）	180/215	115/117	4.5/10.5
2024－T6	400/477	－/280	－/20.5	AM60	198/240	110/130	6.5/13
5083－0	271/275	125/124	23/24	AZ31（日本）	201/288	127/219	3.5/6.5
6013－T6	322/398	292/349	—	AZ61	285/300	100/140	17/25
6061－T6	199/320		11/16	Cu	220/250	—	—
6082－T6	245/317	150/291	5.7/11.3	6061＋20% B4C	210/248	137/124	4/12
7020－T6	325/385	242/326	4.5/13.6	DH36 钢	559/483	469/345	8.6/21
7075－T6	470/585	－/560	－/12	304 钢	740/740	300/280	68/68

注：表中“/”之前为接头的性能数据，之后为母材的性能数据。

（3）接头的疲劳性能。搅拌摩擦焊接头的疲劳性能一般都优于熔焊接头。英国焊接研究所在1996年对铝合金搅拌摩擦焊接头的疲劳性能进行了研究，材料为6 mm厚的2014－T6（T6：固溶处理后人工时效）、2219－T6、5083－0和7075－T7351等铝合金。试验结果表明，搅拌摩擦焊接头的疲劳性能优于欧洲弧焊标准（ECCS Class B3），并且所有测试数据与母材水平相接近，如图12－10所示。

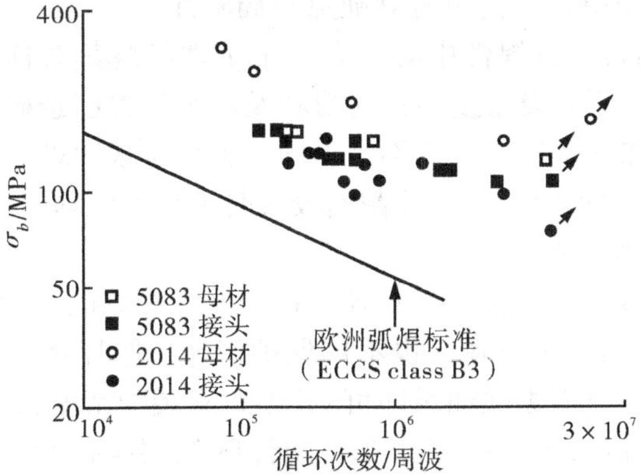

图12－10 铝合金搅拌摩擦焊接头疲劳特性

12.1.4 摩擦焊的技术特点

1. 传统摩擦焊的技术特点

（1）摩擦焊与其他焊接方法相比，有如下优点。

1）焊接接头质量高。①焊缝是在塑性状态下受挤压完成的，属固态焊，避免了熔焊时熔池凝固过程产生的裂缝、气孔等缺陷。这为熔池凝固裂纹敏感材料的焊接提供了新工艺，例如对焊接高强铝合金是十分有利的。②压力与扭矩的力学冶金效应使得晶粒细化、组织致密、夹杂物弥散分布，不仅接头质量高，而且再现性好。③焊件被刚性固定，且固态焊加热温度低，故焊件不易变形，对较薄铝合金结构（如船舱板、小板拼成大板）的焊接极为有利，也是熔焊方法难以做到的。

2）适合异种材料的连接。通常认为不可组合或很难焊的金属材料，如铝－钢、铝－铜、钛－铜等都可以进行摩擦焊。一般来说，凡是可以进行锻造的金属材料都可以进行摩擦焊接。

3）生产效率高。如汽车发动机排气门双头自动摩擦焊机的生产效率可达 800～1 200 件/h。外径 ϕ127 mm、内径 ϕ95 mm 的石油钻杆与接头的焊接，连续驱动摩擦焊仅需十几秒。

4）尺寸精度高。如用摩擦焊生产的柴油发动机预燃烧室，全长误差为 ±0.1 mm。有些专用摩擦焊机可以保证焊件的长度公差为 ±0.2 mm，偏心度小于 0.2 mm。

5）易于实现机械化、自动化，操作简单。

6）环境清洁、安全。焊接过程中无污染、无烟尘、无辐射、无有害气体产生。

7）成本低。①不用填充材料，也不用保护气体；②厚焊接件边缘不需加工坡口；③焊接铝材工件不用去氧化膜，只需用溶剂擦去油污即可；④对接容许留一定间隙，不苛求装配精度；⑤节能，与闪光焊相比，电能节约 5～10 倍；⑥焊缝不易产生缺陷，成品率高。

摩擦焊焊接技术是一种优质、高效、低能、清洁的先进焊接制造工艺，通过与计算机、信息处理软件、自动控制、过程模拟、虚拟制造等高技术的紧密结合，摩擦焊技术也在不断发展而具有更广阔的应用前景。

（2）在实际应用中摩擦焊工艺也有其缺点与局限性。

1）对某些摩擦焊而言，待焊件中必须有一个工件能绕其对称轴旋转，因此对非圆形截面的工件焊接较困难，所需设备复杂；对形状及组装位置已经确定的构件，很难实现摩擦焊接；对盘状薄零件和管壁件，由于不易夹固，施焊也很困难。

2）工件加工与对准要求较严，工件截面较大时不易保证均匀摩擦与加热。

2. 搅拌摩擦焊的技术特点

（1）与传统摩擦焊及其他焊接方法相比，搅拌摩擦焊有以下优点。

1）生产成本低。不用填充材料，也不用保护气体；厚焊接件边缘不用加工坡口；不必进行去除氧化膜处理（只需去除油污即可）；不苛求装配精度，不需要事先的打底焊。

2）接头质量高。可以得到等强度接头，塑性降低很少甚至不降低；属于固态焊接，接头是在塑性状态下受挤压完成的，避免了熔焊时熔池凝固过程中产生裂纹、气孔等缺陷；解决了熔焊方法不能焊接的一些铝合金的高质量连接问题，如对航天领域中裂纹敏感性强的高强铝合金的焊接。

3）是一种安全、环保型的连接技术。整个焊接过程中无熔化、无飞溅、无烟尘、无辐射、无噪声、无污染等。

4）广泛的工艺适应性。不受是否轴类零件的限制，可实现多种形式，不同位置的焊接，可进行平板的对接和搭接，可焊接直焊缝、角焊缝及环焊缝，可进行大型框架结构、大型筒体制造及大型平板对接等。由于不受重力的影响，可以进行仰焊。

5）便于机械化、自动化操作，质量比较稳定，重复性高。

6）焊接后结构的残余应力和变形小。更适于薄板焊接。搅拌焊接过程中加热温度低，焊件不易变形，这对较薄铝合金结构（如船舱板、小板拼成大板）的焊接极为有利。

（2）搅拌摩擦焊作为一种新型连接技术，也存在如下缺点。

1）目前焊接速度不高。对板材进行单道连接时，焊接速度低于电弧焊。

2）焊件的夹持要求较高。不同的结构需要不同的工装夹具，设备的灵活性差。

3）焊缝尾端留有“匙孔”，需要用其他焊接方法填充。

4）焊缝背面需要有垫板，在封闭结构中垫板的取出比较困难。

5）刀头因磨损消耗太快，虽然目前正在尝试用更为耐磨的陶瓷材料替代硬质合金、钴基高温合金等，但陶瓷材料很难达到所需的韧性。

12.2　摩擦焊的分类

目前实现摩擦焊的工艺方法已由传统的几种形式发展到20多种，极大地扩展了摩擦焊的应用领域。

根据焊件的相对运动形式和工艺特点的不同，摩擦焊可按图12－11所示分类法进行分类。传统摩擦焊通常是指连续驱动摩擦焊、相位控制摩擦焊、惯性摩擦焊和线性摩擦焊，它们的共同特点是依靠两个待焊件之间的相对摩擦运动产生热能。而搅拌摩擦焊、嵌入摩擦焊、第三体摩擦焊和摩擦堆焊是依靠搅拌头与待焊件之间的相对摩擦运动产生热量而实现焊接，通常称为新型摩擦焊。

本章主要以连续驱动摩擦焊和搅拌摩擦焊为传统和新型摩擦焊方法的代表，介绍摩擦焊的原理、工艺、设备及应用。

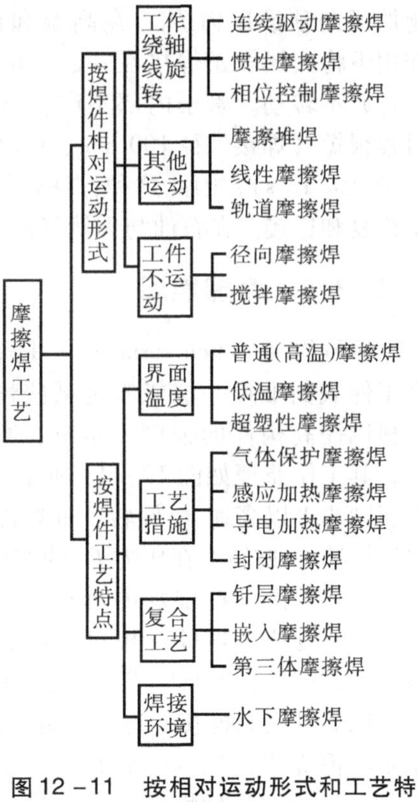

图12－11　按相对运动形式和工艺特点对摩擦焊的分类

12.2.1　连续驱动摩擦焊

连续驱动摩擦焊（continues driction welding）是最典型的摩擦焊方法，是传统摩擦焊工艺中应用最广泛、最具有代表性的摩擦焊加工方法。它与惯性摩擦焊、相位控制摩擦焊和线性摩擦焊的共同特点是依靠两个待焊件之间的相对摩擦运动产生热能。其基本原理和热源特点在12.1一节已讲述。

12.2.2 惯性摩擦焊

惯性摩擦焊（inertia friction welding）的主要特点是恒压、变速，它是一种将连续驱动摩擦焊的加热和顶锻结合在一起的摩擦焊方法。其控制参数只有压力和转速，便于实现自动控制，其基本原理和热源特点在12.1一节已讲述。

12.2.3 径向摩擦焊

径向摩擦焊（radial friction welding）的基本原理如图12－12所示。一对开有坡口的待焊管子2紧紧地压接在一起，管子接头处套上一个带有斜面的旋转圆环1。焊接时圆环旋转并向两个管子施加径向摩擦压力P，摩擦界面上产生的摩擦热把接头区域加热到焊接温度。当摩擦加热过程结束时，圆环停止旋转，并向圆环施加径向顶锻压力P_0，在高温和径向力P_0的作用下将两侧管子焊接在一起。由于被焊管子本身并不转动，管子内部不产生飞边，且焊接过程很短（焊接外径100 mm、壁厚12.7 mm的管子只需13 s），因此这种方法适用于长管的现场焊接，可用于陆地和海上管道铺设、水下修复和连接。在石油与天然气输送管道现场装配连接方面具有广阔的应用前景。

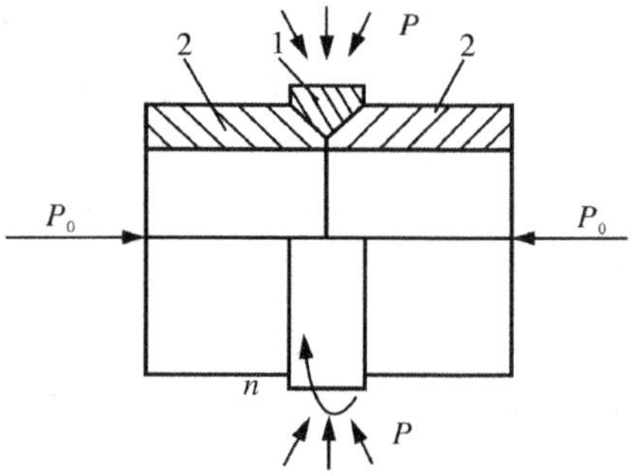

图12－12 径向摩擦焊的原理示意

1. 旋转圆环 2. 待焊管子 n. 圆环速度 P_0. 轴向顶锻压力 P. 径向压力

12.2.4 摩擦堆焊

摩擦堆焊（friction surfacing）是采用摩擦焊原理在工件表面堆焊一层能满足某些性能要求的异种材料以提高构件的强度、质量、通用性和使用寿命，其工作原理如图12－13所示。堆焊时，堆焊金属圆棒1以高速n_1旋转，堆焊件（母材）也同时以转速n_2旋转，在压力P_1的作用下圆棒与母材摩擦生热。由于待堆焊的母材体积大，导热性好，冷却速度快，当母材相对于堆焊金属圆棒转动或移动时在母材表面形成一定厚度的堆焊焊缝。

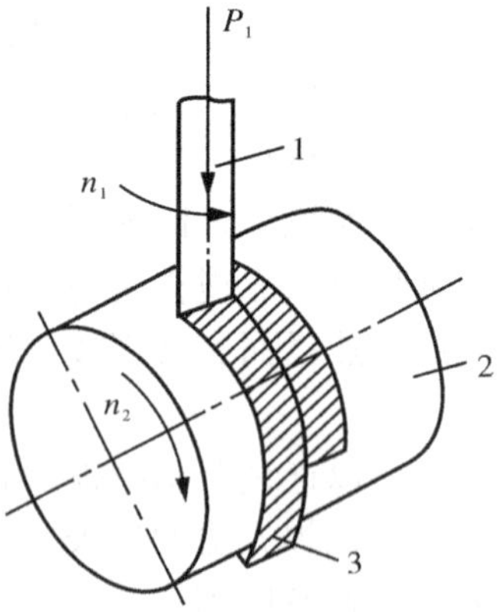

图12－13 摩擦堆焊的原理示意

1. 堆焊金属圆棒 2. 堆焊件 3. 堆焊焊缝

摩擦焊是固态连接，适用于异种材料的焊接，特别是摩擦焊焊缝区的金属具有高的晶格畸变程度、晶粒细化、强韧性好，可以形成几乎不被稀释的冶金结合的堆焊层，热影响区很窄，故摩擦焊工艺适于进行表面堆焊。

12.2.5 线性摩擦焊

线性摩擦焊（linear friction welding）原理如图12－14所示。待焊工件一个固定，另一个以一定的速度做往复运动，或两个工件做相对往复运动，在垂直于往复运动方向的压力作用下，随摩擦运动的进行，摩擦表面被清理并产生摩擦热，摩擦表面的金属逐渐达到黏塑性状态并产生变形。然后，停止往复运动并施加顶锻力，完成焊接。连续驱动摩擦焊和惯性摩擦焊一般限于把圆柱截面或管截面的焊件焊到相同类型的截面或板上，而线性摩擦焊的主要优点是不管工件截面是否对称，均可进行焊接。如可焊接方形、圆形、多边形截面的金属、塑料焊件及不规则构件。线性摩擦焊主要用于飞机发动机涡轮盘与叶片的焊接，还可用于焊接大截面的塑料部件，如汽车减振器、货车罩、底板，以及塑料或金属的复合焊件。

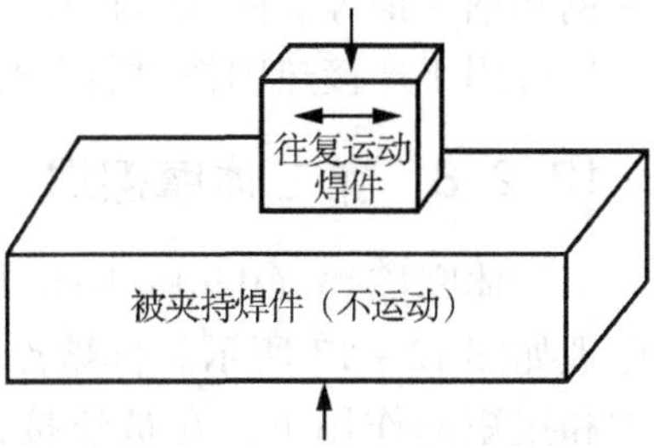

图12－14　线性摩擦焊的原理示意

12.2.6 搅拌摩擦焊

搅拌摩擦焊（friction stir welding，FSW）是英国焊接研究所（TWI）于1991年发明的一种固态连接技术。由于该工艺能进行板材的对接并具有固态焊接接头独特的优点，因而在低熔点合金板材（尤其高强度铝合金）的焊接方面获得成功。其原理如图12－15所示，将耐高温硬质材料制成的一定形状的搅拌头旋转插入被焊接工件的待焊处（被焊接工件需要有背部衬垫牢固固定，以防止焊接过程因为搅拌头力的作用从而使工件分离），高速旋转的搅拌头与被焊接材料之间的摩擦剪切阻力产生摩擦热，摩擦热使搅拌头邻近区域的材料受热变软从而得到了热塑化，当搅拌头沿着待焊界面向前移动时，热塑化的材料由搅拌头的前部向后部转移，并且在搅拌头轴肩的锻造作用下，实现工件之间的固态连接。

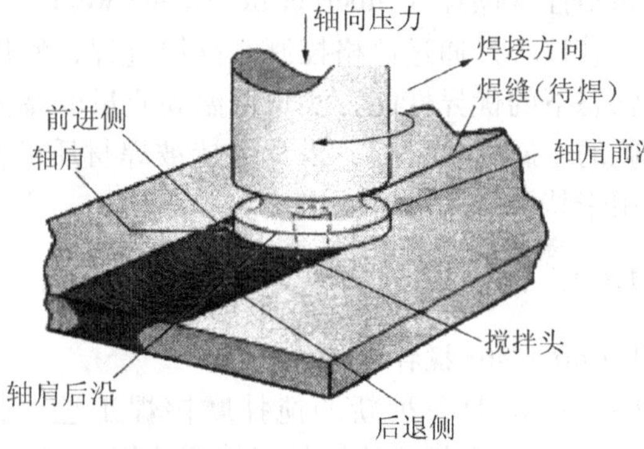

图12－15　搅拌摩擦焊的原理示意

12.2.7 嵌入摩擦焊

嵌入摩擦焊（friction plunge welding）是利用摩擦焊原理把相对较硬的材料（工件1）嵌入较软的材料（工件2）中。如图12－16所示，两个焊件之间相对运动所产生的摩擦热使得较软材料局部呈现热塑性状态，并在拘束肩的作用下产生塑性变形，流入预先加工好的硬材料的凹区中，拘束肩迫使软材料紧紧包住硬材料的连接

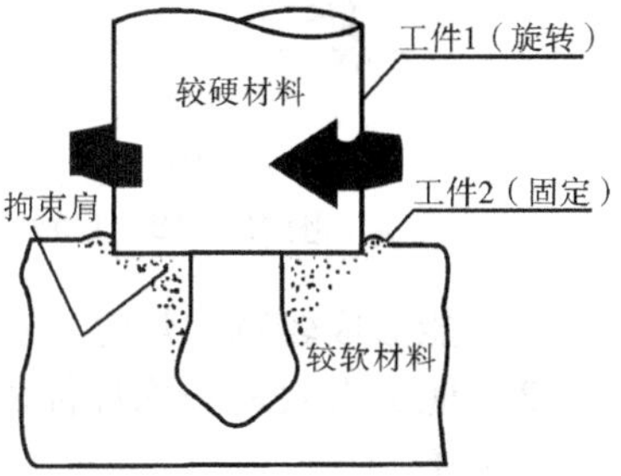

图12－16　嵌入摩擦焊的原理示意

头，当转动停止、焊件冷却后，即形成可靠接头。

此技术目前主要应用于电力、真空和低温应用行业一些重要材料的连接，如铝－铜、铝－钢和钢－钢等。嵌入摩擦焊还可用于制造发动机阀座、连接端头、压盖和管板过渡接头，也可用于连接热固性材料和热塑性材料。

12.2.8 第三体摩擦焊

第三体摩擦焊（third－body friction welding）的工作原理如图 12－17 所示。低熔点的第三种物质在轴向压力和扭矩的作用下，在被连接部件之间的间隙中摩擦生热和塑性变形，经冷却后，第三体材料固化，从而把两个部件（螺柱与板件）锁定形成可靠的接头。

第三体摩擦焊方法主要用于难以焊接的材料组合，如陶瓷－陶瓷、金属－陶瓷、热固性材料－热塑性复合材料等，利用该方法可形成高强度接头。

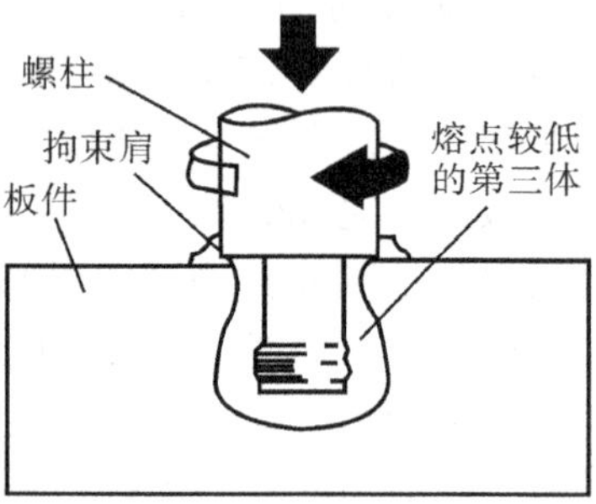

图 12－17 第三体摩擦焊的原理示意

12.2.9 超塑性摩擦焊

超塑性摩擦焊（superplastic friction welding）工艺是苏联学者在 20 世纪 80 年代末提出来的。其核心是通过严格控制摩擦焊过程，使焊合区金属处于超塑性状态，利用金属在超塑性状态下的优异性能，实现低温高质量的摩擦焊。超塑性摩擦焊优点是可避免高温下形成硬脆的金属间化合物，以及保持被焊材质的热处理状态，适用于异种难焊金属的连接，也可用于特种金属的有效连接。

12.2.10 其他方法

1. Corn－stir 搅拌摩擦焊接

Corn－stir 是一种新的搅拌摩擦焊工艺。其特点是在旋转运动的同时兼有搅拌运动（图 12－18）。它相比传统的搅拌摩擦焊（FSW）有如下潜在的优势。

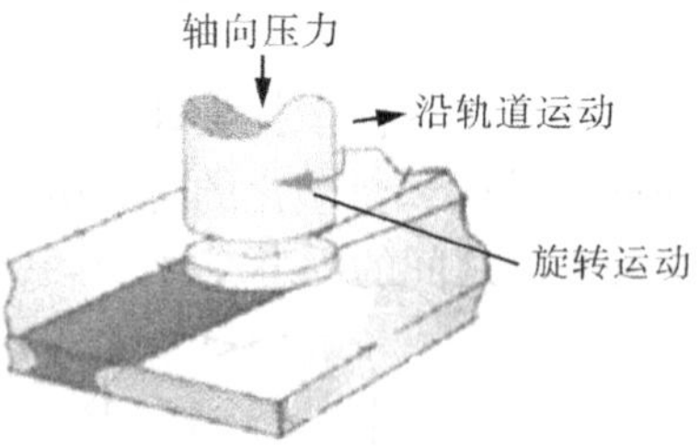

a. Corn-stir原理

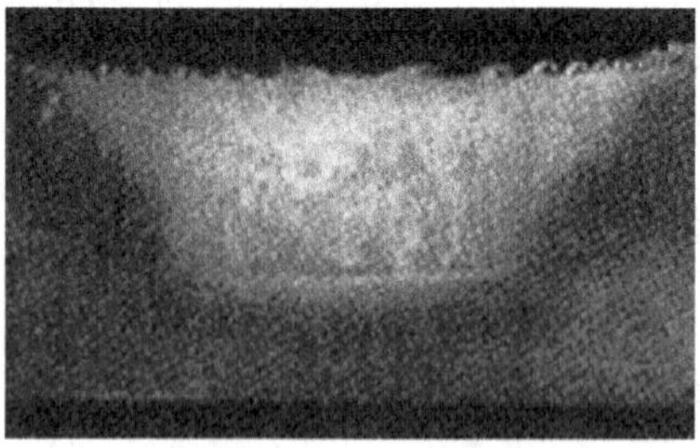

b. 宽焊缝宏观截面照片

图 12－18 Corn－stir 搅拌摩擦焊原理示意及宽焊缝宏观截面照片

（1）能形成较宽的焊缝，有利于搭接和“T”形接头的焊接及材料加工。

（2）能更有效地去除焊件表面氧化膜，并且沿焊缝截面产生更均匀的热量，得到更高质量的焊缝。

（3）由于降低了焊接或加工过程中产生的扭矩，所需的工件夹具更少。

（4）更便于异种材料的焊接和点焊。

在传统的旋转式 FSW 中，搅拌头的相对速度是从零（探头中心）变化到最大（轴肩外径处）。而搅拌式/旋转式运动复合的 Corn－stir 搅拌摩擦焊接技术能够显著地改善探头中心和轴肩外径处速度的差异。该技术通过有选择地改变相对旋转速度，在几乎完全搅拌运动和几乎完全旋转运动之间提供了一定范围的优化。上述特征可根据焊件要求在工艺控制中预先选择或自动改变。搅拌运动可产生恒定的相对界面速度但方向是不断变化的。

采用转动和搅拌运动的 Corn－stir 技术得益于更高的热效率和更多的流动，当 Corn－stir 用于材料加工时，具有加工区宽度及体积的增加等特殊的优点。其搭接接头焊缝较宽，焊缝宽度为上层板厚的 230%（而传统搅拌摩擦焊则为 110%），宽度更宽的焊缝正在研究中。

2. 激光辅助搅拌摩擦焊接技术

激光辅助搅拌摩擦焊（laser assisted friction stir welding，LAFSW）是近年来提出的一种新型搅拌摩擦焊技术。搅拌摩擦焊所需的热量来自搅拌头与工件之间摩擦，需要很大的压力和夹紧力，这就导致了搅拌摩擦焊设备笨重、价格昂贵，搅拌头磨损率高。激光－搅拌摩擦焊复合工艺使用激光作为辅助能源加热工件，可以降低搅拌摩擦焊的焊接成本，同时简化焊接设备。激光辅助搅拌摩擦焊原理如图 12－19 所示，采用激光辅助加热，搅拌头的作用仅仅是搅拌完成连接，需要较小的力即可，而且可以大大降低搅拌头的损耗，提高焊接速度。激光辅助搅拌摩擦焊复合工艺目前还处于起始研究阶段，激光和 FSW 工艺参数的结合，对力学性能的影响及复合工艺的生产率都需要进一步的优化处理。由于激光可以对非导电材料，如塑料和陶瓷进行加热，因而可以利用激光辅助搅拌摩擦焊技术焊接此类材料。

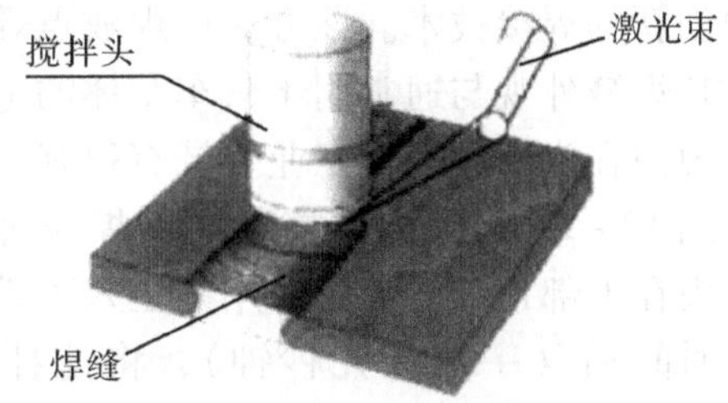

图 12－19　激光辅助搅拌摩擦焊原理示意

3. 搅拌摩擦焊接修复

搅拌摩擦焊接是修复隧道型沟槽缺陷最有效的工艺方法。图 12－20 所示为用搅拌摩擦焊方法对 2219 铝合金 FSW 焊缝的沟槽缺陷修复前后的形貌，该试验采用在原始焊缝上开槽的方式模拟了搅拌摩擦焊接的修复过程，首先用尺寸略大于缺口的铝合金塞块对其进行封孔，用相同尺寸的搅拌头对其进行两次修复。从图 12－20a 中可看出两道焊缝之间有一个偏移量，其目的是消除由于塞块的加入产生的两个新界面。采用两道焊缝搭接的方法，完全可以实现搅拌摩擦焊接接头的有效修复，修复后的试样无变形，接头的强度与原焊接接头的强度相当。

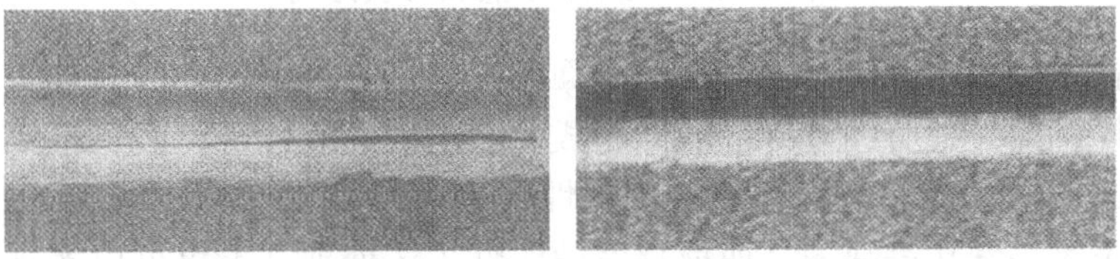
a. 修复前FSW沟槽缺陷　　b. FSW修复后焊缝表面

图 12－20　FSW 方法对 2219 铝合金 FSW 焊缝的沟槽缺陷修复

上述修复方法在航空修理领域中有广阔的应用前景。如常用于航空结构件的裂纹修复，裂纹主要发生在蒙皮、发动机叶片等承受交变载荷及应力集中的构件中。传统的修理方法是在裂纹的尖端钻止裂孔或铆接加强片，但这会降低构件的性能和使用寿命。搅拌摩擦修补技术可消除机翼裂纹采用传统修理方法产生的高应力集中，其蒙皮表面需要的首次安全检验时间推迟了3.5倍，同时也减少了使用后的检验次数。在对框、肋裂纹搅拌摩擦焊修理时，通过优化焊接参数，对搅拌头沿裂纹方向进行焊接修补，不仅可消除裂纹，而且焊缝力学性能优良，减少了大量铆钉和衬片，消除了铆接修补时引起的内应力，提高了修理速度和修理质量。

4. 搅拌摩擦点焊

搅拌摩擦点焊（friction stir spot welding, FSSW）是在搅拌摩擦焊接的基础上，研究开发的一种创新的焊接技术。该方法可焊成点焊的搭接接头，其焊缝外观与通常用于汽车车体的电阻点焊类似，因而在汽车和其他工业领域有很好的前景。

图12－21所示为搅拌摩擦点焊原理，旋转的搅拌头在上部顶锻压力的作用下压入工件，保持一定的时间后（一般为几秒钟），将搅拌头回抽提起，完成搅拌摩擦点焊。与传统的点焊方法相比，搅拌摩擦点焊具有变形小、无须进行表面清理、焊具无损耗等特点，既可以实现优质、高效的焊接，又可以节约成本。其缺点是焊点部位产生凹坑。

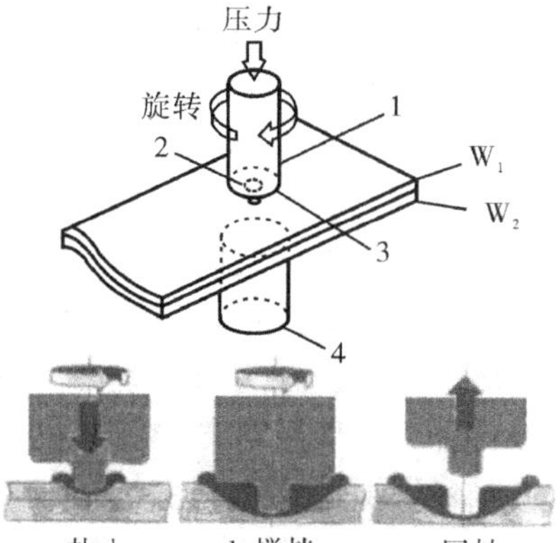

图12－21 搅拌摩擦点焊过程示意

1. 上连接工具 2. 搅拌头 3. 搅拌轴肩 4. 下连接工具 W_1、W_2. 搭接钢板

图12－22所示为采用搅拌摩擦点焊方法获得的铝合金和高强钢的点焊样件。对2 mm厚6061－T4铝合金薄板的搅拌摩擦点焊研究发现，点焊接头的结合强度不仅与焊接参数有关，而且与搅拌头的形状及尺寸密切相关。焊接时间一般均小于1 s，较少的焊接时间可以提高结合强度。采用搅拌摩擦的方法还可以实现高强钢（如σ_b为600 MPa的双相钢与σ_b为1 310 MPa马氏体钢）薄板的点焊连接。

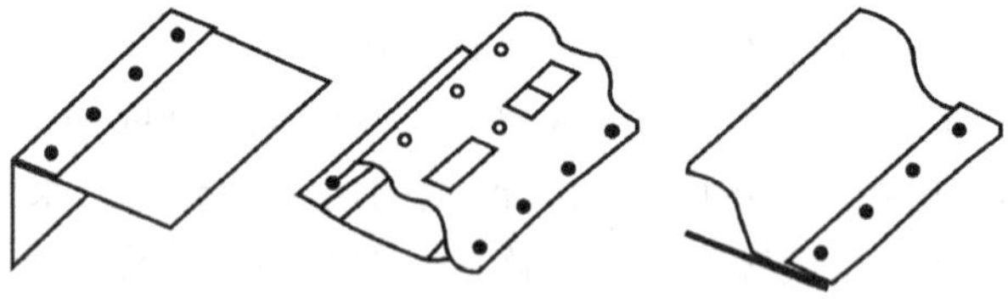

图12－22 搅拌摩擦点焊接头形式

另外，搅拌摩擦焊还可应用于材料的表面改性。用于表面改性的搅拌头只有轴肩而没有搅拌头，这样，搅拌头所经过的区域即形成了一道表面改性层，多道搭接即可实现表面改性的目的。铸造铝合金采用熔焊的方法改性处理时（例如激光、等离子、TIG等），会产生晶间液化裂纹、气孔等缺陷，而搅拌摩擦改性工艺处理，不仅可以实现表面改性的目的，而且可以避免由于熔焊所带来的焊接缺陷问题。

12.3 摩擦焊工艺

12.3.1 接头设计

1. 接头形式设计

摩擦焊接头的形式要根据产品的设计要求和摩擦焊的工艺特点来确定，既要满足使用要求，又要易于焊接。连续驱动摩擦焊接头形式的设计主要遵循以下原则。

(1) 待焊的两个工件，至少要有一个工件具有回转断面。

(2) 焊接工件应具有较大的刚度，夹紧方便、牢固。焊接过程中为了使接头在轴向力和扭矩作用下不失稳，要尽量避免采用薄管和薄板接头。

(3) 同种材料的两个焊件断面尺寸应尽量相同，以保证焊接温度分布均匀和变形层厚度相同。

(4) 对锻压温度或热导率相差较大的异种材料进行焊接时，为了使两个零件的顶锻相对平衡，应调整界面的相对尺寸。为了防止高温下强度低的工件端面金属产生过多的变形流失，需要采用模具封闭接头金属，小批量生产时，可以加大高温下强度低的工件焊接端面的直径，使它起模具的作用。

(5) 为了增大焊缝面积，使接头加热均匀，以满足焊接结构和工艺的特殊要求，可以把焊缝设计成搭接或锥形接头。

(6) 焊接大断面接头时，为了降低加热功率峰值，可以采用将焊接端面倒角的方法，使摩擦面积逐渐增大。

(7) 锥形接头（管材 - 管材、棒材 - 板材）的倾斜面一般应与中心线成 30° ~45°角。

(8) 对于棒 - 棒和棒 - 板接头，摩擦焊接过程中中心部位材料被挤出形成飞边时要消耗更多的能量，且中心部位承担的扭矩和弯曲应力又很小。因此，如果工件条件允许，可将一个或两个零件的接触端部加工出具有一定厚度的中心孔洞，这样既可用较小功率的焊机，又可提高生产率。

(9) 摩擦焊时端面的氧化夹杂物是随毛刺挤出的，因此在接头设计时必须考虑毛刺不受阻碍地挤出的可能性，在封闭型接头中应留有毛刺溢出槽。

(10) 设计接头形式的同时，还应注意工件的长度、直径公差、焊接端面的垂直度、不平度和表面粗糙度。焊接表面应避免渗氮、渗碳及镀层等。

连续驱动摩擦焊接合面形状对获得高质量的接头非常重要，摩擦焊接头的基本形式和特殊接头设计形式见表 12 - 2 和表 12 - 3。

表 12 - 2 摩擦焊接头的基本形式

接头形式	简图	接头形式	简图
棒 - 棒	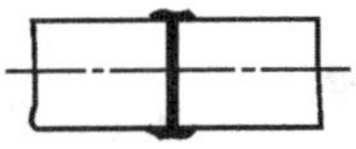	管 - 板	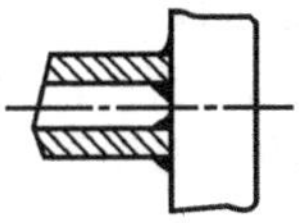

续表

接头形式	简图	接头形式	简图
管－管		管－管板	
棒－管	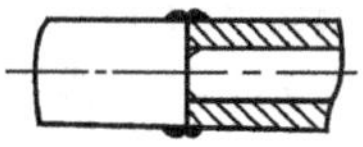	棒－管板	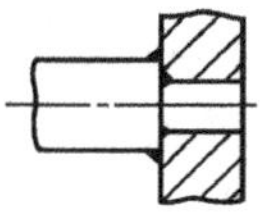
棒－板	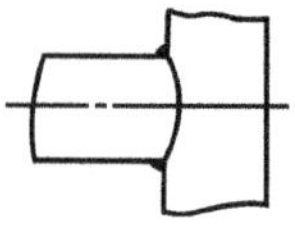	矩形、多边形－棒或板	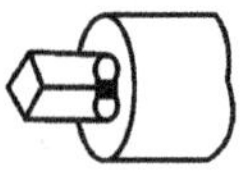

表 12－3　摩擦焊特殊接头设计形式

接头形式	示意图	特点
等截面接头	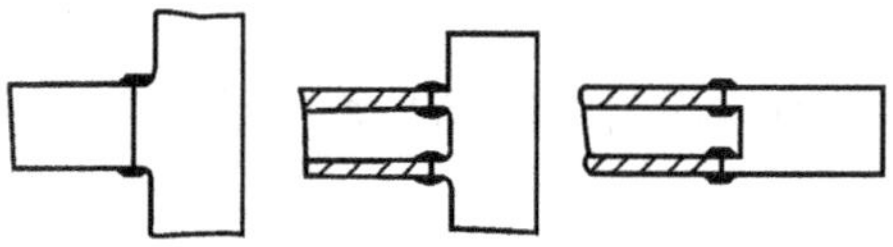	将焊接接头置于远离应力集中的部位，也有利于热平衡，便于顶锻和清除飞边
带飞边槽接头	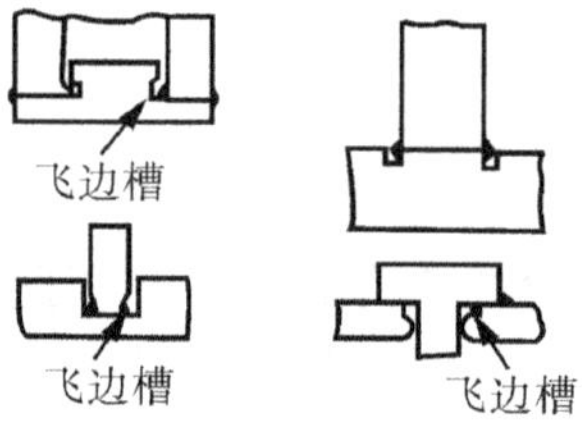	不允许露出又无法切除飞边的工件可用飞边槽，保持工件外观和使用性能
端面倒角接头	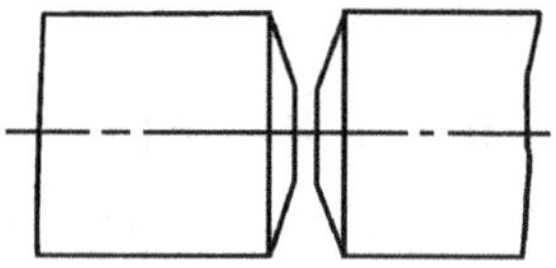	用于大截面的棒、管件的摩擦焊，以减少工件外缘的摩擦热量 锥形部分长度不得超过缩短量的 50%
棒－棒 管－管	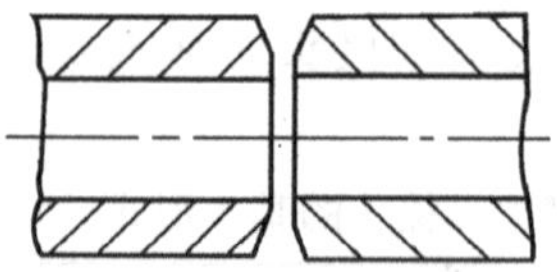	
锥形接头 （管－管） （棒－板）	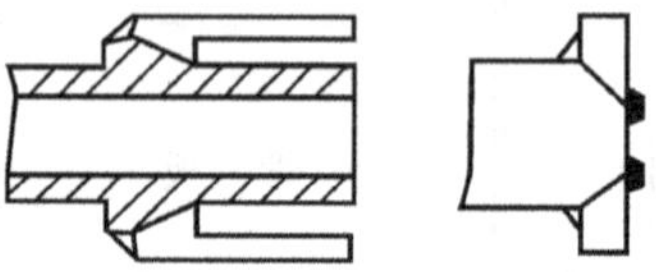	锥形面与中心线成 30°～45°，最小可为 8°的斜面，但角度选择须防止工件从孔中挤出

续表

接头形式	示意图	特点
异种材料锥形接头（棒－棒）	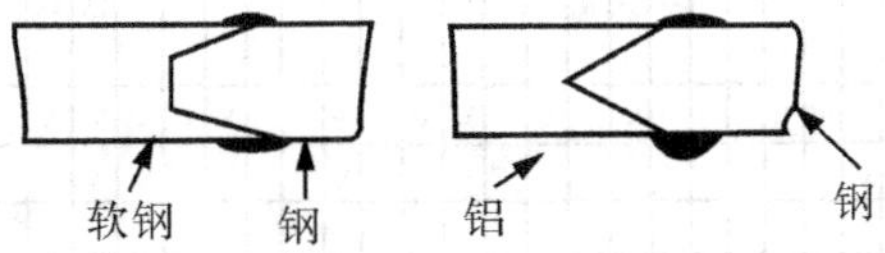	异种材料摩擦焊时，其中一件较软，可选用锥形接头和硬规范

2. 接头表面准备

（1）一般情况下焊件的摩擦端面应平整，为防止焊缝中包藏空气和氧化物，中心部位不能有凹面或中心孔。但切断刀留下的中心凸台则无害，有助于中心部位加热。

（2）摩擦焊端面不垂直度一般不超过直径的1%，否则顶锻时会产生影响不同轴度的径向力。

（3）当接合面上具有厚的氧化层、镀铬层、渗碳层或渗氮层时，常不易加热或被挤出，焊前应进行清除。

（4）摩擦焊对焊件接合面的粗糙度、清洁度要求并不严格，如果工艺允许大的焊接缩短量，则气割、冲剪、砂轮磨削、锯断的表面均可直接用于摩擦焊。

12.3.2　材料的摩擦焊接性

材料的摩擦焊接性是指材料在一定的摩擦焊工艺条件下，获得优质摩擦焊接接头的能力。所谓优质接头，是指接头与母材等强度、等塑性。摩擦焊具有广泛的工艺适应性，适用于摩擦焊的材料有金属材料、陶瓷材料、复合材料、塑料等。

影响材料摩擦焊接性的因素主要如下。

（1）材料的互溶和扩散性。同种材料或互溶性好的异种材料容易进行摩擦焊，而有限互溶、不能互溶和扩散的材料之间很难进行摩擦焊接。

（2）材料表面的氧化膜是否易破碎。表面氧化膜易破碎的金属的摩擦焊接性好，如低碳钢就比不锈钢易焊接。

（3）材料的高温力学性能和物理性能。通常高温强度高、塑性差、导热性好的材料不容易焊接，力学性能差别大的异种材料也不容易焊接。

（4）合金的碳当量和淬透性。碳当量高、淬透性好的合金材料焊接比较困难。

（5）金属的高温氧化倾向。一些活性金属就难以焊接。

（6）金属间生成脆性相的可能性。凡是能形成脆性化合物层的异种材料，很难获得可靠的焊接接头。对这类材料，在焊接过程中必须设法降低焊接温度或减少焊接时间，以控制脆性化合物层的长大，或者添加过渡金属层进行摩擦焊接。

（7）摩擦系数。摩擦系数低的材料，摩擦加热功率低，得到的焊接温度低，就不容易保证接头的质量，例如焊接黄铜、铸铁等就比较困难。

（8）材料的脆性。大多数金属材料都具有很好的摩擦焊接性能，而对于焊接性不好的陶瓷材料及异种材料，为了提高接头性能，摩擦焊接时应选用合适的过渡金属层。

同种和异种材料组合的摩擦焊接性如图12－23所示。目前一些难以焊接的材料，随着摩擦焊新工艺、新设备的不断出现，也有可能成为摩擦焊接性好的材料。

材料组合		热塑性材料	结构陶瓷	钨铜粉末合金	粉末铝合金	粉末高温合金	钢结硬质合金	烧结钢	铝基纤维材料	Al/SiCp材料	镍钛记忆合金	铅	钴	钽	钼	钨	镁及其合金	锆及其合金	铌及其合金	钛及其合金	镍及其合金	白铜	青铜	黄铜	纯铜	锻铝	硬铝	防锈铝	纯铝	铸钢	球墨铸铁	可锻铸铁	灰铸铁	高温合金	耐热钢	不锈钢	其他工具钢	高速钢	弹簧钢	高强度钢	纯铁及碳素钢
纯铁及碳素钢			△	√	√	√	√					√						√		√	√	√	√	√	√	√		√	√	√	√	√		√	√	√	√	√	√	√	√
合金钢	高强度钢			√	√	√	√					√									√				√					√	√			√	√	√	√	√	√	√	
	弹簧钢																																				√		√		
	高速钢																				△																√	△			
	其他工具钢			√		√															√															√	√				
	不锈钢				√		△											△	√	△	√	√			√	√		△	√		√			√	√	√					
	耐热钢																				√								√					√	√						
	高温合金				√																√													√							
铸造合金	灰铸铁																																×								
	可锻铸铁																															√									
	球墨铸铁																														√										
	铸钢			√																										√											
铝及其合金	纯铝		√	√					√	√						√	√	√		√	√			√	√	√	√	√	√												
	防锈铝		√																					√	√	√		√													
	硬铝				√																				△	√	√														
	锻铝									√																√															
铜及其合金	纯钢		△	√													√	√		△	√	√	√	√	√																
	黄铜																							√																	
	青铜																						△																		
	白铜																					√																			
镍及其合金																				√	√																				
钛及其合金														√	√				√	√																					
铌及其合金																			√																						
锆及其合金																		√																							
镁及其合金																	√																								
钨																√																									
钼															√																										
钽														√																											
钴																																									
铅												√																													
NiTi记忆合金											√																														
粉末合金	SiC_p增强合金									√																															
	纤维增强合金								√																																
	烧结钢							√																																	
	钢结硬质合金						√																																		
	粉末高温合金					√																																			
	粉末铝合金				√																																				
	钨铜粉末合金			√																																					
陶瓷	结构陶瓷		×																																						
塑料	热塑性材料	√																																							

√ 摩擦焊接性良好，能得到等强度或与母材等强的接头

△ 摩擦焊接性一般，能形成接头，但得不到等强性能

× 摩擦焊接性很差，不能形成摩擦焊接头

□ 尚未进行摩擦焊接性研究

图 12－23　同种和异种材料组合的摩擦焊接性

12.3.3　连续驱动摩擦焊的工艺参数

连续驱动摩擦焊的主要工艺参数为转速、摩擦压力、摩擦时间、摩擦变形量、停车时间、顶锻时间、顶锻压力、顶锻变形量，其中摩擦变形量和顶锻变形量（总和为缩短量）是其他参数的综合反映，目前的摩擦焊接设备对上述参数均能进行控制。

（1）转速与摩擦压力。转速与摩擦压力直接影响摩擦扭矩、摩擦加热功率、接头温度场、塑性层厚度以及摩擦变形速度等，是摩擦焊接最主要的工艺参数。当工件直径一定时，转速代表摩擦速度。为了使界面的变形层加热到金属材料的焊接温度，转速必须高于临界摩擦速度。低碳钢的临界摩擦速度一般为 0.3 m/s，焊接时的平均摩擦速度大多在 0.6～3 m/s 范围之内。

在稳定摩擦阶段，转速对焊接表面摩擦变形层厚度及深塑区（高速摩擦过程中，塑性变形层厚度相对较大的区域）位置的影响如图 12－24 所示。当转速为 1 000 r/min 时，由于外圆的摩擦速度大，外侧金属的温度升高，但由于转速不太高，金属的温升也不太高，摩擦扭矩和摩擦变形速度相对较大，因此外圆的变形层较中心厚。这时变形层金属非常容易流出摩擦表面之外，形成不对称的肥大飞边（12－24a）。这种接头的温度分布梯度大，变形层金属容易被大量挤出，焊缝金属迅速更新，能够有效地防止氧化。

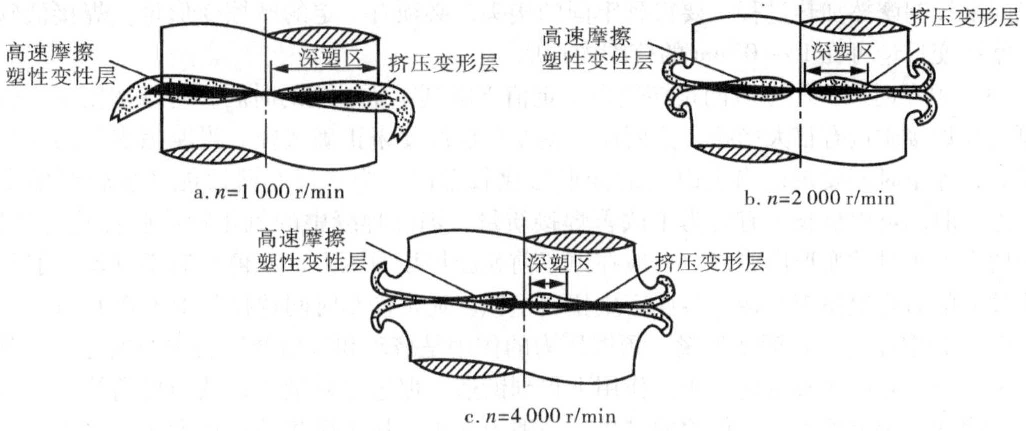

图 12－24　转速与变形层厚度、深塑区位置和飞边的关系

（ϕ19 低碳钢棒，摩擦压力 86 MPa）

当转速升高时，摩擦表面温度升高，摩擦扭矩和摩擦变形速度小，深塑区减小并移向圆心，这时变形层中的高温黏滞金属，在摩擦压力和摩擦扭矩的作用下向外流动时，受到较大的阻碍，形成了对称的小薄翅状飞边（图 12－24b、c）。这种接头由于扭矩小，挤出的金属少，所以接头的温度分布较宽，变形层金属也容易氧化。

摩擦压力对焊接接头的质量有很大影响，为了产生足够的摩擦加热功率，保证摩擦表面的全面接触，摩擦压力不能太小。在稳定摩擦阶段，当摩擦压力增大时，摩擦扭矩增大，摩擦加热功率升高，摩擦变形速度增大，变形层加厚，深塑区增宽并向外圆移动，在压力的作用下形成粗大而不对称的飞边。摩擦压力大时，接头的温度分布梯度大，变形层金属不容易氧化。在摩擦加热过程中，摩擦压力一般为定值，有时为了满足焊接工艺的特殊要求，摩擦压力也可以不断增大，或采用两级或三级加压。

不同的转速与摩擦压力的组合，可以得到不同的焊接加热规范。摩擦焊接可选用的加热规范很宽，最常用的组合方式有两种：一种是强规范，即转速较低，摩擦压力大，摩擦时间短；另一种是弱规范，即转速较高，摩擦压力小，摩擦时间长。

（2）摩擦时间和摩擦变形量。摩擦时间决定了接头摩擦加热过程，直接影响接头的加热温度、温度分布和焊接质量。摩擦时间过长，接头温度分布宽，高温区金属容易过热，摩擦变形量大，飞边大，消耗的加热能量多；摩擦时间短时，焊接表面加热不完全，不能形成完整的塑性变形层，接头处的温度和温度分布不能满足焊接质量需要。最佳摩擦时间是在摩擦终了的瞬间，接头处有较厚的变形层或较宽的高温金属区、接头有较小的飞边；而在顶锻焊接过程中产生较大的顶锻变形量，使变形层的面积沿工件径向有很大的扩展，将变形层中的高温金属挤碎、挤出，产生一定的飞边。这样整个飞边的尺寸不大，但形状封闭圆滑，有利于改善接头的焊接质量。因此，碳钢在强规范焊接时，当摩擦加热功率越过极值、降到稳定值范围时，就应立即停车并进行顶锻焊接。在弱规范焊接时，通过一段较长时间的稳定摩擦以后，才能停车进行顶锻焊接。连续驱动摩擦时间一般在 1 ~ 40 s 范围内。

当摩擦变形速度一定时，摩擦变形量与摩擦时间成正比，因此常用摩擦变形量代替摩擦时间来控制摩擦加热过程。要得到牢固的接头，必须有一定的摩擦变形量，焊接低碳钢时，摩擦变形量可在 1 ~ 10 mm 的范围内选取。

（3）停车时间。停车时间是转速由给定值下降到零所对应的时间，对摩擦扭矩、变形层厚度和焊接质量有很大影响，主要应根据变形层厚度来正确选择。当摩擦表面的变形层很厚时，停车时间要短；当表面上的变形层比较薄时，为在停车阶段能产生较厚的变形层，停车时间可以延长。有时为了改善焊接质量，消除焊缝中的氧化物或脆性化合物层，必须增大停车时的变形层厚度。一般在停车前就施加顶锻压力，或停车时不制动，但是要防止过大的后峰值扭矩使接头金属产生扭曲组织。通常停车时间选择范围为 0. 1 ~ 1 s。

（4）顶锻压力、顶锻变形量。顶锻压力的作用是挤碎和挤出变形层中的氧化金属及其他有害杂质，并使接头金属在压力作用下得到锻造，促进晶粒细化，从而提高接头力学性能。顶锻变形量是顶锻压力作用的结果。顶锻力太小，接头质量差；顶锻压力过大，接头变形量增加，飞边增大，严重时在焊缝金属中形成低温横向流动的弯曲组织，使接头的疲劳强度降低。

顶锻压力的大小取决于焊接工件的材料性能、接头的温度高低及分布、变形层的厚度，此外还取决于摩擦压力的大小。焊接材料的高温强度高，就需要大的顶锻压力；接头的温度高，变形层较厚，就必须采用较小的顶锻压力。此外，在顶锻压力确定以后，为了得到一定要求的顶锻变形量，对顶锻压力的施加速度也有要求，如果不在一定的高温下进行顶锻，将得不到合适的顶锻变形量。

12. 3. 4　搅拌摩擦焊工艺

1. 搅拌摩擦焊接头形式

搅拌摩擦焊可以实现棒 - 棒材、管 - 管材、板 - 板材的可靠连接，接头形式可以设计为对接、搭接，可进行直焊缝、角焊缝及环焊缝的焊接。接头基本形式如图 12 - 25 所示。

2. 搅拌摩擦焊焊接参数选择

搅拌摩擦焊接参数主要包括焊接速度（搅拌头沿焊缝方向的行走速度）、搅拌头转速、搅拌头仰角和轴肩压力。

（1）焊接速度。以高强度铝锂合金的搅拌摩擦焊接试验为例，接头强度 σ_b 随焊接速

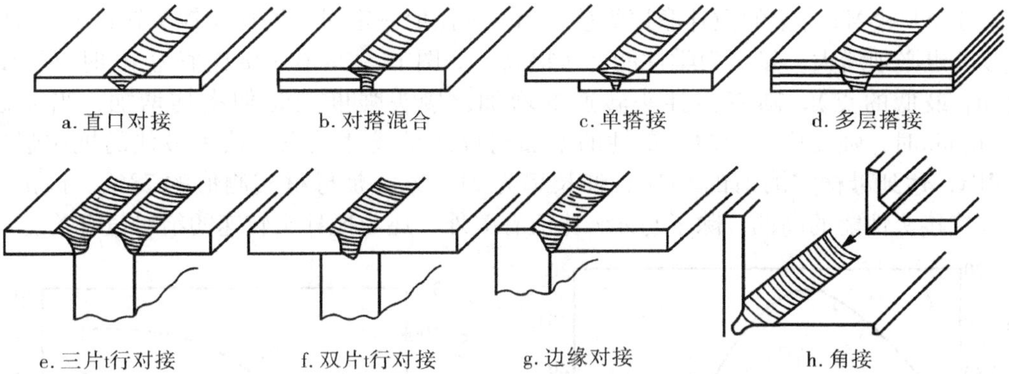

图 12-25　摩擦焊接头的基本形式

度 v 的提高并非单调变化，而是存在峰值，如图 12-26 所示。当 $v<160$ mm/min 时，σ_b 随 v 的提高而增大，并于 $v=160$ mm/min 时达到 381 MPa，为最大值。从焊接热输入可知，当搅拌头转速为定值，焊接速度过低，搅拌头产热过多反而会因产生较宽的热-机影响区而使 σ_b 较低。如当 $v=40$ mm/min 时，接头强度仅为 332 MPa。如果焊接速度过高，使塑性软化材料填充搅拌头行走后方所形成的空腔的能力变弱，软化材料填充空腔能力不足，焊缝内易形成一条狭长且平行于焊接方向的疏松孔洞缺陷，严重时焊缝表面形成一条狭长且平行于焊接方向的隧道沟，导致接头强度大幅度降低。如当 $v=180$ mm/min 时，焊核区与热机影响区界面处形成较大的孔洞缺陷，接头强度仅为 336 MPa。

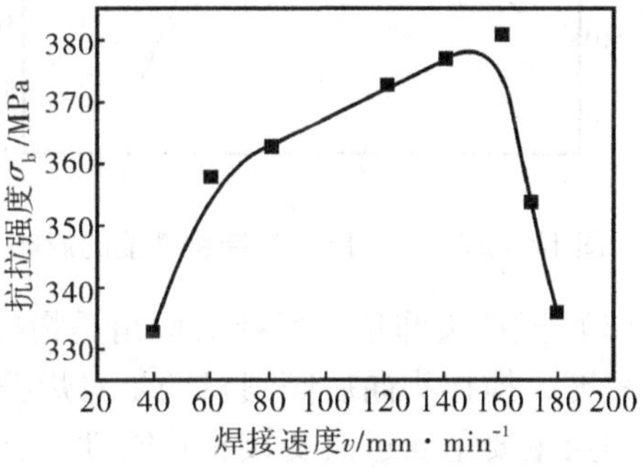

图 12-26　焊接速度对铝锂合金搅拌摩擦焊焊接头强度的影响（$v=160$ mm/min，$\theta=2°$）

（2）搅拌头转速。搅拌头转速 n 也是通过改变焊接热输入和软化材料流动来影响接头微观结构，进而影响接头强度。焊接速度一定，改变搅拌头转速度的试验（试验材料为铝锂合金，$v=160$ mm/min，搅拌仰角 $\theta=2°$）结果表明，当旋转速度较低时，焊接热输入较低，搅拌头前方不能形成足够的软化材料填充搅拌头后方所形成的空腔，焊缝内易形成孔洞缺陷或搅拌头的后边有一条沟槽，不能形成良好的焊缝，从而弱化接头强度。而在一定范围内随着搅拌头转速的提高，焊接峰值温度增大，热输入增加，有利于提高软化材料填充空腔的能力，避免接头内缺陷的形成，当转速提高到一定值时，焊缝外观良好，内部的孔洞也逐渐消失。因此，在合适的转速下接头才获得最佳强度值。试验表明：当 $n\leqslant800$ r/min 时，接头强度随着转速 n 的提高而增加，并于 $n=800$ r/min 时达到最大值；当 $n>800$ r/min 时，接头强度随着转速的提高而迅速降低。

另外，搅拌头旋转速度 n 和焊接速度 v 的比值对接头性能有一定影响，图 12-27 所示为当旋转速度 $n=1\,000$ r/min 时，不同 n/v 比值对抗拉强度的影响，试验材料为 Al-5Mg 合金。从图 12-27 中可知，随着 n/v 值的增加，接头强度和塑性都增加，最大抗拉强度可达 310 MPa，与母材的实测值相同，最大延伸率为 17%，是母材实测值的 63%。在 n/v 达到一定值后，继续增加 n/v 的比值，强度和塑性反而下降。

对于 Al－5Mg 合金的搅拌摩擦焊接，当 n/v 比值一定时，增加搅拌头转速 n，这时焊接速度 v 也必须增大，接头力学性能有所提高，如图 12－28 在 n/v 比值为 10 时（图 12－27 中 σ_b 最低的点），随着搅拌头转速的增加，接头强度及延伸率均增加，当 n 超过 1 300 r/min时，强度增加变缓，塑性的增加仍近似呈线性关系。接头最佳的抗拉强度为 304 MPa，达到母材实测值的97%，伸长率为 21.4%，是母材实测值的 78%。该试验表明，焊接接头性能的高低，除了与 n/v 比值有关外，还与搅拌头转速的绝对值有关。

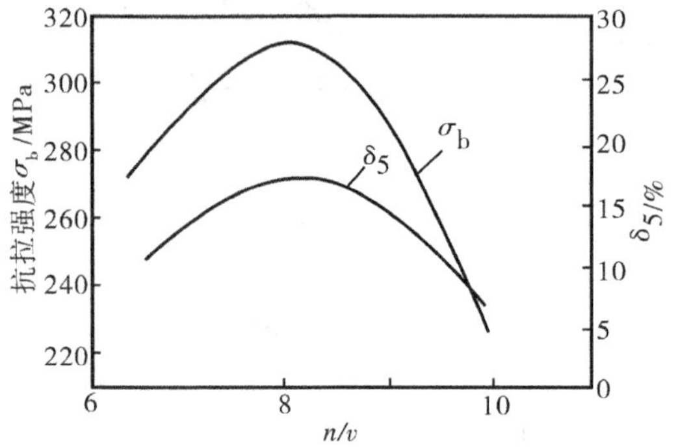

图 12－27　n/v 比值对接头性能的影响

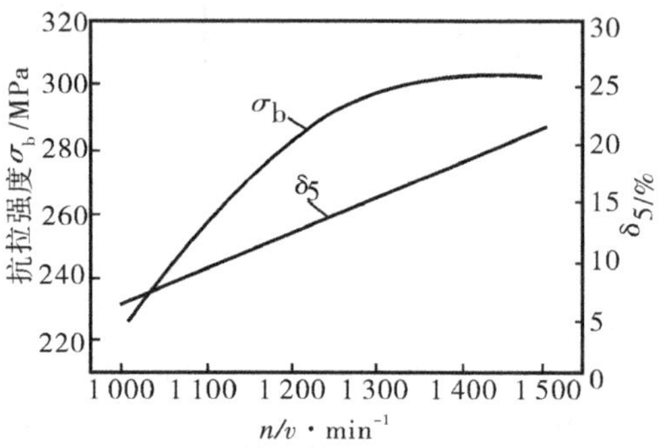

图 12－28　搅拌头转速对接头性能的影响

（3）搅拌头仰角。搅拌头仰角是指搅拌头与焊接工件法线的夹角，表示搅拌头向后倾斜的程度，搅拌头向后倾斜目的是对焊缝施加压力。

仰角主要是通过改变接头致密性、软化材料填充能力、热循环和残余应力来影响接头性能。仰角较小，则轴肩压入量不足，轴肩下方软化材料填充空腔的能力较弱，焊核区/热机影响区界面处易形成孔洞缺陷，导致接头强度较低。仰角较大，则搅拌头轴肩与焊件的摩擦力较大，焊接热作用程度增大。

（4）轴肩压力。轴肩压力主要影响焊缝成形，因为轴肩压力除了影响搅拌摩擦产热以外，还有对搅拌后的塑性金属施加的压紧力。轴肩压力过小时，由于搅拌头的搅拌和行走对材料的挤压作用，工件内部发生热塑性变化的材料会“上浮”，从轴肩与工件间的缝隙溢出焊缝表面，使焊逢处填充金属量不足，造成孔形通道或组织疏松。轴肩压力过大，则搅拌头压入工件表面过深，轴肩与焊件的摩擦力增大，在行走过程中会将工件表层劈开形成过厚的翻边，并且摩擦热容易使轴肩平台发生黏附现象，焊缝两侧出现飞边和毛刺，焊缝中心下凹量较大，且在此过程中会产生与焊缝垂直方向的作用在工件上的力，不利于工件的夹紧，造成焊缝成形不良，接头变薄。关于轴肩压力对接头性能的定量影响，还有待于深入研究。

12.3.5　摩擦焊缺陷及接头检测

1. 摩擦焊缺陷及其成因

焊接质量好而稳定是摩擦焊的特点之一。当产品的接头形式和材料的焊接性已确定后，摩擦焊接的质量就取决于焊接参数的合理选择与焊接工艺过程的参数控制。

摩擦焊不同于一般熔化焊，摩擦焊接过程中母材不熔化，焊缝为锻造组织，晶粒细化，组织致密，夹杂物弥散分布，不产生与熔化和凝固有关的一些焊接缺陷和焊接脆化现象，同时摩擦焊接表面的“自清理”作用亦有利于保证焊接接头的质量。

摩擦焊常见缺陷及产生的原因主要归纳如下。

（1）“灰斑”缺陷。“灰斑”是一种焊接缺陷在断口的表现形式，它在断口上一般表现为暗灰色平斑状，无金属光泽，一般为近似圆形、椭圆形或长条形，与周围金属有明显的分界，无显著塑性变形，具有明显的沿焊缝断裂的特征。微观上看，“灰斑”是从焊合区破碎或未破碎的夹杂物与基体金属的界面为空穴形成核心，在外力作用下不断扩展，最终聚合成密集细小的浅韧窝，在宏观上表现为脆性断裂。

根据扫描电镜和 X 射线能谱分析，“灰斑”缺陷系由以 Si、Mn 为主的低塑性物质组成。一般认为它的形成机制是：焊前工件清理不良，焊接部位母材内部存在的一些夹杂物，在摩擦加热顶锻加压时被碎化而进入焊接面，但未被完全挤出，从而形成“灰斑”。

（2）焊接裂纹。摩擦焊接头的裂纹主要出现在焊合区边缘飞边缺口部位、焊合区内部、近缝区及飞边上。飞边缺口裂纹沿焊合区向内扩展，其产生与材料的淬硬性及焊接参数有关。有限元分析表明，当焊合区两侧塑性区较宽、顶锻力过大时，会在焊合区周边部位产生较大的拉应力，这是形成飞边缺口裂纹的主要原因。异种材料焊接时可能在焊合区内部产生裂纹，脆性材料（陶瓷）或易淬硬材料（高速钢）与其他异种材料焊接时，在焊后或热处理后会产生由飞边缺口部位起裂，并向脆性材料一侧近缝区内部扩展的环状裂纹，这类裂纹的产生与焊接接头内部的残余应力分布及焊接过程中脆性材料的损伤有关。飞边裂纹是指飞边上沿径向或环向开裂的裂纹，其产生的原因主要是焊合区温度不当（过高或过低），飞边金属塑性低，以及焊接变形速度（特别是顶锻速度）过快。通过改变焊接转速及顶锻速度可有效地防止飞边裂纹的产生。

（3）未焊合。未焊合一般产生于焊接接头的焊合面上，其表面宏观特征呈现氧化颜色。在断口上表现为摩擦变形特征及其上分布的氧化物层，氧化物主要是焊接过程中在高温时形成的 FeO。另外，结合表面上的氧化物、油污、夹杂及凹坑等也会在焊合面上造成“未焊合”缺陷。未焊合的产生与摩擦加热不足、顶锻力过小及原始表面状态等因素有关。

（4）淬硬组织。焊接淬火钢时，摩擦时间短，冷却速度快会在接头中形成淬硬组织。

另外，摩擦焊接头中还会出现焊缝脱碳、过热组织、脆性合金层等缺陷。

2. *焊接接头的无损检验*

（1）普通摩擦焊接头的无损检验。摩擦焊作为一种优质的固态焊接技术，一般情况下，其接头性能是相当可靠的，接头强度可达到乃至超过母材的水平。但当接头中出现非理想结合的缺陷时，会使接头的抗断能力下降几倍甚至几十倍。如当“灰斑”面积为 20% ~30% 时，焊合区冲击功可下降 70% ~80%，疲劳寿命下降 25% ~50%。因此，对摩擦焊头进行无损检测，对于保证焊件的性能与安全使用是非常重要的。

由于摩擦焊缺陷具有二维、弥散和近表面分布的特征，故对其检测采用高聚焦性能和高分辨率的无损检测技术。目前摩擦焊接头的无损检测主要以超声波和渗透检测技术为主，再辅以视觉检查。表 12 -4 给出了摩擦焊接头常用的无损检验方法及适用的缺陷范围。

表 12-4　摩擦焊接头常用的无损检验方法及适用的缺陷范围

摩擦焊接头缺陷 检验方法		裂纹	未焊合	夹杂	金属间化合物
无损检测	超声波	√	√	√	
	磁粉	√	√	√	
	X 射线	√	√		
	（荧光）渗透	√	√	√	
	渗漏（气密性）	√	√		
	目测	√	√		
	表面腐蚀	√	√	√	
	加压或加载检测	√	√		
	声发射	√	√		√
	涡流	√	√	√	
	测量尺寸				

美国 GE 公司曾用 X 射线、荧光渗透、超声波和声发射检测方法检测摩擦焊接头的质量，最后选择了脉冲－回波超声波检测方法。而美国 P&W 公司采用的是超声 C 扫描技术，所用探头为 ϕ127 mm、10 MHz 的锆酸铅晶片。莱康明 T55 涡轮轴的盘与前后轴的摩擦焊缝使用超声 C 扫描技术，可产生和记录焊缝侧面图像，发现接头缺陷及内表面刀痕，探头频率为 5 MHz、直径为 ϕ6.35 mm 时，对焊合区的冶金组织不敏感且分辨率最好。荧光渗透检测也是一种有效手段，接头飞边把缺陷暴露到表面，适用于采用表面检测技术。由于超声波检测设备简单、携带方便，对焊接接头中的裂纹类缺陷敏感，因此超声波检测背光法常用于摩擦焊接头检测。随着超声波检测向智能化、自动化发展，超声波检测在摩擦焊接头检测中的应用将更加广泛。

虽然无损检测效果较好，但普遍认为，目前最可靠的检验方法仍然是破坏性解剖检查，或使焊缝承受 85% 拉伸或扭转屈服强度的加载检验。

（2）搅拌摩擦焊接头的无损检验。搅拌摩擦焊工艺研究需要了解和掌握焊缝区的物理特征、可能产生的缺陷及其成因。实际工程应用需要清楚焊缝的质量和完好性，特别是焊缝区是否存在超过设计允许的缺陷。因此，无损检测已成为搅拌摩擦焊在重要工业领域中推广应用的重点课题。目前在国外，搅拌摩擦焊的无损检测在技术上处于缺陷表征与检测方法探索、技术积累阶段。

在搅拌摩擦焊焊接过程中，由于工艺参数的偏离或意外因素的影响可能会产生焊接缺陷，这些缺陷一般具有以下特征。

1）缺陷多位于焊缝区与母材连接界面区。

2）缺陷取向复杂，缺陷取向随着焊缝区与母材连接界面在搅拌过程中形成的流线而生成和发展。

3）缺陷细密，具有明显的面积取向。

4）焊缝区与母材主要材质相同，但晶粒度不完全相同，焊缝区的晶粒在搅拌过程中还会得到细化。

针对以上可能产生的缺陷及其特征，目前较为可行的检测方法有三种：基于射线衰减原理的检测方法、超声检测方法、基于激光干涉原理的检测方法。

第 13 章　变形焊

13.1　变形焊的原理及分类

变形焊是指待焊金属在外加压力作用下产生塑性变形，进而实现固态连接的一种焊接方法。变形焊通常在室温或 100 ~ 350 ℃条件下的大气、惰性气体或超高真空中进行。相较于其他焊接方法，变形焊在焊接过程中能量消耗低、母材利用率高、焊接速度快、不需添加焊接材料、接头可靠，是一种绿色高效的焊接方法，在金属件加工中得到广泛应用。

13.1.1　变形焊的原理

变形焊原理为待焊试件在外加压力作用下，通过材料的彼此接触使待焊试件产生塑性变形，试件表面氧化膜破裂，并在塑性变形作用下被挤出连接界面，试件的纯金属部分相互接触，并发生原子间金属键结合而形成牢固的连接接头，将试件焊接在一起。

实现变形焊有两个重要因素：一是施加于焊件间一定的压力，这是金属产生局部塑性变形和金属键结合的必要条件；二是在压力作用下，焊件端面金属必须具有足够的塑性变形量，这是变形焊的充分条件。

此外，在某些情况下，焊件的端部产生塑性变形时，某些局部区域的温度升高，在焊件之间的局部发生原子扩散，这种扩散过程在温度升高的区域进行的更加强烈，扩散能加强两金属接触面的结合。因此，严格的说，促成变形焊的因素有四个：①压力；②足够的塑性变形；③塑性变形时产生的温度；④原子扩散。在一般情况下，为了变形焊的顺利进行，要求被焊金属在低温下应具有较好的塑性，因此变形焊不适合硬度较高的金属材料间的焊接。

13.1.2　变形焊的分类

变形焊分为三种类型：室温下进行的变形焊称为冷压焊（cold pressure welding，CPW）；温度在 300 ℃左右的进行变形焊称为热压焊（hot pressure welding，HPW）；在超高真空中进行的变形焊，称为超高真空变形焊。

13.1.3　变形焊的特点

（1）焊接时不需要添加焊丝、焊剂等焊接材料。

（2）由于焊接温度一般低于 350 ℃，不需要高温加热装置，焊接设备的制造成本低，结构简单；节约大量电能，并节省由于焊接加热所需要的辅助时间。

（3）不使用焊剂，接头不需要焊后清洗，不存在接头使用中因焊剂引起的腐蚀问题。

（4）焊接参数由模具尺寸决定，参数简单，易于操作和实现自动化。

（5）接头温升不高，不出现熔化状态，不产生软化区、热影响区，也不生成脆性金属间化合物，特别是冷压焊时焊接过程中不产生热量，材料结晶状态保持不变。因此，接头的导电性、耐腐蚀性能优良。

（6）冷压焊局部变形量大，搭接接头有时会产生压痕。

（7）由于受焊机吨位限制，冷压焊焊件的搭接板厚和对接断面不能过大。

13.1.4 变形焊的应用

变形焊在各工业部门的应用见表 13－1。

表 13－1 变形焊在各工业部门的应用

应用部门	应用实例
电子工业	电容器外壳的封装；绝缘箱外壳的封装；大功率二极管散热片，电解电容阳极板与屏蔽引出线的焊接等
电气工程	通信、电力电缆铝外导体管、护套管的连续生产；各种规格铝－铜过渡接头；电缆厂、电机厂、变压器厂、开关厂铝线及铝合金导线的接长及引出线；铜排、铝排、整流片、汇流圈的安装焊；输配电站引出线；架空电线、通信电线、地下电缆的接线和引出线；电缆屏蔽带接地；石英振子盒封装、铝钛合金超导线的连接等
制冷工程	热交换器
汽车制造业	汽车暖气片、水箱、散热器片、脚踏板等
交通运输	地下铁路、矿山运输、无轨电车断面滑接对焊等
日用品工业	电热铝壶制造、铝容器、铝壶手把螺钉支撑等
其他部门	铝管、铜管、铝－锰合金管、铝－镁合金管、钛管的对接等

13.2 冷压焊

13.2.1 冷压焊的工艺特点

在几十种焊接方法中，冷压焊是焊接温度最低的焊接方法。试验证明，冷压焊过程中可行的变形速度不会引起焊接接头的升温，也不存在界面原子的扩散。因此，冷压焊不会产生焊接接头常见的软化区、热影响区和脆性中间相，特别适用于热敏感材料、高温下易氧化的材料，以及异种金属的焊接。

13.2.2 冷压焊的分类

根据焊接接头的形式，冷压焊主要包括搭接冷压焊和对接冷压焊两种。搭接冷压焊过程如图 13－1 所示，对接冷压焊过程如图 13－2 所示。

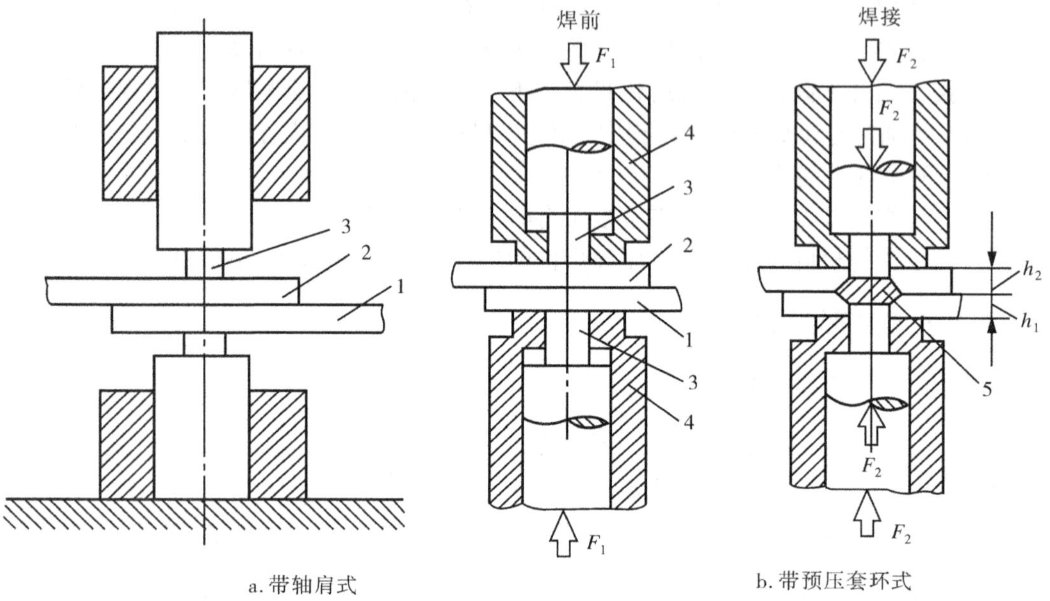

图 13－1　搭接冷压焊过程

1、2. 焊件　3. 压头　4. 预压套环　5. 焊接接头　h_1、h_2. 焊件厚度　F_1. 预压力　F_2. 焊接压力

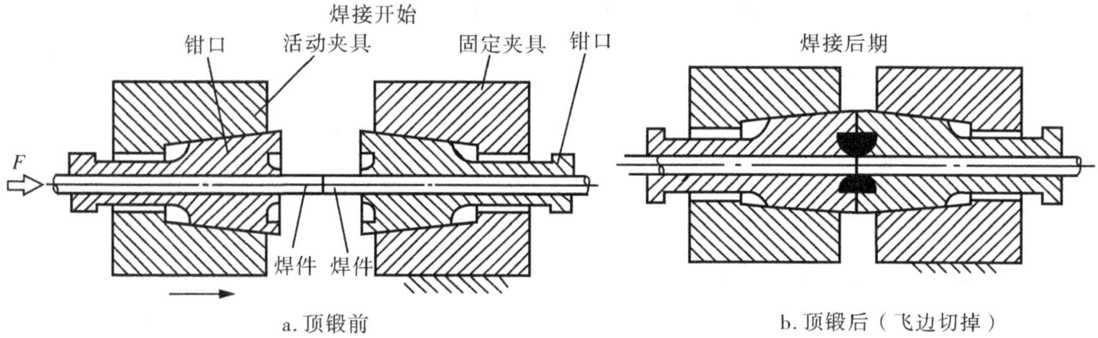

图 13－2　对接冷压焊过程

搭接冷压焊时，将焊件搭接后，用钢制压头加压，压头压入一定的深度，焊接完成。搭接冷压焊包括搭接点焊和搭接缝焊。用柱状压头形成焊点，称为冷压搭接点焊；用滚轮式压头形成焊缝，称为冷压搭接缝焊。搭接缝焊又包括滚压焊、套压焊和挤压焊。搭接冷压焊主要用于箔材和板材的连接。

对接冷压焊时，将焊件分别夹紧在左右钳口，并伸出一定长度，施加顶锻压力，使伸出部分产生径向塑性变形，将被焊表面的杂质挤出，形成金属飞边，紧密接触的纯金属形成焊缝，完成焊接过程。对接冷压焊主要用于制造同种或异种金属线材、棒材或管材的对接接头。

13.2.3 影响冷压焊质量的主要因素

冷压焊是在室温下进行，既不需要加热，又不需要添加焊材，其焊接质量主要取决于焊件的表面状态和被焊部位塑性变形的大小，而焊接压力则是冷压焊过程中产生塑性变形的必要条件。

1. 焊件的表面状态

冷压焊工艺要求焊件的焊接表面具有良好的状态，包括表面清洁度和粗糙度。

（1）待焊表面的清洁度。油膜、水膜及其他有机杂质是影响冷压焊质量的关键因素，在冷压焊挤压过程中，这些杂质会延展成微小的薄膜，并且无法将其挤压出焊接结合面，因此必须在焊接前清除这些杂质，保证焊件待焊表面的清洁。

焊件待焊表面金属氧化膜的存在也会影响冷压焊接头的质量。除了厚度较薄、脆性较大的氧化膜（如铝焊件表面的 Al_2O_3）在塑性变形量大于65%的条件下允许不做清理即可进行施焊外，其他氧化膜都应在焊前进行清理。

（2）待焊表面的粗糙度。通常条件下，冷压焊对焊件待焊表面的粗糙度没有严格要求，经过轧制、剪切或车削的表面都可以进行冷压焊。带有微小沟槽不平的待焊表面，在挤压过程中有利于整个结合面切向位移，有助于冷压焊过程的实施。但当焊件塑性变形量小于20%或精密真空冷压焊时，要求焊件待焊表面具有较低的粗糙度。

2. 塑性变形程度

塑性变形程度是指实现冷压焊所需要的最小塑性变形量，它是判断材料冷压焊接性和控制焊接质量的关键参数。材料的塑性变形程度越小，冷压焊接性就越好。但是对于不同的金属材料，最小塑性变形量是不一样的。例如纯铝的变形程度最小，说明其冷压焊接性最好，钛次之。

在实际的冷压焊接过程中，焊件的塑性变形量要大于该金属的标准“变形程度”值，但不宜过大。因为过大的塑性变形量会增加焊接接头的冷作硬化现象，使韧性下降。如对铝及多数铝合金搭接冷压焊时，压缩率一般控制在65%～70%。

根据冷压焊接头的形式，表示变形程度的方法也不一样。其中搭接冷压焊的塑性变形程度用压缩率（ε）表示。它是焊件被压缩的厚度与总厚度的百分比，即压缩率的表达式为

$$\varepsilon = \frac{(h_1 + h_2) - h}{h_1 + h_2} \times 100\%$$

式中，h_1、h_2——分别为两个焊件的厚度（mm）；

h——压缩后的剩余厚度（mm）。

各种金属材料的最小压缩率见表13-2。表中的压缩率是在材料相同、厚度相等、冷压点焊条件下得到的。生产中为保证满意的焊合率，并考虑到各种误差的存在，选用的压缩率一般比表中数据大5%～15%。

表13-2 各种金属材料的最小压缩率

材料	纯铝	工业纯铝	铝合金	钛	硬铝	铅	镉	铜与铝	铜与铅
压缩率/%	60	63	70	75	80	84	84	84	85

续表

材料	铜与银	铜	铝与钛	锡	镍	铁	锌	银	铁与镍
压缩率/%	85	86	88	88	89	92	92	94	94

对接冷压焊的塑性变形程度用总压缩量（L）表示，它等于焊件伸出长度与顶锻次数的乘积，即总压缩量的表达式为

$$L = n\ (l_1 + l_2)$$

式中，l_1——固定钳口一侧焊件每次伸出长度（mm）；

l_2——活动钳口一侧焊件每次伸出长度（mm）；

n——挤压次数。

对接冷压焊时，足够的总压缩量是保证获得合格焊接接头的关键因素。对于塑韧性较好、变形硬化不强烈的金属，焊件的伸出长度通常小于或等于其直径或厚度，可一次顶锻焊成。对于硬度较大、形变硬化较强的金属，其伸出长度通常等于或大于焊件的直径或厚度，需要多次顶锻才能焊成。对于大多数材料，顶锻次数一般不超过 3 次。

各种材料对接冷压焊的最小总压缩量见表 13－3。

表 13－3　各种材料对接冷压焊的最小总压缩量

材料	每一焊接件的最小总压缩量		顶锻次数
	圆形件（直径 d）	矩形件（厚度 h_1）	
铝与铝	（1.6～2.0）d	（1.6～2.0）h_1	2
铝与铜	铝（2～3）d 铜（3～4）d	铝（2～3）h_1 铜（2～3）h_1	3
铜与铜	（3～4）d	（3～4）h_1	3
铝与银	铝（2～3）d 银（3～4）d	铝（2～3）h_1 银（3～4）h_1	3～4
铜与镍	铜（3～4）d 镍（3～4）d	铜（3～4）h_1 镍（3～4）h_1	3～4

在对接冷压焊过程中，为了减少顶锻次数，希望焊件伸出长度尽可能稍大，但不宜过大，因为焊件伸出长度过大，顶锻时会使焊件发生弯曲。特别是对于直径 d（或厚度 h_1）越小的焊件发生顶锻弯曲的倾向性越大。同种材料进行冷压焊时，通常伸出长度取（0.8～1.3）d 或（0.8～1.3）h_1，其中断面较小的焊件取下限值，断面较大的焊件取上限值。异种材料进行冷压焊时，各自的伸出长度以弹性模量之比选取，硬度较小焊件的伸出长度相应减小。

3. *焊接压力*

焊接压力是冷压焊过程中唯一的外加能量，通过模具传递到待焊部位，使被焊金属产生塑性变形。焊接压力既与被焊材料的强度以及焊件的截面积有关，也与冷压模具的结构和尺寸有关。焊接压力的理论公式为

$$F = PS$$

式中，F——焊接压力（N）；

P——单位压力（MPa）；

S——焊件的横截面积（mm^2）；对接冷压焊，S是指焊件的断面积；搭接冷压焊，S是指压头的断面积。

在冷压焊过程中，由于塑性变形产生硬化和模具对金属的拘束力，会使单位焊接压力增大，冷压焊的单位焊接压力通常要比被焊材料的强度大许多倍，对接冷压焊时，焊件随变形的进行而被镦粗，工件的名义截面积不断增大。因此，冷压焊后期所需的焊接压力比焊接初始时的焊接压力大得多。

金属材料单位面积冷压焊所需要的焊接压力见表13－4。

表13－4　金属材料单位面积冷压焊所需要的焊接压力/MPa

材料	搭接焊	对接焊	材料	搭接焊	对接焊
铝与铝	750～1 000	18 00～2 000	铜与镍	2 000～2 500	2 500
铝与铜	1 500～2 000	>2 000	HLJ型铝合金	1 500～2 000	>2 000
铜与铜	2 000～2 500	2 500			

各类冷压焊机（钳）的吨位、可焊断面积及其他技术参数见表13－5。

表13－5　各类冷压焊机（钳）的吨位、可焊断面积及其他技术参数

冷压焊设备	压力/kgf	可焊断面积/mm^2			设备参考质量/kg
		铝	铝与铜	铜	
携带式手焊钳	（1 000）	0.5～20	0.5～10	0.5～10	1.4～2.5
台式对焊手钳	（1 000～3 000）	0.5～30	0.5～20	0.5～20	4.6～8
小车式对焊手钳	（1 000～5 000）	3～35	3～30	3～20	170
气动对接焊	5 000 800	2.0～200 0.5～7	2.0～20 0.5～4	2.0～20 0.5～4	62 35
油压对接焊机	20 000 40 000 80 120	20～200 20～400 50～800 100～1 500	20～120 20～250 50～600 100～1 000	20～120 20～250 50～600 100～1 000	700 1 500 2 700 2 700
携带式搭接手焊钳	（800）	厚度1 mm以下			1.0～2
气动搭接焊机	50 000	厚度3.5 mm以下			250
油压搭接焊机	40 000	厚度3 mm以下			200

注：①括号内的压力值为计算值。

②kgf为非法定计量单位，1 kgf＝9.8 N。

在冷压焊生产中，由于形成冷压焊接头所必需的变形程度是由模具决定的，所以只要焊接压力充分，焊件表面清洁度和粗糙度满足冷压焊要求，焊接质量就可以保证，而与焊接施工人员的技巧无太大关系。

生产中冷压焊接头的质量检查主要采取抽查的办法。对于搭接冷压焊接头应进行抗剥离试验，质量合格的冷压焊接头的被撕裂部位应在紧邻焊缝的母材上。对于对接冷压焊接头，因其接头对弯曲最敏感，只需进行抗弯试验来检测焊接质量，即将焊接接头夹在虎钳上，焊缝在钳口上侧 1 ~2 mm，用手弯曲 90°，再反向弯曲 180°，接头不在焊接结合面上开裂，则验证焊接接头质量为合格。

13.2.4 冷压焊用模具

冷压焊是通过模具对焊件加压，使待焊部位产生塑性变形完成的。模具的结构和尺寸决定了接头的尺寸和质量。因此，冷压焊模具的合理设计和加工是保证冷压焊接头质量的关键。

根据压出的凹槽形状，搭接冷压焊分为搭接冷压焊点焊和搭接冷压焊缝焊两类。按照加压方式，搭接冷压焊分为滚压焊和套压焊等形式。搭接点焊模具为压头，搭接滚压焊模具为压轮，对接冷压焊模具为钳口。

1. 搭接冷压焊压头

搭接冷压点焊的压头形式较多，根据压头的形状，压头（或焊点）可分为圆形（实心或空心）、矩形、菱形、环形等，如图 13 -3 所示。按照压头数目，可分为单点点焊和多点点焊，单点点焊又分为双面点焊和单面点焊。

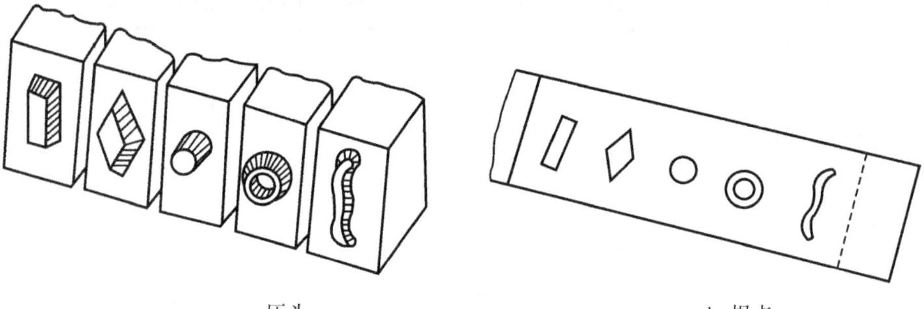

a. 压头　　　　b. 焊点

图 13 -3　搭接冷压点焊的压头形式

压头尺寸根据焊件厚度（h_1）确定。过大时，变形阻力增加，焊点中心产生焊接裂纹，引起焊点周围金属的延展变形；过小时，压头因局部切应力过大而切割母材。典型的压头尺寸为 $d=(1.0\sim1.5)h_1$ 或 $b=(1.0\sim1.5)h_1$；矩形压头的长边取 $(5\sim6)b$；不等厚焊件冷压点焊时，压头尺寸以较薄焊件厚度（h_1）确定 $d=2h_1$ 或 $b=2h_1$。

冷压点焊时，材料的压缩率由压头压入深度来控制。可以通过设计带轴肩的压头来实现，从压头端头至轴肩的长度即压入深度，以此准确控制压缩率，同时，能够起到防止焊件翘曲的作用。通过在轴肩外围加设套环装置，也可以实现压缩率的控制，套环采用弹簧或橡胶圈对焊件施加预压力，该预压力控制在 20 ~40 MPa。

2. 冷压缝焊模具

冷压焊可以焊接直长焊缝或环形焊缝，气密性能够达到很高的要求，并且不会出现气孔和未焊透等焊接缺陷。具体的冷压缝焊形式包括冷滚压焊、冷套压焊和冷挤压焊，其工作原理如图 13 -4 所示。

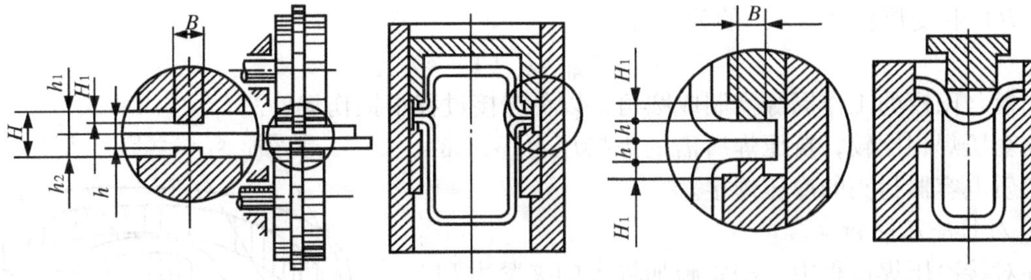

a. 冷滚压焊　　b. 冷套压焊　　c. 冷挤压焊

图 13-4　冷压缝焊的形式及工作原理

（1）冷滚压焊压轮。冷滚压焊时，搭接件从一对滚动的压轮间通过，并同时加压，形成焊缝。滚压焊的压轮是施加焊接压力、实现冷压焊的关键部件，它的结构和尺寸决定了冷压焊机功率、焊接压力、焊接质量，以及焊接操作能否进行等。

1）压轮直径对焊接压力有较大的影响，压轮直径与单位焊接压力的关系如图 13-5 所示。

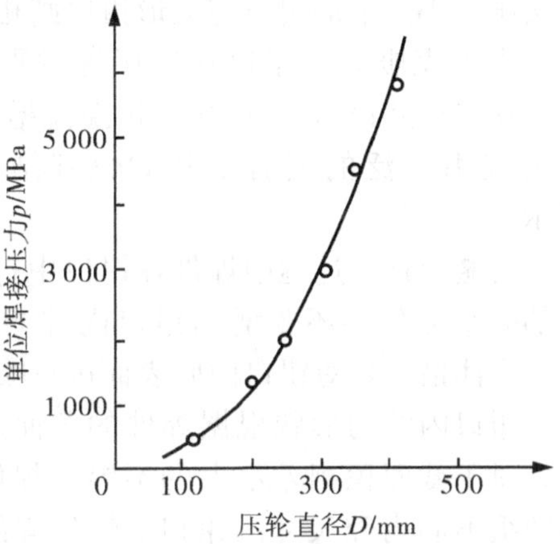

图 13-5　压轮直径与单位焊接压力的关系

屈服强度 $\sigma_S=50$ MPa，$\varepsilon=70\%$，

$H=1.8$ mm，摩擦因数 $\mu=0.25$

随着压轮直径（D）的增大，所需要的焊接压力急剧增加。从减小焊接压力考虑，压轮直径越小越好。但是压轮直径同时是决定焊件能否自然入机、滚压焊能否进行的重要因素。焊件能够自然入机的条件是：$D\geqslant175\Delta h$（$\Delta h=h_1-h_2$）。因此选用压轮直径时，应在满足焊件能够自然入机的条件下，尽可能选用直径较小的压轮。

2）宽度（B）和高度（H_1）。压轮工作台（图 13-4a，b，c）的宽度和高度与冷压点焊的压头相似。工作凸台两侧也设有轴肩，起到控制压缩率和防止焊件边缘翘曲的作用。

合理的凸台宽度按下式确定，即

$$\frac{1}{2}h<B<1.25H$$

合理的凸台高度为

$$H_1=\frac{1}{2}\ (\varepsilon H+C)$$

式中，C——主轴间弹性模量，通常 $C=0.1\sim0.2$ mm。

（2）冷套压焊模具（图 13-4b）。根据焊件尺寸（圆形或矩形）设计相应结构与尺寸的上模和下模。下模由模座承托，上模与压力机上夹头相连接，作为活动模。二者的工作凸台设计与滚压冷焊压轮的工作凸台相当，同样也设置了轴肩。冷套压焊的模具体积和质量较大，当所焊面积较大时，所需要的焊接压力相应地比冷滚压焊大得多。因此，套压焊模具只适用于较小焊件的焊接。

（3）挤压焊模具（图 13-4c）。根据焊件的形状和尺寸设置相应的阴模（固定模）和阳模（动模）。阳模与压力机上的上夹头相连接。阴模的内径与阳模的外径之差与焊件总

厚度（H）和变形程度（ε）的关系为

$$D_{阴} - D_{阳} = H\ (1 - \varepsilon)$$

阴模与阳模的工作周缘需制成圆角，以免焊接过程中损伤焊件。

与套压焊相比较，挤压焊所需的焊接压力小，常用于铝质电容器封头的冷压焊接。

3. 对接冷压焊钳口

在对接冷压焊过程中，需要施加较大的夹紧力和顶锻力，要求钳口材料用模具钢制造，并且对钳口的制造精度要求较高。

根据端头的结构形式，对接冷压焊钳口可分为槽形钳口、尖形钳口、平形钳口和复合形钳口4种。其中尖形钳口有利于金属的流动，能挤掉飞边，所需的焊接压力小。平形钳口与尖形钳口则相反。

为了克服尖形钳口在冷压焊过程中易崩刃的缺点，在刃口外设置了护刃环和溢流槽（容纳飞边），成为应用广泛的复合形钳口，其结构如图13-6所示。

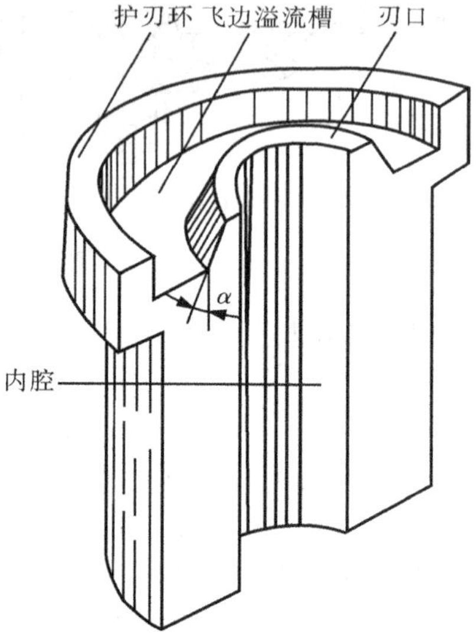

图13-6　复合形钳口的结构

α. 刃口倒角（α≤30°）

为避免顶锻过程中焊件在钳口中打滑，除给予足够的夹紧力外，还要增加钳口内腔与焊件的摩擦系数，具体措施是对钳口内腔表面进行喷丸处理或加工出螺纹状沟槽。

钳口内腔的形状根据焊件的截面形状设计，对于截面积相差不大的不等厚焊件可采用两组不同内腔尺寸的钳口。焊接扁线用组合钳口的结构如图13-7所示。焊接管材时，管件内应装置相应的芯轴。

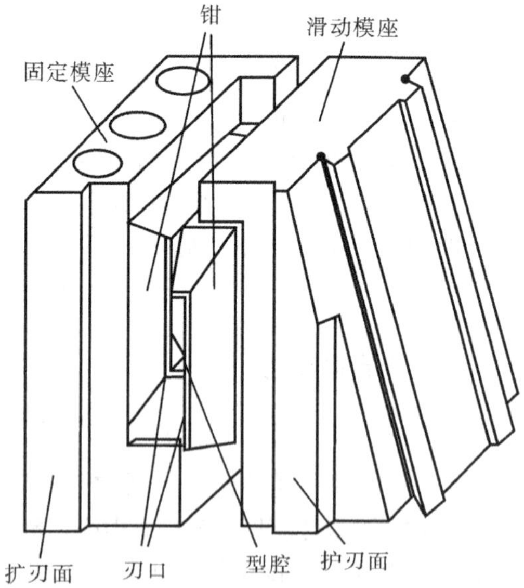

图13-7　焊接扁线用组合钳口的结构（动模）

对接冷压焊钳口的关键部位是刃口。刃口厚度通常为2 mm左右，楔角50°~60°。刃口部位须进行磨削加工，以减小冷压焊顶锻时变形金属的流动阻力，避免卡住飞边。钳口在选用材料时，要求工作部位的硬度45~55 HRC。硬度太高，韧性差，易崩刃；硬度太低，刃口会变成喇叭状，使冷压焊接头镦粗。

除了专用的冷滚压焊设备其压力由压轮主轴承担而不需要另准备压力源外，其余的冷压焊设备都可以利用常规的压力机改装而成。冷压焊的生产率比较高。例如滚压焊制铝管，焊接速度可达28 cm/s以上，可以任意调节焊接速度，而焊接质量不受影响，这是其他焊接方法无法实现的。

13.2.5 冷压焊的应用

冷压焊过程中由于不需要加热，可以大大节省能源，简化焊接设备，又可以避免由于熔化或强烈加热对接头造成不利影响。

在冷压焊过程中，焊接接头的形变硬化可以使接头强化。在正常情况下，同种金属的冷压焊接头强度不低于母材；异种金属的冷压焊接头强度不低于低强度母材的强度。由于结合界面较大，又不生成中间相，所以接头具有优良的导电性和抗腐蚀性。

冷压焊主要适用于硬度不高、塑韧性较好的金属薄板、线材、棒材和管材的焊接。

（1）搭接冷压焊的应用。搭接冷压焊可焊厚度为 0.01 ~ 20 mm 的箔材、棒材和板材。此外，管材的封端及棒材的搭接都可以通过搭接冷压焊实现。

搭接点焊常用于导线和母线的连接，搭接缝焊可用于焊接气密性较高的接头。其中滚压焊适于焊接大长度焊缝，例如制造有色金属管、铝制容器等较大的容器产品；套压焊用于容器元件的封装及日用品铝制件的焊接。

（2）对接冷压焊的应用。对接冷压焊接头的最小断面积为 0.5 mm^2（用手焊钳），最大焊接断面可达 500 mm^2（用液压焊机）。

对接冷压焊主要用于对接简单或异型断面的线材、棒材、板材、管材等，可在生产中进行同种材料的接长，制造双金属过渡接头或异种技术的焊接。在电气工程中铝、铜导线、母线的焊接应用最为广泛。

（3）热敏感材料的焊接。冷压焊特别适用于在焊接中要求必须避免母材软化、退火和不允许烧坏绝缘的一些材料或产品的焊接。例如 HLJ 型高强度变形时效铝合金，当温度超过 150 ℃时，其强度成倍下降；某些铝合金通信电缆或铝壳电力电缆，在焊接铝管之前就已经装入电绝缘材料，其焊接时温度升高不允许超过 120 ℃。

（4）异种材料的焊接。异种材料在焊接过程中加热时往往会产生脆性金属间化合物，而由于冷压焊是在室温下实现异种金属的连接，原子之间难以实现化学反应生成脆性金属间化合物，所以冷压焊是焊接异种材料最适合的方法。

各种金属组合采用冷压焊的焊接性见表 13 - 6。

表 13 - 6　各种金属组合采用冷压焊的焊接性

项目	Ti	Cd	Pt	Sn	Pb	W	Zn	Fe	Ni	Au	Ag	Cu	Al
Ti	√√							√				√	√
Cd		√√		√	√								
Pt			√√	√	√		√		√	√	√	√	√
Sn		√	√	√√	√								
Pb		√	√	√	√√		√		√	√	√	√	√
W												√	
Zn			√		√			√	√	√	√	√	√
Fe	√						√	√√	√			√	√
Ni			√		√		√	√	√√	√	√	√	√
Au			√		√		√		√	√√	√	√	√

续表

项目	Ti	Cd	Pt	Sn	Pb	W	Zn	Fe	Ni	Au	Ag	Cu	Al
Ag			√		√		√		√	√	√√	√	√
Cu	√		√		√	√	√	√	√	√	√	√√	√
Al	√		√		√		√	√	√	√	√	√	√√

注：√为焊接性良好（√√为同种金属焊接），空白为焊接性差或无实验报道。

冷压焊在各工业部门的应用实例见表13－7，以及如图13－8所示。

表13－7 冷压焊在各工业部门的应用实例

应用部门	应用实例
电子工业	圆形、方形电容器外壳的封装，绝缘箱外壳的封装，大功率二极管散热片，电解电容阳极板与屏蔽引出线
电气工程	通信、电力电缆铝外导体管、护套管的连续生产；各种规格铝－铜过渡接头；电缆、电缆厂、电机厂、变压器厂、开关厂铝线及铝合金导线的接长及引出线；铜排、铝排、整流片、汇流圈的安装焊；输配电站引出线；架空电线、通信电线、地下电缆的接线和引出线；电缆屏蔽带接地；铜式铝箔烧组引出线；石英振子盒封装、集成块封装、铌钛合金超导线的连接
制冷工程	热交换器
汽车制造业	小轿车暖气片、汽车水箱、散热器片、脚踏板
交通运输	地下铁路、矿山运输、无轨电车断面滑接对焊
日用品工业	铝壶、电热铝茶壶制造、铝容器、铝壶手把螺钉支撑
其他部门	铝管、铝锰合金管、铝镁合金管、钛管的对接、封头等

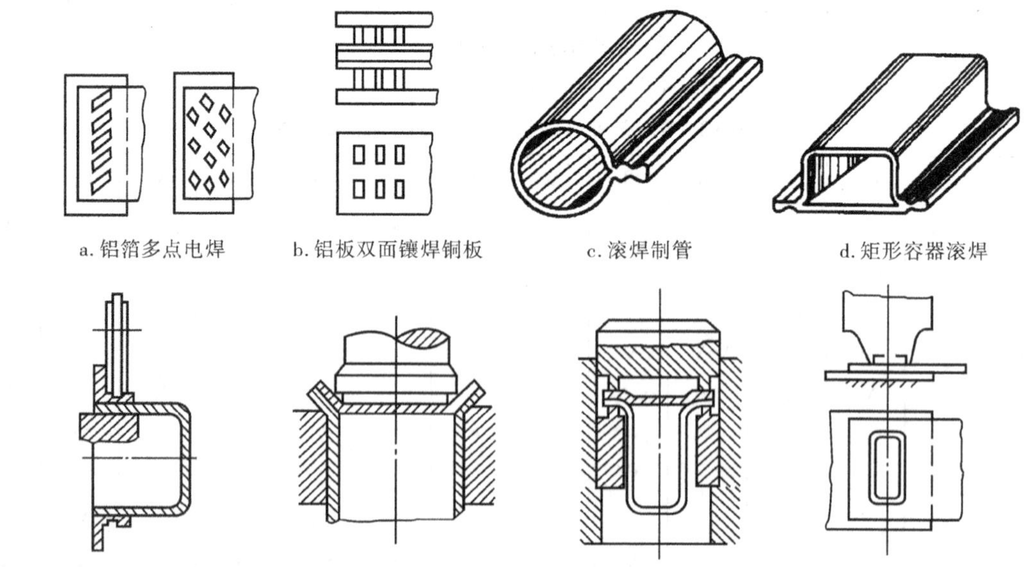
a. 铝箔多点电焊　b. 铝板双面镶焊铜板　c. 滚焊制管　d. 矩形容器滚焊
e. 筒体与法兰盘单面滚压焊　f. 容器封头挤压焊　g. 蝶形风头双面套压焊　h. 单面套压焊

图13－8 冷压焊的应用实例

13.3 热压焊

13.3.1 热压焊的原理

热压焊的焊接本质与冷压焊相同，只是在加热的条件下施加压力，使待焊金属界面产生足够的塑性变形，达到金属原子间的结合而形成优良的焊缝。焊接时的加热可以减小变形程度和焊接压力，实现小压力和小变形程度下的固态焊接。

13.3.2 热压焊的分类

（1）按加热方式分类。按加热方式可分为工作台加热、压头加热、工作台和压头同时加热三种形式，如图 13－9 所示。不同的优缺点加热方式见表 13－8。

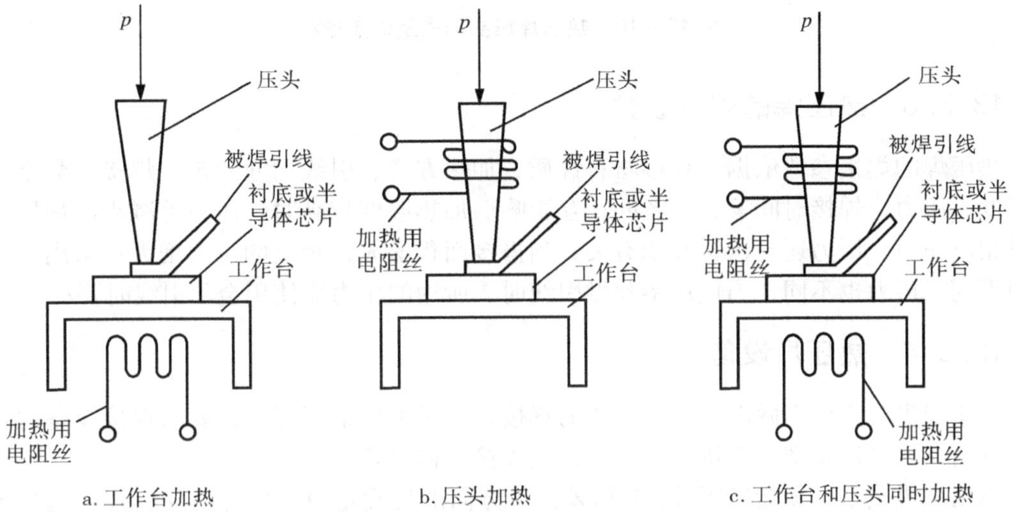

图 13－9 三种不同加热方式的热压焊

表 13－8 不同加热方式热压焊的优缺点

加热方法	优点	缺点
工作台加热（包括整个器件或电路）	由于加热件的热容量大，加热温度可精确调节，故温度稳定	整个装焊过程中均需对器件加热
连续压头加热	可采用较紧凑的加热器，简化调备结构	很难测量加热焊接区内的温度
工作台和压头同时加热	温度调节比较容易，能在较高的压头温度实现焊接，获得牢固焊点所需的时间最短	设备和压头的结构复杂，整个装配过程中均需对器件、电路加热

（2）按压头形状分类。热压焊按压头形状可分为：楔形压头、空心压头、带槽压头及带凸缘压头，如图 13－10 所示。图 13－10a、c、d 三种压头都是将金属引线直接搭接在

基板导体或芯片的平面上。图 13－10b 则是一种金丝球焊法，即金属丝导线从空心压头的直孔中送出或拉出引线，在引线端头用切割火焰将端头熔化，借助液态金属的表面张力，在引线端头形成球状，压焊时利用压头的周壁对球施压，形成圆环状焊缝，实际上也是一种搭接形式的凸焊。

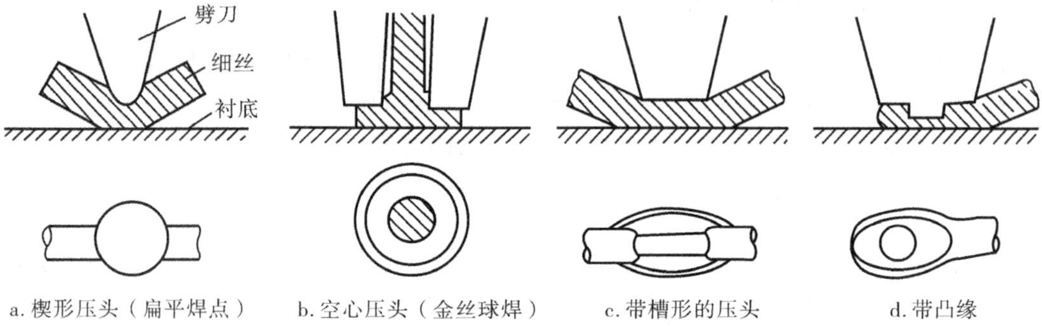

图 13－10　热压焊压头形式及焊点形状

13.3.3　热压焊的焊接参数

热压焊的焊接参数依据由焊接材料性质、加热方式、引线尺寸确定。焊接参数有：焊接温度、压力、焊接时间等，三者间相互影响。加热温度较高时，压力可减小，加压时间也可相应缩短。压力还与搭接面积有关，当搭接面积增大，相应的压力增大；采用的引线材料不同，压力也不同，当使用铝丝做引线时，所用的压力比使用金丝引线时要小。

13.3.4　热压焊设备

热压焊主要应用于微电子领域引线的焊接，属于微型精密焊接，要求焊接设备的自动化程度高，如采用微型计算机控制和高精度焊接机械手等。

热压焊机械手必须能实现 X、Y 和 Z 三个方向的精确定位。以硅芯片引线与基片导体的焊接为例，能在各芯片 XY 平面布局的位置上确定引线长度和机械运动轨迹，包括运动方向、运动速度和每一点的焊接时间，以及 Z 方向上距离的控制，能够实现每个焊点的送丝、压焊、抽丝和切断等整个焊接过程的自动控制，还要能够实现焊接压力、焊接时间、焊接温度的控制和各个参数之间的配合等。

13.3.5　热压焊微型件——金丝引线

在电子微型焊接中，热压焊主要用于芯片引线的焊接。具体是在极薄的硅芯片表面先用蒸镀法在待焊处镀覆一层厚 1 350 nm 的铝金属膜，用直径只有 25.4 μm 的金丝引线将硅芯片上的铝膜与基板上的导体相连接，或者几个硅芯片铝膜间互连，引线材料有时也使用铝丝。

该微型精密焊接只能使用高度自动化的设备进行，包括微机控制系统和焊接机械手两部分。

1. 微机控制系统

该系统应能实现每个焊点的送丝、压焊、抽丝、切断等工序的自动控制。

2. 两种常用的机械手

（1）金丝卧式搭接，该种机械手以硅芯片引线与基片导体的焊接为例，采用剪刀式压头，如图 13－11 所示。该机械手应能实现 X、Y、Z 方向上的精确定位，在 XY 平面布局上，确定引线长度和运动轨迹，实现各芯片高度和芯片导体在垂直方向（Z）上距离差值的控制。

（2）金丝球搭接热压焊，图 13－12 所示为金丝球式热压焊的示意。

金丝球热压焊的压头由硬玻璃制成，内设金属引线丝孔，结构类似熔化极气体保护焊的导电嘴。靠端头平整的环状端面对球施加压力，焊点虽外形为圆形，但真正焊着的部分仅是加压的环状部分。

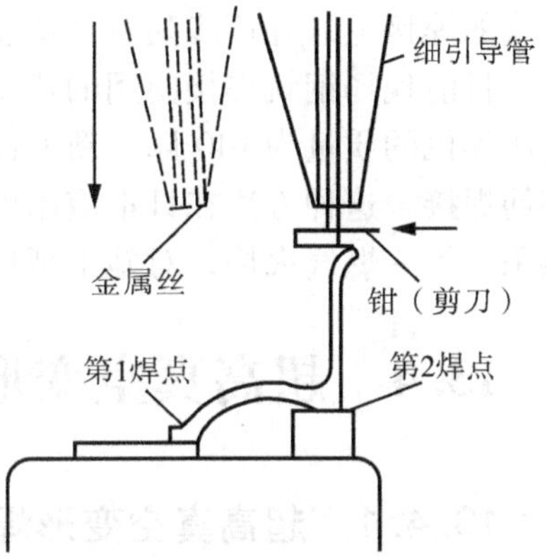

图 13－11　剪刀式压头

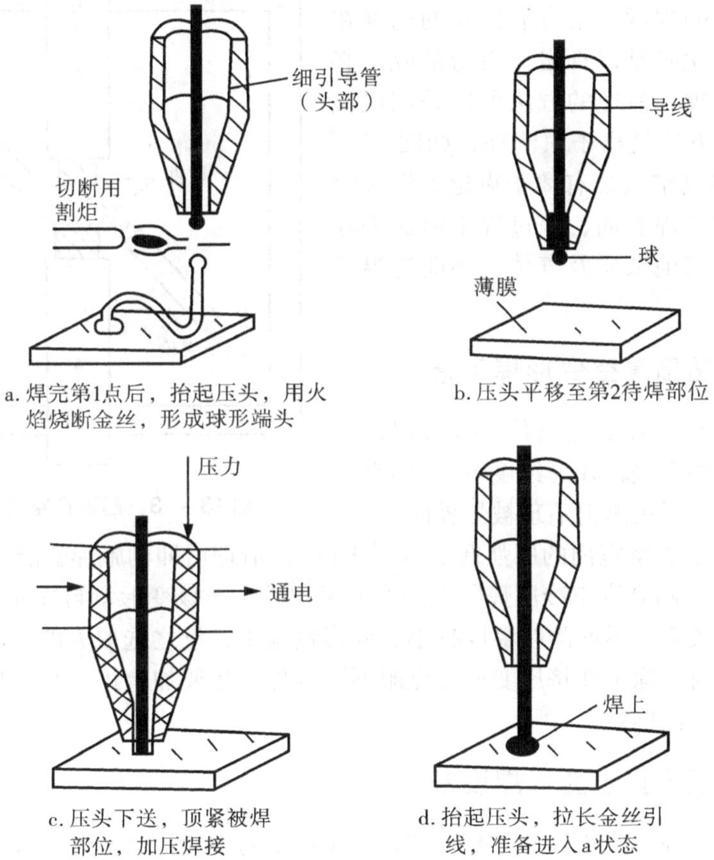

图 13－12　金丝球式热压焊示意

13.3.6　热压焊的应用

热压焊最早应用于钢轨焊接。在无缝线路建设初期，主要用在钢轨的厂内焊接，焊机为固定式，以后大部分被闪光焊代替。后来在我国和日本，热压焊多用在钢轨的现场联合接头的焊接上，并逐步朝着多功能轻型化方向发展。

目前现场钢轨焊接使用的热压焊机（气压焊机）为小型移动式。我国现在广泛使用的气压焊机的质量为140 kg，新型保压推凸钢轨气压焊机的质量为160 kg。热压焊还应用于钢筋焊接，这种方法在日本应用得较广泛，但在我国受到一定限制，原因在于热压焊的加热采用氧－燃气火焰，对施工现场防火要求较高。

13.4　超高真空变形焊

13.4.1　超高真空变形焊的特点

超高真空变形焊不存在氧化膜的再生问题，所需的变形量是为了使两界面上金属原子接近到形成接触键合的程度。带有氧化膜的构件在真空中施焊时氧化膜难以挥发而自行清除，必须在焊前进行清理。清理的方法可以采用机械方法，但最好的方法是离子束清理，如图13－13所示。通常在真空室装有离子束枪，焊接时先用离子束清理待焊表面，该过程不但能去除氧化膜和吸附的其他杂质及气体，还能把界面上的凸点削平。

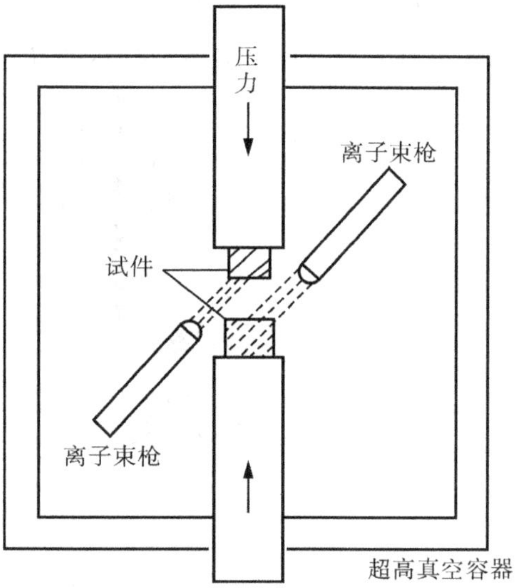

图13－13　超高真空变形焊接示意

13.4.2　超高真空变形焊工艺

（1）清理方法。在真空条件下焊接时，可以采用机械清理的方法，在高纯度Ar气的真空室内进行，用氩离子束溅射清理被焊界面。

（2）真空度。真空室内的压强低于10^{-5} Pa时，清理后即刻施焊就能满足焊接要求。

（3）变形量。超高真空冷压焊所需的变形量比较小。该变形量与界面的粗糙度和材料的弹性变形量有关系。界面的粗糙度越小，变形量越小，反之选取大的变形量。被焊材料的弹性变形量大时，除了在挤压变形时克服不平度外，还要加上该材料挤压时的弹性变形量，这需要用实验法确定。

13.4.3　超高真空变形焊设备

超高真空变形焊与冷压焊的主要区别是工作环境的不同，因此这两种工艺所用的设备基本一致，只是增加了真空室和真空系统。

第 14 章　激光焊

14.1　激光产生的基本原理及激光焊接原理

14.1.1　激光的形成过程与特点

1. 激光产生的形成过程

激光是利用辐射激发发光放大原理而产生的一种单色（单频率）、定向性好、干涉性优、能量密度高的光束。经透射或反射镜聚焦后可获得直径小于 0.01 mm、功率密度高达 1 011 W/m^2的能束。

（1）光与物质的相互作用

1）原子理论的基本假设。

A. 原子定态假设：一切物质都是由原子构成的，原子系统处于一系列不连续的能量状态。在原子核周围，电子的运行轨道是不连续的，原子处于能量不变的稳定状态，称作原子的定态。对应原子能量最低的状态称为基态。

如果原子处于外层轨道上的电子从外部获得一定的能量，则电子就会跳跃到更外层的轨道运动。原子的能量增大，此时的原子称处于激发态。

B. 频率条件：原子从一个定态 E_1 跃迁到另一个定态 E_2，由此可得：

$$h_v = E_2 - E_1 \tag{14-1}$$

一种单色光对应一种原子间跃迁产生的光子，h_v 是一个光子的能量。

辐射场与物质的相互作用，特别是共谐相互作用，为激光器的问世和发展奠定了物理基础。当入射电磁波的频率和介质的共振频率一致时，将会产生共振吸收（或增益），激光产生，以及光与物质的相互作用都会涉及场与介质的共振作用。

2）受激吸收。假设原子的两个能级为 E_1、E_2，并且 $E_1 < E_2$，如果有能量满足式（14-1）的光子照射时，原子就有可能吸收此光子的能量，从低能级的 E_1 态跃迁到高能级的 E_2 态。这种原子吸收光子，从低能级跃迁到高能级的过程称为原子的受激吸收过程。

3）自发辐射。原子受激发后处于高能级的状态是不稳定的，一般只能停留 10^{-8} s 量级，它又会在没有外界影响的情况下，自发地返回到低能级的状态，同时向外界辐射一个能量为 $h_v = E_2 - E_1$ 的光子，这个过程称为原子的自发辐射过程。自发辐射是随机的，辐射的各个光子发射方向和初相位都不相同，各原子的辐射彼此无关，因此自发辐射的光是不相干的。

4）受激辐射和光放大。处在激发态能级上的原子，如果在它发生自发辐射之前，受到外来能量为 h_v，并满足公式（14－1）的光子的激励作用，就有可能从高能态向低能态跃迁，同时辐射出一个与外来光子同频率、同相位、同方向，甚至同偏振态的光子，这一过程称为原子的受激辐射。

如果一个入射光子引发受激辐射而增加一个光子，这两个光子继续引发受激辐射又增添两个光子，以后四个光子又增殖为八个光子……这样下去，在一个入射光子的作用下，原子系统可能获得大量状态特征完全相同的光子，这一现象称为光放大。因此，受激辐射过程致使原子系统辐射出与入射光同频率、同相位、同传播方向、同偏振态的大量光子，即全同光子。受激辐射引起光放大正是激光产生机制中一个重要的基本概念。

5）粒子数反转。由自发辐射和受激辐射的定义可见，普通光源的发光机制自发辐射占主导地位。然而，激光器的发光却主要是原子的受激辐射。为了使原子体系中受激辐射占到主导地位而使其持续发射激光，应设法改变原子系统处于热平衡时的分布，使得处于高能级的原子数目持续超过处于低能级的原子数目，即实现“粒子数反转”。

为了实现“粒子数反转”，必须从外界向系统内输入能量，使系统中尽可能多的粒子吸收能量后从低能级跃迁到高能级上去，这个过程称为“激励”或“泵浦”过程。激励的方法一般有光激励、气体放电激励、化学激励甚至核能激励等。例如，红宝石激光器采用的是光激励；氦氖激光器采用的是电激励；染料激光器采用的是化学激励。

（2）激光产生条件。在实现了粒子数反转的工作物质内（如采用光激励或电激励），可以使受激辐射占主导地位，但首先引发受激辐射的光子却是由自发辐射产生的，而自发辐射是随机的。因此，受激辐射实现的光放大，从整体上看也是随机的、无序的，这就需要增加一系列装置。激光产生的原理图，如图 14－1 所示。

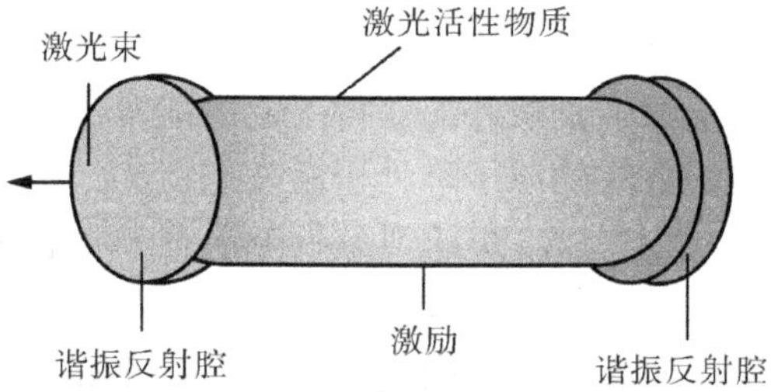

图 14－1　激光产生的基本原理

1）光学谐振腔。在工作物质两端安置两面相互平行的反射镜，在两镜之间就构成一个光学谐振腔，其中一面是全反射镜，另一面是部分反射镜。

在向各个方向发射的光子中，除沿轴向传播的光子之外，其余都很快地离开光学谐振腔，只有沿轴向的光不断得到放大，在腔内往返形成振荡。因而在激光管中，步调整齐的光被连续不断地放大，形成振幅更大的光。这样，光在管子两端相互平行的反射镜之间来回进行反射，然后经过充分放大的光通过一个部分反射镜，向外射出相位一致的单色光。

2）光振荡的阈值条件。从能量观点分析，虽然光振荡使光强增加，但同时光在两个端面上及介质中的吸收、偏折和投射等，又会使光强减弱。只有当增益大于损耗时，才能输出激光，这就要求工作物质和谐振腔必须满足“增益大于损耗”的条件，即阈值条件。

3）频率条件。光学谐振腔的作用不仅是增加光传播的有效长度 L，还能在两镜之间形成光驻波。实际上，只有满足驻波条件的光才能被受激辐射放大。

由 $L=k\frac{\lambda_n}{2}$（$k=1, 2, 3, \cdots$），其中 $\lambda_n=\frac{c}{nv}$，有

$$v=k\frac{c}{2nL} \text{或} \Delta v=\frac{c}{2nL} \tag{14-2}$$

在激光管中受激辐射产生的频率 v，由式（14－1）可得

$$v=\frac{E_2-E_1}{h} \tag{14-3}$$

式中，n——整数；

c——光速；

h——普朗克常量。

为使频率 v 满足式（14－2）和式（14－3），需要对谐振腔的腔长进行调整。概括起来，形成激光的基本条件：工作物质在激励源的激励下能够实现粒子数反转；光学谐振腔能使受激辐射不断放大，即满足增益大于损耗的阈值条件；满足式（14－2）、式（14－3）频率条件。

2. 激光的特点

激光作为相干光，具有多种特性。

（1）单色性好。光的本质是一种电磁波辐射。对于电磁波辐射，其相干长度越长，光谱线宽度越窄，其颜色越单纯，即光的单色性越好。以氦氖激光器为例，产生的激光相干长度约为 4×10^4 m。在激光出现之前，最好的单色光源是氪灯，它产生的光辐射相干长度约 0.78 m。

（2）亮度高。高亮度是激光的又一突出特点。一般地，将单位发光面积 ΔS、单位光辐射宽度 Δv、发射角 θ 发出的光辐射强度定义为光源的单色亮度 $B\lambda$。

$$B\lambda=\frac{P}{\Delta S\Delta v\theta^2} \tag{14-4}$$

式中，P——激光功率。

尽管太阳发射总功率高，但是光辐射宽度 Δv 很宽，发散角 θ 很大，单色亮度仍很小。而激光虽然 Δv、θ 均很小，但其单色亮度很高，有报道称高功率激光器产生的激光单色亮度 $B\lambda$ 甚至比太阳高 100 万亿倍。

（3）方向性强。由激光的产生机制可知，在传播介质均匀的条件下，激光的发散角 θ 仅受衍射所限：

$$\theta=\frac{1.22\lambda}{D} \tag{14-5}$$

式中，λ——波长；

D——光源光斑直径。

地球与月球表面的距离约为 3.8×10^5 km，利用聚焦最好的激光束射达月球，其光斑直径仅为几十米。

（4）相干性好。光产生相干现象的最长时间间隔称为相干时间 τ，在相干时间内，光

传播的最远距离叫作相干长度 L_c。

$$L_c = c\tau = \frac{\lambda^2}{\Delta\lambda} \tag{14-6}$$

式中，c——光速。

由于激光带宽 $\Delta\lambda$ 很小，所以相干长度 L_c 很长。实际上单色性好，相干性就很好，相干长度也就越长。

（5）能量高度集中。一些军事、航空、医学、工业用的激光器均能产生很高的激光能量，如核聚变用的激光器的输出功率可高达 10^{18} W，能够克服核间排斥力，实现核聚变反应。随着激光超短脉冲技术的发展，人们能从用于产生极短时间激光脉冲技术的蓝宝石激光器件中，利用脉冲放大技术获得峰值功率高达 10^{15} W 的激光。

14.1.2 激光焊接的原理

通俗地讲，激光焊接是将具有足够功率密度的激光照射到具有材料共熔性的两个被焊零件的表面，通过材料表面吸收光能并转化成热能使焊接部位温度快速升高至熔点，并熔化成液体，在随后的冷却凝固过程中实现两个被焊零件之间的连接。两个被焊零件可以是同种材料，也可以是异种材料。

激光焊实质上是激光与非透明物质相互作用的过程，这个过程极其复杂，微观上是一个量子过程，宏观上表现为反射、吸收、加热、熔化、汽化等现象。

1. 材料对光的吸收一般规律

激光照射到材料表面时，一部分被材料表面反射，一部分被材料吸收，还有部分透过材料。激光与材料相互作用时，两者的能量转化遵循如下能量守恒定律：

$$E_0 = E_r + E_a + E_t \tag{14-7}$$

式中，E_0——入射到材料表面的激光总能量；

E_r——被材料反射的激光能量；

E_a——被材料吸收的激光能量；

E_t——透过材料的激光能量。

式（14-7）可变为

$$1 = \frac{E_r}{E_0} + \frac{E_a}{E_0} + \frac{E_t}{E_0} = R + A + \tau \tag{14-8}$$

式中，R——反射率；

A——吸收率；

τ——透射率。

对于不透明材料，$\tau = 0$，即

$$1 = R + A \tag{14-9}$$

材料吸收的光，在其内部传播。按朗伯定量，光强随着穿透深度的增加而呈指数衰减，入射到材料表面 x 处的光强为

$$I(x) = I_0 e^{-\alpha x} \tag{14-10}$$

式中，I_0——表面（$x=0$）处的光强；

α——材料对激光的线性吸收系数（cm^{-1}）。

若把光在材料内的穿透深度定义为光强降至 I_0/e 时的深度，则钻孔深度为 $1/\alpha$。可见，随着激光入射到材料内部深度的增加，激光强度将以几何级数减弱。

材料对光的复数折射率 n 为

$$n = n_1 + in_2 \tag{14-11}$$

式中，n_1——复数折射率的实部；

n_2——复数折射率的虚部，即吸收指数，其与吸收系数的关系为

$$\alpha = 4\pi n_2/\lambda \tag{14-12}$$

式中，λ——激光的波长。

当激光垂直入射是的反射比为

$$R = \left|\frac{n-1}{n+1}\right|^2 = \frac{(n_1-1)^2 + n_2^2}{(n_1+1)^2 + n_2^2} \tag{14-13}$$

吸收比为

$$A = \frac{4n_1}{(n_1+1)^2 + n_2^2} \tag{14-14}$$

2. 金属对激光的吸收

金属中存在密度很大的自由电子，自由电子受到光波电磁场的强迫振动而产生次电磁波。次电磁波之间及次电磁波与入射波相互干涉，造成了强烈的反射波和比较弱的透射波，其中透射波仅能在很薄的金属表层被吸收，因而金属表面对激光常有较高的反射率，尤其是频率较低的红外光。由于其光子能量较低，主要对金属中的自由电子起作用，反射强烈。而频率较高的可见光和紫外线，光子能量较大，可对金属的束缚电子发生作用。束缚电子的作用将使金属的反射能力降低，透射能力增大，对激光的吸收率提高。对从波长为0.25 μm 的紫外光到波长为10.6 μm 的红外光这个范围内的光进行测量结果显示，光在各种金属中的穿透深度仅为0.01 ~0.1 μm，金属对光的吸收系数处于 $10^5 \sim 10^6\ cm^{-1}$之间。材料吸收激光后，通过激发带电粒子的谐振以及粒子之间的相互碰撞，光能转换为热能，完成这一过程所需时间很短，对于金属其典型值为 10^{-13} s。

金属对激光的吸收与激光波长、材料性质、温度、表面状况、偏振特性等一系列因素有关，先分布别讨论如下。

（1）波长的影响。表 14－1 给出了各种金属室温条件下对不同波长激光的吸收率。在红外区范围内，吸收率 A 与材料电阻率及波长的关系近似为 $A \propto (\rho/\lambda)^{1/2}$，随着波长的增加，吸收率 A 减小，反射率 R 增加。可以看出，室温下，大多数金属表面对10.6 μm 波长红外激光的吸收率比可见光的吸收率小很多，同时波长 1.06 μm YAG 红外激光的吸收率要比 CO_2 激光大很多。

表 14－1　室温下各种金属在不同激光波长下的吸收率

材料	氩离子	红宝石	YAG	CO_2
波长/μm	500	700	1.06	10.06
铝	0.09	0.11	0.08	0.019
铜	0.56	0.17	0.10	0.015

续表

材料	氩离子	红宝石	YAG	CO_2
金	0.58	0.07	—	0.017
铱	0.36	0.30	0.22	—
铁	0.68	0.64	—	0.035
铅	0.38	0.35	0.16	0.045
钼	0.48	0.48	0.40	0.027
镍	0.40	0.32	0.26	0.03
铌	0.58	0.50	0.32	0.036
铂	0.21	0.15	0.11	0.036
铼	0.47	0.44	0.28	—
银	0.05	0.04	0.04	0.014
钽	0.65	0.50	0.18	0.044
锡	0.20	0.18	0.19	0.034
钛	0.48	0.45	0.42	0.08
钨	0.55	0.50	0.41	0.026
锌	—	—	0.16	0.027

注：表中的吸收率的数值是采用光洁的金属表面在真空中测得。

（2）材料性质的影响。在可见光及其附近区域，不同金属材料反射率的变化规律不同，但在大于2 m的红外线范围内，所有金属的反射率都表现出相同的变化规律，其反射率的排序均为：银 > 铜 > 铝 > 镍 > 碳钢，即材料的电阻率越低，导电性越好，对红外线的反射率越高。计算表明，当波长 $\lambda > 2\ \mu m$ 时，吸收率与电阻率存在如下关系：

$$A = 0.365\ (\rho/\lambda)^{1/2} - 0.0667\ (\rho/\lambda)\ + 0.006\ (\rho/\lambda)^{3/2} \tag{14-15}$$

式中，ρ——金属材料电阻率（$\Omega \cdot cm$）；

λ——波长（cm）。

（3）温度的影响。金属的电阻率随着温度的升高而增大，两者间存在如下关系：

$$\rho = \rho_{20}\ (1 + K_\rho T) \tag{14-16}$$

式中，ρ_{20}——室温下的电阻率；

K_ρ——电阻率的温度系数；

T——温度。

表14－2给出了不同金属室温条件下的电阻率及电阻率温度系数。

将式（14－16）代入式（14－15），即可计算出不同温度下的吸收率：

$$A = 0.365[\rho_{20}(1 + K_\rho T)/\lambda]^{1/2} - 0.0667[\rho_{20}(1 + K_\rho T)/\lambda] + 0.006[\rho_{20}(1 + K_\rho T)/\lambda]^{3/2} \tag{14-17}$$

对于波长为10.6 m的激光：

$$A_{10.6}=11.2[\rho_{20}\ (1+K_\rho T)]^{1/2} \tag{14-18}$$

可见，随着温度的升高，金属材料对激光的吸收率增大。这一关系（式14-17）不仅适用于固态金属，同样也适用于液态金属。

表14-2 各种金属室温条件下的电阻率和电阻率温度系数

材料	ρ_{20}	K_ρ	材料	ρ_{20}	K_ρ
铝	2.82	3.6	镍	7.24	5.4
黄铜	8.00	1.5	铂	10.5	3.7
青铜	8.00	3.5	银	1.62	3.6
康铜	49.0	0.01	合金钢	15.0	1.5
钢	1.72	4.0	低碳钢	15.0	3.3
金	2.42	3.6	结构钢	12.0	3.2
殷钢	78	2.0	钽	15.5	3.2
铁	9.8	5.0	锡	11.4	4.0
锰	44.0	0.01	钨	5.5	5.2
钼	5.60	4.7	锌	5.92	3.5
镍铬合金	100	0.4			

图14-2所示为几种金属对光波吸收率随温度变化的计算结果。可以看出，尽管铁与铝、铜相比，电阻率温度系数差别不大，但因其室温条件下电阻率较大，所以其对10.6波长激光的吸收率较大，随温度增加的速度也较快。

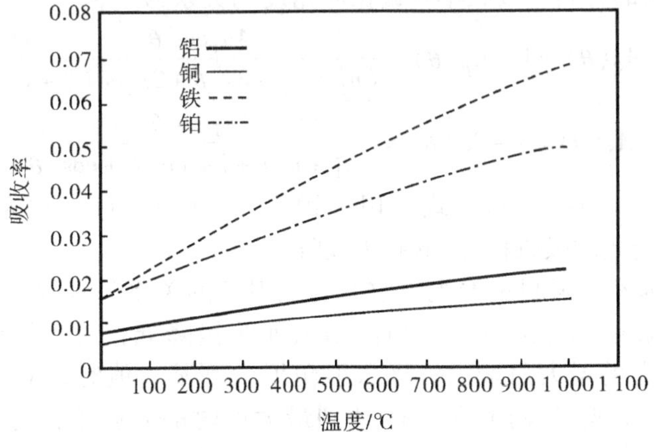

图14-2 不同温度下铝、铜、铁、铂的激光吸收率

但是，在不同的波长范围内，吸收率与温度的关系呈现不同的趋势。当波长 $\lambda<1\ \mu m$

时，吸收率与温度的变化比较复杂，但总的来说，变化趋势较小。

（4）表面状况的影响。金属表面的粗糙程度、氧化膜状况和表面涂层都会对红外激光的吸收率产生显著影响。表 14－1 中的吸收率都是在光洁的金属表面测得的，而在实际应用过程中，由于氧化及表面污染，金属材料对红外激光的吸收率要比上述表中数值大得多。一般情况下，材料表面越粗糙，材料对激光的吸收率越大。但表面状况对可见光吸收率的影响较小。

金属材料在高温下形成的氧化膜可使吸收率显著提高。由于氧化膜厚度是氧化温度和氧化时间的函数，因此，材料对激光的吸收率也受氧化温度和氧化时间的影响。此外，磷酸盐、氧化锆、氧化钛、二氧化硅，以及炭黑、石墨等一些对 CO_2 激光具有高吸收率的物质，可以作为表面涂层以显著改善金属对红外激光的吸收率。

（5）偏振的影响。当激光垂直入射时，吸收率与激光束的偏振无关，但当激光束倾斜入射时，偏振对吸收的影响变得非常重要。这时，材料对激光的吸收率不仅与偏振有关，也与入射角的大小有关。

光波为横向电磁波，由相互垂直并与传播方向垂直的电、磁振动组成，电场矢量方向决定激光光束的振动方向。如果电场矢量在同一平面内振动，称为平面偏振光（或线偏振光）。如果电场矢量绕着传播方向旋转，其端点描绘的轨道为一个圆，称为圆偏振光。如果电场矢量端点旋转的轨迹为一个椭圆，称为椭圆偏振光。圆偏振光可看为相互垂直、强度相等的两线偏振光叠加，椭圆偏振光则可视为相互垂直、强度不等的两线偏振光叠加。

设光束的入射角为 θ 时，则偏振方向平行于入射面的线偏振光和垂直于入射面的线偏振光在材料表面的反射率分别为

$$R_P(\theta)=\frac{(n_1^2+n_2^2)\cos^2\theta-2n_1\cos\theta+1}{(n_1^2+n_2^2)\cos^2\theta+2n_1\cos\theta+1} \tag{14-19}$$

$$R_S(\theta)=\frac{(n_1^2+n_2^2)-2n_1\cos\theta+\cos^2\theta}{(n_1^2+n_2^2)+2n_1\cos\theta+\cos^2\theta} \tag{14-20}$$

对激光为非透明的材料，吸收率和偏振和角度的关系为

$$A_P(\theta)=1-R_P(\theta)=\frac{4n_1\cos\theta}{(n_1^2+n_2^2)\cos^2\theta+2n_1\cos\theta+1} \tag{14-21}$$

$$A_S(\theta)=1-R_S(\theta)=\frac{4n_1\cos\theta}{(n_1^2+n_2^2)+2n_1\cos\theta+\cos^2\theta} \tag{14-22}$$

式（14－12）、式（14－14）、式（14－19）、式（14－11）称为 Fresnel（菲涅尔）公式，基于 Fresnel 公式的吸收称为 Fresnel 吸收。

图 14－3 所示为不同材料偏振光吸收率与入射角的关系的计算结果。可见，对于垂直于入射面的 S 偏振光，A_S 随着入射角的增大而缓慢降低；对于平行于入射面的 P 偏振光，A_P 随着入射角的增大而增大。当入射角增大到某一值时，A_P 达到最大值；而当入射角进一步增大时，A_P 急剧下降。A_P 达到最大值时的入射角称为布儒斯特角。由图 14－3 还可以看出，当入射角较小时，材料的吸收率受偏振特性的影响较小。但对于某些出现大入射角的情况，激光的偏振性对激光加工过程有强烈的影响，必须对激光的偏振性加以控制。

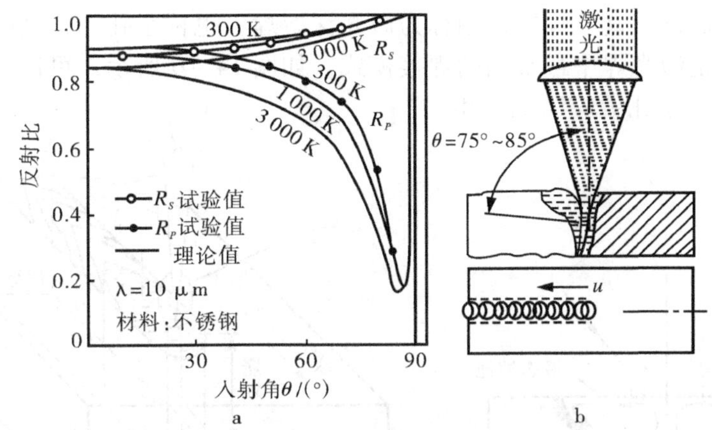

图 14－3 偏振光吸收率与入射角之间的关系

14.1.3 激光焊接的分类

不同的激光功率密度引起材料产生不同的物态变化，根据其物态特征，激光焊接工艺分为两种典型的焊接模式：激光热传导焊和激光深熔焊。两者在传热过程、焊缝成形机制、工艺特点及应用范围存在很大区别。

1. 激光热传导焊模式

当激光的入射功率密度在 $10^4 \sim 10^5$ W/cm^2 范围时，工件吸收的能量不足以使金属产生汽化，仅发生熔化，熔化的金属凝固后形成焊缝点或焊缝。在激光照射过程中，激光能量仅通过热传导方式由工件表层向其内部传递，这种焊接机制称为激光热传导焊。

图 14－4 所示为激光热传导焊熔化过程的示意。热传导焊时，工件表面吸收的光能转化成热能，使工件表面温度升高并熔化，然后通过热传导方式将热能传向工件内部，使内部温度升高，熔化区域逐渐扩大。由于激光加热，熔池表面温度梯度发生变化，从而改变了熔池表面张力，从而使熔池中的流体按一定的方向流动，如图 14－5 所示。熔池凝固后便形成焊缝。

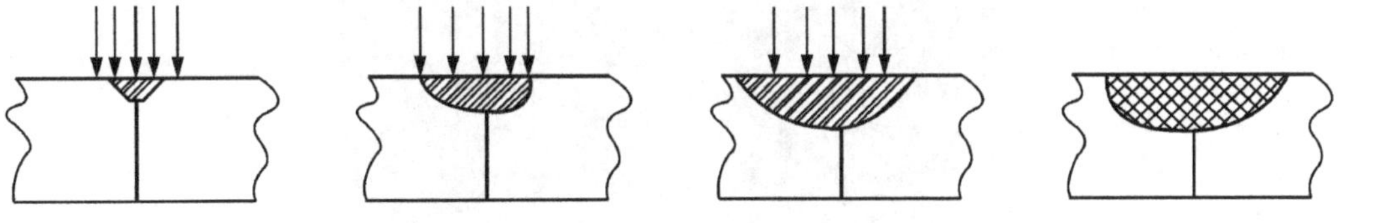

图 14－4 激光热传导焊的熔化过程示意

热传导焊熔深较浅，且由于金属表面对激光的反射率高，焊接热效率较低。但其焊接过程稳定，不易产生焊接缺陷（相较于熔深焊），焊接规范简单，易于操作。热传导焊主要用于薄板的焊接，尤其是微细部件的精密加工。

2. 激光深熔焊模式

当激光功率密度较高（$>10^7$ kW/mm^2）时，入射激光可在极短时间内使材料表面熔化、汽化，所产生的蒸汽反作用力将熔融金属抛出，在液态熔池中形成一个小孔，即产生“小孔效应”。当激光束相对于工件移动时，熔池内液态金属在绕过小孔流向后方，凝固后形成焊缝。这一焊接机制称为激光深熔焊，也称小孔焊，其机制与电子束焊接的机制相近，是激光焊中最常用的焊接模式，如图 14－6 所示。可以看出，激光深熔焊的本质特征是“小孔效应”的产生。

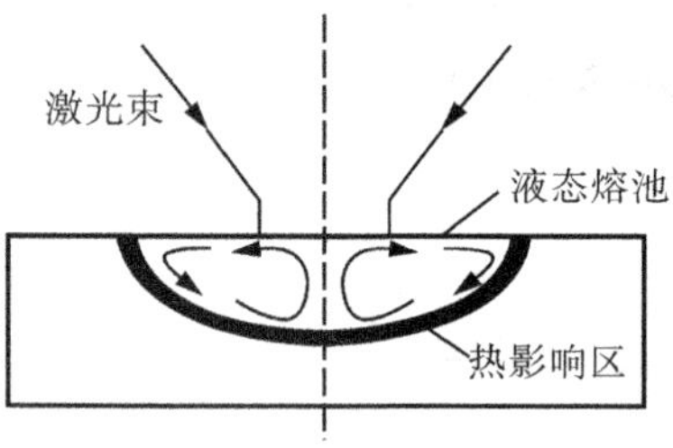

图 14－5　激光热传导焊液态熔池的流动趋势

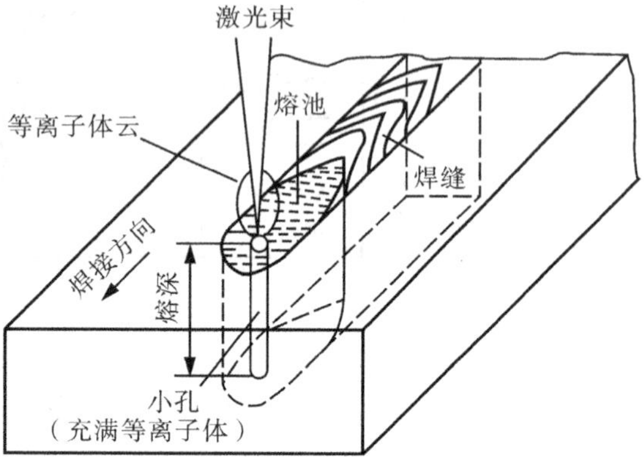

图 14－6　激光深熔焊示意

激光功率密度必须大于某一数值时，才能引起小孔效应，这一数值称为临界功率密度。这是产生激光深熔焊所必需的最低功率密度。

与热传导焊只能依靠工件表面吸收的热量通过热传导方式向工件内部传递不同，激光深熔焊依靠小孔效应，使激光热量可以直接进入工件内部对其进行加热，从而形成深而窄的焊缝，如图 14－7 所示。激光功率密度越大，小孔越深，焊缝的深宽比越大，最大可达 12:1。此外，光束进入小孔后，经过小孔壁的多次反射，能量几乎全部被小孔吸收，再通过小孔壁以热传导方式进行深熔，因此，相较于热传导焊，激光深熔焊时材料对激光的反射率急剧减小。

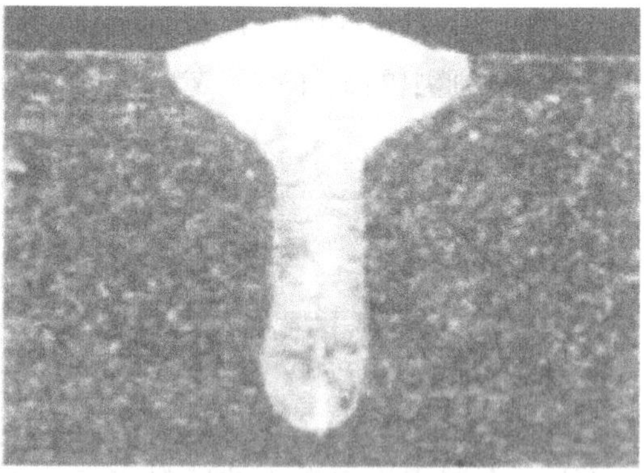

图 14－7　典型激光深熔焊焊缝横断面形貌

需要指出，激光深熔焊过程中伴随着小孔效应而产生的等离子体，对激光有吸收、折射和散射作用，使到达工件表面的激光功率密度降低，为了保证激光深熔焊的稳定性，必须保证激光经过等离子体到达工件表面的功率密度达到临界阈值。

14.1.4 激光焊接过程中的几种效应

1. 小孔效应

(1) 小孔的产生。当激光功率密度大于 10^6 W/cm^2 时，材料表面产生汽化、蒸发。当蒸气反作用力足以克服液态金属表面张力和液体重力时，激光作用区域的熔池表面下凹，形成小孔。激光能量通过小孔进入工件内部，并直接作用于小孔底部，使得小孔进一步加深。当激光致蒸气反作用力与液体金属表面张力、重力到达平衡时，小孔便达到准稳定状态，这就是所谓的“小孔效应”。

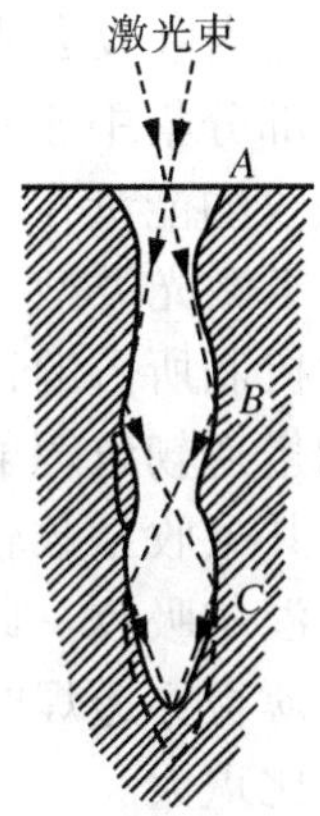

图 14－8 侧壁聚焦效应

当小孔形成后，进入小孔的激光束和小孔的侧壁相互作用，一部分被侧壁吸收，另一部分被侧壁面多次反射至小孔底部重新聚集，这一现象称为“侧壁聚焦效应”，如图 14－8 所示。由于该效应的存在，具有一定发散角的激光束，入射到小孔深处时不会明显发散使小孔扩大，而是被多次反射和聚焦在小孔底部保持小光斑尺寸，使小孔深度不断增加。随着激光在小孔内反射及聚焦的进行，其能量不断减少；当激光能量衰减到一定值时，小孔深度便不再增加。

(2) 小孔内能量的吸收。在激光焊接过程中，小孔主要通过两种机制吸收激光能量：菲涅尔吸收和逆轫致辐射吸收。

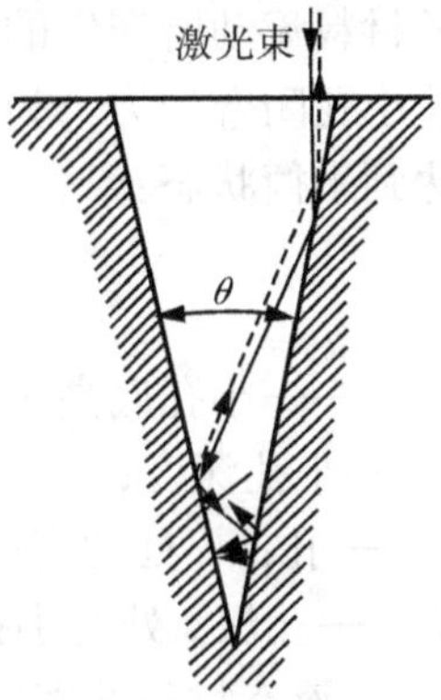

图 14－9 小孔孔壁的菲涅尔吸收

1) 菲涅尔吸收。菲涅尔吸收是孔壁对激光能量的吸收，如图 14－9 所示。当激光进入小孔后，在小孔内壁上发生多次反射，每一次反射过程，激光能量都被孔壁吸收一部分。功率密度为 I_0 的激光束在倾角为 θ 的小孔壁上发生发射，被小孔壁吸收的功率密度为 I_{abs}，则菲涅尔吸收可以表示为下式：

$$I_{abs}=I_0\alpha(\theta) \tag{14-23}$$

式中，$\alpha(\theta)$——菲涅尔吸收系数。

假定菲涅尔吸收只取决于激光束与孔壁的夹角时，则其吸收系数可根据上述菲涅尔公式计算。小孔壁吸收的能量一部分通过热传导机制传入工件内部，其余部分用于熔化、蒸发金属，因此，小孔局部孔壁的能量平衡可表示为

$$I_{abs}=-k\nabla_n T+I_v \tag{14-24}$$

式中，k——热导率，温度梯度沿小孔壁法线方向；

I_v——熔化蒸发金属所需要的激光能量。

2) 逆轫致辐射吸收。逆轫致辐射吸收是等离子体对激光能量的吸收。在小孔内部，材料急剧蒸发，金属蒸气和保护气体在高温条件下电离等离子体。激光在小孔壁上两次反射之间穿过等离子体时，一部分能量被等离子体吸收。等离子体吸收的能量又通过对流和辐射的方式传给小孔壁。功率密度为 I_0 的激光束穿过厚度为 z 的光致等离子体后，功率密度降为 I，其能量衰减符合指数衰减形式：

$$I(x,y,z)=I_0(x,y)\exp\left[-\int_0^z \alpha(x,y,\xi)\,d\xi\right] \tag{14-25}$$

式中，ξ——逆轫致吸收系数。

小孔内吸收激光能量的两种机制对激光焊焊缝成形影响不同。等离子体吸收的激光能量大部分集中于小孔上方或上部，易使焊缝成“大头钉”状；而小孔壁通过菲涅尔机制吸收的能量在小孔深度方向上的分布相对均匀，更利于大深宽比焊缝的形成。

由于激光类型、焊接规范、母材性能、工件厚度及辅助气体的不同，小孔中两种能量吸收机制所占的比重不同，其定量规律非常复杂。对于波长较长的 CO_2 激光，小孔内激光能量逆轫致辐射吸收所占比例相对较大；而对于波长较短的 YAG 激光，由于等离子体对其吸收系数较 CO_2 激光小两个数量级，因此，小孔内能量的吸收机制主要是小孔壁的菲涅尔吸收。此外，根据 Miyamoto I. 理论分析和实验结果发现，对于 CO_2 激光焊，当进行薄板穿透焊时，小孔壁的菲涅尔吸收比重大；而进行厚板非穿透焊时，则等离子体吸收比重大。

（3）小孔内的压力平衡。在激光焊接过程中，当激光功率密度较大时，材料剧烈汽化，形成小孔。激光能量经过等离子体逆轫致吸收及孔壁的菲涅尔吸收，到达小孔底部，其功率密度对于产生蒸气压强以维持一定深度的小孔至关重要，它决定了激光焊的熔深。

作用于小孔内的力非常复杂，包括蒸气反作用力、表面张力、由重力引起的液体静压力及熔融材料流动所产生的流体动压力，其中仅蒸气反作用力为小孔形成的动力，其余各力均为使小孔闭合的力。为维持焊接过程中小孔的稳定，蒸气反作用力必须足以克服其阻力，以达到平衡状态：

$$p(z)=\frac{\sigma}{R_z}+\rho gz+p(f) \tag{14-26}$$

式中，$p(z)$——小孔底高于大气压的蒸气反作用力；

z——小孔深度；

σ——孔深 z 处的表面张力系数；

R_z——孔深 z 处的小孔半径；

ρ——液态材料的密度；

$p(f)$——流体流动阻力产生的压力。

根据上式计算，铁焊接时小孔深 1 cm，孔底处的蒸气反作用力为 2 kPa，和实验结果吻合较好。此外，蒸气反作用力也可以根据克努森层边界上的气体密度及喷射气体平均速度进行计算：

$$p=m_a n v^2 \tag{14-27}$$

式中，p——蒸气反作用力；

m_a——原子质量；

n——克努森层边界的气体密度（m^{-3}）；

v——克努森层边界上的气体速度（$m\cdot s^{-1}$）。

激光焊时，孔壁对激光能量的吸收，金属蒸气向小孔外的喷发，以及小孔和熔池的运动等都非常剧烈，因此，在某些时刻，小孔内局部的应力平衡可能被破坏而产生焊接缺陷，其中最为典型的是小孔型气孔。这类气孔的产生主要分为三个过程：首先，由于小孔内压力失衡或金属蒸气向外喷发时引起蒸气涡流，保护气体（常为惰性气体）被卷入小孔；然后，因为小孔的失稳坍塌，形成与小孔分离的封闭空间，产生主要包含惰性气体的气泡，当气泡来不及溢出熔池时，便形成小孔型气孔。该类气孔是因小孔不稳定而产生，与传统冶金型气孔（如氢气孔、氮气孔等）比较，在气孔形成机制、产生规律和防止措施上存在根本不同，是激光焊（深熔焊）所特有。

2. 光致等离子效应

（1）光致等离子体的形成。由于激光辐照材料而产生的等离子体成为光致等离子体。光致等离子体是一种含有大量自由电子和正离子的电离气体。离子和电子所带正负电荷大致相等，整体上呈电中性。等离子体根据气体电离程度，分为完全电离的高温等离子体和部分电离的低温等离子体（$<10^5$ K），激光焊接中的等离子体属于低温等离子体。

对于 CO_2 激光焊，光致等离子产生大致分为如下三个过程。

1）材料在激光辐照下汽化，产生蒸气。激光功率密度为 10^6 W/cm^2 时，金属表面可以被加热到沸点温度以上，产生汽化。材料蒸气的密度与激光将材料加热到汽化温度后的剩余功率成正比，材料表面的蒸气密度为

$$n_m = C\left(AI - \frac{\sqrt{2}\pi T_v k}{w\arctan\dfrac{\sqrt{8at}}{w}}\right) \tag{14-28}$$

式中，n_m——材料蒸气密度；

C——常数；

T_v——材料汽化温度。

2）自由电子吸收激光能量被加速。高温蒸气中由于热电离存在一定数量的热电子，成为初期自由电子。这些电子通过逆韧致辐射吸收激光能量被加速，直至其具有足以将其他中性粒子电离的能量。

3）高速自由电子与中性粒子不断碰撞，引起雪崩式电离，电子密度急剧增加，形成致密等离子体。这一过程可以近似地用微波加热和产生等离子体的经典模型描述。电子数密度 n_e 由下述速率方程决定：

$$\frac{dn_e}{dt} = v_i - v_{diff} - v_{rec} \tag{14-29}$$

式中，$\frac{dn_e}{dt}$——电子数密度增长率；

v_i——电离速速；

v_{diff}——扩散速度；

v_{rec}——复合速度。

决定电子平均能量 E 的方程为

$$n_e\frac{dE}{dt} = \alpha I - P_c - v_i(E_i + e) + v_{ee}(E_i - E_e + E) \tag{14-30}$$

式中，α——等离子体对激光的吸收系数；

I——激光强度；

P_c——电子弹射碰撞的功率损失；

E_i——电离能；

E_e——激发能；

v_{ee}——电子、离子、原子三体碰撞复合速率。

在金属激光加工过程中，光致等离子体主要为金属蒸气的等离子体。由于金属蒸气温度高，其电离能又大大低于气体的电离能，因此金属蒸气较周围气体易于电离。但在光强很高，且周围气体流动不畅时，也可能产生气体等离子体。

（2）激光维持吸收波。当激光能量密度处于正常深熔焊范围时，工件上方形成稳定且透明的云团状等离子体。此时，等离子体以金属电离为主。光致等离子体的电子数密度随着激光功率能量密度的提高而增大，入射激光通过等离子体云的衰减也增大。当激光增量密度增大到足以使金属蒸气周围的气体产生雪崩式电离时，等离子体的成分和状态将发生本质变化。此时等离子体由辅助气体电离组成，对激光的吸收剧烈，工件表面的汽化和电离过程近乎终止。等离子体依靠吸收激光能量维持，并通过热传导和辐射使周围气体电离。在此种情况下，等离子体逆着激光入射方向高速运动，形成所谓的激光维持吸收波（laser－supported absorption wave，LSAW）。由于激光维持吸收波向着激光能量密度越来越低的方面传递，等离子体的温度和电子数密度越来越小，透明度增加，从而又使更多的激光能量作用于工件表面，使其加热、汽化。因此，等离子体的产生和消失具有周期性，从而使激光焊接过程非常不稳定，必须采取有效措施加以控制。

按照对激光吸收机制和空气动力学机制的不同，在激光焊接过程中，激光维持吸收波可分为激光维持燃烧波（laser－supported combustion，LSC）和激光维持爆发波（laser－supported detonation，LSD）。对于激光维持燃烧波，其前面运动的冲击波对激光是透明的，后面的等离子体区是激光吸收区，以亚音速度传播，典型速度为每秒几十米，依靠热传导、热辐射和扩散等方式使其前方冷气体加热和电离。在较低激光能量密度下（$<10^7$ W/cm^2），也可能产生无振荡非传播（传播速度趋于零）稳定的激光维持燃烧波，相对于周围气体静止，等离子云与工件耦合良好，可以实现正常的激光焊接。而对于激光维持爆发波，其冲击波阵面就是激光吸收区，被吸收的激光能量支持冲击波前进，相对于波前介质超声速传播，典型速度为每秒几十千米至几百千米。

（3）光致等离子体在能量传输中的作用。在激光焊接过程中，光致等离子体位于熔池上方的激光传输通道上，其特殊的物理性质使其对激光产生折射、散射和吸收。致密等离子体对入射激光具有显著的屏蔽作用。一方面，等离子体通过吸收和散射入射光，影响激光的能量传输效率，大大降低到达工件的激光能量密度，从而减小激光焊焊缝尺寸；另一方面，等离子体对激光的散射，使得激光在穿过等离子体时发生畸变，改变了激光在工件的作用区域，影响焊缝成形。研究表明，等离子体对激光的吸收并不是屏蔽的主要原因，等离子体对激光的折射才是引起等离子体屏蔽的主要因素。

3. 对焊缝金属的净化效应

金属中往往含有S、P、O、N等非金属杂质，它们或者独立存在于金属基体中，或者固溶在金属基体中。受到激光照射时，由于非金属的吸收率远远大于金属，故独立存在于金属基体中的杂质随温度的迅速上升而逸出熔池；而固溶在金属基体中的杂质也由于其沸点低、蒸气压高而易从熔池中逸出，结果是减少了焊缝中的有害元素和杂质，提高了焊缝的塑性和韧性。

14.1.5 激光焊接等离子体负面效应的抑制

由于光致等离子体对入射激光有吸收、折射和散射作用，所以它的存在降低了辐射到工件的激光功率，扩大了激光光斑和加热范围，从而带来熔深变浅，深宽比减小，热影响区和焊接变形增大等不利影响。激光焊接时，可以采取以下几种方法对等离子体进行控制，以尽量减少它对激光的干扰。

1. 合理选择保护气体的种类和数量

激光焊接时要采用保护气体，目的除了与一般气体保护焊相同的保护熔池免受空气的有害影响之外，还有抑制光致等离子体的作用。可以根据保护气体对等离子云的尺寸及电子数密度的影响，来合理选择保护气体的种类和流量来抑制等离子体，提高熔深。

Locke E. V. 等人用试验证明了保护气体对抑制等离子体、保证正常激光焊接的重要性。试验采用 20 kW 的 CO_2 激光，聚焦光斑直径约 1 mm，辐射照度为 2.5×10^6 W/cm^2，如果不加任何保护气体，激光基本上因等离子云阻隔，焊接过程不能正常进行。

在较高激光功率和较低的焊接速度下，等离子体的密度大，对激光的吸收作用强，不同保护气体抑制等离子体效果的差异会更显著地显示出来。而在较高速度下，或较低激光功率，等离子体的密度较小，对吸收激光的作用弱，不同保护气体获得熔深的差别很小或没有差别。

保护气体的流量对等离子体的抑制作用也有很大影响。保护气体的流量越大，对等离子体的抑制作用越强。但作为保护气体首先要保证对熔池有良好的保护作用，流量必须适度。因为过大的流量会造成湍流甚至产生漩涡，混入空气，反而起不了保护熔池的作用，并可能恶化焊缝成形。

2. 侧吹辅助气体

激光焊接时，除了必须采用保护气体之外，有时也采用辅助气体侧吹的方法吹出等离子体，这是目前抑制等离子体最有效而实用的方法。

侧吹辅助气体抑制等离子体的效果与气体种类、吹起角度、气体的压力、吹气位置等因素有很大关系，尤其对后两个参数必须严格控制，才能获得良好的效果。

不同种类的辅助气体抑制等离子体的作用大小也不相同，它们的顺序为 $He > N_2 > Ar$。辅助气体压力对等离子体的效果影响也很大，在不同的辅助气体压力下，等离子体云和小孔的状态及熔深变化也有所不同。

气体工作压力 p_1 较小（$p_1 < p_p$），未加辅助气体，等离子体很强，焊后成指状焊缝，熔深较小。虽侧吹辅助气体，但气体工作压力 p_1 小于小孔内的蒸气压力 p_p，它不能阻止小孔的金属蒸气沿轴向向上喷出，这些蒸气被激光加热进一步电离为高密度的等离子体，焊后熔深和不用辅助气体时比较，变化不大。这种被等离子体干扰的焊缝称为“等离子体焊缝”。

（1）气体工作压力在合适的范围（$p_p < p_1 < p_h$）。如辅助气体压力高于小孔的金属蒸气压力 p_p，但低于使焊缝产生驼峰的压力 p_h，金属蒸气沿小孔后壁喷出，避免了激光的直接加热，电离度较小，可获得较大的熔深，称优良焊缝。

（2）气体工作压力 p_1 过大（$p_1 > p_h$）。侧吹辅助气体过大，小孔周围的熔化金属被吹出在后方堆起，焊缝成形不良，表面呈不规则的驼峰状（humping bead），而熔深和上述（1）相比还要有所下降。有时甚至由于液态金属将小孔上部堵塞，而形成气孔。

3. 真空激光焊

在真空条件下，气体稀薄蒸气粒子少，光致等离子体显著减弱。当真空度达到一定程度，工件上方的等离子体云和小孔内的等离子体基本被完全抑制，熔深大幅度提高，可以获得与真空电子束焊接相似的焊缝成形。

在所有控制等离子体的方法中，只有真空激光焊可能彻底消除等离子体的影响，但它需要真空系统和真空室，工艺复杂，已失去与真空电子束焊接竞争的优势，推广应用的价值不大。

4. 高频脉冲激光焊

若激光脉冲的持续时间小于等离子体形成的时间，则可以抑制等离子体的产生。Ishide T. （石出孝）等采用6 000 Hz、平均功率14 kW的脉冲激光，脉冲占空比约为3:1，以34 mm/s速度焊接11.6 mm厚合金钢板，焊缝深而窄，没有出现存在等离子体时常见的指状成形。用高速摄影观察激光作用区，未发现光致等离子体。

5. 激光跳跃焊接法

日本Arata Y. （荒田吉明）发明了激光跳跃焊接法（laser spike seam welding，LSSW）。激光与工件以相同速度运动，光束固定辐照在工件的一点上，随着辐照的进行，小孔深度不断增加，等离子体逐渐增多，在等离子体大量产生之前，激光束逆向迅速跳到熔池后缘，躲过等离子体，在新的一点位置上开始另一周期的深熔焊过程。只要适当设定工件的移动速度和激光的跳跃周期，就可避免大量等离子体的产生，并保证各焊点间搭接良好，组成熔透均匀的连续焊缝。与通常的连续焊接相比较，LSSW能显著加大熔深。

14.2 激光焊接设备

14.2.1 激光焊接设备的组成

激光焊接设备主要包括激光器、导光和聚焦、保护气、喷嘴、焊接机和控制系统。

1. 激光器

可用于大功率激光焊接的激光器包括CO_2激光器、YAG激光器、半导体激光器和光纤激光器。其中，应用较多的是前两种激光器，而后两种作为新型激光器，近年来也颇受瞩目。

2. 导光和聚焦系统

导光和聚焦系统又称外部光学系统，由圆偏振镜、扩束镜、反射镜或光线、聚焦镜等组成，实现改变光束偏振状态、方向，传输光束和聚焦的功能。

而聚焦镜分为聚焦透镜和反射聚焦镜。聚焦透镜的主要材料是ZnSe，传输和聚焦性能良好，且价格便宜。但在焊接过程中，聚焦透镜易受到烟雾和金属飞溅污染且热效应较强。当激光功率较低（<2 kW）时，常采用聚焦透镜。而大功率（2 kW）焊接时宜采用反射聚焦镜。反射聚焦镜采用对激光具有高反射的金属制成。焊接应用中，通常采用带有不同涂层的铜制抛物面状反射镜。该类聚焦镜镜面稳定，可与水冷元件配合使用，热畸变小，不易污染，但聚焦性能不如透镜，聚焦镜面与入射激光的相对位置精度要求高，调整

困难，易引起聚焦光斑象散，且价格较高。

聚焦镜的焦距对聚焦效果和焊接质量具有重要影响，一般选择为 127 ~ 200 mm 之间。减小焦距可以获得小的聚焦光斑和更高的功率密度，但焦距过小，聚焦镜易受污染和损伤，而一旦镜面被污染，其对激光的吸收会显著增加，从而降低到达工件的功率密度，且易引起透镜破裂。

3. 保护气体（气源）

保护气体对于激光焊接而言是必要的。在大多数激光焊接过程中，保护气体都是通过特殊的喷嘴被输送到激光辐射区域。目前 CO_2 激光器大多采用 He、N_2、CO_2 混合气体作为工作介质，其配比为 60:33:7。He 气价格昂贵，选用激光器类型应考虑其运行成本。

4. 喷嘴

喷嘴一般设计成与激光束同轴，通常保护气体从激光束两侧面进入喷嘴。典型的喷嘴孔径在 4 ~ 8 mm 之间，喷嘴到工件表面的距离为 3 ~ 10 mm。一般保护气体压力较低，气体流速为 8 ~ 30 L/min。

5. 激光焊接机

激光焊接机包括工作台和控制系统。主要用于实现激光束与工件之间的相对运动，完成激光焊接，分为焊接专机和通用焊接机两种。后者常用数控系统，有直角二维、三维焊接机和关节型焊接机器人。

14.2.2 CO_2 气体激光器

CO_2 气体激光器是一种混合气体激光器，以 CO_2、N_2 和 He 为工作介质，其中后两者的作用都是提高激光器的增益、耐热效率和输出功率。目前激光焊接采用的 CO_2 气激光器通常是采用气体热交换器进行散热。根据气流方向的不同，CO_2 气激光器可分为轴流式和横流式两种类型。而根据能量输入方式，CO_2 激光器又可分为直流（DC）激光器和射频（RF）激励激光器。

CO_2 气体激光器的输出波长为 10.6 m，输出功率大，生产中应用的大多数范围在 1.5 ~ 15 kW，现在功率最大的激光器已达到 50 kW。CO_2 气体激光器的能量转换效率可达 30% ~ 40%，超过其他气体激光器。此外，CO_2 气体激光器还具有输出光束质量高、相干性好、线宽窄、工作稳定等优点，在工业生产中得到广泛应用。但是 CO_2 气体激光器也存在体积庞大，结构复杂，维护困难，金属对 10.6 μm 波长激光不能很好的吸收，不能采用光纤传输及焊接时光致等离子体影响严重等缺点。

除了流动式 CO_2 气体激光器，近年来，工业界引入了扩散冷却式（亦称板条式）大功率 CO_2 气体激光器，其采用大面积电极放电，即在两个大面积铜电极之间进行射频气体放电，电极之间的间隙很小，通过水冷电极放电腔可达到很好的散热效果，以获得较高的能量密度。与传统流动式 CO_2 气体激光器相比，扩散冷却式 CO_2 气体激光器具有结构紧凑、坚固，气体消耗量低，光学谐振腔无污染等特点。

14.2.3 YAG 固体激光器

工作物质为晶体状或玻璃的激光器，分别称为晶体激光器和玻璃激光器，通常将这两类激光器统称为固体激光器。用于固体激光器的物质主要有：掺钕钇铝石榴石工作物质，输出波长为1.06 μm，呈白蓝色；钕玻璃工作物质，输出波长1.06 μm，呈紫蓝色；红宝石工作物质，输出波长0.694 m，呈红色。通过所说的YAG固体激光器是指在钇铝石榴石晶体中掺入三价钕离子（Nd^{3+}）。YAG固体激光器发射的激光波长为1.06 μm，属近红外光，是室温下可连续工作的固体工作物质。YAG晶体通常呈棒状，当光束质量较高时可采用片状或碟状。

目前常用的YAG固体激光器主要有灯泵浦YAG固体激光器和二极管激光泵浦激光器。前者通常将YAG晶体棒放在双椭圆反射聚光腔的焦线上，两泵浦灯位于双椭圆的外焦线上。该类YAG固体激光器在脉冲激光模式下采用氪闪光灯泵浦，而在大功率连续激光模式下则采用氪弧光灯泵浦。由于受激光棒散热条件的限制，灯泵浦YAG固体激光器光电转换效率较低，约3%，同时其最大输出功率和光束质量受到限制。二极管激光泵浦激光器是采用激光二极管为泵浦源的YAG固体激光器，应用到激光器中的主要是集中铝-镓-砷酸盐（Al-Ga-As）二极管，其主要作用是提高元件的使用寿命和激光效率。与灯泵浦YAG固体激光器相比，其光电转换效率及光束质量提高了3倍左右，最大输出功率可达6 kW。目前人们又开发了新型的盘状或碟状YAG固体激光器，把YAG激光做成盘状，冷却物质可对整个盘面进行冷却，使整个盘面的温度保持均匀，大大提高了光束质量。

14.2.4 其他激光器

1. 半导体激光器

半导体激光器是指以半导体为工作介质的一类激光器，其工作介质是砷化镓（GaAs）、磷化铟（InP）等半导体材料，采用简单的电流注入方式泵浦。与其他激光器相比，半导体激光器体积小、效率高、结构简单且坚固，可用高达兆赫量级的频率直接调制。目前低功率的半导体激光器已被广泛应用于通信、存储、打印等方面。典型的半导体激光波长为808 nm、940 nm和980 nm。近年来，半导体激光器的输出功率不断提高，最高可达6 kW，从而在材料焊接和表面加工方面开始得到应用。

2. 光纤激光器

通常所说的光纤激光器是指采用掺稀土元素玻璃光纤为增益介质的激光器，常用的掺杂离子有Nd^{3+}、Ho^{3+}、Er^{3+}、Tm^{3+}、Yb^{3+}等，其中Yb^{3+}具有较宽的吸收带（800～1 000 nm）和相当宽的激发带（1 030～1 150 nm），使泵浦光和激光均无受激吸收。泵浦源是由一个或多个大功率激光二极管构成。光纤激光器有单层光纤激光器和双包层光纤激光器之分，其中后者可实现大功率激光的输出，双包层光纤也成为制作高功率光纤激光器的首选途径。双包层光纤是由光纤芯、内包层、外包层和保护层等四个层次构成，不要求泵浦光是单模激光，而且可对光纤的全长度进行泵浦，因此，可选用大功率激光二极管阵列作为泵浦源，从而大大提高泵浦效率。

与传统的气体和固体激光器相比，光纤激光器具有如下特点。

（1）玻璃光纤制造成本低、技术成熟且光纤的可绕性带来小型化、集约化的优势。

（2）光纤具有极低的体积面积比，散热快、损耗低、转换效率高、激光阀值低。

（3）光纤激光器谐振腔内无光学镜片，具有面调节、免维护、高稳定性等特点。

（4）具有高功率和高的光电效率，10 kW光纤激光器综合电光效率达20%以上。

（5）具有优良的光束质量。

（6）体积小、寿命长、易于集成系统，实现多维任意空间焊接，且在高温高压、高震动、高冲击的恶劣环境中皆可正常运转。

正是由于大功率光纤激光器具有上述优点，其在材料加工领域的应用范围不断扩大，具有极为广阔的应用前景。

14.2.5　焊接用激光器的特点

为便于比较，现将主要的焊接用激光器的特点加以比较，见表14－3。

表14－3　焊接（含切割）用激光器的特点

激光器	波长/μm	振荡方式	重复频率/Hz	输出功率或能量范围	主要用途
红宝石激光器	0.694 3	脉冲	0～1	1～1 000 J	点焊、打孔
钕玻璃激光器	1.06	脉冲	0～10	1～100 J	点焊、打孔
YAG固体激光器（钇铝石榴石）	1.06	脉冲 连续	0～400	1～100 J 0～2 kW	点焊、打孔 焊接、切割、表面处理
密封式CO_2激光器	10.6	连续	—	0～1 kW	焊接、切割、表面处理
横流式CO_2激光器	10.6	连续	—	0～25 kW	焊接、表面处理
快速轴流式CO_2气体激光器	10.6	连续、脉冲	0～5 000	0～6 kW	焊接、切割

14.3　激光深熔焊

激光深熔焊时，能量转换是通过熔池小孔完成，小孔周围是熔融的液体金属，由于侧壁聚焦效应，这个充满蒸气的小孔犹如“黑体”，能几乎全部吸收入射的激光能量。总之，热量是通过激光与物质的直接作用而形成的，而常规的焊接和激光热传导焊接，其热量首先在工件表面聚积，然后经热传导到达工件内部，这是激光深熔焊和热传导焊的根本区别。

14.3.1　激光深熔焊焊接设备的选择

激光深熔焊时，选择激光器主要考虑的因素如下。

（1）较高的额定输出功率。

（2）宽阔的功率调节范围。

（3）功率渐升、渐降（衰减）功能，以保证焊缝起始和结束处的质量。

（4）激光横焊（TEM），横焊直接影响聚焦光斑直径和功率密度，基模焦点处的功率密度要比多模光束高两个数量级。对于厚件的焊接，通常选用5 kW以上的多模激光器。

14.3.2　激光深熔焊接的接头设计

传统焊接方法中使用的绝大部分的接头形式都适合激光焊，所不同的是，由于聚焦后的光束直径很小，因而对装配的精度要求高。在实际应用中，激光焊最常采用的接头形式是对接和搭接。

对接时装配间隙应小于材料厚度的 15%，零件间的错位和不平度不大于 25%，如图 14－10 所示。尽管激光焊时变形很小，但为了确保焊接过程中工件间的相对位置不变化，最好采用适当的夹持方式。图 14－10 中所标公差主要适用于铁合金和镍合金等材料，而对于导热性好的材料，如铜合金、铝合金等，还应将误差控制在更小的范围内。另外，由于激光焊接时一般不加填料，所以对接间隙还直接影响着焊缝的凹陷程度。

搭接时装配间隙应小于板材厚度的 25%，如图 14－11 所示。如装配间隙过大，会造成上面工件的烧穿。当焊接不同厚度的工件时，应将薄件置于厚件之上。

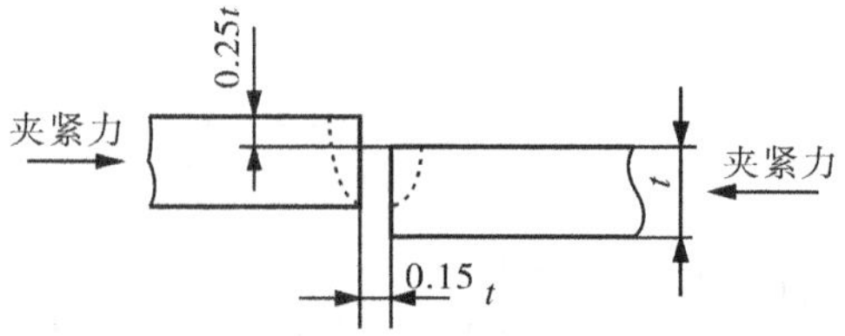

图 14－10　对接装配精度及夹紧方式

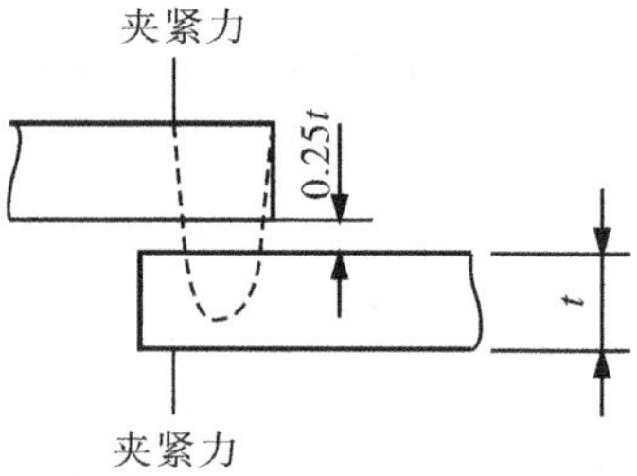

图 14－11　搭接装配精度及夹紧方式

图 14－12 所示为板材激光焊常用的接头形式，其中的卷边角接接头具有良好的连接刚性。在吻焊接头形式中，待焊工件的夹角很小，因而入射光束的能量的绝大部分可被吸收，吻焊接头焊接时，可不施以夹紧力或仅施以很小的夹紧力，其前提是待焊工件的接触必须良好。

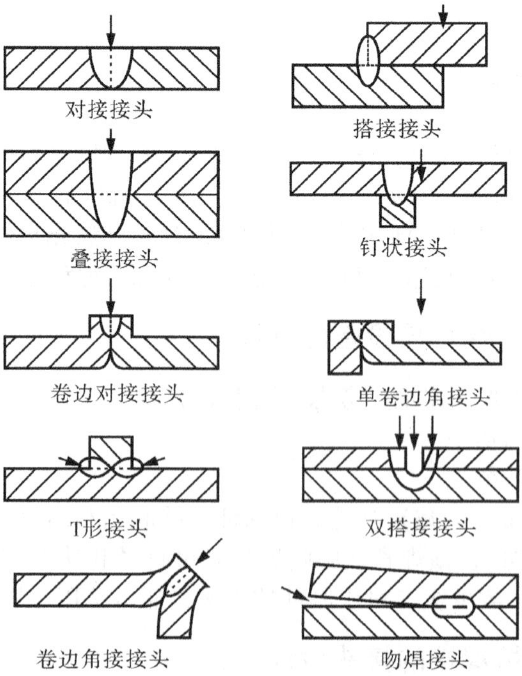

图 14－12　板材激光焊常用接头形式

14.3.3 工艺参数及其对熔深的影响

1. 入射光束功率

入射光束功率主要影响熔深，当束斑直径保持不变时，熔深随入射光束功率的增加而变大。由于光束从激光器到工件的传输过程中存在能量损失，作用在工件上的功率总是小于激光器的输出功率，所以入射光束功率应是照射到工件上的实际功率。

2. 光斑直径

在入射功率一定的情况下，光斑尺寸决定了功率密度的大小。对高斯光束的直径定义为光强下降到中心值的 $1/e$ 或 $1/e^2$ 处所对应的直径，前者包含略多于 60% 的总功率，后者则包含 80% 的总功率，建议采用 $1/e^2$ 的定义方法。

实际测量中所采用的最简单的方法是等温轮廓法，通过对炭化纸的烧焦或对聚丙烯板的穿透来进行测量。聚焦后的光斑直径：

$$d = 2.44\frac{f\lambda}{D}(3m+1)^{\frac{1}{2}} \tag{14-31}$$

式中，f——聚焦镜焦距；

λ——激光波长；

D——聚焦前光斑直径；

m——激光横模的阶数。

显然，采用短焦距的聚焦镜可使 d 变小。在 f 一定的情况下，横模阶数越低，d 越小；当横模为基模（$m=0$）时，d 最小。

2. 吸收率

吸收率决定了工件对激光束能量的利用率。研究表明，金属对红外光的吸收率 ρ_A 与它的电阻率 ρ_r 间的关系为

$$\rho_A = 112.2\sqrt{\rho_r} \tag{14-32}$$

电阻率又与温度有关，金属的吸收率又与温度密切相关。理论计算表明，材料 Ti-6Al-4V 在 300 ℃时的吸收率约为 15%，而 304 型不锈钢、Fe 和 Zn 即使在熔融状态，其吸收率也低于 15%，这说明反射造成的能量损失是很大的。

尽管大多数金属在室温时对 10.6 μm 波长光束的反射率一般都超过 90%，然而，一旦熔化、汽化、形成小孔以后，对光束的吸收率将急剧增加。另外，使用活性气体也能增加材料对激光的吸收率。实验表明，在保护气体氩中添加 10% 的氧，可使熔深增加一倍。

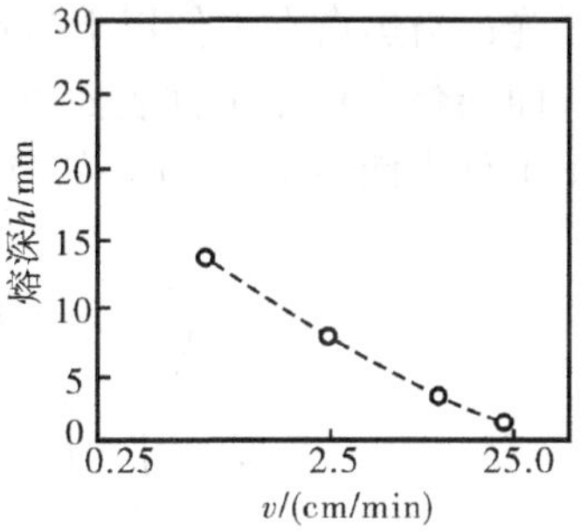

图 14-13　304 型不锈钢在 10 kW 功率下熔深随焊接速度的变化曲线

3. 焊接速度

焊接速度影响焊缝熔深和熔宽。深熔焊接时，熔深几乎与焊接速度成反比，图 14-13 所示为采用 10 kW 功率时，304 型不锈钢熔深随焊接速度的变化曲线。在给定材料、给定功率条件下对一定厚度范

围的工件进行焊接时，有一合适的焊接速度范围与之对应。如速度过高，会导致焊不透；如速度过低，又会使材料过量熔化，焊缝宽度急剧增加，甚至导致烧损和焊穿。

3. 保护气体成分及流速

深熔焊时，保护气体的作用有两个，一是保护被焊部位免受氧化；二是为了抑制等离子云的负面效应。

不同的保护气体对熔深具有不同的影响。He 可显著改善激光的穿透力，这是由于 He 的电离势高，不易产生等离子体，而 Ar 的电离势低，易产生等离子体。若在 He 中添加 1% 的有更高电离势的 H_2，则又会进一步改善光束的穿透力，使熔深进一步增加。空气和 CO_2 对光束穿透力的影响介于 Ar 和 He 之间。

气体流量对熔深的影响如图 14－14 所示。在一定的流量范围内，熔深随流量的增加而增加，超过一定值以后，熔深则基本维持不变。这是因为流量从小变大时，保护气体去除熔池上方等离子体的作用加强，减小了等离子体对光束的吸收和散射作用，因而熔深增加，一旦流量达到一定值以后，仅靠吹气进一步抑制等离子体负面效应的作用已不明显，因而，即使流量再加大，对熔深也就影响不大了。另外，过大的流量不仅会造成浪费，同时，还会使焊缝表面凹陷。

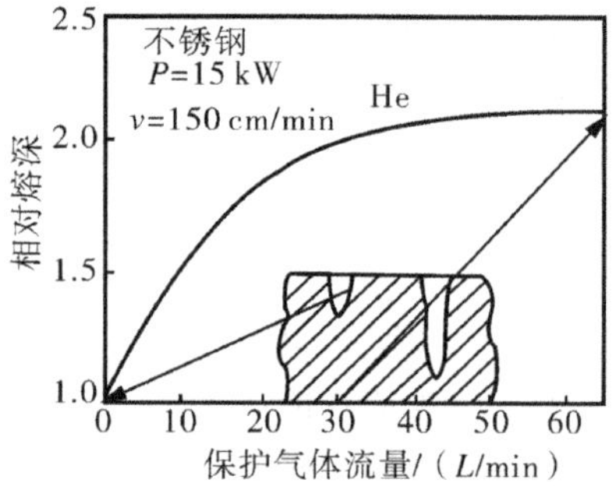

图 14－14　保护气体流量对熔深的影响

高速焊接时，选择保护气体不能仅仅考虑气体的电离势，还应考虑气体的密度。因为电离势较高的气体往往原子序数较低，相对原子质量也较小，高速焊接时，这些较轻的气体不能在短时间内把焊接区域的空气排走，而较重的气体则可实现这一点。因而，把较重的气体和较轻的而电离势又高的气体混合在一起，将会产生最佳的熔透效果。

4. 离焦量

离焦量不仅影响工件表面光斑直径的大小，而且影响光束的入射方向，因而对焊缝形状、熔深和横截面积有较大影响。图 14－15 所示为采用功率为 5 kW、焊接速度为 16 mm/s、对板厚为 6 mm 的 310 型不锈钢进行实验所得到的结果。当焦点位于工件较深部位时形成 V 形焊缝；当焦点在工件以上较高距离（正离焦量大）时形成“钉头”状焊缝，且熔深减小；而当焦点位于工件表面下 1 mm 左右时，焊缝截面两侧接近平行。实际应用时，焦点位于工件表面下 1～2 mm 的范围较为适宜。

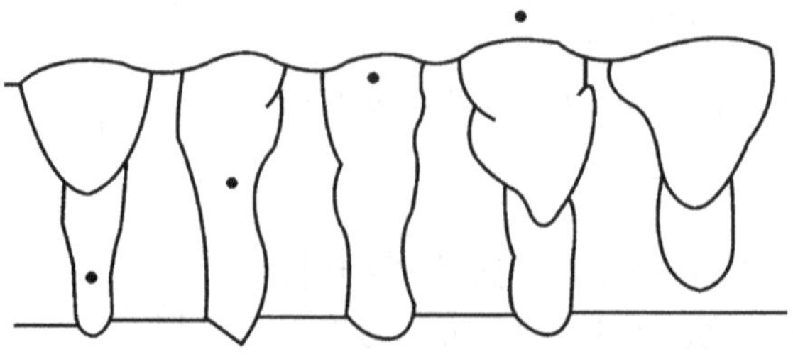

图 14－15　离焦量对焊缝形态的影响

14.3.4 激光传导焊接的接头设计

图 14 - 16 所示为线材激光焊常用的接头形式，线材焊接常采用脉冲固体激光焊。图 14 - 17 所示为片与片的焊接形式。

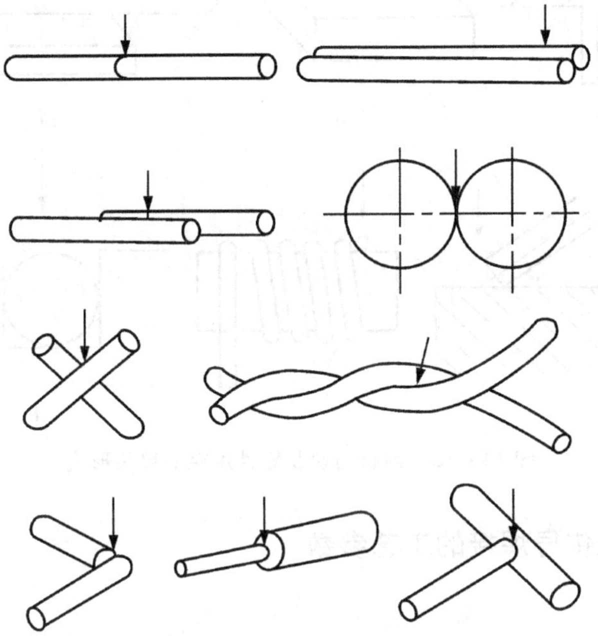

图 14 - 16 线材激光焊的常用接头形式

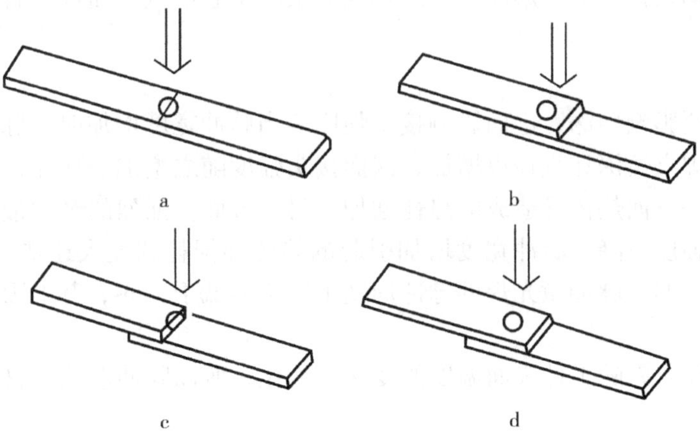

图 14 - 17 薄片与薄片的焊接方式

图 14 - 18 所示为线材与块状零件焊接的接头形式。采用图 14 - 18a 形式时，将细丝插入孔中，图 14 - 18b 为“T”形连接，图 14 - 18c、d、e 为端焊连接，而采用图 14 - 18f 形式时，细丝置于平板原件的小槽或凹口内，当光斑直径大于细丝径时，可增加焊接接头的可靠性。

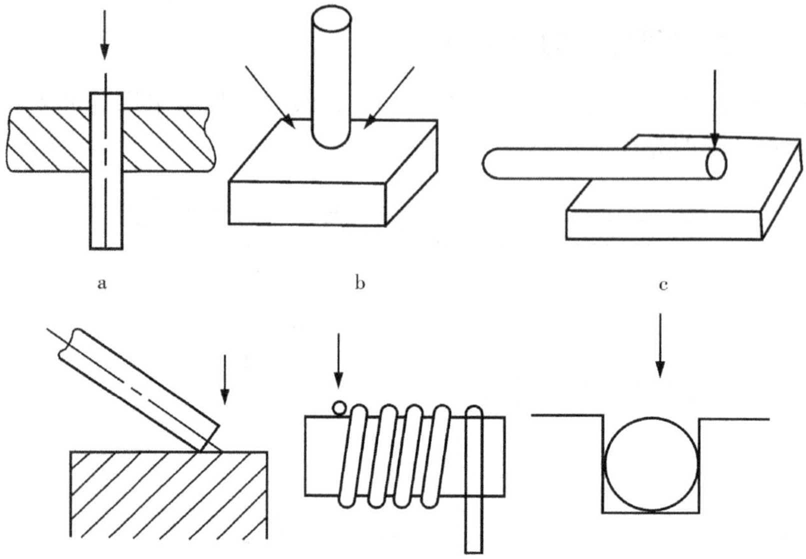

图 14－18　线材与块状零件焊接的接头形式

14.3.5　激光传导焊接的工艺参数

1. 脉冲能量

脉冲能量主要影响金属的熔化量，当能量增大时，焊点的熔深和直径增加。由于光脉冲能量分布的不均匀性，最大熔深总是出现在光束的中心部位，而焊点直径也总是小于光斑直径。

2. 脉冲宽度

脉冲宽度主要影响熔深，进而影响接头强度。当脉冲宽度增加时，脉冲能量增加，在一定的范围内，焊点熔深和直径也增加，因而接头强度随之增加。然而，当脉冲宽度超过一定的值以后，一方面热传导造成的热耗增加，另一方面，强烈的蒸发最终导致了焊点截面积减小，接头强度下降。脉冲宽度增加引起的热传导损耗的变大还造成了曲线的右移。大量研究和实践表明，脉冲激光焊的脉冲周期下限不能低于 1 ms，其上限不能高于 10 ms。

3. 脉冲形状

由于材料的反射率随工件表面温度的变化而变化，所以脉冲形状对材料的反射率有间接影响。

对大多数金属来讲，在激光脉冲作用的开始时刻，反射率都较高，因而可采用带前置尖峰的光脉冲。前置尖峰有利于对工件的迅速加热，可改善材料的吸收性能，提高能量的利用率，尖峰过后平缓的主脉冲可避免材料的强烈蒸发，这种形式的脉冲主要适用于低重复频率焊接。而对高重复频率的缝焊来讲，由于焊缝是由重叠的焊点组成，光脉冲照射处的温度高，因而，宜采用光强基本不变的平顶波。而对于某些易产生热裂纹和冷裂纹的材料，则可采用三阶段激光脉冲，从而使工件经历预热—熔化—保温的变化过程，最终可得到满意的焊接接头。

4. 功率密度

在脉冲激光焊中，要尽量避免焊点金属的过量蒸发与烧穿，因而合理地控制输入焊点的功率密度是十分重要的。功率密度：

$$PD = \frac{4E}{\pi d^2 t_p} \tag{14-33}$$

式中，E——激光能量；

d——光斑直径；

t_p——脉冲宽度。

焊接过程金属的蒸发还与材料的性质有关，即与材料的蒸气压有关，蒸气压高的金属易蒸发。另外，熔点与沸点相差大的金属，焊接过程易控制，大多数金属达到沸点的功率密度范围在 $10^5 \sim 10^6\ W/cm^2$。对功率密度的调节可通过改变脉冲能量、光斑直径、脉冲宽度和激光模式等实现。

5. 离焦量

一定的离焦量可以使光斑能量的分布相对均匀，同时也可获得合适的功率密度。尽管正负离焦量相等时，相应平面上的功率密度相等，然而，两种情况下所得到的焊点形状却不相同。负离焦时的熔深比较大，这是因为，负离焦时小孔内的功率密度比工件表面的高，蒸发更强烈。因而要增大熔深时可采用负离焦，而焊接薄材料时，则宜采用正离焦。

14.4 激光电弧复合焊接技术

14.4.1 激光+电弧复合热源焊原理

作为先进熔焊技术的典型代表，激光焊具有焊速快、变形小、能量精确可控等优点，在汽车、航天、能源、电子等行业得到广泛应用，被誉为21世纪最先进的焊接技术之一。但激光焊同时也存在成本高、对工件装配精度要求苛刻、高反射率金属难于焊接等缺点，从而限制了激光焊的进一步推广。为了消除或减少激光焊的缺陷，更好地应用这一先进焊接技术，以激光为核心的复合热源焊技术应运而生，其中研究最多、应用最广要属激光+电弧复合热源焊。

激光+电弧复合热源焊是将激光热源和电弧热源有机结合而成的新型高效焊接工艺，其主要目的是有效地利用电弧热量，在较小激光功率条件下获得大熔深，同时提高激光焊对工件装配间隙的适应性，实现真正的优质、高效焊接。激光+电弧复合热源焊并不是两种焊接工艺的简单叠加，它不仅综合了两种热源的优点，弥补了两者的缺点，而且实现了“1+1>2”协同效应，使其成为工业生产中最具前景的高效焊接技术之一。

激光与电弧联合应用进行焊接存在两种方式，一种方式是沿焊接方向，激光与电弧间距较大，前后串联排布，两者作为独立的热源作用于工件，主要利用电弧热源对焊缝进行预热或后热，以达到提高吸收率、改善焊缝性能的目的；另一种方式是激光与电弧共同作用于熔池，焊接过程中，激光与电弧之间存在相互作用和能量的耦合，也就是我们通常所说的激光+电弧复合热源焊。

14.4.2 激光+电弧复合热源焊种类

对于激光+电弧复合热源焊，常用的激光器为 CO_2 气体激光器、YAG 固体激光器、半导体激光器以及光纤激光器。由于固体激光波长短，在材料加工中，特别是焊接加工中，具有独特的优势（如材料对激光的吸收率高，光束易通过光导纤维传输，易实现焊接柔性化、自动化等），使固体激光+电弧复合热源焊接受到了越来越多的重视。

根据激光与电弧相对位置的不同又有旁轴复合和同轴复合之分。

1. 旁轴复合

旁轴复合是指光束与电弧以一定角度作用于工件的同一位置，即激光从电弧的外侧穿过达到工件表面，可在电弧前方，也可在电弧后方，如图 14－19 所示。旁轴耦合较易实现，可以采用非熔化极的 TIG 电弧，也可以采用熔化极的 MIG 电弧。

2. 同轴复合

同轴复合是指激光与电弧同轴作用在工件的同一位置，即激光穿过电弧中心或电弧穿过环状激光束中心到达工件表面，如图 14－20 所示。同轴复合难度较大，工艺较复杂，因此采用非熔化极的 TIG 电弧或等离子弧。

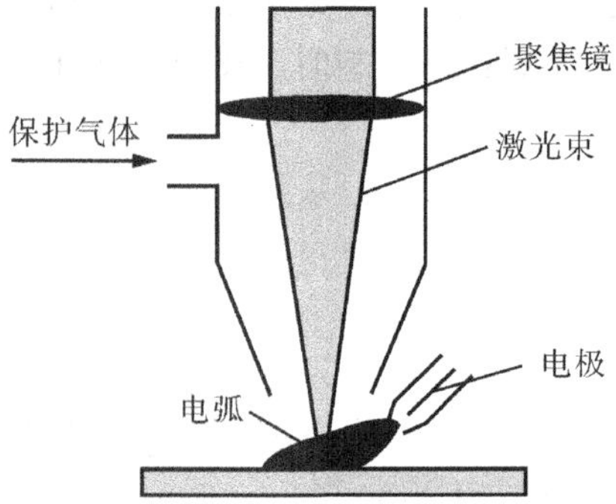

图 14－19　激光－电弧旁轴复合热源焊

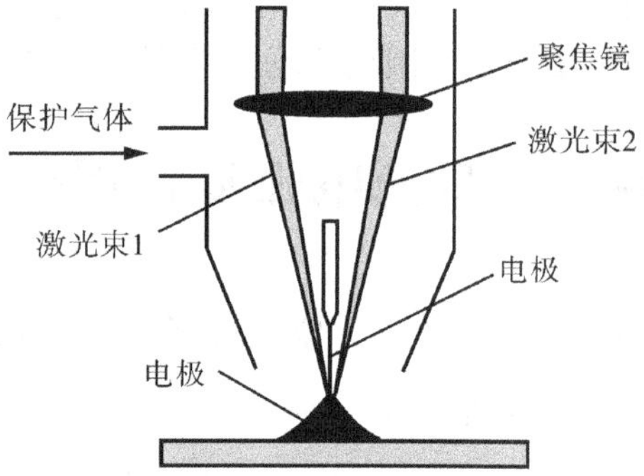

图 14－20　激光－电弧同轴复合热源焊

3. 激光+电弧得合分类

按照附加热源的不同，激光+电弧复合焊接主要包括：激光+TIG、激光+GMAW、激光+PAW（等离子弧焊）和激光+双弧复合。

（1）激光+TIG 电弧复合热源焊。如上所述，激光+电弧复合热源的最早研究就是始于 CO_2 激光和 TIG 电弧的旁轴复合。TIG 电弧焊为非熔化极焊接，因此它与激光复合焊接的工艺过程相对简单，光束与电弧可以同轴排布，也可以旁轴排布。激光功率、焊接电流、光束与电弧的夹角、排布方向、作用间距、电弧高度、保护气体流量等都是影响复合焊效果的因素。在高焊速条件下，激光+TIG 复合热源焊电弧稳定，焊缝成形美观，同时减少了气孔、咬边等焊接缺陷的产生。尤其是在小电流、高焊速和长电弧条件下，激光+TIG 复合热源焊的焊接速度可达到单激光焊的两倍以上，这是常规 TIG 焊无法做到的。激光+TIG 复合热源焊多适用于薄板高速焊接，也可适用于不等厚材料对接焊缝的焊接，焊接较大间隙板时，可以填充金属。

（2）激光+PAW 复合热源焊。等离子弧具有刚性好、温度高、方向强、电弧引燃性好、加热区窄、对外界的敏感性小等优点，非常利于进行复合热源焊接。在与激光复合进行薄板对接，不等厚板连接、镀锌板搭接、铝合金焊接，切割和表面合金化等方面的应用都获得良好的效果。同激光 + TIG 复合热源焊一样，激光 + PAW 复合热源焊可以旁轴复合，也可以同轴复合。

（3）激光 + GMAW 复合热源焊。激光 + GMAW（MIG/MAG）复合热源焊是目前应用最为广泛的一种复合焊接工艺，在汽车、船舶等领域都得到应用。由于激光 + GMAW 复合热源焊存在填丝和熔滴过渡等问题，其物理过程较激光 + TIG 或激光 + PAW 复合热源焊更为复杂，绝大多数采用旁轴复合方式进行焊接。

GMAW 焊丝与保护气体以一定角度斜向送入焊接区域，熔滴与熔化的母材一起形成焊接熔池。由于填丝的存在，可以提高焊接熔深，增强工艺的适应性并改善焊缝性能，但若光丝间距、光丝角度等参数设置不当，焊丝及熔滴也容易造成对激光的干扰，影响焊接质量。

（4）激光 + 双电弧复合热源焊。激光 + 双电弧复合热源焊是将激光与两个 GMAW 电弧同时复合在一起组成的焊接工艺，两个 GMAW 焊枪都有独立的电源和送丝机构，通过各自的供线系统分享焊接机头。每个 GMAW 焊枪都可以相对于另一焊枪和激光束位置任意调整。由于三个热源同时作用于一个区域内，相互之间位置的排布尤为重要。为了使复合焊接头在垂直方向相对于激光束的位置可重新定位，在研究和设计试验装置时需要精心考虑 GMAW 焊枪与与激光束尺寸。激光 + 双弧复合热源焊是对常规激光 + GMAW 复合热源焊的改进，更适于大厚板的焊接。无间隙焊接时，激光 - 双弧复合热源焊的焊接速度比一般激光 + GMAW 复合热源焊提高了 33%，比埋弧焊提高了 80%，单位长度的热输入比常规激光 + GMAW 复合热源焊少 25%，比埋弧焊少 83%，而且焊接过程非常稳定，远远超过常规的激光 + GMAW 复合热源焊。

如上所述，与其他复合焊相比，激光 + GMAW 电弧复合热源由于存在焊丝，多采用旁轴复合结构，可以以较大的电流密度施焊，熔覆效率较高，能够获得更大的熔深和熔宽，可用于更厚大板件的焊接，对工件间隙、错边、对中度偏离的敏感性更小，适应性更强，焊接效率更高。此外，激光 + GMAW 复合热源焊还可以通过选择合适的焊丝，向焊缝金属中添加有益元素，改善焊缝的冶金性能和微观组织结构，可以减小焊缝裂纹倾向及其冲击韧性和强度，更适合焊接高强结构钢、铝、铝合金等材料。正是基于以上这些特点，激光 + GMAW 复合热源焊成为目前国内外备受推崇的激光 + 电弧复合热源焊接方式。

14.5 激光钎焊

钎焊是指将熔点低于母材的钎料采用一定的方式送达母材焊缝加热部位，并将其加热到介于钎料和母材熔点之间的温度，借助钎料的熔化润湿和铺展填充母材间隙，然后冷却凝固形成钎焊接头。激光钎焊是以激光为热源的钎焊技术，它利用了激光束良好的方向性和高功率密度的特点，将激光束通过光学系统聚焦于焊接接头处，实现局部或微小区域的快速加热完成钎焊。它具有加热速度快、热影响区小、辐照时间和输出功率易于控制等特点，而且易于分光，实现多点同时焊接，具有很大的灵活性。

根据加热温度的不同，激光钎焊分为软钎焊和硬钎焊。钎料液相线温度低于 450 ℃的，称为软钎焊；钎料液相线温度高于 450 ℃而低于母材金属熔点的，称为硬钎焊。激光软钎焊主要用于印制电路板电子元件的焊接。激光硬钎焊主要用于高强钢和镀锌钢板的焊接。由于大多数有色金属对激光的反射率较高，材料的热导率也较高，激光熔化焊需要较高的功率，因而激光硬钎焊更具优越性。激光硬钎焊银、铜、镍、金和铝有良好的效果，焊缝金属组织晶粒更细，硬度更高。

激光钎焊时，钎料可以采用预置方式，也可以采用送丝方式。钎焊接头通常采用卷对接和搭接两种方式。卷对接情况下，钎焊丝从激光前端送入有利于焊接过程稳定；搭接情况下，钎焊丝从侧下方水平送入有利于焊接过程稳定。钎焊加热温度较低，对激光功率密度的要求较低，因此一般采用散焦的方式进行加热，既可降低功率密度，又可根据钎缝宽度和焊丝直径灵活调节光斑的大小和形状，优化激光在加热焊丝和母材上的能量分配。通常光斑直径应大于焊丝直径，这有利于焊丝的焙化和铺展。在其他参数都合适的条件下，光斑直径为焊丝直径的两倍时焊缝成形较好。

激光钎焊可采用单光束，也可采用双光束。双光束既可通过两个独立的激光器获得，也可以通过分光镜分光获得。双光束钎焊可以更加灵活方便地控制辐照时间和位置，从而针对具体的钎焊材料和钎焊接头形式更好地控制钎焊过程。双光束激光钎焊在搭接情况下，一束光可用于加热熔化焊丝，另一束光则加热填充间隙使母材温度升高，促进钎料的润湿铺展，提高接头强度。对接情况下，两束光重叠辐照加热，除了能使加热钎料的效果得到改善，接头附近区域也同时被加热升温，从而促进了钎料的润湿铺展和分布均匀。高速钎焊时，为了提高激光的利用率，可以采用热丝激光钎焊，即焊丝在进入熔池之前先用电阻热对其端部在一定长度上进行加热，以降低加热焊丝所需的激光功率，提高钎焊的速度。

激光钎焊的工艺参数主要有：①激光类型和功率。CO_2 激光、YAG 激光和半导体激光都可以用于激光钎焊。在钎焊条件下，它们各自的特点与激光熔化焊相同。②光斑直径。激光钎焊通常采用散焦光斑，光斑大小取决于钎缝宽度和焊丝直径。③钎焊速度。根据实际钎焊的要求加以确定，取决于激光功率，激光功率越大，钎焊速度越高。④送丝速度。送丝速度大小主要考虑钎缝填充和良好成形，送丝速度与钎焊速度应匹配，提高钎焊速度的同时应提高送丝速度。激光入射角度、送丝角度、焊丝形状尺寸也是重要的工艺参数。激光钎焊时，钎料、钎剂、保护气的选择与常规钎焊基本相同。在许多情况下，激光钎焊可以不用钎剂和保护气。

激光钎焊的关键在于合理控制激光功率分配。若光束聚在钎料上，钎料温度过高导致熔化过快，而母材温度不足使钎料不能很好地润湿母材，影响填充效果，焊缝成形变差；若光束聚在母材上，则钎料温度有可能过低导致钎料流动性降低，而母材可能过热熔化，导致钎料直接进入熔池形成熔化焊，形成脆性相影响焊缝性能。

激光硬钎焊目前已广泛应用于汽车工业、航空航天等领域，汽车制造中镀锌钢板的激光钎焊成功地解决了激光熔焊中由于锌的蒸发而导致的焊缝成形差的问题。随着高强度轻质合金、金属基复合材料等新型材料在航空航天领域的应用，激光硬钎焊可以解决用传统的熔焊或钎焊方法难以解决的连接问题。

激光软钎焊主要用于印制电路板集成电路的焊接。采用激光辐射加热集成电路引线，通过焊膏或预制焊料向基板传热，当温度达到钎焊温度时，焊膏或焊料熔化，基板和引线润湿形成连接。激光软钎焊集成电路多采用 YAG 激光器。

14.6 激光焊接应用实例与安全防护

14.6.1 激光焊接的应用实例

激光焊的部分应用实例见表 14－4。

表 14－4 激光焊的部分应用实例

工业部门	应用实例
航空	发动机壳体、风扇机匣、燃烧室、流体管道、机翼隔架、电磁阀、膜盒等
航天	火箭壳体、导弹蒙皮与骨架、陀螺等
航海	舰船钢板拼焊
石化	滤油装置多层网板
电子仪表	集成电路内引线、显像管电子枪、全钽电容、速调管、仪表游丝、光导纤维等
机械	精密弹簧、针式打印机零件、金属薄壁波纹管、热电偶、电液伺服阀等
钢铁	焊接厚度 0.2～8 mm、宽度为 0.5～1.8 m 的硅钢、高中低碳钢和不锈钢，焊接速度为 1～10 m/min
汽车	汽车底架、传动装置、齿轮、蓄电池阳极板、点火器中轴与拨板组合件等
医疗	心脏起搏器及心脏起搏器所用的锂碘电池等
食品	食品罐（用激光焊代替了传统的锡焊或接触高频焊，具有无毒、焊接速度快、节省材料，以及接头美观、性能优良等特点）

14.6.2 激光辐射的危害

激光辐射眼睛或皮肤时，如果超过了人体的最大允许照射量（maximum perissible exposure，MPE）就会导致组织损伤。损伤的效应有三种：热效应、光压效应和光化学效应。

最大允许照射量与波长、脉宽、照射时间等有关，而主要的损伤机制与照射时间有关。照射时间为纳秒和亚纳秒，主要是光压效应；照射时间为 100 ms 至几秒时，主要为热效应；照射时间超过 100 s 时，主要为光化学效应。

过量光照引起的病理效应见表 14－5。

表 14－5 过量光照引起的病理效应

光谱范围	眼睛	皮肤
紫外光：（180～280 nm）	光致角膜炎	红斑，色素沉着 加速皮肤老化过程
（200～315 nm）	光致角膜炎	

续表

光谱范围	眼睛	皮肤	
(315～400 nm)	光化学反应	皮肤灼伤	光敏感作用，暗色
可见光：(400～780 nm)	光化学和热效应所致的视网损伤		
红外光：(780～1 400 nm)	白内障、视网膜灼伤		
(1.4～3.0 μm)	白内障、水分蒸发、角膜灼伤		
(3.0 μm～1 mm)	角膜灼伤		

1. 对眼睛的危害

当眼睛受到过量照射时，视网膜会被烧伤，从而引起视力下降，甚至色素上皮和邻近的光感视杆细胞核视锥细胞也会被烧坏，导致视力丧失。

我国激光从业人员的损伤率超过千分之一，其中有的基本丧失视力，所以对眼睛的防护要特别关注。

2. 对皮肤的危害

当脉冲激光的能量密度焦耳每平方厘米或连续激光的功率密度达到0.5 W/cm^2 时，皮肤就可能遭到严重的损伤。

可见光波段（400～700 nm）和红外激光的辐射会使皮肤出现红斑，进而发展为水疱；极短脉冲、高峰值功率激光辐射会使皮肤表面碳化；对紫外激光的危害和累积效应虽然缺少充分研究，但仍不可掉以轻心。

14.6.3 激光危害的工程控制

（1）最有效的措施是将整个激光系统置于不透光的罩子中。

（2）对激光器装配防护罩或防护围封，防护罩用以防止人员接受的照射量超过 MPE，防护围封用以避免人员受到激光照射。

（3）工作场所的所有光路包括可能引起材料燃烧或次级辐射的区域都要予以封闭，尽量使激光光路明显高于人体身高。

（4）在激光加工设备上设置激光安全标志，激光器无论是在使用、维护或检修期间，标志必须永久固定。

14.6.4 激光危害的个人防护

即使激光加工系统被完全封闭，工作人员亦有接触意外反射激光或散射激光的可能性，所以，个人防护也不能忽视。个人防护主要使用以下器材。

（1）激光防护眼镜。其最重要的部分是滤光片（有时是滤光片组合件），它能选择性地衰减特定波长的激光，并尽可能透过非防护波段的可见辐射。激光防护眼镜有普通眼镜型、防侧光型和半防侧光型等。

（2）激光防护面罩。实际上是带有激光防护眼镜的面盔，主要用于防紫外激光。

（3）激光防护手套。工作人员的双手最易受到过量激光照射，特别是高功率、高能量激光的意外照射对双手的威胁很大。

（4）激光防护服。防护服由耐火及耐热材料制成。

第 15 章　电子束焊

电子束焊（electronic beam welding，EBW）是一种高功率密度的焊接方法，它利用空间定向高速运动的电子束，撞击工件表面后，将部分动能转化成热能，使被焊金属熔化，冷却凝固后形成焊缝。该方法首先被用于原子能及宇航工业，继而扩大到航空、汽车、电子、电器、机械、医疗、石油化工、造船、能源等几乎所有的工业部门，创造了巨大的社会及经济效益。

15.1　电子束焊的基本原理及分类

15.1.1　电子束焊的基本原理

电子束是在高真空环境中由电子枪产生的。在一定的加速电压的作用下，电子被加速到0.3 ~0.7 倍的光速，具有一定的动能。但这样的电子束密度低，能量不集中，只有通过电子光学系统把电子束会聚起来，提高其功率密度后，才能达到熔化焊接金属的目的。

这种功率密度很高的电子束撞击到工件表面时，电子的动能就转变为热能，使金属迅速熔化和蒸发。在高压金属蒸气的作用下熔化的金属被排开，电子束就能继续撞击深处的固态金属，同时很快在被焊工件上“钻”出一个锁形小孔（图 15 -1），小孔的周围被液态金属包围。随着电子束与工件的相对移动，液态金属沿小孔周围流向熔池后部，逐渐冷却、凝固，形成了焊缝。

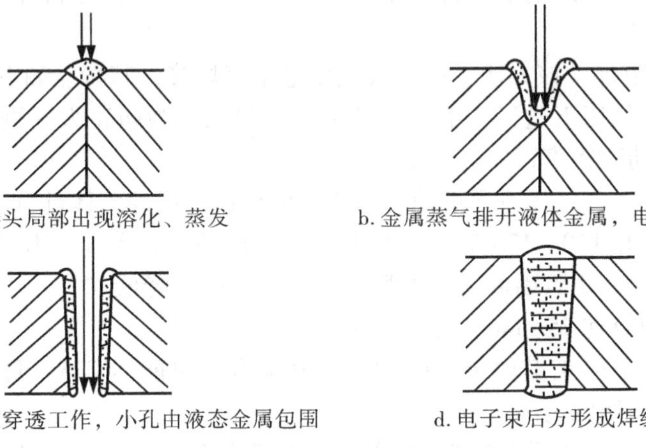

a. 接头局部出现溶化、蒸发　　b. 金属蒸气排开液体金属，电子束深入母材

c. 电子束穿透工作，小孔由液态金属包围　　d. 电子束后方形成焊缝

图 15 -1　电子束焊接焊缝形成原理

15.1.2 电子束焊的分类

1. 按被焊工件所处环境的真空度进行分类

（1）高真空电子束焊。高真空电子束焊接是在 $1.33\times10^{-4}\sim1.33\times10^{-1}$ Pa 的压强下进行的，在这样良好的真空条件下，电子束很少发生散射，能有效地防止熔池金属元素的氧化和烧损，适用于活性金属、难熔金属和质量要求高的工件的焊接。其主要特点如下。

1）工作室压强可保持在 $1.33\times10^{-4}\sim1.33\times10^{-1}$Pa 的范围内。

2）加速电压范围一般为 15 ~ 175 kV。

3）最大工作距离即工件距离电子束出口处最大可达 1 000 mm。

4）电子束处在高真空条件下，电子散射小，功率密度高，穿透深度大，焊缝深宽比可达 20 以上，且焊缝化学成分变化小，焊缝质量高。

5）适用于难熔金属、活泼金属、高纯度金属和异种金属的焊接，也适用于各种形状复杂的小型零件的精密焊接。

（2）低真空电子束焊。低真空电子束焊接是在 1.33 ~ 13.3 Pa 的低真空工作室内进行的，而电子枪仍处在 1.33×10^{-3} Pa 的高真空条件下工作。低真空电子束焊接的主要特点如下。

1）工作室压力可保持在 1.33 ~ 13.3 Pa 的范围内，简化了真空机组，因而降低了生产成本。

2）加速电压的范围一般是 40 ~ 150 kV。

3）最大工作距离小于 700 mm。

4）电子束进入低真空工作室后有些散射，焊缝的深宽比略有下降，但只要适当提高束流的加速电压，仍能保持电子束功率密度高的特点。

5）焊接时只需低真空，可明显缩短抽真空时间，提高生产率。

6）焊接时的金属蒸发情况相对减弱，因而工作室内壁、工件表面及观察系统的污染得到减轻。

7）适用于大量生产，如电子元件、精密仪器零件、轴承内外圈、汽轮机隔板和齿轮等的焊接。

（3）非真空电子束焊。该方法也称为大气压电子束焊接，其特点如下。

1）焊接在正常大气压下进行，电子束从电子枪射出。为防止大气进入电子枪室，并使电子束保持应有的功率密度，应设置电子束引出装置。

2）为防止焊接时有害气体进入熔池，工作表面可通入惰性气体进行保护。

3）加速电压一般在 150 ~ 175 kV，高的加速电压能使进入大气压力环境中的电子束流保持所需要的工作距离，不致引起过大的散射和功率密度的降低。

4）最大的工作距离在 25 mm 左右。

5）在大气压下，电子束散射更加强烈，焊缝深宽比只能达到 5。目前，非真空电子束焊接能够达到的最大熔深为 30 mm。

6）非真空电子束焊接不需要真空室，因而可以焊接尺寸较大的工件，生产率较高。

非真空电子束焊接方法的最大优点是：摆脱了工作室的局限性，扩大了电子束焊接技术的应用范围，并使其向更高程度的自动化方向发展。

2. 按电子枪加速电压的高低进行分类

（1）高压电子束焊。焊接时电子枪的加速电压一般为 60 ~ 150 kV。在相同功率情况下，高压电子束焊所需的束流小，加速电压高，这样就易于获得直径小、功率密度大的束斑和深宽比大的焊缝。高压电子束焊接特别适用于大厚度板材的单道焊及难熔金属和热敏性强的材料的焊接。高压电子束焊接的缺点是：屏蔽焊接时产生的 X 射线比较困难；电子枪的静电部分需要采用耐高压的绝缘子来防止高压击穿；焊机庞大而复杂；电子枪大都是做成固定式的。

（2）中压电子束焊。焊接时电子枪的加速电压一般为 40 ~ 60 kV。当电子束的功率不超过 30 kW 时，电子束斑直径小于 0. 4 mm，除极薄材料外，这样的束斑尺寸完全能满足焊接要求。中压电子束焊接时产生的 X 射线，由适当厚度的钢制的真空室壁就可吸收，不需要采用铅板防护。电子枪极间不要求特殊的绝缘子，电子枪可做成固定式或移动式的。

（3）低压电子束焊。焊接时电子枪的加速电压低于 40 kV。在相同功率情况下，低压电子束的束流大，加速电压低，束流会聚困难，束斑直径一般难于达到 1 mm 以下，其功率也限于 10 kW 以内，这就决定了低压电子束焊只适用于薄板材料的焊接。低压电子束焊机不需要采用特殊的铅板防护，也不存在电子枪极间跳高压的危险，所以设备简单，电子枪可做成移动式的。

15. 1. 3　电子束焊的特点

1. 优点

电子束焊是一种高功率密度的熔焊方法，同其他形式的熔焊方法相比，具有下述优点。

（1）加热功率密度大。电子束功率为电子束流和加速电压的乘积。焊接时电子束流为几十到几百毫安，最大可达 1 000 mA 以上，加速电压通常在 30 ~ 175 kV，故电子束功率可从几十千瓦到上百千瓦。由于电子质量小，电子束流值又不大，借助电子光学系统能把束流会聚到直径小于 1 mm 的范围内，这样，电子束斑（或称为焦点）的功率密度可达 10^6 ~ 10^7 W/cm^2，比电弧功率密度高 100 ~ 1 000 倍。

（2）焊缝深宽比大。通常电弧焊焊缝的深宽比很难超过 2，而电子束焊接的深宽比可达 20 以上，如果采用脉冲电子束焊接，深宽比最高可达 50。这样，电子束焊接厚板时可以不开坡口实现单道焊，与电弧焊相比，可以节省辅助材料和减少能源消耗，大大提高厚板焊接的技术经济指标。从表 15 - 1 所列两种方法耗能对比可看出，在相同材料及板厚情况下，电子束焊接耗能仅为电弧焊的 1/15 ~ 1/10。

图 15 - 2 所示为电子束焊缝和钨极氩弧焊缝断面形状的比较，可以看出同样焊接 15 mm厚的工件，电子束焊焊缝面积仅约为钨极氩弧焊焊缝面积的 1/23. 5。

表 15－1　电子束焊接与电弧焊焊接时耗能情况比较

焊接方法	消耗能量/（kJ/cm）	
	钢（板厚 $\delta = 12.5$ mm）	铝合金（板厚 $\delta = 12.5$ mm）
熔化极氩弧焊	76	—
钨极氩弧焊	—	46
真空电子束焊	7.3	3.2

（3）熔池周围气氛纯度高。真空电子束焊接是在真空室中进行的，排除了大气中有害气体对熔化金属的影响。因此，真空电子束焊接不存在焊缝金属的污染问题。

（4）规范参数调节范围广、适应性强。电子束焊接的各个规范参数能各自单独进行调节，且调节范围很宽。例如电子束流可从几毫安到几百毫安，加速电压可以从几千伏到几百千伏。电子束可以焊接的工件厚度，薄的小于 0.1 mm，厚的可超过 100 mm；可焊的金属有普低钢、高强钢、不锈钢、有色金属、难熔金属以及复合材料等；电子束在真空中可以传到较远的位置上进行焊接，也可以焊接可达性差的接缝与形状复杂的工件。通过控制电子束的偏移，电子束焊接可以实现复杂接缝的自动焊接，也可以通过电子束扫描焊缝来消除缺陷，提高接头质量。因此电子束焊接被称为多能的焊接方法。

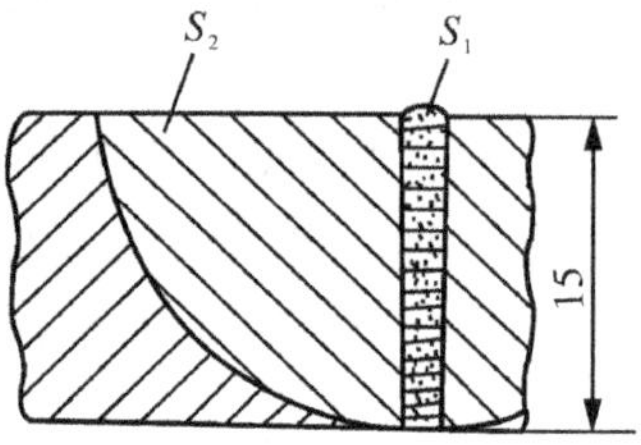

图 15－2　电子束焊缝和钨极氩弧焊缝断面形状的比较

S_1－电子束焊焊缝断面积，约为 15 mm²

S_2－钨极氩弧焊焊缝断面积，约为 353 mm²

2. 缺点

电子束焊接虽有以上诸多优点，但也存在以下一些缺点限制了该方法的普遍推广。

（1）电子束焊机结构复杂，控制设备精度高，因此成套设备价格很高。

（2）电子束焊接的焊缝接头需进行专门设计和制作加工，接头间隙需严格控制。对于一个熔深 12 mm 左右的窄焊缝，接头间隙不能超过 0.25 mm，这就对接头制备的加工费用较高。

（3）由于电子束焦点直径很小，焊缝宽度很窄，所以电子束与工件接缝的对准稍有偏差就可能对焊缝偏离工件接缝造成焊接缺陷。

（4）在真空电子束焊接中，工件的大小受真空室尺寸的限制，每次装卸都要求工作室重新抽真空，使焊接生产率受到影响，焊接费用相应增加。

（5）电子束易受磁场的干扰，因此焊接工装夹具的制作不能使用磁性材料。

（6）焊接时有 X 射线产生，屏蔽该射线比较困难，且使整机成本增加。

15.2　真空电子束焊设备

15.2.1　真空电子束焊机的组成

图 15－3 所示为真空电子束焊机的主要组成示意，其主要组成如下。

（1）主机。由电子枪、真空室、工件传动系统及操作台组成。

（2）高压电源。包括阳极高压电源、阴极加热电源与束流控制用高压电源系统。

（3）控制系统。包括高压电源控制装置、电子枪阴极加热电源的控制系统、束流控制装置、聚焦电源控制装置和束流偏转发生器等。

（4）真空抽气系统。包括电子枪抽气系统、工作室抽气系统以及真空控制及监测装置。

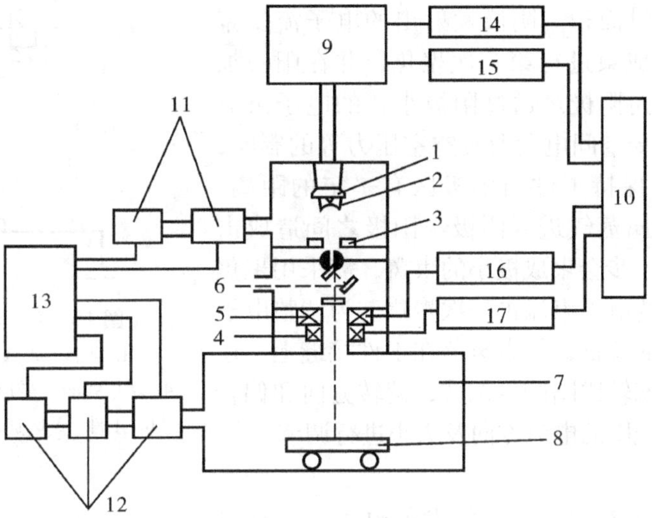

图 15－3　真空电子束焊机主要组成示意

1. 阴极　2. 聚束极　3. 阳极　4. 偏转线圈　5. 聚焦线圈　6. 光学观察系统
7. 真空工作室　8. 工作台及传动系统　9. 高压电源　10. 电气控制系统
11. 电子枪真空系统　12. 工作室真空系统　13. 真空控制及监测系统
14. 阴极加热控制器　15. 束流控制器　16. 聚焦电源　17. 偏转电源

（5）此外，真空电子束焊机的辅助设备主要如下。

1）冷却水系统。用于电子枪、扩散泵以及机械泵等正常工作需要的冷却，该系统包括水的净化过滤及软化装置。

2）供气系统和油水分离装置。供气系统用于操纵真空系统各级阀门，油水分离装置起净化压缩空气的作用。

15.2.2　电子枪

1. 电子枪的组成及工作原理

电子枪是真空电子束焊机中的关键部件之一，它是发射、形成和会聚电子束流的装置，其主要作用如下。

（1）从阴极发射电子。

（2）使电子从阴极向阳极间运动时加速，并形成束流。

（3）用磁聚焦线圈将电子束聚焦。

（4）用偏转线圈使束流产生偏转，若加入函数发生器，可使束流以给定的函数图进行扫描。

图 15－4 所示为电子枪的基本组成及工作原理。电子枪包括静电和电磁两部分。静电部分由阴极、聚束极和阳极（又名加速极）组成，通常称静电透镜。电磁部分主要由聚焦线圈及偏转线圈组成，通常称为磁透镜。当电子枪的阴极被加热时，就会有大量电子从阴极表面发射出来，为得到足够的电子流，阴极需有一定的温度和发射面积。阴极发射出的电子流受聚束极的作用，会聚成束进行第一次聚焦，并在阳极加速电压的作用下飞向阳极。通过阳极小孔的电子束流在继续行进中，因受空间电荷及真空室压力等的影响，必然会发散。为了保持工件与阳极区有一定的距离，防止焊接过程中金属蒸气进入阴极与阳极之间造成击穿，并使电子束进一步会聚成极小的束斑，需采用聚焦线圈对通过阳极孔的电子束流再一次聚焦。为调整电子束束斑在工件表面的位置，使束斑落在工件接缝上，还要使电子束流通过偏转线圈产生偏转，偏转方向和偏转量可通过改变偏转线圈的电流方向及大小进行调节。

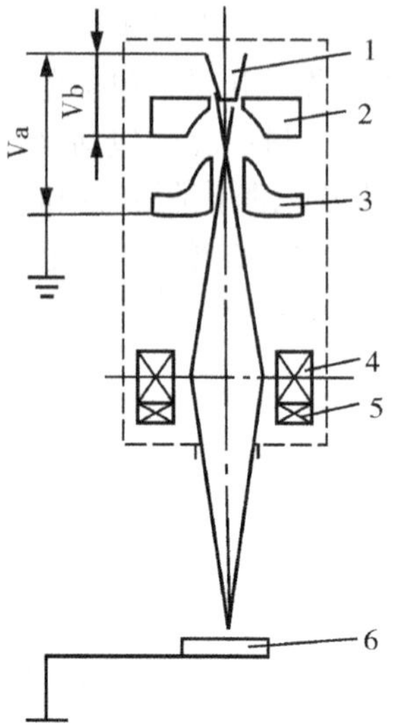

图 15－4　电子枪的组成

1. 阴极　2. 聚束极　3. 阳极
4. 聚焦线圈（磁透镜）　5. 偏转线圈
6. 工件　Va. 加速电压　Vb. 偏压

2. 静电透镜

静电透镜的作用有二个：一是发射电子，二是对发射出来的电子进行加速和会聚，以提高电子束的动能和功率密度。现以二极枪静电透镜为例简述其工作原理。

（1）电子发射。对阴极加热时，自由电子的能量逐渐增加，当其能量达到足以克服阴极金属（如钨、钽、硼化镧）的逸出功时，电子即逸出阴极表面，在发射面周围形成电子云，此时若施加一个电场，则电子即被拉出在枪内形成电子束束流。

电子枪的阴极发射通常是空间电荷限制发射或温度限制发射。在这两种发射中，阴极或者用焦耳效应直接加热，或者用装在发射面后面的辅助电子枪间接加热。温度限制发射时，对每一阴极而言，电流密度是个常数，不因电场改变而变化。而在空间电荷限制发射或肖特基发射时，电流密度是会变化的。因此当计算电子束的电流强度时，必须了解位于发射面前各点的电场、阴极温度和特性。

（2）阴极。阴极是电子束流的发射源。根据理查逊公式可计算阴极表面发射的电流密度：

$$j = AT^2 e^{\frac{\psi}{kT}} \tag{15-1}$$

式中，A——阴极材料发射常数；

ψ——阴极材料的逸出功；

T——阴极表面工作温度；

k——玻尔兹曼常数。

为获得较高的发射电流密度，要求阴极材料具有较小的逸出功或较高的熔点，同时还要考虑加工成形方便，以及高温时有足够的机械强度。由于电子枪工作环境的压强比较低

(1.33×10^{-3} Pa)，金属蒸气的污染比较严重，而且常在未完全冷却的条件下暴露于大气，故电子枪的阴极材料常采用难熔金属及其化合物，如钨、钽、六硼化镧等，其性能见表15－2。

表15－2　几种阴极材料的热发射性能

材料名称	加热温度/℃	发射电流密度/（A/cm^2）	加热功率密度/（W/cm^2）	逸出功/eV
钨	2 100	0.12	51.7	4.52
	2 200	0.30	69.8	
	2 300	0.70	93.8	
	2 400	1.60	99.6	
钨－钍	1 400	0.287	10.62	2.63
	1 500	0.772	14.19	
	1 600	1.59	18.64	
	1 700	2.89	24.04	
	1 800	3.43	30.3	
钽	2 000	0.25	42.23	4.12
	2 100	0.65	51.27	
	2 200	1.40	62.38	
六硼化镧	1 400	1.00		2.6
	1 500	3.00	30	
	1 600	8.5	40	
	1 700	25.2		

（3）电子在静电透镜中的运动。阴极发射的电子在静电场的加速和会聚下，借助于惯性穿越阳极孔。在不考虑阳极孔的发散作用及空间电荷效应时，其焦点的位置为R_a、会聚角为θ，如图15－5所示。实际上由于阳极孔的存在，等位面在其附近发生畸变，静电场渗透到了阳极孔内，对电子束起着发散作用，减弱了会聚电子束的能力，使束流穿越阳极孔后的会聚角减小，焦点到阳极孔的距离增加到b，b值的大小与静电透镜的几何尺寸R_c/R_a的比值有关。R_c/R_a的比值增大，表明会聚角θ增加，减弱了阳极孔的发散效应，故b值减小。

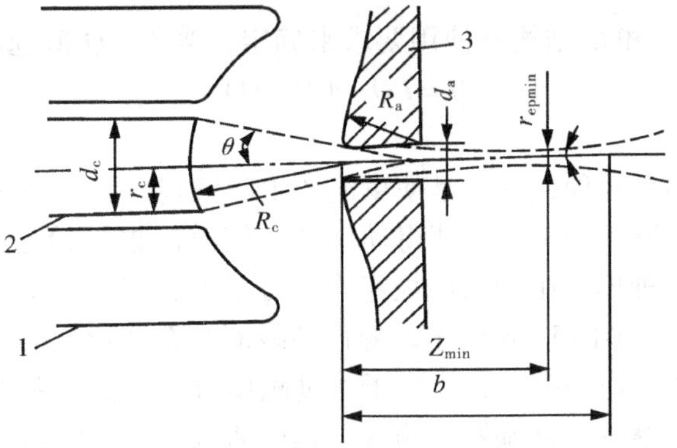

图15－5　锥形电子束

1. 聚束极　2. 阴极　3. 阳极

电子束穿过阳极后，在等位空间借助惯性飞向工件。由于静电斥力，进一步削弱了电子束流的会聚力，且不可能会聚成一点，而是在形成最小半径 r_{epmin} 的焦点后就逐渐散开，所以 r_{epmin} 是只考虑空间电荷效应时形成的静电焦点的半径，Z_{min} 是 r_{epmin} 离开阳极孔的距离。

3. 磁透镜

经过静电透镜会聚的电子束流通过阳极孔后，在其惯性运动进程中将因电子间的相互排斥作用而逐渐发散，因此必须采用磁透镜使其重新聚焦。磁透镜如图 15－6 所示。

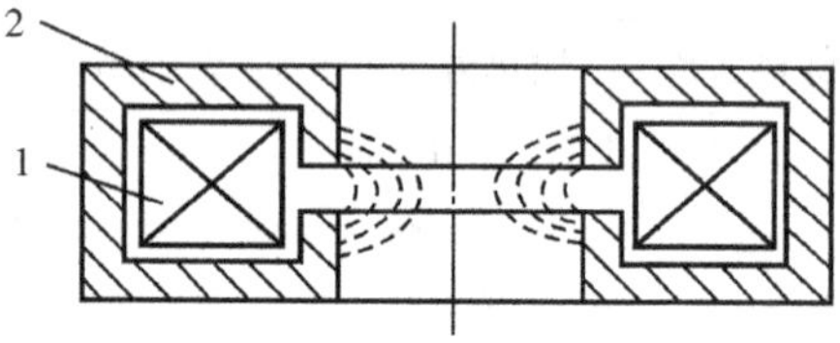

图 15－6　聚焦线圈

1. 线圈　2. 铁芯

如果电子以平行于轴的方向射入磁透镜，受到透镜的偏转作用而与轴相交，这个交点就是磁透镜的焦点，焦点离开磁透镜中心平面的距离，即为焦距 f，改变磁透镜的安匝数 IN，使磁场强度变化，就能改变 f，IN 越大，f 越小，即磁透镜的会聚能力越大，反之亦然。

经磁透镜重新会聚的电子束束斑称为电磁束斑或电磁焦点，其半径为

$$r_g = \frac{Q}{P} r_{emin} = G r_{emin} \tag{15-2}$$

式中，Q——电磁束斑到磁透镜中心面的距离；

P——静电束斑到磁透镜中心面的距离；

G——磁透镜的放大倍数。

电子束通过磁透镜重新聚焦后的焦点及位置如图 15－7 所示。

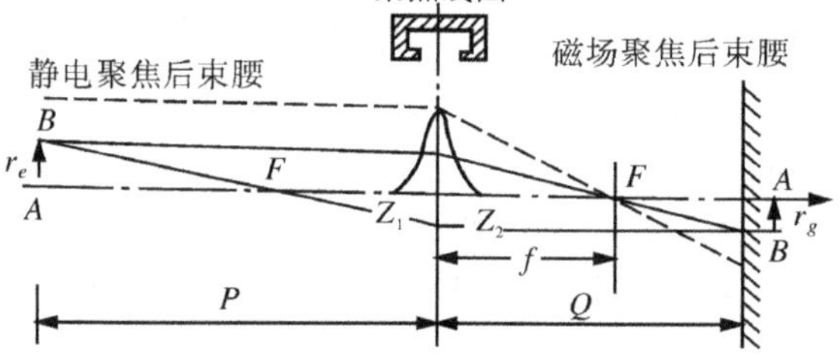

图 15－7　电磁焦点的位置

P、Q 值可根据电子枪的结构及使用要求来确定，当 P、Q 值选定后，f 亦为一定值。

$$f = PQ/(P+Q) \tag{15-3}$$

4. 偏转线圈

电子枪的偏转磁场有两种，一种是使束流产生静偏转，它由两个平行磁极组成，极间有间隙，其间有磁场；另一种是用来获得动偏转，使束流根据给定的曲线（如正弦曲线、圆、椭圆等）移动，这种偏转由两对磁极组成，磁极上加有两个垂直磁场。

（1）静偏转线圈。如图 15－8 所示，静偏转线圈套在环形铁芯的极靴上，线圈通入直流电后，两极之间就产生均匀磁场，当电子通过磁场时产生洛伦兹力，其方向是垂直于电子原来的运动方向，使得电子束流发生偏转，其运动轨迹是个圆弧，偏转方向及偏转量可通过改变偏转线圈中的电流大小及方向来调节。偏转磁场也可由通有电流的两对相互垂直

的偏转线圈产生。

静偏转的目的是将电子束斑调整到工件的被焊位置，使束斑正确地落在接缝上。为了限制束斑的畸变程度，偏转量不宜过大，一般电子束流的偏转角不大于3°。

（2）动偏转线圈。动偏转线圈可做成环形结构（图15－9），使线圈匝数均匀分布在铁芯环上，这样当线圈通有电流时，则在铁芯环内空间产生均匀的梯形磁场。由于动偏转需要使用高频偏转电流，铁芯应采用软磁铁氧体材料，以减少涡流和磁滞损失。当铁芯上按正弦函数分布放置两组相互垂直的环形偏转线圈，并通以相位差为90°的正弦波电流时，则在铁芯环内空间产生一均匀的正弦函数的旋转磁场，这样就可使得电子束流通过偏转线圈后落在工件上的电磁束斑做旋转运动。改变电流的频率，就可改变束斑的旋转速度；改变偏转电流的大小，就能改变旋转圆的直径。

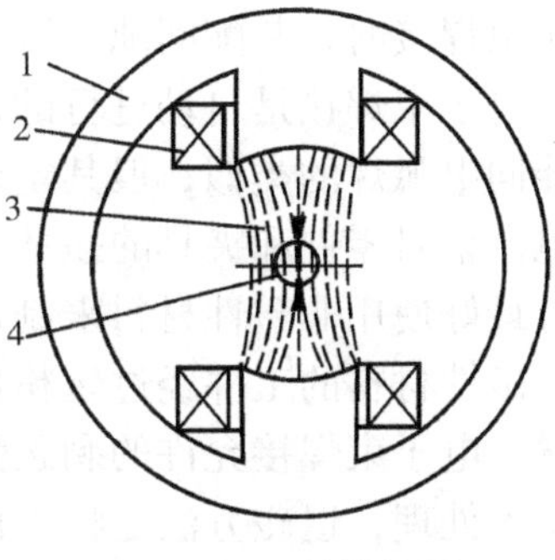

图15－8　偏转线圈

1. 铁芯　2. 偏转线圈
3. 磁力线　4. 电子束

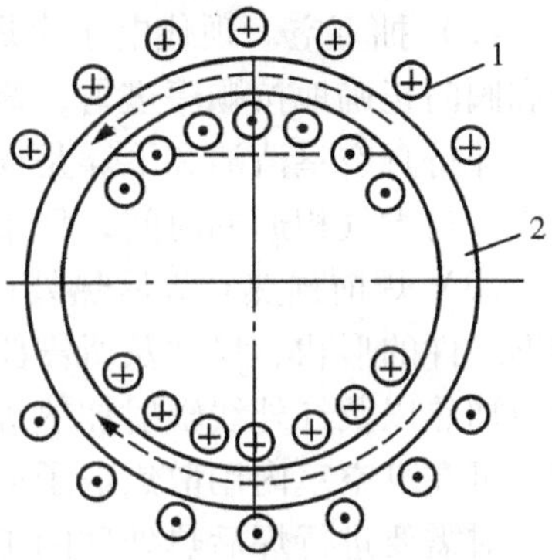

图15－9　环形偏转线圈原理图

1. 线圈　2. 铁芯

15.2.3　电子束焦点的观察

为了便于观察电子束的焦点状态、电子束与接头的相对位置，以及工件移动和焊接过程，在电子枪和工作室上应装设光学观察装置，例如工业电视和观察窗口。

电子束焦点可以通过真空室的观察窗口直接观察，也可以借助光学系统精确地测量电子束焦点的位置以实现电子束与焊缝的对中。采用工业电视可以使操作者能够连续地观察焊接过程，避免了肉眼受强烈光线刺激的危害，所有的观察装置应采取有效措施以防止金属蒸气和飞溅引起的污染和损害。

15.3　真空电子束焊工艺和接头设计

15.3.1　电子束焊接工艺

1. 焊前准备

（1）工件的准备和装夹。待焊工件的接缝区应精确加工、清洗、装配和固定。

接头清洗不当会造成焊接缺陷，降低接头的性能，不清洁的表面还会延长抽真空时间。影响电子枪工作的稳定性，降低真空泵的使用寿命。

工件表面的氧化物、油污应采用化学或机械方法清除。煤油、汽油可用于除油，丙酮是清洗电子枪零件和被焊工件最常用的溶剂，对已清洗的工件，不得用手或不清洁的工具接触接头区。

装配时应尽量使零件紧密接触，接缝间隙应尽量均匀，被焊材料越薄，间隙应越小，一般装配间隙不应大于0.13 mm，当板厚超过15 mm时，间隙可放宽到0.25 mm。非真空电子束焊接时，装配间隙可以放宽到0.8 mm。

电子束焊接是自动进行的，工件装夹和对中应当准确。电子束焊接所用夹具的结构和性能同电弧焊的类似，但其定位和传动精度要高一些，刚性可以弱一些。为了防止穿透焊时电子束对零件和夹具的损坏，应在接缝背面放置铜垫块。接头附近的夹具和工作台的零部件最好使用非磁性材料来制造，以防磁场对电子束的干扰。

磁性材料的工件经过磁粉检验或在电磁吸盘上进行磨削加工或电化学加工后，会存留剩磁。电子束焊接允许的剩磁强度为（0.5~4）$\times 10^{-4}$ T，当工件上剩磁强度过大时应进行退磁处理，退磁方法是将工件从工频感应磁场缓慢地移出或者将此感应磁场强度逐渐降低到零。

工件、夹具和工作台应保持良好的电接触，不允许在其间垫绝缘材料。夹具和工作台的结构应有利于抽真空，应尽量避免狭长的缝隙和空间大但抽气口小的所谓气袋结构。

（2）抽真空。现代电子束焊机的抽真空程序是自动进行的，这样可以保证各种真空机组和阀门正确地按顺序进行，避免由于人为的误操作而发生事故。

保持真空室清洁和干燥是保证抽真空速度的重要环节，应经常清洗真空室，尽量减少真空室与大气相通的时间，仔细消除被焊工件上的油污并定期更换真空泵。

（3）焊前预热和焊后热处理。对需要预热的工件，一般可在工件装入真空室前进行。根据工件的形状、尺寸及所需要的预热温度，选择一定的加热方法（如气焊枪、加热炉、感应加热以及红外线辐射加热等）。在工件较小、局部加热引起的变形不会影响工件质量时，可在真空室内用散焦电子束来进行预热，这是常用的方法。

对需要进行焊后热处理的工件，可在真空室内或在工件从真空室取出后进行。

2. 焊接工艺

（1）薄板的焊接。板厚0.03~2.5 mm的零件多用于仪表、压力密封接头、真空密封接头、膜盒、电接点等构件中。薄板的导热性差，电子束焊接时局部加热强烈，为防止过热，应采用夹具。图15－10所示为薄板膜盒零件及其装配焊接夹具示意，夹具材料为紫铜。

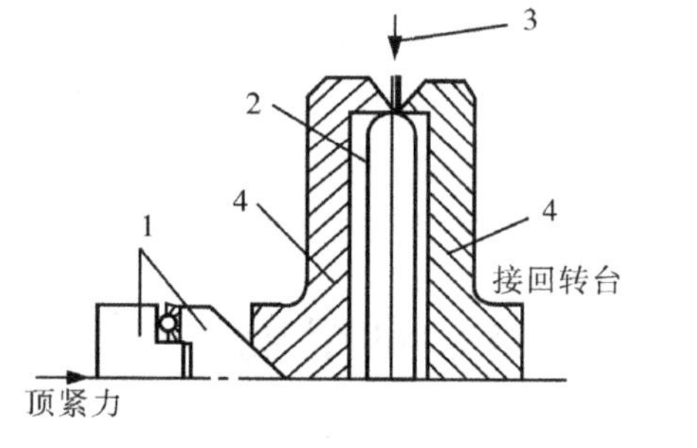

图15－10　膜盒及其焊接夹具示意

1. 顶尖　2. 膜盒　3. 电子束　4. 紫铜夹具

电子束功率密度高，易于实现厚度相差很大的非对称接头的焊接。焊接时薄板应与厚板紧贴，适当调节电子束焦点位置，使接头两侧均匀熔化。

（2）厚板的焊接。目前电子束可以一次焊透300 mm的钢板，焊缝的深宽比可达50。当被焊钢板厚度在60 mm以下时，应将电子枪水平放置进行横焊，以利于焊缝成形。电子束焦点位置对熔深影响很大，在给定的电子束功率下，将电子束焦点调节在工件表面以下焊缝深度的0.5~0.75处，电子束的穿透能力最强。实践表明，焊前将电子束焦点调节在板材表面以下板厚的1/3处，可以发挥电子束的熔透效力并使焊缝成形良好。

厚板焊接时还应保持良好的真空度，表15－3给出了真空度对电子束焊熔深的影响。

表 15－3　电子束焊真空度对钢板熔深的影响

焊接条件					熔深/mm
真空度/Pa	工作距离/mm	电子束流/mA	加速电压/kV	焊接速度/（cm/min）	
$<10^{-2}$	500	50	150	90	25
10^{-2}	200	50	150	90	16
10^{5}	13	43	175	90	4

（3）添加填充金属。在对接头有特殊要求，或者因接头准备和焊接条件的限制不能得到足够的熔化金属时，可采用添加填充金属的电子束焊接。

添加填充金属的方法是在接头处放置填充金属，箔状填充金属可夹在接缝的间隙处，丝状填充金属可用送丝机构送入或用定位焊固定。

（4）定位焊。用电子束进行定位焊是装夹工件的有效方法，其优点是节约装夹时间和经费。

可以采用焊接束流或弱束流进行定位焊，对于搭接接头可用熔透定位，有时先用弱束流定位，再用焊接束流完成焊接。

（5）焊接可达性差的接头。电子束很细，工作距离长，易于控制，可焊接狭窄间隙的底部接头，这不仅可用于生产过程，而且在修复报废零件时十分有效。因此，形状复杂、价格昂贵的铸件常用电子束焊来进行修复。

对可达性差的接头只有在下述条件下才能进行电子束焊接。

1）焊缝必须在电子枪允许的工作距离内。

2）必须有足够宽的间隙使得电子束通过，以免焊接时触伤工件。

3）在电子束的路径上无干扰磁场。

（6）电子束扫描和偏转。在焊接过程中采用电子束扫描可以加宽焊缝，降低熔池冷却速度，消除熔透不均匀等缺陷，降低对接头准备的要求。

电子束扫描是通过改变偏转线圈的激磁电流使横向磁场变化来实现的。常用的扫描图形有正弦形、圆形、矩形和锯齿形，扫描频率为 100 ~ 1 000 Hz，电子束偏转角度为 2° ~ 5°。电子束扫描还可用来检测接缝位置和实现焊缝跟踪，此时电子束的扫描速度可以高达 50 ~ 100 m/s，扫描频率可达 20 kHz。

在焊接大厚度工件时，为了防止焊接时产生的大量金属蒸气和离子直接侵入电子枪内，可设置电子束偏转装置，使得电子枪轴线与工件表面的垂直方向成一定的夹角，这对于大批量生产中保证电子枪工作稳定是十分有利的。

15.3.2　规范参数对焊缝成形的影响及选择

电子束焊的主要焊接参数是加速电压 U_a、电子束电流 I_b、聚焦电流 I_f、焊接速度 v 和工作距离 D_0 等。

1. 电子束功率密度对焊缝深宽比的影响

电子束焊接采用深穿入式成形时，焊缝的深宽比主要取决于金属的蒸发速率，而金属蒸发速率的大小是与电子束功率密度密切相关的。

用20 mm 厚的 Cr－Ni 钢在加速电压为 130 kV、束流 13 mA 的两种电子束发生系统（系统Ⅰ为短焦式，系统Ⅱ为远焦式）下进行电子束焊接试验，图 15－11 和 15－12 所示为当电子束功率一定时，工作距离和加速电压对其功率密度的影响，电子束聚焦斑点大小可通过观察电子束撞击在与工件同高的荧光板或钨块上的情况来决定。

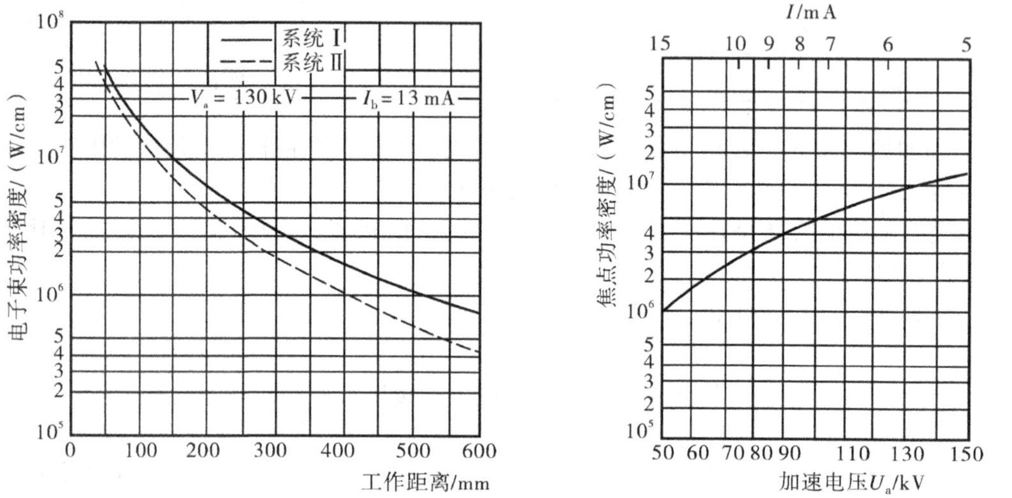

图 15－11　工作距离对功率密度的影响图　　图 15－12　加速电压对功率密度的影响

在焊缝横断面上测量熔化区的深度 H（从试件表面到焊根的距离）和熔化区的中宽 B（从试件表面到 $H/2$ 处的熔化区宽度），则工作距离和加速电压与 H、B 的关系曲线见图 15－13 和图 15－14。可以看出，电子束的功率密度越大，熔化区的深度增加，而宽度减小。

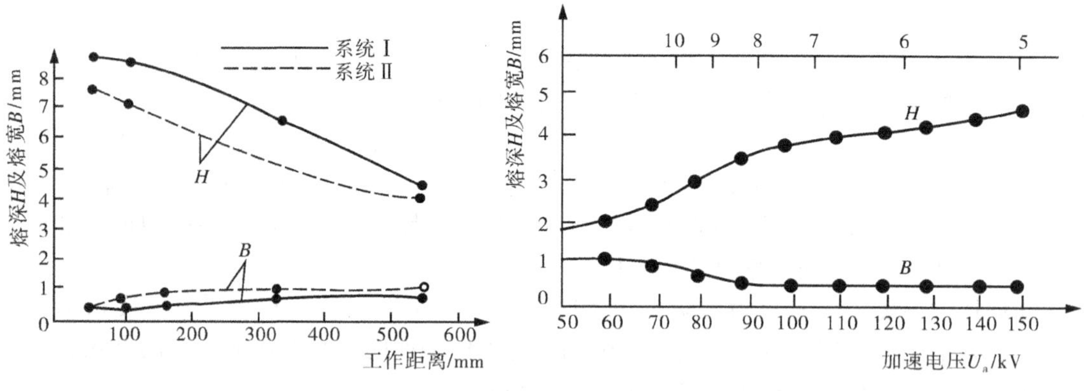

图 15－13　工作距离对焊缝的影响　　图 15－14　加速电压对焊缝的影响

2. 电子束焊接规范参数对焊缝成形的影响

在最佳聚焦条件下，电子束焊接的主要规范参数可以单独进行调节。各个参数对焊缝成形的影响程度可在保持其他参数不变的条件下，逐一进行测定。

（1）加速电压的影响。提高加速电压，可以增加焊缝熔深，如图 15－15 所示，这是由于加速电压升高时，除了电子束功率随之增大而提高功率密度外，还由于电子光学系统聚焦性能的改善进一步提高了电子束焦点的功率密度。

（2）电子束流的影响。增加电子束流，使得电子束的功率密度提高，从而增加焊缝熔深。但是当电子束流增加时，由于空间电荷效应和热扰动加剧，电子光学系统的聚焦性能变坏，使电子束焦点的功率密度增加较缓，因而熔深的增加斜率较小，如图 15－16 所示。因此，增加电子束流之后，磁透镜的聚焦电流一般也要做相应的调整。

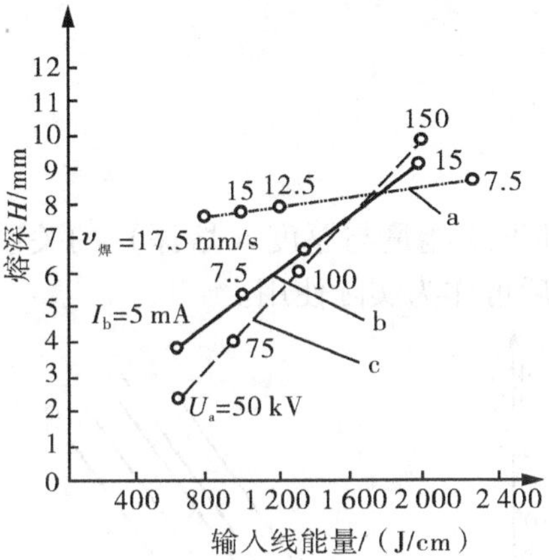

图 15－15　规范参数对熔深的影响

a. 焊接速度对熔深的影响

b. 电子束流对熔深的影响

c. 加速电压对熔深的影响

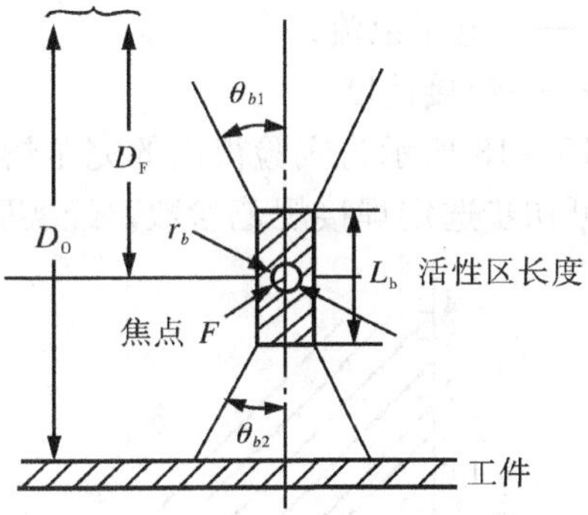

图 15－16　电子束活性区示意

（3）焊接速度的影响。在其他参数一定的情况下，增加焊接速度时，单位时间的输入热量相应减少，焊缝熔深相应减少，但焊接速度对熔深的影响较缓，这是因为以降低速度来增大线能量时，电子束焦点的功率密度没有变化，而热传导所造成的能量损失却增大了。

（4）工作距离的影响。工作距离通常指真空室顶部到工件的距离。工作距离变化后，为了获得最佳聚焦条件，必须调节磁透镜的聚焦电流。当工作距离增大后，在其他规范参数不变的条件下，聚焦电流要减小，这将使磁透镜的放大倍数增大，因而磁束斑增大，导致电子束功率密度减小，焊缝熔深也相应减小；反之，减小工作距离，则熔深相应增大。

（5）焦点位置的影响。图 15－16 表明，在电子束焦点上下附近，存在一段电子束斑点大小变化不大，功率密度几乎相等的区域，即电子束流活性区。活性区长度与电子束的会聚角以及电子枪的电子光学性能有关。

电子束焦点位于工件上方时称为上聚焦，位于工件表面时称为表面聚焦，位于工件内部时称为下聚焦。当工件处于活性区的不同范围进行焊接时，焊缝横截面的形状及熔深亦有所区别。

设 D_0 为工作距离，D_F 为磁透镜焦距，D_0/D_F 的值称为电子束的活性参数，以 a_b 表示，显然 $a_b<1$ 时为下聚焦；$a_b=1$ 时为表面聚焦，$a_b>1$ 为上聚焦。由图 15－17 可知，$a_b<1$（$a_b=0.9$）时熔深最大，这可能是电子束活性区作用于工件上的范围较大所致。

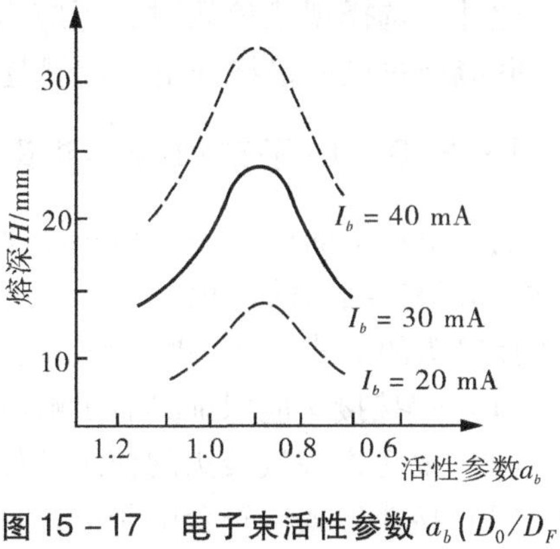

图 15－17　电子束活性参数 a_b（D_0/D_F）对焊缝形状的影响

3. 焊接规范参数的选择

电子束焊接时线能量的计算公式为

$$q=\frac{60U_aI_b}{v} \tag{15-4}$$

式中，q——线能量；

U_a——加速电压；

I_b——电子束流；

v——焊接速度。

图 15－18 所示为实验得出的完全熔透条件下线能量与厚度（熔深）的关系，利用此关系，可初步选定焊接规范参数，经实验修正后可作为实际使用。

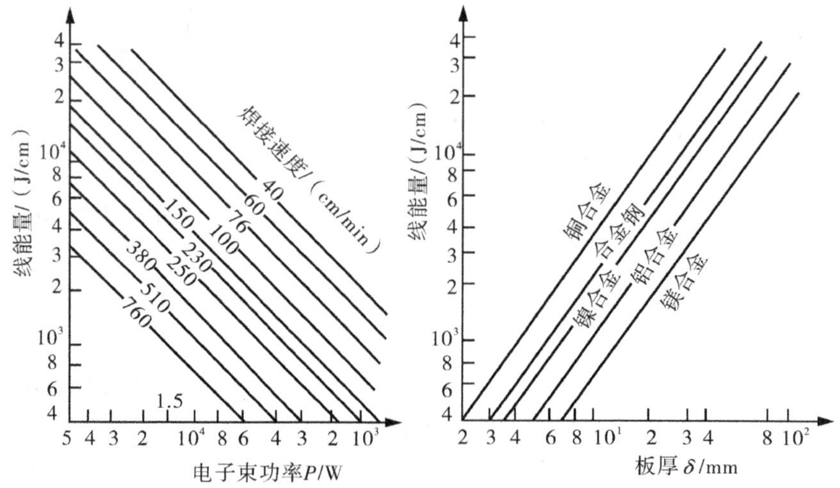

图 15－18　穿透焊接时线能量、电子束功率、焊接速度与材料和板厚（熔深）间的关系

在其他参数不变条件下，熔深和焊缝深宽比随加速电压的增加而变大；增加电子束流，焊缝的熔深和熔宽也增加；增加焊接速度会使焊缝变窄，熔深减小。

电子束聚焦状态对熔深及焊缝成形影响很大，焦点变小可使焊缝变窄，熔深增加。调节电子束时可借助目视或倾斜试板来确定电子束焦点的位置。

此外，选择规范参数时，还应考虑焊缝横断面、焊缝外形及防止产生焊缝缺陷等因素，并应通过试验最终确定焊接规范参数。

15.3.3　电子束焊接接头设计

电子束焊接的接头一般都是各种结构元件的重要连接部分，为保证焊接结构使用的可靠性，应根据结构的形状、尺寸、受力情况、工作条件和电子束焊接的特点等，合理地选用焊接接头的形式。其主要考虑因素如下。

（1）焊接接头应保证具有足够的强度和刚度，保证有一定的使用寿命。

（2）要考虑焊接接头的使用条件，如温度、压力、耐腐蚀性、振动及疲劳等因素。

（3）接头形式应符合电子束斑直径细、能量集中、焊接时一般不填加焊丝的要求。

（4）焊后尽可能不再进行机械加工或做少量加工。

（5）尽可能减少结构的焊接应力和变形。

（6）焊接接头便于进行焊后检验，如射线探伤、超声探伤等。

常用的电子束焊接头有对接接头、角接接头、“T”形接头、搭接接头和端接接头等。

1. 对接接头

对接接头是最常用的接头形式。用电子束进行对接焊，具有焊缝深宽比大、热影响区小和角变形小的特点。当被焊工件的厚度小于 2 ~ 3 mm 时，可采用熔化成形的电子束焊接工艺。平板对接焊时，可安装引入板和引出板，焊后除去，以保证焊接接头质量。图 15 - 19 所示为典型的对接接头形式。

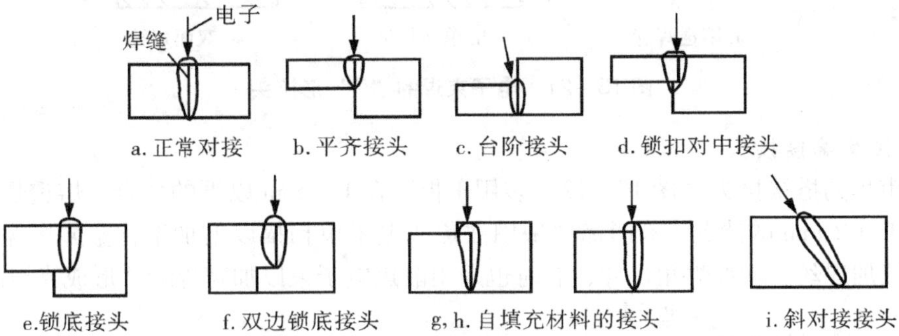

图 15 - 19　电子束焊的对接接头

图 15 - 19 中 a、b、c 三种接头的准备工作简单，但需要装配夹具。不等厚的对接接头采用上表面对齐的设计优于台阶接头，后者在焊接时要用宽而倾斜的电子束，带锁口的接头，便于装配对齐，锁口较小时焊后可避免留下未焊合的缝隙。图 15 - 19 中 g、h 接头皆有自动填充金属的作用，使焊缝成形得到改善，斜对接接头只用于受结构和其他条件限制的特殊场合。

2. 角接接头

角接接头是仅次于对接的常用接头。图 15 - 20 所示为常用的八种角接接头。

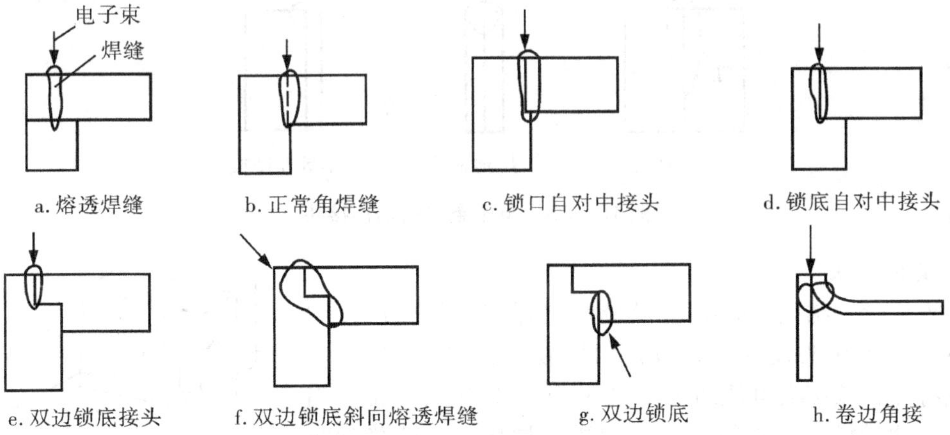

图 15 - 20　电子束焊的角接接头

图中 15 - 20 中 a 和 b 为两种最简单的角接接头，a 的缺点是焊缝截面较小，仅为接缝的一部分，因此强度较低，同时对缺口敏感，易造成应力集中。图 15 - 20 中 h 为卷边角接焊缝，只适用于薄板的成品制造。其他几种接头易于装配对齐。

3. “T” 形接头

图 15－21 所示为常用的几种电子束焊 “T” 形接头。图 15－21 中 a 熔透焊缝在接头区有未焊合缝隙，接头强度低。推荐采用单面 “T” 形接头，焊接时焊缝易于收缩，残余应力较小。双面焊接头多用于板厚大于 25 mm 的场合。

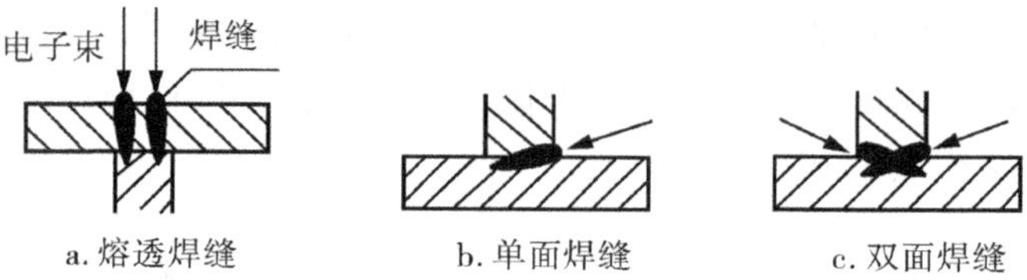

图 15－21 电子束焊的 “T” 形接头

4. 搭接及端接接头

电子束焊的搭接接头（图 15－22）多用于板厚在 1.5 mm 以下的场合。熔透焊缝主要用于板厚小于 0.2 mm 的情况，有时需要采用散焦或电子束扫描以增加熔化金属区宽度。厚板搭接时须填加焊丝以增加焊角尺寸，有时也采用散焦电子束以加宽焊缝并形成光滑的过渡。

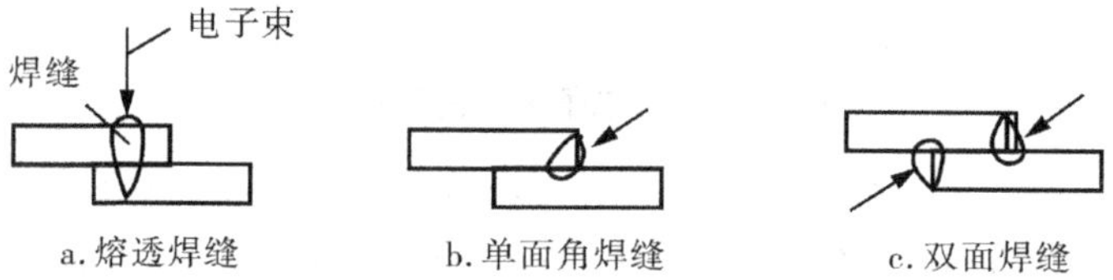

图 15－22 电子束焊的搭接接头

厚板端接接头（图 15－23）常采用大功率深熔焊接，薄板及不等厚度的端接接头常用小功率或散焦电子束进行焊接。

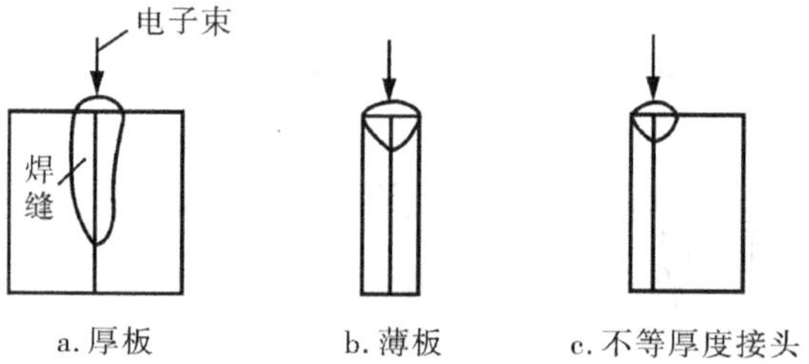

图 15－23 电子束焊的端接接头

5. 其他接头

对重要承力结构，焊缝位置最好避开应力集中区，图 15－24 所示的接头设计可以改善角接接头和 “T” 形接头的动载特性，该接头可从两个方向（a 或 b）进行焊接。当工件是磁性材料且又必须从 a 方向进行焊接时，接缝到腹板的距离 d 应足够大。

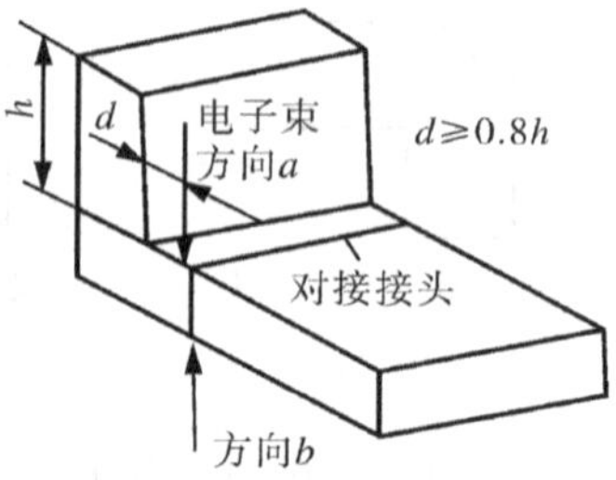

图 15－24 用对接代替角接头

采用多道焊缝可以在同样电子束功率下焊接更厚的工件。例如，采用正反两条焊缝可以将熔深提高到单道焊缝所能达到熔深的两倍。

对于多层结构，当各层的接头位置相同时，可采用分层焊缝的接头设计。分层焊缝是指在同一个电子束方向上将几层对接接头用电子束一次穿透焊接而成的焊缝，如图15－25所示。

图15－26所示为几种特殊结构的接头形式，其中a为电子束一次穿透焊成2道或3道焊缝，b为用一般焊接方法无法施焊，而用电子束焊接则可施焊的特殊结构，这是由于电子束流的会聚角小，工作距离长，可进行深穿入式成形焊接的缘故。

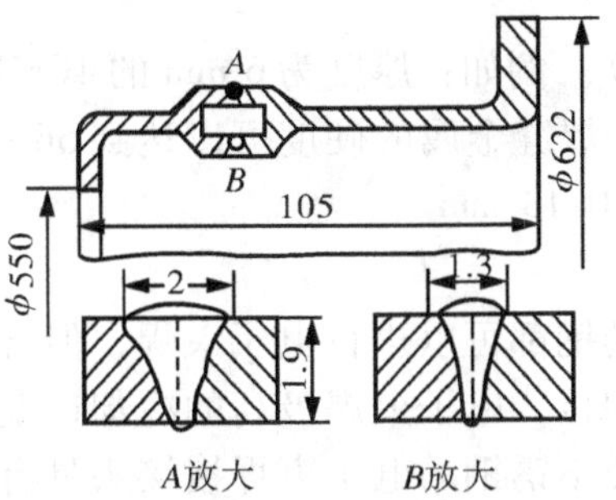

图15－25　分层环形焊缝

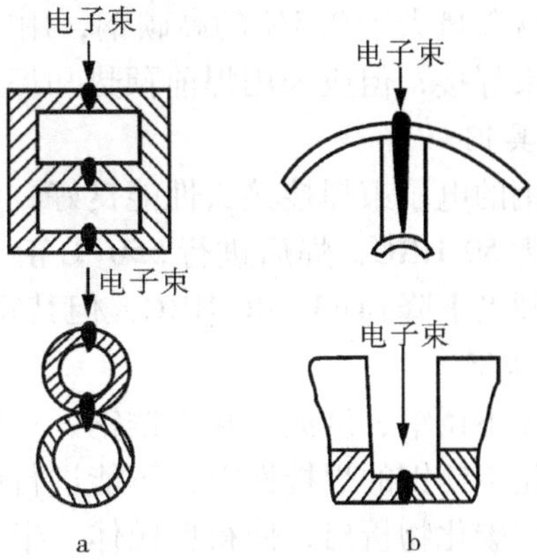

图15－26　特殊结构的接头

15.4　工程材料电子束焊的焊接性

一般含锌量较高的铝合金、铜合金与未经脱氧处理的低碳钢，不能用真空电子束焊接，除此之外，绝大多数的金属和合金都能进行电子束焊接。

15.4.1　钢铁材料的电子束焊

1. 低碳钢

低碳钢易于焊接，且电子束焊的焊缝和热影响区的晶粒远比电弧焊细小。焊接沸腾钢时，应在接头间隙处夹一厚度为0.2～0.3 mm的铝箔，以消除气孔。半镇静钢焊接有时也会产生气孔，降低焊速，加宽熔池也有利于消除气孔。全镇静钢比较容易焊接。

2. 中碳钢

中碳钢含碳量较高，焊缝易产生气孔和热裂纹；近缝区淬火倾向大，易形成冷裂纹。焊后焊缝区硬度最高，焊缝边缘硬度明显下降。为保证电子束焊质量，一般可采取以下措施：预热至150 ℃以上；降低焊接速度；焊后加热或缓冷。

3. 合金钢

合金钢电子束焊接的焊接性与电弧焊类似。焊接刚性大，特别是焊接已处于热处理强化状态的工件时，焊缝易出现裂纹。合理设计接头使焊缝能够自由收缩，焊前预热、焊后缓冷与合理选择焊接规范参数等措施可以减轻淬硬钢的裂纹倾向。对于需进行表面渗碳、渗氮处理的零件，一般应在表面处理前进行焊接，若必须在表面处理后进行焊接，则应先将焊缝区的表面处理层除去。

含碳量低于0.3%的低合金钢焊接时不需要预热和缓冷。在工件厚度大、结构刚性大时需要预热到250～300 ℃。对焊前已进行过淬火和回火处理的零件，焊后回火温度应略低于原回火温度。如轻型变速箱材质为20CrMnTi或16CrMn的齿轮大多采用电子束来焊接组合，焊前材料为退火状态，焊后进行调质和表面渗碳处理。

合金高强钢的含碳量（或碳当量）高于0.3%时，应在退火或正火状态下焊接，也可以在淬火加正火处理后焊接。当板厚大于6 mm时应采用焊前预热和焊后缓冷，以免产生裂纹。

对于含碳量大于0.5%的高碳钢，用电子束焊接时的裂纹倾向比电弧焊低。轴承钢也可用电子束焊接，但应采用焊前预热和焊后缓冷。

4. 工具钢

工具钢的电子束焊接接头性能良好，生产率高。例如：厚度为6 mm的4Cr5MoVSi钢，焊前硬度为50 HRC，焊后进行550 ℃正火处理，焊缝金属的硬度可以达到56～57 HRC，热影响区硬度下降到43～46 HRC，但其宽度只有0.13 mm。

5. 不锈钢

奥氏体不锈钢、沉淀硬化不锈钢、马氏体不锈钢都可以进行电子束焊，但含磷量较高的沉淀硬化不锈钢的焊接性差，不能进行电子束焊接。电子束焊极高的冷却速度有助于抑制奥氏体中碳化物析出，使得奥氏体、半奥氏体类不锈钢的电子束焊接接头具有较高的抗晶间腐蚀的能力。马氏体不锈钢可以在任何热处理状态下进行焊接，但焊后接头区会产生淬硬的马氏体组织，而且随着含碳量的增加和焊接速度的加快，马氏体的硬度将提高，开裂敏感性也较强，必要时可用散焦电子束预热的方法加以预防。

15.4.2 有色金属的电子束焊

1. 铝及铝合金

真空电子束焊焊接纯铝及非热处理强化铝合金是一种理想的方法，单道焊接工件厚度可达到475 mm，热影响区小，变形小，不填焊丝，焊缝纯度高，接头的力学性能与母材退火状态接近。

非热处理强化铝合金电子束焊接头性能接近于母材。热处理强化铝合金电子束焊时可能产生裂纹或气孔，接头性能有时会低于母材，可用填加适当成分的填充金属、降低焊速、焊后固溶时效处理等方法加以改善。对于热处理强化铝合金、铸造铝合金只要焊接工艺参数选择合适，就可以明显减少热裂纹和气孔等缺陷。

采用电子束焊接铝及铝合金常用的焊接接头形式有对接、搭接、“T”形接头，接头装配间隙小于0.1 mm。不同厚度的铝及铝合金板材真空电子束焊接的工艺参数见表15－4，应用示例见表15－5。

表15－4 铝及铝合金真空电子束焊接的工艺参数

板厚/mm	坡口形式	加速电压/kV	电子束电流/mA	焊接速度/cm·s⁻¹	板厚/mm	坡口形式	加速电压/kV	电子束电流/mA	焊接速度/cm·s⁻¹
1.3	I	22	22	0.31	25.4	I	29 50	250 270	2.33 2.53

续表

板厚/mm	坡口形式	加速电压/kV	电子束电流/mA	焊接速度/cm·s^{-1}	板厚/mm	坡口形式	加速电压/kV	电子束电流/mA	焊接速度/cm·s^{-1}
3.2	I	25	25	0.33	50.0	I	30	500	0.16
6.4	I	35	95	1.47	60.0	I	30	1 000	0.18
12.7	I	26 40	240 150	1.67 1.69	152.0	I	30	1 025	0.03
19.1	I	40	180	1.69	—	—	—	—	—

表 15 -5　不同厚度铝合金电子束焊接的工艺参数示例

铝合金牌号	厚度/mm	电子束功率/kW	焊接速度/cm·s^{-1}	焊接位置
5A06（LF6）	0.6 5 100 300	0.4 1.7 21 30	1.7 2.0 0.4 0.4	平焊、电子枪垂直 平焊、电子枪垂直 横焊、电子枪平放 横焊、电子枪平放
7A04（LC4）	10	4.0	2.5	平焊、电子枪垂直
4047A（LD8）	18	8.7	1.7	平焊、电子枪垂直

铝合金焊前应对接缝两侧宽度不小于 10 mm 的表面应用机械和化学方法进行除油和清除氧化膜处理。为了防止气孔和改善焊缝成形，对厚度小于 40 mm 的铝板，焊速应在60 ~ 120 cm/min；对于 40 mm 以上的厚铝板，焊速应在 60 cm/min 以下。

2. 钛及钛合金

钛在高温时会迅速吸收 O_2 和 N_2 而降低韧性，这对于熔化焊接不利。与其他熔焊方法相比，真空电子束焊焊接钛及钛合金具有独特的优势。这是因为真空电子束焊是在良好真空条件下焊接，真空度通常为 10^{-3} Pa，污染程度仅为 0.000 066%，比氩含量 99.99% 的高纯度氩的纯度高出 3 个数量级，对液态和高温的固态金属不可能导致污染，焊接接头的氢、氧、氮含量比钨极氩弧焊时低得多。其次，由于真空电子束焊的功率密度比等离子弧焊高，线能量小，焊缝和热影响区很窄，过热倾向相当微弱，晶粒不致显著粗化，从而抑制了焊接接头区域的脆化倾向，能够保证良好的力学性能。

真空电子束焊比钨极氩弧焊功率密度高，焊缝的深宽比大，几百毫米厚的钛及钛合金板材不开坡口可一次焊成，而且焊缝窄、热影响区小、晶粒细、接头性能好。

电子束焊对钛和钛合金薄壁工件的装配要求高，否则焊接中易产生塌陷。为了预防焊缝中形成气孔，焊前要认真清理焊件坡口两侧的油锈，尽量降低母材中的气体含量，焊后可用电子束对焊缝进行重熔，一次重熔可使直径 0.3 ~0.6 mm 的气孔完全消失，二次重熔可使更小的气孔大为减少。

防止钛及钛合金电子束焊表面缺陷的措施有：选择合适的焊接工艺参数，使电子束沿焊缝做频率为 20 ~50 Hz 的纵向摆动，加焊一道修饰焊缝。钛及钛合金电子束焊的工艺参数见表 15 -6。

表 15-6 钛及钛合金电子束焊的工艺参数

板厚/mm	加速电压/kV	电子束电流/mA	焊接速度/cm·s^{-1}	板厚/mm	加速电压/kV	电子束电流/mA	焊接速度/cm·s^{-1}
0.7	90	4	2.52	20	40	150	2.02
1.3	100	5	5.32	55	60	390~480	1.67~1.94
3	60	28	1.12	75	60	480	0.67
5	60	16	0.56	80	55	400	0.46
10	60	50~70	1.57~1.94	150	60	800	0.42
13	40	100	1.77	—	—	—	—

3. 铜及铜合金

电子束的功率密度和穿透能力比等离子弧还强，利用电子束对铜及铜合金做深穿入式焊接有很大的优越性。电子束焊接时一般不加填充焊丝，冷却速度快，晶粒细，热影响区小，在真空下焊接可以完全避免接头的氧化，还能对接头除气，使其焊缝的气体含量远远低于母材，焊缝的力学性能与热物理性能可达到与母材相等的程度。

电子束焊接含 Zn、Sn、P 等低熔点元素的黄铜和青铜时，这些元素的蒸发会造成焊缝合金元素的损失。此时应采用避免电子束直接长时间聚焦在焊缝处的焊接工艺，如使电子束聚焦在高于工件表面的位置，或采用摆动电子束的方法。

电子束焊接厚大铜件时，会出现因电子束冲击发生熔化金属的飞溅问题，导致焊缝成形变坏，此时可采用散射电子束修饰焊缝的办法加以改善，并采取一定措施保证电流沿电子束截面均匀分布，或使最大电流密度在一定中心范围内变动。

15.4.3 难熔金属的电子束焊

锆非常活泼，电子束焊应在真空度达 1.33×10^{-2} Pa 以上的“无油”高真空中进行，接头准备和清理是十分重要的。焊后退火可提高接头抗冷裂和抗延迟破坏的能力，退火工艺是 750~850 ℃保温 1 h 后随炉冷却。焊接锆所用的线能量与同厚度的钢相近。

铌的电子束焊接也应在高于 1.33×10^{-2} Pa 的真空下进行，真空室的泄漏率不得超过 0.4 Pa·L/s。铌合金焊缝中常见的缺陷是气孔和裂纹，用散焦电子束对接缝进行预热，有清理和除气作用，亦有利于消除气孔。

钼合金中加入铝、钛、锆、铪、钍、碳、硼、钇或镧，能够中和氧、氮和碳的有害作用，提高焊缝韧性。钼的焊缝中常见的缺陷是气孔和裂纹，焊前仔细清洗接缝和预热有利于消除裂纹和气孔，采用细电子束和加快焊接速度也有利于消除裂纹。在焊接速度为 50~67 cm/min 时，每 1 mm 厚度的钼需要 1~2 kW 的电子束功率。

钨及其合金对电子束焊具有良好的焊接性，但焊前的接头准备和清洗是非常重要的，清洗后应进行除气处理，即在高于 1.33×10^{-3} Pa 的压强下，将工件加热到 1 097 ℃，保温 1 h，然后随炉冷却。预热是防止钨接头产生冷裂纹的有效措施，预热温度可选为 427~727 ℃。但在焊接粉末冶金制品钨合金且焊接速度低于 50 cm/min 时，可不进行预热。对 W-25Re 合金，焊前预热可使焊接速度提高到 170~250 cm/min，以降低热裂倾向。焊后退火可降低某些钨合金焊接接头的脆性转变温度，但不能改善纯钨焊缝金属的冷脆性。

15.4.4 高温合金的电子束焊

采用电子束焊不仅可以成功地焊接固熔强化型高温合金，也可以焊接电弧焊难焊的沉淀强化型高温合金。焊前状态最好是固熔状态或退火状态。对某些液化裂纹敏感的合金应采用较小的焊接热输入，而且应调整焦距，减小焊缝弯曲部位的过热。

电子束焊接头一般采用平对接、锁底对接和带垫板对接形式，接头的对接端面不允许有裂纹、压伤等缺陷，边缘应去毛刺，保持棱角。

焊前对有磁性的工作台及装配夹具均应退磁，使其磁通密度不大于 2×10^4 T。焊件应仔细清理，表面不应有油污、氧化物等夹杂物。经存放或运输的零件，焊前还需要用绸布蘸丙酮擦拭焊接处，零件装配应使接头紧密配合和对齐。局部间隙不超过0.08 mm或材料厚度的0.05倍，位错不大于0.75 mm。当采用压配合的锁底对接时，过盈量一般为0.02～0.06 mm。

装配好的焊接件首先应进行定位焊。定位焊点位置应布置合理，保证装配间隙不变。定位焊点应无焊接缺陷，且不影响电子束焊接。对冲压的薄板焊接件，定位焊更为重要，应布置紧密、对称、均匀。

焊接工艺参数根据母材牌号、厚度、接头形式和技术要求确定。一般采用低热输入和小焊接速度的工艺。表15－7列出了典型高温合金电子束焊的工艺参数。

表15－7　典型高温合金电子束焊的工艺参数

合金牌号	厚度/mm	接头形式	焊机功率	电子枪形式	工作距离/mm	电子束电流/mA	加速电压/kV	焊接速度/cm·s^{-1}	焊道数
GH4169	6.25	对接	60 kV,300 mA	固定式	100	65	50	2.53	1
	32				82.5	350		2	
GH188	0.76	锁底对接	150 kV,40 mA		152	22	100	1.67	

高温合金电子束焊的焊接缺陷主要是热影响区的液化裂纹及焊缝中的气孔、未熔合等。热影响区的裂纹多分布在焊缝钉头转角处，并沿熔合线延伸。形成裂纹的概率与母材裂纹敏感性及焊接工艺参数和焊接件的刚度有关。

防止焊接裂纹的措施有：采用含杂质少的优质母材，减少晶界的低熔点相；采用较低的焊接热输入，防止热影响区晶粒长大和晶界局部液化；控制焊缝形状，减少应力集中。

焊缝中的气孔形成与母材纯净度、表面粗糙度、焊前清理有关，在非穿透焊接时容易在根部形成气孔。防止气孔的措施有：加强铸件和锻件的焊前检验，在焊接端面附近不应有气孔、缩孔、夹杂等缺陷；提高焊接端面的加工精度；适当限制焊接速度；在允许的条件下，采用重复焊接的方法。

电子束焊的焊缝偏移容易导致未熔合和咬边缺陷。其防治措施有：保证零件表面与电子束轴线垂直；对夹具进行完全退磁，防止残余磁性使电子束产生横向偏移，形成偏焊现象；调整电子束的聚焦位置。电子束焊的固有焊缝下凹缺陷，可以采用双凸肩接头形式和填加焊丝的方法弥补。

电子束焊接高温合金的接头力学性能较高，焊态下接头强度系数可达95%左右，焊后经时效处理或重新固溶时效处理接头强度可与母材相当。接头塑性不理想，仅为母材的60% ~80%。

15.4.5 复合材料的电子束焊

电子束焊具有加热及冷却速度快、熔池小且存在时间短等特点，这对金属基复合材料的焊接特别有利，但由于熔池的温度很高，焊接 SiC_P/A1 或 SiC_W/A1 复合材料时很难避免 SiC 与 Al 基体间界面反应。

电子束焊与激光焊的加热机制不同，电子束可对基体金属及增强相均匀加热，因此适当控制焊接参数可将界面反应控制在很小的程度上，由于电子束的冲击作用与熔池的快速冷却作用，焊缝中的增强相颗粒非常均匀。利用这种方法焊接 SiC 颗粒增强的 Al - Si 基复合材料时效果较好，由于基体中的含 Si 量高，界面反应更容易抑制。利用电子束焊接 Al_2O_3 颗粒增强的 Al - Mg 基或 Al - Mg - Si 基复合材料也可获得较好的效果。

15.4.6 异种材料之间的电子束焊接

异种金属的焊接性取决于各自的物理化学性能，彼此可以形成固溶体的异种金属的焊接性良好，彼此容易生成金属间化合物的异种金属的焊接性差。对于一些冶金上不相容的金属，可通过填充另一种与两者皆相容的金属薄片（过渡材料）来实现电子束焊，见表15 -8。

用真空电子束焊接异种材料时，通常有以下两种情况。

（1）两种材料的熔点接近。这种情况对焊接无特殊要求，可将电子束指向接头中间。如果要求两种金属熔化比例不同以改善组织性能时，可把电子束倾斜一角度而偏于要求熔化较多的母材一边。

（2）两种材料的熔点相差较大。这种情况下，为了防止低熔点母材熔化流失，可将电子束集中在熔点较高的母材一侧，也可利用铜护板传递热量，以保证两种母材受热均匀。为了防止出现焊缝根部未焊透的缺陷，应改变电子束对焊件表面的倾斜角，在大多数情况下，电子束倾向熔点较低的母材。

表15 -8 电子束焊异种金属时所采用的中间过渡金属

被焊异种金属	过渡层金属
Ni + Ta	Pt
Mo + 钢	Ni
Cr - Ni 不锈钢 + Ti	V
Cr - Ni 不锈钢 + Zr	V
钢 + 硬质合金	Co、Ni
Al + Cu	Zn、Ag
黄铜 + Pb	Sn
低合金钢 + 碳钢	10MnSi8

1. 钢与铝、铜及钛

为了提高钢与铝焊接接头的性能，可选用 Ag 作为中间过渡层。因为 Ag 不会与 Fe 生成金属间化合物，所以焊接试样断裂在铝一侧的母材上。焊缝金属中铝含量超过 65% 时，能获得充分的共晶合金，而不产生裂纹。为此在焊接工艺上可调整熔合比，使焊缝金属大部分进入共晶区，这可以大大减少焊接裂纹。

Q235 碳钢与铜可直接进行电子束焊接，但最好采用中间过渡层（Ni 及 Al 或 Ni - Cu 等）。

在钢与钛及钛合金的焊接生产中，应用电子束焊较多，其最大特点是能获得窄而深的焊缝，热影响区也很窄，而且在真空中焊接能避免钛在高温中吸收氢、氧、氮而使焊缝金属脆化。在电子束焊的焊缝中有可能生成金属间化合物（TiFe、$TiFe_2$），使接头塑性降低，但由于焊缝比较窄（焊缝深宽比为 3 或 20），在工艺上加以控制能够减少生成或不生成 TiFe 和 $TiFe_2$。因此，钢与钛的电子束焊可以获得质量良好的焊接接头。

12Cr18Ni10Ti 不锈钢与钛及钛合金真空电子束焊接时，一般应有填充材料作为中间过渡层，这些填充材料可使焊缝不出现金属间化合物，避免产生裂纹和其他缺陷，接头强度高且具有一定的塑性。用作中间层的合金有：V + Cu、Cu + Ni、Ag、V + Cu + Ni、Nb 和 Ta 等。

2. 不锈钢与钼、钨

不锈钢与钼采用电子束焊焊接时，电子束焦点偏离开钼的一侧，以调节和控制钼的加热温度。只要焊接表面加工合适和工艺参数选择适当，熔化的不锈钢就能很好地浸润固态钼的表面，形成具有一定力学性能的接头，接头的强度与塑性取决于接头形式和焊接工艺参数。

不锈钢与钨焊接时，为了获得满意的焊接接头，必须采取特殊的焊接工艺和有效的焊接措施，工艺步骤如下。

（1）焊前对不锈钢和钨进行认真的清理和酸洗。酸洗液的成分为：54% H_2SO_4 + 45HNO_3 + 1.0% HF，酸洗温度为 60 ℃，时间为 30 s。酸洗后的母材金属需用水冲洗并于 150 ℃烘干。

（2）为了防止焊接接头氧化，焊前需将被焊接头用酒精或丙酮进行除油和脱水。将清理好的被焊接头装配、定位，然后放入真空室内，并调整好焊机参数和电子束焊枪。

（3）焊接过程中真空室的压强应在 1.33×10^{-5} Pa 以上。

（4）推荐的工艺参数：电压为 17.5 kV，焊接电流为 70 mA，焊接速度为 30 m/h。

（5）焊后取出焊件并缓冷至室温，然后进行接头检验，发现焊接缺陷及时返修。

3. 异种有色金属

铜与铝焊接时，采用正确的电子束焊工艺并用 0.7 mm 厚度的银为中间层，可获得优良的焊接接头。锆与铌的热物理性能不同，锆的热导率比铌的热导率小，焊后产生的变形大，在应力作用下易形成裂纹。

4. 陶瓷与金属、陶瓷与陶瓷

陶瓷与金属宜采用高真空度低压电子束焊，一般工艺过程如下。

（1）把焊件表面处理干净后放在预热炉内。

（2）当真空室的压强达到 10^{-2} Pa 之后，开始用钨丝热阻炉对工件进行预热，在 30 min内可由室温上升到 1 600 ~ 1 800℃。

（3）在预热恒温下，让电子束扫描被焊工件的金属一侧，开始焊接。

（4）焊后降温退火，预热炉要在 10 min 之内使电压降到零值，然后使焊件在真空炉内自然冷却 1 h 后出炉。

焊接工艺参数对接头质量影响很大，尤其对焊缝熔深和熔宽的影响更加敏感，选择合适的焊接参数可以使焊缝形状、强度、气密性等达到设计要求。18 – 8 不锈钢和陶瓷的真空电子束焊的工艺参数见表 15 – 9。

表 15 – 9　18 – 8 不锈钢和陶瓷的真空电子束焊的工艺参数

材料	母材厚度/mm	电子束电流/mA	加速电压/kV	焊接速度/cm · s^{-1}	预热温度/℃	冷却速度/℃ · min^{-1}
18 – 8 不锈钢 + 陶瓷	4 + 4	8	10	10.3	1 250	20
	5 + 5	8	11	10.3	1 200	22
	6 + 6	8	12	10.0	1 200	22
	8 + 8	10	13	9.67	1 200	23
	10 + 10	12	14	9.17	1 200	25

陶瓷与金属的真空电子束焊接，目前多用于难熔金属（W、Mo、Ta、Nb 等）与陶瓷的焊接，而且陶瓷的线胀系数与金属的线胀系数应相近，以达到匹配性的焊接连接。

氧化铝陶瓷（85% Al_2O_3、95% Al_2O_3）、高纯度 Al_2O_3、半透明的 Al_2O_3 陶瓷之间的电子束焊接，可选择如下工艺参数：功率 3 kW，加速电压 150 kV，最大电子束电流 20 mA，用电子束聚焦直径 0.25 ~ 0.27 mm 的高压电子束焊机进行直接焊接，可获得良好的焊接质量。

5. 高速钢与弹簧钢

目前生产中应用的双金属机用锯条，刃部一般采用 W18Cr4V、W6Mo5Cr4V2 等高速钢，背部采用 65Mn、60Si2CrA、60Si2MnA 等弹簧钢。双金属锯条采用电子束焊接而成，主要工艺步骤如下。

（1）焊前认真清理两种母材金属表面的氧化物、铁锈及油污等。

（2）合理确定锯条毛坯尺寸。

（3）电子束焊机的最高加速电压为 150 kV，最大束流为 200 mA，真空室压强为 1.33×10^{-4} Pa。

（4）焊接时要求焊接速度为 4 ~ 5 cm/s，焊缝正面宽度小于 1.0 mm，异质焊缝背面宽度大于 0.3 mm，锯条焊后的变形量不大于 1.0 mm。另外，要保证焊缝中无气孔、裂纹、未焊透等缺陷，要求焊接废品率不得超过 3%。一般的高速钢与弹簧钢双金属机用锯条电子束焊的工艺参数见表 15 – 10。

表 15－10　高速钢与弹簧钢双金属机用锯条电子束焊的工艺参数

母材厚度/mm	加速电压/kV	电子束电流/mA	焊接速度/(cm/s)	焊缝正面宽度/mm	焊缝背面宽度/mm
1.8＋1.8	60	36	3	1.0～1.2	≥0.3
	80	26	4	0.8～1.0	≥0.3
	100	18	5	0.5～0.8	≥0.3
	120	8	5	0.3～0.5	≥0.3

15.5　电子束焊接的安全防护

在操作电子束焊机时要防止高压电击、X射线和烟气。

1. 防止高压电击

高压电子束焊机的加速电压可达150 kV，触电危险性很大，必须采取足够的绝缘和良好的接地。

（1）保证高压电源和电子枪有足够的绝缘，耐压试验应为额定值的1.5倍。

（2）设备外壳应接地良好，采用专用地线，设备外壳用截面积大于12 mm^2 的粗铜线接地，接地电阻应小于3 Ω。

（3）更换阴极组件或维修时，应切断高压电源，并用接地良好的放电棒接触准备更换的零件或需要维修的地方，放电完成后才可以操作。

（4）电子束焊机应安装电压报警或其他电子联动装置，以便在出现故障时自动断电。

（5）焊工操作时应戴耐高压的绝缘手套，穿绝缘鞋。

2. X射线防护

电子束焊接时，会有不同能量的X射线辐射，因此必须加强对X射线的防护。

（1）加速电压低于60 kV的焊机，一般靠焊机外壳的钢板厚度来防护。

（2）加速电压高于60 kV的焊机，外壳应附加足够厚度的铅板以加强防护。

（3）电子束焊机在高电压下运行，观察窗应选用相应的铅玻璃。

（4）工作场所的面积一般不应小于40 m^2，室高不小于3.5 m，对于高压大功率电子束设备，可将高压电源设备和抽气装置与工作人员的操作室分开。

（5）焊接过程不准用眼睛观察熔池，必须观察时要佩戴铅玻璃防护眼镜。

此外，设备周围应通风良好，工作场所应安装抽气装置，以便将真空室排出的油气、烟尘等及时排出。

第 16 章　其他焊接方法

长期以来焊接及切割技术一直是制造业的共性技术和基础加工手段，以 2012 年全球粗钢总产量约 15.5 亿吨为例，其中焊接结构用钢就占总钢产量的 60% ~70%。在焊接、切割加工制造中焊条电弧焊、火焰切割及碳弧气刨一贯是常用的手段，这些传统的加工制造方法在生产过程中耗能较大、效率较低、材料浪费成本较高，同时在作业中还向环境排放大量的废气、废渣并伴随着噪声及光污染等多种环境污染物，这不仅对大气、土壤及水质造成了严重污染，同时对作业人员及周边人员的健康和生存环境也造成了威胁。

随着社会、经济的不断发展，人们对环保及可持续发展的需求不断提高，国内外从事焊接及切割的制造企业及科研院所致力于开发新型焊接技术及方法。自 20 世纪中期以来，新型焊接和切割技术如雨后春笋般出现，并逐渐取代传统的焊接及切割方法，如气体保护电弧焊、等离子弧焊及切割、埋弧焊及电渣焊等。至七十年代中期高能束流焊及固相连接焊又逐渐涌现，并得到一定程度的推广应用，如电子束焊、激光焊、惯性摩擦焊及搅拌摩擦焊等。纵观焊接方法及技术的发展趋势，新型焊接方法本着少排放、降材耗、节能耗、提能效的绿色化制造原则进行发展。电子束焊及切割、激光及其复合焊接、搅拌摩擦焊等新型焊接方法虽然已成为焊接制造领域的新贵，但由于其采购成本及焊接结构条件等原因限制了其大面积的推广应用。常规弧焊及切割手段仍是焊接加工领域的砥柱中流，且随着设备制造企业及科研院所在相关方面持续的研发投入，这些常规的焊接及切割方法在绿色制造技术方面也日臻完善，并在船舶、核电、航空航天等领域得到应用。

16.1　熔化极气体保护电弧焊

熔化极气体保护电弧焊是利用连续等速送进可熔化焊丝作为焊接电极与母材间产生电弧并熔化自身进而形成熔池和焊缝的焊接方法。图 16－1 所示为熔化极气体保护电弧焊装置示意。依据其焊接保护气体的组成，又分为熔化极活性气体保护电弧焊（简称 MAG 焊）和熔化极惰性气体保护电弧焊（简称 MIG 焊）。

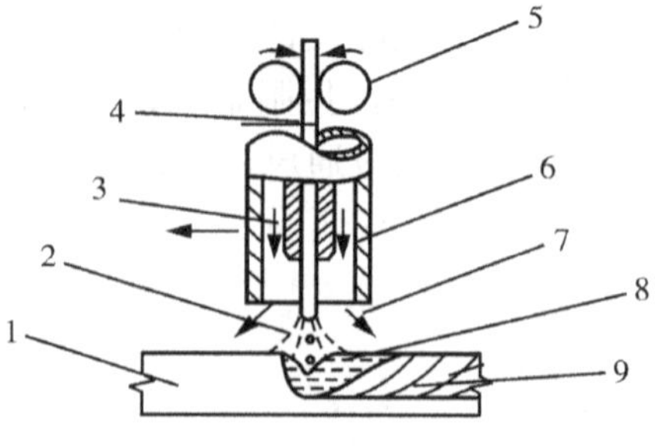

图 16－1　熔化极气体保护电弧焊装置示意

1. 母材　2. 电弧　3. 导电嘴　4. 焊丝　5. 送丝轮　6. 喷嘴　7. 保护气体　8. 熔池　9. 焊缝金属

熔化极气体保护电弧焊自出现以来，就以其操作便利性等特点得到了广泛的应用并取代了大部分的焊条电弧焊作业。相比其他焊接方法，熔化极气体保护电弧焊具有以下优点。

（1）能焊接所有的金属和合金。

（2）克服了焊条电弧焊在焊接过程中不能实现连续焊的限制，在焊接长焊缝时没有中间接头。

（3）焊材利用率较高，在熔覆率上远高于焊条电弧焊，焊接速度达到焊条电弧焊的两倍以上。

（4）在采用射流过渡时还可以获得比焊条电弧焊更大的熔深，因此可以减少焊缝金属的用量，并得到等强度的焊缝。

（5）相比焊条电弧焊，其焊接过程产生的熔渣及烟气较少，在改善了焊工工作环境的同时也降低了焊后的清理工作。

（6）另外其操作简单，容易操作及使用，且能够实现全位置焊接。

熔化极气体保护电弧焊除典型的焊接设备以外，还依据其原理衍生出了一些新的特殊焊接方法，如熔化极气体保护焊的窄间隙焊接、变极性熔化极气体保护焊、冷金属过渡技术（cold metal transfer，CMT）及高速熔化极气体保护电弧焊（Super MIG/MAG）。

16.1.1 熔化极气体保护焊的窄间隙焊接

窄间隙熔化极气体保护电弧焊是传统熔化极电弧焊的一种特殊方法。该方法是用于焊接厚板的多层多道焊技术。其对接坡口间隙较小，一般为 13 mm 左右。

由于焊接坡口间隙较小，所以在焊接时要采用专门的焊枪，保证焊丝和保护气体能够被送到焊接电弧处。通常采用一个或两个导电嘴送进细焊丝。图 16 – 2 所示为窄间隙熔化极气体保护电弧焊的几种典型焊丝送进技术。

图 16 – 2a 中，可控方向的两根焊丝和各自的导电嘴前后排列，焊接时焊接电弧分别指向各自的坡口侧面，并焊出一系列的搭接角焊缝。单焊丝依靠摆动技术也可得到同样的效果，如图 16 – 2b、16 – 2c 所示，焊丝通过导电嘴在坡口内对称摆动，带动焊丝和焊接电弧指向坡口两侧的尖角。由于在窄间隙中焊枪移动比较困难，所以还有无须摆动焊枪的方法，如图 16 – 2d、16 – 2e 所示，通过特殊的送丝轮将焊丝预弯或者将两根焊丝卷成麻花状送入熔池，而导电嘴却始终保持在焊缝的中心。

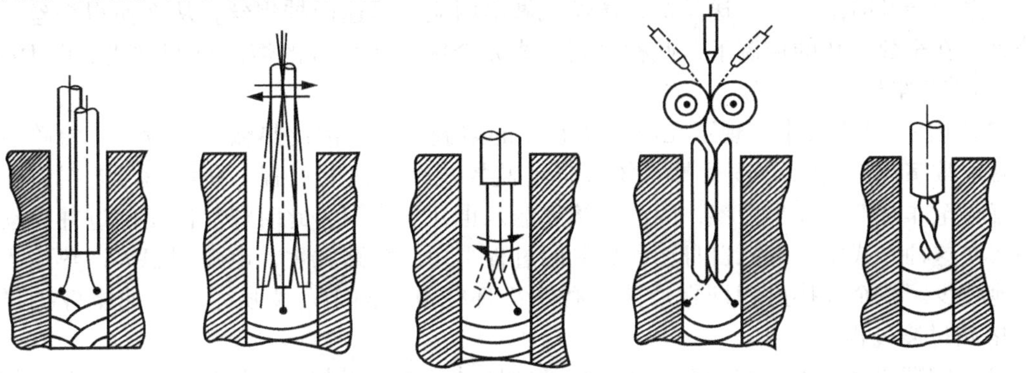

a. 前后交错双丝　b. 摆动单焊丝　c. 编制单焊丝　d. 预弯单焊丝　e. 预绞成麻花状双丝

图 16 – 2　窄间隙熔化极气体保护电弧焊的典型焊丝送进技术

相比其他电弧焊方法，窄间隙焊接具有残余应力低、变形小、焊接热影响区小，以及在焊接 50 mm 以上厚板时经济性高等优点。

16.1.2 变极性熔化极气体保护焊

由德国 Cloos 公司开发的变极性 MIG/MAG 焊机能够在短周期内改变焊丝的极性。当焊丝电极作为负极时，电弧热量指向焊丝，电弧由焊丝末端向上环绕，进而增加了熔敷量，同时由于热量指向焊丝，流向母材的热量减少，导致熔透能力减少，因此该焊机良好地解决了 2 mm 以下的薄板焊接问题，可以焊接 0.2 ~ 2 mm 的薄板。

该技术自问世以来，在行业中越来越多地得到认可。由于其具有焊接速度高、飞溅小、间隙搭桥覆盖能力强、对母材热输入可控等优点，几乎应用到了包括碳钢、不锈钢、镀层板、铝合金在内的所有的金属材料的焊接中。

变极性熔化极气体保护电弧焊相比传统的 MIG/MAG 有着显著的优点。

（1）焊接效率明显提升，即使在使用大直径焊丝时，也能够保证电弧热量在焊丝和母材之间取得合理分配，在降低热输入的同时也能够提高生产效率。

（2）获得更高的焊接质量，在焊接过程中由于其极性一直在变化之中，因此可以对熔池起到搅拌作用，有利于气体的溢出和晶粒的细化，提高焊缝质量。另一方面在焊接时配合良好的焊接波形，也可以大大地降低焊接过程的飞溅。

（3）具有良好的焊接搭桥能力，即使在公差较大时仍具有一定的工艺容忍性，可以降低加工的成本。

（4）焊接热输入能够保持在较低水平，尤其针对母材焊接变形热敏感较高的材料，在保证熔深及焊接余高的同时也能最大限度地降低工件焊接变形。

16.1.3 冷金属过渡技术

冷金属过渡技术（CMT）是由奥地利福尼斯公司针对异种材料、超薄板和镀层金属开发的一种能够精确控制焊接热输入的熔化极气体保护焊技术。该技术是基于短路过渡焊接原理，利用焊丝的机械回抽及精密的电路控制系统开发出的绿色焊接技术。

相比传统 MIG 焊/MAG 焊，CMT 主要有以下优点。

（1）实现了送丝运动与熔滴过渡过程进行数字化协调，当数字化的控制检测到短路信号时，系统会及时地反馈给送丝机，送丝机做出回应，迅速回抽焊丝，从而使得焊丝与熔滴分离。在全数字化的控制下，此种过渡方式完全区别于传统的熔滴过渡方式。图 16 - 3 所示为 CMT 控制电路示意。

（2）由于 CMT 技术实现了无电流状态下的熔滴过渡，因此热输入量较低。短路电流产生后，数字化控制的 CMT 焊接系统会自动监控短路过渡的过程，在熔滴过渡时，电源将电流降至非常低，几乎为零，因此焊接热输入也几乎为零，此时焊丝停止前进并自动地回抽。在这种方式中，电弧自身输入热量的过程很短。短路发生，电弧即熄灭，热输入量迅速地减少。整个焊接过程即在冷热交替中循环往复。图 16 - 4 所示为高速摄像拍摄的 CMT 熔滴过渡过程。

（3）CMT 技术是在短路状态下通过焊丝的回抽运动帮助焊丝与熔滴分离，因此在焊接过程中没有飞溅，明显地改善了焊接环境。同时 CMT 的熔滴过渡是在电流几乎为零的情况

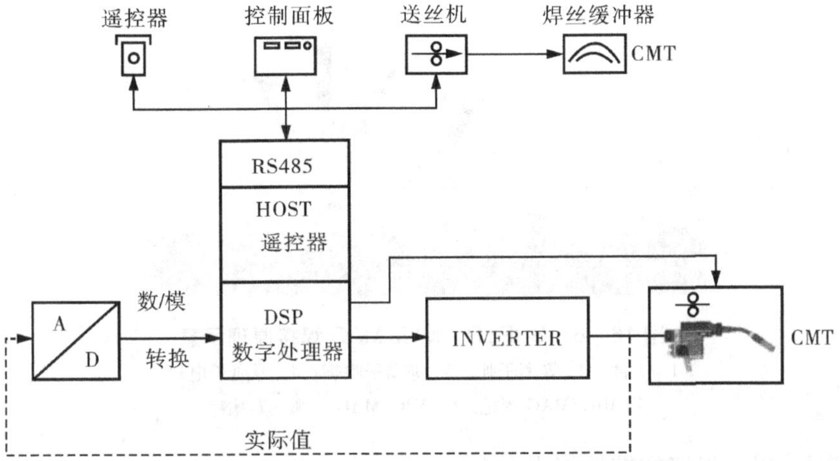

图 16-3 CMT 控制电路示意

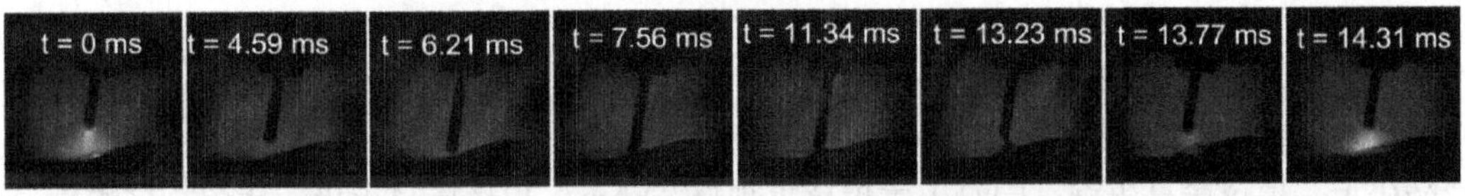

图 16-4 高速摄像下 CMT 的熔滴过渡过程

下通过焊丝的回抽把熔滴送进熔池，持续热输入量的时间非常短，因此极适用于薄板焊接。

16.1.4 高速熔化极气体保护电弧焊

由以色列 PLT 开发的高速熔化极气体保护电弧焊 Super-MIG/MAG 焊是将等离子焊与 MIG/MAG 焊结合起来的一种复合热源焊接技术方法。焊枪由 MIG/MAG 焊枪与等离子焊枪一体化设计，焊枪中既包含等离子焊枪又包含 MIG/MAG，两个枪头共用同一套气体保护和冷却系统。焊枪结构如图 16-5 所示，在焊接过程中等离子焊枪形成等离子，并生成小孔，MIG/MAG 电弧与等离子弧形成复合热源，因此这种焊接方法不仅拥有等离子焊熔深大的特点，还兼具熔化极气体保护电弧焊熔覆效率高的优势，同时在焊接过程中保护效果也较好，可以焊接氧化性较强的金属。

图 16-5 SUPER-MIG/MAG 焊枪结构

图 16-6 所示为 SUPER-MIG/MAG 焊接原理示意。采用直流正接的等离子焊枪与直流反接的 MIG/MAG 焊枪在焊接过程中电流会在两个电极之间产生对等离子弧带有导向作用的电磁力，使等离子弧向焊接熔池前方移动，增加了等离子弧的刚度和指向性。在同样的焊接电流情况下，Super-MIG/MAG 可以获得更大的焊接熔深，同时大幅提升焊接速度，飞溅也能得到有效控制。

SUPER MIG/MAG 焊相对传统 MIG/MAG 焊接技术或者普通 PAW 具有下述特点。

(1) 焊接速度是传统 MIG/MAG 焊的 2~3 倍。由于 PAW 焊接穿透性很强，因此在较

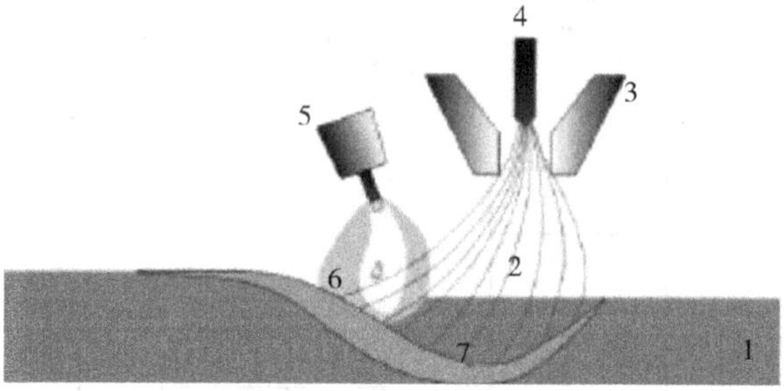

图 16 -6　SUPER - MIG/MAG 焊接原理示意

1. 工件　2. 等离子弧　3. 等离子喷嘴　4. 等离子电极
5. MIG/MAG 焊枪　6. MIG/MAG 电弧　7. 熔池

大焊接速度下，仍有很好的熔透能力。

（2）由于焊接速度较快，焊接热输入较低，据统计同样板厚在一次焊透的情况下，薄板焊接线能量约降低 50%，厚板焊接线能量约降低 30%。因此，同样规范下零部件的焊接变形也较小。

（3）SUPER MIG/MAG 继承了 MIG/MAG 的穿透性与等离子不易产生气孔、夹渣、咬边等缺陷的优点，焊接质量优良，同时由于焊接飞溅显著减少，焊接质量也进一步得到了提高。

16.2　钨极惰性气体保护电弧焊

钨极惰性气体保护焊（TIG）是以非熔化的钨或钨合金作为电极材料，并在惰性气体的保护下，利用电极与母材金属之间产生的电弧热熔化母材和填充焊丝的焊接过程。

图 16 -7 所示为 TIG 焊焊接过程示意。焊接时惰性气体从焊枪的喷嘴喷出，在电弧的周围隔离气氛，防止大气中的氧、氮等对钨极、熔池及焊接热影响区造成有害影响，从而获得优质的焊缝。当需要填充金属时，一般在焊接方向的一侧把焊丝送入焊接区并熔进熔池形成焊缝。

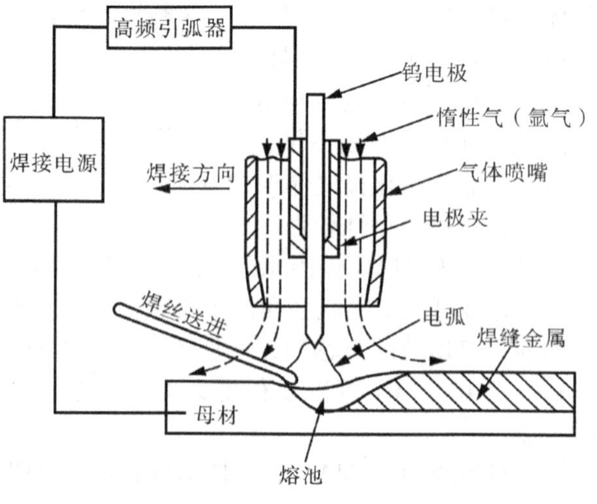

图 16 -7　TIG 焊焊接过程示意

TIG 焊焊接工艺性能较好，在焊接过程中能够观察到熔池及电弧，便于焊接过程的实时监控。焊接填充焊丝过程是通过电弧间接加热，因此焊接过程无飞溅，焊缝美观。TIG 焊焊接电弧非常稳定，即使在很小的电流下（10 A 以下）仍然能够稳定地燃烧，且操作简单，能够进行全位置焊接。TIG 焊另外一个特点是电弧具有阴极清理作用，电弧中的阳离子在受到阴极电场加速后快速地冲击阴极表面，使阴极表面的氧化膜破碎并清除掉，进而在惰性气体保护的氛围中形成清洁的金属表面。当母材为轻金属，如铝、镁合金时，这一清理作用效果表现的尤为显著。

另一方面，由于 TIG 焊熔深较浅、焊接速度较慢、生产效率较低等原因限制了其在焊接加工制造中的使用比例，但其稳定的电弧形式却让人难以舍弃，因此科研人员在传统 TIG 焊的基础上开发出了许多新型的 TIG 焊方法，极大地推进了 TIG 焊在企业制造中的应用，如活性焊剂钨极氩弧焊（A－TIG 焊）、窄间隙 TIG 焊、热丝 TIG 焊及双钨极 TIG 焊等。

16.2.1　活性焊剂钨极氩弧焊（A－TIG 焊）

A－TIG 焊于 20 世纪 60 年代乌克兰巴顿焊接研究所在焊接钛合金过程中发明，初衷是为了解决在焊接钛合金时的气孔问题。但随后发现活性剂对焊缝的熔深的增加有较为明显的促进作用。A－TIG 焊是在母材待焊表面预先涂覆上一层薄薄的特殊活性焊剂后再使用 TIG 焊进行焊接。相比常规 TIG 焊，A－TIG 焊在保证 TIG 焊焊接电弧稳定、焊接质量好、无飞溅及焊缝美观等优点的同时，还能显著地增加焊接熔深（相比常规 TIG 焊熔深能够提高一倍以上，12 mm 不锈钢可一次性焊透），使焊缝正反两面熔化成形更趋于合理，大幅度地提高了焊接效率，降低了焊接成本。

自该技术问世以来，世界各国的科研机构、焊接学者相继对 A－TIG 焊进行了大量的试验研究。至 20 世纪 90 年代，该技术已发展成为一种全新的焊接方法，并在钛合金、不锈钢、镍基合金、铜镍合金和碳钢的焊接上使用。该技术发展至今，市场上已经拥有针对不同材料的活性剂商品，现已广泛地应用到了核电、锅炉、压力容器等工业领域的管道全位置焊接、焊接修复、管管对接等要求较高的场合。

16.2.2　窄间隙 TIG 焊（NG－TIG）

自 1963 年美国巴特莱研究所首创出窄间隙焊接技术以来，研究人员就对该技术产生了极大的兴趣，并进行了大量的研究工作。相比传统的焊接方法，在焊前进行坡口加工时窄间隙焊接焊前可不开坡口或仅需开小角度坡口，并留出窄而深的间隙再使用相应的窄间隙设备进行焊接。

近些年来窄间隙 TIG 焊在重工领域尤其是在核电设备的关键部件中得到了广泛应用。窄间隙 TIG 焊既继承了常规 TIG 焊接质量好、材料适用种类广泛、可控参数多及全位置焊接等优点，也大幅度地减小了坡口的截面积（50%～80%），节省了焊材，降低了焊接时长提高了焊接效率，同时缩小了焊接热影响区范围，降低了焊接接头的残余应力与残余变形，显著提高了焊缝的综合力学性能。

对于 20 mm 以上的厚板，窄间隙 TIG 焊接坡口仅需开设 6～8 mm 的窄间隙“V”形或“U”形坡口即可实现焊接。目前法国宝利苏迪研制的窄间隙焊枪已能够在 5 mm 厚的窄间隙坡口内进行焊接，如图 16－8 所示。

图 16－8　窄间隙 TIG 焊枪及焊接现场实物

随着近些年来数字化及智能化的发展，配以热丝电源、智能摆动、弧压跟踪及焊接实时监测系统的窄间隙 TIG 焊进一步提高了焊接质量、外观成形及成品率，同时也极大地改善了焊接操作环境。目前在国内外，窄间隙焊接已经广泛应用于大型厚板的焊接，如反应堆压力容器、核电汽轮机转子、蒸发器等具有战略意义的关键设备上，日本焊接学界甚至把窄间隙焊和激光焊并称为 20 世纪最适合厚板焊接的两种焊接方法。

16. 2. 3　热丝 TIG 焊

为了解决常规 TIG 焊熔覆速率慢的问题，研究人员开发出了热丝 TIG 焊方法，其焊接原理如图 16－9 所示。填充的焊丝在进入熔池之前约 10 cm处开始，由加热电源通过导电块对其通电，并依靠电阻热将焊丝加热至预热温度。焊丝与钨极成 40°～60°角，焊丝以热态从电弧后面被送进熔池，相比传统的冷丝熔覆速度可提高两倍。由于热丝 TIG 焊配以单独的热丝电源，作用在焊丝上的热输入大大提高，因此焊丝的熔化速度可增加至 20～50 g/min。在相同的电流情况下焊接速度能够提高一倍以上，达到 100～300 mm/min。

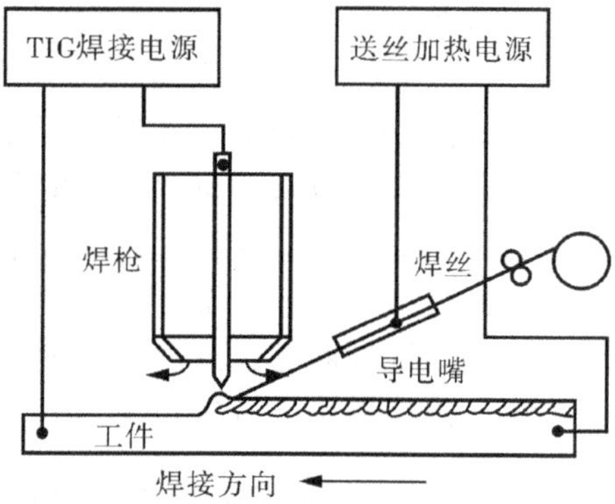

图 16－9　热丝 TIG 焊焊接原理示意

同 TIG 焊相比，热丝 TIG 焊明显地提高了焊接熔覆率及焊接速度，极适合于焊接中等厚度的焊接结构，同时还兼具 TIG 焊高质量焊缝的特点。同 MIG/MAG 焊相比，熔覆效率相差不大，但由于热丝 TIG 焊的送丝速度独立于焊接电流，因此能够更好地控制焊缝成形，尤其是对于坡口内的焊缝，其侧壁熔合性比 MIG 焊要好得多。部分企业在保证热丝 TIG 高熔覆率的同时又在送丝装置上添加能够使焊丝往复抽动的装置，这样在焊接时焊丝的往复抽动又能对熔池起到一定的搅拌作用，并更利于焊缝的铺展，进一步地改善了焊接成形及效率。

热丝 TIG 焊目前已经广泛地应用于碳钢、低合金钢、不锈钢、钛和镍等，但对于电阻率较小的铝、铜合金，在对焊丝加热时使用焊接电流较大，会造成过大的磁偏吹和熔化不均匀，因此在这类合金上不推荐使用热丝 TIG 焊。

16.2.4 双钨极 TIG 焊

TIG 焊由于热源稳定、焊接稀释率较低的特点，近些年来其应用范围也扩展至堆焊领域。辅以热丝电源的热丝 TIG 焊极大地提高了堆焊效率，但面临日益紧张的制造工期要求，研究人员又在传统的 TIG 焊接技术基础上开发出双钨极 TIG 焊。其特点是两根钨极装在同一把焊枪的喷嘴中，钨极的端部加工成尖角并相互绝缘，两根钨极之间各自采用独立的焊接电源进行控制。在相同的总电流下，双钨极耦合的电弧电流密度的峰值小于单钨极氩弧焊，电弧压力显著地下降。因此在相同的电弧压力下双钨极 TIG 焊可以选择更大的焊接电流，从而增加焊接热输入，提高焊丝的熔覆效率。

图 16－10 所示为法国宝利苏迪生产的内壁立式自动双钨极 TIG 堆焊设备。相比传统的 TIG 焊，双钨极 TIG 焊可以实现低电压、大电流下的快速焊接，效率提高 2.5 倍；焊接送丝速度达到 5～10 m/min，平焊及横焊位置的熔敷速率分别达到 5.8 kg/h 和 4.4 kg/h，单层熔敷平均厚度在 1.5～3.5 mm；首层平均稀释率接近 10%，第 2 层的小于 2%。国内大连一重集团已经将该技术应用在加氢反应器的内壁堆焊上。

图 16－10 宝利苏迪双钨极 TIG 焊枪结构及设备

16.3 等离子弧焊

等离子弧焊与钨极惰性气体保护电弧焊同属于非熔化极气体保护电弧焊，但与 TIG 不同的是等离子焊利用等离子焊枪将自由电弧压缩成高温、高电离度、高能量密度及高焰流速度的电弧。普通电弧的射流速度一般为 80～150 m/s，而等离子电弧的射流速度可以达到 300～2 000 m/s。由于等离子电弧受到压缩作用，能量密度可达 10^5～10^6 W/cm^2，而自由状态下 TIG 电弧能量密度为 50～100 W/mm^2。弧柱中心温度为 TIG 的 3～5 倍。因此等离子弧焊与电子束和激光焊同被称为高能密度焊接。

按照等离子的焊缝成形原理，等离子弧焊有两种基本焊接方法：小孔型等离子弧焊和熔透型等离子弧焊。

16.3.1 小孔型等离子弧焊

利用小孔效应实现等离子弧焊接的方法称为小孔型等离子弧焊。在对一定厚度范围内的金属进行焊接时，经适当地调节电流、等离子气、焊接速度并选用合适的喷嘴尺寸后，等离子弧将会穿透整个工件厚度，形成贯穿工件的小孔，如图 16－11 所示。小孔周围的液体金属在电弧吹力、液体金属自重与表面张力的作用下保持平衡。焊枪继续前进，在小孔前沿的熔化金属会沿着等离子弧柱流至小孔后面并逐渐凝固成焊缝。

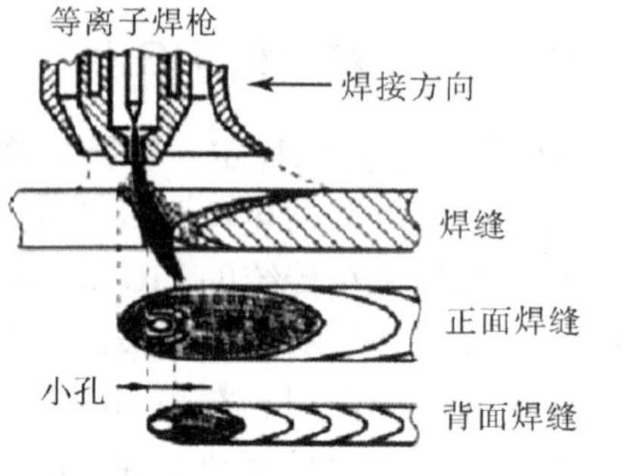

图 16－11　小孔型等离子弧焊缝成形原理

相比其他常规焊接方法，小孔型等离子弧焊最大的优点在于可以单次焊接厚板，对于 12 mm 左右的钛及其合金、不锈钢材料在不开坡口直接对焊的情况下可实现单面焊双面成形，且正背面成形美观。同时小孔型等离子还具有孔隙率低、焊接变形小等特点。

小孔型等离子弧焊以其焊接速度快、焊接效率高、设备成本相对较低等特点已广泛应用在石化、制药、染织等行业上。

16.3.2　熔透型等离子弧焊

熔透型等离子弧焊是在等离子气流较小、弧柱压缩较弱的情况下，等离子电弧不形成小孔的焊接方法，这时它的焊缝成形原理与 TIG 焊类似，常用于焊接薄板或应用于厚板的多层多道焊。当焊接电流极小时，等离子设备还可以使用联合弧进行焊接，即在喷嘴与钨极、钨极与工件间同时产生电弧，此时又称为微弧等离子焊接。由于此时有喷嘴和钨极之间的维弧存在，即使焊接电流小至 1 A 以下电弧仍具有较好的稳定性，可用于焊接细丝和箔材。

相比 TIG 焊，熔透型等离子弧焊电弧能量集中，电弧挺直性好，焊接速度较快，同时焊缝深宽比大，焊缝截面积较小，在焊接薄板时焊接变形小且热影响区较窄，电弧稳定性好，电流小至 0.1 A 时电弧仍然能够稳定燃烧，可焊接厚度为 0.1 mm 厚的不锈钢板。

熔透型等离子弧焊现已广泛应用于超薄板的对接焊与精密仪器的焊接制造领域中。以洛阳船舶材料研究所生产的钛以及不锈钢的多层超薄板波纹管膨胀节为例，当采用微束 TIG 焊接 0.2 mm 的不锈钢或钛板后再进行液压成型时常在焊缝处出现裂纹，而使用熔透型等离子弧焊就能较好地避免此类问题的出现，同时焊缝宽度及热影响区尺寸相比 TIG 焊至少减小一半。

16.3.3　变极性等离子弧焊接

当使用等离子焊接不锈钢和钛时采用直流正接，当焊接铝及其合金时，为清理其表面氧化膜并减少焊接缺陷，需要采用直流反接或交流焊接。由于直流反接及交流焊接时钨极烧损极其严重，焊缝的质量也难以保证，因此后期又出现了采用变极性可控方波交流的变极性等离子弧焊接技术。

变极性等离子弧焊接技术综合了“变极性焊接”“等离子弧焊接”和“穿孔焊接”的优点，利用铝为负极的“阴极破碎”对氧化膜的清理，直流电源获得较大的熔深，可控方波减少钨极烧损的作用实现铝及其合金的较大深宽比焊接。同时为解决液相铝合金黏性小、熔池不易保持的问题，采用垂直向上的立焊方式进行焊接，可以用先凝固的焊缝托住熔池，当等离子射流直接穿透工件形成小孔后，随着焊接的进行，熔融金属沿孔壁向下流淌形成焊缝。对于中等厚度的铝合金在不开坡口、不需背面强制成形的保护条件下，能够实现一次单面焊双面成形。另一方面铝合金的变极性等离子弧焊使熔融的金属向下流淌，扩大了熔池液相的金属表面积，增加了气泡溢出的机会，使焊缝气孔率极低。

自20世纪70年代初期美国波音公司开发出变极性等离子弧焊工艺后，该技术就受到了工业界的极大关注，并逐渐被应用到国防及航天工业，美国波音公司将其作为自己内部的专有技术，长期对外进行技术封锁。国内的变形性等离子弧焊的发展长期受制于人，北京工业大学自1998年开始自主研发变极性等离子焊接技术，开发出具有自主知识产权的大型薄壁壳体结构的变极性穿孔立焊专用焊接系统，并于2009年成功应用于“天宫一号”主体结构的焊接，为我国载人航天工程空间交会对接试验的顺利实施做出了贡献。

16.4　埋弧焊

埋弧焊是以电弧作为加热热源，熔化焊丝和母材的加工方法。与其他焊接方法不同的是埋弧焊焊剂的使用。在焊接时焊丝端部、电弧和工件被一层可熔化的颗粒状的焊剂所覆盖，在焊接过程中看不见电弧，并且无飞溅过程。焊剂的使用对于提高电弧的稳定性、焊缝质量，以及机械和化学作用有着重要的影响。埋弧焊焊接过程如图16－12所示。

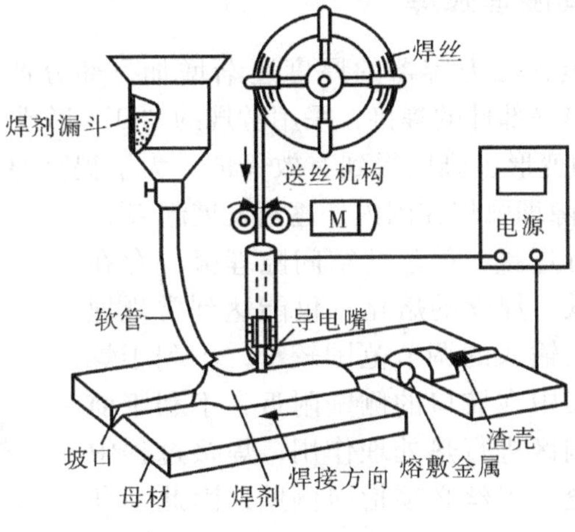

图16－12　埋弧焊焊接过程

埋弧焊时，连续送进的焊丝在一层可熔化的焊剂覆盖下引燃电弧。电弧使焊丝、母材及焊剂熔化以致部分蒸发，在电弧区由金属和焊剂蒸气形成能够使电弧稳定燃烧的空腔。由于熔池受到熔渣和焊剂蒸气的保护，不与空气接触，因此熔融下液态金属被保护的很好。随着电弧的向前移动，液态金属逐渐凝固形成焊缝，熔渣则形成渣壳覆盖在焊缝表面。熔渣除了对熔池起到机械保护作用以外，还参与焊接过程中的冶金反应，从而影响焊缝的化学和力学性能。

相比其他焊接方法，埋弧焊熔敷效率高、焊接熔深大、焊接质量优良，能在大电流、高焊接速度下施焊，而且能简化坡口制备，节省焊接材料，是一种高效率、低成本的焊接工艺。

埋弧焊焊接时使用的焊接电流较大，相应的电流密度也较高，因此生产效率较高。以板厚为 8 ~ 10 mm 的钢板对接为例，埋弧焊焊接速度可达到 30 ~ 50 m/h，而焊条电弧焊的焊接速度则不超过 6 ~ 8 m/h。同时由于埋弧焊焊接热效率高、熔深大，单丝埋弧焊不开坡口一次熔深可达 20 mm。

焊接过程中由于带有熔渣的保护，熔化金属不与空气接触，因此焊缝金属中的氮含量较低；另一方面焊剂的覆盖也会延长液态金属的凝固，因此液态金属和熔化焊剂间的冶金反应比较充分，减少了焊缝中产生气孔、裂纹的可能性，焊剂还可以向焊缝过渡合金元素，调整化学成分，提高力学性能。

机械化和自动化的埋弧焊也使焊工劳动强度大大降低；焊剂的存在也使得弧光不外漏，减少了弧光对焊工的危害；焊接时放出的烟尘和有害气体少，改善了焊工的劳动条件。

埋弧焊在焊接生产中应用普遍，在造船、锅炉及压力容器、化工、桥梁、海洋结构及核电设备制造中广泛应用。近些年来，随着焊接加工领域内积极倡导绿色、优质、高效焊接技术，科研人员在埋弧焊技术方面也进行了艰苦攻关，并取得了长足的进步，开发出一系列适应性更强、焊接质量更高的埋弧焊方法，如双丝窄间隙埋弧焊、多丝埋弧焊、带极堆焊等。

16.4.1 双丝窄间隙埋弧焊

随着工业技术的发展，压力容器的厚度逐渐增加，部分产品的壳体焊接厚度已达 300 mm以上。对于这些厚壁部件的焊接，采用常规的“U”形或“V”形坡口会导致焊接工作量很大，同时焊接的变形也难以得到有效保证。为了提高厚壁部件的焊接生产效率，20 世纪 70 年代中期窄间隙埋弧焊在国内外逐渐发展起来。

在窄间隙坡口内进行焊接，单丝的窄间隙埋弧焊存在许多不足：生产效率较低，焊丝的熔化率仅能达到常规埋弧焊的一半左右；焊接热输入的调节范围较窄，不利于焊接过程中的调节；热源集中在坡口的侧壁附近，不利于前一层的焊缝金属和热影响区进行热处理作用；焊接过程中为保证焊缝与侧壁的焊透，焊丝必须指向侧壁，因此不利于改变焊道的宽度和焊缝成形。

图 16 – 13　双丝窄间隙埋弧焊焊枪机头

为解决单丝窄间隙埋弧焊的诸多问题，提高焊接效率及质量，20 世纪 80 年代出现了双丝窄间隙埋弧焊方法，成功地解决了特厚钢结构焊接效率与质量相矛盾的问题。双丝窄间隙埋弧焊采用串列方式，其中前丝以焊接前进方式倾斜并指向侧壁，通以直流电源保证良好熔合；后丝垂直向下通以交流电源以防止两个电弧相互干扰。由于后丝是在直丝形成的熔融状态熔池上燃烧的交流电弧，因此焊接过程比较稳定。图 16 – 13 所示为典型的双丝窄间隙埋弧焊焊枪机头。

相比常规埋弧焊，双丝窄间隙埋弧焊技术能够明显减少焊前的坡口加工工作量、减少焊材的使用、提高生产效率并减少焊接变形；另一方面，其非对称的温度场和宽而薄的焊道能够获得更小的热影响区宽度，并充分利用后续焊道的热作用对热影响区的粗晶区进行细化，因此能获得质量更高的焊接接头。

双丝窄间隙埋弧焊已成功应用于重型机械、化工机械、电站锅炉等大型厚壁部件的焊接上，如加氢反应器、百万千瓦级核电汽轮机转子、水压机工作缸等，图 16－14 所示为二重使用双丝窄间隙埋弧焊焊接的 8 万吨水压机工作主缸（外径 2.9 m，壁厚 580 mm），焊后无损检测全部合格。

图 16－14　8 万吨水压机工作主缸的焊接

16.4.2　多丝埋弧焊

多丝埋弧焊是一种高生产率的焊接方法，按照所用焊丝数目有双丝、三丝埋弧焊等，在一些特殊应用中焊丝可多达 14 根。焊丝一般都采用纵列式排列，对于厚板、焊接工作量大的大型构件是一种非常理想的高效率焊接方法。

相比普通埋弧焊，多丝埋弧焊生产效率高，可实现单行程一次性焊接成形，极大提高了焊接效率。以采用 3 根直径为 3.2 mm 的焊丝为例，焊丝距离为 8 mm，当焊接电流为 700 A 时，采用最佳的排列方式进行埋弧焊接时，最大熔覆速度可达 35 kg/h。相对于单丝埋弧焊，其焊接速度提高 30%～40%，生产效率大幅提高，同时烟尘、弧光等污染源也大大减少。

多丝埋弧焊已经在石油管线的焊接上大量应用，图 16－15 所示为国内针对油气运输管线研制的直缝钢管五丝外焊埋弧焊设备。

图 16－15　直缝钢管五丝外焊装备

16.4.3　带极堆焊

带极堆焊是采用金属带极替代焊丝进行焊接的埋弧焊焊接方法，采用金属带作为电极能够明显地提高焊缝金属的熔覆效率并改善焊缝成形。带极堆焊的熔覆速度高达 60～70

kg/h，相比普通丝极埋弧焊其速度要快 2～3 倍。目前常采用 50 mm 宽的不锈钢及镍基金属带进行压力容器管板及内壁的表面堆焊。

与常规丝极埋弧焊对比，带极埋弧焊的焊接电流达到 900 A 以上，因此生产效率较高，经济价值也比较大，操作简单，而且容易实现自动化、机械化生产。其堆焊焊缝还有稀释率低、熔敷率高、焊缝边缘平整、熔合线整齐、焊剂耗量小等特点，特别适于表面堆焊。在大面积堆焊的情况下，尤其当采用双带极埋弧焊时，带极堆焊的高效率优势极为明显，是大面积表面堆焊的理想方法。

16.5 电渣焊焊接技术

电渣焊是利用电流通过液体熔渣所产生的电阻热作为热源，在垂直位置将工件和填充金属熔化成焊缝的焊接方法，焊接过程如图 16－16 所示。电渣焊的渣池可以保护金属熔池免受空气的污染，在水冷滑块和工件端面形成的空腔内进行熔池金属的凝固成形。

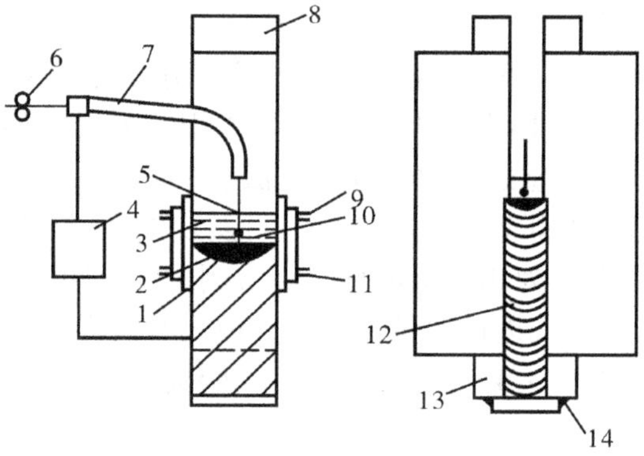

图 16－16 电渣焊焊接过程示意

1. 水冷成形滑块 2. 金属熔池 3. 渣池 4. 焊接电源 5. 焊丝 6. 送丝轮 7. 导电杆 8. 引出板 9. 出水管 10. 金属熔滴 11. 进水管 12. 焊缝 13. 起焊槽 14. 石棉泥

和其他熔化焊方法相比，电渣焊的特点如下。

（1）电渣焊应用于垂直位置及与地面夹角小于 30°的焊接。由于熔池存在时间长，故低熔点夹杂物和气体易排出，不易产生气体和夹渣，焊接时脱硫、脱磷充分。

（2）电渣焊可以一次焊接很厚的工件。由于整个渣池均处于高温下、热源体积较大，因此不论工件厚度多大都可以免开坡口，只要有一定的装配间隙就可一次焊接成形。生产效率较高，与开坡口的焊接方法相比，其热效率能提高 80% 左右，焊材消耗量较少，能节省大量的电能、金属和加工时间。

（3）焊接熔渣体积大，冷却速度慢，对被焊的工件有较好的预热作用，因此对于碳当量较高的金属不易出现淬硬组织，冷裂倾向较小，焊接中碳钢、低合金钢时均可不进行预热直接焊接。

（4）焊接过程没有飞溅及弧光伤害，极大地改善了操作人员的工作环境。

电渣焊适用于焊接厚度较大、难于采用埋弧焊或气电焊的某些曲线或曲面的焊接，以及由于现场施工或起重设备的限制必须在垂直位置焊接的焊接、大面积堆焊和某些焊接性差的金属如高碳钢、铸铁的焊接等。目前电渣焊已成功应用于水压机、锅炉、船体、汽轮机等大型结构件的焊接上。

16.6 水下焊接技术

随着海洋工程的迅速发展，水下焊接技术日益受到重视。水下焊接在海上石油平台、海底输油、输气管线施工、舰船的紧急维修、码头设施、核电设施工程等各种海洋工程的施工及海上搜救打捞中，已经成为不可缺少的焊接技术。近些年来世界范围内海洋石油发展的长期规划是走向深海，因此愈加苛刻的工作及操作环境也对水下焊接技术提出了更高的要求。

16.6.1 水下焊接的特点

水下的焊接环境要比在陆地上焊接复杂得多，因为除焊接技术本身以外，还涉及潜水作业技术等诸多因素。相比地面上的焊接，水下焊接主要有以下特点。

（1）能见度差。在水下环境中水会对光线产生吸收、反射及折射作用，使得光线在水中的传播能力大幅度降低，再加之焊接过程中会伴随有气泡，导致潜水焊工很难看清焊接熔池的状态，造成操作人员难以发挥出正常焊接水平。

（2）水下焊接的急冷效应。淡水的热传导系数为空气的十几倍，海水的热传导系数则更高，达到空气的20倍左右。因此在水下焊接时会出现水对焊缝的急冷效应，容易产生高硬度的淬硬组织。

（3）焊缝的含氢量增加。氢含量对焊缝性能的影响显著，在焊接碳钢、低合金高强钢及耐热钢时应尽量减少焊缝氢含量。水下焊接时，由于电弧周围的水被电弧分解成了大量的氢和氧，造成熔池中溶解或吸附大量的氢，远高于陆上的焊缝含量。

（4）电弧的稳定性降低。水下压力的增加会导致电弧弧柱变细、焊道宽度变窄、焊缝高度增加。同时由于导电介质密度的增加，也增加了电离的难度，随之电弧电压升高，电弧的稳定性下降，飞溅和烟尘也较多。

16.2 水下焊接方法的分类及应用

自1917年英国海军首次在水下进行焊接以来，科研人员对水下焊接技术进行了大量的科研和尝试，可以说凡是在陆地上使用过的焊接方法都在水下尝试过。经过一个世纪的发展，水下焊接技术也由最初的湿法电弧焊演变出了多种焊接方法。根据焊接工作环境可将水下焊接分为干法焊接、局部干法焊接和湿法焊接。20世纪60年代以后，又出现了一些特种水下焊接技术，如水下爆炸焊接、水下电子束焊接、水下激光焊接、水下螺柱焊接等。

1. *干法水下焊接*

干法水下焊接技术是使用气体将焊接部位周围的水排除，潜水焊工在完全干燥或半干燥的条件下进行焊接的水下焊接技术。进行干法水下焊接时，需要设计制造水下压力舱室。根据压力舱室的不同，干法水下焊接又分为高压干法和常压干法。

1954年美国提出高压干法焊接并于1966年应用于生产，目前最深能在水下300 m进行作业，常采用焊条电弧焊或惰性气体保护电弧焊在舱室内进行焊接，是目前水下焊接质量最好的方法之一，焊缝质量基本能够达到陆地上的水平。但高压干法焊接时使用的高压舱室往往受到工程结构形状、尺寸和位置的限制，制造局限性较大，设备造价昂贵。

为了克服高压干法水下焊接时焊接压力对焊接过程造成的不利影响，研究人员开发出了常压干法水下焊接技术。常压干法水下焊接需要在密封的压力舱室中进行焊接，舱室内的压力保持在常规大气压水平，可以看出这种方法在焊接过程中既不受水深影响也不受水环境的干扰，焊接过程和焊缝质量与陆地上的焊接一样。但为保证舱室内部的常压，常压干法焊接设备的造价及设计复杂程度要远高于高压干法水下焊接，焊接辅助人员也更多，施工成本也更加高昂，因此一般仅在深水重要的焊接结构上应用。

目前，致力于海洋开发的国家或大公司都拥有自己的高压模拟试验装置。如巴西CENPES中心的水下高压焊接舱，挪威SINTEF的舱内无人高压干法水下焊接模拟试验装置，以及英国Cranfield大学海洋工程中心于1990年初研制的模拟2500 m水深的舱内无人高压干法水下焊接试验装置Hyper－weld250。在过去的几年里，Cranfield大学焊接工程研究中心已经将自动焊接技术应用于水深2500 m压力相当于250 bar条件下的深水焊接。国内也于20世纪80年代开始研究高压干法水下焊接，如哈尔滨焊接研究所研制的HSC－1和HSC－2两套高压干法水下焊接模拟试验装置，最大工作压力分别为1.6 MPa和3 MPa，可分别使用熔化极气体保护焊和TIG焊进行舱室内的焊接。北京石油化工学院海洋工程连接技术研究中心设计建造的150 m水深高压焊接试验装置能够获得美国焊接学会标准中规定的A类接头，并在中国渤海天津新港锚地附近12 m水深海域进行试验测试后获得了良好的焊缝外观。

常压干法水下焊接技术由于施工复杂、成本高昂，近年来发展缓慢。据报道国外在1977年曾使用该法在150 m水深区域进行了海底管线的焊接。美国IDS公司正在研制在600 m深水下进行常压干法水下焊接的装置，用于管径900 mm、壁厚32 mm的管道焊接。我国目前还没有常压干法水下焊接设备。

2. 湿法水下焊接

焊接区与水之间无机械屏障的水下焊接方法称为湿法水下焊接。湿法焊接时焊接区既受到环境水压的影响，还受到周围水的强烈冷却作用。湿法水下焊接操作方便、灵活，设备简单，施工造价较低，因此应用较广。

目前水下焊条电弧焊是湿法水下焊接的主要手段。当焊条与焊件接触时，电阻热将接触点周围的水汽化，形成气相区。焊条稍离开焊件，电弧便在气相区里引燃，电弧将周围的水大量汽化，加之焊条药皮产生的气体使电弧周围形成一个一定大小的电弧气泡，进而将电弧和焊件上形成的熔池与水隔开。随着焊接的继续进行，电弧气泡不断变大，到达一定程度后开始破裂，一部分气体以气泡形式溢出，电弧气泡变小。但随后由电弧热产生的气体又使气泡变大，就这样周而复始，电弧气泡始终处于亚稳状态下，直至整个焊接过程完成。

湿法水下焊接的关键在于水下焊条的选择，因此水下焊条的研发设计也成为了湿法水下焊接的主要课题。当采用普通陆用焊条进行水下焊接时，焊缝的气孔较多且焊缝成形差，尤其是当水深超过30 m时，在压力作用下电弧不能稳定地燃烧，致使焊接过程无法进行。

国内外对湿法水下焊接的焊条进行了大量的研发。Hydroweld FSTM 焊条是英国国防部唯一认可的军舰水下修补焊条，曾成功地对一艘英国皇家海军潜艇的球罐进行了水下修补，并在世界多个工程上应用。德国 Hanover 大学基于渣气联合保护对熔滴过渡的影响和保护机理，开发了双层自保护药芯焊条。美国 Ohio 州立大学开发的水下黑美人焊条具有焊缝成形好、焊后无微裂纹、工艺性能优良、适用于各种位置的焊接等特点。国内自 20 世纪 60 年代开始研发水下专用焊条，如 TSH－1、TS202、TS203 等，洛阳船舶材料研究所开发的 TS208 在水下焊接 Q345 钢时焊接接头大于 530 MPa，经过与国外知名品牌进行性能对比试验后获得了满意成果。

近些年来，为提高生产效率、提高焊接质量、促进水下焊接自动化，水下药芯焊丝也逐渐得到了应用。采用药芯焊丝进行水下焊接不仅可以提高焊接质量，而且由于采用连续送丝，还显著提高了生产效率并易于实现焊接的自动化。

3. 局部干法水下焊接

局部干法水下焊接是潜水焊工和工件直接处在水中，采用特殊构造的排水罩罩在待焊部位，用空气或保护气体将罩内的水排除，形成一个局部气相空间进行焊接的方法。局部干法水下焊接兴起于 20 世纪 70 年代，这种方法简单易行，电弧的燃烧及熔池凝固等过程都是在气相环境中进行，焊接质量明显高于湿法焊接。目前在生产中应用的水帘式水下焊接法和可移动气室式水下焊接法。

可移动气室式水下焊接概念是美国在 1968 年首先提出的，并于 1973 年开始在生产中应用。但该方法的气室直径较小，只有 100～130 mm。

水帘式水下焊接法最早由日本提出，这种方法使用的焊枪结构分为两层，高压水射流从焊枪外层呈圆锥形喷出，形成一个挺度高的水帘，阻挡外面的水入侵。虽然该方法的焊枪轻便灵活，但保护气体和烟尘将焊接区的水搅得混浊而紊乱，可见度问题没有得到良好的解决，焊工基本处于盲焊状态。随后日本采用机械化的 0.2 mm 的钢丝“裙”代替水帘，克服了水帘式局部干法焊接的缺点，可以进行搭接接头、角接接头的焊接，施焊时可采用自动焊或半自动焊。

局部干法水下焊接在国内已有很多成功实施案例。20 世纪 70 年代，国内哈尔滨焊接研究所研制成功了 LD－CO_2 焊接方法，并开发了配套的 NBS－500 型水下半自动焊机，在国内进行了多次成功施焊，焊接接头的质量满足国际上常用要求。北京石油化工学院海洋工程连接技术研究中心与上海核工程研究设计院合作，共同研制了局部干法自动水下焊接试验系统，并成功地利用该试验装置模拟了 5 m 和 15 m 水深条件下的局部干法自动焊接。海洋石油工程股份有限公司与天津大学合作，共同研制了一套基于固定式排水罩的水下局部干法半自动熔化极气保护焊焊接系统，并成功在 10 m 和 22 m 深的渤海海域进行海试，同时该套设备及工艺也得到了国际第三方船级社的认证。

4. 特种水下焊接技术

除了以上所述的各种水下焊接方法以外，近些年来也涌现了一批非电弧类的特种水下焊接方法，如水下激光焊，目前已经成功地在 30 m 水深核反应堆的修复上应用。爆炸焊也在 20 世纪 70 年代曾经用于水下连接。固相连接的摩擦焊在许多场合因其焊接接头性能优异、高效、低耗、清洁、高精度等突出优势已经成为当前发展最为迅速的焊接技术。因为摩擦焊的焊接质量对水不敏感，不同水深下的焊接参数几乎没有变化，所以摩擦焊已经成为当前海洋结构物水下修复的热门研究领域。除摩擦螺柱焊已经成功地应用于深水阳极修复等众多场合之外，摩擦焊接的若干新技术，如搅拌摩擦焊接、摩擦叠焊以及径向摩擦焊接技术已成为具备良好发展前景的21世纪水下修复新方法。

16.7 绿色切割技术

切割下料是现代工业制造领域中的重要工序，切割的效率和品质直接关乎着生产的进度和质量。在传统工业制造中，切割技术曾一度处于高能耗、高污染、高排放水平。随着科技的不断发展，多能源、多种工艺方法的现代切割技术取得了突破性进展，在绿色切割制造方面取得了显著成效，如新型火焰切割技术、等离子切割技术、激光切割技术与水射流切割技术等。

16.7.1 新型火焰切割技术

火焰切割是利用气体燃烧所产生的热能将金属材料分离的切割方法。可燃气体燃烧后，将切割工件进行预热，当达到金属的燃点后，割炬中喷射出的高速氧流充分与金属燃烧，最终达到切割的目的。因此火焰切割技术不是简单的金属熔化的过程，其实质是被割金属材料在纯氧中充分燃烧的过程。

随着工业制造产业的迅猛发展，火焰切割技术长期在机械制造、电力、石油化工等工业领域广泛应用。但传统的火焰切割技术具有以下缺点。

（1）切割精度低，钢坯割缝大，切割后需要再次加工，原材料消耗较大。

（2）切割的材料具有一定的局限性，只能切割燃点低于熔点的钢铁和铸铁。

（3）噪声大、车间粉尘多，且在切割过程中发生火焰灼伤的情况较大。

为解决上述问题，研发人员在火焰切割技术改善方面做出了大量努力，如改变燃气种类、改善割嘴和割炬设计，显著地提高了火焰切割的工作效率及切割质量，并明显改善了切割操作环境。

1. 新型火焰切割用气体

天然气被视为替代乙炔、丙烷燃气的新型火焰切割气。采用天然气作为新型火焰切割气，工件切割表面光洁、变形小、棱角整齐、不易挂渣；切割面氧化皮容易清除、无须打磨、减轻操作者的劳动强度并提高了工效；预热时间能够显著缩短，40 mm厚的普钢材预热和切断仅需10 s；切割速度能够提高20%～50%。同时天然气价格低廉、使用效率高、用气量省，切割同等钢材的情况下的使用量仅是乙炔、丙烷的50%。

把稀土增益剂与天然气、煤层气、石油液化气等多种燃料按一定的机制进行活化制成稀土活化燃气节能增效器，能够为气体的燃烧创造最佳的催化条件，进而显著提高火焰温度、提升燃烧热效率，在促进完全燃烧、消除污染等方面起到了积极的作用。每立方米等量燃气较乙炔可减排二氧化碳6 kg，成本仅为乙炔的30%。

2. 割嘴和割炬结构改进

在割嘴和割炬的结构上，燃气和预热氧的混合方式已由割炬内混合、割嘴内混合发展到割嘴外混合。割嘴的切割氧气孔道也从传统的直筒形、阶梯式直筒形、收缩型，发展到扩口型和流线型。此外，后期出现了氧气屏割嘴、接触式割嘴、双孔乃至多孔割嘴等特种高速割嘴。

改进后的新型割嘴和割枪，工作时割嘴喷出的火焰束高度集中，能大幅提高切割速度，增强切割质量，降低能源消耗，减小切割割缝。

16.7.2 等离子切割技术

等离子弧切割是目前常用的金属和非金属材料切割工艺方法。与等离子焊接类似，等离子焊接利用高速、高温和高能的等离子气流来加热、熔化被切割材料，并借助内部的或者外部的高速气流或水流将熔化材料排开，直至等离子气流束穿透背面而形成割口。

等离子弧坑的温度高，远远超过所有金属以及非金属的熔点。因此等离子弧切割过程是靠熔化来切割材料，比氧化切割方法的切割领域宽，能够切割绝大部分金属和非金属材料。相比火焰切割技术，等离子切割速度快，可达10 m/min。配以环形气流技术的等离子切割机能够在切割时形成细长稳定的等离子电弧，在切割任何导电金属时均能够平稳且经济地进行，对于精细型等离子切割且切割质量甚至接近激光水平。

大功率等离子的切割技术日益成熟，其切割厚度范围已有较大的扩展，现已能切割100 mm以上的厚板。虽然在等离子切割过程中噪声大、烟尘多，但分别辅以水床或烟尘净化处理装置的湿式切割和干式切割，能够有效地消除噪声、粉尘、有害气体和弧光污染。

16.7.3 激光切割技术

激光切割是目前材料加工中较为先进的切割工艺，切割热源依靠高能量密度的激光束来提供。依据切割时金属的不同状态，激光切割又分为激光熔化切割、激光火焰切割及激光汽化切割。

在激光熔化切割中，切割工件被局部熔化，然后借助气流把熔化的材料喷射出去。激光火焰切割是使用氧气作为切割气体，借助氧气和加热后的金属之间的相互作用产生化学反应使材料进一步加热并实现切割。基于此效应，激光火焰切割的切割速率比激光熔化切割速率要高。当激光功率足够大时，可使被切割材料在割缝处发生汽化，依据此原理进行的激光切割成为激光汽化切割。

相比火焰及等离子切割，激光切割具有以下优点。

（1）切割质量好。切口宽度窄、精度高、切口表面粗糙度好，切缝一般不需要再加工即可焊接。

（2）切割速度快，生产效率高，热影响区小，变形极小。

（3）操作简单，劳动强度低，噪声低、清洁、安全、无污染，大大改善了操作人员的工作环境。

（4）激光切割时割炬与工件无接触，不存在工具的磨损。

（5）切割材料的种类多，能够切割包括金属、非金属、金属基和非金属基复合材料、皮革、木材及纤维等多种材料。

（6）自动化程度高，可实现切割自动排样、套料，提高了材料利用率，生产成本低，经济效益好。

激光切割作为一种绿色的新型切割技术，已广泛应用在汽车、军工、航天、精密机械制造等领域中。

16.7.4 水射流切割技术

水射流切割技术是以水为载体，通过增压设备和特定的喷嘴射出后形成高能量水射流，再配以不同磨料进行工件切割的一种工艺方法。

水射流切割技术可以切割硬度较高的材料，切割时切割时水射流与材料之间的相互作用和切割过程相对复杂。初始阶段，磨料水射流对材料的切割作用较强，随着切割深度的增加，且进给速度保持不变，磨料射流对材料的冲击和磨削作用相对减少，切割作用降低，切割断面出现阶级面。随着切割的不断进行，射流束的偏转角度不断增大，切割面的形状不断变化，磨料颗粒的冲蚀密度变大，切割断面形成平滑的圆弧形。

与上述切割方法相比，水射流切割技术主要有以下优点。

（1）加工精度高，切割质量好。

（2）水射流的高能量密度及流速使其能够实现高速切割。

（3）加工产物混入液体排出，无灰尘及污染。

（4）设备维护简单、费用低、操作方便。

（5）水射流切割作为冷切割技术，在切割过程中不会产生高温，切割区域不会产生热影响区和热变形等，在化学燃料罐、炸弹等易燃易爆物处理方面有着巨大的应用价值。

水射流切割技术的高压水射流以水为工作介质，由于其无任何污染，可回收利用、绿色环保等优点，在食品、医疗、机械、建筑、航空航天、船舶等领域已有一定程度的应用。如采用冰粒作为磨料水切割技术可用于食品的加工、将纯水射流作为手术刀，可进行多种外科手术，例如深海环境下沉船的表面切割、瓦斯环境下矿井内矿物的切割等。

第 17 章　焊接结构设计及其轻量化

17.1　焊接结构设计

17.1.1　焊接结构设计的基本要求

设计任何焊接结构都应满足下列基本要求。

（1）实用性。指焊接结构必须达到生产产品所要求的使用功能和预期效果。

（2）可靠性。指焊接结构在使用期内必须安全可靠，满足强度、刚度、稳定、耐蚀、抗振等方面的要求。

（3）工艺性。指焊接结构应该能够满足焊接施工的可行性。所选的金属材料既有良好的焊接性能，又具有良好的焊前预加工和焊后热处理性能；所设计的焊接结构应具有焊接和检验的可行性，并易于实现机械化和自动化。

（4）经济性。指制造该焊接结构时所消耗的材料、能源和加工工时应最少，其综合成本最低。

17.1.2　焊接结构设计的基本原则

为了使焊接结构设计能达到上述要求，设计焊接结构时，应遵循下列的设计原则。

（1）合理选择和利用材料。所选用的金属材料必须同时满足使用性能和加工性能的要求。其中使用性能包括强度、韧度、耐磨、耐蚀、抗蠕变等性能，加工性能主要是焊接性能，其次是冷、热加工性能，如冷弯、金属切削、热弯、热切割及热处理等性能。

在有特殊性能要求的部位，可采用特种材料，其余部位采用能满足要求的廉价材料即可，尽可能选用轧制的标准型材和异型材。另外，也要考虑备料过程中的合理排料，以减少余料，提高材料利用率。

（2）合理设计结构形式。设计时，一般应注意以下几点。

1）根据强度、刚度和稳定性的要求，以最理想的受力状态去确定结构的几何形状和尺寸，切忌受铆接、铸造或锻造结构形式的影响。

2）结构的整体设计和细部处理要统筹兼顾。对于应力复杂或应力集中部位如结构中的结点、断面变化部位、焊接接头的焊趾处等更要慎重处理。

3）焊接要有利于实现机械化和自动化。应尽量采用简单、平直的结构设计，减少短而不规则的焊缝，一条焊缝上其截面应相同，要避免采用难以弯制或冲压的具有复杂空间曲面的结构，尽量减少施焊时的翻身次数，组装时应方便定位和夹紧。

（3）合理布置焊缝。有对称轴的焊接结构，焊缝宜对称地布置，或接近对称轴处，这有利于控制焊接变形；要尽量避免焊缝汇交和密集，在结构上有焊缝汇交时，要让重要焊缝连续，让次要焊缝中断；尽可能使焊缝避开高工作应力部位及应力集中处、机械加工面和需变质处理的表面等；焊缝端部应无锐角，接头应过渡平滑，尽量减少厚度差。此外，焊缝应尽可能设置在能实现平焊位置施焊的部位，以利于保证焊接质量和提高生产率。

（4）减少焊接量。除了前述尽量多选用轧制型材减少焊缝外，还可以利用冲压件代替部分焊件；结构形状复杂，角焊缝多且密集的部位，可用铸件代替；在必要时可以适当增加壁厚，以减少或不用肋板；对于坡口焊缝，在保证焊透的前提下应选用填充金属量最少的坡口形式；对于角焊缝，在保证强度要求的前提下，尽可能用最小的焊脚尺寸。

（5）施工方便。必须使结构上每条焊缝都能方便施焊和质量检验，如尽量减少手工焊接量，增大自动焊接量；对双面焊缝，操作方便的一面用大坡口，不便的一面用小坡口，必要时，采用单面焊双面成形的坡口形式和焊接工艺；尽量减少立焊或仰焊的焊缝；焊缝周围要留有足够焊接和质量检验的操作空间。

（6）有利于生产组织与管理。生产经验表明，大型焊接结构采用部件组装的生产方式更有利于工厂的组织与管理。因此，设计大型焊接结构时，要进行合理的分段。分段时，一般要综合考虑起重运输条件、焊接变形控制、焊后热处理、机械加工、质量检验和装配等因素。

17.1.3 焊接结构设计的基本方法

焊接结构设计目前大量采用的仍然是传统设计法，如常规方法中的许用应力设计法，而大型或重要的焊接结构设计已逐渐采用现代设计方法中的可靠性设计法。

1. 常规方法

常规方法是指许用应力设计法，又称安全系数设计法，它是以满足工件工作能力为基本要求的一种设计方法。

对于一般用途的构件，设计时需满足的强度条件或刚度条件分别为

$$\text{工作应力} \leqslant \text{许用应力}$$

$$\text{工作变形} \leqslant \text{许用变形}$$

或者

$$\text{安全系数} = \frac{\text{失效应力}}{\text{工作应力}} \geqslant \text{许用安全系数}$$

（1）母材的许用应力和安全系数。在传统的强度设计中，为了保证构件能安全可靠地工作，不致发生断裂或产生过大的变形，必须使构件的实际工作应力小于或等于许用应力。许用应力是构件工作时，允许的最大应力值。在静载条件下，焊接结构中母材的许用应力是根据材料的极限强度除以安全系数来确定，即

$$[\sigma] = \frac{\sigma_c}{n_c} \tag{17-1}$$

式中，$[\sigma]$ ——许用应力；

σ_c——材料的极限强度（对于塑性材料为屈服点 σ_s 或屈服强度 $\sigma_{0.2}$，对于脆性材

料为抗拉强度 σ_b；

n_c——安全系数。

我国在压力容器、起重机、铁路桥梁、船舶等工业部门的设计规范中，都明确规定有在本行业范围内金属结构设计用的安全系数或由它确定的许用应力值。设计时，直接按规定选用即可。如果设计某金属构件时，没有相应的设计规范可遵循，则安全系数的取值范围见表 17－1。

表 17－1　机械设计中安全系数的取值范围

序号	适用场合	安全系数
1	可靠性很强的材料，如中低强度高韧性结构钢，强度分散性小，载荷恒定，设计时以减轻结构质量为主要出发点	1.25～1.5
2	常用的塑料材料，在稳定的环境和载荷下工作的条件	1.5～2.0
3	一般质量的材料，在通常的环境和能够确定的载荷下工作的构件	2.0～2.5
4	较少经过试验的材料或脆性材料，在通常环境和载荷下工作的构件	2.5～3.5
5	未经试验，因而其强度不确定的材料，以及环境和载荷不确定情况下工作的构件	3～4

（2）焊缝的许用应力。对焊接结构中的焊缝强度计算，使用的是焊缝许用应力。焊缝许用应力与焊接材料、焊接工艺方法和焊接检验的精确程度有关。

用电弧焊焊接一般结构钢时，通常要求选用与母材具有相同或相近强度等级的焊材进行焊接。因此，确定焊缝许用应力方法之一是按母材的许用应力乘以一个系数，该系数根据焊缝质量和可靠程度而取不同的值，其范围不大于 1。而对于熔透的对接焊缝，若经质量检验符合设计要求，系数可取 1。这意味着焊缝的许用应力与母材相同，该焊缝可不进行强度验算。

一般机械焊接结构的焊缝许用应力见表 17－2，其他行业焊接结构的焊缝许用应力可从相关国家标准上查得。

表 17－2　一般机械焊接结构的焊缝许用应力

焊缝种类	应力状态	焊缝许用应力	
		一般 E43 及 E50 系统焊条电弧焊	低氢型焊条电弧焊、自动焊和半自动焊
对接焊缝	拉应力	0.9 [σ]	[σ]
	压应力	[σ]	[σ]
	切应力	0.6 [σ]	0.65 [σ]
角焊缝	切应力	0.6 [σ]	0.65 [σ]

注：①本表适用于低碳钢及普通低合金结构钢的焊接结构。

②[σ] 为母材的许用应力。

对于含裂纹构件的强度设计，除要满足上述常规的强度条件外，还要同时满足断裂力学的强度条件。其安全系数与无裂纹构件抗断设计的安全系数有类似的表达式，见表 17－3。

表 17－3　含裂纹构件抗断设计的安全系数与强度条件

适用范围	断裂判据	安全系数	强度条件	附注
线弹性体	$K_I = K_{Ic}$	$n_k = \frac{K_{Ic}}{K_I}$	$n_k \geqslant [n]_k$	K_I—I 型裂纹的应力强度因子 K_{Ic}—材料的平面应变断裂韧度 n_k—以断裂韧度为基准的安全系数 $[n]_k$—以断裂韧度为基准的许用安全系数
弹塑性体	$\delta = \delta_c$	$n_\delta = \frac{\delta_c}{\delta}$	$n_\delta \geqslant [n]_\delta$	δ—裂纹尖端张开位移 δ_c—材料裂纹尖端张开位移的临界值 n_δ—以裂纹尖端张开位移为基准的安全系数 $[n]_\delta$—以裂纹尖端张开位移为基准的许用安全系数
用裂纹尺寸表示	$a = a_c$	$n_a = \frac{a_c}{a}$	$n_a \geqslant [n]_a$	a—无损探伤估计的构件的裂纹尺寸 a_c—发生断裂时的裂纹临界尺寸 n_a—以裂纹临界尺寸为基准的安全系数 $[n]_a$—以裂纹临界尺寸为基准的许用安全系数

（3）强度设计值。在我国，按照《钢结构设计标准》（GB 50017—2017）规定，工业与民用房屋和一般构筑物的钢结构设计，除疲劳强度计算外，应采用以概率理论为基础的极限状态设计方法，并用分项系数的设计表达式进行计算。该设计规范已经给出了钢材（指母材）的强度设计值和焊缝强度设计值，可通过查阅该规范获得。

上述许用应力设计法所用的参量，如载荷、强度、几何尺寸等都看成是确定量，故又称为定值设计法。这种设计法所用的表达式简单明了，使用方便，沿用时间长，积累的资料和数据完整，故至今仍在许多工程设计中应用。但这种设计法中所用的许用应力或安全系数是根据设计经验来确定的，不够科学，而且设计与计算用的参量，如载荷等实际上都是随机变量，存在不确定性。为了保证设计的安全可靠，往往选取较低的许用应力或较高的安全系数，这会导致结构尺寸大，耗料多，不经济。

2. 可靠性设计法

可靠性设计法是现代设计方法之一，在机械工程中可靠性设计是保证机械及零部件满足给定的可靠性指标的一种设计方法。与上述常规设计法不同，可靠性设计法把与设计有关的载荷、强度和寿命等数据如实地当作随机变量，运用概率理论和数理统计的方法进行处理，因而其设计结果更符合实际，既安全可靠又经济。在我国，可靠性设计在机械行业中应用还不广泛，这里简要介绍机械结构可靠件设计中的可靠度及其计算方法。

（1）可靠度及其计算。可靠性是指产品在规定的条件下和规定的时间内完成规定功能的能力。当使用“概率”来度量这一能力时，就是可靠度。可靠度是时间的函数，常记为 $R(t)$，由于它是一个概率，故其取值范围是：

$$0 \leqslant R(t) \leqslant 1$$

结构在规定条件下和规定时间内丧失规定功能的概率称不可靠度，或称失效概率，也是时间的函数，常记为 $F(t)$。因失效与不失效是互相对立事件，故 $F(t)$ 与 $R(t)$ 有如下关系：

$$R(t)=1-F(t)$$

因此，可以用 $R(t)$ 或 $F(t)$ 来度量结构的可靠性。

在简单的设计场合，如果以 C 代表结构抗力（如强度、刚度、断裂韧度等），以 S 代表载荷对结构的综合效应（如应力、应变、变形等），而且它们都是服从于一定分布的随机变量，则结构的功能函数 Z 为

$$Z=C-S \tag{17-2}$$

$$\text{当}\ Z\begin{cases}>0 & \text{结构处于可靠状态}\\ =0 & \text{结构处于极限状态}\\ <0 & \text{结构处于失效状态}\end{cases}$$

当结构抗力 C 和载荷效应 S 为任意分布时，用 $f(C)$ 和 $f(S)$ 分别表示结构抗力和载荷效应的概率密度函数，可靠度被定义为结构抗力大于载荷效应的概率，即

$$\begin{aligned}R(t)&=P(C-S)\\&=P[(C-S)>0]\\&=P[(C-S)>1]\end{aligned}$$

式中，t——工作时间；

P——概率；

C——结构抗力；

S——载荷效应；

R——可靠度。

载荷效应 - 结构抗力分布与时间的关系如图 17 - 1 所示，当 $t=0$ 时，两个分布之间有一定的安全裕度，不会发生失效。但随着时间推移，由于材料和环境等因素，结构抗力下降，结果在某时间 t 时，结构抗力分布和载荷效应发生干涉（图 17 - 1 中影线所示），这时将产生失效。

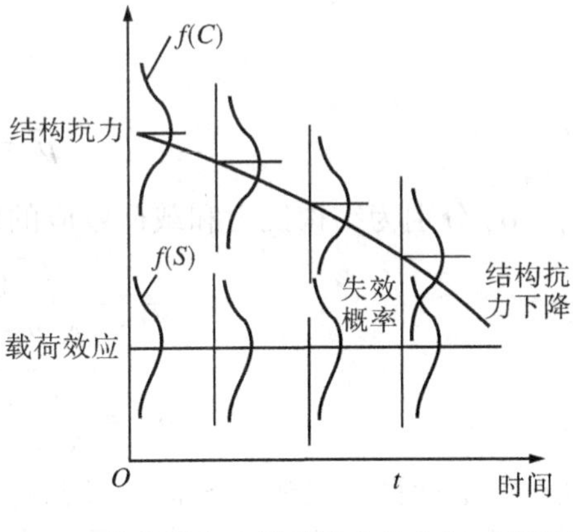

图 17 - 1　载荷效应 - 结构抗力分布与时间的关系

对时间为 t 时的载荷效应 - 结构抗力分布干涉模型（图 17 - 2）进行分析，当结构抗力 C 大于载荷效应 S 时，不会发生时效，这时结构可靠度的表达式为

$$R(t)=\int_{=\infty}^{\infty}f(S)\left[\int_{x}^{\infty}f(C)\,\mathrm{d}C\right]\mathrm{d}S \tag{17-3}$$

由上式可知，在知道结构抗力和载荷效应的分布密度函数后，即可求得结构的可靠度。在这里结构抗力可以是静强度、断裂韧度或其他的材料抗力指标；载荷效应可以是静应力、交变应力、应力强度因子或其他形式的外作用参数。例如，当研究的是含裂纹构件的可靠性时，则 $C=KIc$，$S=KI$，这时的可靠度为

$$R = \int_{-\infty}^{\infty} f(K_I)\left[\int_{K_1}^{\infty} f(K_{Ic})\,\mathrm{d}K_{Ic}\right]\mathrm{d}K_I \tag{17-4}$$

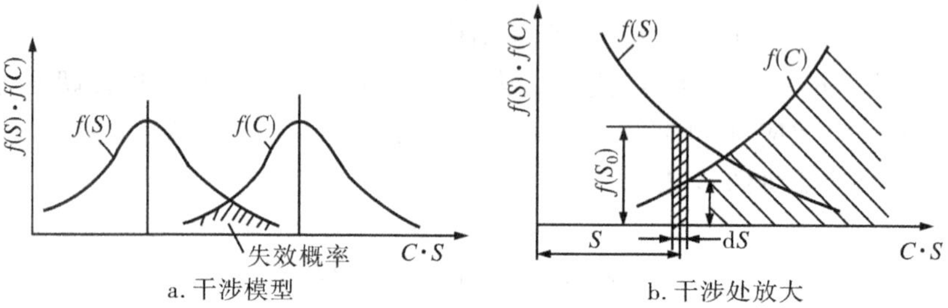

图 17－2　时间为 t 时的载荷效应－结构抗力分布干涉

当结构抗力 C 和载荷效应 S 为正态分布时，可靠度按下式计算：

$$R(t) = \frac{1}{\sqrt{2\pi}}\int_{-\beta}^{\infty} -\frac{1}{2}u^2\mathrm{d}u \tag{17-5}$$

式中，u——标准正态变量，$u=(x-\mu)\ \sigma$，μ 为均值，σ 为标准差；

β——联结系数，又称可靠性指数，由各分布参数按下式确定：

$$\beta = \frac{\mu_c - \mu_s}{\sqrt{\sigma_c^2 + \sigma_s^2}} \tag{17-6}$$

该式叫作联结方程，它将 β 与 R 联系起来，是构件可靠性设计的重要公式。式中，μ_c、μ_s 分别为结构抗力和载荷效应的数学期望（即均值），根据样本数据 c_i、s_i 分别按下式计算：

$$\mu_c = \frac{1}{n}\sum_{i=1}^{n} c_i$$

$$\mu_s = \frac{1}{n}\sum_{i=1}^{n} s_i$$

σ_c、σ_s 分别为结构抗力和载荷效应的均方差（标准差），分别按下式计算：

$$\sigma_c = \sqrt{\frac{1}{n-1}\sum_{i=1}^{n}(c_i - \mu_c)^2}$$

$$\sigma_s = \sqrt{\frac{1}{n-1}\sum_{i=1}^{n}(s_i - \mu_c s)^2}$$

经过以上计算和查标准正态分布表后求得该设计的可靠度 R，β 越大可靠度 R 越高。把求得的可靠度 R 与规定的可靠度目标值比较，若大于或等于可靠度目标值，则该设计可以接受。否则需调整设计参数，使之满足为止。

（2）可靠性强度设计的一般程序。利用联结方程可以根据不同计算准则进行结构可靠性强度的设计与计算。如果结构的材料强度和几何尺寸已知，如前所述，就可以求得结构的可靠度。结构可靠性设计程序框图如图 17－3 所示。

如果设计时，先给定目标可靠度或目标可靠性系数 [β]，则根据已知结构的材料强度可求其几何尺寸，或者可根据已知结构的几何尺寸选择所需材料。

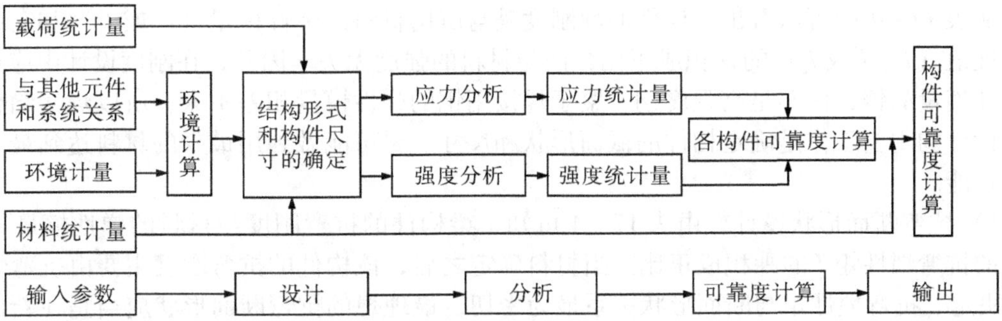

图 17－3　结构可靠性强度设计程序

17.1.4　焊接结构的构造设计基础

各种机械行业产品的焊接结构几何形状和尺寸可能有很大的差别，但在构造设计过程中遇到的各种技术问题，有些却是共同的，除必须解决的静载或动载强度外，还有如静刚度、动刚度等问题，都需要研究并加以解决。

1. *静刚度和动刚度*

（1）静刚度。高工作精度的机械，对其承载构件刚度的要求比强度更为重要，这些构件通常是按刚度进行设计的。刚度是指在恒定载荷下或在交变载荷下构件抵抗变形的能力，前者称为静刚度，后者称为动刚度。常说的刚度设计主要指静刚度设计。广义的静刚度定义为

$$静刚度=\frac{静载荷}{载荷方向的位移} \tag{17-7}$$

静刚度的倒数称为柔度，即单位力引起的位移。根据构件承载类型不同，静刚度有不同的表达式，静刚度计算表达式见表 17－4。

表 17－4　静刚度计算表达式

载荷类型		表达式	单位						
拉伸或压缩	变形	$\Delta l=\frac{Pl}{EF}$	符号	Δl	l	P	E	F	
			单位	mm	mm	N	N/mm^2	mm^2	
	静刚度	$K=\frac{P}{\Delta l}=\frac{EF}{l}$	符号	K					
			单位	N/mm					
弯曲	变形	$f=\frac{Pl^3}{CEI}$	符号	f	l	P	C	E	I
			单位	mm	mm	N	—	N/mm^2	mm^4
	静刚度	$K_b=\frac{P}{f}=\frac{CEI}{l^3}$	符号	K_b					
			单位	N/mm					
扭转	变形	$\varphi=\frac{M_t l}{GI_t}$	符号	ϕ	l	M_t	G	I_t	
			单位	rad	mm	N · mm	N/mm^2	mm^4	
	静刚度	$K_t=\frac{M_t}{\varphi}=\frac{Glt}{I}$	符号	K_t					
			单位	N · mm/rad					

注：K——静刚度，下标 b——弯曲；t——扭转；C——与支撑条件有关的常数。

从表 17 - 4 中可以看出，构件的静刚度是与所用材料的弹性模量（E 或 G）和它的截面特性值（F、l 或 I_t）的乘积成正比，而与材料的强度无关。因此，在刚度设计中应选择高弹性模量的钢，而不是高强度钢。鉴于焊接用钢的弹性模量相差不太。所以焊接结构静刚度设计的主要工作是确定构件的截面形状和尺寸。尽可能做到用最少的材料达到最大的截面性能。

1）抗弯断面形状设计。由表 17 - 4 可知，梁构件的抗弯刚度与材料的弹性模量 E 和断面的抗弯惯性矩 I 的乘积成正比。当材料确定之后，该构件的抗弯刚度主要由抗弯惯性矩 I 决定。抗弯惯性矩与断面形状关系最为密切，最理想的抗弯断面形状应当是在断面面积相同（即材料消耗相同）的情况下，抗弯惯性矩最大的断面形状。在各种断面积相同的构件中，空心断面的抗弯惯性矩比实心的大；方形断面的抗弯惯性矩比圆形的大；空心断面中外形尺寸大而壁薄的断面，其抗弯惯性矩比外形尺寸小而壁厚的大。因此，要提高梁构件抗弯刚度，应加大断面的轮廓尺寸，而不是加大壁厚，而且要尽可能把结构材料配至远离断面的中性轴处。

2）抗扭断面形状设计。由表 17 - 4 可知，构件的抗扭刚度与材料的剪切弹性模量 G 和断面抗扭惯性矩 It 乘积成正比。当材料确定之后，构件的抗扭刚度决定于抗扭惯性矩 It 的大小。具有相同断面的各种构件，通常是空心断面的抗扭惯性矩比实心的大；空心断面中，封闭断面的抗扭惯性矩比不封闭断面的大很多；空心封闭的各种断面中，以壁厚的中线长度最短而包围面积最大的断面形状为最佳。因此，对受扭转的构件断面形状，只要条件允许，应优先选择空心封闭圆断面，其次是箱形断面，如果该构件同时承受弯曲和扭转载荷，应选择正方形或接近正方形的箱形断面。箱形断面的构件在扭矩作用下，在断面上四个拐角处将发生不能保持直角的变形，称为断面畸变，该位置离支点越远，畸变越严重。减少断面畸变的结构措施，主要是合理设置肋板和改变断面的结构形状。

3）肋板的合理使用。为了提高结构刚度，除合理设计断面形状和尺寸外，还必须合理地使用肋板，又叫加强肋。尤其当受扭构件无法设计成封闭或空心断面形状时，肋板的作用更为明显。

肋板的作用效果主要不是依靠数量多少，而是在于正确地配置。肋板的作用主要是能提高构件整体刚度和局部刚度。通过它能把作用在结构上的局部载荷传递给其他部分，使它们均衡地承载，也能把垂直于板壁的弯曲变形转化为肋板平面内的拉伸、压缩或弯曲变形；肋板可以连结箱形构件的四个壁作为一个整体起作用，当受扭转时，可以减少断面畸变。

在开式箱形结构中，抗弯刚度以纵向平行肋效果最好，斜肋次之，而横向肋几乎不起作用；抗扭刚度则以斜肋效果最好，尤其是 45°的斜肋；横向肋次之，纵向肋作用不大。在闭式箱形结构中，即使内部没有肋板，其抗弯和抗扭刚度均比开式箱形断面结构高，在这种情况下，内部加肋所起的作用没有开式断面结构明显。因此，对承受扭转载荷的构件，只要条件允许，应尽可能设计成闭式断面。

（2）动刚度。交变载荷下构件抵抗变形的能力称为动刚度。

1）动刚度与振动。机器是一个弹性系统，在一定条件下受到交变力作用而发生振动。振动时影响机器的工作性能和使用寿命，严重时会导致零、部件过早失效。因此，在设计机器的焊接结构时，除考虑静刚度外，还必须考虑它的抗振能力。

动刚度是衡量机器抗振能力的常用指标，在数值上它等于单位振幅所需的动态力，即：

$$K_D = \frac{P}{A} \tag{17-8}$$

式中，K_D——动刚度（N/μm）；

P——动态力（N）；

A——振幅（μm）。

要控制机器的振动，主要是控制振动时的振幅不超过允许值。

在外界激振力持续作用下，弹性系统被迫发生的振动叫受迫振动。这种振动的振幅 A 和频率 ω 与弹性系统的固有频率 ω_n 的比值——频率比 λ 有关，它们的关系是：

$$A = \frac{P}{K\sqrt{(1-\lambda^2)^2 + (2\zeta\lambda)^2}} = \frac{A_0}{\sqrt{(1-\lambda^2)^2 + (2\zeta\lambda)^2}} \tag{17-9}$$

式中，A——在不同频率比 λ 下的振幅；

P——激振力的幅度；

K——弹性系统的静刚度；

A_0——静变形，$A_0 = \frac{P}{K}$；

λ——频率比，$\lambda = \frac{f}{f_n}$（或 $= \frac{\omega}{\omega_n}$）；

f——激振力的频率；

f_n——弹性系统的固有频率，$f_n = \frac{1}{2\pi}\sqrt{\frac{K}{m}}$；

ω——激振力的角频率，$\omega = 2\pi f$；

ω_n——弹性系统的固有角频率，$\omega_n = \sqrt{\frac{K}{m}}$；

m——弹性系统的质量；

ζ——阻尼比，$\zeta = \frac{r}{r_c}$；

r——弹性系统的阻尼系数；

r_c——弹性系统的阻尼系数。

从关系式中可以看出，为了提高弹性系统的动刚度，有两个措施：①避免系统发生共振，即避免频率比 λ 等于或接近于1。为此，可以是改变激振频率 ω，使其最好是维持在较低的水平；也可以是改变弹性系统的固有频率 ω_n，使其最好是具有高的固有频率。②增加弹性系统的阻尼比。

2）抗振结构设计。首先是提高结构的固有频率避免共振，最安全可靠的办法是使所设计的结构具有比激振频率远高得多的固有频率。提高结构的固有频率最好的做法是在提高结构静刚度的同时，减小构件质量。

以梁构件弯曲振动为例，其固有频率由下式确定：

$$f_n = C\sqrt{\frac{EI}{Fl^4}} \tag{17-10}$$

式中，C——与梁构件支承条件有关常数；

E——构件所用材料的拉伸弹性模量；

I——构件的抗弯惯性矩；

F——构件的截面积；

l——构件的非支承长度。

从上式看出，提高梁构件固有频率的具体办法是：①提高梁构件的抗弯惯性矩；②使用高弹性模量（E）的材料；③减少构件截面积（F），它相当于减小质量；④减少构件的非支承长度 l，如在构件中间设置一个支承或一块肋板。

对于动刚度要求很高的大型构件，其壁板通常设计成双层壁结构，因为这种结构质量小，刚性大，其固有频率比单层壁可提高 2～5 倍。设计双层壁结构的关键是在两薄壁之间正确布置肋板（图 17－4）。

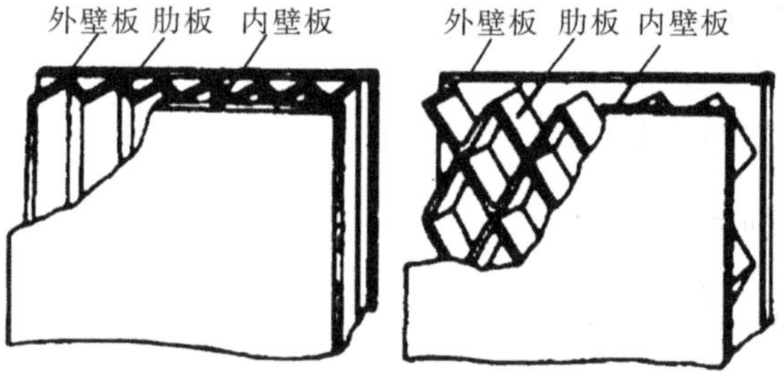

图 17－4 双层壁板结构的两种形式

其次是改善和提高结构的阻尼特性。具体方案有：①“T”形接头设计。两面用未焊透的角焊缝连接的“T”形接头，具有一定吸振、减振作用，因焊后焊缝金属收缩造成接合表面之间存在接触压力，振动时该接触面微小的相对位移而产生摩擦阻尼。②“U”形减振接头。“U”形接头利用摩擦阻尼的减振作用来达到减振，如图 17－5 所示。该接头在接合面处若能预先磨平再在两侧施焊，效果更好。接合面宽时，可用电阻点焊或塞焊焊接，靠焊点和两侧焊缝的收缩在接合面间产生一定接触压力。③利用阻尼材料。一些大型空心构件，可以在空腔内填充阻尼材料，也能提高抗振能力。

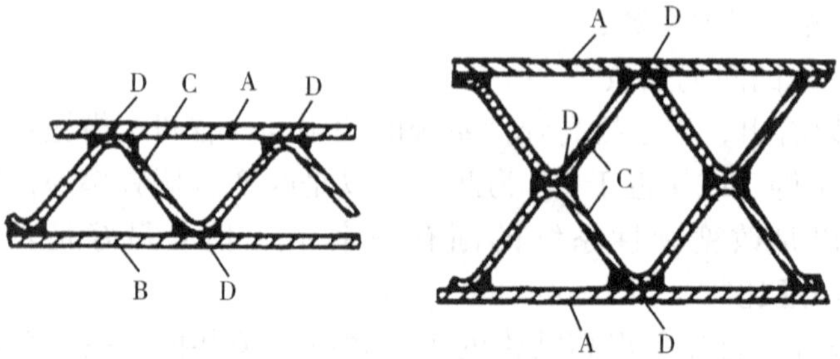

图 17－5 “U”形减振接头

A、B. 壁板 C. 波浪肋板 D. 接合面

2. 等价截面设计法

原有的机器零部件因变换材料而需要重新设计时，常用等价截面设计法。

等价截面法的设计原理为：一个构件的强度可以用它的强度系数来表达，强度系数等于反映材料性能的许用应力和截面特性值的乘积，对于承受不同载荷类型的构件，其强度系数和刚度系数的表达式见表 17－5。

表 17－5 强度系数与刚度系数表达式

载荷类型	强度系数		刚度系数	
	材料性能	截面性能	材料性能	截面性能
拉伸或压缩	$[\sigma_t]\times F$		$E\times F$	
	$[\sigma_y]\times F$			
剪切	$[\tau]\times F$		$G\times F$	
弯曲	$[\sigma_t]\times W$		$E\times I$	
	$[\sigma_y]\times W$			
扭转	$[\tau]\times W_i$		$G\times I_t$	

注：$[\sigma_t]$、$[\sigma_y]$、$[\tau]$——分别为材料的拉伸、压缩、剪切的许用应力（10^4 Pa）；E——材料的拉伸弹性模量（10^4 Pa）；G——材料的剪切弹性模量（10^4 Pa）；F——构件截面积（cm^2）；W——构件的抗弯截面模量（cm^3）；W_i——构件的抗扭截面模量（cm^3）；I——构件的抗弯惯性矩（cm^4）；I_t——构件的抗扭惯性矩（cm^4）。

若令新设计构件的材料为 A，原构件的材料为 B，若按等强度原则设计时，则使两个构件的强度系数相等；按等刚度原则设计时，使两个构件的刚度系数相等。于是得出等价截面设计用的计算公式见表 17－6。

表 17－6 等价截面设计计算公式

载荷类型	等强度设计	等刚度设计	
拉伸	$F_A=\dfrac{[\sigma_l]_B}{[\sigma_l]_A}F_B$	$F_A=\dfrac{E_B}{E_A}F_B$	
压缩	$F_A=\dfrac{[\sigma_y]_B}{[\sigma_y]_A}F_B$	短柱	$F_A=\dfrac{E_B}{E_A}F_B$
		长柱	$I_A=\dfrac{E_B}{E_A}I_B$
弯曲	$W_A=\dfrac{[\sigma_t]_B}{[\sigma_t]_A}W_B$	$I_A=\dfrac{E_B}{E_A}I_B$	
扭转	$W_{\tau A}=\dfrac{[\tau]_B}{[\tau]_A}W_{\tau B}$	$I_{\tau A}=\dfrac{G_B}{G_A}I_{\tau B}$	

注：表中下标 A 和 B 分别代表两种不同材料。

等价截面法的设计步骤为：①通过结构分析，确定所设计构件承受载荷的类型，确定是按等强度原则设计还是按等刚度原则设计；②根据原构件所用的材料和截面的形状与尺寸确定相应的材料性能并计算其截面特性值；③考虑新材料相应的性能，用表 17 – 6 中有关的公式求出新构件所需的截面特性值；④按求出的截面特性值确定新构件的断面形状和尺寸。

17.1.5 结构的尺寸稳定性

尺寸稳定性是指机器构件在长期运行过程中能保持原来形状和尺寸的性能。对工作精度要求高的机器，如机床等，若尺寸稳定性不好则无法保证加工精度。当机器在额定载荷下工作时将发生变形，卸载后能很快复原；机器上出现温差会引起热变形，待温度均衡或热源消失后即消失。这些变形通常都在机器工作精度允许的范围之内，对其原始精度不发生影响。

引起机器的焊接结构尺寸不稳定的主要原因是焊接残余内应力。因此，对于精度要求高的机器焊接结构，为了保证其形状和尺寸的长期稳定，在焊后和机械加工之前，需进行降低应力处理。在机器焊接结构中常用下列方法。

（1）高温回火处理。这是普遍采用的方法，把焊件放入炉内均匀加热到某一温度（一般在 600 ℃以上）然后保温和缓冷。但是热处理法生产周期长，能源消耗大，金属表面氧化、成本高，大型工件还受炉子尺寸限制。

（2）振动时效法，又叫 VSR 法。该法是把振动装置中的激振器夹持在焊件适当部位，以一定频率和振幅进行振动，20 ~ 30 min 即能把焊件的残余应力峰值降下来。该方法和高温回火比较，设备简单而价廉，处理成本低，工件尺寸大小不受加热炉限制，振动的整个过程时间短，节约大量能源，没有高温回火金属表面氧化问题等。有研究表明，振动后没发现对材料的常规力学性能和韧性有不良影响。该方法的缺点是应力的降低程度比热处理小，也没有热处理能改善焊接接头性能的附加作用，而且受工件固有频率影响，对固有频率高的工件往往难以实现。

大型或重型机器的焊接结构，常使用 30 ~ 100 mm 甚至更厚的轧制钢板，设计这种厚板焊接结构时，需要注意防止层状撕裂问题。

层状撕裂是在焊接过程中产生的呈阶梯状且平行于钢板轧制表面的裂纹，主要发生在角接头、“T”形接头或十字接头的焊接热影响区或远离热影响区的母材金属中，如图 17 – 6所示。

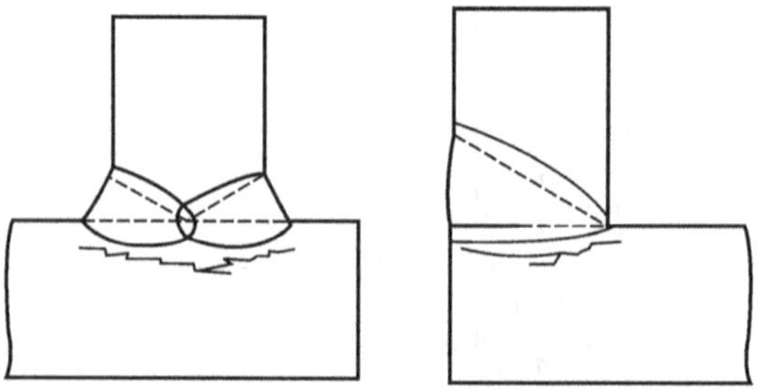

图 17 – 6　层状撕裂的形态特征

层状撕裂产生的原因有：①母材金属存在层状夹杂物，其中硫化物影响最严重。②在钢板的厚度方向塑性低。习惯用全厚度方向（Z 向）的断面收缩率 Ψ_z 来表示其塑性。一

般认为 $\Psi_z<15\%$，制造时易产生层状撕裂。③焊接时，在厚度方向上产生较大的拘束应力。④冷裂纹诱发。在焊接热影响区焊趾或焊根的冷裂纹诱发下而形成层状撕裂。造成冷裂的原因很多，其中氢是重要因素之一。上述①②③为层状撕裂产生的主要原因，它们之间又互相影响。

层状撕裂裂纹从外观上难以观察，有时用超声波检查也不易发现，是一种潜在危险，而且被发现后也难以修理，因此必须以预防为主要防护手段。需从以下两方面综合考虑：①选择材料时应选用含杂质少，特别是含硫量低，Z 向断面收缩率高的金属材料作母材。重要结构的含硫量通常在 0.006% ~0.01% 之间，全厚度方向的断面收缩率 Ψ_z 在 15% ~35% 之间选取。②减少或避免在钢板厚度方向的拘束应力或应变，要做到这一点，往往需要正确的结构设计和合理的焊接工艺相配合。防止层状撕裂的结构措施见表 17 -7。

表 17 -7　防止层状撕裂的结构措施

序号	易产生层状撕裂的结构	可改善的结构	说明
1	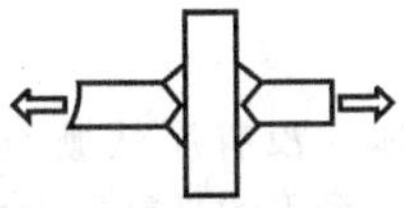	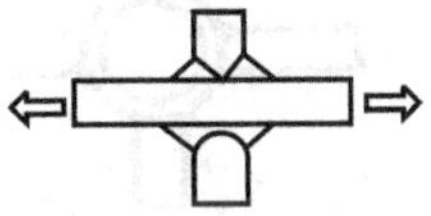	箭头所示的方向为焊接时可能出现拘束应力作用的方向
2	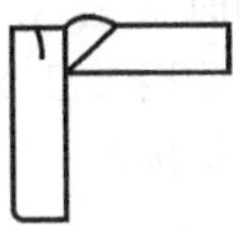	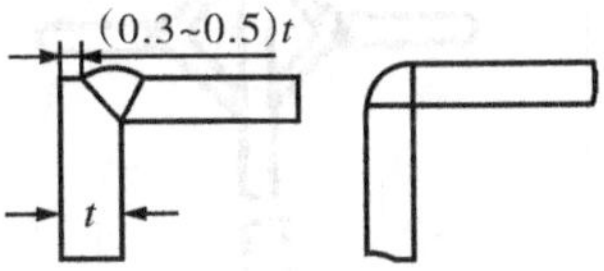	通过开坡口或改变焊缝的形状来减少厚度方向的收缩应力，一般应在承受厚度方向应力的一侧开坡口
3	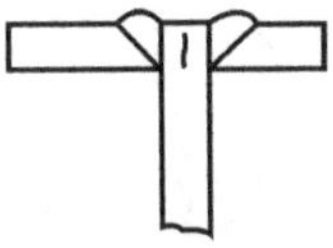	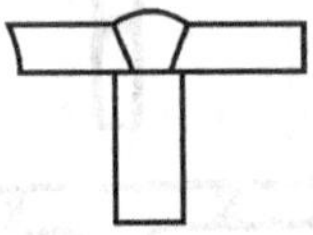	避免板厚方向受焊缝收缩力的作用
4	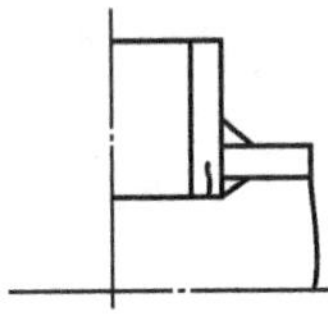	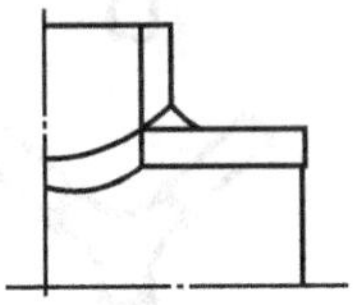	为了减小接管在板厚方向的拘束应力
5	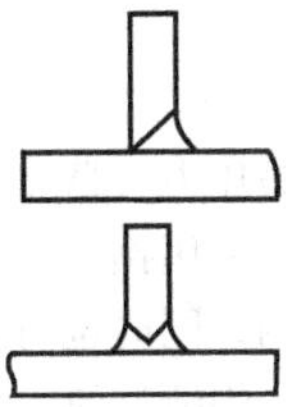	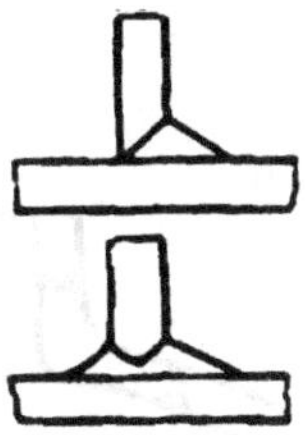	在保证焊透的前提下，坡口角尽可能小；在不增加坡口角的情况下尽可能增大焊脚尺寸，以增加焊缝受力面积，降低板厚方向的应力值

续表

序号	易产生层状撕裂的结构	可改善的结构	说明
6		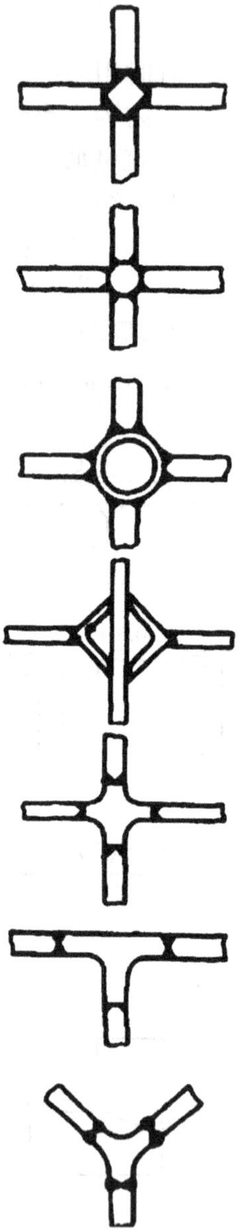	镶入没有层状撕裂的附加件，通常采用的是轧制型材。经改善的结构设计，既避免了层状撕裂，同时又避免了焊缝过于密集。有些接头已变成应力集中较小的对接接头
7	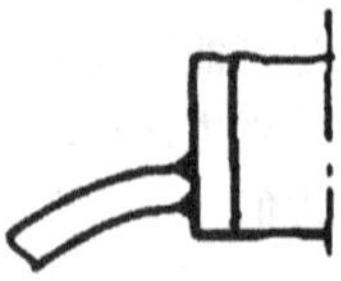		这是压力容器中接管与壳体的连接，采用镶入件进行开孔补强的结构，同时也可避免层状撕裂和减少焊缝处的应力集中

续表

序号	易产生层状撕裂的结构	可改善的结构	说明
8	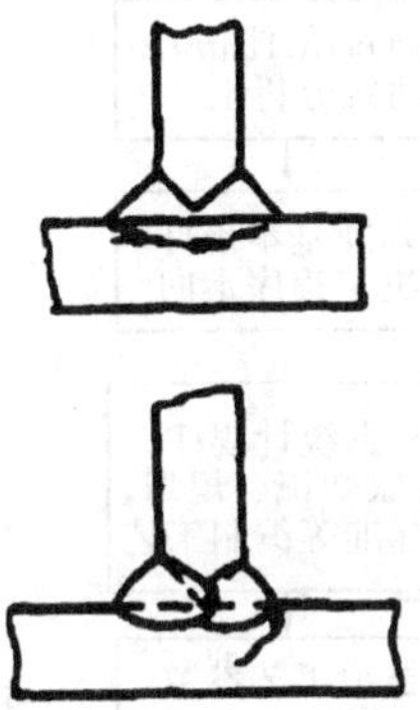	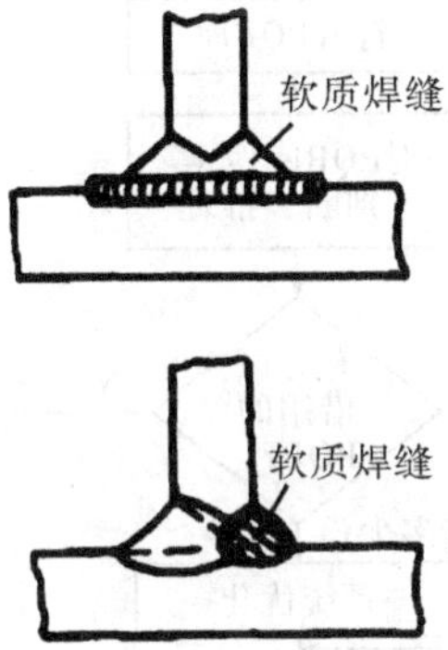	利用塑性好的软焊缝，以缓解母材在厚度方向上的应力 上图是在待焊面上堆焊软金属过渡层，下图是在焊侧焊一道软金属焊缝

17.1.6 计算机辅助工艺规程设计（CAPP）

引入计算机技术到焊接生产是加快焊接生产现代化的重要手段。计算机辅助工艺规程设计（computer aided process planning，CAPP）软件开发和应用是最为普遍和重要的一个方面。

焊接结构生产准备工作工作量大、传递层次多、周期长，很难适应市场竞争的需要，成为缩短整个焊接生产周期的制约因素。工艺过程设计是焊接结构生产准备工作的最重要任务之一。长期以来，工艺过程设计是由工艺人员完成的，这就对工艺人员的理论知识和生产经验提出了较高要求，此外工艺人员还应熟知企业设备、传统和习惯的生产工艺方法、有关的规范和制度等。工艺人员在设计过程中查手册、算数据、写报表等烦琐、重复的事务性工作占了很大份额，差错增加，设计效率低，生产准备周期长。

计算机辅助工艺过程设计（CAPP）系统将经过标准化和优化的工艺或编制工艺的逻辑思想——工艺人员长期积累的知识和经验存入计算机，计算机在编制工艺时，在读取有关信息后，检索标准工艺，用专家系统进行选择或设计工艺，删除或编辑，用预先确定的决策逻辑迅速编制出完整而详细的工艺文件，可使用户获得符合企业实际条件的优化工艺方案，极大地提高了企业的生产效率。

焊接 CAPP 一般由输入、输出、数据库、工艺生成、工艺及工艺图自动编制和打印等模块组成，其中核心是数据库和工艺生成。

结构的装配 - 焊接工艺自动编制步骤为：首先计算机依据系统的焊接工艺规程、焊接工艺评定数据库提供的已有的焊接工艺规程（welding procedure specification，WPS）和焊接工艺评定报告（welding procedure qualification record，PQR）通常为本企业所积累的，先进行比较，判断有无现成的 WPS 和 PQR 可用，如有则直接编制焊接工艺规程（WPS），否则依标准进行焊接工艺评定，提出工艺评定试验的项目，编制工艺评定指导书。

此工作可通过人机对话，由具有相当实践经验的工程技术人员担任，也可用 ES 技术自动制定焊接工艺评定指导书。在指导书的规定下进行工艺评定试验，试验结束得出合格的 PQR。计算机可对 PQR 记录进行浏览和存入、修改及删除等维护性操作，进而进行编码、编程，直至输出所需的经过优化的工艺文件。而编制工艺过程中那些烦锁、重复、多次传递的工作则可由计算机迅速、精确地完成并打印出来。工作流程如图 17－7 所示。

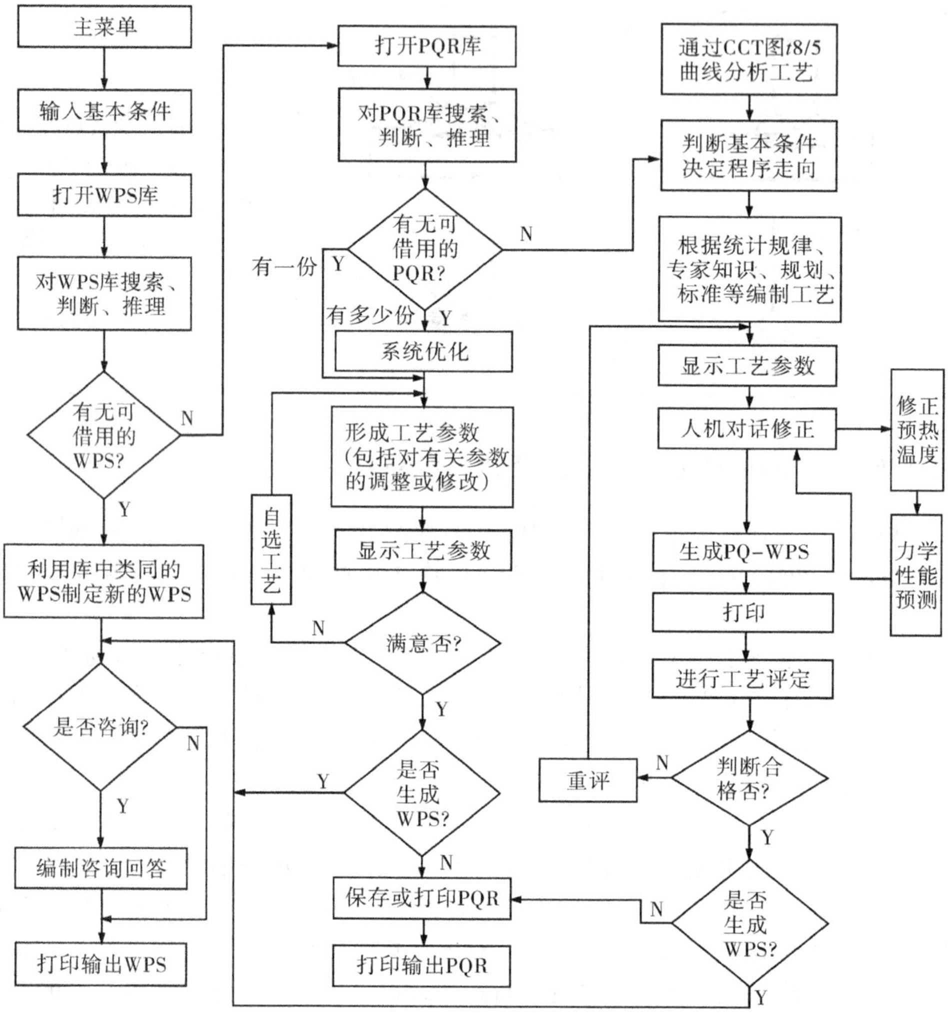

图 17－7　编制工艺规程、工艺指导书、工艺评定报告的程序流程

由于焊接本身固有的特点，在局部加热过程中，结构金属局部会发生材料成分、组织和性能的改变，并产生应力和变形，控制应力和变形、控制组织和性能的改变是装配－焊接过程的重要任务。计算机编制装配焊接工艺，需要编排装配顺序、焊接方向、焊道层次，有时还需要动态演示装配－焊接过程。

由于焊接生产备料工艺要决定全部零部件备料加工方法、工艺流程、工艺材料，特别是母材消耗定额计算、零件加工工序、工时定额计算等。焊接 CAPP 的数据库中应有典型零件库，它能按特征提示图形编排工艺流程。此外，库中包括的材料定额、工时定额计算、三维零件展开计算、钢材和焊材性能、焊接坡口图库等，保证了焊接 CAPP 的备料部分可将备料工艺的编制、工时定额和材料定额的编制同时自动完成。

当结构设计采用 CAD，软件应具有适当接口，可以生成数控切割机自动套料切割系统，还可以转换成零件和材料清单，进一步进行原材料的计算及工艺编排。当采用传统设计提供的图样时，可根据零件轮廓特征提示图形进行工艺编制。

CAPP 按工作原理可分为检索式、派生式、半创成式、创成式和智能式五类：①检索式 CAPP 系统。编制新零件的工艺规程是通过检索按图号或成组编码存储的已有工艺规程来完成的。②派生式 CAPP 系统。应用成组技术按零件的结构和工艺的相似性将零件分为若干零件族，按族制定典型工艺过程并存储。③创成式 CAPP 系统。其零件的工艺规程制定过程为：根据输入的零件信息通过逻辑推理、公式和算法等做出工艺决策，自动“创成”新的工艺规程。④半创成式 CAPP 系统。首先采用派生式方法生成零件的加工顺序，然后采用逻辑决策方法生成加工零件的工序内容，最后编辑生成所需的工艺规程。⑤智能式 CAPP 系统，即 CAPP 专家系统。在输入零件信息后，系统在推理机的推理方式和控制策略的控制下，根据全局数据库中的事实和知识库中的知识逐步做出决策，生成零件的加工工序，最后生成零件的加工工艺规程。

17.2 焊接结构轻量化

轻量化这一概念最先起源于赛车运动，它的优势其实不难理解，重量轻了，可以带来更好的操控性，发动机输出的动力能够产生更高的加速度。由于车辆轻，起步时加速性能更好，刹车时的制动距离更短。

随着“节能环保”越来越成为广泛关注的话题，轻量化也广泛应用于工业生产的各个领域。焊接结构轻量化包括构造轻量化和材料轻量化两方面。

17.2.1 构造轻量化

为了节能环保，提倡绿色制造技术，设计焊接结构构造时，一定要遵循轻量化原则。

（1）科学计算力学体系，合理设计力学结构。

（2）构造拓扑优化。

（3）去除冗余结构。

（4）减少不必要的功能。

（5）多采用胞状结构、三明治结构、管状结构，如图 17－8 至图 17－10 所示。

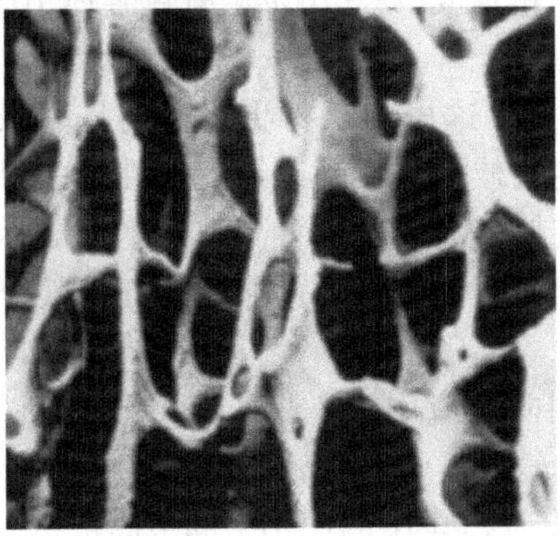

图 17－8 胞状结构

图 17－9 三明治结构

图 17－10　管状结构

（6）采用合理的裕度，不要为了保险而过大使用裕度。

（7）采用对部件折角、弯边等工艺方法增大构造的刚性。

（8）差动构造、整体构造、集成构造、复合构造合理结合应用。

（9）尽量使用型材。

（10）少用实壁体，多用壳体结构。

（11）腹板采用空心横截面结构。

17.2.2　材料轻量化

为了适应轻量化的要求，世界各国相继研究开发了各种轻质的工业材料，并逐渐扩大其应用范围，如高强度钢、铝合金、镁合金、钛合金，以及树脂基复合材料等。复合材料由于具有重量轻、强度高、耐腐蚀，以及与钢材和铝材相比，形成更方便、设计自由度更大、综合经济效益更明显等突出优点，正日益成为轻量化的首选材料而受到青睐。

随着轻量化概念的持续升温，传统材料未来将面临大范围的更新及替换，而轻质材料之间也将掀起新一番的激烈竞争。

以汽车为例，可以清楚地看到材料轻量化的发展趋势。据相关统计，近几年生产的一辆普通轿车，其主要材料的重量构成比大致为：钢铁 65%～70%、有色金属 10%～15%、非金属材料 20%左右。

（1）10 年内汽车材料仍会以钢材为主。当然，这里的钢材更多指的是高强度钢，它是在普通钢材的基础上进一步提升性能，能够达到减重与提高碰撞安全性的效果，广泛应用于汽车底盘横梁加强板、悬架支架、发动机支架等部件。尽管高强度钢的成本相比普通钢材有所增加，但是相较于其他轻质材料而言仍较有优势，是行业未来五年甚至更长时间内的发展重点。

（2）铝合金的用量将仅次于钢材，这一材料除了应用于一些结构件、冲压件，还可用于车厢、车身等。相关数据显示，2014 年我国汽车单车平均用铝量大约为 92 kg，欧美单车用铝量达到 150 kg。而根据相关机构测算，铝合金在汽车中的使用空间最高可达 540 kg，可使汽车减重 40%。由此看来，铝合金在汽车中的应用还有很大空间，当然，这还有赖于其成本方面的突破。

（3）镁合金是常用金属结构材料中最轻的一种，其密度约为铝的2/3，钢的1/4，同时具备比强度高、比弹性模量大等优点，在汽车中的应用数量同样在上升，目前在汽车轮毂、进气歧管、离合器、传动外壳、齿轮箱等方面应用较多。不过，由于成本及相关技术方面的原因，目前汽车镁合金用量还不大。相关数据显示，我国汽车平均用镁量约为3 kg，北美的汽车平均用镁量也不到10 kg，但是根据美国汽车材料协会预计，随着镁合金技术的成熟和轻量化需求的增加，到2020年，北美生产的汽车镁合金用量将达到160 kg。

（4）虽然钛是一种十分活泼的金属，极易与氧气发生反应生成二氧化钛，但是，一旦氧化发生，就会在钛的表面生成一层极其致密并且完整的纳米厚度的氧化膜，可防止氧化的继续进行。不仅如此，即使氧化膜遭到了外围破坏，暴露出来的钛又会再次进行“自修复”，重新使氧化膜变得致密、完整，这也是钛神奇的地方之一，因此钛具有非常优秀的抗腐蚀性能。正因如此，钛合金广泛应用于海洋工程，俄罗斯台风级核潜艇的双层外壳的外层就通体采用了钛合金来制作，用量达到了9 000 t。在蛟龙号潜艇上，钛合金也功不可没。

图17－11　碳纤维

（5）作为兼具轻量化、安全性、舒适度和可靠性等优异性能的轻量化材料，碳纤维材料前景极被看好，但是在当前阶段显然还面临诸多挑战，其中关键是成本太高。相关资料显示，目前业内采用了改性沥青、木质素制备、聚烯烃制备、高强PANCF原丝、节能加工能源等方面的技术来降低碳纤维生产成本。但是从整个行业水平来看，要实现大规模的应用则还有很长的路要走。碳纤维被誉为是当今世界上材料综合性能的顶峰，是21世纪的黑色革命，是适应宇航、航空、原子能等尖端工业发展的需要而研制开发的一种新材料。碳纤维是以粘胶丝、聚丙烯脂或沥青等有机母体纤维，经过高温分解在1 000～3 000 ℃的惰性气体下制成的一种新型合成纤维，结构类似于编织布（图17－11）。经过高温分解，原来材料中碳以外的所有元素都被分离出来，因此碳纤维中碳的含量在90%以上。碳纤维是由片状石墨微晶等有机纤维沿纤维轴向方向堆砌而成，经碳化及石墨化处理而得到的微晶石墨材料。

（6）现在有一种新型金属材料，叫金属纤维。一根头发丝粗细的金属纤维，竟可以承受1 500 N的拉力，真可谓“千钧一发”。金属纤维是采用金属丝材经多次拉拔、热处理等特殊的加工工艺制成的纤维状材料，最细的纤维丝的直径可达1 μm，纤维强度高达1 500～1 800 MPa。金属纤维，顾名思义，不但具有金属材料本身固有的一切优点，还具有纤维（非金属）的一些特殊性能。由于金属纤维的表面积非常大，因而在抗辐射、隔音、吸音等方面应用广泛。

由于金属纤维的特殊特点，添加适量的金属纤维就可以大大改善材料的性能。

例如，1991年的海湾战争历时42天，多国部队在海湾战争中大量应用了一种雷达敏感器。这种雷达敏感器将金属纤维与有机纤维混合纺织在一起，利用了金属能够反射电磁波的特性，使其能够完全反射雷达波并被雷达灵敏感知。这样，新型的雷达敏感器有效地保护了多国部队的安全，使伊拉克发射的“飞毛腿”导弹仅有一颗击中多国部队，其余导弹全部未击中目标。

金属纤维毡具有耐高温性，同时它的高孔隙度和空隙曲折相连性改变了声音的传播路径，并在传播中降低了声音的能量，达到了吸音和隔音的目的，因此，金属纤维毡在高温环境和分贝较高的环境下，吸音效果比传统吸音材料强 100 倍以上。许多汽车公司都在自己的主推品牌里使用了金属纤维，如宝马汽车公司最新推出的概念汽车采用了金属纤维布料作为车身表面，可以有效隔绝发动机和其他零部件运行产生的声音，真正做到了赏心悦目。可以说，宝马又一次走在了汽车改革的前沿。

金属纤维按材质不同可分为不锈钢纤维、碳钢纤维、铸铁纤维、铜纤维、铝纤维、镍纤维、铅纤维等；按形状不同可分为长纤维、短纤维、粗纤维、细纤维、异型纤维等。

目前世界上生产的金属纤维中，钢纤维居多、应用最广，其次是铝纤维、铜纤维和铸铁纤维。

钢纤维主要作用是增强砂浆或混凝土的强度和韧性，常用截面为圆形的长直钢纤维，其直径为 0.2 ~ 0.6 mm，长度为 20 ~ 60 mm。为增加纤维和砂浆或混凝土的界面黏结，可选用各种异形的钢纤维，其截面有矩形、锯齿形、弯月形等。

（7）泡沫金属。仔细研究化学元素周期表，就可以发现一个有趣的现象：密度小的金属的化学性质活泼（如锂、钠、镁等），密度大的金属的化学性质不活泼（如金、铂等）。然而许多材料的应用场合都要求在满足使用要求的前提下，尽量降低材料的质量，这样就可以大幅度地节约能源，保护环境。随着航空航天工业和汽车行业的迅猛发展，人们为了节省能源和各种费用，一直致力于用轻质且强度大的材料来代替传统材料。

1991 年，科克斯利在“哥伦比亚”号航天飞机上把锂、镁、铝等轻金属放在一个石英瓶内，用太阳能将这些金属熔化成液体。然后在熔化的金属中通入氢气，使金属产生大量气泡，金属冷凝后就形成了到处是微孔的泡沫金属（图 17 - 12）。

图 17 - 12　泡沫金属

泡沫金属中的泡沫结构使材料的体积大大扩张，获得了更大的横截面，因此用泡沫金属制造的飞行器，可以把总重量降低一半左右，以满足飞行器的质量要求。当泡沫金属承受压力时，由于气孔塌陷会导致受力面积增加和材料应变硬化效应，这使得泡沫金属具有优异的冲击能量吸收特性。实验证明：用泡沫金属做成的轴比同样重量的实心轴的刚性高得多，性能也有大幅度的提高。

美国已经将这种泡沫材料应用在最新的航天器——“好奇号”火星探测器上，对于航天探测事业有了巨大的推动作用。

（8）超塑金属。1982 年，英国物理学家森金斯做出了如下定义：凡金属在适当的温度下（大约相当于金属熔点温度的一半）的应变速度为 10 mm/s 时产生本身长度 3 倍以上的伸长率，就属于超塑性。

在超塑性条件下，把脆性的铝合金材料压制成几十微米厚的薄片，依次为基片进行渗硼纤维和碳纤维，这样就可以综合基体材料和骨架材料的双重优点，制造出符合要求的超级材料。如果用来加强飞机上的衬板，可以使机翼的刚度提高且质量减少。

超塑性对于纺织行业的发展同样起到了举足轻重的作用，利用铝锌合金的超塑性制造的金属槽筒，成功代替了原有的胶木制槽筒，成为了纺织行业的首选产品。

第 18 章　焊接缺欠

18.1　焊接缺欠的分类和特点

18.1.1　焊接缺欠的概念

在焊接过程中，焊接接头中产生的不符合设计或工艺文件标准要求的金属不连续、不致密或连接不良的现象，被称为焊接缺欠。

在焊接结构中要获得无“缺欠”的焊接接头，技术上是相当困难的，也是不经济和不必要的，焊接工程质量始终与“缺欠”有联系。在满足使用性能的前提下，可以把“缺欠”限制在一定范围之内。如果超出了允许范围，偏离了技术要求，危害了焊接结构的运行，破坏了其使用性能，就是所谓的焊接工程质量缺欠。

缺欠的存在，直接影响了焊接接头的质量，降低了焊接工程的总体质量，导致出现结构的失效事故。例如某汽车左后悬架支撑杆（一端铸件，一端焊接件）如果存在焊接缺欠，在没有超载情况和其他外力作用时也会发生断裂，造成转向失控发生车祸；钢结构件内在缺欠的质量隐患，危害性很大，会造成突发事故。全世界有数十座焊接结构钢桥在低应力下突然脆断倒塌，造成灾难性事故。在造船业中，焊接是保证船舶密封性和强度的关键，是保证船舶安全航行和作业的重要条件。如果焊接工程质量存在着缺欠，就有可能造成渗漏或结构断裂，甚至引起船舶沉没。根据对船舶脆断事故调查表明，40% 脆断事故是从焊缝质量缺欠处开始的。

18.1.2　焊接缺欠的分类

焊接工程质量缺欠有不连续性缺欠、几何偏差缺欠、其他综合缺欠三大类。

1. 不连续性缺欠

不连续性缺欠包括裂纹、孔穴、固体夹杂、未熔合、未焊透等。

（1）裂纹是指焊缝局部地区金属原子结合遭到破坏，形成新的界面而产生的缝隙。裂纹带来的危害是灾难性的，如压力容器事故，除极少数是由于设计不合理、选材不当等，其余绝大部分是由于裂纹引起的脆性破坏。

（2）孔穴是焊接时熔池结晶过程中由于某些气体来不及逸出而残存在焊缝中形成的。孔穴有表面气孔（图 18 – 1a）或内部气孔，有单一分布气孔或密集分布气孔（图 18 – 1b），有贯穿整个焊缝断面气孔或弥散分布气孔（图 18 – 1c），还有链状气孔（图

18－1d）等多种形态。

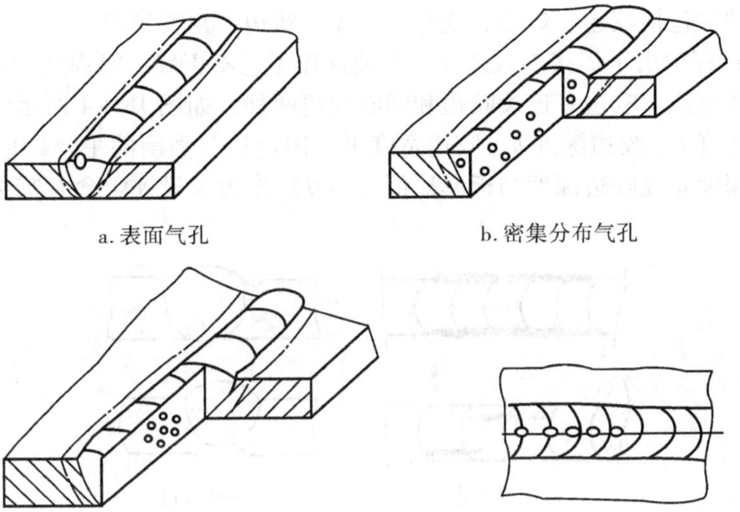

a. 表面气孔　　b. 密集分布气孔

c. 弥散分布气孔　　d. 链状气孔

图 18－1　气孔形态

（3）固体夹杂。焊后残留在焊缝中的熔渣叫作夹渣，钨极氩弧焊时不慎进入焊缝金属中的钨粒叫作夹钨。

（4）未熔合。指焊缝金属与母材之间或多层焊时焊缝层间金属未熔化结合的现象，它经常出现在坡口的侧壁、焊缝根部和多层焊的层间，如图 18－2 所示。

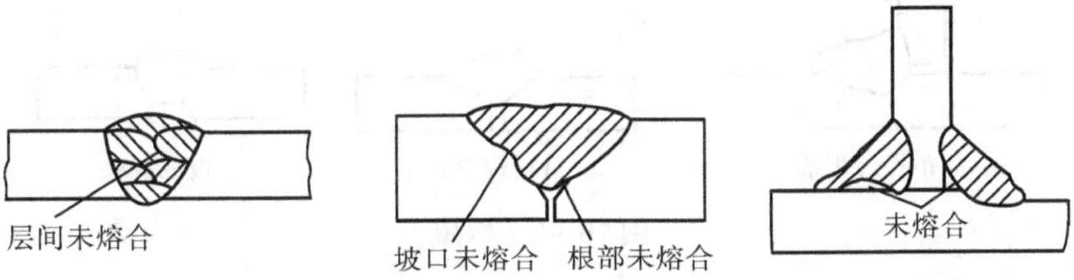

图 18－2　未熔合

（5）未焊透。指焊接时接头根部未完全熔透的现象，一般出现在单面焊的坡口根部或双面焊的坡口钝边处，如图 18－3 所示。未焊透不一定都是缺欠，因为有时人为地要求某些接头为周部焊透，典型的例子是某些压力容器接管的设计。未焊透缺欠有时是表面缺欠（单面焊缝），有时是内部缺欠（双面焊缝），它可以是局部性质的，也可以是整体性质的，其主要影响是削弱有效连接截面积和引起应力集中。

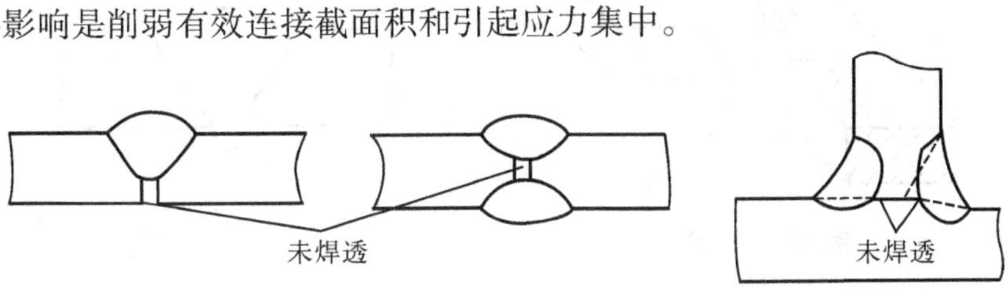

图 18－3　未焊透

2. 几何偏差缺欠

几何偏差缺欠包括咬边、焊瘤、烧穿、下塌、错边、角变形等。

（1）焊接过程中由于焊接参数选择不当或操作工艺不正确，沿焊趾的母材部位产生的沟槽或凹陷叫作咬边。咬边有连续咬边和间断咬边两种，如图 18－4 所示。表征咬边的主要参量有咬边长度 L、咬边深度 h、咬边宽度 W。影响疲劳强度的主要参量是咬边深度 h，目前常把咬边深度 h 或咬边深度与板厚比值（h/B）作为参量评定含有咬边缺欠的焊接接头疲劳强度。

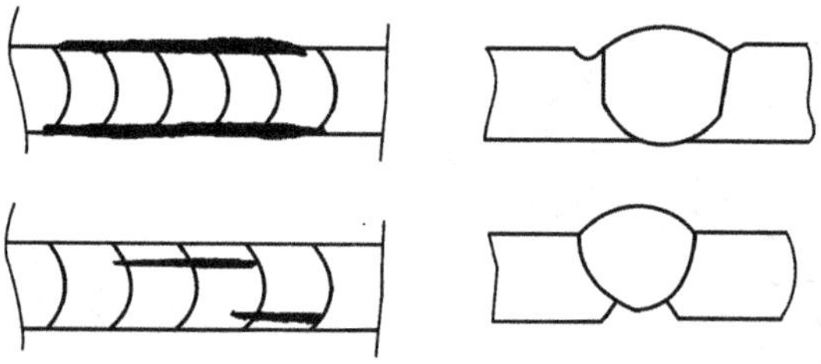

a. 连续咬边　　b. 间断咬边

图 18－4　咬边

（2）焊接过程中熔化金属流淌到焊缝之外未熔化的母材上所形成的金属瘤叫作焊瘤，如图 18－5 所示。焊瘤一般存在于焊缝表面，其下面往往伴随未熔合、未焊透等缺欠，焊瘤的存在会使焊缝的几何形状发生变化，从而造成应力集中，影响接头的综合性能。

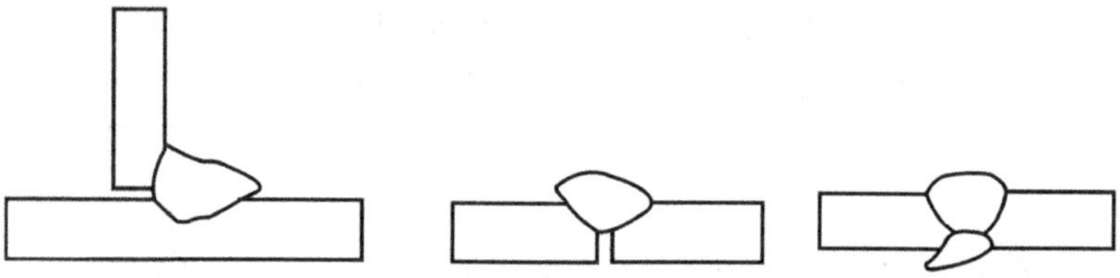

a. 角焊缝焊瘤　　b. 对接焊缝焊瘤　　c. 根部焊瘤

图 18－5　焊瘤

（3）焊接过程中，熔化金属自坡口背面流出形成穿孔的缺欠叫作烧穿，如图 18－6 所示。在烧穿的周围常有气孔、夹渣、焊瘤、未焊透等缺欠存在。

（4）穿过单层焊缝根部或在多层焊时，接头中穿过前道熔敷金属塌落过量金属的现象叫作下塌，如图 18－7 所示。

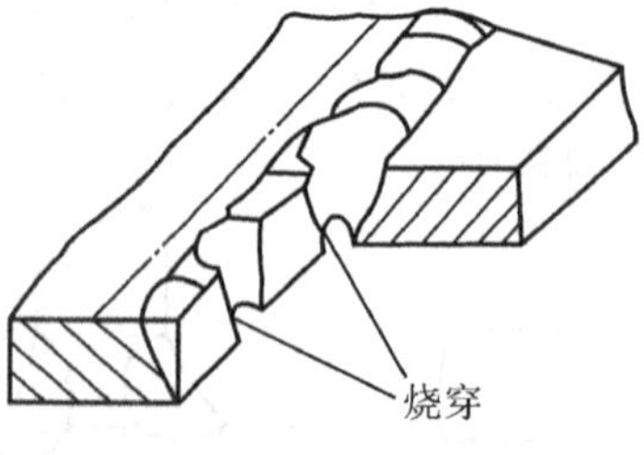

图 18－6　烧穿

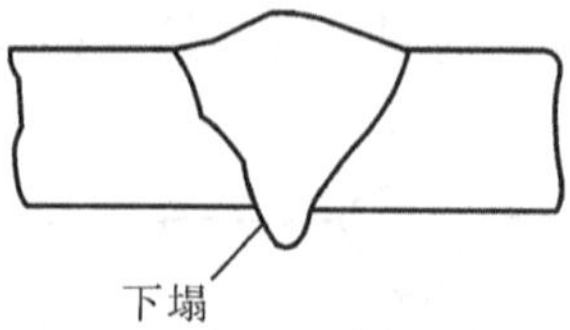

图 18－7　下塌

（5）由于两个焊件没有对正造成板材的中心线出现平行偏差叫作错边，如图 18－8a 所示。当两个焊件没有对正而造成它们的表面不平行或不成预定的角度叫作角变形，如图

18－8b和图 18－8c 所示。

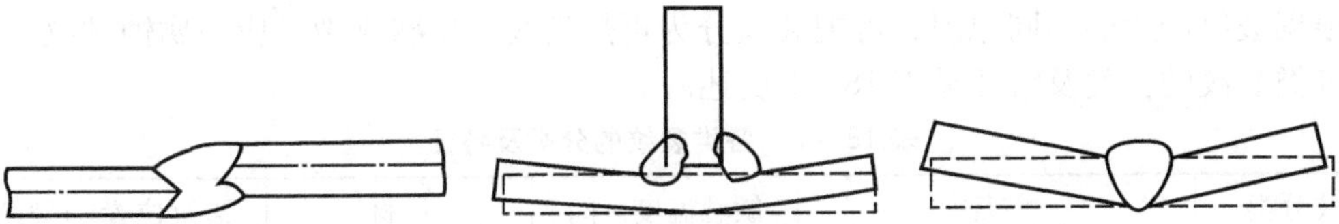

a. 错边　　b. 角焊时的变形　　c. “V”形坡口的焊后变形

图 18－8　错边和角变形

3. 其他综合缺欠

其他综合缺欠包括电弧擦伤、飞溅等。

（1）电弧擦伤是指在焊缝坡口外部引弧时产生于母材金属表面上的局部损伤，如图 18－9a所示。电弧擦伤容易形成弧坑并产生裂纹，导致事故的发生。

（2）焊接过程中熔化的金属颗粒和熔渣向周围飞散的现象叫作飞溅，如图 18－9b 所示。

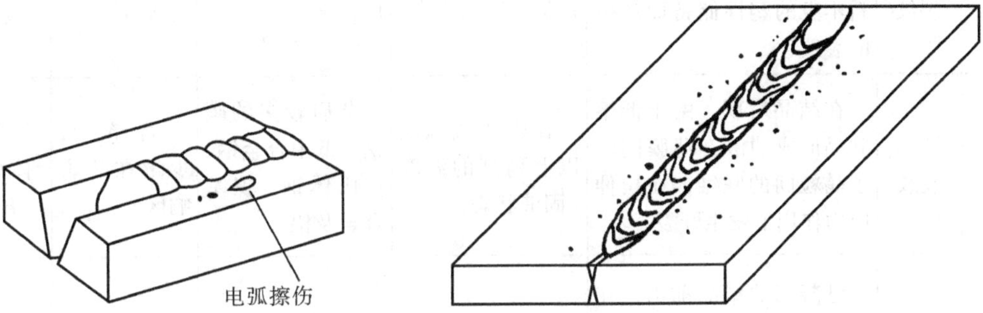

a. 电弧擦伤　　b. 飞溅

图 18－9　电弧擦伤与飞溅

综合缺欠还包括表面撕裂、磨痕、凿痕、层间错位等。

18.1.3　焊接裂纹的特征及分布

常见的裂纹按外部形状分为横向裂纹、纵向裂纹、弧坑裂纹、放射状裂纹、枝状裂纹、间断裂纹等，如图 18－10 所示。

根据裂纹尺寸大小，可将裂纹分为宏观裂纹（肉眼可见的裂纹）、微观裂纹（在显微镜下才能发现）、超显微裂纹（在高倍数显微镜下才能发现，一般指晶间裂纹和晶内裂纹）。

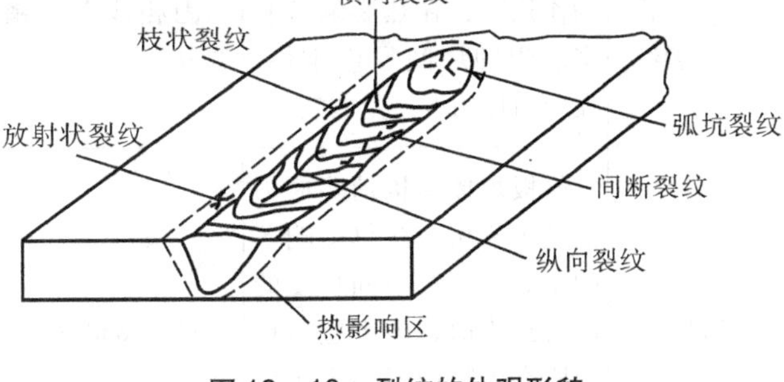

图 18－10　裂纹的外观形貌

根据产生温度的不同，裂纹可分为热裂纹（包括结晶裂纹、液化裂纹和再结晶裂纹）、冷裂纹（包括氢致开裂、淬硬开裂、低延开裂和层状撕裂）两类。

根据裂纹产生的不同原因，可把裂纹分为再热裂纹、层状撕裂、应力腐蚀裂纹。

各类裂纹的分类及特征见表 18－1 所述。

表 18－1　各类裂纹的分类及特征

裂纹分类		特征	敏感温度区间	母材	裂纹位置	裂纹走向
冷裂纹	延迟裂纹	在淬硬组织、氢和拘束应力的共同作用下而产生的具有延迟特征的裂纹	在 Ms 点以下	中、高碳钢，低、中合金钢，钛合金钢等	热影响区，少量在焊缝	沿晶或穿晶
	淬硬脆化裂纹	主要是由淬硬组织，在焊接应力作用下产生的裂纹	在 Ms 点附近	含碳的 NiCrMo 钢，马氏体不锈钢、工具钢	热影响区，少量在焊缝	沿晶或穿晶
	低塑性裂纹	在较低温度下，由于母材的收缩应变，超过了材料本身的塑性储备而产生的裂纹	在 400 ℃以下	铸铁、堆焊硬质合金	热影响区及焊缝	沿晶及穿晶
热裂纹	结晶裂纹	在结晶后期，由于低熔共晶形成的液态薄膜削弱了晶粒间的联结，在拉伸应力作用下发生开裂	在固相线温度以上稍高的温度（固液状态）	杂质较多的碳钢、低中合金钢、奥氏体钢、镍基合金及铝	焊缝上，少量在热影响区	沿奥氏体晶界开裂
	多边化裂纹	已凝固的结晶前沿，在高温和应力的作用下，晶格缺陷发生移动和聚集，形成二次边界，它在高温处于低塑性状态，在应力作用下产生的裂纹	固相线以下再结晶温度	纯金属及单相奥氏体合金焊缝上，少量在热影响区	沿奥氏体晶界开裂	
	液化裂纹	在焊接热循环最高温度的作用下，在热影响区和多层焊的层间发生重熔，在应力作用下产生的裂纹	固相线以下稍低温度	含 S、P、C 较多的镍铬高强钢、奥氏体钢和镍基合金等	热影响区及多层焊的层间	沿晶界开裂
再热裂纹		厚板焊接结构消除应力处理过程中，在热影响区的粗晶区存在不同程度的应力集中时，由于应力松弛所产生附加变形大于该部位的蠕变塑性，则发生再热裂纹	550～650 ℃	含有沉淀强化元素的高强钢、珠光体钢、奥氏体钢、镍基合金等	热影响区的粗晶区	沿晶界开裂

续表

裂纹分类	特征	敏感温度区间	母材	裂纹位置	裂纹走向
层状撕裂	主要是由于钢板的内部存在有分层的夹杂物（沿轧制方向），在焊接时产生的垂直与轧制方向的应力，致使在热影响区或稍远的地方，产生“台阶”式层状开裂	约400 ℃以下	含有杂质的低合金高强度钢厚板结构	热影响区附近	沿晶或穿晶
应力腐蚀裂纹	某些焊接结构（如容器和管道等），在腐蚀介质和应力的共同作用下产生的延迟开裂	任何工作温度	碳钢、低合金钢、不锈钢、铝合金等	焊缝和热影响区	沿晶或穿晶开裂

1. 冷裂纹

冷裂纹是焊接接头冷却到Ms温度（奥氏体冷却期间开始马氏体转化时的温度）以下时，在拘束应力、淬硬组织和氢元素的共同作用下产生的裂纹。其特点是表面光亮，无氧化特征。冷裂纹主要发生在低合金钢、中合金钢、中碳钢和高碳钢的焊接热影响区。特殊情况下，如焊接超高强钢或某些钛合金时，冷裂纹也出现在焊缝金属中。

根据被焊材料种类或焊接结构的不同，冷裂纹大致可以分为四类：延迟裂纹（也叫氢致裂纹）、淬硬脆化裂纹（也叫淬火裂纹）、低塑性脆化裂纹、层状撕裂。

（1）延迟裂纹。焊后不立即出现裂纹，经过一定孕育期（也叫潜伏期），如几小时、几天甚至更长时间才出现的冷裂纹称为延迟裂纹。延迟裂纹在开始时少量出现，随时间延长逐渐增多和扩展，它是冷裂纹中较为常见的一种形态，裂纹产生时会有断裂的声音。一般情况下，断口中同时存在着沿晶界断裂和晶内断裂，而且晶内断裂断口占相当大的比例。延迟裂纹的分布为焊趾裂纹、焊道下裂纹、焊根裂纹等。

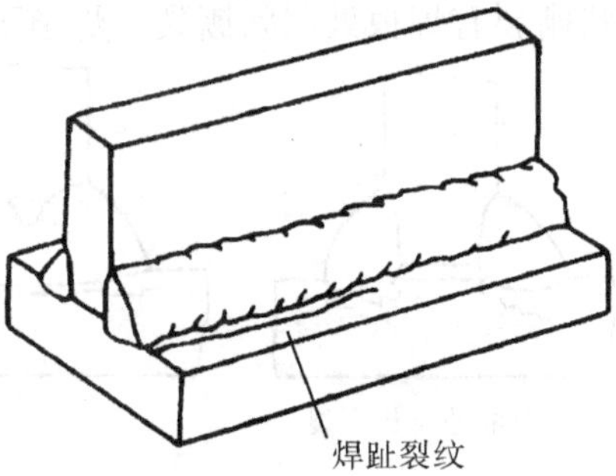

图18－11　焊趾裂纹

焊趾裂纹起源于焊缝与母材交界处有明显应力集中的地方。一般由焊趾表面开始，向母材深处延伸，可能沿粗晶区扩展，也可能向垂直于拘束方向的细晶区或母材扩展，裂纹的取向经常与焊缝纵向平行，如图18－11所示。

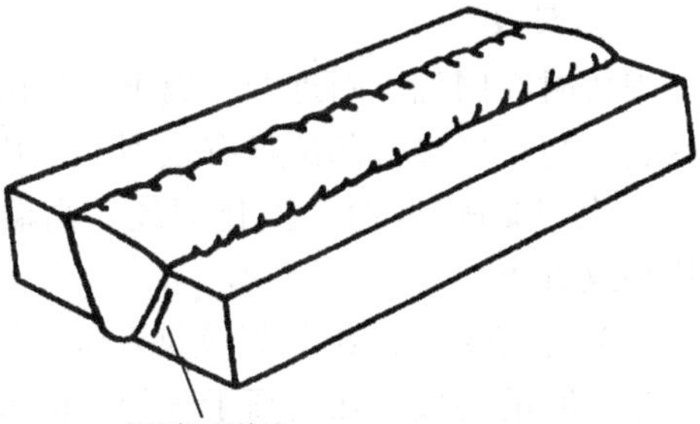

图18－12　焊道下裂纹

焊道下裂纹经常发生在淬硬倾向大的材料中，位于焊接热影响区的粗晶内部，其取向与熔合线平行，距离熔合线1～2个晶粒，如图18－12所示。

焊根裂纹起源于焊缝根部最大应力处，随后在拘束应力作用下向焊缝内部或热影响区扩展，如图 18－13 所示。

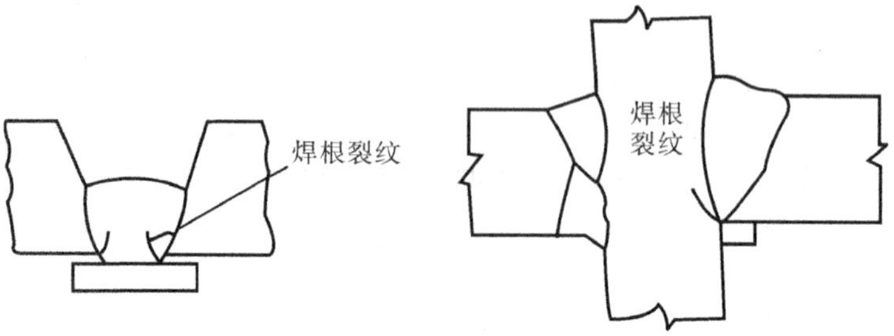

图 18－13　焊根裂纹

（2）淬硬脆化裂纹。在焊接含碳量高、淬硬倾向大的钢材时，即使没有氢元素的诱发也会出现的冷裂纹，叫作淬硬脆化裂纹。裂纹的开裂与扩展均沿奥氏体晶界进行，与氢元素无关，也没有延时特征，断口光滑，极少有塑性变形痕迹，一般出现在热影响区和焊缝上。

（3）低塑性脆化裂纹。某些塑性较低的材料冷却至 400 ℃以下时，由于收缩而引起的应变超过了材料本身所具有的塑性限度或引起材质变脆而产生的裂纹，叫作低塑性脆化裂纹，一般是焊后立即产生，无延迟现象。

（4）层状撕裂。如果母材本身存在缺欠，焊接过程中在材料厚度方向上受到较大的拉伸应力时，就可能在材料内部出现沿材料轧制方向发展的阶梯状的裂纹，这种裂纹叫作层状撕裂。层状撕裂断裂后的断口有明显的纹理状特征，断口的平台分布有大块的夹杂物。层状撕裂有焊根处层状撕裂、焊道下层状撕裂和焊趾处层状撕裂，如图 18－14 所示。

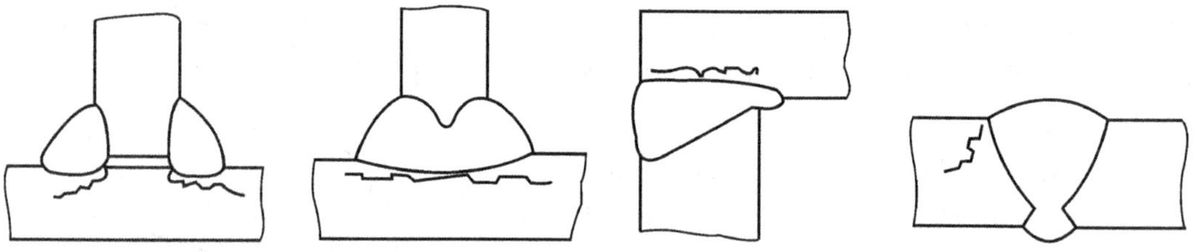

a. 焊根处层状撕裂　　b. 焊道下层状撕裂　　c. 焊趾处层状撕裂

图 18－14　层状撕裂

2. 热裂纹

焊接时在固相线附近的高温下产生的裂纹叫作热裂纹，它的显著特征是沿原奥氏体晶界开裂，与空气接触部位具有强烈的氧化特征，呈蓝色或天蓝色。一般把热裂纹分为结晶裂纹（也叫凝固裂纹）、液化裂纹、高温失塑裂纹（也叫多边化裂纹）、应力腐蚀裂纹和再热裂纹五类。

（1）结晶裂纹。结晶裂纹是在焊缝金属结晶后期，由于低熔点共晶形成的液态薄膜削弱了晶粒间的连接，在稍高于固相线的温度区间产生的沿奥氏体晶界开裂的裂纹。结晶裂纹只产生在焊缝中，多呈纵向分布在焊缝中心，也有部分呈弧形分布在焊缝中心线两侧。通常纵向裂纹较长、较深，而弧形裂纹较短、较浅，在弧坑处呈横向、纵向、星形分布，如图 18－15 所示。结晶裂纹一般产生在含 S、P 杂质较多的碳钢、奥氏体钢、镍基合金和某些铝合金的焊缝中。结晶裂纹的断口由树枝状断口区、石块状断口区和平坦状断口区构成。

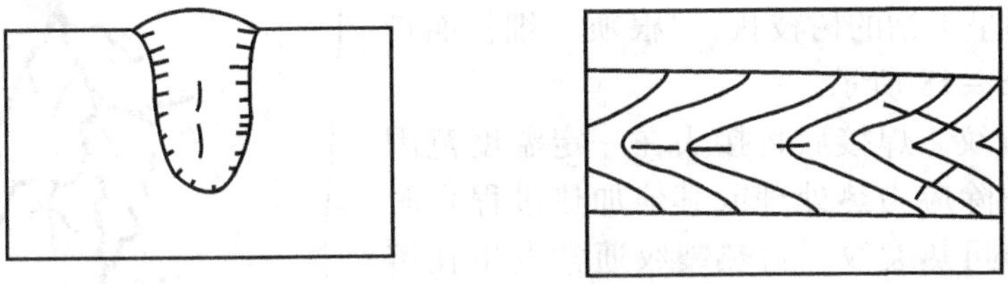

图 18－15　结晶裂纹

（2）液化裂纹。在焊接热循环峰值温度下，母材近缝区和多层焊缝的层间金属中，低熔共晶形成物被重新熔化形成液化层，在收缩压力作用下，沿奥氏体晶界形成一种薄膜状晶界，凝固时形成的焊接裂纹叫作液化裂纹，它起源于熔合线靠近母材一侧的粗大奥氏体晶界并沿晶界扩展。如图 18－16 和图 18－17 所示。

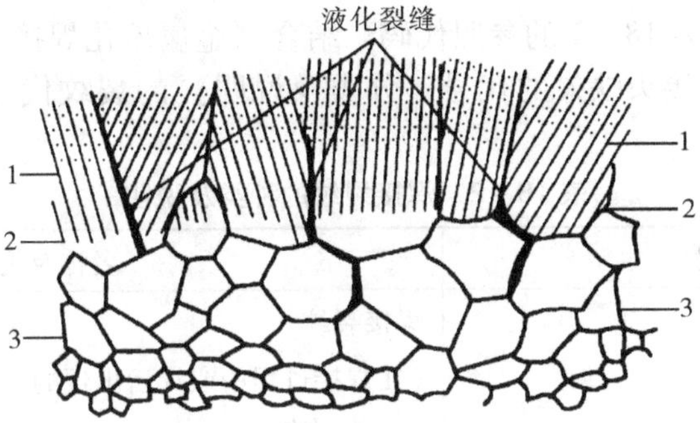

图 18－16　近缝区液化裂纹

1. 未熔合区　2. 部分熔化区　3. 粗晶区

（3）高温失塑裂纹。焊接时在焊缝金属凝固后冷却至低于固相线温度时，在金属多边化晶界上形成的一种热裂纹称为高温失塑裂纹，也叫高温低塑性裂纹。它一般出现在准固相区，但不出现在凝固前沿，而是出现在已凝固的正在成长的枝晶中，或者出现在固相区，与液膜无关。其特点是表面较平整，有塑性变形留下来的痕迹，在焊缝金属中的走向与一次结晶不一致，以任意方向贯穿于树枝状结晶中，裂纹附近常伴随有再结晶晶粒出现。断裂后的断口呈晶界断裂，有高温低塑性开裂特征。这种裂纹多发生在纯金属或单相奥氏体焊缝中，个别情况下也出现在焊接热影响区中。

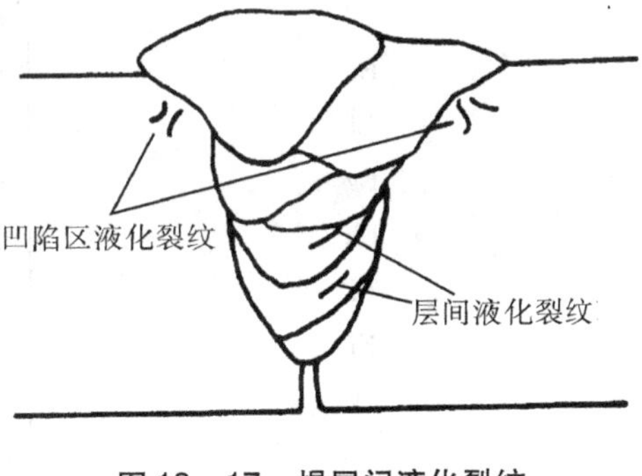

图 18－17　焊层间液化裂纹

（4）应力腐蚀裂纹。焊接接头在拉应力和特定的腐蚀环境作用下发生的脆性断裂叫作应力腐蚀裂纹，常用 SCC 表示。这种应力和环境共同作用导致焊接接头的破坏比单个因素分别作用后叠加效果还要严重。应力腐蚀裂纹表面多呈直线状、树枝状、龟裂状或放射状等形态，没有明显塑性变形，裂纹走向与所受拉应力垂直。在焊缝金属内部则呈干枯的树枝状，“根须”细长而带有分支，如图 18－18 所示。

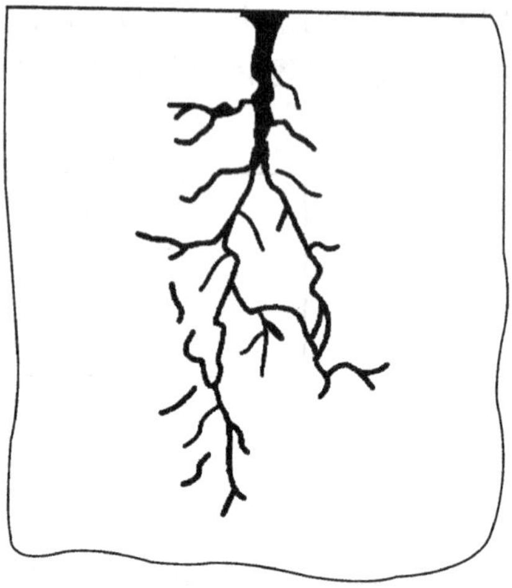

图 18－18 应力腐蚀裂纹形态

（5）再热裂纹。焊接后将接头在一定温度范围内再次加热（消除应力热处理或其他加热过程）时产生的裂纹叫作再热裂纹。再热裂纹通常发生在熔合线附近的粗晶区中，从焊趾部位开始，延伸到细晶区停止。其产生原因是再加热时，在残余应力松弛过程中，粗晶区应力集中区域的晶界滑动量大于该部位的塑性变形能力，从而导致裂纹启裂和扩展。

18.1.4 焊接裂纹代码

一般情况下，使用表 18－2 的参照代码，结合《金属熔化焊接头缺欠的代号、分类及说明》和《金属压力焊接头缺欠的代号、分类及说明》的裂纹代号，可以完整地表示裂纹的具体类别。

表 18－2 焊接裂纹的种类及说明

参照代码	名称及说明
E	焊接裂纹 （在焊接过程中或焊后出现的裂纹）
Ea	——热裂纹
Eb	——凝固裂纹
Ec	——液化裂纹
Ed	——沉淀硬化裂纹
Ee	——时效硬化裂纹
Ef	——冷裂纹
Eg	——脆性裂纹
Eh	——收缩裂纹
Ei	——氢致裂纹
Ej	——层状撕裂
Ek	——焊趾裂纹
El	——时效裂纹（氮扩散裂纹）

18.1.5 不同焊接方法易产生的各种焊接缺欠

不同的焊接方法易产生的各种焊接缺欠见表 18－3。

表 18－3　不同焊接方法易产生的各种焊接缺欠

ISO 4063	21	221	222	225	23	24	25	291	41	42	43	441	45	47	48	781	782	74
焊接方法	点焊	搭接缝焊	压平缝焊	薄膜对接缝焊	凸焊	闪光焊	电阻对焊	高频电阻焊	超声波焊	摩擦焊	锻焊	爆炸焊	扩散焊	气压焊	冷压焊	电弧螺柱焊	电阻螺柱焊	感应焊
代号																		
P100																		
P1001	×	×	×	×	×	×	×	×	×	×	×	×	×	×	×	×	×	×
P101																		
P1011		×	×	×		×	×	×	×			×	×		×			×
P1013		×	×	×		×	×	×	×			×	×					×
P1014			×								×	×	×		×			×
P102																		
P1021		×	×	×		×	×	×	×			×	×		×			×
P1023		×	×	×		×	×	×	×			×	×		×			×
P1024			×									×			×			
P1100	×	×			×											×	×	
P1200	×				×												×	
P1300	×	×			×			×										
P1400	×	×	×	×	×	×	×	×			×	×			×		×	×
P1500	×	×	×	×	×	×	×	×						×				
P1600	×	×	×		×	×	×	×		×	×	×		×	×			
P1700						×	×	×			×			×	×			
P200																		
P201																		
P2011	×	×		×	×	×		×		×		×		×		×	×	×
P2012	×	×		×	×	×		×		×	×	×		×		×	×	×
P2013	×	×		×	×	×		×		×	×			×		×	×	×
P2016		×		×										×				×
P202	×	×	×	×	×	×								×		×	×	
P203	×	×																

续表

ISO 4063	21	221	222	225	23	24	25	291	41	42	43	441	45	47	48	781	782	74
焊接方法	点焊	搭接缝焊	压平缝焊	薄膜对接缝焊	凸焊	闪光焊	电阻对焊	高频电阻焊	超声波焊	摩擦焊	锻焊	爆炸焊	扩散焊	气压焊	冷压焊	电弧螺柱焊	电阻螺柱焊	感应焊
代号																		
P300																		
P301						×	×	×			×			×		×	×	×
P303	×	×	×	×	×	×		×		×	×		×	×		×	×	×
P304	×	×	×	×	×	×	×	×	×	×	×			×	×	×	×	×
P306						×												
P400																		
P401	×	×	×	×	×	×	×	×	×	×	×	×	×	×	×	×	×	×
P402	×	×	×	×	×	×	×	×	×	×	×	×	×	×	×	×	×	×
P404				×														
P500																		
P501	×	×	×	×		×	×	×								×	×	×
P502						×	×	×		×	×			×	×			×
P503			×															
P507			×			×	×	×		×	×			×	×			×
P508			×			×	×	×		×	×			×	×			×
P520	×	×	×	×		×	×	×		×	×	×	×	×		×	×	×
P521																		
P5211	×	×				×	×	×		×	×			×	×	×	×	×
P5212	×				×													
P5213	×				×													
P5214	×				×													
P5215	×	×	×	×	×	×	×	×	×	×	×	×	×	×	×	×	×	×
P5216	×				×													
P522	×	×		×	×	×	×	×								×		
P523	×	×															×	×

续表

ISO 4063	21	221	222	225	23	24	25	291	41	42	43	441	45	47	48	781	782	74
焊接方法	点焊	搭接缝焊	压平缝焊	薄膜对接缝焊	凸焊	闪光焊	电阻对焊	高频电阻焊	超声波焊	摩擦焊	锻焊	爆炸焊	扩散焊	气压焊	冷压焊	电弧螺柱焊	电阻螺柱焊	感应焊
代号																		
P524	×	×	×	×	×	×	×	×		×	×			×		×	×	×
P525	×	×		×	×												×	
P526																	×	×
P5261	×	×		×	×				×									
P5262	×	×	×	×	×				×									×
P5263	×	×	×	×	×				×									
P5264																		
P52641	×	×		×	×				×									
P52642	×	×		×	×				×									
P52643	×	×		×	×				×									
P5265				×														
P5266	×	×	×	×	×	×	×	×								×	×	×
P5267						×	×	×		×				×	×		×	
P5268	×	×	×	×	×				×									
P527		×																×
P528			×			×	×	×		×	×			×	×			×
P529				×														
P530						×	×	×		×				×				×
P600																		
P602	×	×	×		×	×										×		×
P6011	×	×	×	×	×	×	×	×		×	×		×	×		×	×	×
P6012	×	×		×	×													

18.2 焊接缺欠的危害

焊接接头的主要失效形式有疲劳失效、脆性失效、应力腐蚀开裂、泄漏、失稳、过载屈服、腐蚀疲劳等。其中疲劳失效所占比例最大（约为70%），脆性断裂、过载屈服和应力腐蚀开裂都是常见的失效形式。焊接缺欠对接头性能的影响见表 18 –4。

表 18 –4　焊接缺欠对接头性能的影响

焊接缺陷 \ 接头性能		力学				环境		
		静载强度	延性	疲劳强度	脆断	腐蚀	应力腐蚀开裂	腐蚀疲劳
形状缺陷	变形	○	◎	◎	◎	△	◎	◎
	余高过大	△	△	◎	△	○	◎	◎
	焊缝尺寸过小	◎	◎	◎	◎	◎	◎	◎
	形状不连续	○	○	◎	◎	◎	◎	◎
表面缺陷	气孔	△	△	○	△	△	△	△
	咬边	△	○	◎	△	△	△	△
	焊瘤	△	△	◎	△	△	△	△
	裂纹	◎	◎	◎	△	△	△	△
内部缺陷	气孔	△	△	△	△	△	△	△
	孤立夹渣	△	△	○	△	△	△	△
	条状夹渣	○	○	○	○	△	△	△
	未熔合	◎	◎	◎	◎	○	○	○
	未焊透	◎	◎	◎	◎	○	○	○
	裂纹	◎	◎	◎	◎	○	○	○
性能缺陷	硬化	△	△	○	○	○	△	○
	软化	○	◎	○	○	○	△	△
	脆化	△	◎	△	◎	△	△	△
	剩余应力	○	◎	○	◎	○	◎	○

注：◎——有明显影响；○——在一定条件下有影响；△——关系很小。

1. 焊接缺欠对应力集中的影响

焊缝中的气孔一般呈单个球状或条虫形，因此气孔周围应力集中并不严重，而焊接接头中的裂纹常常呈扁平状，如果加载方向垂直于裂纹的平面，则裂纹两端会引起严重的应力集中。焊缝中的夹杂物具有不同的形状和包含不同的材料，但其周围的应力集中并不严重。如果焊缝中存在密集气孔或夹渣时，在负载作用下出现气孔间或夹渣间的联通，则将导致应力区的扩大和应力值的急剧上升。另外，焊缝的形状不良、角焊缝的凸度过大及错边、角变形等焊接接头的外部缺欠，也都会引起应力集中或者产生附加应力。

焊接接头形状的不连续（如焊趾区和根部未焊透等）、接头形式不良和焊接缺欠形成的不连续（包括错边和角变形）都会产生应力集中。同时，由于结构设计不当，形成构件形状的突变，也会出现应力集中区。假如两个应力集中相重叠，则该区的应力集中系数大约等于各应力集中系数的乘积。因此，在这些部位极易产生疲劳裂纹，造成疲劳破坏。

几何形状造成的不连续性缺欠如咬边、焊缝成形不良或烧穿等，不仅会降低构件的有效截面积，还会产生应力集中。

改善应力集中的方法一般有 TIG 焊熔修法、机械加工法、砂轮打磨法、局部挤压法、锤击法、局部加热法。

2. 焊接缺欠对脆性断裂的影响

脆性断裂是一种低应力下的破坏，而且具有突发性，事先难以发现和加以预防，危害性较大。焊接结构对脆性断裂的影响包括四点。

（1）应变时效引起的局部脆性。

（2）对于高强度钢，过小的焊接能量容易产生淬硬组织，过大的焊接能量则会使晶粒长大，增大脆性。

（3）裂纹对脆性断裂的影响最大，其影响程度不仅与裂纹的尺寸、形状有关，而且与其所在的位置有关。如果裂纹位于拉应力高值区就容易引起低应力破坏。若位于结构的应力集中区，则更危险。许多焊接结构的脆性断裂都是由微小裂纹引发的，由于小裂纹未达到临界尺寸，运行后结构不会立即断裂，在使用期间可能出现变化，最后达到临界值，发生脆性断裂。

（4）角变形和错边会产生弯曲应力，并且角变形越大，越容易发生脆性断裂。

3. 焊接缺欠对疲劳强度的影响

焊接缺欠对疲劳强度的影响要比静载强度大得多。例如，气孔引起的承载截面减小 10% 时，疲劳强度的下降可达 50%。同时焊接缺欠对接头疲劳强度的影响与缺欠的种类、方向和位置有关。

（1）裂纹对疲劳强度的影响。裂纹、未焊透和未熔合等对疲劳强度的影响较大，带裂纹的接头与缺欠面积比率相同且带有气孔的接头相比，疲劳强度下降较多，前者约为后者的 85%。含裂纹的结构与占同样面积的气孔的结构相比，前者的疲劳强度比后者低 15%。对未焊透来说，随着其面积的增加疲劳强度明显下降，而且这类平面缺欠对疲劳强度的影响与负载的方向有关。

（2）气孔对疲劳强度的影响。气孔的存在使疲劳强度下降的原因主要是气孔减少了截面积尺寸，它们之间有一定的线性关系。当采用机械加工方法加工试样表面，使气孔恰好处于工件表面时，或刚好位于表面下方时，气孔的不利影响加大，它将作为应力集中源而成为疲劳裂纹的启裂点。这说明气孔的位置比其尺寸的大小对接头疲劳强度影响更大，表面或表层下气孔具有最不利的影响。

（3）未焊透和未熔合对疲劳强度的影响。未焊透缺欠的主要影响是削弱有效截面积并引起应力集中。以削弱有效截面积 10% 时的疲劳寿命与未含有该类缺欠的试验结果相比，其疲劳强度会降低 25% 左右。

（4）咬边对疲劳强度的影响。咬边多出现在焊趾或接头的表面，对疲劳强度的影响比气孔和夹渣等缺欠大得多，试验证明，带咬边的接头 106 次循环的疲劳强度约为致密接头强度的 40%。

（5）夹渣对疲劳强度的影响。夹渣或夹杂物截面积的大小成比例地降低材料的抗拉强度，但对屈服强度的影响较小。这类缺欠的尺寸和形状对强度的影响较大，单个的间断小球状夹渣或夹杂物比同样尺寸和形状的气孔危害小。直线排列、细小且方向垂直于受力方向的连续夹渣最危险。在焊趾部位距离表面 0.5 mm 左右处如果存在尖锐的熔渣等缺欠，相当于疲劳裂纹提前萌生。

（6）外部缺欠对疲劳强度的影响。焊趾区及焊根处的未焊透、错边和角变形等外部缺欠都会引起应力集中，很容易产生疲劳裂纹进而造成疲劳破坏。

焊接缺欠对接头疲劳强度的影响不但与缺欠尺寸大小有关，而且还取决于许多其他因素，如表面缺欠比内部缺欠影响大，与作用力方向垂直的缺欠的影响比其他方向的大，位于残余拉应力区内的缺欠，比在残余压应力区缺欠对焊接接头性能的影响大，位于应力集中区的缺欠比在均匀应力场中的缺欠影响大。

4. 焊接缺欠对应力腐蚀开裂的影响

应力腐蚀开裂通常是从表面开始，如果焊缝表面有缺欠，则裂纹很快在缺欠处形成。因此，焊缝的表面粗糙度、焊接结构上的拐角、缺口、缝隙等都对应力腐蚀有很大的影响。这些表面缺欠使浸入的腐蚀介质局部浓缩，加快了电化学过程的进行和阳极的溶解，为应力腐蚀裂纹的扩展成长提供了条件。

在部分焊接缺欠无法避免的情况下，可从改变应力状态入手以减少应力腐蚀开裂。拉伸应力是产生应力腐蚀开裂的重要条件，如能在接触腐蚀介质的表面形成压应力，则可以很好地解决各类焊接结构应力腐蚀开裂的难题。“逆焊接加热处理”是一种新的消除残余应力技术，它通过喷淋冷却介质使处理表面（包括焊接区）获得比周围和背面相对较低的负温差，在处理表面形成双向的压缩残余应力层而不影响材料的力学性能，这种方法特别适用于有防止应力腐蚀要求的焊接结构。

18.3 焊接缺欠的等级评定

18.3.1 焊接缺欠的评级依据

对已有产品设计规程或法定验收规则的产品，焊接缺欠应符合设计规程或验收规则的规定，并将焊缝换算成相应的级别。对没有产品设计规程或法定验收规则的产品，焊接缺欠的评定应考虑表18－5所包括的因素。对技术要求较高但又无法实施无损检测的产品，必须对焊工操作及工艺实施产品适应性模拟考核，并明确规定焊接工艺实施全过程的监督制度和责任记录制度。

表18－5 确定焊接缺欠级别应考虑的因素

因素	内容
载荷性质	静载荷；动载荷；非强度设计
服役环境	温度；湿度；介质；磨耗
产品失效后的影响	能引起爆炸或因泄漏而引起严重人身伤亡并造成产品损伤，且由于停机造成重大经济损失；造成产品损伤，但仍可运行
选用材料	相对产品要求有良好的强度及韧性裕度；强度裕度不大但韧性裕度充足；高强度低韧性；焊接材料的相配性
制造条件	焊接工艺方法；企业质量管理制度；构件设计中的焊接可行性；检验条件

18.3.2 焊接缺欠的评级标准

焊接缺欠的评级标准见表 18-6。

表 18-6 钢熔化焊接头的缺欠分级

缺陷	GB/T 6417代号	缺陷分级			
		Ⅰ	Ⅱ	Ⅲ	Ⅳ
焊缝外形尺寸	—	按选用坡口由焊接工艺确定只需符合产品相关规定要求，本标准不做分级规定			
未焊满	511	不允许		$\leq 0.2 + 0.02\delta$ 且 ≤ 1 mm，每 100 mm 焊缝内缺陷总长 ≤ 25 mm	$\leq 0.2 + 0.02\delta$ 且 ≤ 2 mm，每 100 mm 焊缝内缺陷总长 ≤ 25 mm
根部收缩	515 5013	不允许	$\leq 0.2 + 0.02\delta$ 且 ≤ 0.5 mm	$\leq 0.2 + 0.02\delta$ 且 ≤ 1 mm	$\leq 0.2 + 0.04\delta$ 且 ≤ 2 mm
咬边	5011 5012	不允许①		$\leq 0.05\delta$ 且 ≤ 0.5 mm，连续长度 ≤ 100 mm 且焊缝两侧咬边总长 $\leq 10\%$ 焊缝全长	$\leq 0.1\delta$ 且 ≤ 1 mm，长度不限
裂纹	100	不允许			
弧坑裂纹	104	不允许			个别长 ≤ 5 mm 的弧坑裂纹允许存在
电弧擦伤	601	不允许			个别电弧擦伤允许存在
飞溅	602	清除干净			
接头不良	517	不允许		造成缺口深度 $\leq 0.05\delta$ 且 ≤ 0.5 mm，每米焊缝不得超过一处	缺口深度 $\leq 0.1\delta$ 且 ≤ 1 mm，每米焊缝不得超过一处
焊瘤	506	不允许			
未焊透（按设计焊缝厚度为准）	402	不允许		不加垫单面焊允许值 $\leq 15\%\delta$ 且 ≤ 1.5 mm，每 100 mm 焊缝内缺陷总长 ≤ 25 mm	$\leq 0.1\delta$ 且 ≤ 2.0 mm，每 100 mm 焊缝内缺陷总长 ≤ 25 mm
表面夹渣	300	不允许		深 $\leq 0.1\delta$ 长 $\leq 0.3\delta$ 且 ≤ 10 mm	深 $\leq 0.2\delta$ 长 $\leq 0.5\delta$ 且 ≤ 20 mm

续表

缺陷	GB/T 6417代号	缺陷分级			
		Ⅰ	Ⅱ	Ⅲ	Ⅳ
表面气孔	2017	不允许		每 50 mm 焊缝长度内允许直径 $\leqslant 0.3\delta$ 且 $\leqslant 2$ mm 的气孔二个，孔间距 $\geqslant 6$ 倍孔径	每 50 mm 焊缝长度内允许直径 $\leqslant 0.4\delta$ 且 $\leqslant 3$ mm的气孔二个，孔间距 $\geqslant 6$ 倍孔径
角焊缝厚度不足（按设计焊缝厚度计）	—	不允许		$\leqslant 0.3+0.05\delta$ 且 $\leqslant 1$ mm，每 100 mm 焊缝内缺陷总长 $\leqslant 25$ mm	$\leqslant 0.3+0.05$ 方 $\delta \leqslant 2$ mm，每 100 mm 焊缝内缺陷总长 $\leqslant 25$ mm
角焊缝焊脚不对称②	512	差值 $\leqslant 1+0.1a$		差值 $\leqslant 2+0.15a$	差值 $\leqslant 2+0.2a$
		a = 设计焊缝有效厚度			
内部缺陷	—	GB 3323 Ⅰ级	GB 3323 Ⅱ级	GB 3323 Ⅱ级	不要求
		GB 11345 Ⅰ级		GB 11345 Ⅱ级	

注：①咬边如经修磨平滑过渡则只按焊缝最小允许厚度值评定。

②特定条件下要求平缓过渡时不受本规定限制，如搭接或不等厚板的对接和角接组合焊缝。

除表明角焊缝缺陷外，其余均为对接、角接焊缝通用；δ 为板厚。

18.3.3 常用焊接结构类型及其焊缝质量等级评定

由于焊接结构使用环境和条件的不同，对其质量的要求也有区别，表 18-7 为常用焊接结构类型及其焊缝质量等级要求。

表 18-7 常用焊接结构类型及其焊缝质量等级

焊接结构（件）类型	实例				焊缝质量等级
	名称	工作参数	接头型式	检验方法	
核容器、航空航天器件、化工设备中的重要构件等	核工业用贮运六氟化铀、三氟化氯、氟化氢等容器	工作压力：40 Pa～1.6 MPa 工作温度：-196～200 ℃	对接	1. 外观检查 2. 射线探伤 3. 试压试验 4. 气压试验或气密性试验 5. 真空密封性试验	Ⅰ级
锅炉、压力容器、球罐、化工机械、采油平台、潜水器、起重机械等	钢制球形储罐	工作压力 $\leqslant 4$ MPa	对接、角接	1. 外观检查 2. 射线或超声波探伤 3. 磁粉或渗透探伤 4. 液压试验 5. 气压试验或气密性试验	Ⅱ级

续表

焊接结构（件）类型	实例				焊缝质量等级
	名称	工作参数	接头型式	检验方法	
船体、公路钢桥、游艺机、液化气钢瓶等	海洋船壳体	—	对接、角接	1. 观察检查 2. 射线或超声波探伤 3. 致密性试验	Ⅲ级
一般不重要结构	钢制门、窗	—	对接、角接、搭接	外观检查	Ⅳ级

18.4 在役压力容器焊接缺欠的评定

为了减少事故隐患，防止爆炸事件发生，国家规定对在役压力容器要按一定周期进行检测。压力容器使用过程中最薄弱的环节是焊缝所在位置，其中在焊缝中普遍存在着各种“先天”或“后天”性缺欠，加强对在役压力容器焊缝缺欠检测与评定对安全生产具有重要意义。

在役压力容器经过无损检测发现的缺欠可分两类：一类是制造中遗留的缺欠，称为“先天”性缺欠；另一类是容器在运行中新产生的缺欠，称为“后天”缺欠。GB/T 19624—2019《在用含缺欠压力容器的安全评定》中对焊接缺欠的评定做了详细的说明，依据“合于使用”和“最弱环”原则，用来判别各类压力容器在规定的使用工况条件下能否继续安全使用，是一种适合于工程实际的安全评定方法。

18.4.1 平面缺欠的评定

平面缺欠包括裂纹、未焊透、未熔合、深度大于等于 1 mm 的咬边等。对这类缺欠进行评定时，应对实测的平面缺欠进行规则化表征处理，表征后平面缺欠分为表面缺欠、埋藏缺欠和穿透缺欠，其形状分为椭圆形、圆形、半椭圆形和矩形。

应根据具体缺欠情况由缺欠外接矩形的高度和长度来表征缺欠的尺寸。对于表面缺欠，高为 a，长为 $2c$；对于埋藏缺欠，高为 $2a$，长为 $2c$；对于穿透缺欠，长为 $2a$；对于孔边角缺欠，高为 a，长为 c，如图 18－19 所示。

一般情况下平面缺欠的评定包括简化评定和常规评定两种方式，当二者的评定结果发生矛盾时，以常规评定结果为准。

进行缺欠评定时，先按 GB/T 19624—2019 的规定进行各类缺欠的规则化及尺寸表征，再确定等效裂纹尺寸 $\bar{a}$，然后确定总当量应力、材料性能数据，最终计算出$\sqrt{\delta_\tau}$、S_τ、K_τ、L_τ 和 $L_{x\max}$。其中 δ_τ 是平面缺欠简化评定用断裂比，是指在施加应力作用下的裂纹尖端张开位移与材料的张开位移断裂韧度的比值；S_τ 是平面缺欠常规评定用断裂比，是指加载作用下的应力强度因子与材料断裂韧度（用应力强度因子表示）的比值；K_τ 是平面缺欠常规评定用断裂比，是指施加载荷作用下的尖力强度因子与材料断裂韧度（用应力强度因子）表示的比值；L_τ 是载荷比，指引起一次应力的施加载荷与塑性屈服极限载荷的比值，

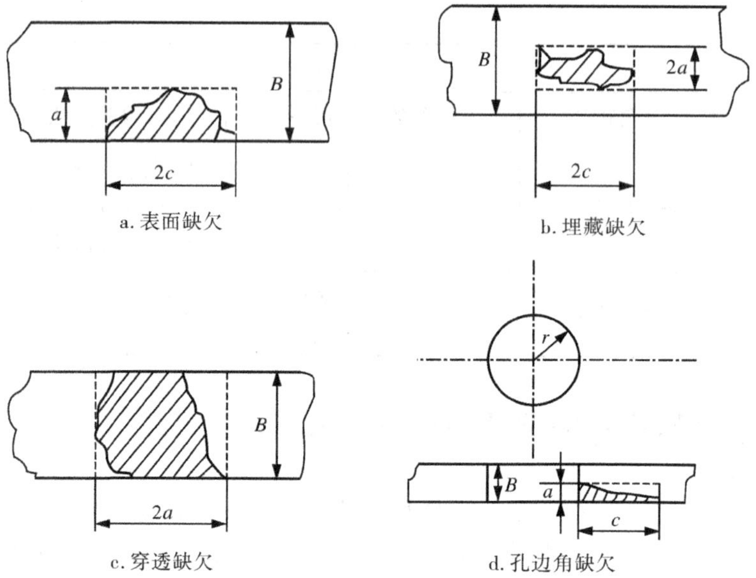

图 18－19　平面缺欠的表征

表示载荷接近于材料塑性屈服极限载荷的程度；L_{xmax}是L_{τ}的容许极限。

1. 平面缺欠的简化评定

平面缺欠的简化评定方法一般采用简化失效评定图（图 18－20）进行，由纵坐标$\sqrt{\delta_{\tau}}$、横坐标S_{τ}、$\sqrt{\delta_{\tau}}=0.7$ 的水平线以及$S_{\tau}=0.8$ 的垂直线所围成的矩形为安全区，该区域之外为非安全区。

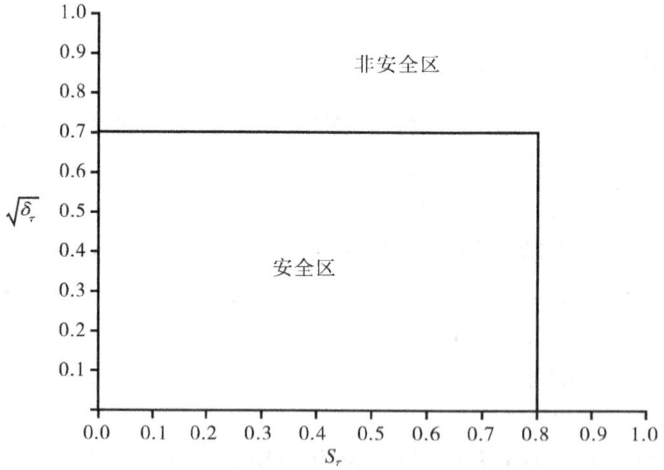

图 18－20　平面缺欠简化评定的失效评定图

2. 平面缺欠的常规评定

平面缺欠的常规评定采用通用失效评定图的方法进行，如图 18－21 所示，图中 FAC 是失效评定曲线的简称。

在图 18－21 中，由 FAC 曲线、$L_{\tau}=L_{xmax}$、两直角坐标轴所围成的区域之内为安全区，该区域之外为非安全区。

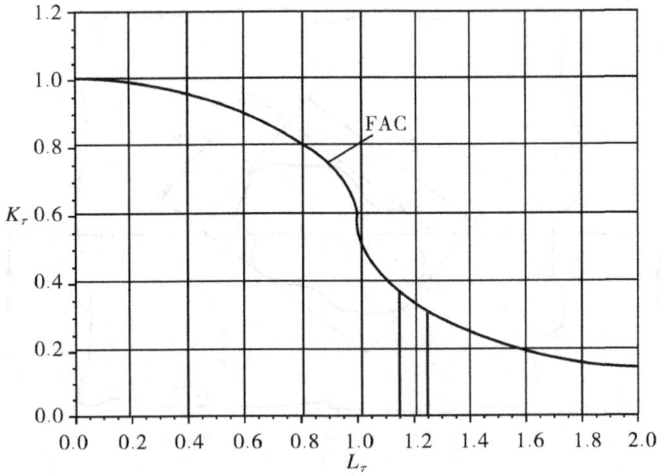

图 18－21　通用失效评定图

18.4.2　体积缺欠的评定

所谓体积缺欠，是指凹坑、气孔、夹渣和深度小于 1 mm 的咬边等。体积缺欠的评定包括凹坑缺欠的评定、气孔缺欠的评定和条形夹渣缺欠的评定三类。

1. 凹坑缺欠的评定

在进行凹坑缺欠评定前，应将被评定缺欠打磨成表面光滑、过渡平缓的凹坑，并确认凹坑及其周围无其他表面缺欠或埋藏缺欠。

表面的不规则凹坑缺欠按其外接矩形将其规则化为长轴长度 $2X$、短轴长度 $2Y$ 及深度 Z 的半椭球形凹坑。其中长轴 $2X$ 为凹坑边缘任意两点之间的最大距离，短轴 $2Y$ 为平行于长轴与凹坑外边缘相切的两条直线间的距离，深度 Z 取凹坑的最大深度，如图 18－22 所示。

当存在两个以上的凹坑时，应分别按单个凹坑进行规则化并确定各自的凹坑长轴，或规则化后相邻两凹坑边缘间最小距离 k 大于较小凹坑的长轴 $2X_2$ 时，应将两个凹坑视为互相独立的单个凹坑分别进行评定，否则应将两个凹坑合并为一个半椭球形凹坑来进行评定。该凹坑的长轴长度为两凹坑外侧边缘之间的最大距离，短轴长度为平行于长轴且与两凹坑外缘相切的任意两条直线之间的最大距离，凹坑的深度为两个凹坑深度的较大值，如图 18－23 所示。

经规则化后的凹坑，应计算其厚度 B 和平均半径 R，并按公式 $G_0 = ZX/(B\sqrt{RB})$ 计算凹坑缺欠综合描述参数 G_0。如果 $G_0 \leqslant 0.1$，可免于评定，直接认定该凹坑缺欠对焊接工程质量无明显影响；如果 $G_0 > 0.1$，则该凹坑缺欠应同时符合下列条件方可评定为安全。

（1）凹坑长度 $2X \leqslant 2.8\sqrt{RB}$。

（2）凹坑宽度 $2Y \geqslant 6Z$。

（3）凹坑深度 Z 小于计算厚度 B 的 60%，且坑底最小厚度 $(B-Z)$ 不小于 2 mm。

（4）材料韧性满足压力容器设计规定且未发现劣化现象。

对于超出上述规定的限定条件或在服役期间表面有可能生成裂纹的凹坑缺欠，应按平面缺欠进行评定。

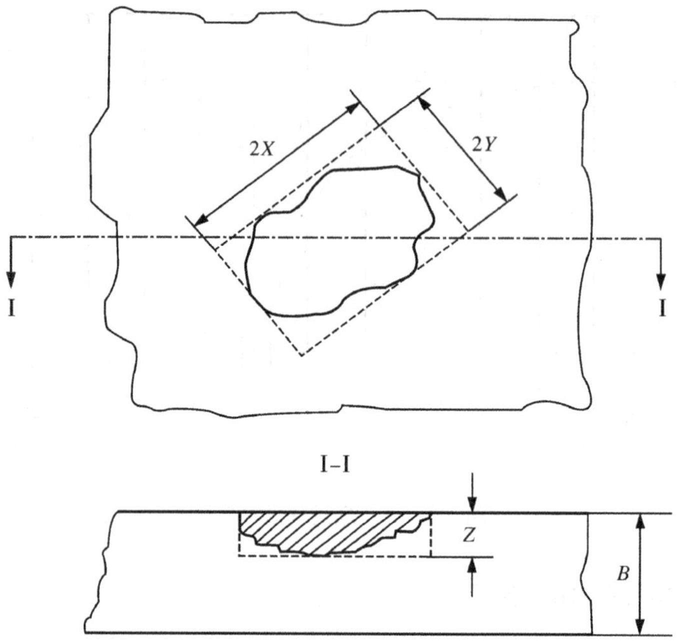

图 18－22　单个凹坑缺欠的尺寸表征

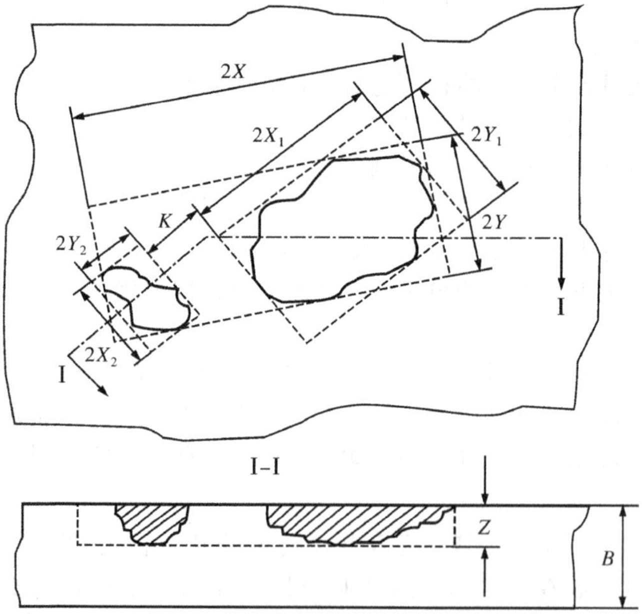

图 18－23　多个凹坑缺欠的表征

2. 气孔缺欠的评定

气孔缺欠的检测方法常采用射线检测法，用气孔率表征气孔缺欠的大小、数量等。在射线底片有效长度范围内，气孔投影面积占焊缝投影面积的百分比叫作气孔率。其中射线底片有效长度按 JB 4730－2012 的规定确定，焊缝投影面积为射线底片有效长度与焊缝平均宽度的乘积。

气孔缺欠应同时符合下列条件可评定为安全。

（1）气孔率不超过6%。

（2）单个气孔的长径小于0.5B且小于9 mm。

（3）气孔未暴露在器壁表面且无明显扩展的可能。

（4）气孔缺欠附近无其他平面缺欠。

（5）材料未发现劣化。

按上述规定评定为不可接受的气孔，可表征为平面缺欠并进行相应的安全评定。

3. 条形夹渣缺欠的评定

条形夹渣以其在射线底片上的长度表征。如果是共面夹渣，在两个夹渣的距离小于图18－24的规定值时，可将其复合为一个连续的大夹渣。如果是非共面夹渣，两个夹渣之间的最小距离小于较小夹渣的自身高度的1/2时，可将其视为共面夹渣并按规定进行复合，否则应逐个分别进行评定。复合后的夹渣不再与其他夹渣或复合夹渣进行复合。

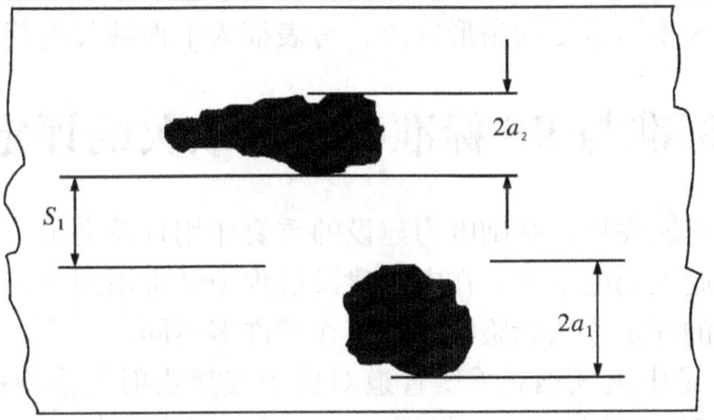

a. 多个夹渣的复合准则（$a_1 > a_2$）

注：如$S_1 < 1.25(2a_2)$，缺欠相互干涉，应作为自身高$a = (2a_1 + 2a_2 + S_1)$的缺欠，其有效长度取$2a$和$2c$中的较大者。

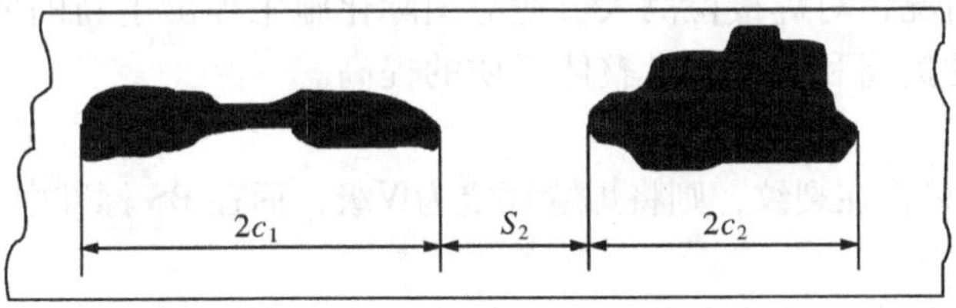

b. 多个夹渣的复合准则（$S_2 < c_1 + c_2$）

注：有效夹渣长度为$2c = 2c_1 + 2c_2 + S_2$。

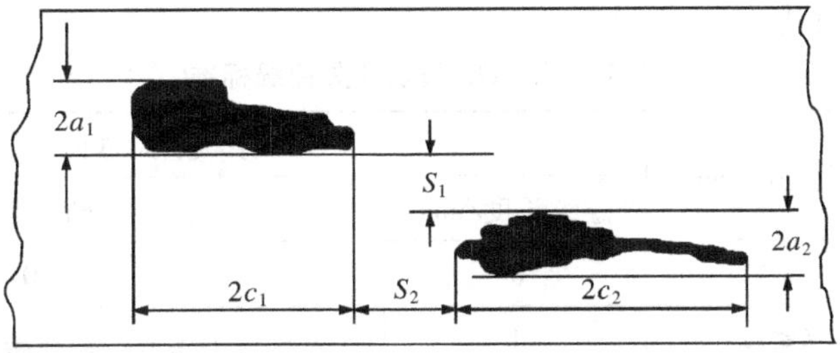

c. 多个夹渣的复合准则（$S_1 \leqslant a_1 + a_2$ 且 $S_2 \leqslant c_1 + c_2$）

注：有效夹渣长度为$2c = 2c_1 + 2c_2 + S_2$。

图18－24　多个夹渣的复合准则

条形夹渣缺欠应同时符合下列条件可评定为安全。

（1）容许尺寸满足表 18－8 的规定。

（2）条形夹渣缺欠未暴露在器壁表面且无明显扩展的可能。

（3）条形夹渣缺欠附近无其他平面缺欠。

（4）材料未发现劣化。

表 18－8　夹渣的容许尺寸

夹渣位置	夹渣尺寸的容许值	
球壳对接焊缝、圆筒体纵焊缝、与封头连接的环焊缝	总长度≤6B	自身高度或宽度≤0.25B，并且≤5 mm
	总长度不限	自身高度或宽度≤3 mm
圆筒体环焊缝	总长度≤6B	自身高度或宽度≤0.30B，并且≤6 mm
	总长度不限	自身高度或宽度≤3 mm

按上述规定评定为不可接受的条形夹渣，可表征为平面缺欠进行相应的安全评定。

18.5　DL 标准与 BS 标准中焊接缺欠的评定对比

随着我国经济的迅速发展，基础电力建设的重要作用日益突出，电力建设施工及验收规范等标准越来越引起人们的重视。在电力建设过程中经常用到许多引进的国外先进技术和设备，其焊接缺欠的评定方法和验收标准存在着许多不同。

DL/T 821—2002 是中国《钢制承压管道对接焊接接头射线检测技术规程》标准（该标准已被 DL/T 821—2017 替代，本书仍用），BS 2633 是英国标准化协会《承压管道铁素体钢焊缝分级规程》标准，这两个标准在焊接缺欠的评定方面存在许多差异。掌握在不同评定标准下的判定情况，对焊接检测人员适应国际化施工提出了新的要求，同时也有利于确保焊接工程质量的提高和焊接人员整体素质的提高。

1. 裂纹

在 DL 标准中如果存在裂纹，则将焊缝评定为Ⅳ级，而在 BS 标准中不允许有裂纹存在。

2. 条状缺欠

长宽比大于 3 的缺欠定义为条状缺欠，包括气孔、夹渣和夹钨。

DL 标准中条状缺欠按总长度分级，评级标准按表 18－9 的规定。BS 标准中缺欠允许值上限见表 18－10 所述。

表 18－9　DL 条状缺欠评级标准

质量等级	母材厚度/mm	条状缺欠总长	
		连续长度/mm	断续总长
Ⅰ		0	0
Ⅱ	T≤12	4	在任意直线上，相邻两缺欠间距均不超过 6L 的任何一族缺欠，其累计长度在 12T 焊缝长度内不超过 T
	12＜T＜60	1/3T	
	T≥60	20	

续表

质量等级	母材厚度/mm	条状缺欠总长	
		连续长度/mm	断续总长
Ⅲ	$T≤9$	6	在任意直线上，相邻两缺欠间距均不超过 $3L$ 的任何一族缺欠，其累计长度在 $6T$ 焊缝长度内不超过 T
	$9<T<45$	$2/3T$	
	$T≥45$	30	
Ⅳ	大于Ⅲ级者		

注：表中 L 为该组条状缺欠最长者的长度，T 为母材厚度。

表 18－10　BS 缺欠允许值上限（单位：mm）

缺欠种类＼壁厚	$2.9<T≤4.5$	$4.5<T≤6.3$	$6.3<T≤20$	$T>20$
虫孔	长度≤6.0	长度≤10.0	长度≤10.0	长度≤12.0
	深度≤$0.2T$	深度≤1.5	深度≤1.5	深度≤2.0

3. 圆形缺欠

DL 标准中评定圆形缺欠时，将平定框尺放置于缺欠严重或集中处，$T≤25$ mm 时评定区为 10 mm × 10 mm。评定时须把圆形缺欠尺寸换算成点数，缺欠的点数换算见表 18－11。

表 18－11　DL 缺欠点数换算表（单位：mm）

缺限长径	≤1	>1～2	>2～3	>3～4	>4～6	>6～8	>8
点数	1	2	3	6	10	15	25

DL 圆形缺欠分级见表 18－12，不记点数的缺欠尺寸应根据母材厚度 T 确定，并应符合表 18－13 的规定。

表 18－12　DL 圆形缺欠分级

评定框尺寸/mm	10×10			10×20		10×30
质量级别＼点数＼母材厚度/mm	≤10	$10≤T≤15$	$15<T≤25$	$25<T≤50$	$50<T≤100$	$T>100$
Ⅰ	1	2	3	4	5	6
Ⅱ	3	6	9	12	15	18
Ⅲ	6	12	18	24	30	36
Ⅳ	缺陷点数大于Ⅲ级者，单个缺陷长径大于 $1/2T$ 者					

表 18－13　DL 不计点数缺欠尺寸（单位：mm）

母材厚度	缺陷长径
≤25	≤0.5
>25～50	≤0.7
>50	≤1.4% T

在 BS 标准中将长宽比小于或等于 3 的焊接缺欠（气孔、夹渣、夹钨）定义为圆形缺欠，它们可以是圆形、椭圆形或带有尾巴等不规则的形状。BS 标准允许缺欠上限值见表 18－14 和表 18－15。

表 18－14　BS 单个圆形缺欠允许上限值（单位：mm）

壁厚 / 缺陷种类	2.9<T≤4.5	4.5<T≤6.3	6.3<T≤20	T>20
气孔	≤0.2T	≤0.2T	≤0.2T	≤5.0
夹渣	长度≤3.0	长度≤12.0	长度≤15.0	长度≤20
夹钨	≤0.2T	≤0.2T	≤0.2T	≤5.0

表 18－15　BS 密集圆形缺欠允许上限值（单位：mm）

壁厚 / 缺陷种类	2.9<T≤4.5	4.5<T≤6.3	6.3<T≤20	T>20
分散气孔	在 25 mm 焊缝长度上			
	累积长度≤5.0	累积长度≤6.0	累积长度≤8.0	累积长度≤12.0
密集气孔	在 6 mm 直径范围内			
	总面积≤2.0 mm^2	总面积≤2.0 mm^2	总面积≤3.0 mm^2	总面积≤6.0 mm^2
夹钨群	在 25 mm 焊缝长度上			
	累积长度≤5.0	累积长度≤6.0	累积长度≤8.0	累积长度≤12.0

4. 根部内凹

DL 标准中对于直径小于等于 ϕ89 mm 的管子，其焊缝根部内凹缺欠的质量分级应符合表 18－16 的规定。

表 18－16　DL 焊缝根部内凹分级

质量级别	内凹深度		内凹总长占焊缝总长的百分比/%
	占壁厚百分比/%	极限深度/mm	
Ⅰ	≤10	≤1	≤30
Ⅱ	≤15	≤2	
Ⅲ	≤20	≤3	
Ⅳ	大于Ⅲ级者		

BS 标准中允许的根部内凹缺欠上限值见表 18－17。

表 18－17　BS 允许的根部内凹缺欠上限值（单位：mm）

壁厚 缺欠种类	2.9 <T≤4.5	4.5 <T≤6.3	6.3 <T≤20	T>20
根部内凹	≤1.5	≤1.5	≤1.5	≤2.0

5. 未熔合与未焊透

未熔合是指在焊缝金属和母材之间或焊道之间未完全融化结合的部分，它分为根部未熔合、坡口未熔合、层间未熔合三类。

在 DL 标准中如果存在着未熔合缺欠，则直接将焊缝评定为Ⅳ级，BS 标准中未熔合缺欠上限允许值见表 18－18 所述。

表 18－18　BS 未熔合缺欠上限允许值（单位：mm）

壁厚 缺欠种类	2.9<T≤4.5	4.5<T≤6.3	6.3<T≤20	T>20
根部未熔合	长度≤6.0	长度≤10.0	长度≤10.0	长度≤12.0
	深度≤0.2T	深度≤1.5	深度≤1.5	深度≤2.0
坡口未熔合	长度≤6.0	长度≤10.0	长度≤10.0	长度≤12.0
	深度≤0.2T	深度≤1.5	深度≤1.5	深度≤2.0
层间未熔合	长度≤6.0	长度≤10.0	长度≤10.0	长度≤12.0
	深度≤0.2T	深度≤1.5	深度≤1.5	深度≤2.0

DL 标准中外径小于等于 ϕ89 mm 的管子未焊透的焊缝质量分级应符合表 18－19 的规定，BS 标准中未焊透缺欠的上限值见表 18－20。

表 18－19　DL 未焊透焊缝质量分级

质量级别	未焊透深度		连续或直线断续未焊透总长占焊缝周长的百分比/%
	占壁厚百分比/%	极限深度/mm	
Ⅰ	0	0	0
Ⅱ	≤10	≤1.5	≤10
Ⅲ	≤15	≤2.0	≤15
Ⅳ	大于Ⅲ级者		

表 18－20　BS 未焊透缺欠的上限值（单位：mm）

壁厚 缺欠种类	2.9 <T≤4.5	4.5 <T≤6.3	6.3 <T≤20	T>20
根部未焊透	长度≤6.0	长度≤10.0	长度≤10.0	长度≤12.0
	深度≤0.2T	深度≤1.5	深度≤1.5	深度≤2.0

通过对两个标准中关于焊接缺欠评判的对比，可以看出 BS 标准对圆形缺欠的评判较 DL 标准严格，而 DL 标准对未熔合的评判较 BS 标准严格。工程实践中应综合考虑各类因素，吸收 BS 标准在控制圆形焊接缺欠方面的优点，并应用到焊接质量管理中，降低圆形缺欠的出现频率。

第 19 章　焊接生产绿色化

19.1　焊接生产绿色化概述

绿色制造作为一种综合考虑环境影响和资源效率的现代制造模式，其从经济增长、社会进步和环境安全的目标出发，通过设计和制造使得产品在使用、生产和处理过程中对环境的负面影响最小。具体地讲，就是在设计新产品时，从材料的选择、产品的结构功能和生产加工过程设计，以及包装和运输方式都综合考虑资源优化和环境影响；在产品的生产制造过程中，采用的生产工艺与设备最大限度地减少资源消耗和环境污染，提高材料和能源的循环利用率，同时为员工提供一个绿色的工作环境；在产品的使用过程和报废处理时，要考虑对环境的影响，从而实现制造业的绿色化和可持续发展。

焊接是制造业的共性技术和基础性加工手段，不但对产品质量具有决定性作用，而且在焊接生产过程中，焊工不可避免地面临焊接烟尘、有毒有害气体、非电离辐射、电离辐射、高频电磁辐射、噪声与振动等多种危险元素。如何实现焊接生产绿色化（减少焊接污染物排放，节省焊接材料，降低焊接能源消耗），从而保护焊工和周围环境、减少企业焊接安全事故、提高焊接质量和效率、提升焊工作业满意度、降低焊接生产综合成本，已经成为焊接生产管理者及工艺技术人员需要予以特别关注的问题。

19.2　焊接生产绿色危害因素及防护措施

19.2.1　焊接烟尘

焊接工艺是工业生产中应用最广的一种机械加工工艺，在工业生产中占有举足轻重的地位。目前最常应用的焊接方法为电弧焊，此种焊接工艺在施焊过程中产生的烟尘对焊接作业环境和操作者会带来多种危害。焊接烟尘引发的急性及慢性症状与烟尘的成分相关，而烟尘成分主要来源于焊接材料、填充材料和焊剂等。焊工接触高浓度焊接烟尘的急性反应表现为咳嗽、哮喘及金属烟热等，虽然焊接烟尘引起的急性症状可以缓解或治愈，但长期反复接触焊接烟尘可能导致中毒、支气管炎症、肺水肿，甚至可能引发焊工尘肺等。

1. 焊接烟尘的产生与凝结

一般认为焊接烟尘是由焊接区蒸发出来的金属及其冶金反应物蒸气在远离焊接区后凝结而成，以气溶胶的形态存在。蒸气在焊接区附近先凝结成一次粒子，一次粒子随着温度的降低再凝结成二次粒子，然后按一定的方式扩散出去。这些粒子的形成过程中又有着复杂的中间过程，如图 19 – 1、图 19 – 2 所示。

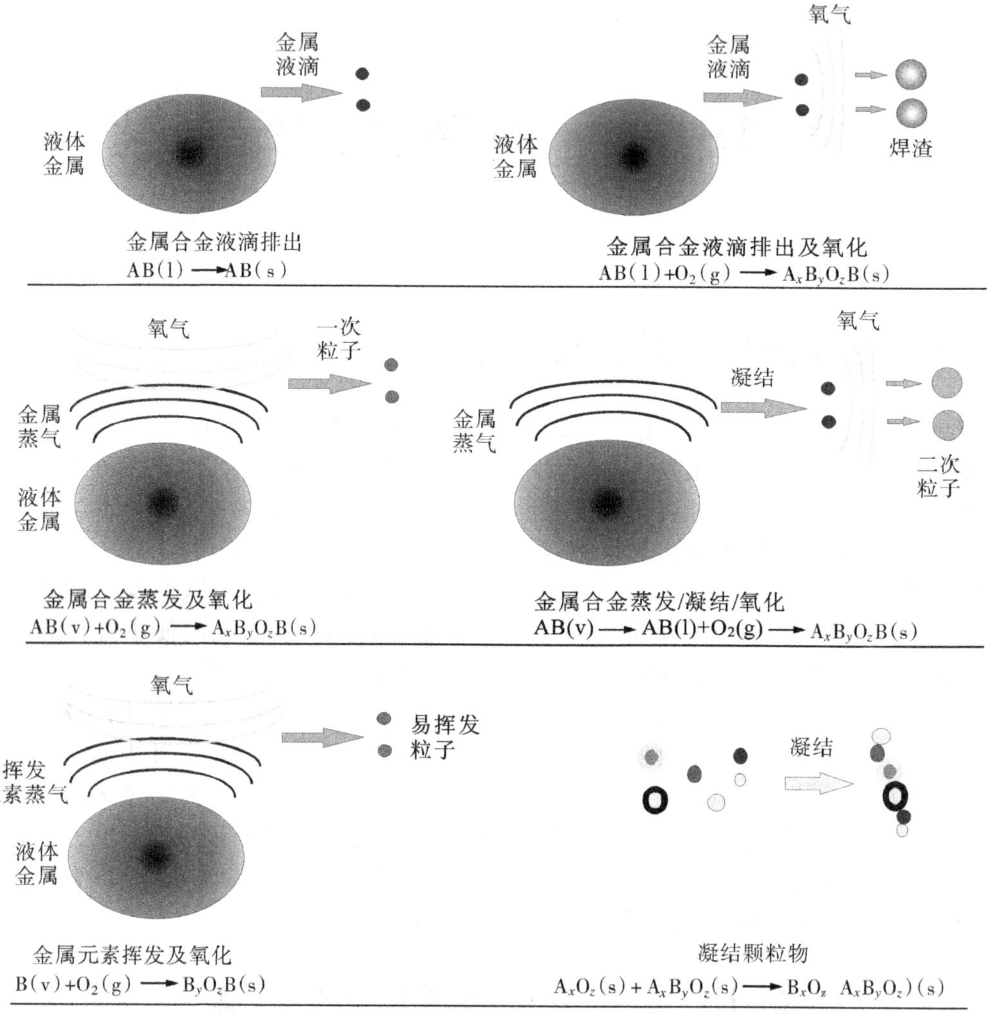

图 19 – 1　焊接烟尘的形成机制

目前认为焊接烟尘的形核机制主要有两种：均质形核与非均质形核。对焊接烟尘粒子的形貌、成分及结构进行系统的试验研究，探讨焊接气溶胶粒子的均质形核机制，试验证实：钢材的焊接产生 0.01 μm 粒径的气溶胶粒子，其成分主要是 Fe_3O_4 晶体，它以蒸气→粒子转变的均质成核方式产生，认为其控制反应是 Fe（g）→Fe（l）。对常用焊条焊态下烟尘中较大粒子的分布、形貌、成分及结构等进行试验研究，焊接烟尘也存在非均质形核机制，试验证实：0.1 μm 量级粒子主要分为尖晶石型和氟化物型两类，均由蒸气→粒子转变的异质凝结机制形成；1 μm 及更大一些的粒子主要由气泡→粒子转变机制形成。

焊后烟尘粒子的长大以凝结为主，凝结主要有两种方式：熔合型和聚集型。焊接烟尘在电弧区产生以后，在空气中发生了不同程度的凝结和聚集。对焊接烟尘粒子直接采样并进行电镜观察，烟尘粒子主要有两种形式的长大过程：一种是熔合过程，由数个焊接烟尘

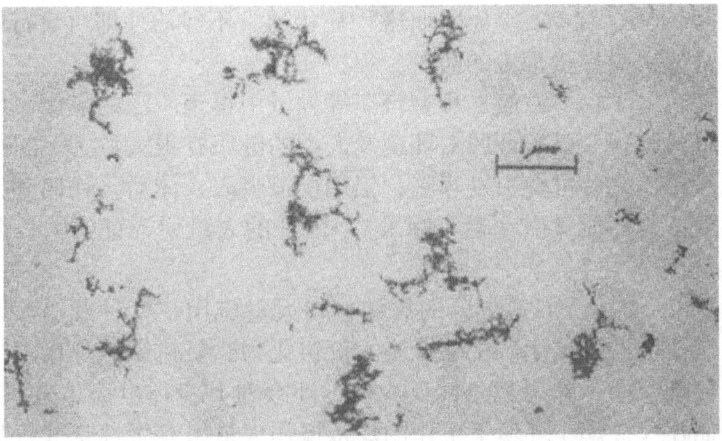

图 19－2　显微镜下的焊接烟尘絮状物

的一次粒子（原生粒子）熔合成单个大粒子的过程，一次粒子之间无明显边界，这种熔合的主要特征是熔合后的单个大粒子的总表面积小于一次粒子的表面积之和；另一种是聚集过程，由几十个甚至几百个一次粒子聚集在一起，形成链状结构，一次粒子靠表面粘连在一起，并存在明显边界。小粒子熔合时，较小的粒子消失，留下的只是新的更大粒子；小粒子聚集在一起时，单个小粒子保持其个体身份，但失去动力性质上的独立性，亦即它们作为一个整体运动。无论是发生粒子熔合还是聚集都会引起烟尘中粒子大小、形状和数量浓度的变化。

焊接生产过程中烟尘的扩散是一个复杂的运动过程，焊接烟尘在高温电弧下产生，同时电弧周围的气体发生膨胀，而后载着烟尘粒子上升。焊接烟尘在上升过程中，周围气体的不断卷入与电弧的冲击作用形成各种涡旋运动，即湍流运动，产生多个连续孤立的烟团，扩散速度较快。施雨湘等人用建立数学模型的方法得出焊态下焊接烟尘的扩散是湍流扩散，其湍流扩散系数与焊条药皮种类及电弧特性有关，药皮中的造气剂及采用交流焊接都会使湍流扩散系数增加。焊态下焊接烟尘的扩散浓度分布是一组正态分布函数，其分布特征数随湍流扩散系数和电弧发尘点源正上方距离的增大而增大，随烟尘气流上升平均速度的增大而减小，烟尘在上升过程中逐渐变成发散状态的喇叭口形，进而逐步扩散到整个作业空间。

2. 焊接烟尘对焊工健康的影响

焊接生产过程中产生粒径极小的焊接烟尘，焊接烟尘不仅会刺激焊工的眼睛，而且会引发咳嗽、呼吸道炎症、头痛及头晕等急性反应，长期吸入焊接烟尘可导致严重的肺部疾病、神经系统疾病、不可逆转的尘肺病等。某些焊接烟尘（特别是锌、锰、铜等成分金属的烟尘）还会引发焊工“金属烟热”，症状通常会在暴露于焊接烟尘中 4 ~ 12 h 后开始出现，表现为寒战、肌肉疼痛、发烧、恶心和全身乏力等急性症状。

一些船厂和金属结构件厂会首先对新进钢材表面进行除锈和喷涂底漆处理，而后进行下料，最后在坡口上喷涂防锈漆以防止再次生锈，由于含锌底漆对焊接电弧稳定性影响较小而被广泛应用，但在含锌底漆上焊接将产生氧化锌烟尘。另外，汽车车身采用大量的热浸镀锌钢板，在焊接过程中也会产生含锌成分的烟尘。焊工长期在含锌成分的烟尘中工作，会出现“金属烟热”症状，“金属烟热”症状通常不经治疗即可自行好转，因而部分焊工和管理人员常忽视对焊接烟尘的防护。

铝合金材料在轨道车辆、游艇、小型汽车等领域中得到广泛的应用，以往被认为是无毒无害的铝合金材料，现今已被证明对环境及人类的健康有很大危害。焊接产生的铝烟尘对呼吸道存在刺激作用，并可能引发哮喘；铝烟尘被吸入人体后，代谢和排出缓慢，长期滞留体内可能导致认知功能障碍（老年痴呆）。国外的大量研究证实，长期吸入铝烟尘还会引发焊工尘肺。

不锈钢及含有 Cr、Mn、Ni 等成分的焊接材料大量应用于特种舰船、地铁车辆、食品药品生产设备的制造中，焊接生产中会产生六价铬化物、氧化镍等焊接烟尘。焊接作业者长时间暴露于焊接烟尘中，除引起急性反应外，还会对其身体健康造成长期的、慢性的、潜在的影响。长期在焊接烟尘环境下工作的焊接操作人员患有慢性支气管炎、尘肺病等呼吸道疾病的比例明显高于其他人员，部分吸入物质（六价铬化物）还会沉积在人体的骨骼和血液中，从而引发癌症。某造船现场的粉尘浓度数据检测表明，部分工段的粉尘浓度高达 204 mg/m^3，远高于职业暴露限值要求。根据该造船厂的统计资料，该厂焊工尘肺最短发病工龄为 7 年，平均发病工龄为 11.4 年。尘肺病给焊接操作人员的生活造成了极大的困扰。

GBZ 2.1—2019《工作场所有害因素职业接触限值 第 1 部分：化学有害因素》及美国职业安全卫生管理局编写的《危险化学品职业卫生指南》列举了与焊接烟尘有关污染物的卫生标准及潜在健康危害（表 19－1）。

表 19－1　焊接烟尘有关污染物的卫生标准及潜在健康危害

污染物	PC－TW①/（mg/m^3）	健康危害
铝及氧化铝	4	肺纤维化，脑疾病
镉	0.005	急性中毒，以呼吸道刺激为主，可能严重刺激肺，引起肺气肿；对肾脏有慢性损害
铬	0.05（六价铬）/0.5	眼睛刺激；过敏性皮炎；肺纤维化；致癌物（六价铬）
铜	0.2	刺激鼻喉，恶心；大量吸入可致金属烟热
（氧化）铁	5	刺激鼻、喉、肺；肺色素沉着（铁末沉着症），尘肺病
氟化物	2	刺激眼、鼻、喉；肺充血；骨骼改变
铅化物	0.05	神经和消化系统损害；影响造血机能；导致疲乏，异常疼痛，记忆力减退、食欲减退及贫血等
锰化物	0.15	神经系统损伤；大量吸入可致金属烟热、帕金森症
钼化物	5（可溶） 10（不可溶）	刺激呼吸道和眼睛；代谢失常；协调能力下降
镍化物	0.1（可溶） 0.2（不可溶）	刺激呼吸系统和皮肤、黏膜，表现为呼吸系统过敏性症状，皮肤炎症和灼伤

续表

污染物	PC－TW①/mg·m^{-3}	健康危害
钒化物	0.05	刺激眼、鼻、呼吸道；可致视网膜炎；肺水肿
锌化物	3	可致金属烟热；肺功能下降

注：①PC－TW 是 8 h 时间加权平均浓度。

3. 焊接烟尘的防护

预防焊接烟尘对环境及人体危害最主要的防护措施就是焊接通风除尘。在车间内、室内、船舱内、罐体内及各种焊接结构的局部空间内进行焊接生产时，均应采用适宜的通风除尘方式，以保护焊接人员的健康。整体通风和局部排尘措施通常被用来改善整个焊接车间的环境，然而对焊工本身而言，小环境区域内的污染物仍然可能超出 GBZ 2.1—2019《工作场所有害因素职业接触限值 第1部分：化学有害因素》规定的职业暴露限值（图 19－3、图 19－4）。

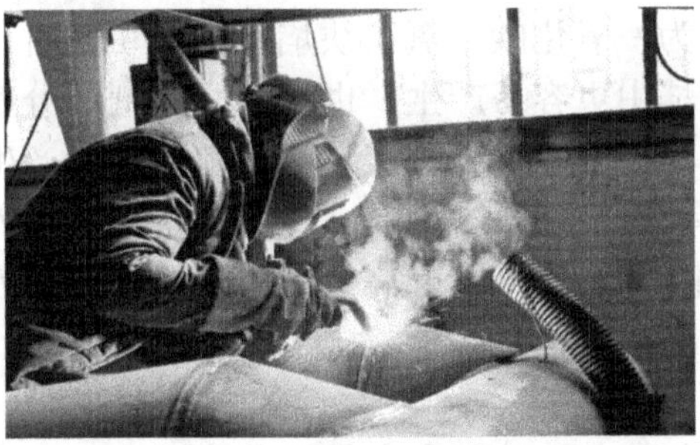

图 19－3 逃逸的焊接烟尘

图 19－4 有限空间弥漫的焊接烟尘

为保护焊工的健康，需要配置合适的呼吸防护用品。对于不超过 10 倍职业限值浓度的焊接烟尘，可选择符合 GB 2626—2019《呼吸防护 自吸过滤式防颗粒物呼吸器》标准要求的口罩，口罩的过滤效率应大于或等于 95%，即 KN95 或以上的规格；对于超出 10 倍职业暴露限值以上的烟尘的防护，可以考虑电动送风式焊接面罩或长管送风式焊接面罩，送风式焊接面罩相比口罩具有更好的佩戴舒适度，特别是在高温环境条件下，送风式焊接面罩能够迅速把湿热空气从焊接面罩中抽走，使焊工的作业舒适度明显提升。

此外，某些含镍、铬、钒、钼等成分的焊接烟尘不仅对焊工的呼吸系统产生不利影响，还可能刺激黏膜和皮肤，导致皮肤过敏反应或炎症。接触这些成分类型的焊接烟尘时，务必采用适当的身体和眼部防护措施，焊接生产作业完成后及时清洁皮肤，减少职业病事故的发生。

19.2.2 有害气体

焊接区域的高温易使周围形成多种有毒气体，特别是电弧焊和等离子弧焊，在高温和强烈的紫外线作用下，焊接区域易产生臭氧、氮氧化物、一氧化碳和氟化物等有害气体。

1. 臭氧

臭氧是一种浅蓝色且具有强烈刺激性气味的气体，焊接电弧与等离子弧产生的短波紫外线使空气中的氧分子分解成氧原子，这些氧原子或氧分子在高温下结合，生成臭氧。臭氧对作业者的眼睛、黏膜等有刺激作用，吸入臭氧会刺激呼吸系统和神经系统，引起胸闷、咳嗽、头晕、全身无力和食欲不振等症状，严重时可引起肺水肿与支气管炎。此外，臭氧还是极强的氧化剂，容易同各种物质发生化学反应，如使织物老化、变性等。臭氧的产出量与焊接工艺、保护气氛相关，不同焊接条件下，臭氧产出率变化较大，紫外线辐射强度越大，产生的臭氧越多，氩弧焊、等离子弧焊（割）的主要有害气体产物就是臭氧。

2. 氮氧化物

在电弧、等离子弧或火焰高温作用下，空气中的氮分子可直接被氧化成 NO 和 NO_2。NO_2 是一种毒性较强的气体，暴露于 1.6 ~ 2 ppm（1 ppm = 10^{-6}）的 NO_2 气体环境中 15 min，就可引起呼吸道阻力的明显升高；暴露于 0.11 ppm（1 ppm = 10^{-6}）NO_2 气体环境中 1 h，哮喘病人的气道对支气管收缩剂的刺激反应显著增强。另外，吸入高浓度的氮氧化物易引起急性哮喘症或肺气肿，长期接触氮氧化物可能引发神经衰弱症状及慢性呼吸道炎症。氩弧焊及等离子弧焊作业时，焊接区域内的氮氧化物浓度通常较高，应当引起特别关注。

3. 碳氧化物

一般情况下，焊接产生的有毒碳氧化物气体为一氧化碳。氧乙炔焰焊接或切割时，一氧化碳主要来自于乙炔的不完全燃烧，在还原火焰中更容易产生，也可能是焊剂的分解产物。另外，二氧化碳气体保护焊时，在电弧高温作用下，二氧化碳发生分解，也会产生一氧化碳。一氧化碳与人体血液中的血红蛋白具有很好的结合力，一氧化碳经肺泡进入血液，与血液中的血红蛋白结合成“碳氧血红蛋白”，使其失去正常的携氧功能，造成人体组织缺氧而引起中毒。

4. 其他有毒有害气体

含氟的焊接材料参与焊接时，易产生氟化氢气体。目前国内自保护药芯焊丝的渣系都是以氟化钡或氟化钙作为主要的造渣剂和造气剂，在焊接高温作用下产生氟化氢气体。另外，埋弧焊时，如采用含氟的酸性焊剂，也可能产生微量的氟化氢气体。氟化氢对人体呼吸系统及黏膜具有强烈的刺激作用，能迅速被呼吸系统吸收，进而对全身产生毒性作用。

采用碳弧气刨时，由于碳弧气刨所用碳棒多使用沥青作为黏结剂，且表面镀铜，因此碳弧气刨作业时产生的有害气体中还含有毒性较大的致癌物质——苯并芘和铜的化合物微粒。另外，造船和金属结构件多在防锈处理后的钢材表面进行焊接，随着防锈底漆上施焊的操作越来越多，该种焊接方式所产生的有害气体与底漆的成分相关。

此外，气体保护焊作业时，大量逸出的 CO_2、Ar 和 He 等保护气会弥漫在焊接作业者周围，降低周围环境的氧气相对浓度，影响作业者的呼吸环境。目前我国 CO_2 气体保护焊占全部焊接工作量的比例已超过 20%，集装箱制造业甚至超过 90%，造船厂超过 60%，因此，CO_2 气体保护焊引发的职业危害与防护问题必须予以关注。

焊接生产相关的有毒有害气体、产生原因及其危害见表 19 - 2。

表 19 - 2　焊接相关的有毒有害气体及其危害

有害有毒气体	产生原因	主要危害	职业暴露限值/（mg/m^3）
臭氧 O_3	氧分子在强紫外线和高温作业下形成	呼吸道刺激及炎症，肺水肿等	0.3（MAC[①]）

续表

有害有毒气体	产生原因	主要危害	职业暴露限值/（mg/m^3）
氮氧化物 NO_x	高温条件下化合形成	呼吸道、黏膜刺激，呼吸道炎症，肺损伤	NO：15（PC－TW②） NO_2：5（PC－TW）
一氧化碳 CO	乙炔不完全燃烧，CO_2 被还原，焊剂分解	CO 中毒	20（PC－TW）
光气 $COCl_2$	含氯溶剂、表面涂层分解产生	刺激性反应，可致肺水肿	0.5（MAC）
氟化氢 HF	来自焊条或药皮	刺激性反应，肺充血，影响骨骼	2（MAC）
氩，氦	保护气体	窒息	—
二氧化碳	保护气体	窒息	9 000（PC－TW）

注：①MAC 为最大允许浓度；②PC－TW 为 8 h 时间加权平均浓度。

5. 有害气体的防护

在有限空间或通风不良的区域进行气体保护焊作业时，除焊接产生的有害气体外，大量逸出的保护气体也可能会弥漫整个作业空间，使氧气浓度迅速下降，进而可能造成缺氧及有毒有害气体累积现象，严重危害焊接作业者健康和安全。因此，对于焊接过程中的有害气体，充分且可靠的通风排尘措施、个体防护装备及安全管理措施对焊工安全与健康尤为重要。虽然厂房的通风和局部除尘措施有助于焊接产生有害气体的迅速排出，但仍然存在有害气体逃逸的现象，焊工依旧处于一个有害气体浓度相对较高的环境中，因此必要的呼吸防护装备有助于降低焊接有害气体对焊工的影响。常用的呼吸防护装备包括防毒面具、送风式呼吸防护装置等。

19.2.3 非电离辐射

1. 焊接光辐射的危害

焊接过程中产生的光辐射光谱（表 19－3）主要包括可见光（400～780 nm）、红外线（780 nm～1 mm）和紫外线（100～400 nm）等。这些光辐射长时间作用于人体，可能被体内组织吸收，在人体组织的致热作用、电离作用及光化学作用下，对焊工的眼睛、皮肤造成急性或慢性的伤害，特别在电弧焊接过程会产生强可见光、红外线和紫外线等辐射，对焊工的眼睛和皮肤造成直接威胁。

表 19－3 电磁光谱分布

波长/nm	类型
100～280	短波紫外线 UVC
280～315	中波紫外线 UVB
315～400	长波紫外线 UVA

续表

波长/nm	类型
400～780	可见光
780～1 400	近红外线 IRC
1 400～3 000	中红外线 IRB
≥3 000	远红外线 IRA

焊接电弧的可见光亮度远远高于肉眼所能承受的光亮度，甚至达10 000倍以上。强可见光对眼睛的伤害与入射光的波长、强度、暴露时间长短等因素有关，波长越短，强度越大，暴露时间越长，危害就越大。短时间接触焊接产生的强可见光可能会引发眼睛短暂失明，其延续时间与入射光的亮度呈正相关。同时也与焊工的个体差异有关。强可见光还可能引发视网膜灼伤；长期被强可见光照射会造成视力下降，并在视网膜上形成盲点；经常接触强可见光还能引发畏光等症状。

某些材料在焊接前需要对焊件进行预热，预热或焊接产生的热量大多以红外辐射的形式向周边环境扩散，物体的温度越高，红外辐射能力越强。眼睛非常容易受到红外辐射的伤害，因为眼睛的角膜、晶状体等各个组织结构都能很好地吸收红外线。红外线对眼睛的损伤是一个慢性过程，短时间的红外辐射会刺激眼睛，并可引发焊工眼热，长期受到红外辐射将引起视网膜灼伤，形成盲点，甚至引发白内障。红外辐射对眼睛伤害的频谱范围主要集中在近红外线 IRC，其对眼睛的伤害是不可逆的、永久性的，需要引起焊接作业人员注意。此外，红外线辐射的热效应还会加速皮肤的老化，甚至灼伤皮肤。

电弧焊接也会产生紫外线（按波长依次分为 UVA、UVB 和 UVC）辐射。表 19－4 是现场采样不同焊接方法的紫外线辐射强度，数值均远高于 GBZ 2. 2—2007《工作场所有害因素职业接触限值　第 2 部分：物理因素》中焊接紫外线 8 h 职业接触限值≤0. 24 μW/cm^2（即 2. 4 mW/m^2）（表 19－5）。焊接过程中产生的紫外线会损伤眼结膜、角膜、虹膜及晶状体等组织，特别是对角膜和晶状体的损伤尤为突出。短时间接受大剂量的紫外线辐射会引起焊工电光性眼炎等急性病症，通常表现为两眼刺痛、眼睑红肿痉挛、流泪和怕见亮光；长期受到紫外线辐射会对眼睛的角膜和晶状体造成危害，导致失明和白内障。除对眼睛造成伤害外，UVA 紫外线辐射还会引起皮肤红斑、肿胀，甚至引发皮炎，UVB 和 UVC 可能引发皮肤癌，有研究表明，即使对于偶尔接触焊接弧光辐照的焊接辅助作业者，如不采取适当防护措施也会导致皮肤癌。

表 19－4　不同焊接方法的紫外线辐射强度测定结果

焊接方法	焊件	焊接电流/A	紫外线强度/（mW/m^2）
CO_2 气体保护焊	法兰	130	39 205. 5
钨极氩弧焊	法兰	200	9837. 5
焊条电弧焊	钢板	200～350	542. 0

表 19－5　工作场所紫外线辐射职业接触限值

紫外光谱分类	8 h 职业接触限值	
	辐照度/（μW/cm²）	照射量/（mJ/cm²）
中波紫外线（280 nm≤λ＜315 nm）	0.26	3.7
短波紫外线（100 nm≤λ＜ 280 nm）	0.13	1.8
焊接弧光	0.24	3.5

2. 焊接光辐射的防护

据 Prevent Blindness America 数据，美国每天有超过 2000 人在工作中眼部受到伤害，其中有 10%～20% 将导致暂时或永久的眼部损伤，许多技术熟练的中青年焊工出现视力下降，造成不能充分发挥其技能的现象，无论对个人还是社会都是无法弥补的损失。

焊工如果能正确进行眼部防护，就能大大降低眼睛受焊接弧光伤害的风险。焊接光辐射防护措施如下。

（1）在焊接工位周边设置弧光防护屏，减少弧光对其他作业者的影响。焊接防护屏应具有一定的透明度，具备抗 UV 辐射、对 UV 和强可见光的反射率低、耐火阻燃及耐磨等性能。焊接防护屏可固定在组合框架上形成焊接工位的防护装置，或悬挂于轨道上组成活动的焊接屏风；焊接防护屏的高度应不低于作业者站立时眼睛的高度，底部与地面之间应有一定的间距，便于空气的流通；焊接防护屏的技术性能应满足 GB/T 8196—2003《机械安全　防护装置　固定式和活动式防护装置设计与制造一般要求》或 EN 1598—1998《焊接与类似工艺的健康保护和安全－电弧焊工艺用透明焊接隔板、板条和屏帘》（本标准已被 BSENISO 25980—2014 替代，本书仍作参考）。

（2）采用降低反射的内墙材料，减少弧光反射现象。

（3）非焊接作业人员必须与焊接工位保持足够的距离。如果经常需要近距离作业，必须采用符合标准要求的防护装备。

（4）改进作业工艺。采用自动焊或半自动焊工艺，不仅可以减少焊接弧光对焊工的影响，也可降低其他职业危害因素的影响，并降低劳动强度。对于等离子弧焊等一些弧光辐射很强、危害较严重的焊接工艺，可以采用电弧区密闭化措施，以降低弧光辐射的影响，有效保护焊接作业者的身体健康。

（5）采用正确的焊接防护装备。这类装备包括焊接面罩、焊接防护服、焊接防护手套、安全鞋、耳塞或耳罩等。

19.2.4　电离辐射

1. 电离辐射的危害

电离辐射是指一切能引起物质电离的辐射总称，包括 α 射线、β 射线、γ 射线、X 射线及中子射线等。电离辐射对机体的损伤可分为急性放射性损伤和慢性放射性损伤。急性放射性损伤是在很短的时间内受到大剂量的照射，引起机体的急性损伤，平时见于核事故和放射治疗病人。而较长时间内分散接受一定剂量的照射，可引起慢性放射性损伤，如皮肤损伤、造血功能障碍、白细胞减少及生育力受损等。放射性物质对人体的危害主要包括三方面。

（1）直接损伤。放射性物质直接使机体物质的原子或分子电离，破坏机体内某些大分子，如脱氧核糖核酸、核糖核酸、蛋白质分子及一些重要的酶。

（2）间接损伤。放射线首先将体内广泛存在的水分子电离，生成活性很强的 H^+、OH^- 和分子产物等，通过它们与机体的有机作用，产生与直接损伤作用相同的结果。

（3）长期及慢性效应。主要包括辐射致癌、白血病、白内障及寿命缩短等方面的损害以及遗传效应等。

在电离辐射作用下，机体的反应程度取决于电离辐射的种类、剂量、照射条件及机体的敏感性。电离辐射可引起放射病，它是机体的全身性反应，几乎所有器官、系统均发生病理改变，但其中以神经系统、造血器官和消化系统的改变最为明显。在大多数情况下，大剂量的急性照射能引起立即损伤，并产生慢性损伤。急性损伤一般早期即可表现出来，有些会经过一段较长的潜伏期，早期的射线效应有造血器官损伤、消化系统损伤和中枢神经损伤三类。人体被大剂量照射会引起急性放射病，如大面积出血、贫血和内分泌失调等，后期效应包括可能引起白内障、癌症、DNA 变异等，极端剂量能在很短的时间内导致死亡。长期暴露在低水平剂量的辐射环境下，可引起慢性放射性损伤，如视力障碍、皮肤损伤、造血障碍、白细胞减少、生育力受损等。射线的慢性损伤在判断上相当困难，因为受照与发现症状之间历时较长，其因果关系不易判明，此外射线引起的自觉症状和他觉症状没有任何特异性。

2. 电离辐射的来源和防护

焊接生产过程产生的放射性危害主要来源于氩弧焊或等离子弧焊使用的钍钨电极中放射性钍元素的污染、电子束焊接时产生的 X 射线，以及无损检测常用到的工业射线探伤。

氧化钍具有优良的热电子发射能力，一方面能够提高钨电极材料的再结晶温度，另一方面又能够激活电子发射，钍钨电极是当前主要的热电子发射材料。在氩弧焊或等离子弧焊中，钍钨电极的引弧、抗烧损性能较好，而且电弧比纯钨电极或锆钨电极更稳定，是迄今为止焊接性能最好的钨电极品种。氩弧焊或等离子弧焊焊接工件时，弧柱及周围温度较高，钍钨电极容易发生熔蚀、烧损、汽化等，从而产生带有放射性钍元素的气体、烟尘等。

电子束焊接技术是在真空条件下将高能电子束作为加工热源，用高能量密度的电子束轰击焊件接头处的金属，使其快速熔融，然后迅速冷却来达到焊接的目的。在真空条件下被聚焦的高能电子束在轰击被焊材料过程中会产生具有一定穿透能力的 X 射线，X 射线会引起眼睛晶体损伤及皮肤潜在的危害，如在长期较高能量的 X 射线照射条件下，可能引起慢性辐射损伤。

为保证焊接结构的完整性、可靠性、安全性，除了对焊接技术和焊接工艺的严格要求外，焊接质量检测也是焊接结构质量管理中的重要一环。射线探伤是焊接结构中重要的无损检测方法，包括 X 射线探伤、γ 射线探伤、高能射线探伤和中子射线探伤。对于常用的工业射线探伤来说，一般使用的是 X 射线探伤、γ 射线探伤。X 射线探伤对于焊接结构内部可能产生的气孔、针孔、夹渣、疏松、裂纹、偏析、未焊透和熔合不良等缺陷有着较好的检测效果，在焊接领域有着非常广泛的应用。

为保障作业人员的安全和健康，所有存在放射性污染、放射性物质的场所，必须严格执行 GB 18871—2002《电离辐射防护与辐射源安全基本标准》及相关法规要求。减少放射性电离辐射对人体危害所采取的主要措施是降低辐射源自身的辐射强度，如氩弧焊或等离子弧焊采用不含钍元素的电极等；采用封闭型辐射源，用铅或金属薄板对施焊区域进行隔离；缩短接触时间，禁止在有电离辐射的场所做不必要的停留，工作需要时接近放射源，工作完毕后立即离开；采取增大距离、遥控、机械化操作等工程控制措施和管理措施，减少焊工暴露；在作业者和辐射源之间加强屏蔽防护措施，如穿戴防辐射服装和防毒面具等个体防护装备；对于焊接作业点应当设置移动式烟尘收集装置，并对收集的烟尘进行净化处理。此外还应对氩弧焊、等离子焊、电子束焊和放射性探伤作业制定合理的操作规范和工艺规程，防止非正常作业；对从事放射性作业或可能有放射性污染物存在场所的作业人员要进行系统的有关安全卫生防护知识的教育与训练，建立健全卫生防护制度和操作规程、设置危险信号色标和报警设施等。

3. 放射性粉尘

在氩弧焊和等离子弧焊过程中，钍钨电极引起的放射性辐射相对较低，但需关注焊接烟尘中放射性颗粒物和打磨钍钨电极产生的放射性粉尘。钍钨电极中钍是一种放射性元素，其含量为1% ~2.5%，钍及其衰变产物均可能放射出 α、β 和 γ 射线。采用钍钨电极焊接时，电弧或等离子弧产生的高温使钍钨电极部分汽化而蒸发，形成放射性粉尘，另外钍钨电极打磨过程也会产生放射性粉尘。

放射性粉尘进入人体的途径主要有三种：呼吸道进入、消化道食入、皮肤或黏膜侵入。呼吸道吸入的放射性物质与其气态物质的性质和状态有关，钍的化合物气溶胶可被吸入肺部，从而形成长期内辐照的来源。放射性的钍气溶胶还可能黏附在作业者的衣服、手套等表面，焊工不注意时，消化道食入、皮肤或黏膜侵入也是放射性物质进入人体的重要途径。无论以哪种途径，放射性物质进入人体后，都会选择性地定位在某个或某几个器官、组织内，其中被定位的器官称为“紧要器官”，这些紧要器官将受到某种放射性的较多照射，损伤的可能性较大。

焊接作业点应当设置移动式烟尘收集装置，并对收集的烟尘进行净化处理。另外，钍钨电极的打磨砂轮必须安装抽风除尘及净化装置，打磨时必须佩戴符合 KN95 或以上要求的颗粒物过滤口罩、护目镜以及穿上辐射防护服。在工艺质量要求许可的前提下，尽量采用铈钨、锆钨等不含钍的电极材料，这样既利于工艺操作，又利于焊工及相关作业者的安全防护。

19.2.5 电磁辐射

1. 电磁辐射及其对健康的影响

电场和磁场的交互变化产生电磁波，高频电磁场是有源非电离辐射，具有波的反射与折射等性质。电磁波向空中发射或泄漏的现象称为电磁辐射。电磁辐射所衍生的能量与其频率的高低有关，频率越高能量越大。电磁场对人体健康的影响与电磁场强度、电磁波频率、环境条件因素、个体身体的状况、受电磁波的照射面积及照射时间等因素密切相关，各个因素间还存在着相应的联系。电磁辐射对人体的伤害，表现为热效应和非热效应两大方面。

电磁热效应表现为辐射能量传递到人体组织中，使非极性分子发生极化，极性分子重新排列产生频率极高的振荡作用而发热，引起体温上升，严重时导致机体组织破坏或死亡。在较低强度的电磁辐射作用下，通常不会引起生物体组织温度的升高，但可能出现一系列的失眠、健忘等反应。在一定强度的高频电磁波照射下，电磁辐射对神经系统的影响表现为轻重不一的类神经症，表现为全身乏力、易疲劳、头晕头痛、胸闷、心悸、记忆力减退、多汗及脱发等；对心血管系统的影响表现为心悸、心前区疼痛或胸闷；血压波动，接触早期表现为血压偏高，长期接触则多表现为低血压。

电磁辐射对人体的非热效应体现在对神经系统、免疫系统、内分泌系统等方面的影响。人体的器官和组织都存在微弱的电磁场，它们是稳定和有序的，一旦受到外界电磁场的干扰，处于平衡状态的微弱电磁场将遭到破坏，人体也会遭受损害。这主要是低频电磁波产生的影响，即人体被电磁辐射照射后，体温并未明显升高，但已经干扰了人体的固有微弱电磁场，使血液、淋巴液和细胞原生质发生改变，对人体造成严重危害，导致胎儿畸形或孕妇自然流产，低频电磁波还影响人体的循环、免疫、生殖和代谢功能等。

焊接过程中所产生的电磁场是时变电磁场，电磁波频率在 100 kHz 以下（<100 kHz）时，对生物体的作用主要以感应或传导的方式进行的。另外，焊接生产环境还具有其自身的三个特点。

（1）焊接电源数量、位置及现场铁磁材料的存在造成电磁场强度分布的不均匀性。

（2）焊工的姿态、大功率导电电缆接近身体的程度，以及工作过程中与电磁发射源之间相对位置的变化均会造成不同程度的高频电磁辐射。

（3）焊工工作的长期性及焊接环境相对固定的特点，操作者对电磁辐射的时间累积效应认识还需要进一步提高。

通常情况下，电磁场的强度越高，人体受到电磁辐射照射时所吸收的能量也越高，因而对人体造成的伤害也会越强烈。就目前的焊接方法而言，一般气体保护焊不需要特别进行电磁防护，而氩弧焊和等离子弧焊采用高频振荡器起弧时的高频电磁污染已引起广泛关注。低频电磁场也可降低人体的免疫能力，并对神经系统产生不利影响。近年来，国内外都在关注低频和极低频的电磁场对人体健康的影响，低频和极低频的频率为 0～300Hz，包括交流焊机、电炉、感应加热装置、焊丝镀铜生产线、焊条和焊剂的烘干炉大量使用 50 Hz交流电的电器设备等。

针对电磁辐射，全球多个组织制定了相关标准。国际非电离辐射防护委员会已经于 1994 年和 1998 年分别颁布了各类人员在静态电磁场和时变电磁场环境下暴露的极限值准则，确定了建议暴露限值，超过暴露限值必须采取防护措施，降低电磁辐射对作业者健康的不利影响。欧洲电工标准化委员会于 2004 年也规定了焊工的电磁安全防护标准，并提出了相应的测试和计算方法。根据 GBZ 2. 2—2007《工作场所有害因素职业接触限值 第 2 部分：物理因素》，当振荡频率 >100 kHz 时需要采取防护措施。对于工作场所的高频电磁场强度职业接触限值，GBZ 2. 2—2007 标准也做了相应规定（表 19－6 和表 19－7）。

表 19－6　工作场所 8 h 高频电磁场职业接触限值

频率 f/MHz	电场强度 E/V · m^{-1}	磁场强度 H/A · m^{-1}
$0.1 \leqslant f \leqslant 3.0$	50	5
$3.0 < f \leqslant 30$	25	—

表 19－7　工作场所工频电场 8h 职业接触限值

频率/Hz	电场强度/kV·m^{-1}
50	5

2. 电磁辐射的防护

人体软组织的细胞核中有 DNA 和 RNA 等基因物质，它们是由 4 种不同的碱基的各种排列，控制细胞的生存和分裂方式，这些排列就是遗传密码。在电离辐射的作用下，由于分子结构的变化，细胞的遗传密码往往就要被打乱，遗传密码一旦被打乱，细胞就有可能向着无法预计的方向发展，对生物体造成损害，使其产生不同程度的病变。电离辐射在人体组织内释放能量，导致细胞死亡或损伤。在小剂量辐射条件下，细胞并不死亡，但是变成非正常细胞，有些是暂时，有些是永久的，那些非正常细胞甚至发展为癌变细胞。大剂量的辐射将引起大范围的细胞死亡，人体或部分被辐射器官虽然能存活下来，但是最终癌症发病的概率会大大增加。

当焊接作业场所电磁波达到一定强度的时候，就需要采用电磁辐射的个体防护措施，具体如下。

（1）从保护作业者及相关人员角度出发，对主要设备进行必要的电磁屏蔽，降低其对周围环境的辐射强度，也是降低高频电磁辐射对作业者影响的最有利措施。

（2）应减少接触高频电磁辐射的时间，通常情况下作业者受照射时间越长，受伤害的风险也就越大。

（3）作业场所的温度、湿度与电磁辐射对机体的不良影响有直接关系。温度越高，机体所表现的症状越突出；湿度越大，越不利于机体散热，也不利于作业人员的健康。在作业场所增强通风降温措施、控制作业区湿度将有利于减少高频辐射对作业者健康的影响。

（4）改进设备及工艺，保证焊件良好接地，以降低辐射强度。接地技术对辐射剂量有直接影响，是一种低成本、较可行的解决方案，良好的接地可解决 50% 以上的电磁兼容问题。通常情况下，接地点与工件愈近，接地效果愈显著，愈有利于降低高频辐射的影响。

高频振荡引弧器广泛应用于氩弧焊或等离子弧焊接与切割电源中，以实现非接触引弧。振荡器的振荡频率应保证火花放电器有足够的击穿能力，使引弧容易，但引弧频率越高，引弧过程产生的臭氧量越大，而臭氧对呼吸系统存在强刺激作用，选择振荡器在考虑引弧性能的同时，还须考虑在引弧过程中产生的有害气体。振荡器结构合理、性能可靠及维修便利等要求也是选择振荡器需要考虑的因素。此外，在使用振荡器引弧后应立即断开振荡器。

19.2.6　噪声与振动

1. 噪声

广义的噪声是指所有不愿意听到的声音或影响人交谈或思考的环境声音，按产生机制，噪声分为流体动力性噪声、机械噪声和电磁噪声。流体动力性噪声是由于流体流动过程中的相互作用，或气流和固体介质之间的相互作用而产生的噪声，如空压机、风机等进气和排气产生的噪声；机械噪声是由于机械设备运转时，机械部件间的摩擦力、撞击力或非平衡力，使机械部件和壳体产生振动而辐射的声音；电磁噪声是由电磁场交替变化引起某些机械部件或空间容积震动而产生的噪声。

噪声随时间的变化可分成稳态噪声、非稳态噪声和脉冲噪声三类。GBZ 2.2—2007《工作场所有害因素职业接触限值 第2部分：物理因素》中规定稳态噪声是指在观察时间内，采用声级计“慢挡”动态特性测量时，声级波动<3 dB（A）的噪声；非稳态噪声是指在观察时间内，采用声级计“慢挡”动态特性测量时，声级波动≥3 dB（A）的噪声；脉冲噪声指声音持续时间<0.5 s，间隔时间>1 s，声压有效值变化>40 dB（A）的生产性噪声。GBZ 2.2—2007《工作场所有害因素职业接触限值 第2部分：物理因素》还对不同类型噪声的职业暴露限值进行了规定（表19-8、表19-9）。

表19-8 工作场所噪声职业接触限值

接触时间	接触限值 dB（A）	备注
5天/周，8 h/天	85	非稳态噪声计算8 h等效声级
5天/周，≠8 h/天	85	计算8 h等效声级
≠5天/周	85	计算40 h等效声级

表19-9 工作场所脉冲噪声职业接触限值

工作日接触脉冲噪声次数（*n*次）	声压级峰值 dB（A）
$n \leqslant 100$	140
$100 < n \leqslant 1\ 000$	130
$1\ 000 < n \leqslant 10\ 000$	120

噪声存在于一切焊接或切割工艺中，焊接电弧、工作中的焊接电源都会产生噪声，尤其是等离子切割、等离子喷涂和碳弧气刨等作业，焊缝的打磨处理也是噪声的重要来源之一。等离子弧电压高、工作气体和保护气体流量大，等离子焰流从枪口喷出，产生周期性的压力起伏和振动，产生的噪声也较大，多在100 dB（A）左右，等离子喷涂的噪声甚至可达110 dB（A）；碳弧气刨时电弧噪声和高速高压气流的噪声可达120 dB（A）。

噪声对人类的危害是多方面的，主要表现为对听力的损伤、对人体的生理和心理影响。听力的损伤是由生理性反应到病理性反应改变的过程，生理性反应是指由听觉适应到听觉疲劳，而病理性反应是指噪声性耳聋。噪声对听觉系统的影响与噪声的强度和频率特征、暴露时间及个体敏感程度相关，进展一般比较缓慢，早期只限于高频段，患者无自觉听力障碍，不易被作业者所意识到，待语频段听阈位移达到一定程度时开始出现语言听力困难，此时多已超出了机体的代偿能力，导致不可逆转的听力损伤。

除对听觉系统的影响外，噪声还对人体的生理和心理造成重要影响。噪声会影响休息和睡眠，引起神经系统功能紊乱、内分泌紊乱，导致女性机能紊乱、月经失调及流产率增加等。长期接触噪声会使体内肾上腺分泌增加，从而使血压上升，损害心血管系统。噪声还会使人体消化液分泌减少、胃蠕动减弱、食欲不振，引起胃溃疡，出现头晕、头痛、失眠、全身乏力、记忆力减退及易怒等症状。研究发现，噪声超过85 dB（A）时会使人感到心烦意乱，无法专心工作，导致工作效率降低，错误率和事故率上升。

根据具体情况采取技术措施，控制或消除噪声源是从根本上解决噪声危害的一种方法。在工况企业中，经常可以遇到各种类型的噪声源，它们产生噪声的机制各不相同，所采用的噪声控制技术也不相同。下面根据产生噪声的物理性质不同来分别介绍其控制技术。

（1）选择低噪声焊机，在保证焊接质量、效率的前提下，选择低噪声的工艺参数。

（2）采取技术措施降低焊枪喷出口部位的气流噪声。气流噪声是由于气流流动过程中的相互作用或气流和固体介质之间的作用产生的，选择合适的气流参数，减小气流脉动，从而减小噪声周期性激发力；降低气流速度，减少气流压力突变，以降低湍流噪声；降低高压气体排放压力和速度有利于降低气流噪声；安装合适的消声器有利于降低气流噪声。

（3）焊接厂房、设备的必要部位增加吸声、隔声材料，可以降低噪声水平。吸声降噪是一种在传播途径上控制噪声强度的方法，其做法通常是在室内墙面或顶棚面安装吸声材料。隔声降噪是焊接生产常用噪声控制技术，把产生噪声的机器设备封闭在一个小的空间，使它与周围环境隔开，以减少噪声对环境的影响，其通常是采用由罩板、阻尼涂料和吸声层构成的隔声罩将噪声源封闭在一个小的隔声空间内。

焊接产生的生产性噪声对作业者的危害较大，长期在噪声环境中工作不仅会影响焊工的听觉，还会对焊工的身心健康造成伤害，从而影响焊接质量和生产效率。但在焊接生产中要想完全消除噪声，既不经济，也不可能，因此制定合理的标准，将噪声强度限制在一定范围内是防止噪声危害的有效措施。基于工程控制措施的实施难度、成本限制和环境条件限制，在某些条件下，工程控制措施变得几乎不可能执行，个体防护措施通常被作为最后一道防线用于保护噪声环境中的作业人员。

《工业企业职工听力保护规范》适用于各类工业企业噪声作业场所职工的听力保护，凡有职工每工作日 8 h 暴露于等效声级 L，A_x≥8 dB（A）的企业，都应当执行本规范。噪声防护装置包括耳塞或耳罩等护听器，企业可以根据作业特点、环境条件和个体差异等因素综合考虑采用何种防护装置。即使等效声级 <85 dB（A），如果作业人员有佩戴护听器的要求时，也应为其提供合适的护听器。除了为作业员工配备合适的噪声防护措施，企业还应定期对接触噪声员工进行健康检查，特别是听力检查，以便早期发现员工是否存在听力损失，从而及时采取有效的防护措施。此外，当护听器佩戴人员的作业环境或健康状况发生改变时，应当重新进行护听器的选择，关于护听器的选择可参照 GB 23466—2009《护听器的选择指南》标准。使用护听器后，佩戴者接触到的等效声级应 <85 dB（A），但也不是越低越好，降噪过度会影响作业者之间的语音沟通，甚至听不到警示信息，同样会影响作业者的安全（表 19 – 10）。

表 19 – 10　佩戴护听器后接触到等效声级

L，Ax dB（A）	保护水平
>85	保护不足
80 ~ 85	可接受
75 ~ 80	好

续表

L，*Ax* dB（A）	保护水平
70～75	可接受
<70	过度保护

2. 振动

生产中接触受振工件或使用手持振动工具时，机械振动或冲击就会直接作用或传递给作业者。在焊接相关作业中，焊前准备和焊缝打磨处理都可能接触到振动源。振动对人体各系统均可产生影响，按其作用于人体的方式，可分为全身振动和局部振动，生产中常见的职业性危害因素是局部振动，局部振动还称为手传振动。根据 GBZ 2. 2—2007《工作场所有害因素职业接触限值 第 2 部分：物理因素》规定，手传振动 4 h 等能量频率计权振动加速度限值见表 19－11。

表 19－11　工作场所手传振动职业接触限值

接触时间/h	等能量频率计权振动加速度/$m \cdot s^{-2}$
4	5

长期使用振动工具可产生局部振动病，我国 1957 年就将局部振动病定为职业病。局部振动病是以末梢循环障碍为主的疾病，也能影响肢体神经及运动功能。振动病发病部位一般多在上肢末端，典型表现为发作性手指变白（简称白指），具体表现为手掌多汗、手部感觉障碍、皮肤温度降低。振幅大、冲击力强的振动可能引起骨、关节的改变。振动对手臂的影响以手、腕、肘和肩关节的脱钙，局限性骨质增生、关节病和骨刺形成为主，也可引起手部肌肉萎缩，出现掌挛缩病。振动还能引起听力下降，加速听力损失进程。此外振动还会影响消化系统、内分泌系统和免疫系统的功能。

强烈的全身振动会引起机体不适，在全身振动作用下，机体常见的表现是血压增高、脉搏加快、心肌局部缺血，以及消化系统疾病。全身振动还可导致注意力分散、反应速度降低、易疲劳及头痛头晕等症状。另外，全身性振动对女性的影响还表现为月经期延长、经血多及痛经等症状。

焊接生产过程中产生的振动对人体各系统均可产生不利影响，减少振动可以从以下几个方面入手：强化员工培训教育，引导作业人员正确认识振动的危害和防护措施；采取有效的个体防护措施，如给所有振动作业人员配备减振手套等；改进焊接工艺，取消或减少手持工具的作业；改进工具，采用有效减振措施；采用自动、半自动操纵装置，以减少肢体直接接触振动体。另外，还应对从事焊接生产的新工人进行就业前体检，对接触振动的作业工人进行定期体检，间隔时间应为 2～3 年，对振动病患者应给予必要的治疗，对反复发作者应调离振动作业岗位。

19.3 焊接生产绿色化技术措施

19.3.1 降低焊接烟尘的发尘量与有害气体的毒性

焊接过程中，母材和焊接材料被熔化，部分熔化的金属在焊接高温作用下形成金属蒸气（蒸发为气体），高温金属蒸气脱离保护区后在空气中迅速氧化、冷凝产生金属及其氧化物微粒，形成焊接烟尘。焊接烟尘是一种呼吸性的颗粒物，粒径介于 0.01 ~ 1 μm 之间（直径 <0.1 μm 的微粒称为烟，0.1 ~ 10.0 μm 的微粒称为尘）。此外，在电弧的高温和强紫外线作用下，焊接区的周围空间会形成多种有毒气体，主要有 O_3、NO_x、CO 和 HF 等。

污染源的控制、传播途径的治理和个人防护措施是减轻焊接烟尘和有毒有害气体对焊工身体健康影响的三条途径。污染源的控制是重中之重，它是有效治标治本的根本方法，是治理焊接中产生烟尘和有毒气体最有效的途径。焊接材料配方、焊接参数、焊接方法、保护气体组分、焊接设备以及焊工的技能水平等均是污染源的影响因素，其中焊接材料对烟尘的产生和有害气体的毒性有直接影响。

1. 药皮焊条

药皮焊条的发尘量主要取决于药皮成分，药皮由多种物质组成，各种成分含量及相互匹配对发尘量都有影响。低氢焊条（J507）药皮中起发尘作用的主要成分是萤石和水玻璃，其反应物产生的烟尘占总烟尘量的 50% 以上；一切含 K 和 Na 成分的物质，如云母、长石和苏打等均会增大发尘量，而硅钙合金和镁粉有降尘作用；如果能控制药皮成分中的氧化钾和氧化钠 <1%（质量分数），可以使发尘速度 <250 mg/min。以菱苦土为药皮主要成分的 J507 焊条，药皮中各种氟化物对发尘量的影响顺序是：LiF > NaF > REF_3（金属间络合物）> MgF_2 > CaF_2 > Na_2SiF_6，可以看出氟硅酸钠和冰晶石发尘量较大，氟化镁和萤石发尘量较小。

2. CO_2 气体保护焊丝

CO_2 气体保护焊丝的发尘量与焊丝的含碳量成正比，将含碳量从通常的 0.08% 降到 0.045% 以下（最好 0.02%），可以使发尘量减少 30% 左右，基本上与实芯埋弧焊丝发尘量相当。

3. 药芯焊丝

降低 Mn、Si 或 Al 的含量会使药芯焊丝发尘率增加，降低钢皮和润滑剂里的碳含量可以大幅度降低药芯焊丝的发尘率。目前我国药芯焊丝市场已超过日本、韩国之和，位居世界首位，年增长率达 30% 以上，在焊材中所占比例近年来每年净增 1% ~ 2%。焊接烟尘偏大是国产药芯焊丝的一个明显差距，在 260 A 焊接电流条件下，进口的低尘型药芯焊丝发尘量约为 550 mg/min，国产一般市售药芯焊丝为 750 ~ 850 mg/min，在环保指标上国产药芯焊丝尚需进一步努力。

综上所述，焊接过程中降低焊接烟尘的发尘量与毒性，应在焊接材料方面采取如下措施。

（1）少用或不用含萤石、水玻璃药皮材质的焊条。

（2）焊芯的碳含量尽量低，最好能小于 0.02%（质量分数）。

（3）在配方中引进新材料，如碱性焊条中含有硅灰石，一种天然偏硅酸钙矿物 $CaSiO_3$，其中的 CaO 和 SiO_2 接近 1:1，具有线膨胀系数小和结晶相变温度范围窄等物理特性。

（4）尽量把熔渣调到中性，降低焊接烟尘产出量和毒性。

（5）金属芯药芯焊丝加入活泼金属，如加入 1%（质量分数）的锌、1% 的镁或 1% 的铝，可以降低六价铬的产生量，尤其是在加入 1% 的锌时，可大幅度地减少六价铬和焊接烟尘总量。

19.3.2 优化焊接生产工艺

焊接生产过程中产生的污染物除受焊接材料本身影响外，即使是相同焊接材料，不同焊接工艺产生的污染物种类和数目也有很大的区别，优化焊接生产工艺对污染物控制有积极的意义。

（1）在条件相同的情况下，选用成熟的埋弧焊（隐弧焊）代替明弧焊，可大大降低污染物的污染程度。

（2）影响焊接发尘率的因素有：熔滴过渡方式、保护气体组分及焊接飞溅等。气体保护焊时，随着焊接电流的升高，发尘率增加（图 19－5），因此在焊接过程中尽量采用低电流进行焊接。

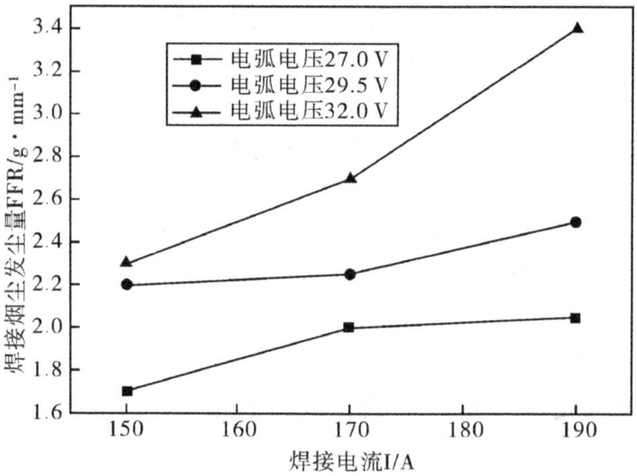

图 19－5 焊接电流与发尘量的关系

（3）电弧电压对发尘量的影响如图 19－6 所示，在焊接过程中尽量采用低电压进行焊接。

（4）焊条的倾角会对发尘量有较大的影响（表 19－12）。随着焊条倾角的增大，发尘量呈降低趋势，焊接时应尽量采用较大的焊接倾角，以有效减少焊接烟尘的发生量。

表 19－12 焊条的倾角与发尘量的关系

焊条倾角（°）	电弧电压/V	焊接电流/A	发尘量/$g\cdot kg^{-1}$	焊接速度/$m\cdot h^{-1}$
80	18～21	180	11.90	14
70	18～21	180	13.25	14
45	18～21	180	16.37	14

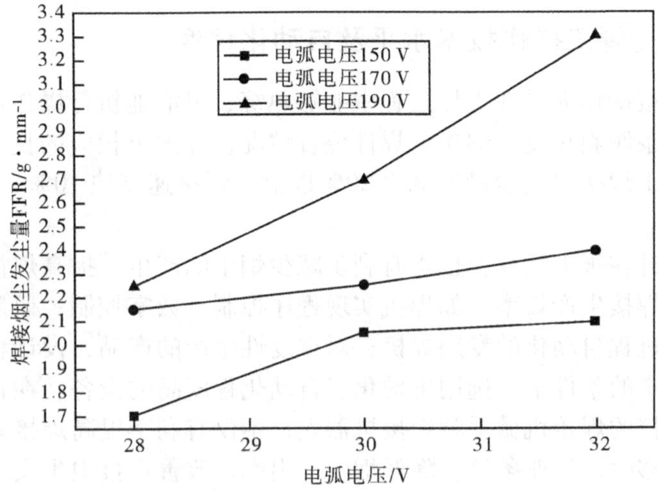

图 19-6 电弧电压与发尘量的关系

（5）焊接极性对发尘量有较大的影响（表 19-13）。正接时的产尘量较低，在焊接时应尽量采用正极性，以有效减少焊接烟尘的发生量。

表 19-13 焊接极性与发尘量的关系

焊条极性	电弧电压/V	焊接电流/A	发尘量/g·kg^{-1}	含氟量（质量分数，%）	焊接速度/m·h^{-1}
正接	18～21	180	10.41	9.16	13
反接	18～21	180	15.83	11.07	13

（6）焊接速度的影响。随着焊接速度的减小，直流 MIG 焊短路过渡，焊接烟尘量会相应增加，应尽量避免采用这种焊接方法。

（7）保护气组分对焊接烟尘的产出率存在影响。采用合适的混合保护气体，可有效减少烟尘量的产生（图 19-7）。

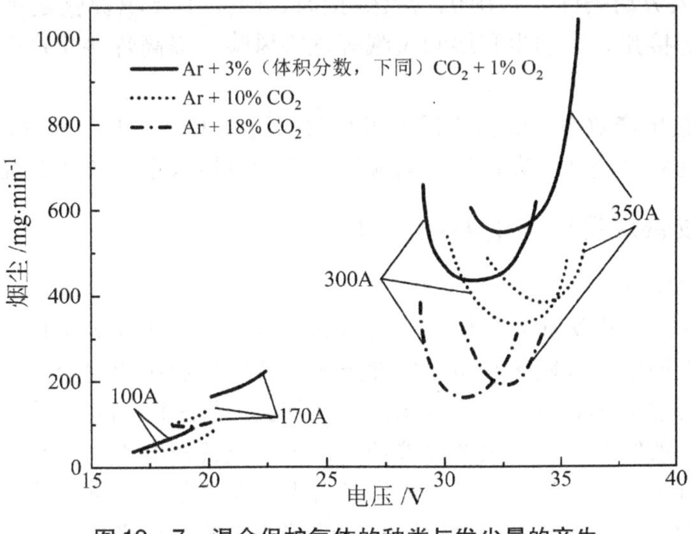

图 19-7 混合保护气体的种类与发尘量的产生

19.3.3 提高焊工操作技术水平及自动化程度

训练有素的焊接操作人员在焊接过程中能够熟练、灵活地执行操作规章，如不断观察焊条烘干程度、焊条倾斜角度、焊条与焊件位置情况，并做出相应的技术调整。与非熟练工相比，高水平焊工焊接时发尘量可减少 20% 以上，焊接速度快 10%，而且焊接质量好，焊接生产效率更高。

焊接效率的提升在很大程度上也将有利于减少烟尘的产生。提高焊接机械化和自动化水平，有利于提升焊接生产效率，如焊机实现程序控制、数字控制；研制从准备工序、焊接到质量监控全部过程自动化的专用焊机；对重复性生产的产品，设计程控焊接自动生产线；在生产工艺确定的条件下，选用机械化、自动化程度高的设备。在自动化焊接生产线上，推广、扩大数控的焊接机械手和焊接机器人，不仅有利于提高焊接效率和保证焊接质量的稳定，而且能够改善作业条件，降低烟尘产出率，改善焊接卫生安全条件，降低对作业者伤害的风险。另外，焊接面罩等焊接辅助工具对焊接效率存在一定的影响，自动变光焊接面罩的应用使焊工无须频繁地掀起及放下焊接面罩，便于焊工准确定位。

随着电子技术、计算机技术、数控及机器人技术的快速发展，焊接机器人已广泛应用于汽车制造业，如汽车底盘、座椅骨架、导轨、消声器及液力变矩器等的焊接，尤其在汽车底盘焊接生产中得到了广泛的应用。自动弧焊机器人工作站从 20 世纪 60 年代开始用于生产以来，其技术已日益成熟，目前焊接机器人占据整个工业机器人总量的 40% 以上，大大降低了焊接烟尘、有毒有害气体、弧光辐射、热辐射及炙热金属熔滴飞溅等因素对人身造成的危害。

焊接作业环境相对恶劣，焊接机器人的使用主要有以下优点。

（1）提高焊接质量。焊接电流、电弧电压、焊接速度及焊接干伸长度等焊接参数对焊接结果起决定作用，采用机器人焊接时，每条焊缝的焊接参数都是恒定的，焊缝质量受人为因素影响较小，因此降低了对工人操作技术的要求，提高了焊接质量，而焊接质量的好坏对产品质量起决定性的影响。

（2）改善工人劳动条件。采用机器人焊接时，焊工主要职责就是维护设备和装卸工件。焊工远离了焊接弧光、烟尘和熔滴飞溅等危害风险，提高焊接生产效率的同时，劳动强度也大幅下降。

（3）提高焊接生产效率。焊接机器人可长时间连续工作，不会疲劳，大幅度提高了生产效率。此外，随着高速高效焊接技术的应用，焊接机器人生产效率的提高更加明显。

19.3.4 改善焊接厂房的照明条件

1. 厂房的照明要求

良好的照明条件对焊接准备工作、焊后目测检查、打磨作业等工作十分重要。焊接厂房照明系统由一般照明、区域化照明、局部照明、特殊作业照明混合组成。不适合装设局部照明或采用混合照明不合理时，宜采用一般照明；某一工作区需要高于一般照明照度时，可采用分区一般照明；对于照度要求较高，工作位置密度不大，且单独装设一般照明不合理的场所，宜采用混合照明；一个工作场所内不应只装设局部照明。另外，由于灰尘的堆积以及光源的老化，需要定期对焊接车间的照明系统进行必要的维护。在供电系统失效时，所配置的应急照明系统应方便焊接作业者实施关闭设备、救援作业，以及从作业场所快速、安全疏散。焊接工作场所作业面上的照度标准值应符合表 19－14 的规定。

表 19－14　作业场所作业面上的照度标准值

房间或场所		参考平面及高度	照度标准值 lx	统一眩光值 UGR	照明均匀度 U0	光源显色指数 Ra	备注
机械加工	粗加工	0.75 m 水平面	200	20	0.40	60	可加局部照明
	一般加工（公差≥0.1 mm）		300	22	0.60	60	
	精密加工（公差<0.1 mm）		500	19	0.70	60	
焊接	一般	0.75 m 水平面	200	—	0.60	60	—
	精密		300	—	0.70	60	—
钣金	—	0.75 m 水平面	300	—	0.70	60	—
冲压剪切	—	0.75 m 水平面	300	—	0.60	60	—
热处理	—	地面至0.5 m 水平面	200	—	0.60	20	—
机电维修	一般	0.75 m 水平面	200	—	0.60	60	可加局部照明
	精密		300	22	0.70	60	

2. 厂房照明对焊接生产作业的影响

焊工在照明不良情况下焊接，需要反复努力辨认焊接工具、焊接件等，易造成视觉疲劳。眼睛疲劳的自觉症状有：眼睛乏累、怕光、眼痛、视力模糊、眼充血及流泪等症状。长期的照明不良，首先会引起焊工视力下降、眼胀、头疼以及其他疾病，影响身体健康；其次焊工容易疲劳，工作效率低，同时可能造成产出率下降、废品率增加，尤其是在使用黑玻璃焊接面罩的情形下。

焊接生产中事故的数量与工作环境中的照明条件紧密相关，照明强度过高或过低均会增加焊接事故，降低工作效率。合适的照度条件可以增加眼睛的辨色能力，从而减少识别物体色彩的错误率；增强物体的轮廓立体视觉，有利于辨认物体的高低、深浅、远近及相对位置，使工作失误率降低；还可以扩大视野，防止错误和工伤事故的发生。改善焊接场所的照明条件可以提高识别速度和主体视觉，减少视觉疲劳，提高焊接工作效率，达到增加产量、减少差错、提高产品质量的效果。另外，在照明条件一定的情况下，合适的焊接辅助工具如自动变光焊接面罩、焊接辅助光源等也是改善焊接场所照明条件的有效措施。

19.3.5　焊接工艺防尘防毒技术规范

WS 706—2011 标准规定了焊接工艺防尘防毒的技术要求和管理措施，适用于焊接工艺过程中粉尘、毒物危害控制的工程技术和管理，也适用于相关部门对焊接工艺过程中粉尘、毒物危害的监督。焊接工艺防尘防毒工作应坚持“预防为主、防治结合、源头控制、过程可控、综合治理”的原则，提高焊接操作的机械化、自动化水平，在焊接工作量较大的厂房、车间及露天作业时，采用机械手或机器人代替人工操作，使操作人员远离焊接尘毒危害区域。企业还应积极改善焊接工艺，并采用新型焊接材料及先进的焊接技术，降低焊接过程中尘毒等有害物质浓度。

焊接场所选址应符合 GB 50187—2012、GBZ 1—2010 的相关要求，新建、改建、扩建建设项目，焊接工艺防尘防毒设施应与主体工程同时设计、同时施工、同时投入生产和使用，并进行评价。焊接作业场所如果配备有除尘防毒机器设备，作业开始时应先启动除尘防毒装置、后启动主机；作业结束时，应先关闭主机、后关闭除尘防毒装置。企业还应定期对焊接作业场所尘毒有害因素进行检测，并对通风排尘装置和其他卫生防护装置的效果进行评价，焊接防尘防毒通风设施不得随意拆除或停用。此外，焊接作业场所产生的焊接烟尘浓度及有毒物浓度应符合 GBZ 2. 1—2007 要求，接触尘毒的焊接作业岗位应在醒目位置设置符合 GB 2894—2008、GBZ 158—2003 要求的警示标志。

在焊接工艺和材料方面，标准要求在满足产品质量要求的前提下，合理设计焊接工艺；选用烟尘产生量少的焊接方法，扩大半自动焊和自动焊的使用范围；正确选择电源极性，以减少烟尘的产出量；选择合适的焊接位置、适当的焊接参数；在有限空间内进行焊接作业时，尽量采用单面焊双面成形工艺；在不改变产品焊接特性的基础上，优先选用低锰、低氢、低尘、低毒的焊接材料。

对于焊接与切割作业产生的烟尘和有毒有害气体，首先按标准要求合理进行焊接作业的布局，合理设计通风系统，通风系统应遵循局部通风为主、全面通风为辅的原则，充分利用自然通风方法进行通风；其次加强通风系统的维护和保养，使其有效地发挥作用。

对于容器、设备、管道、塔及罐等密闭或半密闭场所等有限空间的焊接与切割作业，作业前必须确认与其连通的所有设备及管路彻底隔离，同时要对其进行清洗、吹扫、置换，焊接作业前应对容器内气体采样进行氧含量、毒气、有害气体、可燃气的化验测试，取样分析合格后方可进入作业；进入有限空间进行作业前必须按规定办理进入设备作业许可证。在未进行良好的通风及未对有害因素进行采样分析，或获得合格报告之前，禁止进入有限空间进行作业。另外，进入有限空间进行焊接作业，还必须佩戴符合标准要求的供气式呼吸防护设备，并由佩戴过类似设备的人在作业场所外进行监护及实施应急救援，同时随时监测该环境有毒有害因素的变化。

焊接作业应按 GB 11651—2008、GB 9448—1999、GB/T 3609. 1—2008 或相应 ISO、欧洲及美国标准的要求为接触尘毒作业人员配备符合相关标准要求的个体防护用品。焊工除穿戴一般防护用品（如焊接防护服、焊接手套、焊接面罩和防尘口罩）外，针对特殊作业场合还应佩戴长管供气式焊接面罩（用于密闭容器和不易解决通风的特殊作业场所的焊接作业），对劳动强度大、温度高的环境中还应采用电动送风式焊接自动变光面罩。焊工应具有正确使用个体防护用品的能力，了解个体防护用品的适用性和局限性。个体防护用品还应按要求进行维护、保养，失效时应及时更换。

采用焊接工艺的企业应设置防尘防毒管理部门或岗位，建立焊接作业防尘防毒设施的维修保养和定期检测等规章制度。定期对焊接作业人员进行防尘防毒教育培训，告知作业者焊接工作过程中可能产生的职业病危害及其后果、职业病防护措施等；每年应至少组织一次焊接防尘防毒知识技能再教育和考核，并按有关规定定期对焊接作业点进行尘毒物质检测，检测报告应整理归档，妥善保存。

焊接作业岗位应在显著位置设置标识牌，说明有毒有害物质危害性、预防措施和应急处理措施。对焊接过程中可能突然逸出大量有害气体或易造成急性中毒的作业场所，应设置事故通风装置及与其连锁的自动报警装置，对密闭空间焊接作业可能引起的尘毒事故，应制定专项应急预案且定期演练。

企业应保证从事焊接作业的人员能按时进行职业健康检查，做好体检记录存档，已被诊断为焊接作业职业病的人员必须进行治疗、康复训练和定期检查。检查中出现不适宜继续从事焊接工作的人员，应及时调离工作岗位，并妥善安置。企业还应为焊接作业人员建立职业健康监护档案，由专人负责管理，并按照规定的期限妥善保存。作业人员离开企业时，企业应当如实、无偿提供其职业健康监护档案复印件。

参考文献

[1] 陈天佐，李泽高．金属堆焊技术［M］．北京：机械工业出版社，1991.
[2] 李亚江，张永春，王娟，等．焊接修复技术［M］．北京：化学工业出版社，2005.
[3] 王娟．表面堆焊与热喷涂技术［M］．北京：化学工业出版社，2004：30 – 182.
[4] 杜则裕．材料焊接科学基础［M］．北京：机械工业出版社，2012：193 – 220.
[5] 李亚江，王娟，等．焊接原理及应用［M］．北京：化学工业出版社，2009：106 – 121.
[6] 孙希泰，等．材料表面强化技术［M］．北京：化学工业出版社，2005：23 – 40.
[7] 李慕勤，李俊刚，吕迎，等．材料表面工程技术［M］．北京：化学工业出版社，2010：75 – 94.
[8] 张文钺．焊接冶金学（基本原理）［M］．北京：机械工业出版社，1995：68 – 114.
[9] 印有胜．金属焊接缺陷及其防止［M］．哈尔滨：黑龙江科学技术出版社，1995.
[10] 唐景富．堆焊技术及实例［M］．北京：机械工业出版社，2010.
[11] 上海第八钢铁厂革命委员会．轧辊自动堆焊［M］．北京：中国工业出版社，1971.
[12] 张应立．新编焊工实用手册［M］．北京：金盾出版社，2004.
[13] GBT 5293 – 1999 埋弧焊用碳钢焊丝和焊剂［S］.
[14] GBT 984 – 2001 堆焊焊条［S］.
[15] 刘希学等．Hardox400 耐磨板堆焊接头硬度与组织的研究［J］．焊接，2013（4）.
[16] 周树兴，姚震球，傅文龙．耐磨板的堆焊［J］．硬面技术经验交流会，2006.
[17] 张昆谋．硬面堆焊耐磨板之探讨［J］．第三届水泥工业用耐磨材料技术研讨会，2008.
[18] 单际国，董祖珏，徐滨士．我国堆焊技术的发展及其在基础工业中的应用现状．中国表面工程，2002（04）：19 – 22.
[19] 李义田．堆焊技术在现代工业中的应用［J］．管理科学与工程技术，2013（2）：246 – 247.
[20] 张平，赵军军，等．堆焊及热喷涂领域科学技术发展报告［J］．焊接，2013（2）：7 – 15.
[21] 杨滨，王树保，傅卫，等．堆焊技术在钢铁企业中的应用［J］．金属加工，2010（18）：46 – 48.
[22] 周方明，张富强，缪保海，等．MIG 堆焊在大功率柴油机排气阀再制造中的应用［J］．电焊机，2012，Vol. 42（5）：86 – 90.

[23] 陆元三，樊斌峰，陈晓明．堆焊技术在汽车模具上的应用［J］．中小企业管理与科技，2012（22）：209－211.

[24] 任艳艳，张国赏，魏世忠，等．我国堆焊技术的发展及展望［J］．焊接技术，2012，Vol. 41（6）：1－5.

[25] 高荣发．粉末等离子堆焊技术的新进展及新应用．http：//d. g. wanfangdata. com. cn/Conference_ 7704371. aspx

[26] 王小范，姚建华，张群莉．激光表面堆焊技术的应用及展望［J］．兵器材料科学与工程，2005，Vol. 28（04）：68－70.

[27] 刘雪梅，姚君山，张彦华，等．摩擦堆焊技术研究进展［J］．热加工工艺，2007，Vol. 36（11）：62－65.